Springer-Lehrbuch

Für weitere Bände:
http://www.springer.com/series/1183

Semjon Stepanow

Relativistische Quantentheorie

Für Bachelor: Mit Einführung in die Quantentheorie der Vielteilchensysteme

Priv.-Doz. Dr. Semjon Stepanow
Martin-Luther-Universität Halle-Wittenberg
Institut für Physik
FG Theoretische Physik
Von-Seckendorff-Platz 1
06099 Halle Sachsen-Anhalt
Deutschland
semjon.stepanow@physik.uni-halle.de

ISSN 0937-7433
ISBN 978-3-642-12049-7 e-ISBN 978-3-642-12050-3
DOI 10.1007/978-3-642-12050-3
Springer Heidelberg Dordrecht London New York

Die Deutsche Nationalbibliothek verzeichnet diese Publikation in der Deutschen Nationalbibliografie; detaillierte bibliografische Daten sind im Internet über http://dnb.d-nb.de abrufbar.

Einbandentwurf: WMXDesign GmbH, Heidelberg

Gedruckt auf säurefreiem Papier

Springer ist Teil der Fachverlagsgruppe Springer Science+Business Media (www.springer.com)

Vorwort

Dieses Buch ist aus Vorlesungen und Übungen zu Quantentheorie II entstanden, die ich an der Martin-Luther-Universität Halle-Wittenberg gehalten habe.

Das Buch gibt neben der Einführung in die Theorie der Einteilchen-Wellengleichungen auch eine auf der Technik der kausalen Greenschen Funktionen (Propagatormethode) basierende Einführung in die Quantenelektrodynamik. Diese auf der Propagatormethode basierende intuitive und simplere Betrachtung wird den Physik-Studenten, die keine Vorlesungen zu Quantenfeldtheorie besuchen, helfen, sich die Denkweisen und Vorgehensweisen der Quantenelektrodynamik anzueignen. Die Ausführlichkeit der Darstellung wird die Aneignung des Stoffes leichter machen. Das Skript gibt weiterhin eine Einführung in den Besetzungszahlen-Formalismus und seine Anwendung zur Beschreibung der Suprafluidität und Supraleitung.

Es folgen einige Bemerkungen zum Aufbau des Buches. Im Kap. 1 wird neben der Standardbetrachtung der Klein-Gordon-Gleichung und der Dirac-Gleichung eine Einführung in die Propagatortheorie für diese Gleichungen, welche im Kap. 3 auch für Photonen erweitert wird, gegeben. Die Propagatortheorie kann beim ersten Lesen weggelassen werden.

Ich verzichte im Kap. 2 auf die exakte Lösung der Dirac-Gleichung im Coulomb-Potential. Statt dessen beschränke ich mich auf eine ausführliche aber kompakte Darstellung des Übergangs zur nichtrelativistischen Quantenmechanik in der $1/c^2$-Näherung, leite in dieser Näherung die Spin-Bahn-Kopplung her und betrachte die Feinstruktur des H-Atoms.

Das Kap. 3 beginnt mit der Zerlegung des freien klassischen elektromagnetischen Feldes als Gesamtheit von harmonischen Oszillatoren. Die Quantisierung des elektromagnetischen Feldes wird auf die Quantisierung von harmonischen Oszillatoren zurückgeführt. Die Oszillatorzerlegung unter Benutzung der Feldstärken anstelle von elektrodynamischen Potentialen macht die Betrachtung anschaulicher und zugänglicher für einen breiten Kreis von Lesern. Auf der Grundlage der Propagatortheorie werden im Kap. 3 einige grundlegende quantenelektrodynamische Prozesse wie die Elektron-Elektron- bzw. die Elektron-Positron-Streuung, die Elektron-Positron-Zerstrahlung, die Compton-Streuung an Pionen und Elektronen ausführlich behandelt. Im letzten Abschnitt dieses Kapitels werden die Strahlungskorrekturen in der Einschleifen-Näherung betrachtet. Es wird gezeigt, wie die divergenten Terme der Strahlungskorrekturen die Masse und Ladung renormieren und das anomale magnetische Moment des Elektrons berechnet.

Das Kap. 4 beginnt mit der Einführung in den Besetzungszahlen-Formalismus in der Quantentheorie der Vielteilchensysteme. Der Vergleich mit dem bereits im Kap. 3 im Zusammenhang mit der Beschreibung des quantisierten elektromagnetischen Feldes eingeführten Besetzungszahlen-Formalismus zeigt den Zusammenhang zwischen der Theorie der Vielteilchensysteme und der Quantenfeldtheorie. Dieser Zusammenhang ist Ausgangspunkt der Anwendung von Methoden der Quantenfeldtheorie in der Statistischen Physik. Eine Einführung in die Anwendungen der Methoden der Quantenfeldtheorie in der Statistischen Physik findet man in vielen ausgezeichneten Büchern. In den letzten zwei Abschnitten werden die makroskopischen quantenmechanischen Phänomene - die Suprafluidität und die Supraleitung - auf der Grundlage des Besetzungszahlen-Formalismus und unter Benutzung der kanonischen Transformationen ausführlich behandelt. Das Kap. 4 kann unabhängig von den vorhergehenden Kapiteln gelesen werden.

Und noch einige Bemerkungen zu den Aufgaben. Viele wichtige Aspekte der Theorie, solche wie die diskreten Symmetrien der Dirac-Gleichung, Parität, Ladungsparität, gruppentheoretische Aspekte der Lorentz-Transformation, die Quantisierung des Klein-Gordon- und des Dirac-Feldes, lokale Eichtransformationen in der Feldtheorie, Darstellung der kausalen Greenschen Funktionen als Vakuumserwartungswerte, Berechnungen der Strahlungskorrekturen, Ladungsrenormierung durch die Betrachtung der Energie der Dirac-See im Magnetfeld etc. werden in den Aufgaben behandelt. Besonders erwähnen möchte ich einige Aufgaben, die am Rande der Thematik des Skriptes liegen, jedoch von allgemeiner Bedeutung sind: die Wellengleichung für ein Tensorfeld und deren Verbindung zu Gravitonen, das Pfadintegral in der nichtrelativistischen Quantenmechanik, das relativistische Kronig-Penney-Modell, Renormierungsgruppe und die Ladungsrenormierung, die Berechnung des 2. Schalls im HeII bzw. in Festkörpern und einige mehr. An mehreren Stellen im Text wird auf die Aufgaben verwiesen. Die meisten Aufgaben enthalten detaillierte Anleitungen sowie Zwischenergebnisse und eignen sich aus diesem Grund zum Selbststudium. Dieser Aufbau der Aufgaben macht es einfach sie zu lösen und fördert dadurch das aktive Beherrschen des Stoffes und die Selbstständigkeit und erleichtert den Einstieg in die bemerkenswerte Welt der relativistischen Quantenmechanik.

Am Schluß noch einige Bemerkungen zur Literatur. Die Literaturliste enthält die Lehrbücher [1–5] sowie einige Standardwerke zur relativistischen Quantenmechanik und Quantenfeldtheorie [6–21], welche zum weiteren Studium der Grundlagen der Quantenfeldtheorie genutzt werden können. In konkreten Abhandlungen werden meistens Originalquellen zitiert.

Ich danke Steven Achilles für das Lesen der ersten zwei Kapitel des Skriptes und zahlreiche Verbesserungsvorschläge. Weiterhin möchte ich meiner Frau Helga für die Geduld und das mehrmalige Lesen des Skriptes danken.

Für Hinweise über Fehler, Druckfehler, die an meine Email-Adresse *semjon.stepanow@physik.uni-halle.de* gesendet werden können, wäre ich sehr dankbar.

Halle, April 2010 Semjon Stepanow

Inhaltsverzeichnis

Einleitung

Die relativistische Quantentheorie basiert auf einer Synthese der Prinzipien der nichtrelativistischen Quantenmechanik und der Relativitätstheorie. Eine kompakte Zusammenfassung der klassischen relativistischen Mechanik und der Postulate der nichtrelativistischen Quantenmechanik findet man entsprechend in den Anhängen A und B.

Die Gleichberechtigung aller Inertialsysteme erfordert die Lorentz-Kovarianz der quantenmechanischen Beschreibung. Eine Konsequenz der Lorentz-Kovarianz in der klassischen relativistischen Mechanik ist die relativistische Energie-Impuls-Beziehung $E^2 - c^2\mathbf{p}^2 = m^2c^4$, welche positive und negative Energien

$$E = \pm\sqrt{c^2\mathbf{p}^2 + m^2c^4}$$

zuläßt. Das Vorzeichen minus ist in der klassischen Mechanik ohne Bedeutung. Da die relativistische quantenmechanische Beschreibung analog zur Schrödingergleichung auf einer Differentialgleichung basiert, kann das Vorzeichen Minus wegen der Vollständigkeit der Lösungen nicht mehr ignoriert werden. Die Einbeziehung der Lösungen negativer Energie in die Quantenmechanik führt zur Existenz von Antiteilchen und ist vielleicht eine der größten Voraussagen der Synthese der Quantenmechanik mit der Relativitätstheorie.

Die nichtrelativistische Quantenmechanik basiert auf der Beschreibung von Systemen mit einer fixierten Teilchenzahl mit Hilfe der Wellenfunktion, die die Koordinaten der Teilchen als Funktionen der Zeit angibt. Die Existenz einer maximalen Geschwindigkeit, der Lichtgeschwindigkeit, setzt jedoch Grenzen für die Bestimmung des Ortes eines Teilchens. Unter Verwendung der Heisenbergschen Unschärferelation, $\delta q \sim \hbar/\delta p$, mit der maximalen Impulsunschärfe $\delta p \sim mc$, erhält man für die minimale Ortsunschärfe $\delta q \sim \hbar/mc = \lambda_c$. D.h. in der relativistischen Quantenmechanik kann der Ort im Ruhesystem nicht genauer als die Compton-Wellenlänge des Teilchens λ_c bestimmt werden. Eine Lokalisierung unterhalb der Compton-Wellenlänge entspricht einer Energie-Unschärfe $\delta E \sim mc^2$, welche für die Erzeugung eines Teilchen-Antiteilchen-Paares mit der Masse m ausreicht. Daraus folgt, dass das Elementarteilchen auf Längen kleiner als λ_c nicht mehr als punktförmig angesehen werden kann, weil sich das Teilchen ein Teil der

Zeit, die aus der Unschärferelation Energie-Zeit abgeschätzt werden kann, im Zustand Teilchen und Paar befindet.[1] Auf Längen kleiner als λ_c stellt das Teilchen ein System mit unendlichen Freiheitsgraden dar, wodurch die Beschreibung mit Hilfe von Einteilchen-Wellenfunktionen zusammenbricht. Die Unzulänglichkeit der Beschreibung mit Einteilchenwellenfunktion ist hauptsächlich auf die Möglichkeiten der Umwandlung von Teilchen in der relativistischen Quantentheorie, die durch die Äquivalenz zwischen Masse und Energie bedingt ist, zurückzuführen. Wenn die beteiligten Energien die Ruheenergie von Teilchen erreichen, ist die Möglichkeit der Erzeugung von Teilchen unter Beachtung der entsprechenden Erhaltungssätze und der Wechselwirkungen zwischen den Teilchen gegeben. Die einfachsten Beispiele sind die Erzeugung von Elektron-Positron-Paaren durch Strahlung, Bremsstrahlung etc. Die relativistischen Einteilchen-Wellengleichungen - die Klein-Gordon-Gleichung (beschreibt Teilchen mit Spin 0) und auch die Dirac-Gleichung (beschreibt Teilchen mit Spin $1/2$) - beinhalten eine Einteilchenbeschreibung und sind somit inkonsistent. In Prozessen, in welchen die Teilchenumwandlung vernachlässigbar ist, behält die Einteilchenbeschreibung natürlich ihre Gültigkeit. Die Feinstruktur der Atomspektren von nicht all zu schweren Atomen ist ein Beispiel dafür. Der Vergleich der elastischen Coulombstreuung mit der Bremsstrahlung (siehe die Abschn. 2.3.3 auf Seite 94 und 3.8.8 auf Seite 184) vermittelt einen Eindruck über verwandte Prozesse ohne und mit Teilchenumwandlung.

Die Beschreibung ohne fixierte Teilchenzahl, welche Umwandlungen von Teilchen ermöglicht, erfolgt im Rahmen von quantisierten Feldern und ist Gegenstand der Quantenfeldtheorie. Der Ausgangspunkt der Beschreibung als Feld besteht darin, die Einteilchen - Wellengleichungen wie z.B. die Klein-Gordon- und die Dirac-Gleichung als Euler-Lagrange-Gleichungen eines klassischen Feldes aufzufassen und diese Felder anschließend zu quantisieren. Die Besonderheit des elektromagnetischen Feldes besteht in dieser Hinsicht darin, dass es vom Anfang an wegen der großen Besetzungszahlen der Einteilchenzustände (siehe den Abschn. 3.6) als klassisches Feld zugänglich ist, und somit nur einer Quantisierung bedarf. Die Quantisierung des freien elektromagnetischen Feldes kann über die Oszillatorzerlegung und Benutzung der Feldstärken des elektromagnetischen Feldes durchgeführt werden. Die Quantisierung des Klein-Gordon- und des Elektron-Positron-Feldes (die zweite Quantisierung), welche genau wie das elektromagnetische Feld Systeme mit unendlich vielen Freiheitsgraden darstellen, kann im Rahmen des Hamilton-Formalismus analog zu der entsprechenden Betrachtung für Systeme mit einer endlichen Zahl der Freiheitsgrade durchgeführt werden. Eine Einführung in die Feldtheorie der Klein-Gordon- und der Dirac-Gleichung wird in den Aufgaben 3.10.16 auf Seite 223 und 3.10.24 auf Seite 233 gegeben. Die Quanten der Felder entsprechen den Einteilchenzuständen. Im Unterschied zur Beschreibung durch

[1] Welche Teilchen-Antiteilchen-Paare um das betrachtete Teilchen erzeugt werden, hängt von den Wechselwirkungen ab, zu welchen das betrachtete Teilchen fähig ist. Das Nukleon z.B. ist ein stark wechselwirkendes Teilchen und ist von einer Wolke aus Pion-Antipion-Paaren umgeben (siehe die Aufgabe 2.4.14 auf Seite 110).

Einteilchen-Wellengleichungen, wo es sich nur um einen Einteilchenzustand handelt, beinhaltet der Zustand des Feldes eine beliebige Zahl der Einteilchenzustände oder der Quanten des Feldes, die durch Besetzungszahlen charakterisiert werden. Ähnlich wie beim eindimensionalen harmonischen Oszillator können die Zustände mit allen möglichen Besetzungszahlen aus dem Grundzustand durch Wirkung der Erzeugungsoperatoren ermittelt werden. Die Zustände mit fixierten Besetzungszahlen spannen den Fock-Raum auf und bilden die Basis für die Entwicklung eines beliebigen Zustandes des Feldes. Matrixelemente von Störoperatoren, welche Wechselwirkungen zwischen Teilchen und Feldern darstellen, über diese Basiszustände mit verschiedenen Besetzungszahlen bilden den Ausgangspunkt für die Beschreibung von Prozessen mit Umwandlungen von Teilchen. In diesem von Dirac für das elektromagnetische Feld entwickelten Besetzungszahlen-Formalismus findet auch der Zusammenhang zwischen der Symmetrie der Zustände und dem Spin der Teilchen eine natürliche Beschreibung.

Die Besetzungszahlen-Beschreibung des elektromagnetischen Feldes wurde später von Jordan, Klein, Wigner und Fock auf nicht relativistische Systeme identischer Teilchen verallgemeinert. Der Besetzungszahlen-Formalismus in der Vielteilchentheorie ist eine grundlegende Methode zur Behandlung quantenmechanischer Systeme identischer Teilchen und wird im Kap. 4 dargestellt. Er wird dort zur Beschreibung makroskopischer quantenmechanischer Phänomene wie der Suprafluidität und Supraleitung unter Verwendung der kanonischen Transformationen nach Bogoliubov angewendet. Der Besetzungszahlen-Formalismus bringt auch den intrinsischen Zusammenhang zwischen der Beschreibung der Vielteilchensysteme und der Theorie quantisierter Felder zum Ausdruck. Die kausalen Greenschen Funktionen der entsprechenden Einteilchen-Wellengleichungen (Feynman-Propagatoren) werden als Vakuumserwartungswerte der Erzeugungs- und der Vernichtungsoperatoren bzw. der Feldoperatoren dargestellt. Die Erzeugungs- und die Vernichtungsoperatoren besitzen die gleiche fundamentale Bedeutung sowohl in der relativistischen Quantenmechanik als auch im Besetzungszahlen-Formalismus der Vielteilchensysteme. Anwendungen der Methoden der Quantenfeldtheorie in der Statistischen Physik, welche in den sechziger Jahre entwickelt wurden, verlieren bis heute nicht an Aktualität und Bedeutung. Ausgezeichnete Einführungen in diese Methoden und zahlreiche Anwendungen findet man z.B. in den Büchern [22–24] (und Referenzen darin).

Die Technik der kausalen Greenschen Funktionen von Einteilchen-Wellengleichungen bietet eine einfache (aber nicht äquivalente) Alternative zu Quantenfeldtheorie, um Prozesse mit Teilchenumwandlungen quantitativ zu beschreiben. Zum Beispiel im Abschnitt 3.6 wird bei der Betrachtung der Elektron-Elektron-Streuung der Vakuumserwartungswert des Produktes der Operatoren des Vierer-Potentials den originären Arbeiten von Feynman folgend unter Verwendung von heuristischen Argumenten durch das Zeitordnungsprodukt, welches der kausalen Greenschen Funktion der Photonen entspricht, ersetzt. Außerdem wird das Austauschdiagramm aus der Forderung der Antisymmetrie des Zustandes der Elektronen nach der Streuung Feynman folgend per Hand eingeführt. Der Vorteil der auf dem Propagator-Formalismus basierenden Betrachtung besteht jedoch darin, dass die Theorie unmittelbar an den Stoff der nichtrelativistischen Quantenmechanik und die Technik der Greenschen Funktionen anschließt, und dadurch für einen breiten Kreis von interessierten Lesern zugänglich bleibt. Dieser Teil des Skriptes stellt eine vereinfachte Einführung in die Berechnung von grundlegenden quantenelektrodynamischen Prozessen unter Berücksichtigung der quantenmechanischen Beschreibung sowohl der Materie als auch der elektromagnetischen Wechselwirkung dar. Die erste Bekanntschaft mit den Ideen und Vorgehensweisen der Quantenelektrodynamik im Rahmen der Propagatortheorie kann durch das Lesen von Spezialliteratur über Quantenfeldtheorie (z.B. [10–21]) vertieft und ausgebaut werden.

Kapitel 1
Relativistische Wellengleichungen

Dieses Kapitel gibt eine Einführung in die relativistische Wellengleichungen und ihre allgemeinen Eigenschaften. Einige Aufgaben am Ende dieses Kapitels enthalten Betrachtungen zu Anwendungen der diskreten Symmetrie-Operationen (C,P,T) auf die Wellengleichungen. In den Abschn. 1.3 und 1.12 findet man entsprechend eine Einführung in die Propagator-Theorien für die Klein-Gordon- und die Dirac-Gleichung. Die Propagator-Theorie der Wellengleichungen liefert die Grundlage für die Betrachtung von Prozessen mit Teilchenumwandlungen. Die Propagator-Theorie der Dirac-Gleichung stellt in der Tat eine mathematische Realisierung der Diracschen Löcher-Theorie dar. In den Aufgaben wird auch die Greensche Funktion der Schrödingergleichung als Pfadintegral dargestellt und für ein freies Teilchen berechnet. Einige Aufgaben, in welchen Prozesse mit Teilchenumwandlungen betrachtet werden, findet man am Ende der Kap. 2 und 3.

1.1 Die nichtrelativistische Schrödingergleichung

Die zeitabhängige Schrödingergleichung für ein freies Teilchen erhält man unter Verwendung der Substitution

$$E \to i\hbar\frac{\partial}{\partial t}, \qquad \mathbf{p} \to \frac{\hbar}{i}\nabla \tag{1.1}$$

im nichtrelativistischen Zusammenhang zwischen Energie und Impuls

$$E = \frac{\mathbf{p}^2}{2m}$$

als

$$i\hbar\frac{\partial\psi}{\partial t} = -\frac{\hbar^2}{2m}\nabla^2\psi = \hat{H}\psi. \tag{1.2}$$

Die Kontinuitätsgleichung ist der Ausgangspunkt für die Interpretation der Wellenfunktion. Man erhält sie durch Multiplikation der Schrödingergleichung (1.2)

S. Stepanow, *Relativistische Quantentheorie*, Springer-Lehrbuch,
DOI 10.1007/978-3-642-12050-3_1, © Springer-Verlag Berlin Heidelberg 2010

von links mit der komplex konjugierten Wellenfunktion ψ^* und Subtraktion der komplex konjugierten Schrödingergleichung, die von rechts mit ψ multipliziert wird, als

$$i\hbar\frac{\partial}{\partial t}\left(\psi^*\psi\right) = -\frac{\hbar^2}{2m}\nabla\left[\psi^*\nabla\psi - (\nabla\psi^*)\psi\right].$$

Der Vergleich der obigen Gleichung mit der Kontinuitätsgleichung

$$\dot{\varrho} + \nabla\mathbf{j} = 0$$

ergibt entsprechend die Wahrscheinlichkeitsdichte ϱ und die Wahrscheinlichkeitsstromdichte $\mathbf{j}$ als

$$\varrho = \psi^*\psi = |\psi|^2, \tag{1.3}$$

$$\mathbf{j} = \frac{\hbar}{2mi}\left(\psi^*\nabla\psi - \nabla\psi^*\psi\right). \tag{1.4}$$

1.2 Die Klein-Gordon-Gleichung

Analog der obigen Herleitung der Schrödingergleichung unter Verwendung der nichtrelativistischen Energie-Impuls-Beziehung erhält man die Wellengleichung, die auf der relativistischen Energie-Impuls-Beziehung

$$\frac{E^2}{c^2} - \mathbf{p}^2 = m^2c^2 \tag{1.5}$$

basiert. Das Ersetzen von E und $\mathbf{p}$ in (1.5) entsprechend (1.1) ergibt eine Operatorgleichung. Die Anwendung der letzteren auf eine Wellenfunktion ergibt anschließend die Klein-Gordon-Gleichung

$$-\frac{\hbar^2}{c^2}\frac{\partial^2}{\partial t^2}\psi + \hbar^2\nabla^2\psi = m^2c^2\psi. \tag{1.6}$$

Letztere kann auch in äquivalenter Form

$$-\Box\psi \equiv \left(\nabla^2 - \frac{1}{c^2}\frac{\partial^2}{\partial t^2}\right)\psi = \frac{m^2c^2}{\hbar^2}\psi \tag{1.7}$$

geschrieben werden. Vollkommen analog zur Herleitung der Kontinuitätsgleichung in der Schrödinger-Theorie erhält man unter Benutzung von (1.7)

$$-\frac{1}{c^2}\frac{\partial}{\partial t}\left(\psi^*\frac{\partial\psi}{\partial t}-\frac{\partial\psi^*}{\partial t}\psi\right)+\nabla\left(\psi^*\nabla\psi-\nabla\psi^*\psi\right)=0. \tag{1.8}$$

Die Gl. (1.8) kann wie folgt in Vierer-Form

$$\frac{\partial j^\mu}{\partial x^\mu}=0$$

mit dem Vierer-Vektor $j^\mu = (c\rho, \mathbf{j})$

$$j^\mu=\left(\frac{i}{c}(\psi^*\frac{\partial\psi}{\partial t}-\frac{\partial\psi^*}{\partial t}\psi),\ \frac{1}{i}\left(\psi^*\nabla\psi-\nabla\psi^*\psi\right)\right) \tag{1.9}$$

geschrieben werden. Möchte man $\mathbf{j}$ wie im nichtrelativistischen Fall entsprechend der Gl. (1.4) definieren, erhält man für ϱ aus (1.8) oder (1.9) den Ausdruck

$$\varrho=\frac{i\hbar}{2mc^2}\left(\psi^*\frac{\partial\psi}{\partial t}-\frac{\partial\psi^*}{\partial t}\psi\right). \tag{1.10}$$

Da die Klein-Gordon-Gleichung eine Differentialgleichung zweiter Ordnung bezüglich der Zeit ist, können die Größen ψ und $\partial\psi/\partial t$ beliebige Werte annehmen. Da ψ eine Funktion von $\mathbf{r}$ ist, kann ϱ in einem Raumpunkt positiv und in einem anderen Punkt negativ sein. Dies macht es schwierig, ϱ als Wahrscheinlichkeitsdichte zu interpretieren. Wegen dieser Schwierigkeiten wurde die Klein-Gordon-Gleichung bis zur Arbeit von Pauli und Weisskopf [25] als nicht relevant für die Beschreibung der Realität angesehen. Die Betrachtung von (1.7) als Wellengleichung für ein Feld $\psi(\mathbf{r}, t)$ (analog den Maxwell-Gleichungen) und die anschließende Quantisierung dieses Feldes (siehe die Aufgabe 3.10.16 auf Seite 223 und die Aufgabe 3.10.18 auf Seite 225 für das komplexe Klein-Gordon-Feld) ermöglichte Pauli und Weisskopf die Schwierigkeiten der Einteilcheninterpretation der Klein-Gordon-Gleichung zu überwinden. Wir werden im Abschn. 1.3 auf Seite 7 sehen, dass die Schwierigkeiten mit der Wahrscheinlichkeitsdichte auch im Rahmen der Propagatortheorie für die Klein-Gordon-Gleichung gelöst werden können.

1.2.1 Lösung der KG-Gleichung für ein freies Teilchen

Es ist leicht zu überprüfen, dass die ebene Welle

$$\psi\simeq\exp\left(-\frac{iEt}{\hbar}+\frac{i\mathbf{pr}}{\hbar}\right) \tag{1.11}$$

mit der Energie $E = \pm\sqrt{c^2p^2+m^2c^4} = \pm E_\mathbf{p}$ eine Lösung der Klein-Gordon-Gleichung darstellt. Die allgemeine Lösung der Klein-Gordon-Gleichung kann als Superposition der ebenen Wellen (1.11) geschrieben werden. Bei der Konstruktion der allgemeinen Lösung der Klein-Gordon-Gleichung muss man jedoch die Lösungen negativer Energien wegen der Vollständigkeit berücksichtigen. So wird die allgemeine Lösung der Klein-Gordon-Gleichung als Superposition der Lösungen mit bestimmten Impuls und Energie

$$\begin{aligned}\psi_{\mathbf{p}}^{(+)}(\mathbf{r},t) &= \frac{1}{(2\pi\hbar)^{3/2}}\frac{1}{\sqrt{2E_{\mathbf{p}}}}e^{-iE_{\mathbf{p}}t/\hbar+i\mathbf{pr}/\hbar},\\ \psi_{\mathbf{p}}^{(-)}(\mathbf{r},t) &= \frac{1}{(2\pi\hbar)^{3/2}}\frac{1}{\sqrt{2E_{\mathbf{p}}}}e^{iE_{\mathbf{p}}t/\hbar-i\mathbf{pr}/\hbar},\end{aligned} \tag{1.12}$$

dargestellt

$$\psi(\mathbf{r},t) = \int d^3\mathbf{p}a(\mathbf{p})\psi_{\mathbf{p}}^{(+)}(\mathbf{r},t) + \int d^3\mathbf{p}b^*(\mathbf{p})\psi_{\mathbf{p}}^{(-)}(\mathbf{r},t). \tag{1.13}$$

Dabei sind $a(\mathbf{p})$ und $b(\mathbf{p})$ komplexe Koeffizienten. Die Faktoren $1/\sqrt{2E_{\mathbf{p}}}$, wie wir gleich sehen werden, sorgen dafür, dass die Wellenfunktionen (1.12) auf die Diracsche Delta-Funktion normiert sind. Die auf ein Teilchen im Volumen V normierten Wellenfunktionen erhält man aus (1.12) durch Multiplikation mit dem Faktor $\sqrt{2mc^2/V}$. Es muss noch geklärt werden, wie die Entwicklungskoeffizienten $a(\mathbf{p})$ und $b(\mathbf{p})$ durch die bekannte Funktion $\psi(\mathbf{r},t)$ berechnet werden können. Um diese Frage zu beantworten, muss man die Orthogonalitätsbedingung für die elementaren Lösungen (1.12) kennen. Die Antwort liefert der Ausdruck für die Wahrscheinlichkeitsdichte (1.10). Eine einfache Rechnung ergibt die Wahrscheinlichkeitsdichte für die Lösungen mit demselben Vorzeichen der Energie

$$\rho_{\pm} = \pm\frac{1}{(2\pi\hbar)^3 mc^2}. \tag{1.14}$$

Der Ausdruck

$$\psi_{\mathbf{p}}^{(\pm)*}(\mathbf{r},t)i\overset{\leftrightarrow}{\partial_t}\psi_{\mathbf{p}'}^{(\mp)}(\mathbf{r},t)$$

mit

$$a\overset{\leftrightarrow}{\partial_t}b = a\frac{\partial b}{\partial t} - \frac{\partial a}{\partial t}b$$

ergibt dagegen Null. Das legt den Gedanken nahe, dass das Skalarprodukt für die Lösungen der Klein-Gordon-Gleichung wie folgt zu definieren

$$(\psi_1,\psi_2) = \int d^3r\,\psi_1^*(\mathbf{r},t)i\hbar\overset{\leftrightarrow}{\partial_t}\psi_2(\mathbf{r},t). \tag{1.15}$$

Unter Verwendung von (1.15) erhält man die Bedingung für Normierung und Orthogonalität der ebenen Wellen (1.12) in der nachstehenden Form

$$\int d^3r\,\psi_{\mathbf{p}}^{(\pm)*}(\mathbf{r},t)i\hbar\overleftrightarrow{\partial}_t\psi_{\mathbf{p}'}^{(\pm)}(\mathbf{r},t) = \pm\delta^{(3)}(\mathbf{p}-\mathbf{p}'),$$
$$\int d^3r\,\psi_{\mathbf{p}}^{(\pm)*}(\mathbf{r},t)i\hbar\overleftrightarrow{\partial}_t\psi_{\mathbf{p}'}^{(\mp)}(\mathbf{r},t) = 0. \qquad (1.16)$$

Die Entwicklungskoeffizienten in (1.13) erhält man unmittelbar als

$$a(\mathbf{p}) = (\psi_{\mathbf{p}}^{(+)}(\mathbf{r},t),\psi(\mathbf{r},t)), \quad b^*(\mathbf{p}) = -(\psi_{\mathbf{p}}^{(-)}(\mathbf{r},t),\psi(\mathbf{r},t)). \qquad (1.17)$$

Man kann unter Benutzung der Beziehungen (1.12) und (1.17) unmittelbar zeigen, dass die Vollständigkeitsbedingung für die Wellenfunktionen $\psi_{\mathbf{p}'}^{(\pm)}(\mathbf{r},t)$ die Gestalt besitzt

$$-i\hbar\int d^3p\left[\frac{\partial\psi_{\mathbf{p}}^{(+)}(\mathbf{r}',t)^*}{\partial_t}\psi_{\mathbf{p}}^{(+)}(\mathbf{r},t) - \frac{\partial\psi_{\mathbf{p}}^{(-)}(\mathbf{r}',t)*}{\partial_t}\psi_{\mathbf{p}}^{(-)}(\mathbf{r},t)\right] = \delta(\mathbf{r}'-\mathbf{r}). \qquad (1.18)$$

Die Gültigkeit des letzteren kann direkt überprüft werden.

1.2.2 Die Klein-Gordon-Gleichung im äußeren elektromagnetischen Feld

Die minimale Substitution

$$E \to E - eV \to i\hbar\frac{\partial}{\partial t} - eV, \qquad (1.19)$$

$$\mathbf{p} \to \mathbf{p} - \frac{e}{c}\mathbf{A} \to \frac{\hbar}{i}\nabla - \frac{e}{c}\mathbf{A}, \qquad (1.20)$$

in der Gl. (1.7) ergibt die Klein-Gordon-Gleichung im äußeren elektromagnetischen Feld

$$\frac{1}{c^2}\left(i\hbar\frac{\partial}{\partial t} - eV\right)^2\psi - \left(\frac{\hbar}{i}\nabla - \frac{e}{c}\mathbf{A}\right)^2\psi = m^2c^2\psi, \qquad (1.21)$$

wobei V und $\mathbf{A}$ entsprechend das elektrische Potential und das Vektorpotential des elektromagnetischen Feldes bezeichnen.[1] In der Vierer-Schreibweise besitzt die

[1] In der Aufgabe 3.10.30 auf Seite 240 wird gezeigt, wie die Wechselwirkung mit dem elektromagnetischen Feld aus der Invarianz der Lagrangedichte gegenüber der lokalen Eichtransformation des Feldes abgeleitet wird.

Klein-Gordon-Gleichung die Form

$$\left[\left(i\hbar\frac{\partial}{\partial x_\mu} - \frac{e}{c}A^\mu\right)^2 - m^2c^2\right]\psi(x) = 0, \tag{1.22}$$

wobei für das Vierer-Potential $A^\mu = (V, \mathbf{A})$ gilt. Aus der Kontinuitätsgleichung für ein Teilchen im elektromagnetischen Feld, welche aus der Gl. (1.21) analog der Herleitung für ein freies Teilchen ermittelt wird (siehe die Aufgabe 2.4.1 auf Seite 100), erhält man die Wahrscheinlichkeitsdichte und die Wahrscheinlichkeitsstromdichte im elektromagnetischen Feld in der Form

$$\varrho = \frac{i\hbar}{2mc^2}\left(\psi^*\frac{\partial\psi}{\partial t} - \frac{\partial\psi^*}{\partial t}\psi\right) - \frac{e}{mc^2}V\psi^*\psi,$$

$$\mathbf{j} = \frac{\hbar}{2mi}\left(\psi^*\nabla\psi - \nabla\psi^*\psi\right) - \frac{e}{mc}\mathbf{A}\psi^*\psi.$$

Letztere stimmen mit denen überein, welche aus den Gln. (1.10) und (1.9) für ϱ und $\mathbf{j}$ für ein freies Teilchen durch die minimale Substitution

$$\frac{\hbar}{i}\nabla \to \frac{\hbar}{i}\nabla - \frac{e}{c}\mathbf{A}, \quad i\hbar\frac{\partial}{\partial t} \to i\hbar\frac{\partial}{\partial t} - eV \tag{1.23}$$

ermittelt werden.

Für ein freies Teilchen hat das Vorzeichen $\pm$ der Energie und auch der Dichte in der Gl. (1.14) keine unmittelbare Bedeutung. Wenn sich das Teilchen ursprünglich in einem Zustand mit $E > 0$ befindet, dann bleibt das Teilchen immer im Zustand mit $E > 0$.

In der Feldinterpretation der Klein-Gordon-Gleichung (siehe die Aufgabe 3.10.18 auf Seite 225) wird die Größe $e\rho(\mathbf{r}, t)$ mit $\rho(\mathbf{r}, t)$, welche durch die Gl. (1.10) definiert ist, als Ladungsdichte interpretiert. Die Klein-Gordon-Gleichung beschreibt neutrale und geladene spinlose Teilchen, solche wie Pionen und Kaonen (entsprechend auch als π-Mesonen und K-Mesonen bezeichnet). Die neutralen Mesonen (π^0, K^0) werden durch reelle Felder (Wellenfunktionen) beschrieben. Die geladenen Mesonen ($\pi^\pm$, $K^\pm$) werden dagegen durch komplexe Felder beschrieben. Die Forderung, dass das Teilchen auch im elektromagnetischen Feld im Zustand mit positiver Energie verbleibt, ermöglicht es, die richtige Gestalt der Ausbreitungsfunktion (Propagator) für die Klein-Gordon-Gleichung zu ermitteln.

Einige Anwendungen der Klein-Gordon-Gleichung in äußeren Feldern werden in den Aufgaben am Ende dieses und des nächsten Kapitels betrachtet.

1.3 Die Greensche Funktion der Klein-Gordon-Gleichung

Die retardierte Greensche Funktion der Klein-Gordon-Gleichung kann in Übereinstimmung mit der Theorie der Differentialgleichungen wie folgt durch die Lösungen des freien Teilchens mit gegebenen Impulsen und Energien dargestellt werden

$$G_0(\mathbf{r}_2, t_2; \mathbf{r}_1, t_1) = \begin{cases} \int d^3p \left(\psi_{\mathbf{p}}^{(+)}(\mathbf{r}_2, t_2)\psi_{\mathbf{p}}^{(+)*}(\mathbf{r}_1, t_1) + \psi_{\mathbf{p}}^{(-)}(\mathbf{r}_2, t_2)\psi_{\mathbf{p}}^{(-)*}(\mathbf{r}_1, t_1)\right), & t_2 > t_1 \\ 0, & t_2 < t_1 \end{cases}.$$

Der Beitrag der negativen Energien in $G_0(\mathbf{r}_2, t_2; \mathbf{r}_1, t_1)$, der wegen der Vollständigkeit der Basisfunktionen berücksichtigt werden muss, führt jedoch dazu, dass z.B. in äußeren Feldern (siehe unten) Übergänge in Zustände negativer Energien erfolgen können. Diese Schwierigkeit wird vermieden, wenn man anstatt der Greenschen Funktion $G_0(\mathbf{r}_2, t_2; \mathbf{r}_1, t_1)$ die sogenannte kausale Greensche Funktion, welche von Stueckelberg [26] und Feynman [27] eingeführt wurde, benutzt. Die kausale Greensche Funktion wird so definiert, damit für $t_2 > t_1$ nur die Lösungen positiver Energie und für $t_2 < t_1$ nur die Lösungen negativer Energie beitragen

$$G_0^c(\mathbf{r}_2, t_2; \mathbf{r}_1, t_1) = \begin{cases} \int \frac{d^3p}{(2\pi\hbar)^3}\frac{1}{2E_{\mathbf{p}}} \exp\left(-iE_{\mathbf{p}}(t_2 - t_1)/\hbar + i\mathbf{p}(\mathbf{r}_2 - \mathbf{r}_1)/\hbar\right), & t_2 > t_1 \\ \int \frac{d^3p}{(2\pi\hbar)^3}\frac{1}{2E_{\mathbf{p}}} \exp\left(iE_{\mathbf{p}}(t_2 - t_1)/\hbar - i\mathbf{p}(\mathbf{r}_2 - \mathbf{r}_1)/\hbar\right), & t_2 < t_1 \end{cases}. \tag{1.24}$$

Unter Verwendung des Integrals

$$\int_{-\infty}^{\infty} \frac{dp_0 \exp(-ip_0c(t_2 - t_1)/\hbar)}{(p_0 + E_{\mathbf{p}}/c - i\varepsilon)(p_0 - E_{\mathbf{p}}/c + i\varepsilon)} = \begin{cases} -\frac{2\pi i}{2E_{\mathbf{p}}/c} \exp\left(iE_{\mathbf{p}}(t_2 - t_1)/\hbar\right), & t_2 < t_1 \\ -\frac{2\pi i}{2E_{\mathbf{p}}/c} \exp\left(-iE_{\mathbf{p}}(t_2 - t_1)/\hbar\right), & t_2 > t_1 \end{cases}, \tag{1.25}$$

wobei die infinitesimale positive Größe ε nach der Integration über p_0 gleich Null gesetzt wird, kann die kausale Greensche Funktion $G_0^c(\mathbf{r}_2, t_2; \mathbf{r}_1, t_1)$ der Klein-Gordon-Gleichung, welche man auch als Ausbreitungsfunktion (auf Englisch propagator) bezeichnet, als vierdimensionales Integral geschrieben werden

$$G_0^c(x_2 - x_1) = i \int \frac{d^4p}{(2\pi)^4} \exp(-ip(x_2 - x_1)) \frac{1}{p^2 - m^2 + i\varepsilon}. \tag{1.26}$$

Die infinitesimale Größe ε bewirkt, dass, für $t_2 < t_1$ nur der Pol bei $p_0 = -E_p$ berücksichtigt wird. In diesem Fall wird der Integrationsweg bei der Integration über p_0 in (1.25) in der oberen komplexen Ebene geschlossen (siehe die Abb. 1.1). Für $t_2 > t_1$ wird nur der Pol bei $p_0 = E_p$ berücksichtigt, weil in diesem Fall der Integrationsweg in der unteren komplexen Ebene geschlossen wird. Beachten Sie, dass ab jetzt die relativistischen Einheiten ($c = \hbar = 1$) benutzt werden. Für

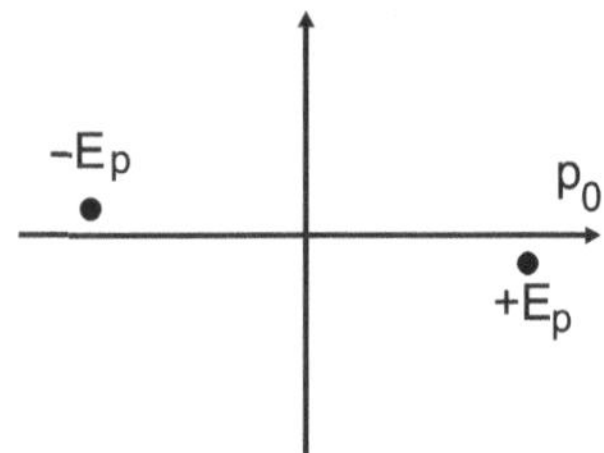

Abb. 1.1 Verschiebung der Nullstellen der Gleichung $p^2 - m^2 + i\varepsilon = 0$ in die komplexe Ebene durch die infinitesimale Größe ε

$t_2 < t_1$ wurde bei der Integration über $\mathbf{p}$ die Substitution $\mathbf{p} \to -\mathbf{p}$ benutzt. Die Fourier-Transformierte von $G_0^c(\mathbf{r}_2 - \mathbf{r}_1, t_2 - t_1)$

$$G_0^c(p) = \frac{i}{p^2 - m^2 + i\varepsilon}$$

genügt der Gleichung

$$(\Box_x + m^2 - i\varepsilon)G_0^c(x - x') = -i\delta^{(4)}(x - x'), \tag{1.27}$$

d.h. $G_0^c(\mathbf{r}_2 - \mathbf{r}_1, t_2 - t_1)$ kann auch als Greensche Funktion der Klein-Gordon-Gleichung angesehen werden. Der Unterschied zwischen der retardierten und der kausalen Greenschen Funktion der Klein-Gordon-Gleichung liegt in der Art und Weise, wie die Pole von $1/(p^2 - m^2)$ in die komplexe Ebene verschoben werden. Im Unterschied zur kausalen Greenschen Funktion werden die beiden Pole bei der retardierten Greenschen Funktion in die untere Halbebene verschoben. Deswegen verschwindet die retardierte Greensche Funktion für $t_2 < t_1$. Vom physikallischen Standpunkt aus beschreibt die kausale Greensche Funktion den kausalen Zusammenhang der Erzeugung und Vernichtung von Teilchen in verschiedenen Punkten von Raum und Zeit.

In vielen Büchern über die Quantenfeldtheorie wird statt der kausalen Greenschen Funktion $G_0^c(p)$ die Funktion

$$\Delta_0^F(p) = \frac{1}{i}G_0^c(p) = \frac{1}{p^2 - m^2 + i\varepsilon}, \tag{1.28}$$

die den Namen Feynman-Propagator der Klein-Gordon-Gleichung trägt, benutzt.

Um die Propagatortheorie für die Klein-Gordon-Gleichung im äußeren elektromagnetischen Feld zu formulieren, betrachten wir zuerst die Klein-Gordon-Gleichung (1.22), die wir in der Form

$$(\Box_x + m^2)\psi(x) = -V(x)\psi(x), \tag{1.29}$$

mit $V(x)$

$$V(x) = ie\left(\frac{\partial}{\partial x^\mu}A^\mu + A^\mu\frac{\partial}{\partial x^\mu}\right) + (ie)^2 A^\mu A_\mu, \tag{1.30}$$

schreiben. Aus der Gl. (1.29) erhalten wir die Gleichung für die kausale Ausbreitungsfunktion im äußeren elektromagnetischen Feld

$$(\Box_x + m^2 - i\varepsilon)G^c(x - x') = -i\delta^{(4)}(x - x') - V(x)G^c(x - x').$$

Die Letztere kann wie folgt als Integralgleichung geschrieben werden

$$G^c(x, x') = G_0^c(x - x') + (-i)\int d^4y G_0^c(x - y)V(y)G^c(y, x'). \tag{1.31}$$

Die Gültigkeit von (1.31) kann überprüft werden indem man den Operator $\Box_x + m^2 - i\varepsilon$ auf (1.31) anwendet und (1.27) benutzt. Die Iteration von (1.31) generiert die Störungsentwicklung der Ausbreitungsamplitude (des Propagators) nach Potenzen der Wechselwirkung des Teilchens mit dem elektromagnetischen Feld. Bis zu Gliedern 2. Ordnung nach Potenzen von $V(x)$ erhalten wir aus (1.31)

$$G^c(x_2, x_1) = G_0^c(x_2 - x_1) + (-i)\int d^4x_3 G_0^c(x_2 - x_3)V(x_3)G_0^c(x_3 - x_1)+$$
$$(-i)^2\int d^4x_3\int d^4x_4 G_0^c(x_2 - x_4)V(x_4)G_0^c(x_4 - x_3)V(x_3)G_0^c(x_3 - x_1) + \cdots \tag{1.32}$$

Die Streuamplitude ist nichts anders als die Ausbreitungsamplitude in der Impulsdarstellung, welche man aus der Ausbreitungsamplitude in der Ortsdarstellung durch folgende Projektion auf Zustände freier Teilchen vor und nach der Streuung

$$S(\mathbf{p}_2, t_2; \mathbf{p}_1, t_1) = \int d^3r_2\int d^3r_1 \psi_{\mathbf{p}_2}^{(+)*}(\mathbf{r}_2, t_2)i\overleftrightarrow{\partial}_{t_2}G^c(\mathbf{r}_2, t_2; \mathbf{r}_1, t_1)i\overleftrightarrow{\partial}_{t_1}\psi_{\mathbf{p}_1}^{(+)}(\mathbf{r}_1, t_1) \tag{1.33}$$

erhält.[2] Die Gl. (1.33) verallgemeinert den Übergang von Orts- zu Impulsdarstellung für den Fall, wenn die Orthogonalität der Basiszustände entsprechend der Gl. (1.16) definiert ist. Die Zeiten t_1 und t_2 werden entsprechend sehr klein ($t_1 \to -\infty$) und sehr groß ($t_2 \to \infty$) gewählt, damit die einlaufenden und die gestreuten Teilchen außerhalb der Wirkung der elektromagnetischen Potentiale stehen. In der 0. Ordnung nach der Wechselwirkung ergibt das Einsetzen des freien Propagators (1.24) in (1.33) – wie es sein muss – die Streuamplitude als Diracsche Delta-Funktion $\delta^{(3)}(\mathbf{p}_2 - \mathbf{p}_1)$. Die Störungsentwicklung von $G^c(x_1, x_2)$, gegeben durch die Gl. (1.32), kann mittels der in der Abb. 1.2 dargestellten Feynman-Diagramme identifiziert werden.

Die geraden Linien in der Abbildung werden mit der kausalen Ausbreitungsfunktion (1.24) identifiziert und entsprechen der freien Ausbreitung des Teilchens.

---

[2] Eine Beschreibung von Prozessen mit Antipionen mit Hilfe von G^c findet man in den Aufgaben 2.4.26, 2.4.27.

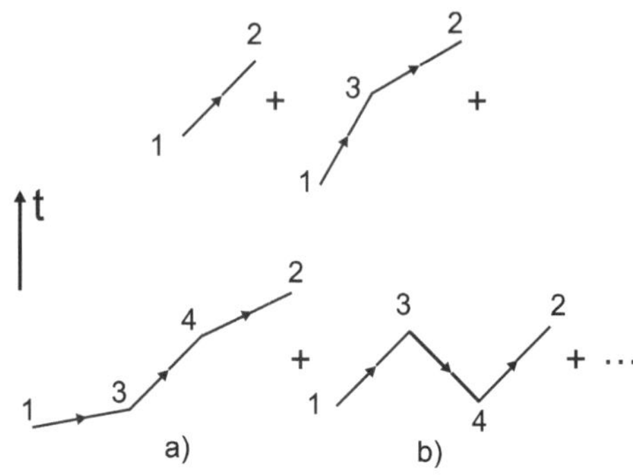

Abb. 1.2 Veranschaulichung der Streuung im äußeren Feld mittels Feynman-Diagrammen. In den Knickpunkten 3 und 4 wechselwirkt das Teilchen mit dem äußeren Potential, das nicht mit abgebildet wurde

Der Knick, welchem die Größe $V(x)$ zugeordnet wird, entspricht der Wechselwirkung des Teilchens mit dem elektromagnetischen Feld. Der zweite Graph in der oberen Reihe entspricht dem zweiten Term auf der rechten Seite von (1.32) und beschreibt die einfache Streuung im Feld $V(x)$. Da die Zeiten t_1 und t_2 entsprechend im Grenzfall $-\infty$ und $+\infty$ betrachtet werden, ist die Zeit t_3 größer als t_1 und kleiner als t_2, so dass zu den beiden Propagatoren nur die positiven Energien beitragen. Wir sehen, dass in der einfachen Streuung die Gestalt des Propagators (1.24) dafür sorgt, dass der gestreute Zustand positiver Energie $\psi^{(+)}_{\mathbf{p}_1}(\mathbf{r}_1, t_1)$ nach der Streuung in einen Zustand positiver Energie $\psi^{(+)}_{\mathbf{p}_2}(\mathbf{r}_2, t_2)$ übergeht. Bei Benutzung der retardierten Greenschen Funktion $G_0(\mathbf{r}_2, t_2; \mathbf{r}_1, t_1)$ anstelle des kausalen Propagators $G^c_0(\mathbf{r}_2, t_2; \mathbf{r}_1, t_1)$ in (1.32) würde dagegen ein Zustand positiver Energie infolge der Wechselwirkung in einen Zustand negativer Energie übergehen können, was nicht sinnvoll ist. Dies rechtfertigt im nachhinein die Gestalt der kausalen Greenschen Funktion (1.24).

Der Graph (a) in der unteren Reihe beschreibt die zweifache Streuung im Feld $V(x)$. In allen Propagatoren tragen nur die Zustände positiver Energie bei. Im Graphen (b) gilt $t_3 > t_4$, so dass in $G^c_0(x_4 - x_3)$ die Zustände negativer Energie beitragen. Die Ausbreitungsamplitude $G^c_0(x_4 - x_3)$, die der Ausbreitung eines Zustandes negativer Energie rückwärts in der Zeit entspricht, wird nach Feynman als Ausbreitung eines Antiteilchens, welches positive Energie besitzt, von x_4 nach x_3 aufgefasst. Der Prozeß im Graphen (b) wird demzufolge wie folgt interpretiert. Im Punkt x_4 wird ein virtuelles Teilchen-Antiteilchen-Paar erzeugt. Das Teilchen breitet sich von x_4 nach x_2 aus, während sich das Antiteilchen von x_4 nach x_3 bewegt und dort mit aus x_1 ankommenden Teilchen annihiliert. Auch hier ist der Zustand nach der Streuung ein Zustand positiver Energie. Die Propagatortheorie der Klein-Gordon-Gleichung ordnet also den Zuständen negativer Energie Antiteilchen zu. Aus der obigen Betrachtung folgt unmittelbar, dass das Antiteilchen und das Teilchen die gleiche Masse aber entgegengesetzte Ladungen besitzen. Das Antiteilchen sowie das Teilchen besitzen positive Energie.

Die obige Betrachtung der Streuung mittels Feynman-Graphen kann unmittelbar auf höhere Ordnungen der Störungstheorie übertragen werden. Die Benutzung des Feynman-Propagators anstelle der retardierten Greenschen Funktion der Klein-Gordon-Gleichung hat zur Folge, dass keine Übergänge der Zustände positiver

Energie in Zustände negativer Energie erfolgen. Im Abschn. 3.8.1 auf Seite 159 werden wir im Rahmen der Propagatortheorie für die Klein-Gordon-Gleichung die Compton-Streuung von Photonen an Pionen betrachten.

1.4 Die Dirac-Gleichung

Um die Schwierigkeiten mit der Wahrscheinlichkeitsinterpretation der Klein-Gordon-Gleichung zu umgehen, leitete P. A. M. Dirac [28] eine andere Gleichung her. Bis zur Arbeit von Pauli und Weisskopf [25], die der Klein-Gordon-Gleichung eine widerspruchsfreie Interpretation gaben, betrachtete man die Dirac-Gleichung als einzig richtige relativistische Gleichung. Die Ursache dafür, dass

$$\varrho = \frac{i\hbar}{2mc^2}\left(\psi^*\frac{\partial\psi}{\partial t} - \frac{\partial\psi^*}{\partial t}\psi\right)$$

in der Klein-Gordon-Gleichung keine positiv definite Größe ist, hängt mit dem Auftreten der zeitlichen Ableitung in der Definition von ϱ zusammen. Um negative ϱ auszuschließen, darf die Ableitung nach der Zeit in der Definition von ϱ nicht auftreten. Dies verlangt, dass die Wellengleichung eine Differentialgleichung erster Ordnung nach der Zeit sein muss.[3] Die Gleichberechtigung der räumlichen Koordinaten und der Zeit, die die Relativitätstheorie verlangt, hat zur Folge, dass die Wellengleichung auch eine Differentialgleichung erster Ordnung bezüglich der Ortsableitungen sein muss. Somit muss die Wellenfunktion, die jetzt eine vielkomponentige Größe ist (siehe unten), einer Differentialgleichung erster Ordnung nach Zeit und Ort genügen. Es ist außerdem notwendig, dass diese Gleichung der relativistischen Beziehung zwischen Energie und Impuls, $E^2/c^2 - \mathbf{p}^2 = m^2c^2$, Rechnung trägt. Das Relativitätsprinzip (Gleichberechtigung aller Inertialsysteme) muss ebenfalls erfüllt sein. Somit muss die gewünschte Wellengleichung folgende Forderungen erfüllen:

1. Positiv definite Wahrscheinlichkeitsdichte,
2. Relativistische Beziehung zwischen Energie und Impuls und
3. Kovarianz gegenüber der Lorentz-Transformation.

Um diese Forderungen zu erfüllen, hat Dirac folgende Gleichung eingeführt

$$\frac{1}{c}\frac{\partial\psi_l}{\partial t} + \alpha^k_{ln}\frac{\partial\psi_n}{\partial x^k} + \frac{imc}{\hbar}\beta_{ln}\psi_n = 0. \tag{1.34}$$

Beachten Sie die Summenkonvention: $k = 1, 2, 3$ ($x^1, x^2, x^3 \equiv x, y, z$) und $n = 1, 2, ..., N$. Der Index l in (1.34) nimmt die Werte $l = 1, 2, ..., N$ an, so dass (1.34)

[3] Dirac selbst hat eine Differentialgleichung erster Ordnung nach der Zeit gesucht, weil die Darstellungstheorie der nichtrelativistischen Quantenmechanik nur mit einer Gleichung 1. Ordnung aber nicht mit der Klein-Gordon-Gleichung konsistent ist.

ein Gleichungssystem für die N-komponentige Wellenfunktion $\psi \equiv \{\psi_l\}$ darstellt. Die Wellenfunktion kann als Spaltenvektor geschrieben werden

$$\psi = \begin{pmatrix} \psi_1 \\ \psi_2 \\ \vdots \\ \psi_N \end{pmatrix}.$$

Die Größen α_{ln}^k $(k = 1, 2, 3)$ und β_{ln} sind $N \times N$-Matrizen. Die Dirac-Gleichung (1.34) kann auch in der Matrixform geschrieben werden

$$\frac{1}{c}\frac{\partial \psi}{\partial t} + \alpha^k \frac{\partial \psi}{\partial x^k} + \frac{imc}{\hbar}\beta\psi = 0, \tag{1.35}$$

beziehungsweise

$$i\hbar \frac{\partial \psi}{\partial t} = \left(c\alpha^k \frac{\hbar}{i}\frac{\partial}{\partial x^k} + mc^2\beta \right) \psi = \hat{H}\psi. \tag{1.36}$$

Die Gl. (1.36) hat die Form einer Schrödingergleichung mit dem Hamilton-Operator

$$\hat{H} = c\boldsymbol{\alpha}\,\hat{\mathbf{p}} + mc^2\beta.$$

Damit $\hat{H}$ hermitesch ist, ist es notwendig, dass $\boldsymbol{\alpha}$ und β hermitesch sind,

$$\boldsymbol{\alpha}^+ = \boldsymbol{\alpha}, \quad \beta^+ = \beta,$$

d.h. $\beta_{nl}^+ = \beta_{ln}^*$ etc. Die adjungierte Wellenfunktion ψ^+ wird als Zeilenvektor

$$\psi^+ = \left(\psi_1^*, \psi_2^*, ..., \psi_N^*\right)$$

geschrieben. Die Dirac-Gleichung für die adjungierte Wellenfunktion ψ^+ lautet

$$\frac{\partial \psi^+}{\partial t} + \nabla\psi^+ c\boldsymbol{\alpha} - \frac{imc^2}{\hbar}\psi^+\beta = 0. \tag{1.37}$$

Um die Kontinuitätsgleichung herzuleiten, multiplizieren wir die Gl. (1.35) von links mit ψ^+, die Gl. (1.37) von rechts mit ψ und addieren die beiden anschließend miteinander. Als Ergebnis erhalten wir

$$\frac{\partial}{\partial t}\left(\psi^+\psi\right) + \nabla\left(\psi^+ c\boldsymbol{\alpha}\psi\right) = 0. \tag{1.38}$$

Der Vergleich von (1.38) mit der Kontinuitätsgleichung

$$\frac{\partial}{\partial t}\varrho + \mathrm{div}\mathbf{j} = 0$$

ergibt die folgenden Ausdrücke für die Wahrscheinlichkeitsdichte ϱ und die Wahrscheinlichkeitsstromdichte in der Dirac-Theorie

$$\varrho = \psi^{+}\psi, \tag{1.39}$$

$$\mathbf{j} = \psi^{+}c\boldsymbol{\alpha}\psi. \tag{1.40}$$

Die Gl. (1.39) zeigt, dass die Wahrscheinlichkeitsdichte eine positive Größe ist.

Die relativistische Beziehung zwischen Energie und Impuls $E^2/c^2 = \mathbf{p}^2 + m^2c^2$ wird erfüllt, wenn jede Komponente der Wellenfunktion ψ_k $(k = 1, ..., N)$ der Klein–Gordon-Gleichung $\frac{1}{c^2}\frac{\partial^2}{\partial t^2}\psi_k = \nabla^2\psi_k - \frac{m^2c^2}{\hbar^2}\psi_k$ genügt. Für den Beweis dieser Behauptung siehe den Abschn. 1.9. Diese Forderung auferlegt Bedingungen auf die Matrizen α^m und β. Um Letztere zu finden, multipliziere man die Dirac-Gleichung (1.35) von links mit dem Operator $\frac{1}{c}\frac{\partial}{\partial t} - \alpha^m\frac{\partial}{\partial x^m} - \frac{imc}{\hbar}\beta$ und schreibe das Ergebnis in der Form

$$\frac{1}{c^2}\frac{\partial^2\psi}{\partial t^2} = \frac{1}{2}\left(\alpha^m\alpha^k + \alpha^k\alpha^m\right)\frac{\partial^2\psi}{\partial x^m\partial x^k} - \left(\frac{mc}{\hbar}\right)^2\beta^2\psi - \frac{imc}{\hbar}\left(\alpha^m\beta + \beta\alpha^m\right)\frac{\partial\psi}{\partial x^m}.$$

Damit die obige Gleichung mit der Klein-Gordon-Gleichung übereinstimmt, müssen die Dirac-Matrizen α^m und β folgende Bedingungen erfüllen

$$\frac{1}{2}\left(\alpha^m\alpha^k + \alpha^k\alpha^m\right) = I\delta^{mk}, \tag{1.41}$$

$$\beta^2 = I \tag{1.42}$$

und

$$\alpha^m\beta + \beta\alpha^m = 0. \tag{1.43}$$

Beachten Sie, dass I eine $N \times N$-Einheitsmatrix ist. Die Matrizen α^kund β antikommutieren untereinander. Die Quadrate von α und β ergeben die Einheitsmatrix, d.h. die Eigenwerte der Matrizen α^k und β sind gleich ± 1.

1.4.1 Die Spuren der Dirac-Matrizen α^k, β

Wir werden jetzt zeigen, dass die Matrizen α^k und β spurfrei sind. Die Anwendung der Spur-Operation auf die Beziehung $\alpha^k = -\beta\alpha^k\beta$, welches aus (1.43) folgt, ergibt nach der zyklischen Vertauschung der Matrizen unter der Spur

$$\mathrm{Sp}\alpha^k = -\mathrm{Sp}\left(\beta\alpha^k\beta\right) = -\mathrm{Sp}\left(\alpha^k\beta^2\right) = -\mathrm{Sp}\alpha^k.$$

Somit erhält man, dass die Matrizen α^k spurfrei sind

$$\mathrm{Sp}\alpha^k = 0.$$

Auf vollkommen analoger Weise erhält man ausgehend aus der Beziehung $\beta = -\alpha^k\beta\alpha^k$, dass auch die Matrix β spurfrei ist

$$\mathrm{Sp}\beta = 0.$$

1.4.2 Der Rang der Dirac-Matrizen

Zuerst werden wir zeigen, dass N gerade ist. Unter Benutzung der Eigenschaft der Determinanten, $\det(AB) = \det A \det B$ und der Beziehung

$$\beta\alpha^k = -\alpha^k\beta \equiv (-I)\alpha^k\beta$$

erhält man

$$\det(\beta)\det\left(\alpha^k\right) = (-1)^N \det\left(\alpha^k\right)\det(\beta)\,.$$

Aus der Bedingung $1 = (-1)^N$, die unmittelbar aus der obigen Gleichung folgt, erhält man, dass N gerade ist. Die Bedingungen (1.41), (1.42) und (1.43), welchen die vier spurfreien Matrizen α^k, β genügen, besitzen die gleiche Form

$$\sigma_i\sigma_k + \sigma_k\sigma_i = 2\delta_{ik} \tag{1.44}$$

wie die Pauli-Matrizen

$$\sigma_x = \begin{pmatrix} 0 & 1 \\ 1 & 0 \end{pmatrix}, \quad \sigma_y = \begin{pmatrix} 0 & -i \\ i & 0 \end{pmatrix}, \quad \sigma_z = \begin{pmatrix} 1 & 0 \\ 0 & -1 \end{pmatrix}.$$

Der Unterschied zwischen (1.41), (1.42), (1.43) und (1.44) besteht jedoch darin, dass α^k und β vier Matrizen sind. Es läßt sich unmittelbar zeigen, dass die drei Pauli-Matrizen und die 2×2 Einheitsmatrix eine vollständige Basis im Raum der 2×2 Matrizen bilden. Deswegen kann die Algebra der Dirac-Matrizen (1.41) und (1.42) nur in einem größeren Raum mit $N > 2$ realisiert werden. Das minimale N, welches eine Realisierung von (1.41) und (1.42) ermöglicht, ist $N = 4$. Die Dirac-Wellenfunktion ist also ein vierkomponentiger Spaltenvektor, welcher Dirac-Spinor bzw. Bispinor genannt wird. Die Bedingungen (1.41), (1.42) und (1.43) definieren die Dirac-Matrizen bis auf eine unitäre Transformation.

Der Wert $N = 4$ für die Zahl der Komponenten der Dirac-Wellenfunktion und folglich für den Rang der Dirac-Matrizen kann vereinfacht wie folgt begründet werden. Die Lösungen positiver und negativer Energie beanspruchen an für sich wegen dem Spin $1/2$ je zwei Komponenten. Die Orthogonalität der Lösungen positiver und negativer Energie erfordert die Erweiterung der zweikomponentigen Wellenfunktionen auf mehrere Zeilen. Für ruhende Teilchen positiver (negativer) Energie wird die Orthogonalität durch Hinzufügen von zwei Nullen in die 3 und 4 (1 und 2) Zeilen gewährleistet. Dies veranschaulicht, warum die quantenmechanischen Zustände des Dirac-Elektrons durch vierkomponentige Wellenfunktionen beschrieben werden. Für eine mehr formale Begründung des Wertes $N = 4$ siehe Bemerkung am Ende der Aufgabe 1.14.11 auf Seite 50. Der Wert $N = 4$ kann auch aus den Eigenschaften der Lorentzgruppe (siehe Aufgabe 1.14.18 auf Seite 54) abgeleitet werden (siehe z.B. [20]).

1.4.3 Standarddarstellung der Dirac-Matrizen

Es kann unmittelbar überprüft werden, dass die 4×4-Matrizen

$$\alpha^1 = \begin{pmatrix} 0&0&0&1 \\ 0&0&1&0 \\ 0&1&0&0 \\ 1&0&0&0 \end{pmatrix}, \quad \alpha^2 = \begin{pmatrix} 0&0&0&-i \\ 0&0&i&0 \\ 0&-i&0&0 \\ i&0&0&0 \end{pmatrix},$$

$$\alpha^3 = \begin{pmatrix} 0&0&1&0 \\ 0&0&0&-1 \\ 1&0&0&0 \\ 0&-1&0&0 \end{pmatrix}, \quad \beta = \begin{pmatrix} 1&0&0&0 \\ 0&1&0&0 \\ 0&0&-1&0 \\ 0&0&0&-1 \end{pmatrix}$$

die Bedingungen (1.41) und (1.42) erfüllen. Die Dirac-Matrizen α^k sind durch die Pauli-Matrizen σ^k zusammengestellt. Die Dirac-Matrizen können in kompakter Form mit Hilfe der Pauli-Matrizen und der 2×2-Einheitsmatrix wie folgt geschrieben werden

$$\alpha^k = \begin{pmatrix} \hat{0} & \sigma_k \\ \sigma_k & \hat{0} \end{pmatrix}, \quad \beta = \begin{pmatrix} \hat{1} & \hat{0} \\ \hat{0} & -\hat{1} \end{pmatrix}.$$

Hierbei stehen $\hat{0}$ und $\hat{1}$ für Abkürzungen

$$\hat{0} = \begin{pmatrix} 0&0 \\ 0&0 \end{pmatrix}, \quad \hat{1} = \begin{pmatrix} 1&0 \\ 0&1 \end{pmatrix}.$$

Das Schreiben von α^k und β als 2×2-Matrizen bezeichnet man als Blockform. Im weiteren werden wir ausschließlich diese Darstellung der Dirac-Matrizen, die als Standarddarstellung bezeichnet wird, benutzen.

1.5 Bahndrehimpuls und Spin in der Dirac-Theorie

Um die Frage zu klären, ob der Bahndrehimpuls in der Dirac-Theorie für ein freies Teilchen eine Erhaltungsgröße ist, betrachten wir den Kommutator $[H, \mathbf{L}]$ des Bahndrehimpulsoperators $\mathbf{L} = \mathbf{r} \times \mathbf{p}$ (von jetzt an wird das Operatorsymbol $\hat{}$ weggelassen), mit dem Hamilton-Operator

$$H = c\alpha^k p^k + mc^2\beta.$$

Beachten Sie, dass der Bahndrehimpuls mit einer 4×4-Einheitsmatrix multipliziert ist und demzufolge eine diagonale 4×4-Matrix ist. Diese Einheitsmatrix wird nicht explizit geschrieben. Die unmittelbare Berechnung des Kommutators ergibt das Resultat

$$\begin{aligned}
\left[c\alpha^k p^k + mc^2\beta, \mathbf{r} \times \mathbf{p}\right] &= \left[c\alpha^k p^k, \mathbf{r} \times \mathbf{p}\right] + \underbrace{\left[mc^2\beta, \mathbf{r} \times \mathbf{p}\right]}_{=0} \\
&= \mathbf{r} \times \underbrace{\left[c\alpha^k p^k, \mathbf{p}\right]}_{=0} + c\alpha^k \left[p^k, \mathbf{r}\right] \times \mathbf{p} \\
&= c\alpha^k \left[p^k, \mathbf{r}\right] \times \mathbf{p} \\
&= c\alpha^k \underbrace{\left[p^k, r^l\right]}_{=-i\hbar\delta^{kl}} \times \mathbf{p} \\
&= -i\hbar c\boldsymbol{\alpha} \times \mathbf{p}.
\end{aligned}$$

Somit ergibt sich der Kommutator des Bahndrehimpulses mit dem Hamilton-Operator zu

$$[H, \mathbf{L}] = -i\hbar c\boldsymbol{\alpha} \times \mathbf{p}, \tag{1.45}$$

welcher von Null verschieden ist. Folglich ist der Drehimpuls $\mathbf{L}$ in der Dirac-Theorie keine Erhaltungsgröße. Um die entsprechende Erhaltungsgröße zu finden, führen wir die 4×4-Matrix

$$\boldsymbol{\Sigma} = \begin{pmatrix} \sigma & \hat{0} \\ \hat{0} & \sigma \end{pmatrix} \tag{1.46}$$

ein und betrachten den Kommutator $\left[H, \Sigma^l\right]$

$$\begin{aligned}\left[H, \Sigma^l\right] &= \left[c\alpha^k p^k + mc^2\beta, \Sigma^l\right] \\ &= \left[c\alpha^k p^k, \Sigma^l\right] + \underbrace{\left[mc^2\beta, \Sigma^l\right]}_{=0} \\ &= c\left[\alpha^k, \Sigma^l\right] p^k.\end{aligned}$$

Unter Verwendung der Definitionen von $\boldsymbol{\alpha}$

$$\alpha^k = \begin{pmatrix} \hat{0} & \sigma^k \\ \sigma^k & \hat{0} \end{pmatrix},$$

und Σ (1.46), erhalten wir unmittelbar

$$\alpha^k \Sigma^l = \begin{pmatrix} \hat{0} & \sigma^k\sigma^l \\ \sigma^k\sigma^l & \hat{0} \end{pmatrix}, \quad \Sigma^l \alpha^k = \begin{pmatrix} \hat{0} & \sigma^l\sigma^k \\ \sigma^l\sigma^k & \hat{0} \end{pmatrix}.$$

Mittels dieser Ausdrücke erhält man für den Kommutator den Ausdruck

$$\left[\alpha^k, \Sigma^l\right] = \begin{pmatrix} \hat{0} & \left[\sigma^k, \sigma^l\right] \\ \left[\sigma^k, \sigma^l\right] & \hat{0} \end{pmatrix} = 2i\alpha^m \varepsilon^{mkl}. \tag{1.47}$$

Um zum letzten Ausdruck zu gelangen, wurde die Eigenschaft der Pauli-Matrizen, $\left[\sigma^k, \sigma^l\right] = 2i\varepsilon^{klm}\sigma^m$, benutzt. Unter Benutzung von (1.47) erhält man für den betrachteten Kommutator den Ausdruck

$$[H, \Sigma] = 2ic\boldsymbol{\alpha} \times \mathbf{p} \;\text{ bzw. }\; \left[H, \frac{\hbar}{2}\Sigma\right] = i\hbar c\boldsymbol{\alpha} \times \mathbf{p} \neq 0. \tag{1.48}$$

Der Vergleich der beiden Kommutatoren

$$[H, \mathbf{L}] = -i\hbar c\boldsymbol{\alpha} \times \mathbf{p}, \qquad \left[H, \frac{\hbar}{2}\boldsymbol{\Sigma}\right] = i\hbar c\boldsymbol{\alpha} \times \mathbf{p},$$

legt den Gedanken nahe, dass die Größe

$$\mathbf{J} = \mathbf{r} \times \mathbf{p} + \frac{\hbar}{2}\boldsymbol{\Sigma} \tag{1.49}$$

mit dem Hamilton-Operator vertauschbar ist. D.h. der Operator $\mathbf{J}$, welcher dem Gesamtdrehimpuls entspricht, ist eine Erhaltungsgröße. Während $\mathbf{r} \times \mathbf{p}$ der Bahndrehimpuls ist, entspricht $\frac{\hbar}{2}\boldsymbol{\Sigma}$ dem Spin (auf Deutsch Eigendrehimpuls). Das Dirac-Elektron besitzt folglich einen Eigendrehimpuls! Die Größe $\frac{\hbar}{2}\boldsymbol{\Sigma}$ ist der Spin-Operator für das Dirac-Elektron. Die Definition der Matrix $\boldsymbol{\Sigma}$ durch die Gl. (1.46) macht es offensichtlich, dass die Dirac-Gleichung ein Teilchen mit Spin $1/2$ beschreibt. Der Spin ist ein innerer Freiheitsgrad des Elektrons. Die Beschreibung eines Teilchens (Elektrons) mit Spin $1/2$ erfordert vierkomponentige Wellenfunktionen.

1.6 Die Dirac-Gleichung in Viererschreibweise

In diesem Abschnitt werden wir die Dirac-Gleichung in Viererschreibweise, welche als kovariante Form bezeichnet wird, aufstellen. In der Viererschreibweise besitzt die Dirac-Gleichung in allen inertialen Bezugssystemen die gleiche Form. Unter Benutzung der kovarianten Form der Dirac-Gleichung wird im Abschn. 1.8 die Transformation der Diracschen Wellenfunktion unter der Lorentz-Transformation betrachtet. In der speziellen Relativitätstheorie wird die Zeit t, multipliziert mit der Lichtgeschwindigkeit c, und die drei Ortskoordinaten x, y, z als einen (kontravarianten) Vierer-Vektor $x^{\mu} = (ct, x, y, z)$ zusammengefasst. Die griechischen Indizes nehmen die Werte 0, 1, 2, 3 an. Die lateinischen Indizes laufen dagegen von 1 bis 3.

Es ist günstig, neue Matrizen $\gamma^0 = \beta$, $\gamma^k = \beta\alpha^k$ einzuführen. In der Blockform erhält man γ^{μ} als

$$\gamma^0 = \begin{pmatrix} \hat{1} & \hat{0} \\ \hat{0} & -\hat{1} \end{pmatrix}, \qquad \gamma^k = \begin{pmatrix} \hat{0} & \sigma^k \\ -\sigma^k & \hat{0} \end{pmatrix}.$$

Es kann unmittelbar überprüft werden, dass γ^0 selbstadjungiert $\gamma^{0+} = \gamma^0$, während γ^k antiselbstadjungiert $\gamma^{k+} = -\gamma^k$ sind. Die Antivertauschungsrelationen von γ^{μ} nehmen folgende Gestalt an

$$\gamma^{\mu}\gamma^{\nu} + \gamma^{\nu}\gamma^{\mu} = 2g^{\mu\nu},$$

wobei $g^{\mu\nu}$ der kontravariante metrische Tensor im Minkowski Raum ist: $g^{\mu\nu}$ ist diagonal und hat die Signatur (1,−1,−1,−1). Heben und Senken der Indizes der Dirac-Matrizen γ^{μ} erfolgt wie bei Vierer-Vektoren, $\gamma_{\mu} = g_{\mu\nu}\gamma^{\nu}$ bzw. $\gamma^{\mu} = g^{\mu\nu}\gamma_{\nu}$. Unter Verwendung der Matrizen γ^{ν} lässt sich die Dirac-Gleichung für ein freies Teilchen wie folgt schreiben

$$\left(-i\gamma^{\mu}\frac{\partial}{\partial x^{\mu}} + \frac{mc}{\hbar}\right)\psi = 0. \tag{1.50}$$

Beachten Sie, dass die 4×4-Einheitsmatrix I vor $mc/\hbar$ in (1.50) und in weiteren Formeln nicht explizit geschrieben wird. Die Gleichung (1.50) ist die kovariante Form der Dirac-Gleichung für ein freies Teilchen. Beachten Sie, dass γ^{μ} kein Vierer-Vektor ist. Die von Feynman eingeführte verkürzte Schreibweise

$$\not{u} = \gamma u \equiv \gamma^{\mu}u_{\mu} = \gamma_{\mu}u^{\mu} = \gamma^0 u^0 - \boldsymbol{\gamma}\mathbf{u}$$

ermöglicht es, eine weitere Vereinfachung der Formeln zu erreichen. Hierbei steht u^μ für einen beliebigen Vierer-Vektor. Wie aus dem obigen Ausdruck ersichtlich ist, bedeutet der Schrägstrich das Skalarprodukt von u^μ und γ^μ. Mit der Abkürzung

$$\not\nabla = \gamma^\mu \frac{\partial}{\partial x^\mu} = \gamma^0 \frac{\partial}{\partial x^0} + \boldsymbol{\gamma}\nabla$$

folgt für (1.50)

$$\left(-i \not\nabla + \frac{mc}{\hbar}\right)\psi = 0. \tag{1.51}$$

Unter Verwendung des Operators des Vierer-Impulses $p_\mu = i\hbar\partial/\partial x^\mu$ schreiben wir die Dirac-Gleichung (1.50) in der Form

$$\left(\gamma^\mu p_\mu - mc\right)\psi = 0. \tag{1.52}$$

Mit der Feynman-Bezeichnung $\not p = \gamma^\mu p_\mu = \gamma_\mu p^\mu$ erhält man

$$(\not p - mc)\,\psi = 0. \tag{1.53}$$

Die Wahrscheinlichkeitsdichte $\varrho = \psi^+\psi$ und die Wahrscheinlichkeitsstromdichte $\mathbf{j} = c\psi^+\boldsymbol{\alpha}\psi$ können als Vierer-Wahrscheinlichkeitsstromdichte zusammengefasst werden, $j^\mu = \left(c\varrho, j^k\right)$. Es läßt sich unter Verwendung der Matrizen γ^μ und der Definition der Dirac-konjugierten Wellenfunktion

$$\overline{\psi} = \psi^+\gamma^0$$

nach einfachen Umformungen

$$\frac{j^k}{c} = \psi^+\alpha^k\psi = \psi^+\beta\gamma^k\psi = \overline{\psi}\gamma^k\psi,$$

$$\varrho = \frac{j^0}{c} = \psi^+\psi = \psi^+\gamma^0\gamma^0\psi = \overline{\psi}\gamma^0\psi,$$

unmittelbar zeigen, dass die Viererstromdichte j^μ in folgender kovarianter Form geschrieben werden kann:

$$j^\mu = \left(c\varrho, j^k\right) = \overline{\psi}\gamma^\mu\psi.$$

In der Aufgabe 1.14.14 auf Seite 52 wird bewiesen, dass sich j^μ unter Lorentz-Transformationen wie ein Vierer-Vektor verhält. Die Kontinuitätsgleichung (1.38) läßt sich unmittelbar in der Vierer-Form schreiben

$$\frac{\partial j^\mu}{\partial x^\mu} = 0.$$

1.6.1 Die Differentialgleichung für $\overline{\psi}$

Um die Gleichung für die Dirac-konjugierte Wellenfunktion $\overline{\psi}$ aufzustellen, betrachten wir zuerst die adjungierte Dirac-Gleichung

$$\frac{\partial \psi^+}{\partial x^0} i\gamma^0 - i\nabla\psi^+\gamma + \frac{mc}{\hbar}\psi^+ = 0,$$

wobei die Eigenschaft der Dirac-Matrizen $\gamma^{0+} = \gamma^0$ und $\left(\gamma^k\right)^+ = -\gamma^k$ $(k = 1, 2, 3)$ benutzt wurde. Multipliziert man die Letztere Gleichung von rechts mit γ^0, so erhält man

$$\frac{\partial \overline{\psi}}{\partial x^0} i\gamma^0 + i\nabla\overline{\psi}\gamma + \frac{mc}{\hbar}\overline{\psi} = 0$$

bzw.

$$\frac{\partial \overline{\psi}}{\partial x^\mu} i\gamma^\mu + \frac{mc}{\hbar}\overline{\psi} = 0. \tag{1.54}$$

Analog zu (1.53) erhält man für $\overline{\psi}$

$$\overline{\psi}\,(\not p + mc) = 0. \tag{1.55}$$

Beachten Sie, dass der Impulsoperator p^μ in (1.53) auf $\overline{\psi}$ wirkt. Die relativistische Beziehung zwischen Energie und Impuls kann unter Verwendung von (1.53) unmittelbar überprüft werden. Die Multiplikation von (1.53) mit $\not p$ von links ergibt

$$\not p^2\psi - mc\ \not p\psi = \not p^2\psi - (mc)^2\,\psi = 0.$$

Unter Benutzung der einfachen Umformung

$$\begin{aligned}\not p^2 &= p^\mu\gamma_\mu p^\nu\gamma_\nu = p^\mu p^\nu\gamma_\mu\gamma_\nu = \frac{1}{2}p^\mu p^\nu\left(\gamma_\mu\gamma_\nu + \gamma_\nu\gamma_\mu\right) = \frac{1}{2}p^\mu p^\nu 2g_{\mu\nu}\\ &= -\frac{\hbar^2}{c^2}\frac{\partial^2}{\partial t^2} + \hbar^2\nabla^2\end{aligned}$$

erhält man wieder, dass jede Komponente von ψ der Klein-Gordon-Gleichung

$$\left(-\frac{1}{c^2}\frac{\partial^2}{\partial t^2} + \nabla^2 - \frac{m^2c^2}{\hbar^2}\right)\psi = 0$$

genügt.

1.7 Die Lorentz-Kovarianz der Dirac-Gleichung

Das Relativitätsprinzip besagt, dass in allen relativ zueinander gleichförmig bewegten Inertialsysteme die gleichen Naturgesetze gelten. In Bezug auf die Dirac-Gleichung erfordert das Relativitätsprinzip die gleiche Form der Dirac-Gleichung (Lorentz-Kovarianz) in allen inertialen Bezugssystemen. Wir werden in diesem Abschnitt zeigen, dass die Transformation der Wellenfunktion unter der Lorentz-Transformation aus der Forderung der Lorentz-Kovarianz der Dirac-Gleichung bestimmt wird. Dazu betrachten wir einen Zustand im Bezugsystem S, welcher durch die Wellenfunktion $\psi(x)$ beschrieben wird. Im Bezugssystem S', das sich relativ zu S mit konstanter Geschwindigkeit bewegt, wird dieser Zustand durch die Wellenfunktion $\psi'(x')$ beschrieben. Das Relativitätsprinzip verlangt, dass auch $\psi'(x')$ der Dirac-Gleichung genügt

$$\left(-i\gamma^{\mu}\frac{\partial}{\partial x'^{\mu}}+\frac{mc}{\hbar}\right)\psi'(x')=0. \tag{1.56}$$

Da $\psi(x)$ und $\psi'(x')$ denselben Zustand beschreiben, muss zwischen ψ' und ψ ein linearer Zusammenhang bestehen

$$\psi'(x')=S(\Lambda)\psi(x) \tag{1.57}$$

bzw.

$$\psi(x)=S^{-1}(\Lambda)\psi'(x'). \tag{1.58}$$

Die Transformation der Koordinaten x^{μ} und x_{μ} (sowie beliebiger kontra- und kovarianter Vierer-Vektoren) von S nach S' ist gegeben durch

$$x'^{\mu}=\Lambda^{\mu}{}_{\nu}x^{\nu},\ x'_{\mu}=\Lambda_{\mu}{}^{\nu}x_{\nu} \tag{1.59}$$

(siehe den Anhang A). Beachten Sie, dass x und x' in den Argumenten von ψ und ψ' durch die Lorentz-Transformation (1.59) miteinander zusammenhängen. Die 4×4-Matrix $S(\Lambda)$ muss so gewählt werden, damit die Lorentz-Kovarianz der Dirac-Gleichung gewährleistet ist. Um die sich daraus ergebende Bedingung für $S(\Lambda)$ zu finden, starten wir mit der Dirac-Gleichung in S

$$\left(-i\gamma^{\mu}\frac{\partial}{\partial x^{\mu}}+\frac{mc}{\hbar}\right)\psi(x)=0$$

und schreiben sie in S' um. Das Einsetzen von

$$\frac{\partial}{\partial x^{\mu}}=\frac{\partial}{\partial x'^{\nu}}\frac{\partial x'^{\nu}}{\partial x^{\mu}}=\Lambda^{\nu}{}_{\mu}\frac{\partial}{\partial x'^{\nu}}$$

in die Dirac-Gleichung und das Eliminieren von $\psi(x)$ zu Gunsten von $\psi'(x')$ entsprechend (1.58) ergibt

$$\left(-i\gamma^{\mu}\Lambda^{\nu}{}_{\mu}\frac{\partial}{\partial x'^{\nu}}+\frac{mc}{\hbar}\right)S^{-1}(\Lambda)\psi'(x')=0.$$

Die Multiplikation der letzteren Gleichung von links mit $S(\Lambda)$ ergibt

$$\left(-iS\gamma^{\mu}S^{-1}\Lambda^{\nu}{}_{\mu}\frac{\partial}{\partial x'^{\nu}}+\frac{mc}{\hbar}\right)\psi'(x')=0.$$

Damit diese Gleichung mit der Dirac-Gleichung (1.56) in S' übereinstimmt, muss die Bedingung

$$S\gamma^{\mu}S^{-1}\Lambda^{\nu}{}_{\mu}=\gamma^{\nu} \tag{1.60}$$

erfüllt werden. Die Letztere kann auch in der Form

$$\gamma^{\mu}\Lambda^{\nu}{}_{\mu}=S^{-1}\gamma^{\nu}S \tag{1.61}$$

geschrieben werden. Das erzielte Ergebnis kann wie folgt zusammengefasst werden. Die Lorentz-Transformation (1.59), implementiert die Transformation der Wellenfunktion (1.57) mit der Matrix $S(\Lambda)$, welche durch die Bedingung (1.60) bestimmt wird.

1.8 Transformation der Dirac-Wellenfunktion unter Lorentz-Transformationen

Die Ermittlung der Gestalt der 4×4-Matrix $S(\Lambda)$, welche die Transformation der Dirac-Wellenfunktion

$$\psi=\begin{pmatrix}\psi_1\\ \psi_2\\ \psi_3\\ \psi_4\end{pmatrix}$$

unter einer Lorentz-Transformation beschreibt, erfolgt unter Benutzung der Gl. (1.61). Wir werden zuerst die einfachere Aufgabe der Transformation der Wellenfunktion unter einer infinitesimalen Lorentz-Transformation betrachten. Es werden dabei infinitesimale spezielle Lorentz-Transformationen $(ct,x)\rightarrow(ct',x')$ (Boosts) und infinitesimale Drehungen des Koordinatensystems separat betrachtet. Die Matrizen für endliche Transformationen werden anschließend durch vielfache Anwendung infinitesimaler Transformationen ermittelt.

1.8.1 Infinitesimale Lorentz-Transformationen

Die Transformationsmatrix für eine infinitesimale Lorentz-Transformationen kontra- und kovarianter Vierer-Vektoren kann entsprechend wie folgt geschrieben werden

$$\Lambda^{\nu}{}_{\mu} = \delta^{\nu}{}_{\mu} + \varepsilon^{\nu}{}_{\mu}, \quad \Lambda_{\mu}^{\ \nu} = \delta_{\mu}^{\nu} + \varepsilon_{\mu}^{\ \nu}. \tag{1.62}$$

Aus der Invarianz des Skalarproduktes

$$x'^{\mu} x'_{\mu} = x^{\mu} x_{\mu}$$

erhält man unmittelbar die Beziehung

$$\varepsilon^{\nu}{}_{\mu} = -\varepsilon_{\mu}^{\ \nu},$$

welche die Tatsache zum Ausdruck bringt, dass die Matrix $\Lambda_{\mu}^{\ \nu}$ die Inverse von $\Lambda^{\nu}{}_{\mu}$ ist (siehe auch den Anhang A). Das Heben des Indexes μ ergibt anschließend

$$\varepsilon^{\nu\mu} = -\varepsilon^{\mu\nu},$$

d.h. die Koeffizienten $\varepsilon^{\mu\nu}$ sind antisymmetrisch. Die Transformationsmatrix des Dirac-Spinors unter einer infinitesimalen Lorentz-Transformation schreiben wir in der Form

$$S(\Lambda) = I + b_{\nu\mu}\varepsilon^{\nu\mu} + \cdots \tag{1.63}$$

bzw.

$$S^{-1}(\Lambda) = I - b_{\nu\mu}\varepsilon^{\nu\mu} + \cdots$$

mit unbekannten Koeffizienten $b_{\nu\mu}$. Das Einsetzen von (1.62) und (1.63) in (1.61) resultiert in die Gleichung

$$\left(I - b_{\nu\mu}\varepsilon^{\nu\mu}\right)\gamma^{\sigma}\left(I + b_{\nu\mu}\varepsilon^{\nu\mu}\right) = \gamma^{\mu}\left(\delta^{\sigma}{}_{\mu} + \varepsilon^{\sigma}{}_{\mu}\right).$$

Das Gleichsetzen der Terme auf beiden Seiten der letzten Gleichung, die linear in ε sind, ergibt die folgende Gleichung für $b_{\nu\mu}$

$$\gamma^{\sigma} b_{\nu\mu}\varepsilon^{\nu\mu} - b_{\nu\mu}\varepsilon^{\nu\mu}\gamma^{\sigma} = \gamma^{\delta}\varepsilon^{\sigma}{}_{\delta} = \gamma^{\delta} g_{\delta\eta}\varepsilon^{\sigma\eta},$$

die auch in der Form

$$[\gamma^{\sigma}, b_{\nu\mu}\varepsilon^{\nu\mu}] = g_{\delta\eta}\varepsilon^{\sigma\eta}\gamma^{\delta}$$

geschrieben werden kann. Die Lösung dieser Gleichung (siehe die Aufgabe 1.14.13 auf Seite 52) lautet

$$b^{\nu\mu} = \frac{1}{8}[\gamma^{\nu}, \gamma^{\mu}]. \tag{1.64}$$

Unter Benutzung von (1.64) erhält man die Transformationsmatrix $S(\Lambda)$ der Dirac-Wellenfunktion unter einer infinitesimalen Lorentz-Transformation als

$$S(\Lambda) = I + \frac{1}{8}[\gamma^{\nu}, \gamma^{\mu}]\varepsilon_{\nu\mu}.$$

Unter Benutzung der Bezeichnungen $\sigma^{\nu\mu} = \frac{i}{2}[\gamma^{\nu}, \gamma^{\mu}]$ kann $S(\Lambda)$ wie folgt

$$S(\Lambda) = I - \frac{i}{4}\sigma^{\nu\mu}\varepsilon_{\nu\mu} \tag{1.65}$$

geschrieben werden. In den folgenden zwei Abschnitten wird die Transformationsmatrix $S(\Lambda)$ separat für (a) spezielle Lorentz-Transformationen und (b) Drehungen des Koordinatensystems ermittelt.

1.8.2 Spezielle Lorentz-Transformationen

Wir betrachten zwei inertiale Bezugssysteme S und S', wobei sich S' mit der Geschwindigkeit v gegenüber S entlang der x-Achse, wie in der Abb. 1.3 gezeigt wird, bewege. Aus der Lorentz-Transformation für eine endliche Geschwindigkeit v

$$x'^0 = \cosh\chi x^0 - \sinh\chi x^1$$
$$x'^1 = -\sinh\chi x^0 + \cosh\chi x^1$$

(die Koordinaten x^2 und x^3 ändern sich nicht) mit $\tanh\chi = v/c$ erhält man für eine infinitesimale Transformation $v \simeq \delta v$ unter Berücksichtigung der Approximationen $\cosh\delta\chi \approx 1$, $\sinh\delta\chi \approx \delta\chi \equiv \delta v/c$, und $\tanh\delta\chi \approx \delta\chi \equiv \delta v/c$:

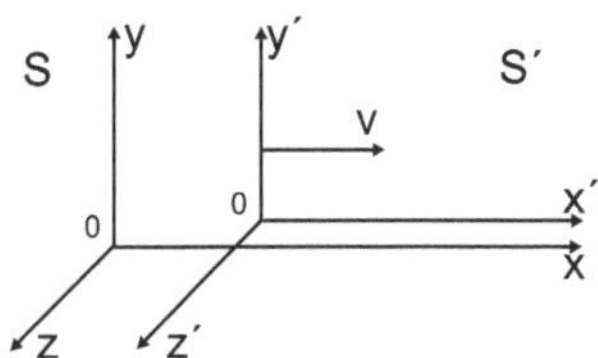

Abb. 1.3 Das Inertialsystem S' bewege sich mit der Geschwindigkeit v relativ zum Inertial-system S

$$x'^0 = x^0 - \frac{\delta v}{c} x^1,$$

$$x'^1 = x^1 - \frac{\delta v}{c} x^0.$$

Der Vergleich mit der expliziten infinitesimalen Transformation in der tensoriellen Schreibweise

$$\Lambda^\nu{}_\mu = \delta^\nu{}_\mu + \varepsilon^\nu{}_\mu$$

ergibt für $\varepsilon^\nu{}_\mu$

$$\varepsilon^0{}_1 = \varepsilon^1{}_0 = -\frac{\delta v}{c}$$

bzw.

$$\varepsilon^{01} = \frac{\delta v}{c}, \quad \varepsilon^{10} = -\frac{\delta v}{c}, \quad \varepsilon_{01} = -\frac{\delta v}{c}, \quad \varepsilon_{10} = \frac{\delta v}{c}.$$

Alle anderen Komponenten sind Null

$$\varepsilon^0{}_2 = \varepsilon^0{}_3 = \varepsilon^1{}_2 = \varepsilon^1{}_3 = \varepsilon^2{}_0 = \varepsilon^2{}_1 = \varepsilon^2{}_3 = \varepsilon^3{}_0 = \varepsilon^3{}_1 = \varepsilon^3{}_2 = \varepsilon^\nu{}_\mu|_{\mu=\nu} = 0\,.$$

Mit Hilfe von $\varepsilon^{\mu\nu}$ erhalten wir somit für $S(\delta\Lambda)$

$$\begin{aligned} S\left(\delta\chi\right) &= I - \frac{i}{4}\left(\sigma^{01}\varepsilon_{01} + \sigma^{10}\varepsilon_{10}\right) \\ &= I - \frac{i}{4}\left(\sigma^{01}\varepsilon_{01} + \left(-\sigma^{01}\right)\left(-\varepsilon_{01}\right)\right) \\ &= I - \frac{i}{2}\sigma^{01}\varepsilon_{01} \\ &= I + \frac{i}{2}\sigma^{01}\frac{\delta v}{c} = I + \frac{i}{2}\sigma^{01}\delta\chi\,. \end{aligned} \tag{1.66}$$

Im obigen Ausdruck ist I eine 4×4-Einheitsmatrix.

Die Gruppeneigenschaften der Transformation $S(\delta\chi)$

$$S\left(\chi + \delta\chi\right) = S\left(\delta\chi\right) S\left(\chi\right) \tag{1.67}$$

bzw.

$$S\left(2\delta\chi\right) = S\left(\delta\chi\right) S\left(\delta\chi\right)$$

ermöglicht es, aus der Kenntnis der Transformationsmatrix für eine infinitesimale Transformation (1.66) $S(\chi)$ für eine endliche Lorentz-Transformation herzuleiten.[4] Die Differenz $S(\chi+\delta\chi)-S(\chi)$ kann einmal für kleine $\delta\chi$ als

$$\frac{\partial}{\partial\chi}S(\chi)\,\delta\chi$$

und andererseits unter Benutzung von (1.67) als

$$S(\chi+\delta\chi)-S(\chi)=(S(\delta\chi)-I)\,S(\chi)=\frac{i}{2}\sigma^{01}\delta\chi\,S(\chi)$$

geschrieben werden. Das Gleichsetzen der beiden Ausdrücke ergibt die Differentialgleichung für $S(\chi)$:

$$\frac{\partial}{\partial\chi}S(\chi)=\frac{i}{2}\sigma^{01}S(\chi)\,.$$

Die formale Lösung dieser Gleichung ergibt die Transformationsmatrix für eine endliche spezielle Lorentz-Transformation

$$S(\chi)=\exp\left(\frac{i}{2}\sigma^{01}\chi\right)$$

mit $\tanh\chi=v/c$. Unter Benutzung von

$$\sigma^{01}=\frac{i}{2}\left(\gamma^0\gamma^1-\gamma^1\gamma^0\right)=i\gamma^0\gamma^1$$

und

$$\gamma^0\gamma^1=\begin{pmatrix}\hat{1}&\hat{0}\\\hat{0}&-\hat{1}\end{pmatrix}\begin{pmatrix}\hat{0}&\sigma_1\\-\sigma_1&\hat{0}\end{pmatrix}=\begin{pmatrix}\hat{0}&\sigma_1\\\sigma_1&\hat{0}\end{pmatrix}=\alpha^1$$

kann $S(\chi)$ wie folgt

$$S(\chi)=\exp\left(-\frac{1}{2}\alpha^1\chi\right) \tag{1.68}$$

geschrieben werden. Entwickelt man (1.68) nun in einer Taylor-Reihe, und beachtet man dabei die Eigenschaften

[4] Die Gruppeneigenschaften der Lorentz-Transformationen werden in der Aufgabe 1.14.18 auf Seite 54 betrachtet. Die Lorentz-Transformationen bezüglich verschiedener Raumrichtungen bilden demnach keine Gruppe.

$$\left(\alpha^1\right)^{2n} = I, \qquad \left(\alpha^1\right)^{2n-1} = \alpha^1,$$

welche unmittelbar aus den Eigenschaften der Pauli-Matrizen

$$\left(\sigma^1\right)^{2n} = \hat{1}, \qquad \left(\sigma^1\right)^{2n-1} = \sigma^1, \tag{1.69}$$

$(n = 1, 2, \ldots)$ folgen, so erhält man die Transformationsmatrix der Wellenfunktion $\psi'(x') = S(\Lambda)\psi(x)$ für eine spezielle Lorentz-Transformation, welche in Abb. 1.3 gezeigt wird, als

$$S(\chi) = I \cosh\frac{\chi}{2} - \alpha^1 \sinh\frac{\chi}{2}. \tag{1.70}$$

Die Transformationsmatrix für spezielle Lorentz-Transformationen ist nicht unitär, aber hermitesch.

1.8.3 Räumliche Drehungen des Koordinatensystems

Die Transformation des Radiusvektors $\mathbf{r}$ unter einer infinitesimalen Drehung um den Winkel $\delta\boldsymbol{\theta}$, welche in der Abb. 1.4 gezeigt wird, ist gegeben durch

$$\mathbf{r}' = \mathbf{r} + \delta\boldsymbol{\theta} \times \mathbf{r}.$$

Jede Drehung des Koordinatensystems (passive Drehung) um den Winkel $\delta\boldsymbol{\theta}$ kann als aktive Transformation der Radiusvektoren um den Winkel $-\delta\boldsymbol{\theta}$ und umgekehrt betrachtet werden. Dementsprechend erhält man für die Transformation der Koordinaten unter einer infinitesimalen Drehung des Koordinatensystems (passive Drehung) um den Winkel $\delta\boldsymbol{\theta}$ den Ausdruck

$$\mathbf{r}' = \mathbf{r} - \delta\boldsymbol{\theta} \times \mathbf{r}.$$

In der tensoriellen Schreibweise kann die obere Transformation wie folgt geschrieben werden

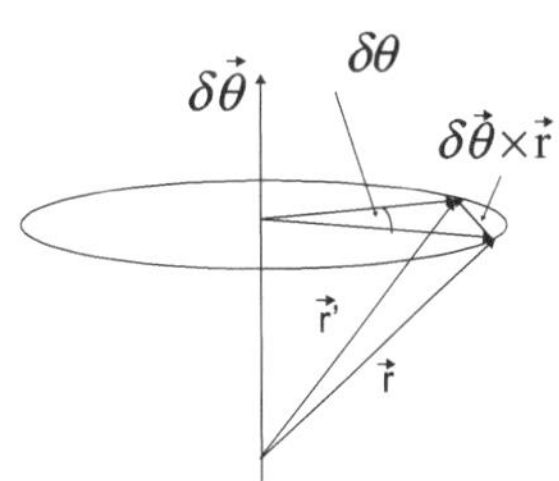

Abb. 1.4 Drehung des Vektors $\mathbf{r}$ ($\mathbf{r} \to \mathbf{r}'$) um den infinitesimalen Winkel $\delta\boldsymbol{\theta}$

$$x'^k = x^k - \varepsilon^{klm} \delta\theta^l x^m. \tag{1.71}$$

In (1.71) ist ε^{klm} der vollständig antisymmetrische dritter Stufe mit $\varepsilon^{123} = 1$. Der Vergleich von (1.71) mit der relativistischen Schreibweise

$$x'^\nu = \Lambda^\nu{}_\mu x^\mu \simeq x^\nu + \varepsilon^\nu{}_\mu x^\mu$$

ergibt die Koeffizienten $\varepsilon^k{}_m$ in der Transformation der räumlichen Komponenten

$$x'^k = x^k + \varepsilon^k{}_m x^m$$

als

$$\varepsilon^k{}_m = -\varepsilon^{klm} \delta\theta^l,$$

bzw.

$$\varepsilon^{km} = \varepsilon_{km} = \varepsilon^{klm} \delta\theta^l = -\varepsilon^{kml} \delta\theta^l. \tag{1.72}$$

Mit Hilfe von (1.72) erhält man die Transformationsmatrix $S(\delta\Lambda)$ für eine infinitesimale Drehung als

$$\begin{aligned} S(\delta\Lambda) = S(\delta\theta) &= I - \frac{i}{4}\sigma^{\nu\mu}\varepsilon_{\nu\mu} \\ &= I - \frac{i}{4}\sigma^{km}\varepsilon_{km} \\ &= I + \frac{i}{4}\sigma^{km}\varepsilon^{kml}\delta\theta^l. \end{aligned}$$

Die Koeffizienten σ^{km} können unmittelbar wie folgt umgeformt werden

$$\begin{aligned} \sigma^{km} &= \frac{i}{2}\left(\gamma^k\gamma^m - \gamma^m\gamma^k\right) = i\gamma^k\gamma^m \\ &= i\begin{pmatrix} \hat{0} & \sigma_k \\ -\sigma_k & \hat{0} \end{pmatrix}\begin{pmatrix} \hat{0} & \sigma_m \\ -\sigma_m & \hat{0} \end{pmatrix} \\ &= i\begin{pmatrix} -\sigma_k\sigma_m & \hat{0} \\ \hat{0} & -\sigma_k\sigma_m \end{pmatrix} \\ &= -i\begin{pmatrix} \sigma_k\sigma_m & \hat{0} \\ \hat{0} & \sigma_k\sigma_m \end{pmatrix}. \end{aligned}$$

Unter Benutzung der Eigenschaft der Pauli-Matrizen

$$\sigma^k\sigma^m\varepsilon^{kml} = 2i\sigma^l$$

erhält man endgültig für $S(\delta\boldsymbol{\theta})$

$$S(\delta\boldsymbol{\theta}) = I + \frac{i}{4}\sigma^{km}\varepsilon^{kml}\delta\theta^l$$
$$= I + \frac{i}{2}\begin{pmatrix} \sigma^l & \hat{0} \\ \hat{0} & \sigma^l \end{pmatrix}\delta\theta^l.$$

Die Transformationsmatrix für eine infinitesimale Drehung kann unter Verwendung der Matrix

$$\boldsymbol{\Sigma} = \begin{pmatrix} \boldsymbol{\sigma} & \hat{0} \\ \hat{0} & \boldsymbol{\sigma} \end{pmatrix}$$

wie folgt

$$S(\delta\boldsymbol{\theta}) = I + \frac{i}{2}\boldsymbol{\Sigma}\delta\boldsymbol{\theta}$$

geschrieben werden. Die Größe $\frac{\hbar}{2}\boldsymbol{\Sigma}$ ist der Spin-Operator für das Dirac-Elektron.

Die Herleitung der Transformationsmatrix für eine endliche Drehung basiert auf der Benutzung der Gruppeneigenschaft der Drehung

$$S(\boldsymbol{\theta} + \delta\boldsymbol{\theta}) = S(\delta\boldsymbol{\theta})\, S(\boldsymbol{\theta})\,.$$

Wir betrachten hier den einfacheren Fall, wenn sowohl $\delta\boldsymbol{\theta}$ als auch $\boldsymbol{\theta}$ die gleiche Richtung besitzen. Analog zur Betrachtung der speziellen Lorentz-Transformatiomn leitet man die Differentialgleichung

$$\frac{dS(\boldsymbol{\theta})}{d\boldsymbol{\theta}} = \frac{i}{2}\boldsymbol{\Sigma}\, S(\boldsymbol{\theta})$$

her. Die Integration dieser Gleichung ergibt die Transformationsmatrix der Dirac-Wellenfunktion unter der Drehung des Koordinatensystems um den Winkel $\boldsymbol{\theta}$ als

$$S(\boldsymbol{\theta}) = \exp\left(\frac{i}{2}\boldsymbol{\Sigma}\ \boldsymbol{\theta}\right). \tag{1.73}$$

Die Entwicklung von (1.73) in einer Taylor-Reihe und Benutzung der Eigenschaften der Pauli-Matrizen (1.69) ergibt den folgenden Ausdruck für die Transformationsmatrix der Dirac-Wellenfunktion $\psi'(x') = S(\Lambda)\psi(x)$ unter Rotation des Koordinatensystems

$$S(\boldsymbol{\theta}) = I\cos\frac{\theta}{2} + i\,\boldsymbol{\Sigma}\mathbf{n}\sin\frac{\theta}{2}, \tag{1.74}$$

wobei **n** den Einheitsvektor in Richtung $\boldsymbol{\theta}$, $\boldsymbol{\theta} = \theta\mathbf{n}$, bezeichnet. Die Transformationsmatrix für räumliche Drehungen ist unitär.

Beachten Sie, dass der Dirac-Spinor unter einer Drehung um 2π nicht in sich selbst transformiert wird. Erst nach einer Drehung um 4π geht die Dirac-Wellenfunktion in sich selbst über. Dies spiegelt die Tatsache wieder, dass die Transformationsmatrizen $S(\boldsymbol{\theta})$ eine halbzahlige irreduzible Darstellung der Lorentz-Gruppe realisieren.

Die Transformationsmatrix S, welche für Boosts und räumliche Drehungen des Koordinatensystems entsprechend durch die Gln. (1.70) und (1.74) gegeben ist, beschreibt die Transformation der Dirac-Wellenfunktion unter den entsprechenden Lorentz-Transformationen. Einige Beispiele dazu findet man in den Übungen am Ende dieses Kapitels.

1.9 Lösung der Dirac-Gleichung für ein freies Teilchen

In diesem Abschnitt werden wir die Dirac-Gleichung

$$i\hbar\frac{\partial}{\partial t}\psi\left(\mathbf{r},t\right) = \left(c\boldsymbol{\alpha}\frac{\hbar}{i}\nabla + mc^2\beta\right)\psi\left(\mathbf{r},t\right)$$

für ein freies Teilchen lösen und die Lösungen nach den Quantenzahlen des freien Teilchens, welche im folgenden Text spezifiziert werden, klassifizieren. Das Einsetzen von

$$\psi\left(\mathbf{r},t\right) = u\left(\mathbf{p}\right)\exp\left(-i\frac{E}{\hbar}t + \frac{i\mathbf{pr}}{\hbar}\right)$$

in die Dirac-Gleichung ergibt für die Bispinor-Amplitude $u\left(\mathbf{p}\right)$

$$Eu\left(\mathbf{p}\right) = \left(c\mathbf{p}\boldsymbol{\alpha} + mc^2\beta\right)u\left(\mathbf{p}\right).$$

Unter Verwendung der Blockform von $u\left(\mathbf{p}\right)$

$$u\left(\mathbf{p}\right) = \begin{pmatrix}\varphi\left(\mathbf{p}\right)\\ \chi\left(\mathbf{p}\right)\end{pmatrix},$$

wobei φ und χ Spinoren sind, erhalten wir für diese das Gleichungssystem

$$E\varphi = c\mathbf{p}\boldsymbol{\sigma}\chi + mc^2\varphi,$$
$$E\chi = c\mathbf{p}\boldsymbol{\sigma}\varphi - mc^2\chi.$$

Beachten Sie, dass in den obigen Gleichungen die Größe **p** den Eigenwert des Impulsoperators bezeichnet. Die Auflösung der obigen Gleichungen nach φ und χ ergibt

$$\varphi = \frac{c\mathbf{p}\boldsymbol{\sigma}}{E - mc^2}\chi, \tag{1.75}$$

$$\chi = \frac{c\mathbf{p}\boldsymbol{\sigma}}{E + mc^2}\varphi. \tag{1.76}$$

Das Eliminieren von χ auf der rechten Seite der ersten Gleichung ergibt eine geschlossene Gleichung für φ

$$\varphi = \frac{c^2\,(\mathbf{p}\boldsymbol{\sigma})^2}{E^2 - m^2c^4}\varphi = \frac{c^2 p^i p^j \sigma^i \sigma^j}{E^2 - m^2c^4}\varphi.$$

Man kann auch auf analoge Weise eine Gleichung für χ erhalten. Die Benutzung der Eigenschaften der Pauli-Matrizen $\sigma^i\sigma^j = \varepsilon^{ijk}\sigma^k$ ergibt, dass die nichtdiagonalen Terme $(i \neq j)$ in der Summe $p^i p^j \sigma^i \sigma^j$ wegen der Antisymmetrie von ε^{ijk} Null ergeben. Wegen $(\sigma^i)^2 = 1$ ergeben die diagonalen Terme $\mathbf{p}^2$, so dass man die Gleichung für φ in der Form

$$\varphi = \frac{c^2\mathbf{p}^2}{E^2 - m^2c^4}\varphi \to \left(1 - \frac{c^2\mathbf{p}^2}{E^2 - m^2c^4}\right)\varphi = 0 \tag{1.77}$$

erhält. Die letztere Gleichung hat nicht triviale Lösungen $\varphi \neq 0$ nur für die Energien

$$E = \pm\sqrt{c^2\mathbf{p}^2 + m^2c^4} = \pm E_{\mathbf{p}}.$$

D.h. die Dirac-Gleichung besitzt nicht triviale Lösungen nur für Energien, die der relativistischen Energie-Impuls-Beziehung entsprechen. Die Gl. (1.77) zeigt, dass die Komponenten von φ der Klein-Gordon-Gleichung genügen. Entsprechend folgt aus der Gl. (1.76), dass auch jede Komponente von χ der Klein-Gordon-Gleichung genügt. Dies beweist die im Abschn. 1.4 auf Seite 11 aufgestellten Behauptung, dass die relativistische Energie-Impuls-Beziehung erfüllt wird, wenn jede Komponente der Dirac-Gleichung der Klein-Gordon-Gleichung genügt.

Die Lösungen negativer Energie können, wie bereits diskutiert im Zusammenhang mit der Klein-Gordon-Gleichung, wegen der Vollständigkeit der Lösungen einer Differentialgleichung nicht ignoriert werden. Im Abschn. 1.10 auf Seite 36 wird gezeigt, wie im Rahmen der von Dirac 1930 aufgestellten Löcher-Theorie den Lösungen negativer Energie Positronen (das Positron ist das Antiteilchen vom Elektron) zugeordnet werden. Die Lösungen positiver Energie können unter Verwendung von (1.75) in der Form

$$\psi^{(+)}(\mathbf{r}, t) = u\,(\mathbf{p}) \exp\left(-iE_{\mathbf{p}}t/\hbar + i\mathbf{p}\mathbf{r}/\hbar\right) \tag{1.78}$$

mit der Amplitude

$$u(\mathbf{p}) = \begin{pmatrix} \varphi \\ \frac{c\mathbf{p}\sigma}{E_\mathbf{p}+mc^2}\varphi \end{pmatrix}$$

geschrieben werden. Die Lösungen negativer Energie schreiben wir in der Form

$$\psi^{(-)}(\mathbf{r},t) = v(\mathbf{p}) \exp\left(+iE_\mathbf{p}t/\hbar - i\mathbf{pr}/\hbar\right). \tag{1.79}$$

Aus (1.79) geht hervor, dass der Lösung negativer Energie der Impuls $-\mathbf{p}$ entspricht. Das Eliminieren von φ in

$$v(\mathbf{p}) = \begin{pmatrix} \varphi \\ \chi \end{pmatrix}$$

zu Gunsten von χ unter Verwendung der Gl. (1.75) ergibt

$$v(\mathbf{p}) = \begin{pmatrix} \frac{c(-\mathbf{p})\sigma}{-E_\mathbf{p}-mc^2}\chi \\ \chi \end{pmatrix} = \begin{pmatrix} \frac{c\mathbf{p}\sigma}{E_\mathbf{p}+mc^2}\chi \\ \chi \end{pmatrix}.$$

Beachten Sie, dass die Größe $E_\mathbf{p} = \sqrt{c^2p^2 + m^2c^4}$ in $v(\mathbf{p})$ und auch in $\psi^{(-)}(\mathbf{r},t)$ eine positive Größe ist. Die Größen φ und χ in $u(\mathbf{p})$ und $v(\mathbf{p})$ sind zweikomponentige Spalten (Spinore), die noch bestimmt werden müssen.

1.9.1 Klassifizierung der Zustände eines freien Teilchens nach Energie, Impuls und Spin

Die Wellenfunktionen (1.78) und (1.79) entsprechen den Zuständen mit bestimmter Energie und Impuls. Im Abschn. 1.5 auf Seite 16 wurde gezeigt, dass das Dirac-Elektron Spin besitzt und $\mathbf{S} = \frac{\hbar}{2}\Sigma$ der entsprechende Spinoperator ist. Wir werden jetzt der Frage nachgehen, wie die Zustände des freien Elektrons nach dem Spin klassifiziert werden. Dazu betrachten wir zuerst den Operator

$$I_p = \frac{1}{p}\,\mathbf{p}\Sigma,$$

welcher bis auf den Vorfaktor $\hbar/2$ der Projektion des Spins auf die Ausbreitungsrichtung des Elektrons entspricht. Man stellt unmittelbar fest, dass I_p mit dem Hamilton-Operator des Elektrons $H = c\boldsymbol{\alpha}\hat{p} + mc^2\beta$ vertauschbar ist

$$\left[H, I_p\right] = 0.$$

Das bedeutet, dass die Projektion des Spins auf die Ausbreitungsrichtung $\mathbf{n} = \mathbf{p}/p$ eine Erhaltungsgröße darstellt. Zur Bestimmung der Eigenwerte von I_p betrachten wir I_p^2

$$I_p^2 = \frac{1}{p^2} p^i p^j \Sigma^i \Sigma^j.$$

Unter Berücksichtigung der Eigenschaften der Pauli-Matrizen erhält man unmittelbar

$$I_p^2 = I.$$

Daraus folgt, dass die Eigenwerte von I_p gleich $\pm\, 1$ sind. D.h. die Zustände eines freien Elektrons können nach der Projektion des Spins auf die Ausbreitungsrichtung, welche die Werte $\pm\, \hbar/2$ annehmen können, klassifiziert werden. Die Projektion des Spins auf die Ausbreitungsrichtung (in Einheiten von $\hbar$) wird als *Helizität* bezeichnet.

Die Erhaltungsgrößen eines freien Teilchens sind also Impuls, Energie und die Projektion des Spins auf die Ausbreitungsrichtung (Helizität). Zu jedem Zustand positiver und negativer Energie gehören zwei Zustände mit der Helizität $\lambda = \pm 1/2$. Die dazugehörenden Amplituden werden durch $u_\lambda(\mathbf{p})$ mit $\lambda = -1/2,\, 1/2$ für Zustände positiver Energie und durch $v_\lambda(\mathbf{p}$ mit $\lambda = -1/2,\, 1/2$ für Zustände negativer Energie bezeichnet. Unter Benutzung der Substitutionen

$$\varphi = \sqrt{\frac{E_\mathbf{p} + mc^2}{2mc^2}}\, w, \qquad \chi = \sqrt{\frac{E_\mathbf{p} + mc^2}{2mc^2}}\, w'$$

können die Bispinoramplituden für das freie Elektron

$$u_\lambda(\mathbf{p}) = \begin{pmatrix} \varphi^\lambda \\ \frac{c\mathbf{p}\sigma}{E_\mathbf{p}+mc^2}\varphi^\lambda \end{pmatrix}, \qquad E > 0,\ \lambda = -\frac{1}{2}, \frac{1}{2},$$

$$v_\lambda(\mathbf{p}) = \begin{pmatrix} \frac{c\mathbf{p}\sigma}{E_\mathbf{p}+mc^2}\chi^\lambda \\ \chi^\lambda \end{pmatrix}, \qquad E < 0,\ \lambda = -\frac{1}{2}, \frac{1}{2},$$

in der Form

$$u_\lambda\,(\mathbf{p}) = \frac{1}{\sqrt{2mc^2}} \begin{pmatrix} \sqrt{E_\mathbf{p} + mc^2} w^\lambda \\ \frac{c\mathbf{p}\sigma}{\sqrt{E_\mathbf{p}+mc^2}} w^\lambda \end{pmatrix}, \quad v_\lambda\,(\mathbf{p}) = \frac{1}{\sqrt{2mc^2}} \begin{pmatrix} \frac{c\mathbf{p}\sigma}{\sqrt{E_\mathbf{p}+mc^2}} w'^\lambda \\ \sqrt{E_\mathbf{p} + mc^2 w'^\lambda} \end{pmatrix} \tag{1.80}$$

geschrieben werden. In der Übung 1.14.20 auf Seite 57 wird die Beziehung $v_\lambda(\mathbf{p}) = u_\lambda^{(-)}(-\mathbf{p})$ bewiesen. Die Spinoren w und w' bestimmen wir aus der Forderung, dass $u(\mathbf{p})$ und $v(\mathbf{p})$ Eigenzustände der Projektion des Spinoperators $\mathbf{S} = \frac{\hbar}{2}\Sigma$ auf die Ausbreitungsrichtung des Elektrons sind. Aus der Eigenwertgleichung

$$I_p u(\mathbf{p}) = \pm u(\mathbf{p}),$$

folgt unmittelbar die Gleichung

$$\begin{aligned}\frac{1}{p}\, p\mathbf{n}\mathbf{\Sigma}\begin{pmatrix}\sqrt{E_\mathbf{p}+mc^2}w\\ \frac{c\mathbf{p}\sigma}{\sqrt{E_\mathbf{p}+mc^2}}w\end{pmatrix} &= \begin{pmatrix}\mathbf{n}\sigma & \hat{0}\\ \hat{0} & \mathbf{n}\sigma\end{pmatrix}\begin{pmatrix}\sqrt{E_\mathbf{p}+mc^2}w\\ \frac{c\mathbf{p}\sigma}{\sqrt{E_\mathbf{p}+mc^2}}w\end{pmatrix}\\ &= \pm\begin{pmatrix}\sqrt{E_\mathbf{p}+mc^2}w\\ \frac{c\mathbf{p}\sigma}{\sqrt{E_\mathbf{p}+mc^2}}w\end{pmatrix}.\end{aligned}$$

Die Letztere ergibt die Eigenwertgleichung für w

$$\mathbf{n}\sigma w = \pm w, \tag{1.81}$$

die auch in der Form

$$\frac{1}{2}\mathbf{n}\sigma w^\lambda = \lambda w^\lambda,$$

wobei $\lambda = \pm\frac{1}{2}$ die *Helizität* bezeichnet, geschrieben werden kann. Vollkommen analog erhält man aus $I_p v(\mathbf{p}) = \pm v(\mathbf{p})$, dass w' auch der Gl. (1.81) genügt, d.h. w^λ und w'^λ sind Eigenfunktionen der Projektion des Spins auf die Ausbreitungsrichtung $\mathbf{n}$ des Teilchens. Die Lösungen des Eigenwertproblems (1.81) sind bereits aus der nichtrelativistischen Quantenmechanik bekannt (siehe z.B. [29]) und können in der Form

$$w^{\lambda=\frac{1}{2}} = \begin{pmatrix}e^{-\frac{i\varphi}{2}}\cos\frac{\theta}{2}\\ e^{+\frac{i\varphi}{2}}\sin\frac{\theta}{2}\end{pmatrix},\quad w^{\lambda=-\frac{1}{2}} = \begin{pmatrix}-e^{-\frac{i\varphi}{2}}\sin\frac{\theta}{2}\\ e^{+\frac{i\varphi}{2}}\cos\frac{\theta}{2}\end{pmatrix} \tag{1.82}$$

geschrieben werden, wobei θ, und φ die Winkel in Kugelkoordinaten bezeichnen, welche die Richtung von $\mathbf{n} = \mathbf{p}/p$ ($\mathbf{n}$ =($\sin\theta\cos\varphi$, $\sin\theta\sin\varphi$, $\cos\theta$)) bestimmen. Für den Spezialfall $\mathbf{n}\|\mathbf{e}_z$, gilt $\theta = 0$, $\varphi = 0$, so dass man

$$w^{\lambda=\frac{1}{2}} = \begin{pmatrix}1\\0\end{pmatrix},\qquad w^{\lambda=-\frac{1}{2}} = \begin{pmatrix}0\\1\end{pmatrix}, \tag{1.83}$$

erhält. In der Aufgabe 1.14.16 auf Seite 53 wird (1.82) aus (1.83) unter Verwendung der Transformationsmatrix der Dirac-Wellenfunktion (1.74) ermittelt.

Die Wellenfunktionen für ein freies Teilchen mit Spin 1/2 im Zustand, welcher der Eigenzustand für die Energie, Impuls und Helizität ist, lauten

$$\psi^{(+)}_{E_{\mathbf{p}},\mathbf{p},\lambda}(\mathbf{r},t) = \frac{1}{\sqrt{2mc^2}} \begin{pmatrix} \sqrt{E_{\mathbf{p}} + mc^2} w^{\lambda} \\ \frac{c\mathbf{p}\sigma}{\sqrt{E_{\mathbf{p}}+mc^2}} w^{\lambda} \end{pmatrix} \exp\left(-i\frac{E_{\mathbf{p}}}{\hbar}t + i\frac{\mathbf{pr}}{\hbar}\right), \tag{1.84}$$

$$\psi^{(-)}_{E_{\mathbf{p}},\mathbf{p},\lambda}(\mathbf{r},t) = \frac{1}{\sqrt{2mc^2}} \begin{pmatrix} \frac{c\mathbf{p}\sigma}{\sqrt{E_{\mathbf{p}}+mc^2}} w'^{\lambda} \\ \sqrt{E_{\mathbf{p}} + mc^2 w'^{\lambda}} \end{pmatrix} \exp\left(+i\frac{E_{\mathbf{p}}}{\hbar}t - i\frac{\mathbf{pr}}{\hbar}\right). \tag{1.85}$$

In vielen Anwendungen werden die experimentell relevanten Größen als Spuren von Produkten der Bispinor-Amplituden der Lösung der Dirac-Gleichung und Dirac-Matrizen γ^{μ} dargestellt. Die Letzteren können ohne die explizite Gestalt der Amplituden $u_{\lambda}(\mathbf{p})$ und $v_{\lambda}(\mathbf{p})$ zu benutzen, berechnet werden. Als Beispiel siehe die Berechnung des Wirkungsquerschnitts für die Streuung im Coulombpotential im Abschn. 2.3.3 auf Seite 94 und für die Elektron-Elektron-Streuung im Abschn. 3.8.3 auf Seite 166.

1.9.1.1 Normierung, Orthogonalität und Vollständigkeit der Wellenfunktionen

In der Aufgabe 1.14.12 auf Seite 51 wird unter Verwendung der expliziten Lösungen der Dirac-Gleichung (1.84) und (1.85) für ein freies Teilchen die Orthogonalität und die Normierung der Amplituden bewiesen

$$\overline{u}_{\lambda}(\mathbf{p})\, u_{\lambda'}(\mathbf{p}) = \delta_{\lambda\lambda'}, \qquad \overline{u}_{\lambda}(\mathbf{p})\, v_{\lambda'}(\mathbf{p}) = 0,$$
$$\overline{v}_{\lambda}(\mathbf{p})\, v_{\lambda'}(\mathbf{p}) = -\delta_{\lambda\lambda'}, \qquad \overline{v}_{\lambda}(\mathbf{p})\, u_{\lambda'}(\mathbf{p}) = 0.$$

Die Normierungsbedingungen können unter Benutzung der Amplituden u^{+} und v^{+} unmittelbar in folgender Form geschrieben werden

$$u^{+}_{\lambda}(\mathbf{p})u_{\lambda'}(\mathbf{p}) = \frac{E_{\mathbf{p}}}{mc^2}\delta_{\lambda,\lambda'}, \quad v^{+}_{\lambda}(\mathbf{p})v_{\lambda'}(\mathbf{p}) = \frac{E_{\mathbf{p}}}{mc^2}\delta_{\lambda,\lambda'}.$$

Man kann unter Benutzung der expliziten Gestalt der Bispinor-Amplituden die Gültigkeit der Vollständigkeitsbedingung für u und v unmittelbar überprüfen

$$\sum_{\lambda} \left(u_{\lambda}(\mathbf{p})\overline{u}_{\lambda}(\mathbf{p}) - v_{\lambda}(\mathbf{p})\overline{v}_{\lambda}(\mathbf{p})\right) = I. \tag{1.86}$$

1.10 Die Löcher-Theorie und Positronen

Die Dirac-Gleichung für ein freies Teilchen besitzt Lösungen mit positiver und negativer Energie. Die Zustände positiver Energien werden mit Elektronen identifiziert. Die Stabilität der Zustände positiver Energie wird jedoch durch die Zustände negativer Energie gefährdet. Die Übergangswahrscheinlichkeit des Elektrons aus dem Grundzustand des H-Atoms in die Zustände negativer Energien im Intervall von $-mc^2$ bis $-2mc^2$ ist näherungsweise (siehe [9])

$$\frac{2\alpha^6}{\pi}\frac{mc^2}{\hbar} \approx 10^8 s^{-1},$$

wobei $\alpha = e^2/\hbar c$ die Feinstrukturkonstante bezeichnet. Die Übergangswahrscheinlichkeit in alle Zustände negativer Energie $(-mc^2, -\infty)$ ist unendlich. Wegen dieser Übergänge würde das H-Atom in sehr kurzer Zeit zerfallen (Abb. 1.5). Um die Dirac-Gleichung zu retten, hat Dirac 1930 [30] den Lösungen negativer Energien eine andere Interpretation gegeben. Die Schwierigkeit der Dirac-Gleichung mit den Zuständen negativer Energien ist zu seinem größten Triumph geworden, zur Vorhersage der Existenz des Positrons, des Antiteilchens des Elektrons.

Dirac hat angenommen, dass im Grundzustand (Vakuum) alle Zustände negativer Energien besetzt und Zustände positiver Energien unbesetzt sind. Wegen dem Pauli-Prinzip können für Teilchen mit Spin $1/2$ nur zwei Zustände pro Niveau besetzt werden. Die angeregten Zustände, welche den Zuständen positiver Energie entsprechen, bleiben jetzt stabil. Es wird angenommen, dass die unendliche Ladung und Energie der besetzten Zustände negativer Energie kompensiert werden, so dass die Ladung und Energie im Grundzustand (Vakuum) Null sind. Wir erläutern jetzt wie dieses Bild zur Existenz von Antiteilchen führt.

Ein Elektron negativer Energie kann durch Absorption von Strahlungsquanten (Photonen) in einen Zustand positiver Energie übergehen. Dieser Prozess wird schematisch in der Abb. 1.6a dargestellt und kann zuerst aus der Sicht des Beobachters folgendermaßen interpretiert werden. Die Photonen (wegen der Energie-Impulserhaltung müssen es mindestens zwei Photonen sein, siehe die Aufgabe 3.10.13 auf Seite 221) erzeugen ein Elektron mit der Ladung $-e_0$ und Energie $+E$ und ein Loch im Dirac-See der Zustände negativer Energie. Das Fehlen

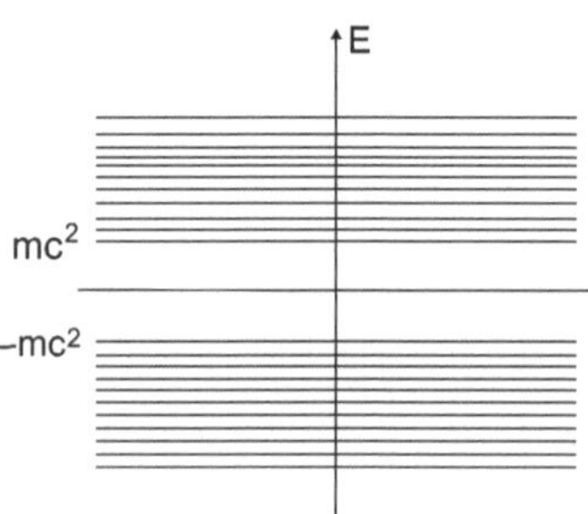

Abb. 1.5 Zustände positiver und negativer Energie für freie Elektronen

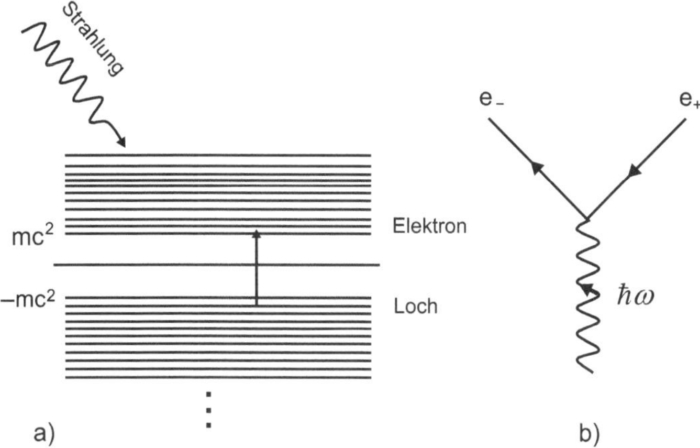

Abb. 1.6 (**a**) Schematische Darstellung der Elektron-Positron-Erzeugung durch Strahlung. Das entstandene Loch in der Dirac-See wird als Positron interpretiert. (**b**) Darstellung der Paarerzeugung mit Hilfe des Feynman-Graphs. Das Elektron und das Positron werden entsprechend durch die auslaufende und einlaufende Linie dargestellt. Das Elektron breitet sich in die Richtung des Pfeils aus. Dagegen breitet sich das Positron entgegen der Pfeilrichtung aus. Die Wellenlinie entspricht dem Strahlungsquantum

des Elektrons mit Ladung $-e_0$ und Energie $-E$ kann bezüglich des redefinierten Grundzustandes (alle Zustände negativer Energie sind besetzt, die Energie und die Ladung des Grundzustandes sind jedoch gleich Null) als *Teilchen* mit Ladung $+e_0$ und Energie $+E$ interpretiert werden: $(0-(-e_o))-0=e_o$ und $(0-(-E_p))-0=E_p$.[5] Dieses Teilchen ist das *Positron*. Aus der Energie-Impuls-Beziehung $E_\mathbf{p}$ folgt, dass das Positron die gleiche Masse wie das Elektron besitzt. Man erhält analog, dass, wenn dem Zustand negativer Energie der Impuls $\mathbf{p}$ entspricht, dann besitzt das Positron (Loch) den Impuls $-\mathbf{p}$. Der obige Prozeß der Paarerzeugung kann mittels des in der Abb. 1.6b gezeigten Feynman-Graphen veranschaulicht werden. Die Paarerzeugung mit einem Photon ist nur in äußeren Feldern möglich. Zwei Photonen können dagegen ein Teilchen-Antiteilchen-Paar erzeugen. Die Zuordnung der Zustände negativer Energie den Positronen erfolgt auf mathematischem Wege durch die Operation Ladungskonjugation. Siehe dazu die Aufgaben 1.14.30 und 1.14.31 auf Seite 62. Eine sehr elegante Zuordnung der Zustände negativer Energie den Positronen erfolgt in der Aufgabe 3.10.20 auf Seite 228 im Rahmen der Betrachtung der Dirac-Gleichung als Quantenfeld.

Der reziproke Prozeß zur Paarerzeugung ist die Zerstrahlung (Annihilation) von Elektron-Positron-Paaren. Dieser Prozeß wird schematisch in der Abb. 1.7 dargestellt. Das Elektron mit der Energie $E>0$ geht in den nicht besetzten Zustand mit $E<0$ (Loch) über. Der Energie-Überschuss wird in Form von Strahlungsquanten emittiert. Wegen der Energie-Impulserhaltung entstehen mindestens zwei

[5] Das Ergebnis ändert sich nicht, wenn man in diesen Beziehungen anstelle von Null ∞ einsetzt.

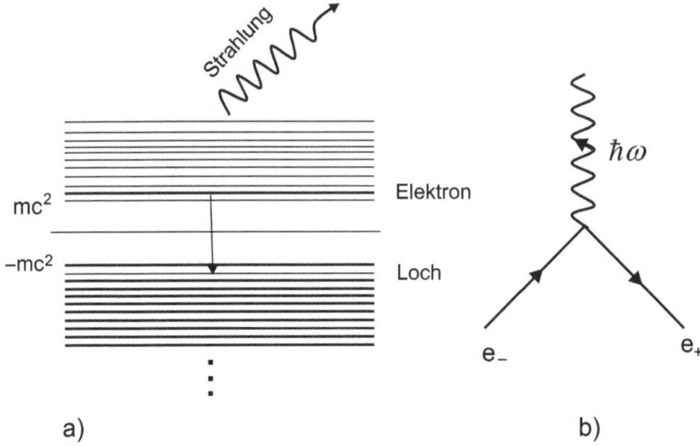

Abb. 1.7 (**a**) Schematische Darstellung der Elektron-Positron-Zerstrahlung. Das Elektron besetzt den freien Zustand negativer Energie und emittiert zwei γ-Quanten. (**b**) Darstellung der Elektron-Positron-Zesrstrahlung mit Hilfe des Feynman-Graphs

Photonen (siehe die Aufgabe 3.10.13 auf Seite 221). Der Feynman-Graph in der Abb. 1.7b stellt den Prozess der Paarvernichtung dar. Den Feynman-Graphen für die Elektron-Positron-Zerstrahlung erhält man aus dem Feynman-Graphen für die Elektron-Positron-Erzeugung durch die Drehung um 180° und Vertauschung der Teilchen mit Antiteilchen (siehe den Abschn. 3.8.4). Im Abschn. 3.8.6 auf Seite 177 wird der Wirkungsquerschnitt für die Elektron-Positron-Annihilation berechnet. Die für diesen Prozess relevanten Feynman-Graphen findet man in der Abb. 3.10 auf Seite 179, b). Die obige Betrachtung zeigt, dass die Löcher-Theorie Prozesse mit Erzeugung und Vernichtung von Teilchen zulässt. Die Einteilchen Dirac-Theorie, ergänzt durch die Löcher-Theorie, beschreibt also Prozesse mit Umwandlung von Teilchen. Die von Feynman entwickelte Propagator-Theorie der Dirac-Gleichung [27] (siehe den nachfolgenden Abschnitt) stellt eine elegante Realisierung der Diracschen Löcher-Theorie im Rahmen der Technik der Greenschen Funktion der Dirac-Gleichung dar, und ermöglicht eine quantitative Betrachtung von Prozessen mit Umwandlung von Teilchen (siehe auch den Abschn. 3.8 auf Seite 159). Die konsequente Theorie, die Prozesse mit Erzeugung und Vernichtung von Teilchen beschreibt ist die Quantenelektrodynamik (siehe z.B. [6–21]). Die Grundidee der Feldbeschreibung ist die Interpretation der Einteilchen-Wellengleichungen als Bewegungsgleichungen für die entsprechenden Quantenfelder (siehe die Aufgaben auf Seite 223 und 228). Für Prozesse mit Vernichtung und Erzeugung von Teilchen gilt die Wahrscheinlichkeitsinterpretation der Einteilchen-Theorie nicht mehr.

1.11 Die Dirac-Gleichung im äußeren elektromagnetischen Feld

Die Dirac-Gleichung im äußeren elektromagnetischen Feld erhält man durch die minimale Substitution

$$i\hbar\frac{\partial}{\partial t} \to i\hbar\frac{\partial}{\partial t} - eV, \qquad \frac{\hbar}{i}\nabla \to \frac{\hbar}{i}\nabla - \frac{e}{c}\mathbf{A}$$

in der Dirac-Gleichung für ein freies Teilchen

$$i\hbar\frac{\partial\psi}{\partial t} = \left(c\,\boldsymbol{\alpha}\,\frac{\hbar}{i}\nabla + mc^2\beta\right)\psi$$

als

$$i\hbar\frac{\partial\psi}{\partial t} = \left(c\,\boldsymbol{\alpha}\,\left(\frac{\hbar}{i}\nabla - \frac{e}{c}\mathbf{A}\right) + mc^2\beta + eV\right)\psi. \tag{1.87}$$

Die elektrodynamischen Potentiale V und $\mathbf{A}$ werden als Vierer-Potential $A^\mu = (V, \mathbf{A})$ zusammengefasst. Der Hamilton-Operator für ein Teilchen im elektromagnetischen Feld ergibt sich aus (1.87) zu

$$H = c\boldsymbol{\alpha}\left(\mathbf{p} - \frac{e}{c}\mathbf{A}\right) + mc^2\beta + eV.$$

In der Aufgabe 2.4.5 auf Seite 101 wird gezeigt, dass die Dirac-Gleichung (1.87) invariant bezüglich der Eichtransformation der Potentiale

$$V \to V' = V - \frac{1}{c}\frac{\partial\chi}{\partial t}, \qquad \mathbf{A} \to \mathbf{A}' = \mathbf{A} + \nabla\chi$$

ist, wenn die Wellenfunktion in Übereinstimmung mit

$$\psi \quad \to \quad \psi' \exp\left(-i\frac{e\,\chi}{c\,\hbar}\right)$$

transformiert wird. $\chi(\mathbf{r}, t)$ ist eine beliebige Funktion. Die Vierer-Stromdichte $j^\mu = c\overline{\psi}\gamma^\mu\psi$ ist eine messbare Größe und bleibt dabei unverändert. Für die Implementierung der lokalen Eichtransformationen in der Feldtheorie siehe die Aufgabe 3.10.30 auf Seite 240. In dieser Aufgabe wird gezeigt, wie die Wechselwirkung mit dem elektromagnetischen Feld aus der Invarianz der Lagrangedichte gegenüber der lokalen Eichtransformation des Feldes abgeleitet werden kann.

1.12 Die Greensche Funktion der Dirac-Gleichung

Die retardierte Greensche Funktion der Dirac-Gleichung kann durch die Eigenfunktionen der Lösung der Dirac-Gleichung, welche eine vollständige Basis bilden, wie folgt ausgedrückt werden

$$S_0 = \begin{cases} \int d^3p \sum\limits_\lambda \left(\psi^{(+)}_{\mathbf{p},\lambda}(\mathbf{r}_2, t_2)\overline{\psi}^{(+)}_{\mathbf{p},\lambda}(\mathbf{r}_1, t_1) + \psi^{(-)}_{\mathbf{p},\lambda}(\mathbf{r}_2, t_2)\overline{\psi}^{(-)}_{\mathbf{p},\lambda}(\mathbf{r}_1, t_1) \right), & t_2 > t_1 \\ 0, & t_2 < t_1 \end{cases}. \tag{1.88}$$

Beachten Sie, dass in (1.88) die nach Dirac konjugierten Spinoren $\overline{\psi}^{(\pm)}_{\mathbf{p},\lambda}(\mathbf{r}, t)$ stehen. Die Wellenfunktionen der freien Teilchen

$$\psi^{(+)}_{\mathbf{p},\lambda}(\mathbf{r}, t) = \sqrt{\frac{mc^2}{(2\pi\hbar)^3 E_\mathbf{p}}} u(\mathbf{p}, \lambda)\, e^{-ipx/\hbar}, \quad \psi^{(-)}_{\mathbf{p},\lambda}(\mathbf{r}, t) = \sqrt{\frac{mc^2}{(2\pi\hbar)^3 E_\mathbf{p}}} v(\mathbf{p}, \lambda)\, e^{ipx/\hbar}, \tag{1.89}$$

mit Bispinor-Amplituden $u(\mathbf{p}, \lambda)$ und $v(\mathbf{p}, \lambda)$, die durch die Gleichung (1.80) definiert sind, sind Lösungen der Dirac-Gleichung mit Impuls $\mathbf{p}$, Energie $\pm\sqrt{c^2\mathbf{p}^2 + m^2c^4}$ und Helizität λ. Die Vorfaktoren $\sqrt{mc^2/(2\pi\hbar)^3 E_\mathbf{p}}$ in den Wellenfunktionen $\psi^{(\pm)}_{\mathbf{p},\lambda}(\mathbf{r}, t)$ in (1.89) gewährleisten die Normierung auf Delta-Funktion. Die Wellenfunktionen $\psi^{(+)}_{\mathbf{p},\lambda}(\mathbf{r}, t)$ und $\psi^{(-)}_{\mathbf{p},\lambda}(\mathbf{r}, t)$ sind orthogonal zueinander. Die retardierte Greensche Funktion S_0 entspricht dem Fall, wenn die Zustände negativer Energie unbesetzt sind, und ist wegen der daraus folgenden Instabilität der Zustände positiver Energie unbefriedigend. Die Ausbreitungsamplitude für den Fall, dass die Zustände negativer Energie besetzt sind, erhält man aus (1.88) durch Subtraktion des Beitrages der Zustände negativer Energie für alle Zeiten

$$S_0^c(\mathbf{r}_2, t_2; \mathbf{r}_1, t_1) = \begin{cases} \int d^3p \sum\limits_\lambda \psi^{(+)}_{\mathbf{p},\lambda}(\mathbf{r}_2, t_2)\overline{\psi}^{(+)}_{\mathbf{p},\lambda}(\mathbf{r}_1, t_1), & t_2 > t_1 \\ -\int d^3p \sum\limits_\lambda \psi^{(-)}_{\mathbf{p},\lambda}(\mathbf{r}_2, t_2)\overline{\psi}^{(-)}_{\mathbf{p},\lambda}(\mathbf{r}_1, t_1), & t_2 < t_1 \end{cases}. \tag{1.90}$$

Die Gl. (1.90) ist die kausale Greensche Funktion der Dirac-Gleichung, die auch als kausale Ausbreitungsfunktion bzw. Propagator bezeichnet wird. Sie stellt den Kernpunkt der Feynman-Theorie des Positrons dar. Die kausale Ausbreitungsfunktion (1.90) beschreibt, wie wir unten sehen werden, den kausalen Zusammenhang bei Erzeugung und Vernichtung von Teilchen in verschiedenen Punkten von Raum und Zeit. Unter Benutzung der Projektionsoperatoren

$$\Lambda_+(p) = \sum_\lambda u_n^\lambda(p)\overline{u}_n^\lambda(p) = \frac{\not p + mc}{2mc}, \quad \Lambda_-(p) = -\sum_\lambda v_n^\lambda(p)\overline{v}_n^\lambda(p) = \frac{mc - \not p}{2mc}, \tag{1.91}$$

(siehe die Aufgabe 1.14.19 auf Seite 56) erhält man aus (1.90) (weiter in relativistischen Einheiten $c = \hbar = 1$) die kausale Greensche Funktion als

$$S_0^c(\mathbf{r}_2, t_2; \mathbf{r}_1, t_1) = \begin{cases} \int_p \frac{m}{E_\mathbf{p}} \frac{\not p + m}{2m} e^{-iE_\mathbf{p}(t_2 - t_1) + i\mathbf{p}(\mathbf{r}_2 - \mathbf{r}_1)}, & t_2 > t_1 \\ -\int_p \frac{m}{E_\mathbf{p}} \frac{\not p - m}{2m} e^{iE_\mathbf{p}(t_2 - t_1) - i\mathbf{p}(\mathbf{r}_2 - \mathbf{r}_1)}, & t_2 < t_1 \end{cases}. \tag{1.92}$$

Das Symbol $\int_p$ ist Abkürzung für $\int d^3p/(2\pi)^3$. Der Ausdruck (1.92) kann unmittelbar wie folgt geschrieben werden

$$S_0^c(\mathbf{r}_2, t_2; \mathbf{r}_1, t_1) = i(i\not\nabla_2 + m)\int_p \frac{1}{2iE_{\mathbf{p}}}\left(\theta(t_2 - t_1)e^{-ip(x_2-x_1)} + \theta(t_1 - t_2)e^{ip(x_2-x_1)}\right), \tag{1.93}$$

wobei $\theta(t)$ die Stufenfunktion ist. Das Integral über $\mathbf{p}$ in (1.93) ist exakt der Propagator für die Klein-Gordon-Gleichung (1.24)

$$G_0^c(x_2 - x_1) = \int \frac{d^4p}{(2\pi)^4}\exp(-ip(x_2 - x_1))\frac{1}{p^2 - m^2 + i\varepsilon}.$$

Somit erhalten wir den Ausdruck für den Propagator der Dirac-Gleichung

$$S_0^c(x_2 - x_1) = i(i\not\nabla_2 + m)G_0^F(x_2 - x_1) = i\int_{-\infty}^{\infty}\frac{d^4p}{(2\pi)^4}\frac{\not p + m}{p^2 - m^2 + i\varepsilon}e^{-ip(x_2-x_1)}. \tag{1.94}$$

Daraus erhält man die Fourier-Transformierte der kausalen Ausbreitungsfunktion als

$$S_0^c(p) = i\frac{\not p + m}{p^2 - m^2 + i\varepsilon} = \frac{i}{\not p - m + i\varepsilon}. \tag{1.95}$$

In (1.95) ist ε eine infinitesimale positive Größe, die den Umlauf der Pole $p = \pm m$ bei der Integration über p^0 in (1.94) regelt. Für $t_2 > t_1$ wird der Integrationsweg in der unteren Halbebene geschlossen, während für $t_2 < t_1$ in der oberen Halbebene (siehe die Abb. 1.1 auf Seite 8). Die Integration über p^0 ergibt wieder (1.90). Aus der Gleichung für die Fourier-Transformierte

$$(\not p - m + i\varepsilon)S_0^c(p) = i$$

folgt unmittelbar die Gleichung für $S_0^c(x_2 - x_1)$

$$(i\not\nabla_2 - m)\,S_0^c(x_2 - x_1) = i\delta^{(4)}(x_2 - x_1). \tag{1.96}$$

In den Büchern über die Quantenfeldtheorie wird der Feynman-Propagator entsprechend der Gleichung

$$S_0^F(x_2 - x_1) = -i\,S_0^c(x_2 - x_1)$$

definiert. Seine Fourier-Transformierte

$$S_0^F(p) = \frac{1}{\not p - m + i\varepsilon} \tag{1.97}$$

unterscheidet sich von $S_0^c(p)$ durch den Faktor i.

Um die Propagator-Formulierung auf Teilchen im äußeren elektromagnetischen Feld zu erweitern, betrachten wir die Dirac-Gleichung im äußeren elektromagnetischen Feld

$$\left[(i \not{\nabla} - e \not{A}) - m\right] \psi = 0.$$

Die entsprechende Differentialgleichung für den Propagator $S^c(2, 1)$ im äußeren elektromagnetischen Feld ist folglich gegeben durch

$$(i \not{\nabla}_2 - m) S^c(2, 1) = i\delta^{(4)}(2 - 1) + e \not{A}(2) S^c(2, 1) \tag{1.98}$$

Die Letztere läßt sich wie folgt als Integralgleichung schreiben

$$S^c(2, 1) = S_0^c(2, 1) - ie \int d^4 3 S_0^c(2, 3) \gamma^\mu A_\mu(3) S^c(3, 1). \tag{1.99}$$

Die Anwendung des Operators $i \not{\nabla}_2 - m$ von links auf (1.99) ergibt sofort die Gl. (1.98). Dies beweist die Äquivalenz der beiden Darstellungen. Die Iteration der Integralgleichung (1.99) ergibt die Störungsreihe von S^c nach Potenzen des Vierer-Potentials des äußeren elektromagnetischen Feldes. Die zweifache Iteration von (1.99) ergibt

$$\begin{aligned} S^c(2, 1) &= S_0^c(2, 1) - ie \int d^4 3 S_0^c(2, 3) \gamma^\mu A_\mu(3) S_0^c(3, 1) + \\ &(-ie)^2 \int d^4 3 \int d^4 4 S_0^c(2, 3) \gamma^\mu A_\mu(3) S_0^c(3, 4) \gamma^\nu A_\nu(4) S_0^c(4, 1) + \cdots \end{aligned} \tag{1.100}$$

Die einzelnen Terme können mittels derselben Graphen wie die in der Abb. 1.2 auf Seite 10 für die Klein-Gordon-Gleichung repräsentiert werden. Natürlich werden in beiden Fällen den Graphen verschiedene analytische Ausdrücke zugeordnet. Die den einzelnen Elementen der Graphen in der Abb. 1.2 entsprechenden analytischen Ausdrücke ergeben sich aus dem direkten Vergleich von Abb. 1.2 mit (1.100). Der erste Graph beschreibt die freie Ausbreitung des Elektrons. Die Zeit nimmt entlang der Pfeilrichtung zu, so dass zur S_0^c nur die Lösungen positiver Energie beitragen. Der nächste Graph beschreibt die einfache Streuung des Teilchens im Feld. Da die Zeiten t_1 vor und t_2 nach der Streuung entsprechend gegen $-\infty$ und ∞ gewählt werden, genügt die Zeit t_3 der Bedingung $t_1 < t_3 < t_2$. Deswegen tragen in den Ausbreitungsamplituden $S_0^c(3, 1)$ und $S_0^c(2, 3)$ nur die positiven Energien bei. Der Prozeß erster Ordnung erfüllt offensichtlich die Forderung, dass nur Übergänge in die Zustände positiver Energien möglich sind.

Die letzten zwei Graphen beschreiben die Prozesse zweiter Ordnung und entsprechen dem letzten Term in (1.100). Der Graph (a) beschreibt die gewöhnliche zweifache Streuung des Elektrons. Die Zeit nimmt entlang der Pfeile zu, so dass zu allen S_0^c nur die positiven Energien beitragen. Im Graphen (b) entlang der Weltlinie

$(3 \to 4)$ bewege man sich zurück in der Zeit. Entsprechend beschreibt $S_0^c(3;4)$ die Ausbreitung Zustände negativer Energien rückwärts in der Zeit. Im Kontext des Dirac-Sees kann die Ausbreitung eines Zustandes negativer Energie von 3 nach 4 wie folgt interpretiert werden. Das Entstehen eines Zustandes negativer Energie in 4 wird als Loch interpretiert und entspricht der Erzeugung eines Elektron-Positron-Paares. Das Elektron bewegt sich von 4 nach 2, während das Loch von 4 nach 3. Das Verschwinden des Zustandes negativer Energie in 3 (eines Loches) wird als Elektron-Positron-Annihilation interpretiert. Das aus 1 kommende Elektron besetzt den Zustand negativer Energie in 3, oder anders ausgedrückt, annihiliert in 3 mit dem aus 4 ankommenden Positron. Die Prozeße in 3 und 4 können auch ohne den direkten Bezug zur Löcher-Theorie folgendermaßen interpretiert werden: in 4 wird auf Kosten des äußeren Feldes ein virtuelles Elektron-Positron-Paar erzeugt. Das in 4 erzeugte Elektron bewegt sich nach 2, während das Positron, das sich vorwärts in der Zeit bewegt, mit dem Elektron in 3 annihiliert. Das Vorzeichen Minus für die Amplitude befindet sich in Übereinstimmung mit dem Pauli-Prinzip. Das ursprüngliche Elektron mit positiver Energie in 1 wird in 2 durch ein Elektron aus dem Dirac-See ersetzt. Deswegen besitzt die diesem Prozess entsprechende Amplitude das Vorzeichen Minus.

Die Prozesse zweiter Ordnung zeigen, dass es nur Übergänge in Zustände positiver Energie gibt. Die von Stueckelberg und Feynman eingeführte kausale Ausbreitungsfunktion stellt eine elegante Realisierung der Besetzung der Zustände negativer Energien in der Dirac-Theorie dar. Im Abschn. 2.3.2 auf Seite 92 (siehe auch den Abschn. 3.8.4) wird am Beispiel der Streuung im Coulombfeld ausführlich erläutert, wie die Ausbreitung der Zustände negativer Energie rückwärts in der Zeit der Positronen-Streuung zugeordnet wird.

Die Greensche Funktion beschreibt die Zeitevolution der Wellenfunktion

$$\psi(\mathbf{r}_2, t_2) = \int d^3r_1 S(\mathbf{r}_2, t_2; \mathbf{r}_1, t_1)\gamma^0\psi(\mathbf{r}_1, t_1). \tag{1.101}$$

Der Faktor γ^0 in (1.101) ist darauf zurückzuführen, dass in der Definition der retardierten und der kausalen Greenschen Funktionen in (1.88) und (1.90) die Dirac-konjugierte Wellenfunktion benutzt wurde. Die Art und Weise wie sich ein Zustand in der Zeit ausbreitet, hängt davon ab, ob man in (1.101) die retardierte oder die kausale Greensche Funktion benutzt. Die Benutzung der kausalen Ausbreitungsfunktion für ein freies Teilchen $S_0^c(\mathbf{r}_2, t_2; \mathbf{r}_1, t_1)$ sorgt dafür, dass in (1.101) für $t_2 > t_1$ nur die Lösungen positiver Energie und für $t_2 < t_1$ nur die Lösungen negativer Energie beitragen (siehe die Aufgabe 1.14.36 auf Seite 64).

1.13 Wellenpakete

Die allgemeine Lösung der zeitabhängigen Dirac-Gleichung kann als Superposition der Lösungen (1.84) und (1.85) mit bestimmter Energie (positiv und negativ), Impuls und Helizität dargestellt werden

$$\psi(\mathbf{r},t)=\int\frac{d^3p}{(2\pi\hbar)^{3/2}}\sqrt{\frac{mc^2}{E_\mathbf{p}}}\sum_\lambda\left(b(\mathbf{p},\lambda)\;u(\mathbf{p},\lambda)\;e^{-ipx/\hbar}+d^*(\mathbf{p},\lambda)\;v(\mathbf{p},\lambda)\;e^{ipx/\hbar}\right),\tag{1.102}$$

wobei $b(\lambda,\mathbf{p})$ und $d^*(\lambda,\mathbf{p})$ komplexe Koeffizienten sind, und px die Abkürzung für das Vierer-Skalarprodukt $p^\mu x_\mu$ bezeichnet. Der Ausdruck (1.102) kann mittels der Greenschen Funktion der Dirac-Gleichung (1.88) in äquivalenter Form wie folgt geschrieben werden

$$\psi(\mathbf{r},t)=\int d^3r_0 S_0(\mathbf{r},t;\mathbf{r}_0,0)\gamma^0\psi(\mathbf{r}_0,0).\tag{1.103}$$

Die Gleichung (1.103) kann benutzt werden, um z.B. die Zeitevolution eines gaußverteilten Wellenpakets

$$\psi(\mathbf{r},0)=\frac{1}{(\pi d^2)^{3/4}}\exp\left(-\frac{\mathbf{r}^2}{2d^2}\right)u_0$$

zu beschreiben. Hierbei ist u_0 ein Bispinor, z.B. $\begin{pmatrix}\varphi\\0\end{pmatrix}$, so dass das Paket zum Zeitpunkt $t=0$ eine Superposition von Zuständen positiver Energie darstellt. Das Einsetzen von $\psi(\mathbf{r},0)$ und der Greenschen Funktion (1.88) in (1.103) ermöglicht es, die Integration über $\mathbf{r}_0$ auszuführen. Das Ergebnis kann in der Form eines Wellenpakets (1.102) geschrieben werden. Die Koeffizienten $b(\mathbf{p},\lambda)$ und $d^*(\mathbf{p},\lambda)$ findet man dabei als

$$b(\mathbf{p},\lambda)=\sqrt{\frac{mc^2}{E_\mathbf{p}}}\left(4\pi d^2\right)^{3/4}\exp\left(-\frac{d^2\mathbf{p}^2}{2\hbar^2}\right)u^+(\mathbf{p},\lambda)u_0,\tag{1.104}$$

$$d^*(\mathbf{p},\lambda)=\sqrt{\frac{mc^2}{E_\mathbf{p}}}\left(4\pi d^2\right)^{3/4}\exp\left(-\frac{d^2\mathbf{p}^2}{2\hbar^2}\right)v^+(\mathbf{p},\lambda)u_0.\tag{1.105}$$

Der Koeffizient $d^*(\mathbf{p},\lambda)$, welcher den Beitrag der Lösungen negativer Energie berücksichtigt, ist verschieden von Null, weil das Produkt $v^+(\mathbf{p},\lambda)u_0$ nicht verschwindet. Die obige Betrachtung zeigt also, dass das Wellenpaket, welches zum Zeitpunkt $t=0$ nur aus Lösungen positiver Energie besteht, für $t>0$ eine Superposition der Lösungen positiver und negativer Energie beinhaltet.

Die explizite Berechnung der dem Wellenpaket entsprechenden mittleren Stromdichte

$$\left\langle j^k\right\rangle=c\int d^3r\overline{\psi}(\mathbf{r},t)\gamma^k\psi(\mathbf{r},t)$$

ergibt

$$
\begin{aligned}
\langle \mathbf{j} \rangle = & \int d^3p \frac{mc^2}{E_{\mathbf{p}}} \sum_{\lambda} \frac{c^2\mathbf{p}}{E_{\mathbf{p}}} \left(|b(\mathbf{p}, \lambda)|^2 + |d(\mathbf{p}, \lambda)|^2 \right) \\
& + ic \int d^3p \frac{mc^2}{E_{\mathbf{p}}} \sum_{\lambda} \sum_{\lambda'} b^*(\mathbf{p}, \lambda) d^*(-\mathbf{p}, \lambda') \exp(2iE_{\mathbf{p}}t/\hbar) u^+(\mathbf{p}, \lambda) \gamma^0 \gamma v(-\mathbf{p}, \lambda') \\
& - ic \int d^3p \frac{mc^2}{E_{\mathbf{p}}} \sum_{\lambda} \sum_{\lambda'} d(\mathbf{p}, \lambda) b(-\mathbf{p}, \lambda) \exp(-2iE_{\mathbf{p}}t/\hbar) v^+(\mathbf{p}, \lambda) \gamma^0 \gamma u(-\mathbf{p}, \lambda').
\end{aligned}
\tag{1.106}
$$

Bei der Auswertung des ersten Terms wurde die explizite Gestalt der Bispinor-Amplituden (1.80) benutzt (siehe auch die Berechnung der Stromdichte für ein freies Teilchen in der Aufgabe 1.14.21 auf Seite 58). Während der erste Term die zeitunabhängige Gruppengeschwindigkeit des Wellenpakets darstellt, beinhalten die beiden letzten Terme eine Interferenz der Lösungen positiver und negativer Energie, welche oszillierend sind. Diese Oszillationen werden als Zitterbewegung (siehe auch Aufgabe 1.14.26) bezeichnet. Die Frequenz dieser Oszillationen erhält man aus (1.106) als

$$
\omega_{zb} = \frac{2E_{\mathbf{p}}}{\hbar} > \frac{2mc^2}{\hbar} \sim 2 \times 10^{21} \mathrm{s}^{-1}.
$$

Die Betrachtung der Zitterbewegung als Interferenz der Zustände positiver und negativer Energien spiegelt die Schwierigkeiten der Einteilchen-Quantentheorie, die durch die Lösungen negativer Energie bedingt sind, wieder. Für die Betrachtung der Zeitevolution des Wellenpakets ist es daher angebracht anstelle der retardierten Greenschen Funktion (1.88) die kausale Greensche Funktion (1.90) zu benutzen. Die Zeitevolution des Wellenpakets wird deswegen durch die Gleichung (1.103) mit der kausalen Greenschen Funktion $S_0^c(\mathbf{r}, t; \mathbf{r}_0, 0)$ anstelle von $S_0(\mathbf{r}, t; \mathbf{r}_0, 0)$ beschrieben. Dies hat zur Folge, dass das Wellenpaket für $t > 0$ nur aus Zuständen positiver Energien

$$
\psi(\mathbf{r}, E > 0) = \int \frac{d^3p}{(2\pi\hbar)^{3/2}} \sqrt{\frac{mc^2}{E_{\mathbf{p}}}} \sum_{\lambda} b(\mathbf{p}, \lambda)\, u(\mathbf{p}, \lambda)\, e^{-ipx/\hbar} \tag{1.107}
$$

besteht. Die Wellenfunktion für $t < 0$ ist gegeben durch

$$
\psi(\mathbf{r}, E < 0) = -\int \frac{d^3p}{(2\pi\hbar)^{3/2}} \sqrt{\frac{mc^2}{E_{\mathbf{p}}}} \sum_{\lambda} d^*(\mathbf{p}, \lambda)\, v(\mathbf{p}, \lambda)\, e^{ipx/\hbar}. \tag{1.108}
$$

Hierbei sind $b(\mathbf{p}, \lambda)$ und $d^*(\mathbf{p}, \lambda)$ entsprechend durch die Gln. (1.105) und (1.104) definiert. Unter Benutzung der expliziten Gestalt der Amplituden $u(\mathbf{p}, \lambda)$ und $v(\mathbf{p}, \lambda)$ für ein freies Teilchen in der Gl. (1.80) auf Seite 33 kann unmittelbar überprüft werden, dass das Verhältnis $d^*(\mathbf{p}, \lambda)/b(\mathbf{p}, \lambda)$ von der Größenordnung

$c\,|\mathbf{p}|\,/(mc^2 + E_\mathbf{p})$ ist, und folglich nur für $|\mathbf{p}| \sim mc$ (ultrarelativistische Geschwindigkeiten) von Bedeutung ist.

Die Wellenfunktion $\psi(\mathbf{r}, E < 0)$ entspricht der Ausbreitung der Zustände negativer Energie rückwärts in der Zeit, welche als Ausbreitung von Positronen vorwärts in der Zeit interpretiert wird. Das Wellenpaket in der kausalen Beschreibung der Ausbreitung der Teilchenzustände ist eine Superposition der Elektronen-Zustände (1.107) und der Positronen-Zustände (1.108). Durch diese Superposition kommt es zu Ortsschwankungen des Elektrons, welche von der Größenordnung der Compton-Wellenlänge $\hbar c/m$ sind. Das beinhaltet die Interpretation der Zitterbewegung in der Vielteilchen-Betrachtung der relativistischen Wellengleichungen als Superposition der Elektronen- und Positronen-Zustände. Die Orts-Lokalisierung in einem Wellenpaket ist im Prinzip analog der Lokalisierung durch äußere Felder, so dass die Entstehung von Teilchen-Antiteilchen-Paaren in einem Wellenpaket ähnlich der Erzeugung von virtuellen Elektron-Positron-Paaren in einem äußeren Feld ist. Letztere wird am Ende der Aufgabe 2.4.30 auf Seite 129 im Zusammenhang mit dem nichtrelativistischen Grenzfall der kausalen Greenschen Funktion der Klein-Gordon-Gleichung betrachtet. Siehe auch die Diskussion zur Interpretation des Darwin-Terms im Abschn. 2.1.3 auf Seite 75.

1.14 Aufgaben

1.14.1 Transformation von Energie und Impuls unter der Lorentz-Transformation

Das Inertialsystem S' bewege sich mit der Geschwindigkeit v entlang der x-Achse des Inertialsystems S. Bestimmen Sie die Transformation der Energie und des Impulses beim Übergang von S zu S'. Die Achsen von S' und S seien parallel.

1.14.2 Transformation der elektrischen und magnetischen Felder unter der Lorentz-Transformation

Das Inertialsystem S' bewege sich mit der Geschwindigkeit v entlang der x-Achse des Inertialsystems S. Bestimmen Sie die Transformation der Feldstärken des elektrischen Feldes $\mathbf{E}$ und des Magnetfeldes $\mathbf{B}$ beim Übergang von S zu S'. Als Beispiel betrachten Sie eine unendlich lange, homogen geladene Platte, die im Bezugssystem S ruht und in der xy-Ebene liegt. Die Flächenladungsdichte der Platte ist σ. Wie läßt sich das $\mathbf{B}$-Feld in S' interpretieren?

1.14.3 Invarianten des elektromagnetischen Feldes

(a) Zeigen Sie, dass die Größe $\mathbf{B}^2 - \mathbf{E}^2$ eine Invariante der Lorentz-Transformation ist.

Hinweis: Konstruieren Sie mit Hilfe des Feldstärke-Tensors $F^{\mu\nu}$ einen Vierer-Skalar.

(b) Zeigen Sie unter Benutzung der Ergebnisse der Aufgabe 1.14.2, dass das Skalarprodukt **EB** der Stärken des elektrischen Feldes **E** und des Magnetfeldes **B** invariant unter der Lorentz-Transformation ist.

Wie kann die Lorentz-Invarianz von **EB** unter Verwendung des Feldstärke-Tensors $F^{\mu\nu}$ und des vollständig antisymmetrischen Tensors vierter Stufe $\varepsilon^{\alpha\beta\mu\nu}$ ($\varepsilon^{0123} = 1$) bewiesen werden?

1.14.4 Lorentzinvarianz der Klein-Gordon-Gleichung

Beweisen Sie die Lorentzinvarianz der Klein-Gordon-Gleichung.

1.14.5 Der nichtrelativistische Grenzfall der Klein-Gordon-Gleichung

Die Substitution

$$\Psi(\mathbf{r}, t) = \exp(-\frac{imc^2}{\hbar}t)\varphi(\mathbf{r}, t)$$

in der Klein-Gordon-Gleichung für ein freies Teilchen ermöglicht es, die Ruheenergie abzuseparieren. Leiten Sie für φ unter Berücksichtigung der $1/c^2$-Korrektur die Schrödingergleichung

$$i\hbar\frac{\partial}{\partial t}\varphi = H\varphi$$

mit dem Hamilton-Operator

$$H = \frac{\mathbf{p}^2}{2m} - \frac{(\mathbf{p}^2)^2}{8m^3c^2} + \cdots \tag{1.109}$$

her. Alternativ kann H direkt durch die Entwicklung der Hamilton-Funktion $\sqrt{c^2\mathbf{p}^2 + m^2c^4} - mc^2$ nach Potenzen von $\mathbf{p}^2$ hergeleitet werden.

1.14.6 Ladungskonjugation für die Klein-Gordon-Gleichung

Zeigen Sie, dass die Klein-Gordon-Gleichung für ein freies Teilchen invariant gegenüber der Transformation der Wellenfunktion

$$\psi \to \psi_c(\mathbf{r}, t) = C\psi(\mathbf{r}, t) \equiv \psi^*(\mathbf{r}, t),$$
$$\psi^* \to \psi_c^*(\mathbf{r}, t) = C\psi^*(\mathbf{r}, t) \equiv \psi(\mathbf{r}, t),$$

welche als Ladungskonjugation bezeichnet wird, ist. Überzeugen Sie sich, dass, wenn die Wellenfunktion ψ die Eigenfunktion der Operatoren $\hat{E} = i\hbar\frac{\partial}{\partial t}$, $\hat{\mathbf{p}} = -i\hbar\nabla$ ist, dann ist die ladungskonjugierte Wellenfunktion ψ_c auch Eigenfunktion dieser Operatoren. Wie hängen die Eigenwerte von $\hat{E}$ und $\hat{\mathbf{p}}$ für die Eigenfunktionen ψ und ψ_c zusammen? Zeigen Sie weiter, dass die Vierer-Stromdichte unter der Ladungskonjugation das Vorzeichen ändert.

Die Transformation C ordnet der Lösung negativer Energie $\psi^{(-)}$, welche keine unmittelbare Bedeutung hat, die Wellenfunktion $\psi_c^{(+)}$ zu. Die Letztere entspricht einem Zustand positiver Energie und wird als Wellenfunktion eines Antiteilchens interpretiert. Deswegen beinhaltet die Ladungskonjugation das Vertauschen der Teilchen mit Antiteilchen. Aus der Änderung des Vorzeichens der Vierer-Stromdichte unter C folgt, dass das Teilchen und das Antiteilchen entgegengesetzte Ladungen besitzen (siehe auch die Aufgabe 1.14.7). Wenn beispielsweise $\psi^{(+)}$ π^--Mesonen beschreibt, dann entspricht $\psi_c^{(+)} = C\psi^{(-)}$ den π^+-Mesonen, welche Antiteilchen der π^--Mesonen darstellen. Die Zeichen $\pm$ am π weisen auf die Vorzeichen der Ladungen hin.

1.14.7 Ladungskonjugation für die Klein-Gordon-Gleichung im elektromagnetischen Feld

Ermitteln Sie die Form der Klein-Gordon-Gleichung im äußeren elektromagnetischen Feld für die ladungskonjugierte Wellenfunktion $\psi_c(r,t) = C\psi(r,t) \equiv \psi^*(r,t)$. Welche Transformation der elektrodynamischen Potentiale ist erforderlich, damit die Wellengleichung für $\psi_c(r,t)$ mit der Klein-Gordon-Gleichung für $\psi(r,t)$ übereinstimmt?

1.14.8 Die Schrödinger-Form der Klein-Gordon-Gleichung

Zeigen Sie, dass die Wahrscheinlichkeitsdichte der Klein-Gordon-Gleichung

$$\varrho = \frac{i\hbar}{2mc^2}\left(\psi^*\frac{\partial\psi}{\partial t} - \frac{\partial\psi^*}{\partial t}\psi\right)$$

unter Benutzung des Ansatzes

$$\psi = \varphi + \chi, \quad \frac{i\hbar}{mc^2}\frac{\partial\psi}{\partial t} = \varphi - \chi$$

wie folgt geschrieben werden kann

$$\varrho = e\left(\varphi^*\varphi - \chi^*\chi\right).$$

Zeigen Sie weiterhin, dass die Klein-Gordon-Gleichung (1.7) in äquivalenter Form als zwei gekoppelte Differentialgleichungen erster Ordnung bezüglich der Zeit

$$i\hbar\frac{\partial\varphi}{\partial t} = -\frac{\hbar^2}{2m}\nabla^2(\varphi+\chi) + mc^2\varphi, \quad i\hbar\frac{\partial\chi}{\partial t} = \frac{\hbar^2}{2m}\nabla^2(\varphi+\chi) - mc^2\chi \quad (1.110)$$

geschrieben werden kann. Die Funktionen φ und χ können als Spalte $\Psi = \begin{pmatrix}\varphi\\ \chi\end{pmatrix}$ zusammengefasst werden. Das Gleichungssystem (1.110) kann dann als Schrödingergleichung $i\hbar\partial\Psi/\partial t = H\Psi$ mit einem Hamilton-Operator H, welcher einer 2×2-Matrix entspricht, geschrieben werden. Die Form von H kann unmittelbar unter Verwendung von (1.110) ermittelt werden

$$H = -i\sigma_y\frac{\hbar^2}{2m}\nabla^2 + \sigma_z\left(-\frac{\hbar^2}{2m}\nabla^2 + mc^2\right).$$

Zeigen Sie, dass für ein freies Teilchen im nichtrelativistischen Grenzfall $\mathbf{p} \to 0$ für die Lösungen positiver und negativer Energie entsprechend gilt

$$\varphi^{(+)} \simeq e^{-imc^2t/\hbar}, \quad \chi^{(+)} = 0; \quad \varphi^{(-)} = 0, \quad \chi^{(-)} \simeq e^{imc^2t/\hbar}.$$

1.14.9 Die Heisenbergschen Bewegungsgleichungen für ein Teilchen mit Spin 0

Zeigen Sie, dass die Heisenbergsche Bewegungsgleichung

$$\frac{d\mathbf{r}}{dt} = \frac{i}{\hbar}[H, \mathbf{r}]$$

mit dem Hamilton-Operator

$$H = \sqrt{c^2\mathbf{p}^2 + m^2c^4}$$

die Gestalt

$$\frac{d\mathbf{r}}{dt} \equiv \mathbf{v} = \frac{c^2}{H}\mathbf{p} \quad (1.111)$$

besitzt. Die Gl. (1.111) ist kompatibel mit den ersten zwei Termen der Gl. (1.124) in der Aufgabe 1.14.26 auf Seite 60 in der entsprechenden Betrachtung der Heisenbergschen Bewegungsgleichungen für ein relativistisches Elektron.

Zeigen Sie, dass die Gl. (1.111) im klassischen relativistischen Grenzfall die Gestalt annimmt

$$\frac{dx^k}{d\tau} = \frac{p^k}{m},$$

wobei $d\tau = \sqrt{1 - \frac{v^2}{c^2}} dt$ die Eigenzeit bezeichnet.

Aus der Heisenbergschen Bewegungsgleichung

$$\frac{d\mathbf{p}}{dt} = \frac{i}{\hbar}\left[H, \mathbf{p}\right] = 0$$

folgt, dass der Impuls des Teilchens eine Erhaltungsgröße ist.

1.14.10 Algebra der Dirac-Matrizen α^k und β

Zeigen Sie, dass die Matrizen $\alpha^k = \begin{pmatrix} \hat{0} & \sigma^k \\ \sigma^k & \hat{0} \end{pmatrix}$ (k=1,2,3) und $\beta = \begin{pmatrix} \hat{1} & \hat{0} \\ \hat{0} & -\hat{1} \end{pmatrix}$ die Algebra der Antivertauschungsrelationen erfüllen:

$$\frac{1}{2}(\alpha^k\alpha^m + \alpha^m\alpha^k) = I\delta^{mk}, \quad \alpha^k\beta + \beta\alpha^k = 0,$$

und $\beta^2 = I$ (I: 4 × 4-Einheitsmatrix). Hierbei ist $\hat{1} = \begin{pmatrix} 1 & 0 \\ 0 & 1 \end{pmatrix}$ eine 2 × 2-Einheitsmatrix und σ^k sind die Pauli-Matrizen.

1.14.11 Linearunabhängige Matrizen der Produkte der γ-Matrizen

Mit Hilfe der Dirac-Matrizen γ^μ und der Einheitsmatrix können folgende 16 Matrizen gebildet werden

$$\begin{aligned}
\Gamma_S &= I, \\
\Gamma_V^\mu &= \gamma^\mu, \\
\Gamma_T^{\mu\nu} &= \sigma^{\mu\nu} = \frac{i}{2}(\gamma^\mu\gamma^\nu - \gamma^\nu\gamma^\mu), \\
\Gamma_P &= \gamma^5 \equiv i\gamma^0\gamma^1\gamma^2\gamma^3, \\
\Gamma_A^\mu &= \gamma^5\gamma^\mu.
\end{aligned}$$

Überprüfen Sie unter Benutzung der Antikommutationsrelationen, $\gamma^\mu\gamma^\nu + \gamma^\nu\gamma^\mu$=$2g^{\mu\nu}$, dass die Quadrate von Γ_n ($n = 1, 2, \ldots, 16$; $\Gamma_1 = I$) die Eigenschaft

$$(\Gamma_n)^2 = \pm I \tag{1.112}$$

besitzen. Beweisen Sie, dass für jede Matrix Γ_a $(a > 1)$ eine andere Matrix Γ_b gibt, so dass Γ_a und Γ_b antivertauschbar sind

$$\Gamma_a \Gamma_b + \Gamma_b \Gamma_a = 0. \tag{1.113}$$

Unter Benutzung von (1.112) und (1.113) kann unmittelbar bewiesen werden, dass die Matrizen Γ_n $(n > 1)$ spurfrei sind. Beweisen Sie weiterhin, dass für das Produkt der Matrizen Γ_a und Γ_b $a \neq b$ gilt

$$\Gamma_a \Gamma_b = c_n \Gamma_n \tag{1.114}$$

mit $n \in (2, \ldots, 16)$ und $c_n = \pm 1, \pm i$. Beweisen Sie die lineare Unabhängigkeit von Γ_n. Betrachten Sie dazu die Bedingung

$$\sum_{n=1}^{16} a_n \Gamma_n = 0$$

und zeigen Sie unter Benutzung der Eigenschaft, dass die Γ_n spurfrei sind, dass alle a_i gleich Null sind.

Die bilinearen Formen $\overline{\psi}(x)\Gamma_n\psi(x)$ besitzen bestimmte Transformationseigenschaften bezüglich der Lorentz-Transformationen. Die Indizes an den Γ_n in deren Definitionen weisen auf Skalar, Vektor, Tensor, Pseudoskalar, Axialvektor hin. Diese bilinearen Formen treten als Ströme in den Theorien der schwachen und der starken Wechselwirkungen auf.

Es kann unter Verwendung algebraischer Methoden gezeigt werden [31], dass der Rang der Dirac-Matrizen N mit der Zahl 16 der unabhängigen Matrizen Γ_n wie folgt zusammenhängt: $N^2 = 16$. Eine Folgerung dieser Aufgabe ist somit das Ergebnis, dass die Dirac-Matrizen den Rang 4 besitzen.

1.14.12 Orthogonalität der Lösungen der Dirac-Gleichung für freie Teilchen

Unter Benutzung der expliziten Lösung der Dirac-Gleichung für ein freies Teilchen

$$u(\mathbf{p}, \lambda) = \frac{1}{\sqrt{2mc^2}} \begin{pmatrix} \sqrt{E_{\mathbf{p}} + mc^2}\, w^\lambda \\ \frac{c\mathbf{p}\sigma}{\sqrt{E_{\mathbf{p}}+mc^2}} w^\lambda \end{pmatrix}, \quad v(\mathbf{p}, \lambda) = \frac{1}{\sqrt{2mc^2}} \begin{pmatrix} \frac{c\mathbf{p}\sigma}{\sqrt{E_{\mathbf{p}}+mc^2}} w'^\lambda \\ \sqrt{E_{\mathbf{p}} + mc^2}\, w'^\lambda \end{pmatrix}$$

und der Orthogonalität der zweikomponentigen Spinore w^λ, $(w^\lambda)^+ w^{\lambda'} = \delta^{\lambda\lambda'}$ mit $\lambda, \lambda' = \pm\frac{1}{2}$, beweisen Sie die Orthogonalitätsrelationen

$$\bar{u}(\mathbf{p},\lambda)u(\mathbf{p},\lambda') = \delta^{\lambda\lambda'}, \quad \bar{u}(\mathbf{p},\lambda)v(\mathbf{p},\lambda') = 0,$$
$$\bar{v}(\mathbf{p},\lambda)v(\mathbf{p},\lambda') = -\delta^{\lambda\lambda'}, \quad \bar{v}(\mathbf{p},\lambda)u(\mathbf{p},\lambda') = 0.$$

1.14.13 Zur infinitesimalen Transformation der Dirac-Wellenfunktion

Die Transformationsmatrix $S(\Lambda)$ der Dirac-Wellenfunktion unter einer infinitesimalen Lorentz-Transformation $\Lambda^{\nu}{}_{\mu} = \delta^{\nu}{}_{\mu} + \varepsilon^{\nu}{}_{\mu}$ kann in der Form

$$S(\Lambda) = 1 + b_{\nu\mu}\varepsilon^{\nu\mu} + \cdots$$

geschrieben werden. Setzen Sie $S(\Lambda)$ und $\Lambda^{\nu}{}_{\mu}$ in die Bestimmungsgleichung für S

$$\gamma^{\mu}\Lambda^{\nu}{}_{\mu} = S^{-1}\gamma^{\nu}S \tag{1.115}$$

ein. Stellen Sie durch Vergleich der Terme erster Ordnung nach Potenzen von ε auf beiden Seiten von (1.115) die Gültigkeit der folgenden Gleichung für b

$$[\gamma^{\sigma}, b_{\nu\mu}\varepsilon^{\nu\mu}] = \varepsilon^{\sigma\gamma}g_{\gamma\delta}\gamma^{\delta} \tag{1.116}$$

fest. Zeigen Sie, dass der Ansatz $b^{\nu\mu} = c[\gamma^{\nu}, \gamma^{\mu}]$ mit $c = 1/8$ die Gleichung (1.116) löst.

1.14.14 Lorentz-Transformation der Vierer-Stromdichte

Zeigen Sie, dass $\overline{\psi'}(x')\psi'(x')$ ein Vierer-Skalar ist, d.h.

$$\overline{\psi'}(x')\psi'(x') = \bar{\psi}(x)\psi(x).$$

Hinweis: Beweisen Sie die Aussage separat für eine spezielle Lorentz-Transformation und für eine Drehung des Koordinatensystems unter Benutzung der expliziten Gestalt der Transformationsmatrix $S(\Lambda)$ für diese Fälle.

Zeigen Sie, dass $\overline{\psi'}(x')\gamma^{\nu}\psi'(x')$ ein Vierer-Vektor ist, d.h.

$$\overline{\psi'}(x')\gamma^{\nu}\psi'(x') = \Lambda^{\nu}{}_{\mu}\bar{\psi}(x)\gamma^{\mu}\psi(x).$$

1.14.15 Transformation der Dirac-Wellenfunktion unter einem Boost

Ermitteln Sie die Wellenfunktionen für ein sich mit konstanter Geschwindigkeit v_x bewegendes Teilchen unter Kenntnis der Lösung der Dirac-Gleichung für ruhende

Teilchen,

$$\psi^{(+)} = u_0 e^{-imc^2t/\hbar}, \quad u_0 = \begin{pmatrix} w \\ 0' \end{pmatrix},$$
$$\psi^{(-)} = v_0 e^{imc^2t/\hbar}, \quad v_0 = \begin{pmatrix} 0' \\ w \end{pmatrix}.$$

Beachten Sie die Blockform der Amplituden u_0 und v_0. Hierbei ist $0'$ in den Ausdrücken von u_0 und v_0 eine Abkürzung von $\begin{pmatrix} 0 \\ 0 \end{pmatrix}$. Benutzen Sie die Transformationsmatrix $S(\Lambda)$ der Wellenfunktion unter Boost-Transformationen. Drücken Sie χ durch die Energie und den Impuls entsprechend den Beziehungen

$$\cosh\frac{\chi}{2} = \sqrt{\frac{E_p + mc^2}{2mc^2}}, \quad \sinh\frac{\chi}{2} = \frac{p_x c}{\sqrt{2mc^2}\sqrt{E_p + mc^2}}$$

aus. Vergleichen Sie die so ermittelten Wellenfunktionen mit den entsprechenden Ausdrücken (1.84) und (1.85) auf Seite 35 im Buch, die durch eine direkte Lösung der Dirac-Gleichung ermittelt wurden.

1.14.16 Transformation der Dirac-Wellenfunktion unter Rotation des Koordinatensystems

Unter Benutzung der Transformationsmatrix $S(\theta)$ in der Gl. (1.74) ermitteln Sie die Wellenfunktionen für Zustände positiver und negativer Energie eines ruhenden Elektrons

$$u_1 = \begin{pmatrix} 1 \\ 0 \\ 0 \\ 0 \end{pmatrix}, \quad u_2 = \begin{pmatrix} 0 \\ 1 \\ 0 \\ 0 \end{pmatrix}, \quad v_1 = \begin{pmatrix} 0 \\ 0 \\ 1 \\ 0 \end{pmatrix}, \quad v_2 = \begin{pmatrix} 0 \\ 0 \\ 0 \\ 1 \end{pmatrix}.$$

in einem Koordinatensystem, das man durch eine Drehung des ursprünglichen Koordinatensystems um den Winkel θ bezüglich der x-Achse erhält. Vergleichen Sie die transformierten Wellenfunktionen mit der Gl. (1.82). Interpretieren Sie die Komponenten der transformierten Wellenfunktionen. Wie transformiert die Wellenfunktion unter einer Drehung des Koordinatensystems um den Winkel 2π? Unter welcher Drehung transformiert die Wellenfunktion in sich selbst?

1.14.17 Gesamtdrehimpuls und die Lorentz-Transformation der Dirac-Wellenfunktion

Betrachten Sie eine infinitesimale Lorentz-Transformation der Dirac-Wellenfunktion in der Gl. (1.57), wobei $S(\Lambda)$ durch die Gl. (1.65) gegeben ist, und drücken Sie x auf der rechten Seite durch x' entsprechend der Lorentz-Transformation $x^{\mu} = x'^{\mu} - \varepsilon^{\mu\nu}x'_{\nu}$ aus. Stellen Sie die Gültigkeit der Beziehung

$$\psi'(x') = \left(I - \frac{i}{2}J_{\mu\nu}\varepsilon^{\mu\nu}\right)\psi(x')$$

mit

$$J_{\mu\nu} = \frac{1}{2}\sigma_{\mu\nu} + i\left(x'_{\mu}\partial_{\nu} - x'_{\nu}\partial_{\mu}\right)$$

fest. Zeigen Sie, dass man den Operator des Gesamtdrehimpulses $\mathbf{J}/\hbar = \frac{1}{2}\Sigma + \mathbf{l}$ mit $\mathbf{l} = \mathbf{L}/\hbar$ (siehe (1.49)) aus $J_{\mu\nu}$ durch die Verjungung $J_i = \frac{1}{2}\varepsilon_{ijk}J_{jk}$ erhält.

1.14.18 Generatoren der Poincaré-Gruppe

Die Generatoren L_m einer kontinuierlichen Gruppe (Lie-Gruppe), welche durch die Parameter a_m $(m = 1, 2, ...)$ parametrisiert ist, sind durch die Beziehung

$$x' = (I + iL_m\delta a_m)\,x$$

definiert. Der räumliche Anteil von $J_{\mu\nu}$ in der Aufgabe 1.14.17,

$$J^r_{\mu\nu} = i\left(x_{\mu}\partial_{\nu} - x_{\nu}\partial_{\mu}\right) = x_{\mu}P_{\nu} - x_{\nu}P_{\mu}$$

und $P_{\mu} = i\partial/\partial x^{\mu}$, hängt wie folgt mit den Generatoren der eigentlichen Lorentz-Gruppe

$$L_i = \frac{1}{2}\varepsilon_{ijk}J^r_{jk}, \quad K_i = J^r_{0i}$$

zusammen (siehe z.B. [3], Abschn. 1.3). L_i sind Generatoren für räumliche Drehungen und K_i sind Generatoren für spezielle Lorentz-Transformationen.

Die Generatoren besitzen verschiedene Form abhängig davon, ob sie wie in der Aufgabe 1.14.17 auf Wellenfunktionen oder auf Vierer-Vektoren wirken. Die Generatoren der Lorentz-Gruppe werden im letzteren Fall als 4×4-Matrizen dargestellt. Es lässt sich unter Benutzung der expliziten Form der infinitesimalen Lorentz-Transformation im Abschn. 1.8.1 auf Seite 23 unmittelbar zeigen, dass die Generatoren in diesem Fall die Gestalt

$$L_x = -i \begin{pmatrix} 0 & 0 & 0 & 0 \\ 0 & 0 & 0 & 0 \\ 0 & 0 & 0 & 1 \\ 0 & 0 & -1 & 0 \end{pmatrix}, \quad L_y = -i \begin{pmatrix} 0 & 0 & 0 & 0 \\ 0 & 0 & 0 & -1 \\ 0 & 0 & 0 & 0 \\ 0 & 1 & 0 & 0 \end{pmatrix}, \quad L_z = -i \begin{pmatrix} 0 & 0 & 0 & 0 \\ 0 & 0 & 1 & 0 \\ 0 & -1 & 0 & 0 \\ 0 & 0 & 0 & 0 \end{pmatrix},$$

und

$$K_x = i \begin{pmatrix} 0 & 1 & 0 & 0 \\ 1 & 0 & 0 & 0 \\ 0 & 0 & 0 & 0 \\ 0 & 0 & 0 & 0 \end{pmatrix}, \quad K_y = i \begin{pmatrix} 0 & 0 & 1 & 0 \\ 0 & 0 & 0 & 0 \\ 1 & 0 & 0 & 0 \\ 0 & 0 & 0 & 0 \end{pmatrix}, \quad K_z = i \begin{pmatrix} 0 & 0 & 0 & 1 \\ 0 & 0 & 0 & 0 \\ 0 & 0 & 0 & 0 \\ 1 & 0 & 0 & 0 \end{pmatrix}$$

besitzen.

Stellen Sie die Gültigkeit der Vertauschungsrelationen

$$\left[L_i, L_j\right] = i\varepsilon_{ijk} L_k, \ \left[L_i, K_j\right] = i\varepsilon_{ijk} K_k, \ \left[K_i, K_j\right] = -i\varepsilon_{ijk} L_k$$

fest. Letztere zeigt, dass die speziellen Lorentz-Transformationen keine Untergruppe bilden. Diese Vertauschungsrelationen können in der lorentzkovarianten Form als Vertauschungsrelationen für $J^r_{\mu\nu}$ geschrieben werden

$$\left[J^r_{\alpha\beta}, J^r_{\mu\nu}\right] = i\left(J^r_{\alpha\mu} g_{\beta\nu} - J^r_{\alpha\nu} g_{\beta\mu} + J^r_{\beta\nu} g_{\alpha\mu} - J^r_{\beta\mu} g_{\alpha\nu}\right). \tag{1.117}$$

Die Poincaré-Gruppe besteht aus der Lorentz-Gruppe und der Gruppe der Translationen. Die Größen P_μ sind Generatoren für Translationen

$$f(x + a) = e^{iP^\mu a_\mu} f(x).$$

Die Größen L_i, K_i und P^μ sind die Generatoren der zehnparametrigen Poincaré-Gruppe der Transformation des vierdimensionalen Raumes.

Stellen Sie die Gültigkeit der Vertauschungsrelationen

$$\begin{aligned}\left[P^\mu, P^\nu\right] = 0, \ \left[L_i, P_j\right] = -i\varepsilon_{ijk} P_k, \ \left[K_i, P_0\right] = -iP_i, \ \left[K_i, P_j\right] \\ = -i\delta_{ij} P_0, \ \left[L_i, P_0\right] = 0\end{aligned}$$

fest.

Zeigen Sie, dass die Vertauschungsrelationen zwischen P^μ und $J^r_{\mu\nu}$ in der kovarianten Form die Gestalt

$$\left[J^r_{\mu\nu}, P_\sigma\right] = -i(P_\mu g_{\nu\sigma} - P_\nu g_{\mu\sigma}) \tag{1.118}$$

besitzen. Die Vertauschungsrelationen (1.117) und (1.118) definieren die Algebra der Poincaré-Gruppe. Man erhält die gleichen Vertauschungsrelationen, wenn $J^r_{\mu\nu}$ durch den Gesamtdrehimpuls-Operator $J_{\mu\nu}$ ersetzt.

Die Poincaré-Gruppe besitzt zwei Operatoren, die mit allen Generatoren der Gruppe kommutieren. Letztere werden als Casimir-Operatoren bezeichnet und bestimmen die Quantenzahlen, wonach die Zustände eines abgeschlossenen Quantensystems klassifiziert werden. Ein der Casimir-Operatoren ist der Operator des Quadrats des Vierer-Impulses $P^2 = P^\mu P_\mu$. Man kann direkt die Gültigkeit der Vertauschungsrelationen

$$\left[P^2, P^\mu\right] = \left[P^2, J_{\mu\nu}\right] = 0$$

überprüfen. Der zweite Casimir-Operator ist gegeben durch den Ausdruck $W^2 = W^\mu W_\mu$, wobei W^μ den sogenannten Pauli-Lubanski-Vektor bezeichnet und durch die Gleichung

$$W^\mu = \frac{1}{2}\varepsilon^{\mu\nu\varrho\sigma} J_{\nu\varrho} P_\sigma$$

definiert ist. $\varepsilon^{\mu\nu\varrho\sigma}$ ist der vollständig antisymmetrische Tensor vierter Stufe. Es gilt $\varepsilon^{0123} = 1$. Es kann direkt gezeigt werden, dass W^2 mit P^μ und $J^{\mu\nu}$ kommutiert. Die Bedeutung von W^2 hängt damit zusammen, dass seine Eigenwerte im Ruhesystem wie folgt geschrieben werden können

$$W^2 = -m^2 s(s+1),$$

wobei $s = 0, 1/2, 1, 3/2, \ldots$ gilt. Dies rechtfertigt die Bezeichnung relativistischer Spinoperator für den Pauli-Lubanski-Vektor. Eine direkte Berechnung von W^2 für die Dirac-Gleichung (siehe [11], Abschn. 2.1.3) ergibt $s = 1/2$.

1.14.19 Projektionsoperatoren

Zeigen Sie, dass der Projektionsoperator

$$\Lambda_+(p) = \sum_{\lambda=-1/2,1/2} u(\mathbf{p},\lambda)\overline{u}(\mathbf{p},\lambda)$$

folgende Eigenschaften

$$\begin{aligned} \Lambda_+(p)u(\mathbf{p},\lambda) &= u(\mathbf{p},\lambda), \\ \Lambda_+(p)^2 &= \Lambda_+(p), \\ \Lambda_+(p)v(\mathbf{p},\lambda) &= 0 \end{aligned}$$

besitzt.

Analog kann der Projektionsoperator

$$\Lambda_-(p) = -\sum_{\lambda=-1/2,1/2} v(\mathbf{p},\lambda)\overline{v}(\mathbf{p},\lambda)$$

betrachtet werden. Zeigen Sie, dass $\Lambda_-(p)$ folgende Eigenschaften

$$\begin{aligned}\Lambda_-(p)v(\mathbf{p},\lambda) &= v(\mathbf{p},\lambda),\\ \Lambda_-(p)^2 &= \Lambda_-(p),\\ \Lambda_-(p)u(\mathbf{p},\lambda) &= 0\end{aligned}$$

besitzt.

Die Eigenschaften von $\Lambda_\pm(p)$ rechtfertigen die Bezeichnung Projektionsoperator.

Die Amplituden $u(\mathbf{p},\lambda)$ und $v(\mathbf{p},\lambda)$ genügen entsprechend den Gleichungen

$$(\not p - mc)u(\mathbf{p},\lambda) = 0, \quad (\not p + mc)v(\mathbf{p},\lambda) = 0,$$

wobei $\not p \equiv p^\mu \gamma_\mu$ gilt.

Hinweis: Benutzen Sie die in der Aufgabe 1.14.12 auf Seite 51 hergeleiteten Orthogonalitätsbedingungen für u und v.

Die Bispinor-Amplituden u und v erfüllen die Vollständigkeitsbedingung

$$\sum_\lambda \left(u(\mathbf{p},\lambda)\overline{u}(\mathbf{p},\lambda) - v(\mathbf{p},\lambda)\overline{v}(\mathbf{p},\lambda)\right) = \Lambda_+(p) + \Lambda_-(p) - I. \tag{1.119}$$

Man kann sich unter Benutzung der expliziten Gestalt von u und v auch unmittelbar überzeugen, dass die Matrix $\not p$ (p^μ sind die Eigenwerte des Operators des Vierer-Impulses) wie folgt geschrieben werden

$$\not p = mc \sum_\lambda \left(u(\mathbf{p},\lambda)\overline{u}(\mathbf{p},\lambda) + v(\mathbf{p},\lambda)\overline{v}(\mathbf{p},\lambda)\right) \tag{1.120}$$

kann.

Stellen Sie unter Benutzung der Beziehungen (1.119) und (1.120) die Gültigkeit der Darstellung der Projektionsoperatoren $\Lambda_\pm(p)$

$$\Lambda_+(p) = \frac{\not p + mc}{2mc}, \quad \Lambda_-(p) = -\frac{\not p - mc}{2mc} \tag{1.121}$$

fest.

1.14.20 Zusammenhang zwischen $u(-p,\lambda)$ und $v(p,\lambda)$ bzw. $\overline{u}(-p,\lambda)$ und $\overline{v}(p,\lambda)$

Beweisen Sie unter Verwendung der expliziten Gestalt der Lösung der Dirac-Gleichung für ein freies Teilchen die Gültigkeit der Relationen

$$u(-p,\lambda) = v(p,\lambda), \quad \overline{u}(-p,\lambda) = -\overline{v}(p,\lambda).$$

Die Ersetzung $p \to -p$ in die Bispinoramplituden in (1.84) und (1.85) beinhaltet $\mathbf{p} \to -\mathbf{p}$ und $E_{\mathbf{p}} \to -E_{\mathbf{p}}$. Benutzen Sie die Ersetzung

$$w_\lambda = \frac{\mathbf{p}\sigma}{i|\mathbf{p}|} w'_\lambda.$$

Zeigen Sie, dass wenn w_λ Eigenfunktion der Spinprojektion auf die **p**-Richtung zum Eigenwert λ ist, dann ist auch w'_λ Eigenfunktion der Spinprojektion auf die **p**-Richtung zum gleichen Eigenwert.

Überlegen Sie sich, wie die Relation $\overline{u}(-p, \lambda) = -\overline{v}(p, \lambda)$ unter Verwendung von $u(-p, \lambda) = v(p, \lambda)$ und der Beziehung zwischen den Projektionsoperatoren

$$\Lambda_+(-p) = \Lambda_-(p)$$

ermittelt werden kann. Die Argumente der Bispinoramplituden $u(p)$ und $v(p)$ wurden hier in der Vierer-Form aufgeschrieben, um die Ersetzungen $\mathbf{p} \to -\mathbf{p}$ und $E_{\mathbf{p}} \to -E_{\mathbf{p}}$ in der Form $p \to -p$ zu schreiben.

1.14.21 Wahrscheinlichkeitsdichte und Wahrscheinlichkeitsstromdichte für freie Teilchen

Stellen Sie die Gültigkeit der Ausdrücke für die Wahrscheinlichkeitsdichte und die Wahrscheinlichkeitsstromdichte

$$\varrho = \frac{E_{\mathbf{p}}}{mc^2} w^+ w \to \frac{1}{\sqrt{1 - \mathbf{v}^2/c^2}}, \quad \mathbf{j} = \frac{\mathbf{p}}{m} w^+ w \to \frac{\mathbf{v}}{\sqrt{1 - \mathbf{v}^2/c^2}}$$

für ein freies Dirac-Teilchen, das sich in einem Zustand mit einem scharfen Wert des Impulses und der Helizität befindet, fest. Ermitteln Sie den Zusammenhang zwischen ϱ und $\mathbf{j}$. Welches Ergebnis erhält man für ϱ und $\mathbf{j}$ für die Zustände negativer Energie?

1.14.22 Der Chiralitätsoperator

Zeigen Sie, dass die Matrix $\gamma_5 = i\gamma_0\gamma_1\gamma_2\gamma_3$ mit dem Hamilton-Operator eines freien relativistischen masselosen Teilchens mit Spin 1/2 kommutiert. Ermitteln Sie die Eigenwerte von γ_5.

Zeigen Sie weiterhin, dass die Operatoren $P_r = \frac{1}{2}(1 + \gamma_5)$ und $P_l = \frac{1}{2}(1 - \gamma_5)$ (1 ist 4×4-Einheitsmatrix) die folgenden Eigenschaften besitzen

$$P_r + P_l = 1, \quad P_r^2 = P_r, \quad P_l^2 = P_l, \quad P_r P_l = P_l P_r = 0.$$

Durch die Anwendung von P_r und P_l auf die Wellenfunktion eines sich in der z-Richtung ausbreitenden masselosen Teilchens erhält man $\psi_r = P_r\psi$ und $\psi_l = P_l\psi$. Wenden Sie auf $\psi_{r/l}$ die z-Projektion des Spin-Operators Σ_z an und interpretieren Sie das Ergebnis. Die Wellenfunktion des freien Teilchens ist gegeben durch die Gl. (1.84) (ohne den Vorfaktor $1/\sqrt{2mc^2}$).

1.14.23 Nützliche Identitäten

Beweisen Sie die Identitäten

$$(\sigma\mathbf{a})\sigma = \mathbf{a} + i\sigma \times \mathbf{a}, \quad \sigma(\sigma\mathbf{a}) = \mathbf{a} + i\mathbf{a} \times \sigma,$$

und

$$(\sigma\mathbf{a})(\sigma\mathbf{b}) = \mathbf{ab} + i\sigma\,(\mathbf{a} \times \mathbf{b})\,.$$

Stellen Sie weiterhin für

$$\mathbf{a}, \mathbf{b} = \frac{\hbar}{i}\,\nabla - \frac{e}{c}\mathbf{A}$$

die Gültigkeit des Resultates

$$\mathbf{a} \times \mathbf{b} = -\frac{e\hbar}{ic}\mathrm{rot}\mathbf{A}$$

fest.

1.14.24 Eigenfunktionen und Eigenwerte der Projektion des Spinoperators auf eine Raumrichtung

Berechnen Sie die Projektion $s_{\mathbf{n}}$ des Spinoperators $\mathbf{S} = \frac{\hbar}{2}\sigma$ auf die Richtung $\mathbf{n}$. Berechnen Sie die Eigenfunktionen und die Eigenwerte von $S_{\mathbf{n}}$.

1.14.25 Die Heisenbergschen Bewegungsgleichungen für ein relativistisches Elektron im elektromagnetischen Feld

Zeigen Sie, dass die Heisenbergschen Bewegungsgleichungen ($\frac{d}{dt}O = \frac{\partial}{\partial t}O + \frac{i}{\hbar}\,[H, O]$) für den Orts- und den (generalisierten) Impulsoperator, $\boldsymbol{\pi} = \mathbf{p} - \frac{e}{c}\mathbf{A}(\mathbf{r}, t)$ für ein relativistisches Elektron im äußeren elektromagnetischen Feld die Form

$$\frac{d}{dt}\mathbf{r} \equiv \mathbf{v} = c\boldsymbol{\alpha}, \tag{1.122}$$

$$\frac{d}{dt}\boldsymbol{\pi} = e\mathbf{E} + \frac{e}{c}\mathbf{v} \times \mathbf{B}$$

besitzen.

1.14.26 Die Zeitabhängigkeit des Orts-Operators für ein freies Elektron, die Zitterbewegung

Stellen Sie die Gültigkeit des Ergebnisses

$$\begin{aligned} \frac{d}{dt}\boldsymbol{\alpha} &= \frac{i}{\hbar}\,[H, \boldsymbol{\alpha}] \\ &= \frac{2ic}{\hbar}\mathbf{p} - \frac{2i\boldsymbol{\alpha}}{\hbar}H \end{aligned} \tag{1.123}$$

fest. Leiten Sie unter Benutzung von (1.122) und (1.123) die Beziehung

$$\mathbf{r}(t) = \mathbf{r}(0) + \frac{c^2\mathbf{p}}{H}t + i\hbar c\left(\boldsymbol{\alpha}(0) - \frac{c\mathbf{p}}{H}\right)\frac{\exp(-2iHt/\hbar) - 1}{2H} \tag{1.124}$$

her. Berücksichtigen Sie, dass der Impuls- und der Hamilton-Operator zeitunabhängig sind. Vergleichen Sie (1.124) mit dem entsprechenden Ergebnis der klassischen Mechanik

$$\mathbf{r}_{cl}(t) = \mathbf{r}_{cl}(0) + \frac{\mathbf{p}}{m}t.$$

Machen Sie sich Gedanken darüber, wie die oszillierende Abhängigkeit des Ortsoperators von der Zeit erklärt werden kann. Vergleichen Sie die Zeitabhängigkeit von $\mathbf{r}(t)$ mit der Betrachtung der Wellenpakete im Abschn. 1.13 auf Seite 43.

1.14.27 Foldy-Wouthuysen-Transformation für ein freies Teilchen

Wenden Sie die unitäre Transformation

$$U = \exp(W\boldsymbol{\gamma}\boldsymbol{n}) = \cos(W) + \boldsymbol{\gamma}\mathbf{n}\sin(W)$$

($\mathbf{n} = \mathbf{p}/p$, W ist Parameter) auf die Wellenfunktion eines freien Teilchens

$$u_{\mathbf{p}} = \frac{1}{\sqrt{2mc^2}} \begin{pmatrix} \sqrt{E+mc^2}w \\ \frac{c\mathbf{p}\sigma}{\sqrt{E+mc^2}}w \end{pmatrix}, \quad v_{\mathbf{p}} = \frac{1}{\sqrt{2mc^2}} \begin{pmatrix} \frac{c\mathbf{p}\sigma}{\sqrt{E+mc^2}}w \\ \sqrt{E+mc^2}w \end{pmatrix}$$

an und finden Sie die Darstellung, in der die Wellenfunktion nur zwei von Null verschiedene Komponenten hat. Bestimmen Sie den Hamilton-Operator in dieser Darstellung und zeigen Sie, dass der Letztere mit der Matrix $\mathbf{\Sigma} = \begin{pmatrix} \sigma & \hat{0} \\ \hat{0} & \sigma \end{pmatrix}$ vertauschbar ist [105].

1.14.28 Der Erwartungswert des Spins für ein freies Teilchen

Berechnen Sie den Erwartungswert des Spins eines relativistischen Teilchens mit Spin $1/2$, das sich im Zustand mit einem bestimmten Impuls befindet. Der Spinzustand ist dabei willkürlich. Nehmen Sie der Einfachheit halber an, dass der Impuls entlang der z-Achse gerichtet ist.

1.14.29 Spin im Labor- und im mitbewegten Bezugssystem

Berechnen Sie unter Kenntnis der Lösung der Dirac-Gleichung für ein freies Teilchen, den Zusammenhang zwischen den Erwartungswerten des Spins im Laborsystem (das Teilchen besitzt den Impuls $\mathbf{p}$) und im mitbewegten Bezugssystem.

1.14.30 Ladungskonjugation für Teilchen mit Spin 1/2

Zeigen Sie, dass die Operation der Ladungskonjugation für ein freies Teilchen mit Spin $1/2$, $\psi_c = C\gamma^0\psi^* \equiv C\overline{\psi}^{\,T}$ (T steht für transponiert), mit $C = i\gamma^2\gamma^0$, die Wellenfunktion mit negativer Energie in die Wellenfunktion mit positiver Energie transformiert.

Zeigen Sie weiterhin, dass wenn w' die Eigenfunktion der Projektion des Spins auf die Ausbreitungsrichtung $\mathbf{n} = \mathbf{p}/p$ (es gilt hier $p =\mid \mathbf{p} \mid$) mit der Helizität λ

$$\frac{1}{2}\mathbf{n}\sigma w'^{\lambda} = \lambda w'^{\lambda}$$

ist, dann stellt $\zeta w'^*$ $\left(\text{mit } \zeta = \begin{pmatrix} 0 & 1 \\ -1 & 0 \end{pmatrix}\right)$ die Eigenfunktion mit der Helizität $-\lambda$

$$\frac{1}{2}\mathbf{n}\sigma\zeta w'^{\lambda} = -\lambda\zeta w'^{\lambda}$$

dar. Da das Positron sich in die Richtung $\mathbf{n}' = \mathbf{p}'/p = -\mathbf{p}/p$ ausbreitet, bleibt die Projektion des Spins auf die Ausbreitungsrichtung des Positrons unverändert.

Hinweis: Eine einfache Rechnung ergibt $C\gamma^0 = \begin{pmatrix} \hat{0} & \zeta \\ -\zeta & \hat{0} \end{pmatrix}$. Weiterhin gilt die Relation $\zeta\sigma^* = -\sigma\zeta$. Die Wellenfunktionen positiver und negativer Energie für ein freies Teilchen besitzen die Form

$$\psi^{(+)}_{E_\mathbf{p},\mathbf{p},\lambda}(\mathbf{r},t) = \frac{1}{\sqrt{2mc^2}} \begin{pmatrix} \sqrt{E_\mathbf{p} + mc^2} w^\lambda \\ \frac{c\mathbf{p}\sigma}{\sqrt{E_\mathbf{p}+mc^2}} w^\lambda \end{pmatrix} \exp(-ipx/\hbar)\,,$$

$$\psi^{(-)}_{E_\mathbf{p},\mathbf{p},\lambda}(\mathbf{r},t) = \frac{1}{\sqrt{2mc^2}} \begin{pmatrix} \frac{c\mathbf{p}\sigma}{\sqrt{E_\mathbf{p}+mc^2}} w'^\lambda \\ \sqrt{E_\mathbf{p} + mc^2} w'^\lambda \end{pmatrix} \exp(+ipx/\hbar)\,.$$

Bemerkung: Für ein Elektron im elektromagnetischen Feld kann gezeigt werden, dass, wenn ψ der Dirac-Gleichung $i\hbar\frac{\partial\psi}{\partial t} = \left(c\boldsymbol{\alpha}\left(\frac{\hbar}{i}\nabla - \frac{e}{c}\mathbf{A}\right) + eV + \beta mc^2\right)\psi$ genügt, dann genügt $\psi_c = C\gamma^0\psi^*$ der Dirac-Gleichung mit der entgegengesetzten Ladung

$$i\hbar\frac{\partial\psi_c}{\partial t} = \left(c\boldsymbol{\alpha}(\frac{\hbar}{i}\nabla + \frac{e}{c}\mathbf{A}) - eV + \beta mc^2\right)\psi_c.$$

ψ_c beschreibt Positronen, when ψ einem Zustand negativer Energie entspricht.

1.14.31 Ladungskonjugation der Zustände mit Impuls Null

Die Wellenfunktion ψ in der Gl. (1.125) entspricht einem Zustand negativer Energie mit Impuls Null und nach unten gerichteter Projektion des Spins. Zeigen Sie, dass die ladungskonjugierte Wellenfunktion $\psi_c = C\gamma^0\psi^*$ mit $C = i\gamma^2\gamma^0$ die in der Gl. (1.125) angegebene Form besitzt

$$\psi = e^{imc^2t/\hbar}\begin{pmatrix} 0 \\ 0 \\ 0 \\ 1 \end{pmatrix}, \quad \psi_c = e^{-imc^2t/\hbar}\begin{pmatrix} 1 \\ 0 \\ 0 \\ 0 \end{pmatrix}. \tag{1.125}$$

Die Ladungskonjugation transformiert also den Zustand negativer Energie mit nach unten gerichtetem Spin in einen Zustand positiver Energie mit nach oben gerichtetem Spin und beschreibt folglich ein ruhendes Positron. Diese Aufgabe ist ein Spezialfall der Aufgabe 1.14.30.

1.14.32 Raumspiegelung für Teilchen mit Spin 1/2

Die Raumspiegelung $x^k \to x'^k = -x^k$, $t \to t' = t$ kann als Spezialfall der Lorentz-Transformation $x'^\mu = \Lambda^\mu_{\ \nu} x^\nu$ betrachtet werden.

(a) Bestimmen Sie die Matrix $\Lambda^\mu_{\ \nu}$, die der Raumspiegelung entspricht.

Um die Transformation der Wellenfunktion bei einer Raumspiegelung

$$\Psi'(x') = \Psi'(-x^1, -x^2, -x^3, t) = P\Psi(x)$$

zu ermitteln, kann die Gleichung $\gamma^\mu \Lambda^\nu_{\ \mu} = S^{-1}\gamma^\nu S$ (siehe Abschn. 1.8 auf Seite 22) mit $S \to P$ benutzt werden.

(b) Zeigen Sie, dass $P = \exp(i\varphi)\gamma^0$ die obige Gleichung erfüllt.

(c) Zeigen Sie, dass die Forderung, dass nach einer vierfachen Raumspiegelung, welche einer Drehung um den Winkel 4π entspricht, der Dirac-Spinor in sich selbst übergeht, die Werte ± 1 oder $\pm i$ für den Phasenfaktor $\exp(i\varphi)$ ergibt.

Der Vergleich der Raumspiegelung mit der Transformation der Dirac-Wellenfunktion unter Drehungen ermöglicht es, den Wert für den Phasenfaktor $\exp(i\varphi)$ weiter einzuschränken. Die Transformation des Dirac-Spinors unter der Drehung des Koordinatensystems ist gegeben durch die Gl. (1.74) auf Seite 29. Aus der Forderung, dass die zweifache Raumspiegelung mit der Drehung auf den Winkel 2π übereinstimmt, folgt für den Phasenfaktor der Wert $\pm i$. Demzufolge werden unter der Raumspiegelung die zwei oberen Komponenten des Dirac-Spinors mit dem Faktor $\pm i$ multipliziert, während die zwei unteren Komponenten mit dem Faktor $\mp i$. Im nichtrelativistischen Grenzfall verschwinden die zwei unteren Komponenten, so dass die zweikomponentige Wellenfunktion unter Raumspiegelung mit dem Faktor $\pm i$ multipliziert wird.

1.14.33 Eigenparität für Teilchen mit Spin 1/2

Betrachten Sie das Verhalten der Wellenfunktionen positiver und negativer Energie für ruhende Teilchen unter der Operation $P' = \gamma^0$ und stellen Sie die Gültigkeit der Beziehungen

$$P'\Psi^{(+)} = 1\Psi^{(+)}, \quad P'\Psi^{(-)} = -1\Psi^{(-)} \tag{1.126}$$

fest. D.h. $\Psi^{(\pm)}$ sind Eigenfunktionen des Paritätsoperators $P' = \gamma^0$ mit Eigenwerten ± 1. Die Eigenwerte von P' werden als Eigenparität bezeichnet.

Unter Benutzung der Eigenschaft (1.126) der Wellenfunktionen positiver und negativer Energie $\Psi^{(\pm)}$ kann gezeigt werden, dass die Eigenparitäten von Teilchen und Antiteilchen entgegengesetzt sind.

Für Teilchen mit ganzzahligem Spin stimmen die Eigenparitäten der Teilchen und Antiteilchen dagegen überein.

1.14.34 Die Eigenparität von Pionen

Die Parität P_{AB} eines Systems von zwei Teilchen A und B ist definiert durch $P_{AB} = P_A P_B \cdot (-1)^l$, wobei l die Quantenzahl des Bahndrehimpulses der relativen Bewegung von A und B ist. P_A und P_B bezeichnen die intrinsischen Paritäten von A und B. Die Parität von Nukleonen wird als $P_n = P_p = 1$ definiert. Betrachten Sie die Drehimpulserhaltung beim Einfang des π^--Mesons durch das Deuteron [32]

$$\pi^- + d \to n + n. \tag{1.127}$$

Da der Gesamtdrehimpuls auf der linken Seite $I_d = 1$ (die Quantenzahl $I_d = j$ im Ausdruck $\hbar\sqrt{j(j+1)}$) ist, muss der Gesamtdrehimpuls auf der rechten Seite auch 1 sein.

Die Gesamtwellenfunktion der beiden Neutronen (Fermionen wegen Spin 1/2) ist antisymmetrisch bezüglich der Vertauschung der Teilchen. Für nicht wechselwirkende Teilchen ist die Gesamtwellenfunktion das Produkt des Spin- und Ortsanteils. Die Symmetrie des Ortsanteils der Wellenfunktion der Reaktionsprodukte wird durch den Faktor $(-1)^l$ bestimmt. Der Spinanteil ist symmetrisch für $I = 1$ und antisymmetrisch für $I = 0$. Deshalb sind Kombinationen von geraden Werten von l mit $I = 1$ oder von ungeraden Werten l mit $I = 0$ durch das Pauli-Prinzip verboten. Deswegen gilt $I = 1$ und $l = 1$. Die Parität der rechten Seite in (1.127) ist demzufolge $P = -1$.

Zeigen Sie, dass wegen der Paritätserhaltung die Eigenparität des Pions $P(\pi^-) = -1$ ist.

1.14.35 Zeitumkehr für Teilchen mit Spin 1/2

Zeigen Sie, dass die Dirac-Gleichung für ein Teilchen im elektromagnetischen Feld,

$$i\hbar\frac{\partial\psi}{\partial t} = (c\boldsymbol{\alpha}(\frac{\hbar}{i}\nabla - \frac{e}{c}\mathbf{A}) + \beta mc^2 + eV)\psi,$$

dann invariant unter der Operation der Zeitumkehr $t \to t' = -t$ bleibt, wenn die Wellenfunktion in Übereinstimmung mit $\psi'(t') = T\psi^*(t)$ und $T = i\gamma^1\gamma^3$ transformiert wird. Beachten Sie, dass sich die elektrodynamischen Potentiale unter Zeitumkehr wie folgt transformieren: $\mathbf{A}'(t') = -\mathbf{A}(t)$, $V'(t') = V(t)$.

1.14.36 Zeitevolution der Zustände positiver und negativer Energien in der Dirac-Theorie

Die Zeitevolution der Zustände positiver und negativer Energien für ein freies Elektron ist unter Verwendung der kausalen Greenschen Funktion durch den Ausdruck

$$\int d^3r_1 S_0^c(\mathbf{r}_2, t_2; \mathbf{r}_1, t_1)\gamma^0 \psi_{\mathbf{p},\lambda}^{(\pm)}(\mathbf{r}_1, t_1) \tag{1.128}$$

gegeben. Der Faktor γ^0 in (1.128) ist darauf zurückzuführen, dass in der Definition der retardierten und der kausalen Greenschen Funktionen die Dirac-konjugierte Wellenfunktion benutzt wurde.

Stellen Sie unter Benutzung der Spektralzerlegung der kausalen Greenschen Funktion und der expliziten Gestalt der Wellenfunktionen freier Teilchen die Gültigkeit der Beziehungen

$$\begin{matrix} \psi_{\mathbf{p},\lambda}^{(+)}(\mathbf{r}_2, t_2) = \int d^3r_1 S_0^c(\mathbf{r}_2, t_2; \mathbf{r}_1, t_1)\gamma^0 \psi_{\mathbf{p},\lambda}^{(+)}(\mathbf{r}_1, t_1), & t_2 > t_1 \\ 0, & t_2 < t_1 \end{matrix}, \tag{1.129}$$

$$\begin{matrix} -\psi_{\mathbf{p},\lambda}^{(-)}(\mathbf{r}_2, t_2) = \int d^3r_1 S_0^c(\mathbf{r}_2, t_2; \mathbf{r}_1, t_1)\gamma^0 \psi_{\mathbf{p},\lambda}^{(-)}(\mathbf{r}_1, t_1), & t_2 < t_1 \\ 0, & t_2 > t_1 \end{matrix} \tag{1.130}$$

fest. Demzufolge gewährleistet die kausale Greensche Funktion, dass die Zustände positiver und negativer Energien eines freien Teilchens entsprechend vorwärts und rückwärts in der Zeit propagieren. Beachten Sie das Vorzeichen minus bei der Ausbreitung der Zustände negativer Energien. Aus diesem Grund wird in der Definition der Streuamplitude für Positronen im Abschn. 2.3.2 das Vorzeichen minus gewählt.

1.14.37 Die Greensche Funktion der Schrödingergleichung

Die Zeitevolution eines quantenmechanischen Zustandes $|\psi(t)\rangle$ eines Systems mit einem zeitunabhängigen Hamilton-Operator ist gegeben durch

$$|\psi(t)\rangle = \exp(-iH(t-t')/\hbar)\left|\psi(t')\right\rangle, (t \geq t'). \tag{1.131}$$

Zeigen Sie, dass (1.131) in der Ortsdarstellung die Gestalt annimmt

$$\psi(\mathbf{r}, t) = \int d^3r' K(\mathbf{r}, t; \mathbf{r}', t')\psi(\mathbf{r}', t'),$$

wobei $K(\mathbf{r}, t; \mathbf{r}', t') = \langle \mathbf{r}| \exp(-iH(t-t')/\hbar)\left|\mathbf{r}'\right\rangle$ gilt. K wird als Ausbreitungsamplitude bezeichnet und ist nichts anders als die Orts-Darstellung des Evolutionsoperators. Im Unterschied zur Wellenfunktion $\psi(\mathbf{r}, t)$ ist $K(\mathbf{r}, t; \mathbf{r}', t')$ eine bedingte Wahrscheinlichkeitsamplitude. Zeigen Sie, dass $K(\mathbf{r}, t; \mathbf{r}', t')$ die Anfangsbedingung $\lim_{t \to t'} K(\mathbf{r}, t; \mathbf{r}', t') = \delta(\mathbf{r} - \mathbf{r}')$ erfüllt. Stellen Sie die Gültigkeit der Spektralzerlegung von K

$$K(\mathbf{r}, t; \mathbf{r}', t') = \sum_n \exp(-iE_n(t-t')/\hbar)\psi_n(\mathbf{r})\psi_n^*(\mathbf{r}')$$

fest. $\psi_n(\mathbf{r})$ und E_n bezeichnen die Eigenfunktionen und die Eigenwerte von H. Man kann unmittelbar zeigen, dass K der Schrödingergleichung genügt. Die retardierte Greensche Funktion der Schrödingergleichung wird definiert durch $\bar{K} = \theta(t-t')K$. Zeigen Sie, dass die retardierte Greensche Funktion $\bar{K}$ der Differentialgleichung genügt

$$\left(i\hbar\frac{\partial}{\partial t} - H(\mathbf{r})\right)\bar{K}(\mathbf{r},t;\mathbf{r}',t') = i\hbar\delta(t-t')\delta(\mathbf{r}-\mathbf{r}').$$

Zeigen Sie, dass die Integration über den Impuls in der Spektralzerlegung der Ausbreitungsamplitude für ein freies Teilchen

$$K_0(\mathbf{r},t;\mathbf{r}',t') = \int \frac{d^3p}{(2\pi\hbar)^3}\exp\left(i\mathbf{p}(\mathbf{r}-\mathbf{r}')/\hbar - i\frac{\mathbf{p}^2(t-t')}{2m\hbar}\right)$$

das Resultat

$$K_0(\mathbf{r},t;\mathbf{r}',t') = \left(\frac{m}{2\pi i\hbar(t-t')}\right)^{3/2}\exp\left(\frac{im(\mathbf{r}-\mathbf{r}')^2}{2\hbar(t-t')}\right)$$

ergibt. Zeigen Sie, dass für ein Teilchen im äußeren Potential, $H = H_0 + V$, die Differentialgleichung für die Ausbreitungsfunktion in äquivalenter Form als Integralgleichung

$$K(\mathbf{r},t;\mathbf{r}',t') = K_0(\mathbf{r},t;\mathbf{r}',t') - \frac{i}{\hbar}\int d^3r_1\int_{t'}^{t} dt_1 K_0(\mathbf{r},t;\mathbf{r}_1,t_1)V(\mathbf{r}_1,t_1)K(\mathbf{r}_1,t_1;\mathbf{r}',t') \tag{1.132}$$

geschrieben werden kann. Wenden Sie dazu den Differentialoperator $\left(i\hbar\frac{\partial}{\partial t} - H_0\right)$ auf (1.132) an. Die Iteration von (1.132) ergibt die Störungsentwicklung von K nach Potenzen des äußeren Potentials V. Die Störungsentwicklung von K kann analog der relativistischen Wellengleichungen mit Hilfe von Feynman-Graphen wie in der Abb. 1.2 dargestellt werden. Da $K(\mathbf{r},t;\mathbf{r}',t')$ für $t < t'$ Null ist, erfolgt die Evolution der Zustände nur vorwärts in der Zeit. Der Graph (b) in der Abb. 1.2 auf Seite 10 tritt nicht auf.

1.14.38 Die Greensche Funktion der Schrödingergleichung als Pfadintegral

In dieser Aufgabe wird die Greensche Funktion der Schrödingergleichung oder die Ausbreitungsamplitude als Pfadintegral dargestellt. Der Ausgangspunkt ist die Markovsche Eigenschaft der Ausbreitungsamplitude, die jetzt bewiesen wird. Für ein nichtrelativistisches Teilchen mit einem Freiheitsgrad und einem zeitunabhängigen Hamiltonoperator z.B. $H(p,q) = p^2/2m + V(q)$ (die Argumente von H sind

Operatoren) erhält man

$$\begin{aligned} K(q,t;q_0,t_0) &= \langle q|\, e^{-iH(t-t_0)/\hbar}\, |q_0\rangle \\ &= \int_{-\infty}^{\infty} dq'\, \langle x|\, e^{-iH(t-t')/\hbar}\, |q'\rangle\langle q'|\, e^{-iH(t'-t_0)/\hbar}\, |q_0\rangle \\ &= \int_{-\infty}^{\infty} dq' K(q,t;q',t')K(q',t';q_0,t_0), \end{aligned} \tag{1.133}$$

wobei $t_0 < t' < t$ gilt.

Teilen Sie das endliche Zeitintervall $t - t_0$ in n infinitesimale Zeitintervalle $\Delta t = (t - t_0)/n$ und stellen Sie die Gültigkeit des Ergebnisses

$$\begin{aligned} K(q,t;q_0,t_0) = \int_{-\infty}^{\infty} dq_{n-1} \cdots \int_{-\infty}^{\infty} dq_1 K(q,t;q_{n-1},t_{n-1}) \\ K(q_{n-1},t_{n-1};q_{n-2},t_{n-2}) \cdots K(q_1,t_1;q_0,t_0) \end{aligned} \tag{1.134}$$

fest.

Weiter wird die Ausbreitungsamplitude für ein infinitesimales Zeitintervall Δt

$$K(q,\Delta t;q',0) = \langle q|\, e^{-iH\Delta t/\hbar}\, |q'\rangle \tag{1.135}$$

betrachtet. Stellen Sie unter Benutzung der Vollständigkeit der Eigenfunktionen des Impulsoperators die Gültigkeit der Beziehung

$$\langle q|\, e^{-iH\Delta t/\hbar}\, |q'\rangle = \int_{-\infty}^{\infty} dp\, \langle q|\, p\rangle\, \langle p|\, e^{-iH\Delta t/\hbar}\, |q'\rangle \tag{1.136}$$

fest. Da Δt infinitesimal ist, kann der Exponent bis zu linearen Termen nach Δt entwickelt und berechnet werden. Begründen Sie die folgende Umformung

$$\begin{aligned} \langle p|\, e^{-iH\Delta t/\hbar}\, |q'\rangle &= \langle p| \left(1 - \frac{i\Delta t}{\hbar} H(p,q) + \cdots \right) |q'\rangle \\ &= \langle p|\, q'\rangle \left(1 - \frac{i\Delta t}{\hbar} h(p,q') + \cdots \right) \\ &\simeq \langle p|\, q'\rangle e^{-ih(p,q')\Delta t/\hbar}. \end{aligned} \tag{1.137}$$

Die Größe $h(p,q)$ bezeichnet die klassische Hamilton-Funktion, deren Argumente keine Operatoren sind. Die Größe $\langle q|\, p\rangle = (2\pi\hbar)^{-1/2} \exp(ipq/\hbar)$ ist die Eigenfunktion des Impulsoperators in der Ortsdarstellung. Es werden nur solche Hamiltonoperatoren betrachtet, in denen p und q von links nach rechts geordnet sind [33].

Zeigen Sie unter Benutzung von (1.137) die Gültigkeit der Ausbreitungsamplitude für ein endliches Zeitintervall als $2n - 1$-faches Integral

$$
\begin{aligned}
K(q,t;q_0,t_0) \simeq \int \frac{dp_n}{2\pi\hbar} \int\int \frac{dp_{n-1}dq_{n-1}}{2\pi\hbar} \cdots \int\int \frac{dp_1 dq_1}{2\pi\hbar} \exp\Big(\frac{i}{\hbar} p_n(q-q_{n-1}) \\
+\frac{i}{\hbar} p_{n-1}(q_{n-1}-q_{n-2}) + \cdots + \frac{i}{\hbar} p_1(q_1-q_0) \\
-\frac{i}{\hbar}(t-t_{n-1})h(p_n,q_{n-1}) - \frac{i}{\hbar}(t_{n-1}-t_{n-2})h(p_{n-1},q_{n-2}) - \cdots \\
-\frac{i}{\hbar}(t_1-t_0)h(p_1,q_0)\Big). \qquad (1.138)
\end{aligned}
$$

Die Genauigkeit von (1.138) nimmt mit der Verfeinerung der Zeitgitterung ($\Delta t \to 0$, $n \to \infty$) zu. Der Grenzfall $n \to \infty$ kann als Pfadintegral im Phasenraum geschrieben werden

$$
K(q,t;q_0,t_0) = \int_{q(t_0)=q_0}^{q(t)=q} Dq(t) \int Dp(t) \exp\left(\frac{i}{\hbar} A(t,t_0)\right). \qquad (1.139)
$$

Die Größe $A(t,t_0)$ in (1.139) ist die klassische Wirkung

$$
A(t,t_0) = \int_{t_0}^{t} dt' \left[p(t')\dot{q}(t') - h(p(t'),q(t'))\right]. \qquad (1.140)
$$

Die quantenmechanische Größe $K(q,t;q_0,t_0)$ ist eine Summe über alle Pfade $q(t)$, $p(t)$, die den Ort q_0 zum Zeitpunkt t_0 mit dem Ort q zum Zeitpunkt t verbinden. In der klassischen Physik ist nur der Pfad von Bedeutung, welcher dem Extremum der Wirkung entspricht. Man würde erwarten, dass wenn die quantenmechanischen Korrekturen klein sind (quasiklassische oder WKB-Näherung), nur die Pfade um den klassischen Pfad Beiträge zur $K(q,t;q_0,t_0)$ liefern. Die Gln. (1.138) ergibt die Ausbreitungsamplitude als Summe über gebrochene Pfade. Zeichnen Sie die gebrochenen Pfade in t, q-Koordinaten.

Für Gaußsche Pfadintegrale gilt

$$
K(q,t;q_0,t_0) \simeq \exp\left(\frac{i}{\hbar} A_{kl}(t,t_0)\right). \qquad (1.141)
$$

Im Rahmen der Pfadintegrale leitet man die WKB-Näherung als eine Entwicklung um die klassische Trajektorie her.

1.14.39 Berechnung des Pfadintegrals für ein freies Teilchen

Für ein Teilchen mit der Hamilton-Funktion $p^2/2m + V(q)$ können die Integrale über p_n mit Hilfe der Formel

$$
\int_{-\infty}^{\infty} dp e^{-\alpha p^2 + ipq} = \sqrt{\frac{\pi}{\alpha}} e^{-q^2/4\alpha} \qquad (1.142)
$$

exakt berechnet werden. Beweisen Sie

$$K(q,t;q_0,t_0) \simeq \left(\frac{m}{2\pi i\hbar\Delta t}\right)^{n/2} \int_{-\infty}^{\infty} dq_{n-1} \cdots \int_{-\infty}^{\infty} dq_1$$
$$\exp\left(\frac{im}{2\hbar\Delta t}\sum_{k=1}^{n}(q_k - q_{k-1})^2 - \frac{i}{\hbar}\Delta t \sum_{k=1}^{n} V(q_{k-1})\right), \quad (1.143)$$

wobei $q_n = q$ gilt. Im Grenzfall $n \to \infty$ erhält man das Pfadintegral im Konfigurationsraum

$$K(q,t;q_0,t_0) = \int_{q(t_0)=q_0}^{q(t)=q} Dq(t) \exp\left(\frac{i}{\hbar}\int_{t_0}^{t} dt' L(\dot{q}(t'), q(t'))\right), \quad (1.144)$$

wobei $L(q,\dot{q}) = \frac{m}{2}\dot{q}^2 - V(q)$ die Lagrangefunktion bezeichnet.

Für ein freies Teilchen können die Integrationen über q_k eins nach dem anderen durchgeführt werden. Stellen Sie die Gültigkeit der Ausbreitungsamplitude für ein freies Teilchen

$$K_0(q,t;q_0,t_0) = \left(\frac{m}{2\pi i\hbar(t-t_0)}\right)^{1/2} \exp\left(\frac{im}{2\hbar(t-t_0)}(q-q_0)^2\right) \quad (1.145)$$

fest. Die Gl. (1.145) hängt nicht von n ab und stellt das exakte Ergebnis für die Ausbreitungsamplitude für ein freies Teilchen dar. $K_0(q,t;q_0,t_0)$ in (1.145) stimmt exakt mit der Ausbreitungsamplitude für ein infinitesimales Zeitintervall Δt überein.

Ermitteln Sie (1.145) bis zu einem Vorfaktor durch die Abschätzung von (1.144) in Übereinstimmung mit der Gl. (1.141). Die Gaußschen Pfadintegrale können auch mit Hilfe der quadratischen Ergänzung berechnet werden.

Kapitel 2
Anwendungen der Dirac-Gleichung

In diesem Kapitel werden einige Anwendungen der Dirac-Gleichung betrachtet. Es wird unter anderem die Spin-Bahn-Wechselwirkung im Zusammenhang mit dem nichtrelativistischen Grenzfall der Dirac-Gleichung in der $1/c^2$-Näherung hergeleitet und anschließend die Feinstruktur von H-Atomen studiert. Weiterhin wird die Streuung von Elektronen und Positronen in äußerem elektromagnetischen Feld unter Verwendung der kausalen Greenschen Funktion betrachtet. Der Wirkungsquerschnitt für die Streuung von relativistischen Elektronen (die Mott-Formel) wird ausführlich hergeleitet. In den Aufgaben am Ende des Kapitels findet man auch einige Anwendungen zur Klein-Gordon-Gleichung. Die meisten Aufgabenstellungen zur Klein-Gordon-Gleichung können auch auf die Dirac-Gleichung erweitert werden.

2.1 Entwicklung nach Potenzen von c^{-1}

2.1.1 1/c-Näherung

Bei der Betrachtung des nichtrelativistischen Grenzfalls der Dirac-Gleichung im äußeren elektromagnetischen Feld (1.87) werden wir unter Benutzung der Transformation

$$\psi = \psi' \exp\left(-i \, \frac{mc^2}{\hbar} \, t\right) \tag{2.1}$$

die Ruheenergie subtrahieren. Das Einsetzen von (2.1) in die Dirac-Gleichung (1.87) ergibt unmittelbar folgende Gleichung für ψ'

$$\left(i\hbar \frac{\partial}{\partial t} + mc^2\right)\psi' = \left(c\boldsymbol{\alpha}\left(\mathbf{p} - \frac{e}{c}\mathbf{A}\right) + \beta mc^2 + eV\right)\psi'. \tag{2.2}$$

Unter Benutzung der Blockform des Bispinors $\psi' = \begin{pmatrix} \varphi' \\ \chi' \end{pmatrix}$ in (2.2) erhält man das Gleichungssystem für die Spinoren φ' und χ'

S. Stepanow, *Relativistische Quantentheorie*, Springer-Lehrbuch,
DOI 10.1007/978-3-642-12050-3_2,

$$\left(i\hbar\frac{\partial}{\partial t} - eV\right)\varphi' = c\,\boldsymbol{\sigma}\left(\mathbf{p} - \frac{e}{c}\mathbf{A}\right)\chi', \tag{2.3}$$

$$\left(i\hbar\frac{\partial}{\partial t} - eV + 2mc^2\right)\chi' = c\,\boldsymbol{\sigma}\left(\mathbf{p} - \frac{e}{c}\mathbf{A}\right)\varphi'. \tag{2.4}$$

In der 1. Näherung nach $1/c$ können die beiden ersten Terme auf der linken Seite der Gl. (2.4) zu Gunsten vom mc^2 vernachlässigt werden. Als Ergebnis erhält man für χ'

$$\chi' = \frac{1}{2mc}\,\boldsymbol{\sigma}\left(\mathbf{p} - \frac{e}{c}\mathbf{A}\right)\varphi'.$$

Die obige Gleichung zeigt, dass χ' wegen dem Vorfaktor $1/c$ (genauer gesagt $\mathbf{v}/c$) viel kleiner gegenüber φ' ist. Das Einsetzen des obigen Ausdrucks für χ' in (2.3) ergibt folgende Gleichung für φ'

$$\left(i\hbar\frac{\partial}{\partial t} - eV\right)\varphi' = \frac{1}{2m}\left(\boldsymbol{\sigma}\left(\mathbf{p} - \frac{e}{c}\mathbf{A}\right)\right)^2\varphi'$$

Die Vereinfachung dieser Gleichung erfolgt unter Benutzung der Relation (siehe Aufgabe 1.14.23 auf Seite 59)

$$(\boldsymbol{\sigma}\mathbf{a})(\boldsymbol{\sigma}\mathbf{b}) = \mathbf{a}\mathbf{b} + i\boldsymbol{\sigma}\,(\mathbf{a}\times\mathbf{b})$$

und führt zum Ergebnis

$$\left(\boldsymbol{\sigma}\left(\mathbf{p} - \frac{e}{c}\mathbf{A}\right)\right)^2 = \left(\mathbf{p} - \frac{e}{c}\mathbf{A}\right)^2 - \frac{e\hbar}{c}\,\boldsymbol{\sigma}\,\mathbf{B},$$

wobei $\mathbf{B} = \mathrm{rot}\mathbf{A}$ die magnetische Induktion ist. Folglich lässt sich die Gleichung für φ' schreiben als

$$i\hbar\frac{\partial}{\partial t}\varphi' = H\varphi' = \left[\frac{1}{2m}\left(\mathbf{p} - \frac{e}{c}\mathbf{A}\right)^2 + eV - \frac{e\hbar}{2mc}\boldsymbol{\sigma}\,\mathbf{B}\right]\varphi'. \tag{2.5}$$

In (2.5) erkennt man die Pauli-Gleichung.

Aus der Dirac-Gleichung in der $1/c$-Näherung folgt, dass das Dirac-Teilchen neben der Ladung e auch ein eigenes magnetisches Moment

$$\boldsymbol{\mu}_{\text{Spin}} = \frac{e\hbar}{2mc}\boldsymbol{\sigma} = \frac{e}{mc}\mathbf{S} = g\frac{e}{2mc}\mathbf{S}$$

($e/2mc$ ist das gyromagnetische Verhältnis, $\mu_B = |e|\,\hbar/2mc$ ist das Bohrsche Magneton in Gauß-Einheiten) besitzt. Für den g-Faktor liefert die Dirac-Theorie folglich den Wert $g = 2$.[1] Beachten Sie, dass für Elektronen das magnetische Moment und der Spin entgegengerichtet sind. Der durch die Bahnbewegung mit dem Bahndrehimpuls **L** bedingtes magnetisches Moment ist gegeben durch

$$\mu_{\text{Bahn}} = \frac{e}{2mc}\mathbf{L}.$$

Der der Bahnbewegung entsprechende g-Faktor ist folglich $g = 1$ und beträgt die Hälfte des durch den Spin bedingten g-Faktors. Das gesamte magnetische Moment erhält man als

$$\boldsymbol{\mu} = \boldsymbol{\mu}_{\text{Spin}} + \boldsymbol{\mu}_{\text{Bahn}} = \frac{e}{2mc}\left(\mathbf{L} + 2\mathbf{S}\right). \tag{2.6}$$

2.1.2 Entwicklung von ϱ und j nach Potenzen von c^{-1}

In diesem Abschnitt werden wir den nichtrelativistischen Grenzfall für die Wahrscheinlichkeitsdichte und die Wahrscheinlichkeitsstromdichte in der $1/c$-Näherung betrachten. Die Wahrscheinlichkeitsdichte $\varrho = \psi'^{+}\psi'$ läßt sich nach der Substitution

$$\psi' = \begin{pmatrix} \varphi' \\ \chi' \end{pmatrix}$$

wie folgt schreiben

$$\varrho = \varphi'^{+}\varphi' + \chi'^{+}\chi'.$$

Um die Schreibweise zu vereinfachen, werden wir die Striche bei φ', χ' weglassen. Unter Berücksichtigung, dass χ in der $1/c$-Näherung viel kleiner als φ ist ($\chi \sim (1/c)\varphi$), erhält man für die Wahrscheinlichkeitsdichte $\varrho \simeq |\varphi|^2$. Die Eliminierung von χ zu Gunsten von φ im Ausdruck für die Wahrscheinlichkeitsstromdichte

$$\mathbf{j} = c\psi^{+}\boldsymbol{\alpha}\psi = c\left(\varphi^{+}\boldsymbol{\sigma}\chi + \chi^{+}\boldsymbol{\sigma}\varphi\right)$$

unter Benutzung der Gleichungen

$$\chi = \frac{1}{2mc}\,\boldsymbol{\sigma}\left(-i\hbar\nabla - \frac{e}{c}\mathbf{A}\right)\varphi, \quad \chi^{+} = \frac{1}{2mc}\left(i\hbar\nabla - \frac{e}{c}\mathbf{A}\right)\varphi^{+}\boldsymbol{\sigma}$$

ergibt

[1] Im Abschn. 3.9.6 auf Seite 207 wird gezeigt, dass die Strahlungskorrekturen $g > 2$ liefern.

$$\mathbf{j} = \frac{1}{2m}\varphi^+\boldsymbol{\sigma}\left[\boldsymbol{\sigma}\left(-i\hbar\nabla - \frac{e}{c}\mathbf{A}\right)\right]\varphi + \frac{1}{2m}\left[\left(i\hbar\nabla - \frac{e}{c}\mathbf{A}\right)\varphi^+\boldsymbol{\sigma}\right]\boldsymbol{\sigma}\varphi. \tag{2.7}$$

Die Verwendung der Relationen

$$(\boldsymbol{\sigma}\,\mathbf{a})\,\boldsymbol{\sigma} \quad\rightarrow\quad \sigma^k\,a^k\,\sigma^m\mathbf{e}_m = a^k\,\sigma^k\,\sigma^m\mathbf{e}_m = \mathbf{a} + i\,\boldsymbol{\sigma}\times\mathbf{a}$$

und

$$\boldsymbol{\sigma}\,(\boldsymbol{\sigma}\,\mathbf{a}) = \mathbf{a} + i\,\mathbf{a}\times\boldsymbol{\sigma}$$

ermöglicht es, die Gl. (2.7) wie folgt zu schreiben

$$\begin{aligned}\mathbf{j} = {} & \frac{i\hbar}{2m}\left[\left(\nabla\varphi^+\right)\varphi\; - \varphi^+\nabla\varphi\right] - \frac{e}{mc}\mathbf{A}\varphi^+\varphi + \frac{i}{2m}\varphi^+\left(-i\hbar\nabla - \frac{e}{c}\mathbf{A}\right)\times\boldsymbol{\sigma}\varphi \\ & + \frac{i}{2m}\left[\boldsymbol{\sigma}\times\left(i\hbar\nabla - \frac{e}{c}\mathbf{A}\right)\varphi^+\right]\varphi.\end{aligned}$$

Nach Benutzung der Umformung

$$\begin{aligned}\frac{\hbar}{2m}\,\varphi^+\nabla\times\boldsymbol{\sigma}\varphi - \frac{\hbar}{2m}\,\boldsymbol{\sigma}\times\left(\nabla\varphi^+\right)\varphi &= \frac{\hbar}{2m}\,\varphi^+\nabla\times\boldsymbol{\sigma}\varphi + \frac{\hbar}{2m}\,\nabla\varphi^+\times\boldsymbol{\sigma}\varphi \\ &= \frac{\hbar}{2m}\,\nabla\times\left(\varphi^+\boldsymbol{\sigma}\varphi\right)\end{aligned}$$

erhält man die Wahrscheinlichkeitsstromdichte in der $1/c$-Näherung endgültig als

$$\mathbf{j} = \frac{i\hbar}{2m}\left[\left(\nabla\varphi^+\right)\varphi\; - \varphi^+\nabla\varphi\right] - \frac{e}{mc}\mathbf{A}\varphi^+\varphi + \frac{\hbar}{2m}\,\nabla\times\left(\varphi^+\boldsymbol{\sigma}\varphi\right). \tag{2.8}$$

Die ersten zwei Terme in (2.8) stimmen mit der Wahrscheinlichkeitsstromdichte, welche aus der zur Pauli-Gleichung gehörenden Kontinuitätsgleichung folgt, überein. Der Term

$$\mathbf{j}_s = \frac{\hbar}{2m}\nabla\times\left(\varphi^+\boldsymbol{\sigma}\varphi\right) \tag{2.9}$$

(der Gordon-Term) ist die durch den Spin hervorgerufene Spin-Stromdichte. Entsprechend ist $(e\hbar/2m)\;\;\nabla\times\left(\varphi^+\boldsymbol{\sigma}\varphi\right)$ die Ladungsspinstromdichte. Wegen dieses Terms erzeugt ein sich bewegender Spin ein Magnetfeld. Wenn sich ein H-Atom in einem Zustand mit dem Bahndrehimpuls gleich Null und einer scharfen Projektion des Spins auf die z-Achse befindet, wird wegen $\mathbf{j}_s$ ein Magnetfeld erzeugt. Für die Berechnung dieses Feldes siehe Aufgabe 2.4.21 auf Seite 118.

2.1.3 $1/c^2$-Näherung

In der $1/c$-Näherung wurde der Term $i\hbar\frac{\partial}{\partial t} - eV$ in der Gl. (2.4) im Vergleich zu $2mc^2$ vernachlässigt. Die Berücksichtigung dieses Terms ergibt die relativistischen Korrekturen zum Hamilton-Operator, die von der Größenordnung $1/c^2$ sind. Diese Korrekturen sind in erster Linie für die Atomspektroskopie von Bedeutung. Aus diesem Grund werden diese hier nur am Beispiel eines Teilchens im äußeren elektrischen Feld ($\mathbf{A} = 0$) betrachtet. Bei der Betrachtung von stationären Zuständen wird $i\hbar\frac{\partial}{\partial t}$ durch ε ersetzt. Beachten Sie, dass die Ruheenergie mc^2 von ε durch die Substitution (2.1) bereits subtrahiert wurde. Für stationäre Zustände im elektrostatischen Feld folgt aus den Gln. (2.3) und (2.4) für φ und χ

$$(\varepsilon - eV)\,\varphi = c\boldsymbol{\sigma}\mathbf{p}\,\chi, \tag{2.10}$$

$$\left(\varepsilon - eV + 2mc^2\right)\chi = c\boldsymbol{\sigma}\mathbf{p}\,\varphi. \tag{2.11}$$

Die Gl. (2.11) ergibt für χ unter Berücksichtigung der $1/c^2$-Korrektur

$$\chi = \frac{c\boldsymbol{\sigma}\mathbf{p}}{\varepsilon - eV + 2mc^2}\,\varphi \approx \frac{1}{2mc}\left(1 - \frac{\varepsilon - eV}{2mc^2}\right)\boldsymbol{\sigma}\mathbf{p}\,\varphi. \tag{2.12}$$

Das Einsetzen dieses χ in (2.10) ergibt eine geschlossene Gleichung für φ

$$(\varepsilon - eV)\,\varphi = c\boldsymbol{\sigma}\mathbf{p}\,\chi = \frac{(\boldsymbol{\sigma}\mathbf{p})}{2m}\left(1 - \frac{\varepsilon - eV}{2mc^2}\right)(\boldsymbol{\sigma}\mathbf{p})\,\varphi.$$

Die Letztere kann in folgender Form geschrieben werden

$$\varepsilon\varphi = \left(\frac{\mathbf{p}^2}{2m} + eV - \varepsilon\frac{\mathbf{p}^2}{4m^2c^2} + \frac{1}{4m^2c^2}\,(\boldsymbol{\sigma}\mathbf{p})\,eV\,(\boldsymbol{\sigma}\mathbf{p})\right)\varphi. \tag{2.13}$$

Um die Gl. (2.13) in der Form einer stationären Schrödingergleichung schreiben zu können, muss ε auf der rechten Seite eliminiert werden. Da der Term auf der rechten Seite, welcher zu ε proportional ist, von der Größenordnung $1/c^2$ ist, ersetzen wir ε durch den Ausdruck $\mathbf{p}^2/2m + eV$, der sich aus der Iteration der Gleichung ergibt. Als Ergebnis erhält man

$$\varepsilon\varphi = \left(\frac{\mathbf{p}^2}{2m} + eV - \frac{(\mathbf{p}^2)^2}{8m^3c^2} - eV\frac{\mathbf{p}^2}{4m^2c^2} + \frac{1}{4m^2c^2}\,(\boldsymbol{\sigma}\mathbf{p})\,eV\,(\boldsymbol{\sigma}\mathbf{p})\right)\varphi.$$

Unter Benutzung der Umformung

$$(\boldsymbol{\sigma}\mathbf{p})\,eV\,(\boldsymbol{\sigma}\mathbf{p}) = eV\mathbf{p}^2 + i\hbar e(\boldsymbol{\sigma}\mathbf{E})(\sigma\mathbf{p})$$

mit $\mathbf{E} = -\mathrm{grad}V$ und der Beziehung

$$(\sigma\mathbf{E})(\sigma\mathbf{p}) = \mathbf{E}\mathbf{p} + i\mathbf{E}(\mathbf{p}\times\sigma)$$

erhalten wir

$$\varepsilon\varphi = \left(\frac{\mathbf{p}^2}{2m} + eV - \frac{(\mathbf{p}^2)^2}{8m^3c^2} - \frac{\hbar e}{4m^2c^2}\sigma(\mathbf{E}\times\mathbf{p}) + \frac{i\hbar e}{4m^2c^2}\mathbf{E}\mathbf{p}\right)\varphi. \tag{2.14}$$

Den Ausdruck in den Klammern auf der rechten Seite der obigen Gleichung würde man gern als den Hamilton-Operator in der $1/c^2$-Näherung interpretieren. Dies ist aber ohne weiteres nicht möglich, da der Term

$$V_3 = (i\hbar e/4m^2c^2)\mathbf{E}\mathbf{p} \tag{2.15}$$

nicht hermitesch ist:

$$V_3^+ = -\frac{i\hbar e}{4m^2c^2}\mathbf{p}\mathbf{E} = -V_3 - \frac{i\hbar e}{4m^2c^2}(\mathbf{p}\mathbf{E} - \mathbf{E}\mathbf{p}) = -V_3 - \frac{e\hbar^2}{4m^2c^2}\mathrm{div}\mathbf{E}.$$

Das Einsetzen von V_3 in (2.14) durch seinen hermiteschen Anteil $(V_3 + V_3^+)/2$ macht den Operator auf der rechten Seite von (2.14) selbstadjungiert [34]. Diese Vorgehensweise ist analog der Betrachtung des Lenz-Runge-Vektors in der nichtrelativistischen Quantenmechanik. Als Ergebnis erhält man, dass die Dirac-Gleichung in der $1/c^2$-Näherung als stationäre Schrödingergleichung

$$\varepsilon\varphi = H\varphi$$

mit dem Hamilton-Operator

$$H = H_0 + H_{\mathrm{rel}}$$

mit

$$H_0 = \frac{\mathbf{p}^2}{2m} + eV$$

und

$$H_{\mathrm{rel}} = -\frac{(\mathbf{p}^2)^2}{8m^3c^2} - \frac{\hbar e}{4m^2c^2}\sigma(\mathbf{E}\times\mathbf{p}) - \frac{e\hbar^2}{8m^2c^2}\mathrm{div}\mathbf{E} \tag{2.16}$$

geschrieben werden kann. H_{rel} stellt die $1/c^2$-Korrektur zum nichtrelativistischen Hamilton-Operator dar.

Im folgenden werden wir die $1/c^2$-Terme zu H einzeln analysieren. Der Term

$$-\frac{(\mathbf{p}^2)^2}{8m^3c^2} \tag{2.17}$$

entspricht der relativistischen Korrektur zur Energie. Man erhält ihn aus der Taylor-Entwicklung der relativistischen Energie mit subtrahierter Ruheenergie $c\sqrt{\mathbf{p}^2 + m^2c^2} - mc^2$ bis zu den Termen vierter Ordnung nach $\mathbf{p}$,

$$c\sqrt{\mathbf{p}^2 + m^2c^2} - mc^2 \approx \frac{\mathbf{p}^2}{2m} - \frac{1}{8m^3c^2}(\mathbf{p}^2)^2 + \cdots .$$

Der Term

$$-\frac{e\hbar}{4m^2c^2}\,\boldsymbol{\sigma}\,(\mathbf{E}\times\mathbf{p}) \tag{2.18}$$

beschreibt die Spin-Bahn-Wechselwirkung. Diese entspricht der Wechselwirkungsenergie des sich bewegenden magnetischen Momentes mit dem elektrischen Feld des Kerns. Die Spin-Bahn-Wechselwirkung kann folgendermaßen veranschaulicht werden. Im mit dem Elektron mitbewegten Bezugssystem entsteht das Magnetfeld $\mathbf{B} = \frac{1}{c}\,\mathbf{E}\times\mathbf{v}$ (siehe Aufgabe 1.14.2 auf Seite 46). Die Wechselwirkungsenergie des magnetischen Momentes $\boldsymbol{\mu} = (e\hbar/2mc)\,\boldsymbol{\sigma}$ mit diesem Magnetfeld $\mathbf{B}$ ist

$$-\boldsymbol{\mu}\mathbf{B} = -\frac{1}{c}\,\boldsymbol{\mu}\,(\mathbf{E}\times\mathbf{v}) = -\frac{e\hbar}{2m^2c^2}\,\boldsymbol{\sigma}\,(\mathbf{E}\times\mathbf{p})\,,$$

wobei die Beziehung $\mathbf{v} = \mathbf{p}/m$ benutzt wurde. Der letztere Ausdruck stimmt mit (2.18) bis auf den Faktor $\frac{1}{2}$ (der Thomas-Faktor) überein. Der Unterschied kommt dadurch zustande, dass das mit dem Elektron bewegte Bezugssystem nicht inertial ist. Die Berücksichtigung des nichtinertialen Charakters des Bezugssystems liefert auch den richtigen Vorfaktor.

Für ein kugelsymmetrisches Feld $\mathbf{E} = -(\mathbf{r}/r)dV/dr$ kann der Operator der Spin-Bahn-Wechselwirkung (2.18) wie folgt geschrieben werden

$$\frac{e\hbar}{4m^2c^2r}\,\frac{dV}{dr}\,\boldsymbol{\sigma}\,(\mathbf{r}\times\mathbf{p}) = \frac{e}{2m^2c^2r}\,\frac{dV}{dr}\,\mathbf{LS}, \tag{2.19}$$

wobei $\mathbf{L} = \mathbf{r}\times\mathbf{p}$ den Bahndrehimpuls und $\mathbf{S} = \hbar\boldsymbol{\sigma}/2$ den Spin bezeichnen.

Der Term

$$-\frac{e\hbar^2}{8m^2c^2}\mathrm{div}\mathbf{E}, \tag{2.20}$$

welcher als Darwin-Term bezeichnet wird, ist für das Coulomb-Potential nur an dem Ort wo sich der Kern befindet ungleich Null.

Der Darwin-Term kann qualitativ wie folgt veranschaulicht werden. Um das Elektron im äußeren Feld entstehen und annihilieren auf einer Länge, die von der Größenordnung gleich der Compton-Wellenlänge ist, ständig Elektron-Positron-Paare. Die Entstehung der Teilchen-Antiteilchen-Paare im äußeren Feld wird am Ende der Aufgabe 2.4.30 auf Seite 129 im Zusammenhang mit dem nichtrelativistischen Grenzfall der kausalen Greenschen Funktion der Klein-Gordon-Gleichung betrachtet. Wenn das ursprüngliche Elektron mit dem Positron annihiliert, ändert sich der Ort des Elektrons um die Compton-Wellenlänge $\hbar c/m$ [35]. Durch diese Ortsschwankungen spürt das Elektron ein verschmiertes Coulomb-Potential. Dieses verschmierte Coulomb-Potential wurde im Abschn. 3.4 auf Seite 150 in der Gl. (3.44) im Zusammenhang mit der Betrachtung der Lamb-Verschiebung wie folgt berechnet

$$\langle \delta V \rangle \simeq \frac{1}{6} \left\langle \delta \mathbf{r}^2 \right\rangle \nabla^2 V. \tag{2.21}$$

Das Einsetzen von $\left\langle \delta \mathbf{r}^2 \right\rangle = \hbar^2/m^2c^2$ und $\nabla V = -\mathbf{E}$ in (2.21) ergibt bis zu einem numerischen Vorfaktor den Darwin-Term. Der Darwin-Term berücksichtigt also Prozesse mit Teilchenumwandlungen in der stationären Dirac-Gleichung im äußeren elektrischen Potential. Die Nicht-Hermitizität des Operators V_3 in der Gl. (2.15) spiegelt offenbar den Vielteilchen-Ursprung des Darwin-Terms wieder.

2.1.4 Die direkte Herleitung von H_{rel}

Bei der Herleitung der richtigen Gestalt des Hamiltonian-Operators (2.16) in der $1/c^2$-Näherung wurde der nicht hermitesche Operator V_3 einfach durch seinen hermiteschen Anteil ersetzt. In der unten folgenden Herleitung von (2.16) werden wir den Darwin-Term auf einem anderen Weg herleiten [19]. Dazu betrachten wir die Wahrscheinlichkeitsdichte in der $1/c^2$-Näherung, welche unter Verwendung von $\chi = (\boldsymbol{\sigma}\mathbf{p}/2mc)\ \varphi$ (siehe die Gl. (2.12)) die Form

$$\varrho = |\varphi|^2 + |\chi|^2 = |\varphi|^2 + \frac{\hbar^2}{4m^2c^2}\, |\boldsymbol{\sigma}\nabla\varphi|^2$$

annimmt. Die letzte Gleichung unterscheidet sich von dem in der Schrödinger-Theorie gewohnten Ausdruck $\varrho = \varphi^+\varphi$. Dies spiegelt die Tatsache wieder, dass der Operator in (2.14) nicht hermitesch ist. Um in der $1/c^2$-Näherung eine der Schrödingergleichung ähnliche Wellengleichung mit der Wahrscheinlichkeitsdichte, die in der gewohnten Form geschrieben werden kann, herzuleiten, geht man folgendermaßen vor. Man definiert anstelle von φ eine solche Wellenfunktion φ_{Schr}, mit welcher die Aufenthaltswahrscheinlichkeit des Teilchens in der Form $\int d^3r \varphi^+_{\mathrm{Schr}}\varphi_{\mathrm{Schr}}$ geschrieben werden kann. Diese Forderung liefert die Bedingung für die Bestimmung von φ_{Schr}

$$\int \varphi^+_{\mathrm{Schr}}\varphi_{\mathrm{Schr}}\, d^3r = \int \left[\varphi^+\varphi + \frac{\hbar^2}{4m^2c^2}\, \left(\nabla\varphi^+\boldsymbol{\sigma}\right)(\boldsymbol{\sigma}\nabla\varphi) \right] d^3r.$$

Die partielle Integration im 2. Term ergibt

$$\int (\nabla\varphi^+\boldsymbol{\sigma})\,(\boldsymbol{\sigma}\nabla\varphi)\,d^3r = -\int \varphi^+\,(\nabla\boldsymbol{\sigma})\,(\boldsymbol{\sigma}\nabla)\,\varphi\,d^3r = -\int d^3r\;\varphi^+\nabla^2\varphi$$

bzw.

$$\int (\nabla\varphi^+\boldsymbol{\sigma})\,(\boldsymbol{\sigma}\nabla\varphi)\,d^3r = -\int d^3r\;\left(\nabla^2\varphi^+\right)\varphi.$$

Mit Hilfe dieser Umformungen erhalten wir in der $1/c^2$-Näherung

$$\begin{aligned}
\int \varphi^+_{\text{Schr}}\varphi_{\text{Schr}}\,d^3r &= \int \left[\varphi^+\varphi - \frac{\hbar^2}{8m^2c^2}\left\{\left(\nabla^2\varphi^+\right)\varphi + \varphi^{+\nabla^2}\varphi\right\}\right]d^3r \\
&= \int \left[\varphi^+\varphi + \frac{1}{8m^2c^2}(\left(\mathbf{p}^2\varphi^+\right)\varphi + \varphi^+\mathbf{p}^2\varphi)\right]d^3r \\
&= \int d^3r\left(1+\frac{\mathbf{p}^2}{8m^2c^2}\right)\varphi^+\left(1+\frac{\mathbf{p}^2}{8m^2c^2}\right)\varphi - O(c^{-4}),
\end{aligned}$$

wobei im letzten Ausdruck der Impulsoperator $\mathbf{p} = (\hbar/i)\,\nabla$ eingeführt wurde. Somit erhält man für φ_{Schr} in der betrachteten Näherung

$$\varphi_{\text{Schr}} = \left(1+\frac{\mathbf{p}^2}{8m^2c^2}\right)\varphi,$$

bzw.

$$\varphi = \left(1-\frac{\mathbf{p}^2}{8m^2c^2}\right)\varphi_{\text{Schr}}. \tag{2.22}$$

Das Einsetzen von (2.22) in (2.13) liefert nach einigen Umformungen die Eigenwertgleichung für φ_{Schr} als

$$\varepsilon\varphi_{\text{Schr}} = H\varphi_{\text{Schr}},$$

mit dem Hamilton-Operator H, welcher mit (2.16) übereinstimmt.

2.2 Die Feinstruktur der Niveaus des Wasserstoffatoms

Für ein H-Atom ist das Verhältnis der mittleren Geschwindigkeit des Elektrons zur Lichtgeschwindigkeit von der Größenordnung der Feinstrukturkonstante

$$\frac{v}{c} \sim \alpha = \frac{e^2}{\hbar c}.$$

Diese Abschätzung erhält man durch Gleichsetzen der Grundzustandsenergie des H-Atoms $|\varepsilon_0| = me^4/2\hbar^2$ mit der mittleren kinetischen Energie des Elektrons $mv^2/2$. Da die relativistischen Korrekturen zum Hamilton-Operator (2.16) von der Größenordnung $1/c^2$ sind, erwartet man, dass die relativistischen Korrekturen zu den Energieniveaus von der Größenordnung α^2 sind. Die störungstheoretische Berechnung der relativistischen Effekte unter Betrachtung von (2.16) als Störung ist wegen des kleinen Wertes der Feinstrukturkonstante, $\alpha \simeq 1/137$ vollkommen ausreichend.

2.2.1 *Der relativistische Hamiltonian für das Coulomb-Potential*

Wir werden hier den relativistischen Hamiltonian explizit für ein wasserstoffähnliches Atom mit der Ladung Ze (Z berücksichtigt die Abschirmung der Kernladung durch die anderen Elektronen) aufschreiben. Für das elektrische Potential

$$V = \frac{Ze}{r}$$

ergeben sich die Beziehungen

$$\begin{aligned} \mathbf{E} &= -\nabla V = -\frac{\mathbf{r}}{r}\frac{dV}{dr} = \frac{Ze\mathbf{r}}{r^3}, \\ \mathrm{div}\mathbf{E} &= -\nabla^2 V = 4\pi Ze\delta(\mathbf{r}). \end{aligned}$$

Das Einsetzen von dV/dr und $\mathrm{div}\mathbf{E}$ in H_{rel}

$$H_{\mathrm{rel}} = -\frac{(\mathbf{p}^2)^2}{8m^3c^2} + \frac{e}{2m^2c^2r}\frac{dV}{dr}\mathbf{LS} - \frac{e\hbar^2}{8m^2c^2}\mathrm{div}\mathbf{E} \tag{2.23}$$

ergibt den Störanteil des Hamilton-Operators für ein Coulomb-Potential in der Form

$$H_{\mathrm{rel}} = -\frac{(\mathbf{p}^2)^2}{8m^3c^2} + \frac{Ze_0^2}{2m^2c^2r^3}\mathbf{LS} + \frac{Ze_0^2\hbar^2\pi}{2m^2c^2}\delta(\mathbf{r}). \tag{2.24}$$

Beachten Sie, dass in (2.24) das Vorzeichen der Ladung des Elektrons berücksichtigt wurde indem man ein e durch $-e_0$ ($e_0 > 0$) ersetzt wurde.

2.2.2 *Addition der Drehimpulse, Eigenfunktionen von $\mathbf{J}^2$ und J_z*

Man weiß bereits aus der nichtrelativistischen Quantentheorie (siehe die Aufgabe 2.4.2 auf Seite 100), dass im Zentralkraftfeld bei vorhandener Spin-Bahn-Kopplung die folgenden Operatoren miteinander kommutierenden

$$\mathbf{J}^2 = (\mathbf{L}+\mathbf{S})^2,\ J_z,\ \mathbf{S}^2,\ \mathbf{L}^2 \text{ und } \mathbf{LS}. \tag{2.25}$$

Aus diesem Grund müssen die Eigenzustände des H-Atoms unter Berücksichtigung der relativistischen Effekte durch die Quantenzahlen der Operatoren $\mathbf{J}^2$, J_z, $\mathbf{L}^2$ und $\mathbf{S}^2$ charakterisiert werden. Für die störungstheoretische Berechnung der Energiekorrekturen von (2.24) werden daher die Eigenfunktionen des ungestörten Problems benötigt, welche Eigenfunktionen von $\mathbf{J}^2$, J_z, $\mathbf{L}^2$ und $\mathbf{S}^2$ sind. Diese Wellenfunktionen werden durch bestimmte binäre Kombinationen der $2\,(2l+1)$ Eigenfunktionen von $\mathbf{L}^2$, $\mathbf{S}^2$, L_z und S_z

$$|l,\ m_l\rangle\,|\uparrow\rangle, \qquad |l,\ m_l\rangle\,|\downarrow\rangle \quad (m_l = -l, \ldots, l) \tag{2.26}$$

ermittelt. Die Idee der Bestimmung der Eigenfunktionen von $\mathbf{J}^2$, J_z besteht zuerst darin, solche Kombinationen von (2.26) zu bilden, welche einer bestimmten Projektion von $J_z = L_z + S_z$ entsprechen. Es ist einfach zu sehen, dass die Superpositionen

$$\left|j, m_j, l\right\rangle = \alpha\,|l, m_l\rangle\,|\uparrow\rangle + \beta\,|l, m_l+1\rangle\,|\downarrow\rangle \tag{2.27}$$

für $m_l = -l, \ldots, l-1$ $(l \geq 1)$ und

$$\left|j, m_j = l+1/2, l\right\rangle = |l, m_l = l\rangle\,|\uparrow\rangle, \quad \left|j, m_j = -l-1/2, l\right\rangle = |l, m_l = -l\rangle\,|\downarrow\rangle$$

Eigenfunktionen von J_z mit den Eigenwerten $J_z = \hbar m_j$ und $m_j = m_l + 1/2$ sind. Die Konstanten α und β werden so gewählt, damit (2.27) auch Eigenfunktionen von $\mathbf{J}^2$ sind. Die Zustände $|j, l+1/2, l\rangle$ und $|j, -l-1/2, l\rangle$ sind bereits Eigenfunktionen von $\mathbf{J}^2$ zum Eigenwert $\hbar^2(l+1/2)(l+1/2+1) = \hbar^2 j(j+1)$. Für $l = 0$ existiert nur der Zustand

$$\left|\frac{1}{2},\ \pm\frac{1}{2},\ 0\right\rangle.$$

Die Normierung von $\left|j, m_j, l\right\rangle$ erfordert die Bedingung $\alpha^2 + \beta^2 = 1$. Es kann unmittelbar gezeigt werden, dass der Zustand $\left|j, m_j, l\right\rangle$ in (2.27) die Eigenfunktion des Quadrates des Gesamtdrehimpulses

$$\mathbf{J}^2 = \mathbf{L}^2 + \mathbf{S}^2 + 2L_zS_z + L_+S_- + L_-S_+$$

zum Eigenwert $\hbar^2 j(j+1)$ ist, wenn α und β dem Gleichungssystem

$$\begin{pmatrix} l(l+1)+\frac{3}{4}+m & \sqrt{l(l+1)-m(m+1)} \\ \sqrt{l(l+1)-m(m+1)} & l(l+1)+\frac{3}{4}-m-1 \end{pmatrix} \begin{pmatrix} \alpha \\ \beta \end{pmatrix} = j(j+1) \begin{pmatrix} \alpha \\ \beta \end{pmatrix} \tag{2.28}$$

genügen. Bei der Herleitung des Gleichungssystems (2.28) wurde von den Eigenschaften der Leiteroperatoren l_+, l_-, s_+ und s_- ($L_+ = \hbar l_+$ usw.)

$$l_+ |l, m_l\rangle = \sqrt{l(l+1) - m(m+1)}\, |l, m_l + 1\rangle \,,$$
$$l_- |l, m_l\rangle = \sqrt{l(l+1) - m(m-1)}\, |l, m_l - 1\rangle \,,$$
$$s_+ |{\downarrow}\rangle = |{\uparrow}\rangle \,, \quad s_- |{\uparrow}\rangle = |{\downarrow}\rangle$$

Gebrauch gemacht. Die weitere Analyse zeigt, dass das Gleichungssystem (2.28) nur für die Eigenwerte $j = l + 1/2$ und $j = l - 1/2$ nicht triviale Lösungen hat. Unter Berücksichtigung der Normierungsbedingung $\alpha^2 + \beta^2 = 1$ kann unmittelbar gezeigt werden, dass die Lösung von (2.28) für $j = l + 1/2$ und $j = l - 1/2$ entsprechend durch

$$\alpha_+ = \sqrt{\frac{l + 1 + m_l}{2l + 1}}, \quad \beta_+ = \sqrt{\frac{l - m_l}{2l + 1}},$$
$$\alpha_- = -\beta_+ = -\sqrt{\frac{l - m_l}{2l + 1}},$$
$$\beta_- = \alpha_+ = \sqrt{\frac{l + 1 + m_l}{2l + 1}}$$

gegeben ist. Folglich erhält man die Eigenfunktionen von $\mathbf{J}^2$, J_z, $\mathbf{L}^2$ und $\mathbf{S}^2$ als

$$\left|l + 1/2, m_j, l\right\rangle = \alpha_+ |l, m_l\rangle |{\uparrow}\rangle + \beta_+ |l, m_l + 1\rangle |{\downarrow}\rangle \,,$$
$$\left|l - 1/2, m_j, l\right\rangle = -\beta_+ |l, m_l\rangle |{\uparrow}\rangle + \alpha_+ |l, m_l + 1\rangle |{\downarrow}\rangle \,.$$

Eine direkte Rechnung zeigt, dass die Zustände $\left|l + 1/2, m_j, l\right\rangle$ und $\left|l - 1/2, m_j, l\right\rangle$ orthogonal zueinander sind. Die Eliminierung von m_l zu Gunsten der Quantenzahl m_j der z-Projektion des Gesamtdrehimpulses J_z ($J_z = \hbar m_j$) ermöglicht es, die Eigenfunktionen von $\mathbf{J}^2$, J_z, $\mathbf{L}^2$ und $\mathbf{S}^2$ in der Form

$$\left|l + \frac{1}{2}, m_j, l\right\rangle = \alpha(m_j)|l, m_j - 1/2\rangle|\uparrow\rangle + \beta(m_j)|l, m_j + 1/2\rangle|\downarrow\rangle, \tag{2.29}$$

mit $m_j = -(l + \frac{1}{2}), \ldots, l + \frac{1}{2}$ und

$$\left|l - \frac{1}{2}, m_j, l\right\rangle = -\beta(m_j)|l, m_j - 1/2\rangle|\uparrow\rangle + \alpha(m_j)|l, m_j + 1/2\rangle|\downarrow\rangle, \tag{2.30}$$

mit $m_j = -(l - \frac{1}{2}), \ldots, l - \frac{1}{2}$ darzustellen. Die Koeffizienten $\alpha(m_j)$ und $\beta(m_j)$ in (2.29) und (2.30) ergeben sich als

$$\alpha(m_j) = \sqrt{\frac{l + m_j + 1/2}{2l + 1}}, \quad \beta(m_j) = \sqrt{\frac{l - m_j + 1/2}{2l + 1}}.$$

Die Anzahl der Zustände, $2(2l+1) = 2(l+\frac{1}{2})+1+2(l-\frac{1}{2})+1$, stimmt natürlich mit der Zahl der Zustände (2.26) überein. Für $l=0$ existieren nur die Zustände $|\frac{1}{2}, m_j = \frac{1}{2}, l\rangle$ und $|\frac{1}{2}, m_j = -\frac{1}{2}, l\rangle$. Die Koeffizienten $\alpha(m_j)$ und $\beta(m_j)$ in (2.29) und (2.30) können auch durch die aufeinanderfolgende Anwendung des Leiteroperators J_- auf den Zustand $|l,\ m_l = l\rangle\,|\uparrow\rangle$ ermittelt werden. Die Darstellung der Eigenfunktionen von $\mathbf{J}^2$, J_z durch die Eigenfunktionen von $\mathbf{L}^2$ und $\mathbf{S}^2$ in den Gln. (2.29) und (2.30) ist ein Spezialfall des allgemeinen Zusammenhanges

$$\psi_{jm_j} = \sum_{m_1+m_2=m_j} C^{jm_j}_{j_1m_1;\,j_2m_2}\,\psi_{j_1m_1}\psi_{j_2m_2} \tag{2.31}$$

zwischen der Wellenfunktion des Gesamtdrehimpulses ψ_{jm} und der Wellenfunktionen der Drehimpulse $\psi_{j_1m_1}$ und $\psi_{j_2m_2}$, wobei die Größen $C^{jm_j}_{j_1m_1;\,j_2m_2}$ die Clebsch-Gordan-Koeffizienten bezeichnen. Die Clebsch-Gordan-Koeffizienten für den betrachteten Fall der Addition der Drehimpulse **L** und **S**, welche man unmittelbar aus den Gln. (2.29) (2.30), und (2.31) erhält, sind in der Tabelle 2.1 zu finden.

Die obige Prozedur der Ermittlung der Eigenfunktionen von $\mathbf{J}^2$ und J_z stellt, wie gesagt, einen Spezialfall der Addition der Drehimpulse in der Quantenmechanik dar. Sie löst die Aufgabe der Klassifizierung der Zustände des Systems nach dem Gesamtdrehimpuls. Die Transformationsmatrizen der Eigenfunktionen des (Gesamt-) Drehimpulses unter Drehung des Koordinatensystems realisieren irreduzible Darstellungen der Rotationsgruppe. Die Eigenfunktionen des Gesamtdrehimpulses bilden die Basis der irreduziblen Darstellung. Unter der Drehung des Koordinatensystems z.B. um die x-Achse um den Winkel α

$$\begin{aligned} x' &= x, \\ z' &= z\cos\alpha - y\sin\alpha, \\ y' &= z\sin\alpha + y\cos\alpha \end{aligned}$$

transformiert die Eigenfunktion in Übereinstimmung mit

$$\Psi'_{j,m'_j,l}(x',y',z') = \sum_{m_j=-j}^{j} \left\langle j, m'_j, l \right| e^{-iJ_x\alpha/\hbar} \left| j, m_j, l \right\rangle \Psi_{j,m_j,l}(x',y',z').$$

Eine Drehung um einen beliebigen Winkel kann, wie man schon aus der Mechanik kennt, durch aufeinander folgende Drehungen um die z-, x- und z'-Achse erzeugt

Tabelle 2.1 Clebsch-Gordan-Koeffizienten $C^{jm_j}_{lm_l;1/2m_s}$

j \ m_2	1/2	−1/2
$l+1/2$	$\alpha(m_j)$	$\beta(m_j)$
$l-1/2$	$-\beta(m_j)$	$\alpha(m_j)$

werden. Beachten Sie das Vorzeichen minus in der Exponentialfunktion. Es ist die Folge der Wahl der gestrichelten Koordinaten im Argument der Wellenfunktion auf der rechten Seite. Bei der Wahl von x, y, z als Argument erhält man das Vorzeichen plus. Letzteres ist in Übereinstimmung mit der Gl. (1.73). Die Eigenfunktionen des Gesamtdrehimpulses werden aus den Eigenfunktionen **L** und **S** so konstruiert, damit die geforderten Transformationseigenschaften gewährleistet werden. Der Spezialfall der Addition von zwei 1/2 Spins wird in der Aufgabe 2.4.3 auf Seite 100 behandelt.

2.2.3 Die Energie-Korrekturen der einzelnen Terme

Die störungstheoretische Berechnung der Energiekorrekturen von H_{rel} zu den Energieniveaus eines H-Atoms erfolgt genauso wie in der nichtrelativistischen Quantenmechanik. Die Energiekorrekturen in der ersten Ordnung der Störungstheorie sind durch die diagonalen Matrixelemente $\langle n,\ j,\ m_j, l|\ H_{\text{rel}}\ |n,\ j,\ m_j, l\rangle$ gegeben. Bei der Berechnung der Matrixelemente der einzelnen Terme von (2.24) beginnen wir mit dem Term

$$H_{\text{rel},a} = -\frac{(\mathbf{p}^2)^2}{8m^3c^2}. \tag{2.32}$$

Die Schrödingergleichung des ungestörten Problems schreiben wir in der Form

$$\mathbf{p}^2\psi = 2m\left(\varepsilon_0 + \frac{Ze_0^2}{r}\right)\psi, \tag{2.33}$$

wobei

$$\varepsilon_0 = -\frac{mZ^2e_0^4}{2\hbar^2n^2} = -\frac{Z^2e_0^2}{2an^2} = -\frac{mZ^2\alpha^2c^2}{2n^2}$$

die Eigenenergien des nichtrelativistischen Coulombproblems, $a = \hbar^2/me_0^2$ der Bohrsche Atomradius und $\alpha = e_0^2/\hbar c$ die Feinstrukturkonstante bezeichnen. Unter Benutzung der Gl. (2.33) erhält man den Erwartungswert

$$\left\langle\left(\mathbf{p}^2\right)^2\right\rangle_{nl} = 4m^2\left\langle\left(\varepsilon_0 + \frac{Ze_0^2}{r}\right)^2\right\rangle_{nl} = 4m^2\left(\varepsilon_0^2 + 2\varepsilon_0 Ze_0^2\langle r^{-1}\rangle_{nl} + Z^2e_0^4\langle r^{-2}\rangle_{nl}\right). \tag{2.34}$$

Die Mittelwerte $\langle r^{-1}\rangle_{nl}$, $\langle r^{-2}\rangle_{nl}$ und $\langle r^{-3}\rangle_{nl}$ sind aus der Lösung des Coulombproblems der nichtrelativistischen Quantenmechanik (siehe die Aufgabe 2.4.22 auf Seite 118) bekannt und sind gegeben durch

$$\langle r^{-1}\rangle_{nl} = \frac{Z}{an^2}, \quad \langle r^{-2}\rangle_{nl} = \frac{Z^2}{a^2n^3\left(l+\frac{1}{2}\right)}, \quad \langle r^{-3}\rangle_{nl} = \frac{Z^3}{a^3n^3l\left(l+\frac{1}{2}\right)(l+1)}. \tag{2.35}$$

Der Ausdruck für $\langle r^{-3}\rangle_{nl}$ gilt nur für $l \neq 0$. Unter Verwendung von (2.35) ergibt die Berechnung der Energieverschiebung durch den Störterm (2.32), welcher der relativistischen Korrektur zur Energie-Impuls-Beziehung entspricht, das Ergebnis

$$\triangle E^{(a)}_{n,\,l} = -m\,(Z\alpha)^2\,\frac{\left(Ze_0^2\right)^2}{\hbar^2 2n^4}\left(\frac{n}{l+\frac{1}{2}} - \frac{3}{4}\right). \tag{2.36}$$

Letztere stimmt mit der Energiekorrektur für die Klein-Gordon-Gleichung, welche in der Aufgabe 2.4.13 auf Seite 108 ermittelt wurde, überein. Da die Zustände $|l \pm \frac{1}{2}, m_j, l\rangle$ eine Superposition der Zustände mit gleichen n und l sind und die Erwartungswerte $\langle r^{-1}\rangle$ und $\langle r^{-2}\rangle$ nur von den Quantenzahlen n und l abhängen, gilt (2.36) auch für die Energiekorrektur im Zustand $|n, l \pm \frac{1}{2}, m_j, l\rangle$.

Für die Berechnung der Energiekorrektur der Spin-Bahn-Kopplung,

$$H_{\mathrm{rel},b} = \frac{Ze_0^2}{2m^2c^2}\frac{1}{r^3}\mathbf{LS}, \tag{2.37}$$

betrachtet man den Mittelwert von H_{rel} im Zustand $\left|n,\, j,\, m_j,\, l\right\rangle$ mit $j = l \pm \frac{1}{2}$. Da die Zustände $\left|n, l \pm \frac{1}{2},\, m_j,\, l\right\rangle$ den Operator $\mathbf{LS} = \frac{1}{2}\left(\mathbf{J}^2 - \mathbf{L}^2 - \mathbf{S}^2\right)$ diagonalisieren, ersetzen wir $\mathbf{J}^2$, $\mathbf{L}^2$ und $\mathbf{S}^2$ in $\mathbf{LS}$ durch die Eigenwerte und erhalten für $l \neq 0$

$$\begin{aligned}\mathbf{LS}\left|n, l \pm \frac{1}{2},\, m_j,\, l\right\rangle &= \frac{1}{2}\left(\mathbf{J}^2 - \mathbf{L}^2 - \mathbf{S}^2\right)\left|n, l \pm \frac{1}{2},\, m_j,\, l\right\rangle \\ &= \frac{\hbar^2}{2}\left[j(j+1) - l(l+1) - \frac{3}{4}\right]\left|n, l \pm \frac{1}{2},\, m_j,\, l\right\rangle.\end{aligned}$$

Eine einfache Rechnung ergibt anschließend

$$\begin{aligned}\mathbf{LS}\left|n, l + \frac{1}{2},\, m_j,\, l\right\rangle &= l\frac{\hbar^2}{2}\left|n, l + \frac{1}{2},\, m_j,\, l\right\rangle, \\ \mathbf{LS}\left|n, l - \frac{1}{2},\, m_j,\, l\right\rangle &= -\,(l+1)\,\frac{\hbar^2}{2}\left|n, l - \frac{1}{2},\, m_j,\, l\right\rangle\end{aligned}$$

und folglich für den Erwartungswert von $H_{\mathrm{rel},b}$

$$\begin{aligned}
\left\langle H_{\mathrm{rel},b}\right\rangle_{n,\ j=l+\frac{1}{2},\ l,\ m_j} &= l\,\frac{1}{2m^2c^2}\,\frac{Ze_0^2\hbar^2}{2}\left\langle\frac{1}{r^3}\right\rangle_{nl}, \\
\left\langle H_{\mathrm{rel},b}\right\rangle_{n,\ j=l-\frac{1}{2},\ l,\ m_j} &= -\,(l+1)\,\frac{1}{2m^2c^2}\,\frac{Ze_0^2\hbar^2}{2}\left\langle\frac{1}{r^3}\right\rangle_{nl}. \qquad (2.38)
\end{aligned}$$

Die Spin-Bahn-Wechselwirkung für $l = 0$ ist gleich Null. Unter Verwendung des Mittelwertes für $\langle r^{-3}\rangle_{nl}$ aus (2.35) für $l \neq 0$ erhält man

$$\begin{aligned}
\triangle E^{(b)}_{n,\ j=l+\frac{1}{2},\ l,\ m_j} &= m(Z\alpha)^2\frac{(Ze_0^2)^2}{4n^3\hbar^2\left(l+\frac{1}{2}\right)(l+1)}, \\
\triangle E^{(b)}_{n,\ j=l-\frac{1}{2},\ l,\ m_j} &= -m(Z\alpha)^2\frac{(Ze_0^2)^2}{4n^3\hbar^2 l\left(l+\frac{1}{2}\right)}. \qquad (2.39)
\end{aligned}$$

In der Energiekorrektur der beiden Störterme (2.32) und (2.37), welche sich aus (2.36) und (2.39) zusammensetzt, eliminieren wir l zu gunsten von $j = l \mp 1/2$ und erhalten

$$\triangle E^{(a)}_{n,\,l} + \triangle E^{(b)}_{n,\ j=l\pm\frac{1}{2},\ l} = -\frac{mZ^4e_0^8}{c^2\hbar^4 2n^4}\left(\frac{n}{j+\frac{1}{2}} - \frac{3}{4}\right). \qquad (2.40)$$

Die Energiekorrektur hängt nur von j und nicht von l ab. Beachten Sie, dass $\triangle E^{(a)}_{n,\,l}$ für alle l gilt, während $\triangle E^{(b)}_{n,\ j=l\pm\frac{1}{2},\ l}$ nur für $l \neq 0$.

Für die Berechnung der Energie-Korrektur des Darwin-Terms,

$$H_{\mathrm{rel},c} = \frac{Ze_0^2\hbar^2\pi}{2m^2c^2}\,\delta(\mathbf{r}), \qquad (2.41)$$

benutzen wir die Wellenfunktion des ungestörten Problems für $r = 0$ (siehe z.B. [29], Abschn. 36)

$$\psi(0) = \begin{cases} 0, & l \neq 0 \\ \dfrac{1}{\sqrt{\pi}}\left(\dfrac{Zme_0^2}{\hbar^2 n}\right)^{\frac{3}{2}} = \dfrac{1}{\sqrt{\pi}}\left(\dfrac{Z}{an}\right)^{\frac{3}{2}}, & l = 0 \end{cases}$$

und erhalten nach einer einfachen Rechnung

$$
\begin{aligned}
\langle H_{\text{rel},c} \rangle &= \frac{Ze_0^2\hbar^2\pi}{2m^2c^2} \int d^3r \psi^*(\mathbf{r})\delta(\mathbf{r})\psi(\mathbf{r}) \\
&= \frac{Ze_0^2\hbar^2\pi}{2m^2c^2} \psi^2(0) \\
&= \frac{Ze_0^2\hbar^2}{2m^2c^2} \left(\frac{Zme_0^2}{\hbar^2 n} \right)^3 \delta_{l,\,0} \\
&= \frac{mc^2(Z\alpha)^4}{2n^3} \delta_{l,\,0}.
\end{aligned}
\tag{2.42}
$$

Der Erwartungswert $\langle H_{\text{rel},c} \rangle$ ist formal identisch mit $\triangle E^{(b)}_{n,\, j=l+\frac{1}{2},\, l}$ (siehe die Gl. (2.39)) für $l = 0$. Demzufolge wird die Energiekorrektur des Darwin-Terms berücksichtigt, in dem man den Beitrag der Spin-Bahn-Kopplung auf $l = 0$ erweitert. Aus (2.40) und (2.42) erhält man die Energieverschiebung der Energieniveaus des H-Atoms unter Berücksichtigung der relativistischen Effekte in der $1/c^2$-Näherung als

$$
\triangle E_{n,\, l=j\pm\frac{1}{2},\, j} = \frac{mc^2(Z\alpha)^2}{2n^2} \frac{(Z\alpha)^2}{n^2} \left(\frac{3}{4} - \frac{n}{j+\frac{1}{2}} \right). \tag{2.43}
$$

Die Energieverschiebung unter Berücksichtigung der Ruheenergie und der Energie des ungestörten Problems ergibt sich zu

$$
E_{n,\, l=j\pm\frac{1}{2},\, j} = mc^2 \left\{ 1 - \frac{(Z\alpha)^2}{2n^2} \left[1 + \frac{(Z\alpha)^2}{n} \left(\frac{1}{j+\frac{1}{2}} - \frac{3}{4n} \right) \right] + O\left((Z\alpha)^6 \right) \right\}. \tag{2.44}
$$

Der Vollständigkeitshalber geben wir hier den exakten Ausdruck für die Energie

$$
E_{n,\, l=j\pm\frac{1}{2},\, j} = mc^2 \left(1 + \frac{Z^2\alpha^2}{\left(n - j - 1/2 + \sqrt{(j+1/2)^2 - Z^2\alpha^2} \right)^2} \right)^{-1/2}
$$

an.

Aus der nichtrelativistischen quantenmechanischen Behandlung des Coulomb-Problems ist es bekannt, dass die Eigenzustände bezüglich des Quadrates des Bahndrehimpulses $\mathbf{L}^2$, seiner Projektion auf die z-Achse L_z und der Projektion des Spins S_z entartet sind. Die Niveaus, die verschiedenen l entsprechen, werden in der Spektroskopie wie folgt bezeichnet:

$$\begin{array}{rl} l = & 0,\ 1,\ 2,\ 3,\ 4,\ 5,\ \ldots \\ \text{Bezeichn.} & s,\ p,\ d,\ f,\ g,\ h,\ \ldots \end{array}.$$

Die durch die relativistischen Effekte bedingte Verschiebung der Energieniveaus (2.44) hebt die Entartung des H-Atoms partiell auf. Die Reihenfolge der Wasserstoffniveaus kann mittels (2.43) oder (2.44) bestimmt werden. Für gegebenes n kann l die Werte $l = 0, 1, \ldots, n-1$ annehmen. Für jedes $l > 0$ gibt es zwei Werte für die Quantenzahl des Gesamtdrehimpulses $j = l \pm 1/2$. Für $l = 0$ gibt es nur ein Wert $j = 1/2$. Unter Verwendung der Gl. (2.44) ergibt sich dann für das Spektrum des H-Atoms folgendes Bild

$$\begin{array}{l} 1s_{\frac{1}{2}} \\ \underbrace{2s_{\frac{1}{2}},\quad 2p_{\frac{1}{2}}},\quad 2p_{\frac{3}{2}} \\ \underbrace{3s_{\frac{1}{2}},\quad 3p_{\frac{1}{2}}},\ \underbrace{3p_{\frac{3}{2}},\quad 3d_{\frac{3}{2}}},\quad 3d_{\frac{5}{2}} \\ \underbrace{4s_{\frac{1}{2}},\quad 4p_{\frac{1}{2}}},\ \underbrace{4p_{\frac{3}{2}},\quad 4d_{\frac{3}{2}}},\ \underbrace{4d_{\frac{5}{2}},\quad 4f_{\frac{5}{2}}},\ 4f_{\frac{7}{2}} \\ \qquad\qquad \ldots \end{array}$$

Die relativistischen Effekte heben folglich die Entartung bezüglich l auf, aber nicht vollständig. Es verbleiben 2-fach entartete Niveaus mit denselben n und j, aber verschiedenen $l = j \pm \frac{1}{2}$. Bei gegebenen n sind nur die Niveaus mit größtmöglichen Wert von $j_{\text{max}} = l_{\text{max}} + \frac{1}{2} = n - 1 + \frac{1}{2} = n - \frac{1}{2}$ nicht entartet. Ein Niveau mit der Hauptquantenzahl n spaltet sich in n Feinstrukturkomponenten auf. Die Entartung bezüglich der Quantenzahl m_j (siehe Abschn. 2.2.2 auf Seite 80) bleibt erhalten. Die Gl. (2.44) ergibt für die Aufspaltung des Niveaus mit $n = 2$, $Z = 1$ den Wert $mc^2\alpha^4/32$ bzw. $4,528 \times 10^{-5}$ eV.

Die Wechselwirkung des Elektrons mit Vakuumfluktuationen des elektromagnetischen Feldes führt zur weiteren Aufhebung der Entartung, der Lamb-Verschiebung. Eine semi - quantitative Betrachtung der Lamb-Verschiebung nach Welton findet man im Abschn. 3.4 auf Seite 150. Die Aufspaltung des Energieniveaus des H-Atoms mit Quantenzahl $n = 2$ aufgrund der relativistischen Korrekturen und der Lamb-Verschiebung wird in der Abb. 2.1 veranschaulicht.

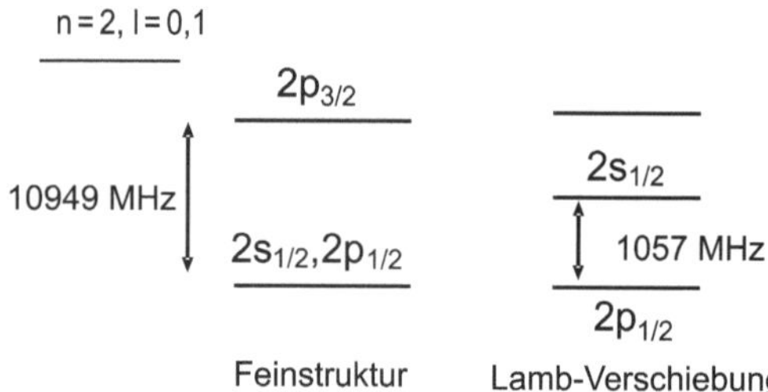

Abb. 2.1 Zur Aufspaltung der Energieniveaus des H-Atoms aufgrund der relativistischen Korrekturen und der Lamb-Verschiebung

2.3 Streuprobleme

2.3.1 Propagator-Beschreibung der Elektronen-Streuung in der Dirac-Theorie

In diesem Abschnitt werden wir die Streuamplitude für ein Teilchen mit Spin 1/2 im äußeren elektromagnetischen Feld unter Benutzung der kausalen Greenschen Funktion der Dirac-Gleichung ermitteln. Die einfache Iteration der Integralgleichung für die kausale Greensche Funktion (1.99) ergibt

$$S_1^c(2,1) = S_0^c(2,1) - ie \int d^4 3 S_0^c(2,3)\gamma^\mu A_\mu(3) S_0^c(3,1) + \cdots . \tag{2.45}$$

Die Übergangsamplitude dafür, dass das Teilchen durch die Wechselwirkung mit einem äußeren Feld aus dem Zustand zum Zeitpunkt t mit Impuls $\mathbf{p}$ und Helizität λ in den Zustand zum Zeitpunkt t' mit Impuls $\mathbf{p}'$ und Helizität λ' gestreut wird, erhält man durch die Zerlegung der kausalen Ausbreitungsfunktion über die Wellenfunktionen freier Teilchen

$$c(\mathbf{p}',\lambda',t';\mathbf{p},\lambda,t) = \int d^3r' \int d^3r \overline{\psi}_{\mathbf{p}',\lambda'}(\mathbf{r}',t')\gamma^0 S^c(\mathbf{r}',t';\mathbf{r},t)\gamma^0\psi_{\mathbf{p},\lambda}(\mathbf{r},t). \tag{2.46}$$

Das Auftreten der Dirac-Matrizen γ^0 in (2.46) hängt damit zusammen, dass in der Definition der Greenschen Funktion die Dirac-konjugierten Wellen-Funktionen $\overline{\psi}$ anstelle der adjungierten Wellenfunktionen ψ^+ benutzt werden (siehe die Gl. (1.90) auf Seite 40). Im Grenzfall $t' \to \infty$ und $t \to -\infty$ ergibt die Übergangsamplitude $c(\mathbf{p}',\lambda';t',\mathbf{p},\lambda,t)$ die Streuamplitude.

Die Übergangsamplitude in der 0. Ordnung nach Potenzen der Wechselwirkung erhält man nach dem Einsetzen der ungestörten kausalen Greenschen Funktion (1.90) in (2.46) und unter Benutzung der Eigenschaft der Greenschen Funktion $\psi_{\mathbf{p}}(2) = \int d^3r_1 S_0^c(2,1)\gamma^0\psi_{\mathbf{p}}(1)$ (siehe die Aufgabe 1.14.36 auf Seite 64) in der Form

$$c_0(\mathbf{p}',\lambda',t';\mathbf{p},\lambda,t) = \int d^3r' \overline{\psi}_{\mathbf{p}',\lambda'}(\mathbf{r}',t')\gamma^0\psi_{\mathbf{p},\lambda}(\mathbf{r}',t'). \tag{2.47}$$

Im folgendem werden Wellenfunktionen vor und nach der Streuung benutzt, welche auf ein Teilchen im Volumen V normiert sind. Letztere sind gegeben durch die Ausdrücke

$$\psi_{\mathbf{p},\lambda}(x) = \sqrt{\frac{mc^2}{VE_{\mathbf{p}}}}u(\mathbf{p},\lambda)\exp(-ipx), \quad \psi_{\mathbf{p}',\lambda'}(x) = \sqrt{\frac{mc^2}{VE_{\mathbf{p}'}}}u(\mathbf{p}',\lambda')\exp(-ip'x). \tag{2.48}$$

Die Impulse $\mathbf{p} = \hbar\mathbf{k}$ für ein Teilchen im Volumen V werden durch periodische Randbedingungen bestimmt und sind diskret. Es gilt $\mathbf{k} = 2\pi\mathbf{n}/L$ mit $L^3 = V$ und $\mathbf{n} = (n_x, n_y, n_z)$ und $n_i = 0, \pm 1, \ldots$. Nach der Integration über r' in (2.47) und unter Berücksichtigung der Normierung der Amplituden $u^+(\mathbf{p}, \lambda)u(\mathbf{p}, \lambda) = E_\mathbf{p}/mc^2$ erhält man

$$c_0(\mathbf{p}', \lambda'; \mathbf{p}, \lambda) = \delta_{\mathbf{n}',\mathbf{n}}\delta_{\lambda',\lambda}. \tag{2.49}$$

Die Streuamplitude in der 1. Ordnung nach Potenzen des Streupotentials, welche der Bornschen Näherung entspricht, erhält man durch Einsetzen von (2.45) in (2.46) als

$$\begin{aligned} c_1(\mathbf{p}', \lambda'; \mathbf{p}, \lambda) &= -ie \int d^3r \int d^3r' \int d^4x_1 \overline{\psi}_{\mathbf{p}',\lambda'}(x')\gamma^0 S_0^c(x', x_1)\gamma^\mu A_\mu(x_1) \\ &\quad \times S_0^c(x_1, x)\gamma^0\psi_{\mathbf{p},\lambda}(x) \\ &= -ie \int d^4x_1 \overline{\psi}_{\mathbf{p}',\lambda'}(x_1)\gamma^\mu A_\mu(x_1)\psi_{\mathbf{p},\lambda}(x_1). \end{aligned} \tag{2.50}$$

Wegen $t' \to \infty$ und $t \to -\infty$ tragen in den Propagatoren in der obigen Gleichung nur die positiven Energien bei. Die letzte Zeile in (2.50) erhält man unter Verwendung der Beziehung $\psi_\mathbf{p}(2) = \int d^3r_1 S_0^c(2, 1)\gamma^0\psi_\mathbf{p}(1)$ bzw. $\overline{\psi}_\mathbf{p}(1) = \int d^3r_2 \overline{\psi}_\mathbf{p}(2)\gamma^0 S_0^c(2, 1)$. Letztere können unter Benutzung der Spektralzerlegung des kausalen Propagators (1.90) auf Seite 40 und unter Verwendung der Orthogonalität der Wellenfunktionen des freien Teilchens unmittelbar hergeleitet werden (siehe die Aufgabe 1.14.36). Unter Benutzung der Entwicklung des Vierer-Potentials als Fourier-Integral $A_\mu(x) = \int \frac{d^4k}{(2\pi)^4} A_\mu(k) \exp(-ikx)$ erhält man für die Streuamplitude

$$\begin{aligned} c_1(\mathbf{p}', \lambda'; \mathbf{p}, \lambda) &= -ie \int d^4k \delta^{(4)}(p' - k - p)\sqrt{\frac{mc^2}{VE_{\mathbf{p}'}}}\overline{u}_\alpha(\mathbf{p}', \lambda')\gamma^\mu_{\alpha\beta} A_\mu(k)\sqrt{\frac{mc^2}{VE_\mathbf{p}}} u_\beta(\mathbf{p}, \lambda) \\ &= \frac{-ie}{V}\sqrt{\frac{m^2c^4}{E_{\mathbf{p}'}E_\mathbf{p}}}\overline{u}_\alpha(\mathbf{p}', \lambda')\gamma^\mu_{\alpha\beta} A_\mu(p' - p)u_\beta(\mathbf{p}, \lambda). \end{aligned} \tag{2.51}$$

Beachten Sie, das die Integration über x_1 in unendlichen Grenzen durchgeführt wurde. Die Streuamplitude (2.51) kann mit dem Feynman-Graph in der Abb. 2.2 identifiziert werden. Der einlaufenden Linie (das Elektron vor der Streuung) und der auslaufenden Linie (das Elektron nach der Streuung) werden entsprechend die Faktoren

$$\sqrt{\frac{mc^2}{VE_\mathbf{p}}}u(\mathbf{p}, \lambda), \quad \sqrt{\frac{mc^2}{VE_{\mathbf{p}'}}}\overline{u}(\mathbf{p}', \lambda')$$

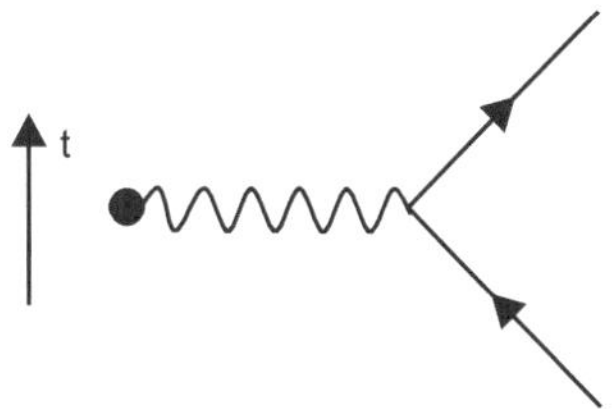

Abb. 2.2 Die Streuamplitude niedrigster Ordnung für die Streuung im äußeren elektromagnetischen Feld

zugeordnet. Der Wellenlinie entspricht der Faktor $A_\mu(p' - p)$, während dem Vertex (der Punkt, wo zwei Elektronenlinien und die Wellenlinie zusammenlaufen) der Faktor $-ie\gamma^\mu$ zugeordnet wird. Die Zuordnung der Elementen des Feynman-Diagrams in der Abb. 2.2 in der Orts-Darstellung mit analytischen Ausdrücken erfolgt unter Benutzung der Gl. (2.50).

Die Fourier-Transformierte des Coulomb-Potentials $A^0 = V = Ze/r$ leitet man am einfachsten unter Benutzung der Fourier-Transformation der Poisson-Gleichung $\nabla^2 U = -4\pi Ze\delta(\mathbf{r})$ (siehe also die Gl. (2.62)) her. Man erhält

$$A^0(\mathbf{q}) = \frac{4\pi Ze}{\mathbf{q}^2}. \tag{2.52}$$

Die Vierer-Form der Fourier-Transformierten des Coulomb-Potentials ist gegeben durch $A^\mu(q) = 4\pi \frac{Ze}{|\mathbf{q}|^2} 2\pi\delta(q^0) g^{\mu 0}$. Unter Benutzung des Letzteren erhält man die Streuamplitude im Coulombfeld als

$$c_1(\mathbf{p}', \lambda'; \mathbf{p}, \lambda) = -\frac{ie2\pi}{V}\delta(E' - E)\sqrt{\frac{mc^2}{E_{\mathbf{p}'}}}\overline{u}_\alpha(\mathbf{p}', \lambda')\gamma^0_{\alpha\beta}\frac{4\pi Ze}{|\mathbf{p}' - \mathbf{p}|^2}\sqrt{\frac{mc^2}{E_{\mathbf{p}}}}u_\beta(\mathbf{p}, \lambda). \tag{2.53}$$

Das Betragsquadrat der Amplitude ist

$$|c_1|^2 = \frac{4\pi^2}{V^2}\left|\sqrt{\frac{mc^2}{E_{\mathbf{p}'}}}\overline{u}_\alpha(\mathbf{p}', \lambda')\gamma^0_{\alpha\beta}\frac{4\pi Ze^2}{|\mathbf{p}' - \mathbf{p}|^2}\sqrt{\frac{mc^2}{E_{\mathbf{p}}}}u_\beta(\mathbf{p}, \lambda)\right|^2 \delta(E' - E)\delta(0). \tag{2.54}$$

Die Diracsche Delta-Funktion mit dem Argument gleich Null in (2.54) ist die Konsequenz der Integration entlang der Zeitachse von $-\infty$ bis ∞. Eine detaillierte Herleitung der Übergangswahrscheinlichkeit für eine endliche Streuzeit am Beispiel der Paarerzeugung im zeitabhängigen elektrischen Feld findet man in der Aufgabe 2.4.27 auf Seite 125. Man erhält aus (2.54) die richtige Antwort, wenn man die formal unendliche Größe $\delta(0)$ durch die endliche Größe

$$\delta(0) = \lim_{T\to\infty}\frac{1}{2\pi}\int_{-T/2}^{T/2} e^{i0t}dt \simeq \frac{T}{2\pi},$$

wobei T der Streuzeit entspricht, approximiert. Die Übergangswahrscheinlichkeit pro Zeit erhält man endgültig aus der Gl. (2.54) als

$$w_{\mathbf{p}',\lambda'\leftarrow\mathbf{p},\lambda} = |c_1|^2/T = \frac{2\pi}{V^2}\left|\sqrt{\frac{mc^2}{E_{\mathbf{p}'}}}\overline{u}_\alpha(\mathbf{p}',\lambda')\gamma^0_{\alpha\beta}\frac{4\pi Ze^2}{|\mathbf{p}'-\mathbf{p}|^2}\sqrt{\frac{mc^2}{E_{\mathbf{p}}}}u_\beta(\mathbf{p},\lambda)\right|^2 \delta(E'-E). \tag{2.55}$$

Die Propagator-Theorie der nichtrelativistischen Quantenmechanik wird in den Aufgaben 1.14.37 auf Seite 65 und 2.4.24 auf Seite 121 benutzt um Übergänge, welche durch Wirkung von zeitabhängigen Störungen stattfinden, zu studieren.

Im nächsten Abschnitt (siehe auch den Abschn. 3.8.4 auf Seite 173) wird am Beispiel der Streuung im äußeren elektromagnetischen Feld gezeigt, wie unter Verwendung der kausalen Greenschen Funktion die Ausbreitung der Zustände negativer Energie rückwärts in der Zeit der Streuung von Positronen zugeordnet wird.

2.3.2 *Propagator-Beschreibung der Positronen-Streuung*

Wie wir bereits wissen, werden in der relativistischen Quantenmechanik sowohl den Zuständen positiver als negativer Energie in der Energie-Impuls-Beziehung physikalische Bedeutung beigemessen. Weil die Zustände positiver Energie den Teilchen zugeordnet werden, sind die Zustände negativer Energie für die Existenz von Antiteilchen verantwortlich. Wir werden hier der Frage nachgehen, wie die Propagator-Theorie Streuprozesse unter Beteiligung von Antiteilchen beschreibt.

Wir beschränken uns auf die Betrachtung der Streuung von Teilchen mit Spin $1/2$ (siehe die Aufgaben 2.4.25, 2.4.26 für die entsprechende Betrachtung für Teilchen mit Spin 0) und beginnen mit der Gl. (2.46) auf Seite 89, die die Streuamplitude aus dem Propagator herausprojeziert. Statt der Wellenfunktionen freier Teilchen positiver Energie (2.48) setzen wir in (2.46) die Wellenfunktionen negativer Energie (1.85) ein

$$\psi^{(-)}_{\mathbf{p},\lambda}(x) = \sqrt{\frac{mc^2}{VE_{\mathbf{p}}}}v(\mathbf{p},\lambda)\exp(ipx), \qquad \psi^{(-)}_{\mathbf{p}',\lambda'}(x) = \sqrt{\frac{mc^2}{VE_{\mathbf{p}'}}}v(\mathbf{p}',\lambda')\exp(ip'x).$$

Im Unterschied zu (1.89) gewährleisten die Faktoren $\sqrt{mc^2/VE_{\mathbf{p}}}$ die Normierung auf ein Teilchen im Volumen V. Für die Ausbreitungsamplitude erhalten wir

$$c^{(-)}(\mathbf{p}',\lambda',t';\mathbf{p},\lambda,t) = -\int d^3r'\int d^3r\,\overline{\psi}^{(-)}_{\mathbf{p}',\lambda'}(\mathbf{r}',t')\gamma^0 S^c(\mathbf{r}',t';\mathbf{r},t)\gamma^0\psi^{(-)}_{\mathbf{p},\lambda}(\mathbf{r},t). \tag{2.56}$$

Das Vorzeichen minus in (2.56) wurde aus dem Grund gewählt, damit das Vorzeichen auf der rechten Seite im nächstfolgenden Ausdruck für $c_0^{(-)}$ positiv ist. Die

Amplitude (2.56) ist ungleich Null nur für $t' < t$. Die Zeiten t' und t in (2.56) werden im folgenden entsprechend im Grenzfall $\to \mp\infty$ betrachtet.

In der niedrigsten Ordnung nach Potenzen der Wechselwirkung setzen wir in (2.56) die Greensche Funktion des freien Teilchens ein und erhalten nach einer analogen Rechnung wie bei der Herleitung der entsprechenden Amplitude für positive Zustände auf Seite 90

$$c_0^{(-)}(\mathbf{p}', \lambda', t'; \mathbf{p}, \lambda, t) = \delta_{\mathbf{n}',\mathbf{n}}\delta_{\lambda\lambda'}, \quad (t' < t)$$

In dieser Näherung beschreibt die Gl. (2.56) die ungestörte Ausbreitung eines Zustandes negativer Energie rückwärts in der Zeit. Siehe dazu die Aufgabe 1.14.36 auf Seite 64.

Um die Korrektur 1. Ordnung für die Streuamplitude im äußeren elektromagnetischen Feld zu ermitteln, setzen wir für den Propagator $S^c(\mathbf{r}', t'; \mathbf{r}, t)$ die Korrektur erster Ordnung aus der Iterationsreihe (1.100) auf Seite 42 in die Gl. (2.56) ein. Analog zur Gl. (2.50) für die Zustände positiver Energie auf Seite 90 erhalten wir den Ausdruck

$$\begin{aligned} c_1^{(-)}(\mathbf{p}', \lambda', t'; \mathbf{p}, \lambda, t) &= ie \int d^3r \int d^3r' \int d^4x_1 \overline{\psi}^{(-)}_{\mathbf{p}',\lambda'}(x')\gamma^0 S_0^c(x', x_1)\gamma^\mu A_\mu(x_1) \\ &\quad \times S_0^c(x_1, x)\gamma^0 \psi^{(-)}_{\mathbf{p},\lambda}(x) \\ &= ie \int d^4x_1 \overline{\psi}^{(-)}_{\mathbf{p}',\lambda'}(x_1)\gamma^\mu A_\mu(x_1)\psi^{(-)}_{\mathbf{p},\lambda}(x_1) \\ &= \frac{ie}{V}\sqrt{\frac{m^2c^4}{E_{\mathbf{p}'}E_{\mathbf{p}}}}\overline{v}_\alpha(\mathbf{p}', \lambda')\gamma^\mu_{\alpha\beta}A_\mu(p' - p)v_\beta(\mathbf{p}, \lambda). \end{aligned} \tag{2.57}$$

In Übereinstimmung mit der Löcher-Theorie wird das Fehlen eines Elektrons mit negativer Energie $-E_{\mathbf{p}}$, Impuls $-\mathbf{p}$ und Helizität λ als ein Positron mit Energie $E_{\mathbf{p}}$, Impuls $\mathbf{p}$ und Helizität λ interpretiert. Das Vorzeichen der Helizität befindet sich in Übereinstimmung mit der Transformation der Lösungen negativer Energie der Dirac-Gleichung für freie Teilchen unter der Ladungskonjugation, welche in der Aufgabe 1.14.30 auf Seite 61 betrachtet wurde. Die Löcher-Theorie ändert folglich die Interpretation der Ausbreitungsamplitude $c^{(-)}(\mathbf{p}', \lambda', t'; \mathbf{p}, \lambda, t)$: die Ausbreitung eines Zustandes negativer Energie und negativer Ladung rückwärts in der Zeit entspricht der Ausbreitung eines Positrons vorwärts in der Zeit. Der Endzustand (Ausgangszustand) negativer Energie $\psi^{(-)}_{\mathbf{p}',\lambda'}(\mathbf{r}', t')$ ist der Ausgangszustand (Endzustand) positiver Energie. Nach der Bezeichnung der Größen im Endzustand durch Striche in Übereinstimmung mit $(\mathbf{p}, \lambda, t) \leftrightarrow (\mathbf{p}', \lambda', t')$, erhalten wir aus der Gl. (2.57) die Ausbreitungsamplitude für die Positronenstreuung in der betrachteten Ordnung in der Form

$$c_1^{(\mathrm{pos})}(\mathbf{p}', \lambda', t'; \mathbf{p}, \lambda, t) = \frac{-ie'}{V}\sqrt{\frac{m^2c^4}{E_{\mathbf{p}'}E_{\mathbf{p}}}}v_\beta(\mathbf{p}', \lambda')\gamma^\mu_{\beta\alpha}A_\mu(p - p')\overline{v}_\alpha(\mathbf{p}, \lambda). \tag{2.58}$$

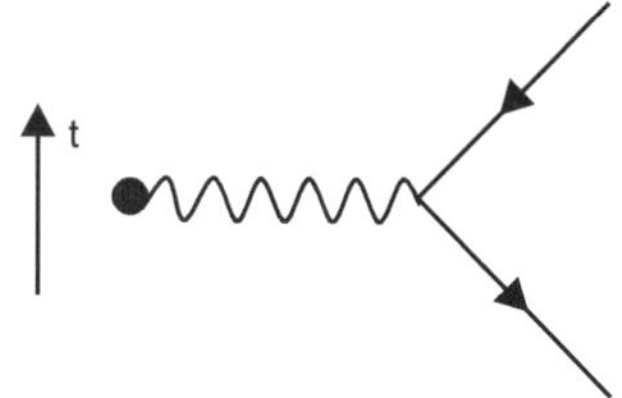

Abb. 2.3 Das Feynman-Diagramm der Streuamplitude niedrigster Ordnung für die Positronen-Streuung im äußeren elektromagnetischen Feld

Die Reihenfolge der Bispinor-Amplituden in (2.58) wurde so vertauscht, damit die Amplitude des einlaufenden Positrons rechts steht. Außerdem wurde die Ladung $e' = -e$ des Positrons eingeführt. Die Streuamplitude kann mit dem Feynman-Grafen in der Abb. 2.3 identifiziert werden. Die Ausbreitung des Positrons erfolgt gegen die Pfeilrichtung. Der einlaufenden Linie (das Positron vor der Streuung) und der auslaufenden Linie (das Positron nach der Streuung) werden entsprechend die Faktoren

$$\sqrt{\frac{mc^2}{VE_{\mathbf{p}}}}\overline{v}(\mathbf{p},\lambda), \quad \sqrt{\frac{mc^2}{VE_{\mathbf{p}'}}}v(\mathbf{p}',\lambda')$$

zugeordnet. Der Wellenlinie entspricht der Faktor $A_\mu(p'-p)$, während dem Vertex (der Punkt, wo zwei Elektronenlinien und die Wellenlinie zusammenlaufen) der Faktor $-ie'\gamma^\mu$ zugeordnet wird.

In der Aufgabe 2.4.26 auf Seite 123 wird am Beispiel der Streuung im äußeren elektromagnetischen Feld gezeigt, wie die Ausbreitung der Zustände negativer Energie für die Klein-Gordon-Gleichung rückwärts in der Zeit den Antipionen, die sich vorwärts in der Zeit ausbreiten, zugeordnet werden.

2.3.3 Elektronen-Streuung im Coulombpotential

In diesem Abschnitt werden wir den Wirkungsquerschnitt für die Streuung eines geladenen Teilchens mit Spin 1/2 im Coulomb-Feld im Rahmen der Dirac-Theorie berechnen. Der dazugehörende Hamilton-Operator ist durch den Ausdruck

$$H = H_0 + H_i = c\,\boldsymbol{\alpha}\mathbf{p} + \beta mc^2 + \frac{Zee_1}{r}$$

gegeben, wobei e die Ladung des Protons (Ze ist die Kernladung) und e_1 die Ladung des gestreuten Teilchens entsprechend bezeichnen. Der Ausgangspunkt für die Berechnung des Wirkungsquerschnittes ist die Gl. (2.55) für die Übergangswahrscheinlichkeit. Um das Lesen dieses Abschnittes ohne Kenntnisse des Propagator-Formalismus zu ermöglichen, werden wir hier die Übergangswahrscheinlichkeit (2.55) unter Benutzung der Kenntnisse der nichtrelativistischen Quantenmechanik herleiten. Da die Dirac-Gleichung formal die gleiche Form wie die Schrödingergleichung besitzt, kann die Übergangswahrscheinlichkeit in der niedrigsten Ordnung aus der nichtrelativistischen Schrödingertheorie übernommen werden. Die durch den Matrizen-Charakter der Dirac-Gleichung bedingten Unterschiede können unmittelbar berücksichtigt werden.

Als Ausgangspunkt benutzen wir also den aus der nichtrelativistischen Quantentheorie bekannten Ausdruck

$$w_{fi} = \frac{W_{fi}}{t} = \frac{2\pi}{\hbar} \langle f \mid H_i \mid i \rangle^+ \langle f \mid H_i \mid i \rangle \, \delta\left(E_f - E_i\right) \tag{2.59}$$

für die Übergangswahrscheinlichkeit pro Zeit aus dem Zustand i in den Zustand f, welche durch die zeitunabhängige Störung H_i bedingt wird (für die Herleitung von (2.59) siehe die Aufgabe 2.4.24 auf Seite 121). Die Zustände $\mid i \rangle$ und $\langle f \mid$ entsprechen dem einlaufenden und dem gestreuten Teilchen und sind hier mit den Lösungen der Dirac-Gleichung für ein freies Teilchen

$$\mid i \rangle = \sqrt{\frac{mc^2}{VE_i}} \, u\left(\mathbf{p}_i, \lambda_i\right) e^{i(-E_i t + \mathbf{p}_i \mathbf{r})/\hbar}, \quad \mid f \rangle = \sqrt{\frac{mc^2}{VE_f}} \, u\left(\mathbf{p}_f, \lambda_f\right) e^{i(-E_f t + \mathbf{p}_f \mathbf{r})/\hbar} \tag{2.60}$$

zu identifizieren. Die Bispinor-Amplituden $u(\mathbf{p}, \lambda)$ wurden im Abschn. 1.9.1 auf Seite 32 hergeleitet und sind durch den Ausdruck

$$u(\mathbf{p}, \lambda) = \frac{1}{\sqrt{2mc^2}} \begin{pmatrix} \sqrt{E + mc^2} \, w^\lambda \\ \frac{c\sigma\mathbf{p}}{\sqrt{E+mc^2}} \, w^\lambda \end{pmatrix}$$

gegeben. Das Einsetzen von (2.60) in (2.59) zeigt die Äquivalenz der Übergangswahrscheinlichkeit mit dem im Rahmen der Propagatortheorie hergeleiteten Ausdruck (2.55). Wie bereits erwähnt wurde, gewährleistet der Vorfaktor $\sqrt{mc^2/VE}$, dass die Wellenfunktionen auf ein Teilchen im Volumen V normiert werden. Der Streuprozeß wird in der Abb. 2.4 veranschaulicht. Der Streuvektor $\mathbf{q}$ wird durch die Gleichung

$$\hbar\mathbf{q} = \mathbf{p}_f - \mathbf{p}_i,$$

wobei $\mathbf{p}_i$ und $\mathbf{p}_f$ entsprechend die Impulse des einlaufenden und des gestreuten Teilchens darstellen, definiert. Der Betrag des Streuvektors

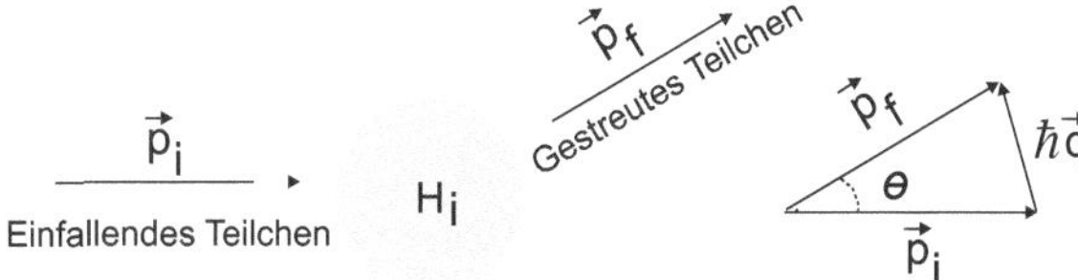

Abb. 2.4 Zur Streuung im äußeren Feld

$$q = \sqrt{\mathbf{q}^2} = \frac{1}{\hbar}\sqrt{p^2 - 2p^2 \cos\theta + p^2}$$

kann unmittelbar durch den Streuwinkel θ wie folgt ausgedrückt werden

$$q = \frac{2p}{\hbar} \sin\frac{\theta}{2}.$$

Die Diracsche Delta-Funktion in (2.59) gewährleistet, dass die Energien und folglich die Beträge der Impulse des einlaufenden und des gestreuten Teilchens übereinstimmen. D.h. die Streuung im Zentralkraftfeld ist elastisch.[2] Wir betrachten die Matrixelemente der Störung

$$\langle\, f \mid H_i \mid i\,\rangle = \frac{mc^2}{VE} u_\alpha^+ \left(\mathbf{p}_f, \lambda_f\right) Zee_1 \int \frac{d^3r}{r} \exp(-i\mathbf{qr}) u_\alpha \left(\mathbf{p}_i, \lambda_i\right), \qquad (2.61)$$

wobei $\mathbf{p}_f - \mathbf{p}_i$ zu Gunsten des Streuvektors $\mathbf{q}$ eliminiert wurde. Das Integral über $\mathbf{r}$ ist die Fourier-Transformierte des Coulomb-Potentials. Letzteres divergiert formal bei großen Entfernungen r. Um diese Divergenz zu eliminieren, berechnen wir zuerst die Fourier-Transformierte des modifizierten Potentials

$$\begin{aligned}
\int d^3r\, \frac{e^{-\kappa r}}{r} e^{i\mathbf{qr}} &= 2\pi \int_0^\infty \frac{dr\, r^2}{r}\, e^{-\kappa r} \int_0^\pi d\theta \sin\theta e^{i\,q\,r\,\cos\theta} \\
&= 2\pi \int_0^\infty dr\; r e^{-\kappa r} \int_{-1}^1 dx e^{i\,q\,r\,x} = 2\pi \int_0^\infty dr\; r e^{-\kappa r}\, \frac{2\sin qr}{qr} \\
&= \frac{4\pi}{q} \int_0^\infty dr\; \sin qr e^{-\kappa r} = \frac{4\pi}{q} Im \left(\int_0^\infty dr\; e^{iqr-\kappa r} \right) \\
&= \frac{4\pi}{q} Im \left(\frac{-1}{iq-\kappa} \right) = \frac{4\pi}{q^2+\kappa}. \qquad (2.62)
\end{aligned}$$

Für $\kappa \neq 0$ ergibt (2.62) die Fourier-Transformierte des Yukawa-Potentials, das die starke Wechselwirkung zwischen zwei Nukleonen beschreibt. Siehe dazu die Aufgabe 2.4.14 auf Seite 110. Der Grenzwert von (2.62) für κ gegen Null ergibt die Fourier-Transformierte des Coulomb-Potentials, welche mit dem über die Fourier-Transformation der Poisson-Gleichung im vorhergehenden Abschnitt hergeleiteten Ausdruck (2.52) übereinstimmt. Das Einsetzen von (2.62) mit $\kappa = 0$ in das Matrixelement $\langle\, f \mid H_i \mid i\,\rangle \equiv \langle\, \mathbf{p}_f, \lambda_f \mid H_i \mid \mathbf{p}_i, \lambda_i\,\rangle$ ergibt

---

[2] Die Berücksichtigung der Wechselwirkung mit Nullpunktschwankungen des elektromagnetischen Feldes hat zur Folge, dass Photonen auf Kosten der Energie des gestreuten Elektrons emittiert werden. Dies ist die Bremsstrahlung, die im Abschn. 3.8.8 betrachtet wird.

$$\langle f \mid H_i \mid i \rangle = \frac{mc^2}{VE} \frac{Zee_1 \pi \hbar^2}{p^2 \sin^2 \frac{\theta}{2}} u_\alpha^+ \left(\mathbf{p}_f, \lambda_f\right) u_\alpha \left(\mathbf{p}_i, \lambda_i\right).$$

Für das Betragsquadrat des Matrixelements erhält man anschließend den Ausdruck

$$\begin{aligned}
|\langle f \mid H_i \mid i \rangle|^2 &= \frac{m^2 c^4}{V^2 E^2} \frac{\left(Zee_1 \pi \hbar^2\right)^2}{p^4 \sin^4 \frac{\theta}{2}} u_\beta^+ \left(\mathbf{p}_i, \lambda_i\right) u_\beta \left(\mathbf{p}_f, \lambda_f\right) u_\alpha^+ \left(\mathbf{p}_f, \lambda_f\right) u_\alpha \left(\mathbf{p}_i, \lambda_i\right) \\
&= \frac{m^2 c^4}{V^2 E^2} \frac{\left(Zee_1 \pi \hbar^2\right)^2}{p^4 \sin^4 \frac{\theta}{2}} \overline{u}_\eta \left(\mathbf{p}_i, \lambda_i\right) \gamma_{\eta\delta}^0 u_\delta \left(\mathbf{p}_f, \lambda_f\right) \\
&\quad \times \overline{u}_\alpha \left(\mathbf{p}_f, \lambda_f\right) \gamma_{\alpha\beta}^0 u_\beta \left(\mathbf{p}_i, \lambda_i\right).
\end{aligned}$$

Die Helizitäten λ_i , λ_f $(= -1/2, 1/2)$ charakterisieren entsprechend die Spinzustände des einlaufenden und des gestreuten Teilchens. Wenn der Spinzustand des gestreuten Teilchens nicht von Interesse ist, muss über die Spinzustände des gestreuten Teilchens (über λ_f) summiert werden. Wenn die einlaufenden Teilchen nicht polarisiert sind, muss man über den Anfangsspinzustand mitteln, d.h. über λ_i summieren und durch die Zahl der Spinzustände (2) teilen. Das Betragsquadrat des Matrixelements für die Streuung von unpolarisierten Teilchen erhält man anschließend als

$$\begin{aligned}
|\langle f \mid H_i \mid i \rangle|^2 = \frac{m^2 c^4 \left(Zee_1 \pi \hbar^2\right)^2}{V^2 E^2 p^4 \sin^4 \frac{\theta}{2}} &\sum_{\lambda_f} \overline{u}_\alpha \left(\mathbf{p}_f, \lambda_f\right) u_\delta \left(\mathbf{p}_f, \lambda_f\right) \gamma_{\alpha\beta}^0 \\
\times\ &\frac{1}{2} \sum_{\lambda_i} u_\beta \left(\mathbf{p}_i, \lambda_i\right) \overline{u}_\eta \left(\mathbf{p}_i, \lambda_i\right) \gamma_{\eta\delta}^0.
\end{aligned}$$

Die Berechnung der Summe $\sum_\lambda u_\alpha (\mathbf{p}, \lambda)\, \overline{u}_\beta (\mathbf{p}, \lambda)$ (siehe Aufgabe 1.14.19 auf Seite 56) ergibt

$$\sum_\lambda u_\alpha (\mathbf{p}, \lambda)\, \overline{u}_\beta (\mathbf{p}, \lambda) = \left(\frac{\not{p} + mc}{2mc}\right)_{\alpha\beta}, \tag{2.63}$$

wobei $\not{p} \equiv p^\mu \gamma_\mu$ bezeichnet. Das Einsetzen von (2.63) in w_{fi} ergibt

$$|\langle f \mid H_i \mid i \rangle|^2 = \frac{m^2 c^4 \left(Zee_1 \pi \hbar^2\right)^2}{V^2 E^2 p^4 \sin^4 \frac{\theta}{2}} \frac{1}{2} \mathrm{Sp} \left(\frac{\not{p}_f + mc}{2mc} \gamma^0 \frac{\not{p}_i + mc}{2mc} \gamma^0\right).$$

Unter Benutzung der Berechnung der Spur in der Aufgabe 2.4.19 auf Seite 117,

$$\frac{1}{2} \mathrm{Sp} \left(\frac{\not{p}_f + mc}{2mc} \gamma^0 \frac{\not{p}_i + mc}{2mc} \gamma^0\right) = \frac{E^2}{m^2 c^4} \left(1 - \frac{v^2}{c^2} \sin^2 \left(\frac{\theta}{2}\right)\right),$$

erhalten wir das Betragsquadrat des betrachteten Matrixelements als

$$
\begin{aligned}
|\langle f \mid H_i \mid i \rangle|^2 &= \frac{m^2c^4\left(Zee_1\pi\hbar^2\right)^2}{V^2E^2p^4\sin^4\frac{\theta}{2}}\,\frac{E^2}{m^2c^4}\left(1-\frac{v^2}{c^2}\sin^2\frac{\theta}{2}\right)\\
&= \frac{\left(Zee_1\pi\hbar^2\right)^2}{V^2p^4\sin^4\frac{\theta}{2}}\left(1-\frac{v^2}{c^2}\sin^2\frac{\theta}{2}\right). \qquad (2.64)
\end{aligned}
$$

Um die Übergangswahrscheinlichkeit im Intervall $\mathbf{p}_f, \mathbf{p}_f + d\mathbf{p}_f$ der Impulse des gestreuten Teilchens zu erhalten, muss (2.64) mit der Zahl der Zustände der gestreuten Teilchen im Intervall $\mathbf{p}_f, \mathbf{p}_f + d\mathbf{p}_f$ multipliziert werden. Letztere ist durch die Gleichung

$$
d\varrho_f = \int' \delta\left(E_f - E_i\right)\,\frac{V}{(2\pi\hbar)^3}\,d^3\mathbf{p}_f = \frac{V}{(2\pi\hbar)^3}d\Omega_f\int\delta\left(E_f - E_i\right)\;p_f^2dp_f
$$

definiert. Der Strich am Integralzeichen bedeutet, dass die Integration nur über den Betrag von $\mathbf{p}_f$ erfolgt. Der Übergang von der Integration über p_f zur Integration über E_f entsprechend der Gleichung

$$
\begin{aligned}
d\varrho_f &= \frac{V}{(2\pi\hbar)^3}\,d\Omega_f\int\delta\left(E_f - E_i\right)\,\frac{p_f}{2c^2}\,d\left(c^2p_f^2\right)\\
&= \frac{V}{2c^2\,(2\pi\hbar)^3}\,d\Omega_f\int\delta\left(E_f - E_i\right)\,p_f\,2E_f\,dE_f
\end{aligned}
$$

ergibt endgültig

$$
d\varrho_f = \frac{VpE}{c^2\,(2\pi\hbar)^3}\,d\Omega_f.
$$

Die Übergangswahrscheinlichkeit im Intervall $\mathbf{p}_f, \mathbf{p}_f + d\mathbf{p}_f$ erhält man anschließend als

$$
\begin{aligned}
dw &= \frac{2\pi}{\hbar}\,|\langle f \mid H_i \mid i \rangle|^2\,d\varrho_f\\
&= \frac{2\pi}{\hbar}\,\frac{m^2c^4\left(Zee_1\pi\hbar^2\right)^2}{V^2E^2p^4\sin^4\frac{\theta}{2}}\,\frac{E^2}{m^2c^4}\left(1-\frac{v^2}{c^2}\sin^2\frac{\theta}{2}\right)\frac{VpE}{c^2\,(2\pi\hbar)^3}\,d\Omega.
\end{aligned}
$$

Der Index f bei der Energie und dem Raumwinkel wurde weggelassen. Der differentielle Wirkungsquerschnitt ist definiert durch den Ausdruck

$$
d\sigma = \frac{dw}{j_i},
$$

wobei $\mathbf{j}_i$ die Stromdichte der einlaufenden Teilchen ist. Die Wahrscheinlichkeitsdichte und die Wahrscheinlichkeitsstromdichte für ein freies Teilchen wurden in der Aufgabe 1.14.21 auf Seite 58 berechnet als

$$\varrho_i = \frac{E}{mc^2}, \; \mathbf{j}_i = \frac{\mathbf{p}_i}{m}.$$

Im Unterschied zur Aufgabe 1.14.21 enthalten die in diesem Abschnitt benutzten Wellenfunktionen den Faktor $\sqrt{mc^2/VE}$, wodurch die Wellenfunktionen auf ein Teilchen im Volumen V, $\varrho_i = 1/V$, normiert werden. Für die Stromdichte ergibt sich in dieser Normierung der Ausdruck $j_i = c^2 \,|\mathbf{p}|\, / \,VE$. Den differentiellen Wirkungsquerschnitt erhält man anschließend als

$$d\sigma = \frac{2\pi}{\hbar} \frac{m^2c^4 \left(Zee_1\pi\hbar^2\right)^2}{V^2E^2p^4 \sin^4\frac{\theta}{2}} \frac{E^2}{m^2c^4} \left(1 - \frac{\mathbf{v}^2}{c^2} \sin^2\frac{\theta}{2}\right) \frac{VpE}{c^2\left(2\pi\hbar^3\right)^3} \frac{VE}{c^2p} \, d\Omega.$$

Das Eliminieren des Impulses zu Gunsten der Geschwindigkeit entsprechend der Beziehung $p = \left(E/c^2\right) v$ ergibt endgültig den differentiellen Wirkungsquerschnitt für ein nichtpolarisiertes relativistisches Teilchen mit Spin $1/2$ im Coulomb-Feld

$$\frac{d\sigma}{d\Omega} = \frac{(Zee_1)^2}{4p^2v^2 \sin^4\frac{\theta}{2}} \left(1 - \frac{\mathbf{v}^2}{c^2} \sin^2\frac{\theta}{2}\right),$$

welcher von N. F. Mott 1929 hergeleitet wurde. Die Streuung eines relativistischen Elektrons im Coulomb-Feld wird als Mott-Streuung bezeichnet. Um den Vergleich mit der Rutherfordstreuung zu erleichtern, kann die obige Formel in der Form

$$\frac{d\sigma}{d\Omega} = \left(\frac{d\sigma}{d\Omega}\right)_{\text{Rutherford}} \left(1 - \frac{\mathbf{v}^2}{c^2} \sin^2\frac{\theta}{2}\right)$$

geschrieben werden. Im ultrarelativistischen Grenzfall, $v \sim c$, ist die Rückstreuung $(\theta \to \pi)$ stark unterdrückt. Der Unterschied zur Rutherfordformel ist durch den Spin des Teilchens bedingt. Die Betrachtung der Streuung eines spinlosen Teilchens im Rahmen der Klein-Gordon-Gleichung in der Aufgabe 2.4.25 auf Seite 122 ergibt eine exakte Übereinstimmung mit der Rutherfordformel. Die Berechnung des Wirkungsquerschnitts für die Streuung an einer Ladungsverteilung findet man in der Aufgabe 2.4.23 auf Seite 120.

2.4 Aufgaben

2.4.1 *Kontinuitätsgleichung für die Klein-Gordon-Gleichung im äußeren elektromagnetischen Feld*

Leiten Sie die Kontinuitätsgleichung für ein relativistisches Teilchen mit Spin 0 im äußeren elektromagnetischen Feld her. Stellen Sie die Gültigkeit der Ausdrücke für die Wahrscheinlichkeitsdichte und die Wahrscheinllichkeitsstromdichte

$$\varrho = \frac{i\hbar}{2mc^2}\left(\psi^*\frac{\partial\psi}{\partial t} - \frac{\partial\psi^*}{\partial t}\psi\right) - \frac{e}{mc^2}V\psi^*\psi,$$

$$\mathbf{j} = \frac{\hbar}{2mi}\left(\psi^*\boldsymbol{\nabla}\psi - (\boldsymbol{\nabla}\psi^*)\psi\right) - \frac{e}{mc}\mathbf{A}\psi^*\psi$$

fest. Zeigen Sie, dass die Ausdrücke für ϱ und $\mathbf{j}$ im elektromagnetischen Feld aus denen für ein freies Teilchen durch die minimale Substitution (1.23) folgen.

2.4.2 *Erhaltungsgrößen bei vorhandener Spin-Bahn-Wechselwirkung*

Zeigen Sie, dass bei vorhandener Spin-Bahn-Wechselwirkung, $V = \left(Ze_0^2/2m^2c^2r^3\right)$ $\mathbf{LS}$, die folgenden Operatoren miteinander kommutieren

$$H = \frac{\mathbf{p}^2}{2m} + U(r) + V, \quad \mathbf{J}^2, \quad J_z, \quad \mathbf{L}^2 \text{ und } \mathbf{S}^2.$$

Hierbei ist $\mathbf{J} = \mathbf{L} + \mathbf{S}$ der Operator des Gesamtdrehimpulses.

2.4.3 *Addition von zwei 1/2-Spins*

Betrachten Sie unter Verwendung der Ergebnisse des Abschn. 2.2.2 die Addition von zwei $s = 1/2$ Spins.

2.4.4 *Gesamtspin von Systemen aus zwei, drei oder vier 1/2-Spins*

Klassifizieren Sie die Spinzustände des jeweiligen Systems, das aus zwei, drei oder vier $s = 1/2$ Spins besteht, nach dem Gesamtspin S des Systems. Geben Sie die Entartung der Zustände an. Überprüfen Sie, dass die Zahl der Zustände des Gesamtspins jeweils gleich 4, 8 und 16 ist.

2.4.5 Eichinvarianz der Dirac-Gleichung im elektromagnetischen Feld

Zeigen Sie, dass die Dirac-Gleichung im äußeren elektromagnetischen Feld

$$i\hbar\frac{\partial\psi}{\partial t} = (c\boldsymbol{\alpha}(\mathbf{p} - \frac{e}{c}\mathbf{A}(\mathbf{r},t)) + \beta mc^2 + eV(\mathbf{r},t))\psi$$

invariant gegenüber der Eichtransformation der elektrodynamischen Potentiale,

$$\begin{aligned} \mathbf{A} &\to \mathbf{A}' = \mathbf{A} + \operatorname{grad}\chi(\mathbf{r},t), \\ V &\to V' = V - \frac{1}{c}\partial_t\chi(\mathbf{r},t), \end{aligned}$$

ist, wenn die Wellenfunktion entsprechend der Gleichung

$$\psi \to \psi' = \psi\exp(\frac{ie}{c\hbar}\chi(\mathbf{r},t)) \tag{2.65}$$

transformiert wird.

Die Ergebnisse dieser Aufgabe liefern die Grundlage für die Begründung der minimalen Substitution. Die infolge der Eichtransformation (2.65) in der Dirac-Gleichung generierten Terme entsprechen einem elektromagnetischen Feld und befinden sich in Übereinstimmung mit der minimalen Substitution.

2.4.6 Die Gordon-Zerlegung

In dieser Aufgabe wird die Größe, die mit der Stromdichte in der Dirac-Theorie verknüpft ist, als Summe der Bahn- und der Spinstromdichte, die als Gordon-Zerlegung bekannt ist, dargestellt.

Multiplizieren Sie die Dirac-Gleichung $\left(-i\gamma^\mu\frac{\partial}{\partial x^\mu} + \frac{mc}{\hbar}\right)\psi_2 = 0$ mit $\overline{\psi}_1\gamma^\nu$ von links, die konjugierte Dirac-Gleichung $\frac{\partial}{\partial x^\mu}\overline{\psi}_1 i\gamma^\mu + \frac{mc}{\hbar}\overline{\psi}_1 = 0$ mit $\gamma^\nu\psi_2$ von rechts, addieren Sie die beiden und stellen Sie die Gültigkeit des Ergebnisses

$$\frac{2mc}{\hbar}\overline{\psi}_1\gamma^\nu\psi_2 = i\frac{\partial}{\partial x^\mu}\overline{\psi}_1\left(\gamma^\nu\gamma^\mu - \gamma^\mu\gamma^\nu\right)\psi_2 + i\overline{\psi}_1\gamma^\mu\gamma^\nu\frac{\partial\psi_2}{\partial x^\mu} - i\frac{\partial\overline{\psi}_1}{\partial x^\mu}\gamma^\nu\gamma^\mu\psi_2 \tag{2.66}$$

fest. Zeigen Sie, dass die beiden letzten Terme in der obigen Gleichung unter Benutzung der Relation $\gamma^\mu\gamma^\nu + \gamma^\nu\gamma^\mu = 2g^{\mu\nu}$ in folgender Form

$$i\overline{\psi}_1\gamma^\mu\gamma^\nu\frac{\partial\psi_2}{\partial x^\mu} - i\frac{\partial\overline{\psi}_1}{\partial x^\mu}\gamma^\nu\gamma^\mu\psi_2 = 2i\overline{\psi}_1\frac{\partial\psi_2}{\partial x_\nu} - 2i\frac{\partial\overline{\psi}_1}{\partial x_\nu}\psi_2 - \frac{2mc}{\hbar}\overline{\psi}_1\gamma^\nu\psi_2 \tag{2.67}$$

geschrieben werden können. Das Einsetzen von (2.67) in (2.66) ergibt die Gordon-Identität

$$\frac{4mc}{\hbar}\overline{\psi}_1\gamma^\nu\psi_2 = 2\frac{\partial}{\partial x^\mu}\overline{\psi}_1\sigma^{\nu\mu}\psi_2 + 2i\overline{\psi}_1\frac{\partial\psi_2}{\partial x_\nu} - 2i\frac{\partial\overline{\psi}_1}{\partial x_\nu}\psi_2,$$

wobei die Bezeichnung $\sigma^{\nu\mu} = (i/2)\,(\gamma^\nu\gamma^\mu - \gamma^\mu\gamma^\nu)$ eingeführt wurde. Letztere kann auch in der Form

$$\overline{\psi}_1\gamma^\nu\psi_2 = \frac{1}{2mc}\left(\frac{\hbar}{i}\frac{\partial\overline{\psi}_1}{\partial x_\nu}\psi_2 - \overline{\psi}_1\frac{\hbar}{i}\frac{\partial\psi_2}{\partial x_\nu}\right) + \frac{\hbar}{2mc}\frac{\partial}{\partial x^\mu}\overline{\psi}_1\sigma^{\nu\mu}\psi_2 \tag{2.68}$$

geschrieben werden. Für $\overline{\psi}_1 \to \overline{\psi}$ und $\psi_2 \to \psi$ nimmt die Gordon-Identität die Gestalt

$$c\overline{\psi}\gamma^\nu\psi = \frac{1}{2m}\left(\frac{\hbar}{i}\frac{\partial\overline{\psi}}{\partial x_\nu}\psi - \overline{\psi}\frac{\hbar}{i}\frac{\partial\psi}{\partial x_\nu}\right) + \frac{i}{2m}\frac{\hbar}{i}\frac{\partial}{\partial x^\mu}\overline{\psi}\sigma^{\nu\mu}\psi$$

an. Letztere stellt die Stromdichte in der Dirac-Theorie als Summe der Bahn- und der Spinstromdichte dar.

Zeigen Sie unter Benutzung der expliziten Lösung der Dirac-Gleichung für ein freies Teilchen $\psi(x) = u(\mathbf{p})\exp(-ipx/\hbar)$ (der Helizitätsindex λ ist unterdrückt) die Gültigkeit der Gordon-Zerlegung für die Bispinor-Amplituden

$$\bar{u}(\mathbf{p}')\gamma^\nu u(\mathbf{p}) = \frac{1}{2mc}\bar{u}(\mathbf{p}')\left(p' + p\right)^\nu u(\mathbf{p}) + \frac{i}{2mc}\bar{u}(\mathbf{p}')\sigma^{\nu\mu}\left(p' - p\right)_\mu u(\mathbf{p}). \tag{2.69}$$

Die Verallgemeinerung der Gordon-Zerlegung für ein Teilchen im elektromagnetischen Feld erhält man durch die minimale Substitution $\frac{\hbar}{i}\frac{\partial}{\partial x^\mu} \to \frac{\hbar}{i}\frac{\partial}{\partial x^\mu} - \frac{e}{c}A_\mu$ und resultiert in

$$c\overline{\psi}\gamma^\nu\psi = \frac{1}{2m}\left(\frac{\hbar}{i}\frac{\partial\overline{\psi}}{\partial x_\nu}\psi - \overline{\psi}\frac{\hbar}{i}\frac{\partial\psi}{\partial x_\nu}\right) + \frac{i}{2m}\frac{\hbar}{i}\frac{\partial}{\partial x^\mu}\overline{\psi}\sigma^{\nu\mu}\psi - \frac{i}{2m}\frac{e}{c}A_\mu\overline{\psi}\sigma^{\nu\mu}\psi. \tag{2.70}$$

Die Gl. (2.70) kann direkt ausgehend aus der Dirac-Gleichung im elektromagnetischen Feld hergeleitet werden. Vergleichen Sie (2.70) mit der Stromdichte der Dirac-Gleichung in der $1/c$-Näherung, welche durch die Gl. (2.8) auf Seite 74 gegeben ist.

2.4.7 Stationäre Klein-Gordon-Gleichung im äußeren elektrischen Feld

Betrachten Sie die Klein-Gordon-Gleichung in einem äußeren zeitunabhängigen elektrischen Feld mit dem Potential $V(r)$. Zeigen Sie, dass die stationäre Klein-Gordon-Gleichung als nichtrelativistische Schrödingergleichung

$$-\frac{\hbar^2}{2m}\nabla^2\varphi = \tilde{E}\varphi,$$

jedoch mit der Energie

$$\tilde{E} = \frac{(E - eV)^2 - m^2c^4}{2mc^2}, \tag{2.71}$$

geschrieben werden kann. Betrachten Sie die eindimensionale Klein-Gordon-Gleichung im homogenen Potential $V(x) = \text{const}$ und zeigen Sie, dass die Lösung als ebene Welle $\psi(x,t) = \exp(-iEt/\hbar + ikx)$ mit dem Wellenzahlvektor

$$k = \pm\sqrt{(E - eV)^2 - m^2c^4/\hbar c}$$

geschrieben werden kann. Es ist einfach zu sehen, dass k aus dem nichtrelativistischen Ausdruck $\tilde{k} = \sqrt{2m\tilde{E}/\hbar^2}$ mit $\tilde{E}$ gegeben durch die Gl. (2.71) bestimmt wird.

Zeigen Sie, dass k im nichtrelativistischen Grenzfall in $\tilde{k} = \pm\sqrt{2m(E - mc^2 - eV)}/\hbar$ übergeht. Ermitteln Sie die Bedingung dafür, dass k reell ist.

Diese Aufgabe zeigt, dass die Klein-Gordon-Gleichung in stückweise konstanten Potentialen auf die nichtrelativistische Schrödingergleichung zurückgeführt werden kann. Man muss dabei die nichtrelativistische Energie-Impuls-Beziehung durch die relativistische ersetzen.

2.4.8 Lösung der Klein-Gordon-Gleichung im Kasten-Potential

Lösen Sie die stationäre Klein-Gordon-Gleichung für ein geladenes Teilchen im attraktiven eindimensionalen Kasten-Potential

$$V(x) = \begin{cases} -V_0, & 0 \le x \le a \\ 0, & x < 0; x > a \end{cases}$$

und zeigen Sie, dass die Energieeigenwertbedingung die gleiche Form wie die in der nichtrelativistischen Quantenmechanik

$$\tan ak_1 = \frac{2kk_1}{k_1^2 - k^2},$$

jedoch mit den Wellenzahlvektoren

$$k = \frac{\sqrt{m^2c^4 - E^2}}{\hbar c}, \quad k_1 = \frac{\sqrt{(E + U_0)^2 - m^2c^4}}{\hbar c},$$

($U_0 = eV_0$ ist die potentielle Energie, $e > 0$) besitzt. Zeigen Sie, dass für einen flachen Potentialtopf ($U_0 \ll mc^2$) die Energie durch den Ausdruck

$$E = mc^2 - \frac{a^2 m U_0^2}{2\hbar^2}\left(1 - \frac{2mU_0 a^2}{3\hbar^2}\left[1 - \frac{3\hbar^2}{2a^2c^2m^2}\right]\right) + \cdots$$

gegeben ist. Der Term, welcher zu $1/c^2$ proportional ist, ergibt die relativistische Energiekorrektur in der niedrigsten Ordnung. Die relativistischen Effekte sind klein, wenn die Breite des Potentialtopfes a groß gegenüber der Compton-Wellenlänge $\lambda_c \simeq \hbar/mc$ des Teilchens ist.[3] Der obigen Ausdruck für die Energie zeigt, dass die relativistischen Korrekturen die Bindung verstärken. Dies ist darauf zurückzuführen, dass in Übereinstimmung mit dem Ausdruck $H = \frac{\mathbf{p}^2}{2m} - \frac{(\mathbf{p}^2)^2}{8m^3c^2} + \cdots$ die relativistische Korrektur die kinetische Energie vermindert. Die Gesamtenergie sinkt demzufolge.

2.4.9 Transmissionskoeffizient durch Potentialbarriere für Teilchen mit Spin 0

Zeigen Sie, dass der Reflexions- und der Transmissionskoeffizient eines relativistischen geladenen Teilchens mit Spin 0 im Potential

$$U(x) = \begin{cases} 0, & x < 0 \text{ und } x > a \\ U_0, & 0 < x < a \end{cases}$$

($U_0, a > 0$) für $E > U_0 > 0$ durch die Ausdrücke

$$R = \frac{\left(\gamma^2 - 1\right)^2 \sin^2(k_2 a)}{4\gamma^2 + \left(\gamma^2 - 1\right)^2 \sin^2(k_2 a)}, \quad T = \frac{4\gamma^2}{4\gamma^2 + (1 - \gamma^2)^2 \sin^2(k_2 a)} \tag{2.72}$$

mit $\gamma = k_2/k_1$ und den Wellenzahlvektoren

$$k_1 = \frac{1}{\hbar c}\sqrt{E^2 - m^2c^4}, \quad k_2 = \frac{1}{\hbar c}\sqrt{(E - U_0)^2 - m^2c^4},$$

[3] Wenn die Breite des Potentialtopfes vergleichbar mit der Compton-Wellenlänge des Teilchens wird, werden in Übereinstimmung mit der Unschärferelation Teilchen-Antiteilchen-Paare erzeugt, so dass die Einteilchenbeschreibung zusammenbricht.

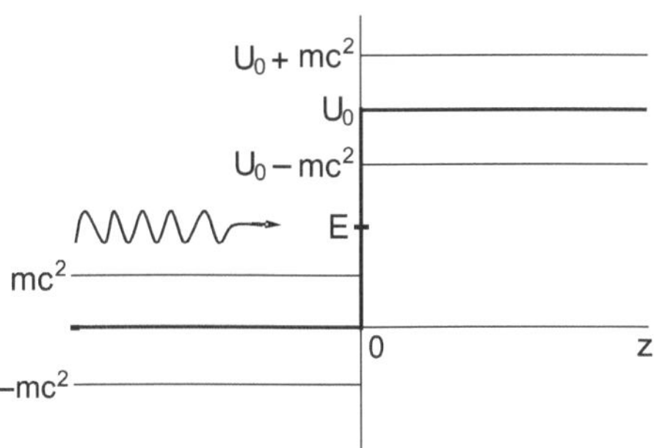

Abb. 2.5 Zur Veranschaulichung der Streuung an der Potentialstufe

gegeben sind. Vergleichen Sie die Ausdrücke für R und T mit den entsprechenden Resultaten der nichtrelativistischen Quantenmechanik. Die Koeffizienten R und T können unter Benutzung der Ergebnisse der Aufgabe 2.4.7 direkt aus den entsprechenden Ausdrücken der nichtrelativistischen Quantenmechanik abgeleitet werden.

(a) Bestimmen Sie die Energien E bei denen die Barriere durchlässig ist.
(b) Zeigen Sie, dass für $U_0 < 0$ die Nullstellen des Nenners von R und T mit der Energie-Eigenwertbedingung der gebundenen Zustände im betrachteten Potentialtopf übereinstimmen.
(c) Berechnen Sie T für $U_0 > E + mc^2$ im Grenzfall großer a. Ersetzen Sie die stark oszillierende Funktion $\sin^2(aq/\hbar)$ durch ihren Mittelwert $1/2$.
(d) Ermitteln Sie R und T unter Benutzung von (2.72) für $U_0 > 2mc^2$ und $E < U_0 - mc^2$. Überprüfen Sie die Gültigkeit der Beziehungen $R + T = 1$ und $0 < R < 1$. In diesem Fall ist k_2 reell, d.h. die Transmission der Teilchen erfolgt durch die Barriere über ebene Wellen, die zu negativen Energien im Bereich der Barriere $0 < x < a$ gehören (siehe die Abb. 2.5 auf Seite 105). Die Transmission der Teilchen über die Lösungen negativer Energie wird in [36] als Klein-Tunnelling bezeichnet. Siehe die entsprechende Aufgabe 2.4.17 für die Dirac-Gleichung und die Diskussion in der Aufgabe 2.4.16.

2.4.10 Lösung der Klein-Gordon-Gleichung im Stufenpotential

Lösen Sie die Klein-Gordon-Gleichung im Stufenpotential $U(x) = U_0\theta(x)$ ($\theta(x)$ ist die Stufenfunktion). Die einlaufende Welle bewege sich in x-Richtung. Für die Wellenfunktion für $x < 0$ und $x \geq 0$ benutzen Sie den Ansatz

$$\Psi_1 = e^{-iEt/\hbar}\left(e^{ikx} + Ae^{-ikx}\right), \quad \Psi_2 = e^{-iEt/\hbar}Be^{ik_1x}, \tag{2.73}$$

und stellen Sie unter Verwendung der Anschlußbedingungen für die Wellenfunktion für $x = 0$ die Gültigkeit der Ausdrücke

$$A = \frac{1-\varrho}{1+\varrho}, \quad B = \frac{2\varrho}{1+\varrho}, \quad \varrho = k_1/k,$$

fest. Zeigen Sie, dass die Wellenzahlvektoren k und k_1 durch die Gleichungen

$$k = \frac{1}{\hbar c}\sqrt{E^2 - m^2c^4}, \quad k_1 = \frac{1}{\hbar c}\sqrt{(E-U_0)^2 - m^2c^4}$$

bestimmt werden. Vergleichen Sie A, B, R und T mit den entsprechenden Ausdrücken der nichtrelativistischen Quantenmechanik. Zeigen Sie, dass die Letzteren übereinstimmen, wenn k und k_1 durch die nichtrelativistischen Wellenzahlvektoren

$$\tilde{k} = \sqrt{2mE}/\hbar, \quad \tilde{k}_1 = \sqrt{2m(E-U_0)}/\hbar$$

ersetzt werden.

Beweisen Sie die Gültigkeit der Ausdrücke für die Stromdichten

$$j_{\text{einf}} = \frac{\hbar k}{m}, \quad j_{\text{refl}} = -\frac{\hbar k}{m}|A|^2, \quad j_{\text{trans}} = \frac{\hbar k_1}{m}|B|^2.$$

Zeigen Sie, dass für $U_0 < 2mc^2$ und $E > U_0$ der Reflexions- und der Transmissionskoeffizient durch die Gleichungen

$$R = \left(\frac{1-\varrho}{1+\varrho}\right)^2, \quad T = \frac{4\varrho}{(1+\varrho)^2}, \quad R + T = 1, \tag{2.74}$$

gegeben sind.

Für $E - mc^2 < U_0$ ist k_1 imaginär. Die Wellenfunktion Ψ_2 in (2.73) fällt mit z exponentiell ab.

Für eine überkritische Stufe $U_0 > 2mc^2$ und positive Energie $E < U_0 - mc^2$ wird der Wellenzahlvektor k_1 wieder reell. Wie aus der Abb. 2.5 hervorgeht, entsprechen die Energien $E < U_0 - mc^2$ für $x > 0$ den ebenen Wellen, die zu Lösungen negativer Energien gehören. Die Existenz von laufenden Wellen für $z > 0$ wird als Klein-Paradoxon bezeichnet. Zum Klein-Paradoxon für die Dirac-Gleichung und auch Klein-Gordon-Gleichung existiert eine umfangreiche Literatur [36, 37, 38, 39, 41–43] (und Referenzen darin). Dieses Phänomen spiegelt ähnlich wie die Interferenz der Zustände positiver und negativer Energien in einem Wellenpaket (siehe Abschn. 1.13 auf Seite 43) die Schwierigkeiten der Einteilchen-Quantentheorie, die durch die Lösungen negativer Energie bedingt sind, wieder.
Die gegenwärtige Interpretation des Klein-Paradoxons besteht darin, dass man annimmt, dass im überkritischen Feld Teilchen-Antiteilchen-Paare erzeugt werden. Eine Betrachtung der Streuung an der Stufe unter Berücksichtigung der Möglichkeit der Erzeugung von Teilchen-Antiteilchen-Paaren im Rahmen der Vielteilchentheorie, d.h. der Betrachtung der Klein-Gordon-Gleichung als Quantenfeld ergibt [42] (und Referenzen darin), dass mehrere (1, 2, ...) Teilchen-Antiteilchen-Paare an der

Stufe entstehen können. Siehe auch die Aufgabe 2.4.16 für die Lösung der Dirac-Gleichung für eine Stufe und die Diskussion der Prozesse an einer überkritischen Stufe im Rahmen der kausalen Greenschen Funktion.

2.4.11 Klein-Gordon-Gleichung im Magnetfeld

Ein relativistisches geladenes spinloses Teilchen befindet sich in einem homogenen Magnetfeld. Berechnen Sie die Energieeigenwerte des Teilchens. Führen Sie die Lösung der stationären Klein-Gordon-Gleichung auf die Lösung der nichtrelativistischen Schrödingergleichung im Magnetfeld zurück.

2.4.12 Klein-Gordon-Gleichung im skalaren zweidimensionalen Potentialtopf

Betrachten Sie die Klein-Gordon-Gleichung im äußeren skalaren Potential

$$-\frac{\hbar^2}{c^2}\frac{\partial^2}{\partial t^2}\psi + \hbar^2\nabla^2\psi - 2mU\psi = m^2c^2\psi \tag{2.75}$$

und zeigen Sie, dass die stationäre Gleichung auf die Schrödingergleichung der nichtrelativistischen Quantenmechanik mit der Energie

$$E = \frac{\varepsilon^2 - m^2c^4}{2mc^2}$$

zurückgeführt wird. Beachten Sie den Unterschied zwischen der skalaren Kopplung in (2.75) und der Kopplung mit dem elektromagnetischem Feld, die der minimalen Substitution entspricht. In der skalaren Kopplung wird das Potential nicht als zeitartige Komponente eines Vierer-Vektors, sondern skalar angekoppelt.

Überzeugen Sie sich, dass im nichtrelativistischen Grenzfall U die gewöhnliche potentielle Energie darstellt.

Führen Sie die Separation der Variablen $\psi(r) = f(\varrho)\Phi(\varphi)$ mit $\Phi(\varphi) = 1/\sqrt{2\pi}\exp(im'\varphi)$ mit der Magnetquantenzahl $m' = 0, \pm 1, \ldots$durch. Betrachten Sie die Klein-Gordon-Gleichung im äußeren skalaren Potential

$$U(\varrho) = \begin{cases} -U, & \varrho \le a \\ 0, & \varrho > a \end{cases}$$

und stellen Sie die Gültigkeit der Energieeigenwertbedingung für die s-Zustände

$$\sqrt{e}K_1\left(a\sqrt{e}\right) - \frac{\sqrt{u-e}J_1\left(a\sqrt{u-e}\right)K_0\left(a\sqrt{e}\right)}{J_0\left(a\sqrt{u-e}\right)} = 0$$

fest. Es wurden folgende Bezeichnungen eingeführt: $u = 2mU/\hbar^2$, $e = -2mE/\hbar^2$. Die Funktionen $J_k(z)$ und $K_k(z)$ bezeichnen entsprechend die Besselschen Funktionen 1. Art und die modifizierten Besselschen Funktionen 2. Art.

Zeigen Sie, dass die Bindungsenergie im flachen Potentialtopf durch den Ausdruck

$$E_0 \simeq -\frac{2\hbar^2}{ma^2} e^{-\frac{2\hbar^2}{a^2 mU}}$$

gegeben ist. Stellen Sie die Gültigkeit der Entwicklung der Bindungsenergie für die Klein-Gordon-Gleichung nach Potenzen von $1/c^2$ im flachen Potentialtopf

$$\varepsilon_0 = mc^2 - E_0 - \frac{1}{2mc^2} E_0^2 + \cdots$$

fest.

2.4.13 Feinstruktur für die Klein-Gordon-Gleichung

Betrachten Sie ein geladenes spinloses Teilchen (Ladung $-e$) im Coulombpotential des Kerns mit der Ladung Ze. Zeigen Sie, dass die stationäre Klein-Gordon-Gleichung im Coulombpotential die Form

$$\left(-\hbar^2 c^2 \nabla^2 + m^2 c^4\right) \Psi = \left(E + \frac{Ze^2}{r}\right)^2 \Psi$$

besitzt. Führen Sie die Separation

$$\Psi = R_l(r) Y_{lm}(\theta, \varphi)$$

durch und stellen Sie die Gültigkeit der Gleichung für den Radialanteil der Wellenfunktion

$$\left(-\frac{\hbar^2}{2m}\frac{1}{r^2}\frac{d}{dr}r^2\frac{d}{dr} + \frac{\hbar^2\left((l+1/2)^2 - 1/4\right)}{2mr^2} - \frac{Ze^2 E}{mc^2 r} - \frac{Z^2 e^4}{2mc^2 r^2}\right) R = \frac{E^2 - m^2 c^4}{2mc^2} R \tag{2.76}$$

fest. Vergleichen Sie Letztere mit der entsprechenden Gleichung für ein nichtrelativistisches Teilchen im Coulombpotential,

$$\left(-\frac{\hbar^2}{2m}\frac{1}{r^2}\frac{d}{dr}r^2\frac{d}{dr} + \frac{\hbar^2\left((l+1/2)^2 - 1/4\right)}{2mr^2} - \frac{Ze^2}{r}\right) \tilde{R} = \tilde{E}\tilde{R}, \tag{2.77}$$

und zeigen Sie, dass (2.76) durch die Substitutionen [44]

$$Z \to \frac{ZE}{mc^2},$$
$$(l+1/2)^2 \to (l+1/2)^2 - Z^2\alpha^2,$$
$$\tilde{E} \to \frac{E^2 - m^2c^4}{2mc^2},$$

in (2.77) übergeht. Benutzen Sie den Ausdruck für die Energieniveaus eines wasserstoffähnlichen Atoms,

$$\tilde{E}_{n_r,l} = -\frac{m(Ze^2)^2}{2\hbar^2\,(n_r + 1/2 + l + 1/2)^2},$$

und zeigen Sie unter Benutzung der obigen Substitutionen, dass die diskreten Energien für die Klein-Gordon-Gleichung durch die Formel

$$E_{n_r,l} = mc^2 \left(1 - \frac{Z^2\alpha^2}{Z^2\alpha^2 + \left[n_r + 1/2 + \sqrt{(l+1/2)^2 - Z^2\alpha^2} \right]^2} \right)^{1/2} \tag{2.78}$$

gegeben sind. Begründen Sie warum die Lösung mit negativem Vorzeichen vor mc^2 unphysikalisch ist.

Zeigen Sie, dass im Grenzfall $Z\alpha \ll 1$ ($\alpha = e^2/\hbar c \approx 1/137$ ist die Feinstrukturkonstante) die Energien durch folgende Formel genähert werden können

$$E_{n_r,l} \simeq mc^2 - \frac{m\left(Ze^2\right)^2}{2\hbar^2 n^2} - \frac{m\left(Ze^2\right)^2}{\hbar^2 n^3}(Z\alpha)^2\left(\frac{1}{2l+1} - \frac{3}{8n}\right), \tag{2.79}$$

wobei $n = n_r + l + 1$ ist.

Zeigen Sie weiterhin, dass für $Z\alpha > 1/2$ die Energien (2.78) komplex werden. Die Ursache dafür ist der Term $-Z^2e^4/2mc^2r^2$ in der Gl. (2.76), welcher als attraktive potentielle Energie aufgefasst werden kann. Für $Z\alpha > 1/2$ ist die Anziehung so stark, dass das Teilchen in das Potential fällt.

Das pionische Atom, in dem das Elektron im Wasserstoffatom durch ein π^--Meson ersetzt wird, ist eine physikalische Realisierung des Coulomb-Problems für die Klein-Gordon-Gleichung.

Vergleichen Sie (2.79) mit dem entsprechenden Ergebnis der Lösung der Dirac-Gleichung für ein Elektron im Coulombpotential.

2.4.14 Das Pion-Austauschmodell der Kernkräfte

In der modernen Physik werden die Wechselwirkungen zwischen den Teilchen durch Austausch von virtuellen Teilchen beschrieben. Die elektromagnetische Wechselwirkung wird durch virtuelle Photonen übertragen (siehe Kap. 3 und auch die Aufgabe 3.10.30). Die Konsequenz der Masselosigkeit des Photons ist die unendliche Reichweite der elektromagnetischen Wechselwirkung ($U(r) \sim e^2/r$). Um die kurze Reichweite der Kernkräfte zu erklären, postulierte Yukawa 1935 die Existenz eines Teilchens mit der Masse $200 - 300\, m_e$. Dieses Teilchen besitzt Spin 0 und wird durch die Klein-Gordon-Gleichung beschrieben. Die Nukleonen werden als Quellen des π-Meson-Feldes betrachtet. Unter Verwendung der Analogie zur Elektrodynamik begründen Sie die Gleichung

$$-\frac{1}{c^2}\frac{\partial^2 \psi}{\partial t^2} + \nabla^2 \psi - \frac{m^2 c^2}{\hbar^2}\psi = -4\pi g \varrho_{\text{nukl}}(r),$$

wobei $\varrho_{\text{nukl}}(r)$ die Nukleonendichte und g die starke Ladung bezeichnen. Ermitteln Sie das statische Feld $\psi(r)$, welches einer punktförmigen Ladung $\varrho_{\text{nukl}}(\mathbf{r}) = \delta(\mathbf{r})$ entspricht. Um die entsprechende Gleichung

$$\nabla^2 \psi - \frac{m^2 c^2}{\hbar^2}\psi = -4\pi g \delta(\mathbf{r}) \tag{2.80}$$

zu lösen, führen Sie die neue Funktion $\psi = u/r$ ein. Stellen Sie die Gültigkeit der Gleichung für u für $r \neq 0$

$$\left(\frac{d^2 u}{dr^2} - \left(\frac{mc}{\hbar}\right)^2\right) u = 0$$

fest. Zeigen Sie, dass die Lösung die Form

$$u = \text{const} e^{-(mc/\hbar)r} \tag{2.81}$$

besitzt. Zeigen Sie durch Integration der Gl. (2.80) über ein kleines Gebiet, welches den Ursprung des Koordinatensystems umschließt, dass die Konstante in (2.81) gleich g ist. Folglich erhält man das Kernpotential als

$$\psi = g\frac{e^{-(mc/\hbar)r}}{r}.$$

Die Wechselwirkungsenergie zwischen zwei Nukleonen auf Abstand r lautet

$$U = -g^2\frac{e^{-(mc/\hbar)r}}{r}.$$

Die Masse der Pionen kann unter Benutzung der Beziehung

$$\frac{mc}{\hbar} r \simeq 1$$

abgeschätzt werden. Das Einsetzen von $r_0 \simeq 1,4 \times 10^{-15} m$ für die Reichweite der Kernkräfte ergibt den Wert $m_\pi = 276\, m_e$ für die Masse der π-Mesonen. Die Reichweite der Kernkräfte entspricht der Compton-Wellenlänge $\hbar / m_\pi c$ der π-Mesonen.

Die starke Wechselwirkung kann analog zur elektromagnetischen Wechselwirkung ($e^2/\hbar c \simeq 1/137$) durch die dimensionslose Kopplungskonstante $\alpha_\pi = g^2/\hbar c$ charakterisiert werden. Für die Letztere erhält man durch das Gleichsetzen der mittleren Energie

$$\frac{1}{4\pi r_0^3/3} \int |U|\, d^3 r = 3 \frac{g^2}{r_0}$$

mit der Tiefe des Kastenpotentials $U_0 \simeq 20\,\text{MeV}$, die Abschätzung

$$\frac{g^2}{\hbar c} \simeq 5.$$

Die Stärke der Kern-Wechselwirkung ist somit von der Größenordnung eins und ist ca. hundertmal stärker als die elektromagnetische Wechselwirkung.

Wir möchten an dieser Stelle nicht unerwähnt lassen, dass das Pion-Austauschmodell der Kernkräfte einer phänomenologischen Beschreibung der Kernkräfte entspricht. Die mikroskopische Theorie der starken Wechselwirkung wird im Rahmen der Quantenchromodynamik, welche eine Nicht-Abelsche Eichfeldtheorie ist (siehe dazu die Aufgabe 3.10.30 auf Seite 240), durch Austausch von (masselosen) Gluonen zwischen den Quarks erklärt.

2.4.15 Dirac-Gleichung im homogenen Magnetfeld

Zeigen Sie, dass die stationäre Dirac-Gleichung für die Dirac-Wellenfunktion $\psi = \begin{pmatrix} \varphi \\ \chi \end{pmatrix}$ in einem äußeren homogenen Magnetfeld mit der Feldstärke $\mathbf{B} = (0, 0, B_z)$ nach Eliminierung von χ zu Gunsten von φ als Pauligleichung

$$\frac{1}{2m} \left(\mathbf{p} - \frac{e}{c} \mathbf{A} \right)^2 \varphi - \frac{e\hbar}{2mc} B^z \sigma^z \varphi = E \varphi \tag{2.82}$$

mit der Energie

$$E = \frac{\varepsilon^2 - m^2 c^4}{2mc^2}$$

geschrieben werden kann. Der zweite Term auf der linken Seite in (2.82) entspricht der Wechselwirkung des magnetischen Momentes des Elektrons $\boldsymbol{\mu}_{\text{Spin}} = (e\hbar/2mc)\,\boldsymbol{\sigma}$, welches vom Spin herrührt, mit dem Magnetfeld. Neben der Betrachtung im Abschn. 2.1 auf Seite 71 zeigt auch diese Aufgabe, wie das magnetische Moment des Elektrons mit dem Spin zusammenhängt. Ermitteln Sie unter Benutzung des Resultates der Lösung des entsprechenden Problems der nichtrelativistischen Quantenmechanik (siehe auch Aufgabe 2.4.11) die Energieeigenwerte und die Eigenfunktionen für die Dirac-Gleichung im Magnetfeld. Betrachten Sie Zustände φ, die Eigenfunktionen von σ^z, $\sigma^z\varphi = \pm\varphi$, sind.

Stellen Sie die Gültigkeit der Ausdrücke für die Energie

$$E_{n,p_z} = \pm mc^2 \sqrt{1 + \frac{2}{c^2 m}\left(\frac{p_z^2}{2m} + \left(n + \frac{1}{2}\right)\omega_0\hbar - \frac{\sigma^z\omega_0\hbar}{2}\right)}$$

und die Wellenfunktion

$$\Phi_{n,p_y,p_z,\sigma_z}(x,y,z) = ce^{i(p_y y + p_z z)/\hbar} \exp\left(-\frac{1}{2a^2}\left(x - \frac{cp_y}{eH}\right)^2\right) H_n\left(\frac{1}{a}\left(x - \frac{cp_y}{eH}\right)\right)$$

fest. $H_n(x)$ sind die Hermite-Polynome. Es gilt $\omega_0 = eH/mc$.

Die Ergebnisse dieser Aufgabe und auch der Aufgabe 2.4.11 werden in den Aufgaben 3.10.35 auf Seite 253 und 3.10.36 benutzt, um entsprechend die Ladungsrenormierungen in der Quantenelektrodynamik und der Quantenchromodynamik zu beschreiben.

2.4.16 Dirac-Gleichung im Stufenpotential

Betrachten Sie die Dirac-Gleichung im Stufenpotential

$$U(x) = \begin{cases} U_0, & a \le z \\ 0, & z \le 0 \end{cases}$$

mit $U_0 > 0$. Die einlaufenden Teilchen bewegen sich von links nach rechts und werden durch die Wellenfunktion

$$\Psi_{einf} = e^{-iEt/\hbar} u_\lambda(p) e^{ipz/\hbar}$$

mit der Bispinor-Amplitude

$$u_\lambda(E,p) = \begin{pmatrix} \sqrt{E + mc^2}\, w^\lambda \\ \frac{cp\sigma_z}{\sqrt{E+mc^2}}\, w^\lambda \end{pmatrix},$$

wobei $\lambda = \pm 1/2$ gilt, beschrieben. Für die Zustände mit der Projektion des Spins in die z-Richtung $\pm\hbar/2$ besitzen die Spinore w^λ entsprechend die Form

$$w^{1/2} = \begin{pmatrix} 1 \\ 0 \end{pmatrix}, \quad w^{-1/2} = \begin{pmatrix} 0 \\ 1 \end{pmatrix}.$$

In Ψ_{einf} wurde berücksichtigt, dass die Spinprojektion auf die Ausbreitungsrichtung $\hbar/2$ ist. Die reflektierte Welle stellen wir in der Form

$$\Psi_{refl} = e^{-iEt/\hbar} \left(au_{1/2}(E, -p) + bu_{-1/2}(E, -p) \right) e^{-ipz/\hbar},$$

dar. Der 1. und der 2. Term entsprechen den Spinprojektionen $\pm\,\hbar/2$. Die Wellenfunktion für $z < 0$ besitzt die Form

$$\Psi_1 = \Psi_{einf} + \Psi_{refl}.$$

Die Energie-Impuls-Beziehung für $z < 0$ lautet

$$E^2 = c^2 p^2 + m^2 c^4.$$

Die Lösung für $z \geq 0$ stellen wir entsprechend in der Form

$$\Psi_t = e^{-iEt/\hbar} \left(du_{1/2}(E - U_0, q) + f u_{-1/2}(E - U_0, q) \right) e^{iqz/\hbar} \tag{2.83}$$

dar. Die Energie-Impuls-Beziehung besitzt im Gebiet $z > 0$ die Form

$$(E - U_0)^2 = c^2 q^2 + m^2 c^4.$$

Stellen Sie unter Benutzung der Stetigkeit der Dirac-Wellenfunktion bei $z = 0$ die Gültigkeit der Ausdrücke für die Koeffizienten b, f, a , d

$$\begin{aligned} b &= f = 0, \\ a &= \frac{1 - r}{1 + r}, \\ d &= \frac{2r}{1 + r} \end{aligned}$$

mit

$$r = \frac{q}{p} \frac{E + mc^2}{E + mc^2 - U_0}, \tag{2.84}$$

fest. Das Verschwinden von b und f bedeutet, dass der Spin bei der Streuung an der eindimensionalen Stufe nicht umklappt. Diese Eigenschaft kann man sich auch bei der Lösung der Dirac-Gleichung im Kastenpotential und in der Potentialbarriere

zu Nutze machen. Die Dirac-Gleichung in eindimensionalen stückweise konstanten Potentialen kann wegen dieser Eigenschaft als Gleichung für einen Spinor (zweikomponentige Wellenfunktion) geschrieben werden [36]. Die Stromdichten können unter Benutzung der Gleichung $j_k = c\Psi^+\alpha_k\Psi$ berechnet werden.
Zeigen Sie, dass für $U_0 < 2mc^2$ der Reflexions- und der Transmissionskoeffizient durch die Gleichungen

$$R = \left(\frac{1-r}{1+r}\right)^2, \quad T = \frac{4r}{(1+r)^2}$$

gegeben sind. Da $r > 0$ gilt, ist der Reflexionskoeffizient kleiner als eins. R und T sind positiv und erfüllen die Bedingung $R + T = 1$. Der Vergleich mit dem entsprechenden Resultat für die Klein-Gordon-Gleichung in der Aufgabe 2.4.9 auf Seite 104 zeigt, dass man R und T aus den entsprechenden Ausdrücken für die Klein-Gordon-Gleichung bzw. für die nichtrelativistische Schrödingergleichung durch die Substitution $\varrho \to r$ erhält.

Für $E - mc^2 < U_0$ ist q imaginär. Die Wellenfunktion Ψ_t in (2.83) fällt mit z exponentiell ab.

Für eine überkritische Potentialstufe $U_0 > 2mc^2$ und Energie $0 < E < U_0 - mc^2$ (siehe Abb. 2.5 auf Seite 105) ist der Wellenzahlvektor q reell. Weil r in (2.84) negativ ist, ist der Reflexionskoeffizient R größer als eins und der Transmissionskoeffizient negativ. Die Existenz von laufenden Wellen für $z > 0$ und ein Reflexionskoeffizient größer als eins wird als Klein-Paradoxon bezeichnet. Zum Klein-Paradoxon existiert eine umfangreiche Literatur [36–39, 41–43] (und Referenzen darin). Dieses Phänomen spiegelt ähnlich wie die Interferenz der Zustände positiver und negativer Energien in einem Wellenpaket (siehe Abschn. 1.13 auf Seite 43) die Schwierigkeiten der Einteilchen-Quantentheorie, die durch die Lösungen negativer Energie bedingt sind, wieder.

Die Berechnung der Gruppengeschwindigkeit für $z > 0$

$$v_g = \frac{dE}{dq} = c^2 \frac{\hbar q}{E - U_0}$$

zeigt, dass v_g und q für $U_0 > E$ verschiedene Vorzeichen haben. Um die oszillierende Lösung für $z > 0$ für eine überkritische Stufe der Ausbreitung eines Teilchens von links nach rechts zuordnen zu können ($v_g > 0$), ersetzen wir in der Wellenfunktion in (2.83) q durch $-q$

$$\Psi_t = e^{-iEt/\hbar} d u_{1/2}(E - U_0, -q_z) e^{-iqz/\hbar}.$$

Für eine überkritische Stufe ist $E + mc^2 - U_0$ negativ. Unter Berücksichtigung der Ersetzung $q \to -q$ erhält man jetzt aus der Gl. (2.84), dass r positiv ist. D.h. im überkritischen Potential ist mit dieser Randbedingung der Transmissionskoeffizient T positiv und der Reflexionskoeffizient R kleiner als eins. Wegen der Ladungserhaltung muss T als sich von links nach rechts ausbreitende Teilchenzustände und nicht als Positronen interpretiert werden. Wie kann man das verstehen? Die betrachtete Aufgabe beinhaltet die stationäre Lösung der Dirac-Gleichung. Es ist legitim und hilfreich die physikalischen Abläufe an der Stufe im Rahmen der kausalen Greenschen Funktion im Raum und Zeit zu visualisieren. Die Integralgleichung für die Ausbreitungsfunktion und die entsprechende Störungsreihe, die für schwache Potentiale konvergent ist, sind entsprechend durch die Gln. (1.99) und (1.100) im Abschn. 1.12 auf Seite 39 gegeben. Man muss festhalten, dass die Elektron-Positron-Linien in Raum-Zeit ununterbrochen sind.

Zuerst betrachten wir eine unterkritische Stufe, an welcher virtuelle Elektron-Positron-Paare, wie in jedem anderen äußeren Potential, entstehen können. Die Annihilation des virtuellen Positrons mit dem einlaufenden Elektron führt zu Ortsschwankungen des Elektrons, die sich als Zitterbewegung bemerkbar machen. Das virtuelle Elektron aus dem virtuellen Elektron-Positron-Paar wird zum reflektierten reellen Elektron. Dieser Prozess wird veranschaulicht in den Graphen b in der Abb. 1.2 auf Seite 10.

An der überkritischen Stufe kann die Elektronenlinie (Elektronen-Trajektorie) reflektieren oder transmittieren. Im letzten Fall kann sich die Elektronenlinie nur rückwärts in der Zeit ausbreiten, weil es rechts von der Stufe nur (reelle) Zustände negativer Energie gibt. Die Ausbreitung rückwärts in der Zeit wird wie in anderen Fällen als Ausbreitung von Positronen vorwärts in der Zeit interpretiert. Das Positron kann mit dem ankommenden Elektron annihilieren. Für eine unendlich lange Stufe sieht es so aus, dass die sich rückwärts in der Zeit ausbreitende Teilchentrajektorie (kann mehrere Knicke haben) ins Unendliche geht. Letztere entspricht dem Positron, das sich aus dem Unendlichen nach links bewegt. Für den realistischeren Fall einer Stufe endlicher Breite, die einer Barriere entspricht (siehe nächste Aufgabe) erstreckt sich der sich rückwärts in der Zeit ausbreitende Teil der Trajektorie bis zum Ende der Barriere (Stufe). Rechts von der Barriere (Stufe) breitet sich die Trajektorie vorwärts in der Zeit aus und entspricht dem transmittierten Elektron. Eine numerische Lösung der Integralgleichung für die Projektion der kausalen Greenschen Funktion auf ebene Wellen, würde quantitative Aussagen über das Verhalten an der Potentialstufe ermöglichen.

Die kausale Greensche Funktion ermöglicht es auch die Erzeugung von Elektron-Positron-Paaren an der überkritischen Stufe, die ohne einlaufende Welle entstehen, zu betrachten. Dazu muss man die Integralgleichung für die kausale Greensche Funktion mit den in der Aufgabe 2.4.27 auf Seite 125 benutzten Randbedingungen lösen. In diesem Fall kann sich das Positron, das an der Stufe entsteht, von links nach rechts ausbreiten. Für das Positron erscheint die Stufe als eine Mulde. Da die Erzeugung der Elektron-Positron-Paare an der Stufe auf Kosten des äußeren Feldes geht, wird die Stufe nach einiger Zeit unterkritisch. Die Erzeugung von Paaren im schwachen homogenen elektrischen Feld wurde von Sauter [45] in Rahmen der quasiklassischen Näherung betrachtet (siehe die Aufgabe am Ende des Abschn. 129 in [19]). Die Entstehung von Elektron-Positron-Paaren in starken elektrischen Feldern wurde von Schwinger [46] betrachtet.

2.4.17 Transmissionskoeffizient durch Potentialbarriere für Teilchen mit Spin 1/2

Betrachten Sie die Streuung eines Elektrons an einer eindimensionalen Potentialbarriere

$$U(x) = \begin{cases} U_0, & 0 \leq x \leq a \\ 0, & x < 0,\ x > a \end{cases}$$

mit $a > 0$, $U_0 > 0$. Das einfallende Elektron bewege sich von links nach rechts. In den Ansätzen für die Wellenfunktion für $x < 0$, $0 < x < a$, $a < x$ (siehe vorhergehende Aufgabe) berücksichtigen Sie, dass der Spin an Unstetigkeitsstellen des Potentials nicht umklappt. Stellen Sie die Gültigkeit der Ausdrücke für den Reflexions- und Transmissionskoeffizienten

$$R = \frac{\left(\gamma^2 - 1\right)^2 \sin^2(aq/\hbar)}{4\gamma^2 + \left(\gamma^2 - 1\right)^2 \sin^2(aq/\hbar)}, \quad T = \frac{4\gamma^2}{4\gamma^2 + \left(\gamma^2 - 1\right)^2 \sin^2(aq/\hbar)}$$

fest. Die Impulse außerhalb und innerhalb der Barriere sind definiert durch die Gleichungen

$$p = \frac{1}{c}\sqrt{E^2 - m^2c^4}, \quad q = \frac{1}{c}\sqrt{(E - U_0)^2 - m^2c^4},$$

wobei die Größe γ wie folgt definiert ist

$$\gamma = \frac{q\left(mc^2 + E\right)}{p\left(mc^2 + E - U_0\right)}.$$

Vergleichen Sie R und T mit den entsprechenden Größen für die Klein-Gordon-Gleichung und der nichtrelativistischen Quantenmechanik.

(a) Untersuchen Sie die Bedingungen wann q reell und imaginär ist.
(b) Bestimmen Sie die Energien bei denen die Barriere durchlässig ist.
(c) Berechnen Sie T für $U_0 > E + mc^2$ im Grenzfall großer a. Ersetzen Sie die stark oszillierende Funktion $\sin^2(aq/\hbar)$ durch ihren Mittelwert $1/2$.
(d) Zeigen Sie, dass für $U_0 < 0$ die Nullstellen des Nenners des Reflexions- bzw. des Transmissionskoeffizienten mit der Energie-Eigenwertbedingung der gebundenen Zustände im betrachteten Potentialtopf (siehe die nächste Aufgabe) übereinstimmen.

Die Transmission der Elektronen über die Lösungen negativer Energie wird in [36] als Klein-Tunnelling bezeichnet. Siehe auch die Diskussion in der Aufgabe 2.4.16.

2.4.18 Dirac-Gleichung im eindimensionalen attraktiven Kastenpotential

Lösen Sie die Dirac-Gleichung im Potential

$$V(x) = \begin{cases} -U_0, & 0 \le x \le a \\ 0, & \text{sonst} \end{cases} .$$

Zeigen Sie, dass die Energie-Eigenwertbedingung die Form

$$e^{2iap_2/\hbar}(\gamma - i)^2 - (\gamma + i)^2 = 0$$

mit

$$\gamma = \frac{p_2\left(mc^2 + E\right)}{p_1\left(mc^2 + E + U_0\right)}$$

und $p_1 = \sqrt{m^2c^4 - E^2}$, $p_2 = \sqrt{(E + U_0)^2 - m^2c^4}$ besitzt. Zeigen Sie, dass die Energie-Eigenwertbedingung in der Form

$$\tan \frac{ap_2}{\hbar} = \frac{2\gamma}{\gamma^2 - 1}$$

geschrieben werden kann. Vergleichen Sie die Eigenwertbedingung für die Dirac-Gleichung mit dem entsprechenden Ergebnis der nichtrelativistischen Quantenmechanik und der Klein-Gordon-Gleichung. Ermitteln Sie die führende relativistische Korrektur zur Energie im flachen Kastenpotential. Stellen Sie die Gültigkeit des Resultates für die Energie

$$E_0 = mc^2 - \frac{ma^2U_0^2}{2\hbar^2}\left(1 - \frac{2ma^2U_0}{3\hbar^2}\left(1 - \frac{11ma^2U_0}{4\hbar^2} - \frac{U_0}{4mc^2}\right)\right) + \cdots$$

fest. Durch welchen Parameter wird die Größe der relativistischen Korrektur kontrolliert? Vergleichen Sie die relativistische Energie-Korrektur mit der für die Klein-Gordon-Gleichung. Der obige Ausdruck für E_0 zeigt, dass die relativistische Korrektur die Bindung verstärkt. Wie kann dies qualitativ begründet werden?

2.4.19 Berechnung von Spuren

Zeigen Sie die Gültigkeit der folgenden Beziehung

$$\frac{1}{2}\mathrm{Sp}\left(\frac{\not{p}_2 + mc}{2mc}\gamma^0\frac{\not{p}_1 + mc}{2mc}\gamma^0\right) = \frac{E^2}{m^2c^4}\left(1 - \frac{v^2}{c^2}\sin^2\frac{\theta}{2}\right),$$

wobei der Streuwinkel θ als Winkel zwischen den Impulsen $\mathbf{p}_2$ und $\mathbf{p}_1$ definiert ist

$$\mathbf{p}_2\mathbf{p}_1 = p^2 \cos\theta.$$

Hierbei bezeichnet p den absoluten Wert der beiden Impulse $\mathbf{p}_2$ und $\mathbf{p}_1$($|\mathbf{p}_2| = |\mathbf{p}_1|$ für die elastische Streuung). Benutzen Sie die Beziehung

$$\mathrm{Sp}(\gamma^\alpha\gamma^\beta\gamma^\mu\gamma^\nu) = 4(g^{\alpha\beta}g^{\mu\nu} - g^{\alpha\mu}g^{\beta\nu} + g^{\alpha\nu}g^{\beta\mu}).$$

Letztere wird in der Aufgabe 2.4.20 hergeleitet.

2.4.20 Spuren-Produkte von γ-Matrizen

Beweisen Sie die Gültigkeit der folgenden Spuren

$$\frac{1}{4}\mathrm{Sp}\gamma^\alpha\gamma^\beta = g^{\alpha\beta},$$

$$\frac{1}{4}T^{\alpha\beta\mu\nu} \equiv \frac{1}{4}\mathrm{Sp}\gamma^\alpha\gamma^\beta\gamma^\mu\gamma^\nu = g^{\alpha\beta}g^{\mu\nu} - g^{\alpha\mu}g^{\beta\nu} + g^{\alpha\nu}g^{\beta\mu},$$

$$\frac{1}{4}\mathrm{Sp}\gamma^\alpha\gamma^\beta\gamma^\mu\gamma^\nu\gamma^\sigma\gamma^\omega = g^{\alpha\beta}T^{\mu\nu\sigma\omega} - g^{\alpha\mu}T^{\beta\nu\sigma\omega} + g^{\alpha\nu}T^{\beta\mu\sigma\omega} - g^{\alpha\sigma}T^{\beta\mu\nu\omega} + g^{\alpha\omega}T^{\beta\mu\nu\sigma}.$$

Benutzen Sie die Antivertauschungsrelationen $\gamma^\alpha\gamma^\beta + \gamma^\beta\gamma^\alpha = 2g^{\alpha\beta}$ und ziehen Sie γ^α unter der Spur von links nach rechts durch. Benutzen Sie anschließend die Eigenschaft, dass die Operatoren unter der Spur zyklisch vertauscht werden können.

2.4.21 Spinstromdichte und das Magnetfeld eines H-Atoms

Ein Elektron befinde sich im Coulombfeld des Atomkerns mit der Ladung e im Grundzustand mit einem scharfen Wert der Projektion des Spins auf die z -Achse. Berechnen Sie das mittlere Magnetfeld im Raum. Betrachten Sie das Feld für kleine und große Abstände zum Kern.

2.4.22 Berechnung der Erwartungswerte $\langle r^{-k}\rangle$ für das nichtrelativistische H-Atom

Die zeitliche Ableitung des Skalarproduktes der Operatoren $\mathbf{r}$ und $\mathbf{p}$ kann unter Verwendung der Heisenbergschen Bewegungsgleichung als Kommutator geschrieben werden

$$\frac{d}{dt}\mathbf{rp} = \frac{i}{\hbar}\left[H, \mathbf{rp}\right],$$

wobei im zu betrachteten Fall H den Hamilton-Operator des Coulombproblems bezeichnet. Zeigen Sie, dass die zeitliche Ableitung des Erwartungswertes $\langle \mathbf{rp} \rangle$ über einen stationären Zustand von H Null ist

$$\frac{d}{dt} \langle \mathbf{rp} \rangle = 0.$$

Beweisen Sie weiterhin unter der expliziten Berechnung des Kommutators $\left[H, \mathbf{rp}\right]$ das quantenmechanische Virialtheorem

$$2 \langle E_{\text{kin}} \rangle = \left\langle \mathbf{r} \frac{\partial U}{\partial \mathbf{r}} \right\rangle.$$

wobei $U(r)$ die potentielle Energie des Elektrons bezeichnet.

Zeigen Sie, dass das Virialtheorem im Coulombfeld die Form

$$2 \langle E_{\text{kin}} \rangle = - \langle U(r) \rangle = - \left\langle \frac{-Ze_0^2}{r} \right\rangle$$

besitzt. Die Beziehung zwischen der mittleren kinetischen und der potentiellen Energie, $U = -2E_{\text{kin}}$, kann im klassischen Fall durch Gleichsetzen der Beträge der Zentrifugalkraft $m\mathbf{v}^2/r$ mit der Coulombkraft Ze_0^2/r^2 unmittelbar festgestellt werden.

Stellen Sie unter Benutzung des quantenmechanischen Virialtheorems und der Kenntnis der Gesamtenergie des H-Atoms

$$E_{nl} = \langle E_{\text{kin}} \rangle + \langle U \rangle = -\frac{Z^2 e_0^2}{2an^2},$$

wobei $a = \hbar^2/me^2$ der Bohrsche Radius ist, die Gültigkeit des Resultates

$$\left\langle \frac{1}{r} \right\rangle_{nl} = \frac{Z}{an^2} \tag{2.85}$$

fest. Beweisen Sie unter Benutzung der Beziehung (siehe z.B. [29], Abschn. 11)

$$\left\langle \frac{\partial H}{\partial \lambda} \right\rangle_{nl} = \frac{\partial E_{nl}}{\partial \lambda}$$

mit dem Parameter $\lambda = l$ die Gültigkeit des Resultates

$$\left\langle \frac{1}{r^2} \right\rangle_{nl} = -\frac{m}{\hbar^2 (l + 1/2)} \frac{\partial E_{nl}}{\partial l} = \frac{Z^2}{a^2 n^3 (l + 1/2)}. \tag{2.86}$$

Benutzen Sie den Hamilton-Operator in Kugelkoordinaten und den Zusammenhang $n = n_r + l + 1$ in E_{nl}, wobei $n_r = 0, 1, \ldots$ die Radialquantenzahl bezeichnet.

Beweisen Sie die Gültigkeit der Kramers-Rekursionsrelation

$$\frac{k+1}{n^2}\left\langle r^k\right\rangle_{nl} - (2k+1)\tilde{a}\left\langle r^{k-1}\right\rangle_{nl} + \frac{k}{4}\left[(2l+1)^2 - k^2\right]\tilde{a}^2\left\langle r^{k-2}\right\rangle_{nl} = 0,$$

wobei $\tilde{a} = a/Z$ gilt. Multiplizieren Sie dazu den Radialanteil der Schrödingergleichung

$$-\frac{\hbar^2}{2m}\frac{d^2R}{dr^2} - \frac{\hbar^2}{2m}\frac{2}{r}\frac{dR}{dr} + \frac{\hbar^2}{2m}\frac{l(l+1)}{r^2}R - \frac{Ze^2}{r}R = ER$$

mit

$$r^{k+3}\frac{dR}{dr} + \frac{1-k}{2}r^{k+2}R$$

und integrieren Sie den entstandenen Ausdruck über r von 0 bis unendlich. Partielle Integrationen ermöglichen es, die Integrale, welche Ableitungen von R enthalten, los zu werden. Der Faktor $(1-k)/2$ im obigen Ausdruck wurde gerade so gewählt, damit dies gewährleistet wird. Stellen Sie unter Benutzung der Rekursionsrelation für $k = -1$ und der Erwartungswerte (2.85) und (2.86) die Gültigkeit des Resultates

$$\left\langle\frac{1}{r^3}\right\rangle_{nl} = \frac{Z^3}{a^3n^3(l+1/2)l(l+1)}$$

fest.

2.4.23 Streuung an einer Ladungsverteilung, der Formfaktor

Für die Betrachtung der Streuung an einer Ladungsverteilung $\varrho_e(\mathbf{r})$ muss man im Matrixelement (2.61) auf Seite 96 anstelle des Coulombpotentials, das der Ladungsverteilung $\varrho_e(\mathbf{r})$ entsprechende Potential einsetzen.
Zeigen Sie, dass die Lösung der Poisson-Gleichung $\nabla^2 V(\mathbf{r}) = -4\pi\varrho_e(\mathbf{r})$ in der Form

$$V(\mathbf{r}) = \int d^3r' G_0(\mathbf{r}-\mathbf{r}')\varrho_e(\mathbf{r}') \tag{2.87}$$

wobei $G_0(\mathbf{r}) = 1/r$ die Greensche Funktion der Poisson-Gleichung bezeichnet, geschrieben werden kann. Das Potential $V(\mathbf{r})$ entspricht der Superposition der Coulomb-Potentiale einzelner Punktladungen.
Zeigen Sie, dass das Einsetzen von (2.87) in das Matrixelement (2.61) für den (nichtrelativistischen) Wirkungsquerschnitt das Ergebnis

$$\frac{d\sigma}{d\Omega} = \left(\frac{d\sigma}{d\Omega}\right)_{\text{Rutherford}} |\varrho_e(\mathbf{q})|^2$$

ergibt. Die Fourier-Transformierte der Ladungsverteilung $\varrho_e(\mathbf{q})$, die als Formfaktor bezeichnet wird, kann direkt aus den Streuexperimenten ermittelt werden. Beweisen Sie, dass für die Streuung eines relativistischen Elektrons an einer Ladungsverteilung die Beziehung

$$\frac{d\sigma}{d\Omega} = \left(\frac{d\sigma}{d\Omega}\right)_{\text{Mott}} |\varrho_e(\mathbf{q})|^2$$

gilt.

2.4.24 *Ausbreitungsamplitude und Übergänge durch zeitabhängige Störungen*

Die Integralgleichung für die Ausbreitungsamplitude in der Aufgabe 1.14.37

$$K(\mathbf{r}, t; \mathbf{r}', t') = K_0(\mathbf{r}, t; \mathbf{r}', t') - \frac{i}{\hbar} \int d^3 r_1 \int_{t'}^{t} dt_1 K_0(\mathbf{r}, t; \mathbf{r}_1, t_1) V(\mathbf{r}_1, t_1) \times K(\mathbf{r}_1, t_1; \mathbf{r}', t')$$

behält ihre Gültigkeit, wenn der ungestörte Hamilton-Operator H_0 ein diskretes Spektrum besitzt und $V(\mathbf{r}, t)$ eine zeitabhängige Störung darstellt. Letztere ruft Übergänge zwischen den Eigenzuständen des ungestörten Hamilton-Operators H_0 hervor. Der Propagator K_0 kann durch das Spektrum von H_0 wie folgt ausgedrückt werden

$$K_0(\mathbf{r}, t; \mathbf{r}_0, t_0) = \sum_n e^{-iE_n^0(t-t_0)/\hbar} \Psi_n^0(\mathbf{r}) \Psi_n^{0*}(\mathbf{r}_0).$$

Die Darstellung von $K(\mathbf{r}, t; \mathbf{r}_0, t_0)$ über die Eigenfunktionen von H_0 ergibt die Übergangsamplitude

$$a_{kn}(t, t_0) = \int d^3 r \int d^3 r_0 \, \langle k, t \mid \mathbf{r} \rangle \, K(\mathbf{r}, t; \mathbf{r}_0, t_0) \, \langle \mathbf{r}_0 \mid n, t_0 \rangle$$

aus dem Zustand n zum Zeitpunkt t_0 in den Zustand k zum Zeitpunkt t. Stellen Sie die Gültigkeit der Übergangsamplituden $a_{kn}(t, t') = \delta_{kn}$ in der 0. Ordnung nach V fest. Zeigen Sie weiterhin, dass in der 1. Ordnung nach der Störung V, die im Zeitintervall $(-T/2, T/2)$ wirkt, die Übergangswahrscheinlichkeit aus dem Zustand n in den Zustand k $(k \neq n)$ durch den Ausdruck

$$W_{k \leftarrow n} = \frac{1}{\hbar^2} \left| \int_{-T/2}^{T/2} dt' e^{i(E_k - E_n)t'/\hbar} \left\langle k \left| V(t') \right| n \right\rangle \right|^2 \tag{2.88}$$

gegeben ist. Die Gleichung (2.88) ist der Ausgangspunkt für die Betrachtung verschiedener Aufgaben der zeitabhängigen Störungstheorie der nichtrelativistischen Quantenmechanik.
Für eine periodische Störung $V(t) = Ve^{-i\omega t} + V^{+}e^{i\omega t}$ ergibt die Integration über die Zeit in den Grenzen von $-T/2$ bis $T/2$ das Ergebnis

$$\int_{-T/2}^{T/2} dt' e^{i(E_k - E_n \pm \hbar\omega)t'/\hbar} = 2\frac{\sin\left(E_k - E_n \pm \hbar\omega\right) T/2\hbar}{\left(E_k - E_n \pm \hbar\omega\right)/\hbar} \underset{T\to\infty}{\simeq} 2\pi\delta\left((E_k - E_n)/\hbar \pm \omega\right).$$

Zeigen Sie unter Benutzung dieses Ergebnisses, dass die Übergangswahrscheinlichkeit pro Zeit durch den Ausdruck

$$w_{k\leftarrow n} = \frac{W_{k\leftarrow n}}{T} = \frac{2\pi}{\hbar}\left(|\langle k\,|V|\,n\rangle|^2\,\delta(E_k - E_n - \hbar\omega) + \left|\langle k\,\middle|V^{+}\middle|\,n\rangle\right|^2 \times\delta(E_k - E_n + \hbar\omega)\right) \tag{2.89}$$

gegeben ist. Für $E_k > E_n > 0$ nimmt das System Energie vom Feld auf, während für $E_k < E_n$ strahlt das System Energie ab. Die Gl. (2.89) trägt den Namen Fermi's Goldene Regel und wird in umfangreichen Anwendungen benutzt. Siehe z.B. die Streuung im Coulombpotential im Abschn. 2.3.3 auf Seite 94.

2.4.25 Coulomb-Streuung von Pionen

Betrachten Sie unter Benutzung der Definition der Streuamplitude durch den Feynman-Propagator der Klein-Gordon-Gleichung (1.33) auf Seite 9 die Streuung eines Pions im Coulombfeld in der niedrigsten Ordnung (das 1. Diagramm in Abb. 1.2) nach Potenzen des Coulombpotentials. Stellen Sie die Gültigkeit des Ausdruckes für die Streuamplitude

$$S_1^{(\pi^+)}(\mathbf{p}_2, t_2 \to \infty; \mathbf{p}_1, t_1 \to -\infty) = \frac{-ie}{\sqrt{2VE_{\mathbf{p}_1}2VE_{\mathbf{p}_2}}}(p_2 + p_1)_\mu A^\mu(p_2 - p_1) \tag{2.90}$$

fest. Die Größe $A^\mu(q) = \int d^4x \exp(iqx)A^\mu(x)$ bezeichnet die Fourier-Transformierte des Vierer-Potentials. Für die Einteilchenzustände in (1.33) verwenden Sie die Zustände positiver Energie. Die Fourier-Transformierte des Coulomb-Potentials $A^\mu(r) = g^{\mu 0}Ze/r$ ist gegeben durch den Ausdruck

$$A^\mu(q) = 4\pi\frac{Ze}{|\mathbf{q}|^2}2\pi\delta(q^0)g^{\mu 0}.$$

Zeigen Sie weiterhin, dass die Übergangswahrscheinlichkeit pro Zeit durch den Ausdruck

$$w_{21} = e^2 \frac{16\pi^2}{2\pi} \left(\frac{Ze}{|\mathbf{q}|^2} \right)^2 \frac{(E_2 + E_1)^2}{2VE_1 2VE_2} \delta (E_2 - E_1)$$

gegeben ist. Die Zustandsdichte der gestreuten Teilchen im Intervall $(\mathbf{p}_2, \mathbf{p}_2 + d\mathbf{p}_2)$ wird berechnet als

$$d\varrho_f = \int' \delta (E_2 - E_1) \frac{Vd^3 p_2}{(2\pi\hbar)^3} = \frac{V\,|\mathbf{p}|\,E}{(2\pi\hbar)^3} d\Omega.$$

Der Strich am Integralzeichen bedeutet, dass nur über den Betrag des Impulses integriert wird. Die Berechnung der Dichte und der Stromdichte der einlaufenden Teilchen unter Verwendung der Wellenfunktion $\psi_{\mathbf{p}}^{(+)}(\mathbf{r}, t)$ in (1.12) auf Seite 4, welche, um die Normierung auf ein Teilchen im Volumen V zu gewährleisten, mit dem Faktor $\sqrt{2mc^2/V}$ multipliziert wird, ergibt

$$\varrho = \frac{1}{V}, \quad j_i = \frac{|\mathbf{p}|}{EV} = \frac{|\mathbf{p}|}{E}\varrho.$$

Stellen Sie unter Benutzung der obigen Zwischenergebnisse die Gültigkeit des Ausdruckes für den differentiellen Wirkungsquerschnitt

$$d\sigma = \frac{w_{21}}{j_i} d\varrho_f = \frac{Z^2 e^4}{4\mathbf{p}^2\mathbf{v}^2} \frac{1}{\sin^4 \frac{\theta}{2}} d\Omega$$

fest. Das Verhältnis $E^2/c^2\mathbf{p}^2$ in $d\sigma$ wurde zu Gunsten von $1/\mathbf{v}^2$ eliminiert. Die Größe θ ist der Winkel (Streuwinkel) zwischen den Impulsen $\mathbf{p}_2$ und $\mathbf{p}_1$ des Teilchens nach und vor der Streuung. Da sich die Energie nicht ändert (elastische Streuung), gilt $|\mathbf{p}_2| = |\mathbf{p}_1| = p$ und $\mathbf{p}_2\mathbf{p}_1 = p^2 \cos\theta$. Der Wirkungsquerschnitt stimmt mit der Rutherford-Formel der nichtrelativistischen Quantenmechanik überein.

2.4.26 *Zustände negativer Energie der Klein-Gordon-Gleichung und Antipionen*

Die Streuamplitude für die Streuung eines negativen Pions erhält man aus (2.90) durch die Substitution $e \to -e$ (in den relativistischen Einheiten $\hbar = c = 1$) als

$$S_1^{(\pi^-)}(\mathbf{p}'_-, t_2 \to \infty; \mathbf{p}_-, t_1 \to -\infty) = \frac{-i(-e)}{\sqrt{2E_{\mathbf{p}'_-} 2E_{\mathbf{p}_-}}} (p'_- + p_-)_\mu A^\mu (p'_- - p_-). \tag{2.91}$$

Die Streuamplitude des π^--Mesons kann auch direkt aus der kausalen Greenschen Funktion (1.33) auf Seite 9 durch die Projektion auf ebene Wellen negativer Energie

$$S^{(-)}(\mathbf{p}_2, t_2 \to -\infty; \mathbf{p}_1, t_1 \to \infty) = \int d^3r_2 \int d^3r_1 \, \langle \mathbf{p}_2, | \, r_2, t_2 \rangle^{(-)} \\ \times i \overleftrightarrow{\partial}_{t_2} G^c(r_2, t_2; r_1, t_1) i \overleftrightarrow{\partial}_{t_1} \langle r_1, t_1 | \, \mathbf{p}_1 \rangle^{(-)} \tag{2.92}$$

ermittelt werden. Das Zeichen$^{(-)}$ bezeichnet die ebenen Wellen negativer Energie, die durch die Gl. (1.12) auf Seite 4 definiert sind. Die Iteration von G^c nach Potenzen des äußeren Potentials ergibt die Störungsreihe der Streuamplitude. Wegen der Eigenschaft der kausalen Greenschen Funktion ist die Streuamplitude (2.92) ungleich Null nur für die Zeiten $t_2 < t_1$.

Beweisen Sie die Gültigkeit des Ausdruckes für die Streuamplitude der Zustände negativer Energie in der 0. Ordnung

$$S_0^{(-)}(\mathbf{p}_2, t_2 \to -\infty; \mathbf{p}_1, t_1 \to \infty) = \delta^{(3)}(\mathbf{p}_2 - \mathbf{p}_1).$$

Stellen Sie die Gültigkeit des Ausdruckes für die Streuamplitude der Zustände negativer Energie in der 1. Ordnung nach Potenzen von e

$$S_1^{(-)}(\mathbf{p}_2, t_2 \to -\infty; \mathbf{p}_1, t_1 \to \infty) = -i \int d^4x_3 \psi_{\mathbf{p}_2}^{(-)*}(x_3) ie \\ \times \left(\frac{\partial}{\partial x_3^\mu} A^\mu(x_3) + A^\mu(x_3) \frac{\partial}{\partial x_3^\mu} \right) \psi_{\mathbf{p}_1}^{(-)}(x_3)$$

wobei $\psi_{\mathbf{p}}^{(-)}(x_3) = e^{ipx_3} / \sqrt{(2\pi)^3 2E_{\mathbf{p}}}$ gilt, fest. Die Wellenfunktion $\psi_{\mathbf{p}_1}^{(-)}(x_3) = \psi_{\mathbf{p}_1}^{(+)*}(x_3)$ ist die komplex Konjugierte der Wellenfunktion $\psi_{\mathbf{p}_1}^{(+)}(x_3)$ des π^--Mesons nach der Streuung, während $\psi_{\mathbf{p}_2}^{(-)*}(x_3) = \psi_{\mathbf{p}_2}^{(+)}(x_3)$ der Wellenfunktion des einlaufenden π^--Mesons entspricht. Die Abb. 2.6 zeigt das Feynman-Diagramm 1. Ordnung für die Streuung des Antipions.

Identifizieren Sie die Elemente des Feynman-Diagramms mit den analytischen Ausdrücken.

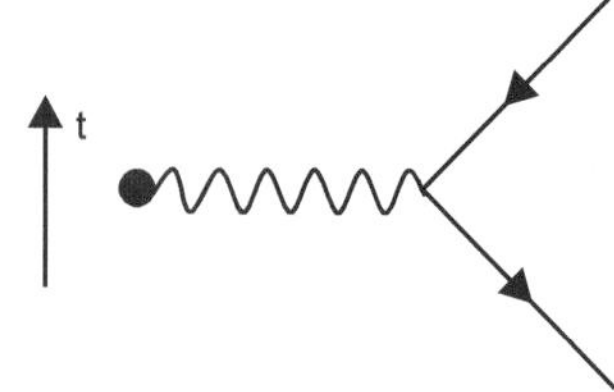

Abb. 2.6 Das Feynman-Diagramm 1. Ordnung für die Streuung eines Antipions im äußeren elektromagentischen Feld

Diese Betrachtung zeigt, wie die Zustände negativer Energie für Teilchen mit Spin 0 den Antiteilchen zugeordnet werden. Vergleichen Sie die obige Betrachtung für die Streuung von Antipionen mit der im Abschn. 2.3.2 durchgeführte Betrachtung der Streuung von Positronen im elektromagnetischen Feld.

Zeigen Sie, dass die Integration über x_3 das Resultat ergibt

$$S_1^{(-)}(\mathbf{p}_2, t_2 \to -\infty; \mathbf{p}_1, t_1 \to \infty) = \frac{ie}{\sqrt{2E_{\mathbf{p}_2} 2E_{\mathbf{p}_1}}}(p_1 + p_2)_\mu A^\mu(p_1 - p_2). \quad (2.93)$$

Der Vergleich von (2.93) mit (2.91) zeigt, dass die Streuamplitude der Zustände negativer Energie rückwärts in der Zeit exakt mit der Streuamplitude der Zustände positiver Energie und Impulsen $\mathbf{p}'_- = -\mathbf{p}_2$ und $\mathbf{p}_- = -\mathbf{p}_1$ entsprechend nach und vor der Streuung und der entgegengesetzten Ladung übereinstimmt:

$$\begin{aligned}
&S_1^{(\pi^-)}(\mathbf{p}'_-, t_1 \to \infty; \mathbf{p}_-, t_2 \to -\infty) \\
&= S_1^{(-)}(\mathbf{p}_2, t_2 \to -\infty; \mathbf{p}_1, t_1 \to \infty) \mid_{p_2 \to -p'_-, p_1 \to -p_-} \\
&= \frac{-ie}{\sqrt{2E_{\mathbf{p}'_-} 2E_{\mathbf{p}_-}}}(p_- + p'_-)_\mu A^\mu(p'_- - p_-).
\end{aligned}$$

Der Wirkungsquerschnitt stimmt mit dem für das π^+-Meson überein. Man kann selbstverständlich umgekehrt die π^--Mesonen als Teilchen und die π^+-Mesonen als Antiteilchen betrachten.

2.4.27 Erzeugung von Pion-Antipion-Paaren im zeitabhängigen elektrischen Feld

In dieser Aufgabe wird die Erzeugung von Pion-Antipion-Paaren im zeitabhängigen elektrischen Feld der Feldstärke,

$$E^z(\mathbf{r}, t) = E_0 \cos \omega t, \quad (2.94)$$

und dem Vektorpotential $A^z(\mathbf{r}, t) = -(E_0/\omega) \sin \omega t$ im Rahmen der Propagator-Theorie der Klein-Gordon-Gleichung in der niedrigsten Ordnung der Störungstheorie betrachtet. Die Amplitude für die Erzeugung eines Teilchen-Antiteilchen-Paares erhält man analog der Herangehensweise in der vorhergehenden Aufgabe durch die Projektion der kausalen Greenschen Funktion (1.33) auf Seite 9 auf ebene Wellen positiver und negativer Energie

$$\begin{aligned}
S^{(\mp)}(\mathbf{p}_2, t_2; \mathbf{p}_1, t_1) = -\int d^3r_1 \int d^3r_2 \psi_{\mathbf{p}_1}^{(+)*}(\mathbf{r}_1, t_1) \\
\times i \overleftrightarrow{\partial}_{t_1} G^c(\mathbf{r}_1, t_1; \mathbf{r}_2, t_2) i \overleftrightarrow{\partial}_{t_2} \psi_{\mathbf{p}_2}^{(-)}(\mathbf{r}_2, t_2)
\end{aligned}$$

mit $t_2 = -T/2$, $t_1 = T/2$. Am Ende muss der Grenzübergang $T \to \infty$ durchgeführt werden. Die Iteration von G^c bis zur linearen Ordnung nach Potenzen des Feldes ergibt die Amplitude für die Paarerzeugung in der ersten Ordnung nach Potenzen des Feldes als

$$S_{\text{Paar}} = -i \int d^4x_3 \frac{e^{ip_1x_3}}{\sqrt{(2\pi)^3\, 2E_{\mathbf{p}_1}}} ie \left(\frac{\partial}{\partial x_3^\mu} A^\mu(x_3) + A^\mu(x_3) \frac{\partial}{\partial x_3^\mu} \right) \frac{e^{ip_2x_3}}{\sqrt{(2\pi)^3\, 2E_{\mathbf{p}_2}}}. \tag{2.95}$$

Beachten Sie die Einheiten $\hbar = c = 1$. Bei der Herleitung von (2.95) wurde die Eigenschaft der kausalen Greenschen Funktion der Klein-Gordon-Gleichung benutzt

$$\psi_{\mathbf{p}_1}^{(+)*}(\mathbf{r}_3, t_3) = \int d^3r_1 \psi_{\mathbf{p}_1}^{(+)*}(\mathbf{r}_1, t_1) i \overleftrightarrow{\partial}_{t_1} G_0^c(x_1 - x_3),$$

$$\psi_{\mathbf{p}_2}^{(-)}(\mathbf{r}_3, t_3) = - \int d^3r_2 G_0^c(x_3 - x_2) i \overleftrightarrow{\partial}_{t_2} \psi_{\mathbf{p}_2}^{(-)}(\mathbf{r}_2, t_2).$$

Überzeugen Sie sich unter Benutzung der Normierungen der Lösungen der Klein-Gordon-Gleichung für freie Teilchen (siehe Gl. (1.16) auf Seite 5) von der Gültigkeit dieser Relationen.

Die komplex Konjugierte der Wellenfunktion $\psi_{\mathbf{p}_1}^{(+)}(\mathbf{r}_3, t_3)$ in (2.95) entspricht dem in x_3 erzeugten π^--Meson. Die Wellenfunktion $\psi_{\mathbf{p}_2}^{(-)}(\mathbf{r}_3, t_3)$ hat die gleiche Zeit- und Orts-Abhängigkeit wie $\psi_{\mathbf{p}_1}^{(+)*}(\mathbf{r}_3, t_3)$ und muss als die Wellenfunktion eines in x_3 emittierten Teilchens betrachtet werden. Dieses Teilchen ist das Antiteilchen von π^--Meson, mit anderen Worten das π^+-Meson.

Zeigen Sie, dass die Integration über x_3 zum Ergebnis führt

$$S_{\text{Paar}} = -i \frac{1}{(2\pi)^3\, 2V \sqrt{E_{\mathbf{p}_2} E_{\mathbf{p}_1}}} (-2ep_1^z)(\frac{-E_0}{\omega})\, (2\pi)^3\, \delta^{(3)}(\mathbf{p}_2 + \mathbf{p}_1)$$
$$\times \frac{-\sin\left[((E_2 + E_1) - \omega)\, \frac{T}{2}\right]}{(E_2 + E_1) - \omega}. \tag{2.96}$$

Der Term $\sin\left[((E_2 + E_1) + \omega)\, T/2\right]$ in S_{Paar} ist für große T stark oszillierend und wird aus diesem Grunde weggelassen. Die Diracsche Delta-Funktion in S_{Paar} gewährleistet, dass der Gesamtimpuls des Paares gleich Null ist.

Für große T gilt

$$\lim_{T \to \infty} \frac{\sin\left[((E_2 + E_1) - \omega)\, \frac{T}{2}\right]}{(E_2 + E_1) - \omega} = \pi \delta\left((E_2 + E_1) - \omega\right). \tag{2.97}$$

In $|S_{\text{Paar}}|^2$ kann einer der beiden Ausdrücke

$$\sin\left[((E_2 + E_1) - \omega)\frac{T}{2}\right] / ((E_2 + E_1) - \omega)$$

unter Benutzung von (2.97) durch den Faktor $T/2$ ersetzt werden. Der formal unendliche Faktor $(2\pi)^3\delta^{(3)}(0)$ in $|S_{\text{Paar}}|^2$ wird weiterhin durch das Volumen des Systems V ersetzt.

Beweisen Sie die Gültigkeit des Ausdruckes für das Betragsquadrat der Amplitude pro Zeit

$$\frac{|S_{\text{Paar}}|^2}{T} = e^2 \frac{p_z^2}{E^2}\left(\frac{E_0}{\omega}\right)^2 \frac{V}{(2\pi)^3}\frac{\pi}{2}\delta\,(2E - \omega)\,\delta^{(3)}(\mathbf{p}_2 + \mathbf{p}_1), \tag{2.98}$$

wobei die Abkürzung $E = E_1$ eingeführt wurde.

Die totale Wahrscheinlichkeit für die Paarerzeugung pro Volumen und Zeit erhält man durch die Integration von (2.98) über die Impulse. Führen Sie die Integration über $\mathbf{p}$ unter Benutzung der Formel

$$\int d^3p \frac{p_z^2}{E^2}\delta\,(2E - \omega) = \frac{\pi}{6}\omega^2\left(1 - \frac{4m^2}{\omega^2}\right)^{3/2} \theta\,(\omega - 2m)$$

durch und stellen Sie die Gültigkeit des Ergebnisses für die Wahrscheinlichkeit

$$w = \frac{e^2}{4\pi}\frac{\pi E_0^2}{12}\left(1 - \frac{4m^2}{\omega^2}\right)^{3/2} \theta\,(\omega - 2m)$$

fest. Die Elektron-Positron-Erzeugung im äußeren zeitabhängigen elektrischen Feld wurde von E. Brezin und C. Itzykson [47] (jenseits der Störungsrechnung) betrachtet. Von der experimentellen Seite ist die Erzeugung von $e^+ - e^-$-Paaren im Laserlicht von Interesse. Die laserinduzierte Paarerzeugung konnte von A. Belkacem et al. [48] realisiert werden, indem ein Elektronenstrahl von 46 GeV zur Kollision mit einem intensiven optischen Laserimpuls gebracht wurde. Die Paarerzeugung im Laserstrahl wird durch das elektrische Feld der Elektronen bzw. durch die in Comptonstreuung entstandenen Photonen unterstützt.

2.4.28 Die Weyl-Gleichungen für masselose Teilchen mit Spin 1/2

Ersetzen Sie in der Dirac-Gleichung für masselose Teilchen mit Spin $1/2$,

$$i\hbar\frac{\partial\psi}{\partial t} = H\psi = c\boldsymbol{\alpha}\frac{\hbar}{i}\nabla\psi,$$

die Wellenfunktion ψ durch die zweikomponentigen Wellenfunktionen φ_R und φ_L entsprechend der Gleichung

$$\psi = \begin{pmatrix} \varphi_R + \varphi_L \\ \varphi_R - \varphi_L \end{pmatrix}$$

und leiten Sie die Gleichungen für φ_R und φ_L her:

$$i\hbar \frac{\partial \varphi_R}{\partial t} = c\boldsymbol{\sigma} \frac{\hbar}{i} \nabla \varphi_R, \; i\hbar \frac{\partial \varphi_L}{\partial t} = -c\boldsymbol{\sigma} \frac{\hbar}{i} \nabla \varphi_L.$$

Letztere Gleichungen wurden erstmals 1929 von H. Weyl betrachtet und sind gedacht, Neutrinos zu beschreiben. Zeigen Sie, dass die ebenen Wellen

$$\varphi_{R/L}(r,t) = \varphi_{R/L}(p) \exp(-ip^\mu x_\mu/\hbar),$$

Lösungen der Weyl-Gleichungen mit der Helizität $+\frac{1}{2}$ (für $\varphi_R(p)$) und $-\frac{1}{2}$ (für $\varphi_L(p)$) sind. Die Lösungen mit der Helizität $-\frac{1}{2}$ entsprechen Neutrinos und die Lösungen mit der Helizität $+\frac{1}{2}$ den Antineutrinos. Die Tatsache, dass die Neutrinos und die Antineutrinos in der Natur entsprechend nur mit der Helizität $-\frac{1}{2}$ und $\frac{1}{2}$ vorkommen, resultiert in Verletzung der Spiegelsymmetrie (Paritätsverletzung) bei der schwachen Wechselwirkung (siehe z.B. [49]).

Nach neusten experimentellen Erkenntnissen besitzen Neutrinos eine kleine Masse.

2.4.29 Unitarität der Streuamplitude

Die Unitarität ist eine wichtige Eigenschaft der Streumatrix. Feynman begründete die Existenz von Antiteilchen (Positronen) aus der Unitarität der Streumatrix [50]. Feynman zeigte auch zum ersten Mal, dass die konventionellen Regeln für die Feynman Diagramme im Falle der nicht Abelschen Feldern die Unitarität der Streumatrix verletzen.

In dieser Aufgabe wird die Unitarität der Übergangsamplitude im äußeren elektromagnetischen Feld betrachtet. Die Unitarität des Evolutionsoperators hängt, wie man aus der nichtrelavistischen Quantenmechanik weiß, mit der Erhaltung der Summe der Wahrscheinlichkeiten zusammen

$$\int dr' \left\langle \psi(r',t') | \psi(r',t') \right\rangle = \int dr \, \langle \psi(r,t) | \psi(r,t) \rangle \tag{2.99}$$

mit $| \, \psi(r',t') \rangle = \int dr K(r',t';r,t) | \, \psi(r,t) \rangle$ wobei $t' > t$ gilt. Die Zeiten t' und t werden im Zusammenhang mit der Betrachtung von Streuproblemen entsprechend in der Zukunft und Vergangenheit ($t' \to \infty, t \to -\infty$) gewählt.

Zeigen Sie, dass (2.99) folgende Bedingung für die Übergangsamplitude implementiert

$$\int dr' K^{+}(r',t';r_1,t)K(r',t';r_2,t) = \delta(r_1 - r_2). \qquad (2.100)$$

Überprüfen Sie die Unitarität (2.100) für ein freies Teilchen. Beweisen Sie die Unitarität der Übergangsamplitude im zeitabhängigen äußeren Potential. Benutzen Sie in diesem Fall anstelle der Darstellung $K(r',t';r,t) = \left\langle r' \right| e^{-iH(t'-t)/\hbar} \left| r \right\rangle$ für zeitunabhängige Wechselwirkungen den Zusammenhang

$$K(r',t';r,t) = \left\langle r' \right| U(t',t) \left| r \right\rangle,$$

wobei der Evolutionsoperator für eine zeitabhängige Störung mit Hilfe des Zeitordnungsoperators dargestellt wird. Die Iterationen der in Operatorform aufgeschriebenen Integralgleichung (1.132) auf Seite 66 ergibt die Störungsentwicklung des Evolutionsoperators nach Potenzen der zeitabhängigen Störung.

Zeigen Sie, dass die Unitarität in einer anderen Basis die Gestalt besitzt

$$\sum_n \langle i| U^{+}(t',t) |n\rangle \langle n| U(t',t) |j\rangle = \delta_{ij}.$$

In allen betrachteten Fällen folgt die Unitarität der Übergangsamplitude aus der Unitarität des Evolutionsoperators.

Verallgemeinern Sie die Unitaritätsbedingung (2.100) für relativistische Teilchen. Im relativistischen Fall muss anstelle der Ausbreitungsamplitude die kausale Ausbreitungsamplitude betrachtet werden und somit die Zeiten $t' > t$ und $t > t'$ in Betrachtung gezogen werden. Betrachten Sie explizit den einfachsten Fall eines freien relativistischen Elektrons.

2.4.30 Der nichtrelativistische Grenzfall des Propagators der Klein-Gordon-Gleichung

Die kausale Greensche Funktion der Klein-Gordon-Gleichung wurde im Abschn. 1.3 auf Seite 7 durch den Ausdruck

$$\begin{aligned}
G_c^0(\mathbf{r},t;\mathbf{r}',t') &= \begin{cases} \int d^3p\,\psi_{\mathbf{p}}^{(+)}(\mathbf{r},t)\psi_{\mathbf{p}}^{(+)*}(\mathbf{r}',t'),\ t>t' \\ \int d^3p\,\psi_{\mathbf{p}}^{(-)}(\mathbf{r},t)\psi_{\mathbf{p}}^{(-)*}(\mathbf{r}',t'),\ t<t' \end{cases} \\
&= \begin{cases} \int \frac{d^3p}{(2\pi\hbar)^3}\frac{1}{2E_{\mathbf{p}}} \exp\left(-iE_{\mathbf{p}}(t-t')/\hbar + i\mathbf{p}(\mathbf{r}-\mathbf{r}')/\hbar\right),\ t>t' \\ \int \frac{d^3p}{(2\pi\hbar)^3}\frac{1}{2E_{\mathbf{p}}} \exp\left(iE_{\mathbf{p}}(t-t')/\hbar - i\mathbf{p}(\mathbf{r}-\mathbf{r}')/\hbar\right),\quad t<t' \end{cases}
\end{aligned} \qquad (2.101)$$

definiert.

Zeigen Sie ausgehend von (2.101), dass die relativistische kausale Greensche Funktion im nichtrelativistischen Grenzfall $\mathbf{p}^2 \ll 2mc^2$ die Gestalt annimmt

$$2mc^2 G_c^0(\mathbf{r}-\mathbf{r}', t-t') \simeq \begin{cases} e^{-imc^2(t-t')/\hbar} \int \frac{d^3p}{(2\pi\hbar)^3} \exp\left(-iE_{\mathbf{p}}^0(t-t')/\hbar + i\mathbf{p}(\mathbf{r}-\mathbf{r}')/\hbar\right), & t > t' \\ e^{imc^2(t-t')/\hbar} \int \frac{d^3p}{(2\pi\hbar)^3} \exp\left(iE_{\mathbf{p}}^0(t-t')/\hbar - i\mathbf{p}(\mathbf{r}-\mathbf{r}')/\hbar\right), & t < t' \end{cases}, \tag{2.102}$$

wobei $E_{\mathbf{p}}^0 = \mathbf{p}^2/2m$ die nichtrelativistische kinetische Energie bezeichnet. Der Vorfaktor $2mc^2$ kann durch eine entsprechende Normierung der Wellenfunktionen in (2.101) eliminiert werden. Das Integral über den Impuls in (2.102) für $t > t'$ entspricht der Ausbreitungsfunktion der nichtrelativistischen Schrödingergleichung

$$\begin{aligned} K_0(\mathbf{r}-\mathbf{r}', t-t') &= \int \frac{d^3p}{(2\pi\hbar)^3} \exp\left(-iE_{\mathbf{p}}^0(t-t')/\hbar + i\mathbf{p}(\mathbf{r}-\mathbf{r}')/\hbar\right) \\ &= \int d^3p \Psi_{\mathbf{p}}(\mathbf{r}, t)\Psi_{\mathbf{p}}^*(\mathbf{r}', t'), \end{aligned}$$

wobei $\Psi_{\mathbf{p}}(\mathbf{r}, t)$ die nichtrelativistische Wellenfunktionen für ein Teilchen mit Impuls $\mathbf{p}$ bezeichnet. Das Integral für $t < t'$ entspricht $K_0(\mathbf{r}'-\mathbf{r}, t'-t)$.

Bei der Betrachtung des nichtrelativistischen Grenzfalls der Zustände positiver Energie für die Klein-Gordon-Gleichung in der Aufgabe 1.14.5 auf Seite 47 wurde allerdings die Ruheenergie mit Hilfe der Substitution

$$\psi(\mathbf{r}, t) = \exp(-\frac{imc^2}{\hbar}t)\psi'(\mathbf{r}, t) \tag{2.103}$$

eliminiert. Die Funktion (2.102) unterscheidet sich von der nichtrelativistischen Ausbreitungsfunktion durch die Vorfaktoren $\exp\left(\pm imc^2(t-t')/\hbar\right)$. Um zu sehen, was mit diesen Vorfaktoren im nichtrelativistischen Grenzfall passiert, betrachten Sie den nichtrelativistischen Grenzfall der Streuamplitude z.B. im äußeren Feld, welche durch Feynman-Graphen in der Abb. 1.2 auf Seite 10 dargestellt ist. Beachten Sie, dass in den Beiträgen zur Streuamplitude die einlaufende Linie der Wellenfunktion des Teilchens vor der Streuung, während der auslaufenden Linie die komplex konjugierte Wellenfunktion des Teilchens nach der Streuung entspricht. Zeigen Sie zuerst, dass der exponentielle Faktor im Propagator im Diagramm 1. Ordnung in der Abb. 1.2 durch das Reskalieren der Wellenfunktion in Übereinstimmung mit (2.103) eliminiert wird. Zeigen Sie weiterhin, dass im Diagramm (a) der 2. Ordnung ebenfalls die oszillierenden Faktoren eliminiert werden. Betrachten Sie weiterhin das Diagramm (b) und zeigen Sie, dass der Propagator $G_0(3, 4)$ den oszillierenden Faktor $\exp\left(2imc^2(t-t')/\hbar\right)$ enthält. Die Integrationen über t_3 und t_4 ergeben Null wegen der starken Oszillationen dieses Faktors. Mit anderen Worten liefert das Diagramm (b) keinen Beitrag im nichtrelativistischen Grenzfall.

Das Reskalieren der Wellenfunktionen der Teilchen vor und nach der Streuung in den Diagrammen 2. Ordnung in der Abb. 1.2 modifiziert wie folgt den Propagator

$$2mc^2 G_c^0(\mathbf{r}-\mathbf{r}', t-t') \simeq \begin{cases} \int \frac{d^3p}{(2\pi\hbar)^3} \exp\left(-iE_{\mathbf{p}}^0(t-t')/\hbar + i\mathbf{p}(\mathbf{r}-\mathbf{r}')/\hbar\right), & t > t' \\ e^{2imc^2(t-t')/\hbar} \int \frac{d^3p}{(2\pi\hbar)^3} \exp\left(iE_{\mathbf{p}}^0(t-t')/\hbar - i\mathbf{p}(\mathbf{r}-\mathbf{r}')/\hbar\right), & t < t' \end{cases}. \tag{2.104}$$

Wie oben erläutert wurde, hat der stark oszillierende Vorfaktor zur Folge, dass der Beitrag des Diagramms (b) im nichtrelativistischen Grenzfall verschwindet. Das Verschwinden des Beitrages der negativen Energien zur Streuamplitude kann im Propagator wie folgt berücksichtigt werden

$$2mc^2 G_c^0(\mathbf{r}-\mathbf{r}', t-t') \simeq \begin{cases} K_0(\mathbf{r}-\mathbf{r}', t-t'), & t > t' \\ 0, & t < t' \end{cases}. \tag{2.105}$$

D.h. die kausale Greensche Funktion der Klein-Gordon-Gleichung geht im nichtrelativistischen Grenzfall in die retardierte Greensche Funktion der Schrödingergleichung über.

Der Ausdruck (2.102) ist symmetrisch bezüglich der Zustände positiver und negativer Energien. Bei der Betrachtung des nichtrelativistischen Grenzfalls der Zustände negativer Energie muss bei der Reskalierung der Wellenfunktionen in (2.103) das Vorzeichen + gewählt werden. Für diesen Fall erhält man analog, dass die kausale Greensche Funktion der Klein-Gordon-Gleichung im nichtrelativistischen Grenzfall in die avancierte Greensche Funktion der Schrödingergleichung übergeht. Die Pfeilrichtungen in der Abb. 1.2 müssen für die Ausbreitung der Zustände negativer Energien umgedreht werden. Das Diagramm (b) liefert keinen Beitrag im nichtrelativistischen Grenzfall.

Das Verschwinden des Beitrages des Diagramms (b) im nichtrelativistischen Grenzfall kann qualitativ unter Benutzung der Unschärferelation für Energie und Zeit, $\delta E_p \delta t \geq \hbar$ begründet werden. Danach kann ein Teilchen-Antiteilchen-Paar in 4 nur für eine kurze Zeit $\delta t \leq \hbar/\delta E_p \simeq \hbar/mc^2$ erzeugt werden kann. Im nichtrelativistischen Grenzfall, welcher formal dem Limes $c \to \infty$ entspricht, spielt die Paarzeugung folglich keine Rolle.

Die nichtrelativistische Betrachtung der Bremsstrahlung wird im Abschn. 3.8.8 auf Seite 184 unter Anwendung der nichtrelativistischen Propagator-Methode behandelt.

2.4.31 Der nichtrelativistische Grenzfall des Propagators der Dirac-Gleichung

Für die Betrachtung des nichtrelativistischen Grenzfalls der kausalen Greenschen Funktion der Dirac-Gleichung ist es günstig, die Gl. (1.94)

$$S_0^c(x_2 - x_1) = (-\frac{\hbar}{i} \not\nabla_2 + mc) G_0^c(x_2 - x_1)$$

zu benutzen. Letztere ermöglicht es, den Propagator der Dirac-Gleichung für ein freies Teilchen durch den der Klein-Gordon-Gleichung auszudrücken.

Stellen Sie unter Benutzung dieses Zusammenhanges und des Ausdruckes (2.102) für den Propagator der Klein-Gordon-Gleichung im nichtrelativistischen Grenzfall die Gültigkeit des Ausdruckes für den nichtrelativistischen Grenzfall des Propagators der Dirac-Gleichung

$$S_0^c(x - x') \simeq \begin{cases} \frac{1}{c} e^{-imc^2(t-t')/\hbar} K_0(\mathbf{r} - \mathbf{r}', t - t') \begin{pmatrix} 1 \\ 0 \end{pmatrix}, & t > t' \\ \frac{1}{c} e^{imc^2(t-t')/\hbar} K_0^*(\mathbf{r} - \mathbf{r}', t - t') \begin{pmatrix} 0 \\ 1 \end{pmatrix}, & t < t' \end{cases} \tag{2.106}$$

fest. Beachten Sie, dass die Spalten in (2.106) die Block-Form der entsprechenden Bispinoren darstellen. Im Ausdruck (2.106) wurde die Ruheenergie nicht eliminiert. Analog der Betrachtung in der vorhergehenden Aufgabe kann unmittelbar gezeigt werden, dass nach der Eliminierung der Ruheenergie die kausale Greensche Funktion der Dirac-Gleichung im nichtrelativistischen Grenzfall in die retardierte oder avancierte Greensche Funktion der Schrödingergleichung übergeht.

Die qualitative Diskussion am Ende der vorhergehenden Aufgabe über die Beiträge negativer Energie im nichtrelativistischen Grenzfall gilt auch für die Streuung eines Teilchens mit Spin $1/2$. Demnach liefern die Zustände negativer Energie im nichtrelativistischen Grenzfall keinen Beitrag zur Streuung.

2.4.32 *Das Kronig-Penney-Modell für ein relativistisches Teilchen mit Spin 0*

Betrachten Sie ein relativistisches spinloses geladenes Teilchen im periodischen Potential, welches in der Abb. 2.7 dargestellt wird. Benutzen Sie den in der Aufgabe 2.4.7 ermittelten Zusammenhang zwischen den Wellenzahlvektoren der Lösungen der Schrödingergleichung,

$$\tilde{K} = \sqrt{2m\tilde{E}/\hbar^2}, \quad \tilde{Q} = \sqrt{2m(V - \tilde{E})/\hbar^2}, \tag{2.107}$$

und der Klein-Gordon-Gleichung,

$$K = \frac{1}{\hbar c}\sqrt{\left(E - mc^2\right)\left(E + mc^2\right)}, \quad Q = \frac{1}{\hbar c}\sqrt{\left(mc^2 - V + E\right)\left(mc^2 + V - E\right)}, \tag{2.108}$$

im homogenen Potential $V(x) = 0$ und $V(x) = V$. Um aus (2.108) die nichtrelativistischen Wellenzahlvektoren (2.107) zu bekommen, führen Sie die Substitution

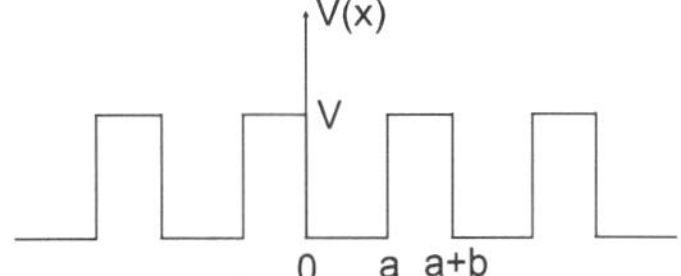

Abb. 2.7 Das eindimensionale periodische Potential im Kronig-Penney-Modell

$E = mc^2 + \tilde{E}$ durch. Zeigen Sie, dass im Grenzfall $c \to \infty$ die Wellenzahlvektoren K und Q entsprechend in $\tilde{K}$ und $\tilde{Q}$ übergehen.

Die Lösung der Schrödingergleichung im periodischen Potential

$$\Psi = u_k(x)e^{ikx}$$

genügt dem Bloch-Theorem

$$u_k(x + nd) = u_k(x),$$

wobei $d = a + b$ die Periode des Potentials ist und n die Werte $0, \pm 1, \ldots$ annehmen kann. Der Quasiimpuls $\hbar k$ kann auf die erste Brillouin-Zone $-\pi\hbar/d \leq \hbar k \leq \pi\hbar/d$ eingeschränkt werden. Stellen Sie unter Benutzung der Lösung für ein nichtrelativistisches Teilchen im periodischen Potential (siehe z.B. [51]) die Gültigkeit der Energieeigenwertbedingung,

$$\frac{Q^2 - K^2}{2KQ} \sinh Qb \sin Ka + \cosh Qb \cos Ka = \cos k(a + b), \tag{2.109}$$

für das relativistische Teilchen mit Spin 0 fest. Damit die Formeln (2.110) und (2.111) nicht soviel Platz einnehmen, wird der Spezialfall $b = a$ betrachtet.

Zeigen Sie, dass die effektive Masse für das nichtrelativistische Kronig-Penney-Modell, welche durch den Ausdruck

$$\bar{m} = \hbar^2 \left[\frac{d^2}{dk^2} \tilde{E}(k) \right]_{k=0}^{-1}$$

definiert ist, die Gestalt besitzt

$$\frac{\bar{m}}{m} = \frac{A}{16\tilde{e}_0{}^{3/2} (v - \tilde{e}_0)^{3/2}} \tag{2.110}$$

mit

$$\begin{aligned} A = {} & \sqrt{2}\tilde{e}_0(3v - 4\tilde{e}_0)\sqrt{v - \tilde{e}_0} \sin\sqrt{2\tilde{e}_0} \cosh\sqrt{2(v - \tilde{e}_0)} \\ & + \left(v^2 \sin\sqrt{2\tilde{e}_0} - \sqrt{2\tilde{e}_0}\,(v - \tilde{e}_0)\,(v - 4\tilde{e}_0)\cos\sqrt{2\tilde{e}_0}\right) \sinh\sqrt{2(v - \tilde{e}_0)}. \end{aligned} \tag{2.111}$$

In den Gln. (2.110) und (2.111) wurden dimensionslose Größen $v = ma^2V/\hbar^2$ und $\tilde{e}_0 = ma^2\tilde{E}_0/\hbar^2$ eingeführt. Die zweite Ableitung der Energie nach k kann durch die Differentiation von (2.109) ermittelt werden. Man muss dabei berücksichtigen, dass die erste Ableitung der Energie bei $k = 0$ Null ist. Der Ausdruck für die effektive Masse kann mit Hilfe von Mathematica ohne großen Aufwand ermittelt werden. Die Größe $\tilde{E}_0$ ist die Eigenenergie für $k = 0$, $\tilde{E}_0 = \lim_{k\to 0}\tilde{E}(k)$. Die numerische Lösung der Gl. (2.109) mit dem Wert $v = 1$ für die Potentialbarriere ergibt für die Energie den Wert $\tilde{e}_0 = 0,4586$. Für die effektive Masse erhält man aus den Gln. (2.110) und (2.111) den Wert $\bar{m} = 1,03345m$. Die Energie $\tilde{e}_0$ ist verschieden von Null, weil das Teilchen im periodischen Potential potentielle Energie besitzt. Die grobe Abschätzung von $\tilde{e}_0$ unter der Annahme, dass die Aufenthaltswahrscheinlichkeiten für $0 \le x \le a$ $(V(x) = 0)$ und $a \le x \le a + b$ $(V(x) = V)$ übereinstimmen, ergibt $\tilde{e}_0 \simeq vb/(a + b) \to 0,5$. Die Auswertung von (2.110) ergibt, dass die effektive Masse größer als m ist und im Grenzfall $v \to 0$ in m übergeht.

Die Eigenenergien können mit Hilfe von Mathematica oder Maple als Funktion von k für das nichtrelativistische und das relativistische Kronig-Penny-Modell unmittelbar ermittelt werden und miteinander verglichen werden. Die Energien besitzen Bandstruktur. Man kann sich anhand der numerischen Betrachtung direkt überzeugen, dass das relativistische Kronig-Penney-Modell im Grenzfall $c \to \infty$ in das nichtrelativistische übergeht.

Im folgenden werden die $1/c^2$-Korrekturen zur Energie des ersten Bandes des nichtrelativistischen Kronig-Penney-Modell ermittelt. Dies kann mit Hilfe von Mathematica oder Maple unmittelbar analytisch durchgeführt werden.

Zeigen Sie, dass die $1/c^2$ -Korrekturen zur Energie und zur effektiven Masse des ersten Bandes für $v = 1$ durch die Ausdrücke

$$\tilde{e}_{0,c} = 0,4586 - \frac{0,1225}{\bar{c}^2} + \cdots, \quad \frac{\bar{m}_c}{m} = 1,03345 + \frac{0,0393}{\bar{c}^2} + \cdots \tag{2.112}$$

gegeben sind. In (2.112) wurde die dimensionslose Lichtgeschwindigkeit entsprechend der Beziehung $\bar{c} = cma/\hbar$ eingeführt. Die Gl. (2.112) zeigt, dass die relativistischen Korrekturen klein sind, wenn die Breite a groß gegenüber der Compton-Wellenlänge des Teilchens $\hbar/mc$ ist. Die relativistische Energie besitzt für kleine k die Form

$$\begin{aligned} e_k = \bar{c}^2 + \tilde{e}_{k,c} &= \bar{c}^2 + \tilde{e}_{0,c} + \frac{\hbar^2k^2}{2\bar{m}_c} + \cdots \\ &= \bar{c}^2 + 0,4586 - \frac{0,1225}{\bar{c}^2} + \frac{\hbar^2k^2}{2\bar{m}_c} + \cdots . \end{aligned} \tag{2.113}$$

Beachten Sie, dass k in (2.113) in Einheiten von $\hbar/\sqrt{ma}$ aufgeschrieben ist.

Mit etwas größerem Aufwand kann das relevantere Kronig-Penney-Modell für Elektronen betrachtet werden und die Energie-Bandstruktur sowie die $1/c^2$-Korrekturen zur effektiven Masse bestimmt werden.

Kapitel 3
Quantentheorie des elektromagnetischen Feldes

Die Quantisierung des Strahlungsfeldes wird in diesem Kapitel auf der Grundlage der Oszillatorzerlegung und ausschließlich unter Benutzung von Feldstärken durchgeführt. Der Operator des Vektorpotentials und der Feynman-Propagator für das elektromagnetische Feld werden unter Benutzung der entsprechenden Größen für die Feldstärken abgeleitet. Weiterhin wird die Wechselwirkung quantenmechanischer Systeme mit quantisiertem elektromagnetischen Feld betrachtet. Dies wird in einigen Aufgaben am Ende dieses Kapitels (spontane und induzierte Emission, photoelektrische Emission, etc.) vertieft. In den Aufgaben 3.10.16, 3.10.20 wird der Übergang von der Einteilchen- zur Vielteilchenbeschreibung durchgeführt, indem man die Einteilchen-Wellengleichungen als Euler-Lagrange-Gleichungen für die entsprechenden Felder interpretiert.

Im Abschn. 3.8 werden einige grundlegende elektrodynamische Prozesse in der niedrigsten Ordnung im Rahmen der Propagatortheorie betrachtet. Dort wird auch die bemerkenswerte Symmetrie zwischen Teilchen und Antiteilchen – die Kreuzsymmetrie – erläutert.

Im Abschn. 3.9 werden die Strahlungskorrekturen behandelt. Es wird gezeigt, wie die Eliminierung der Divergenzen in den Starhlungskorrekturen die Parameter der Theorie: die Masse und die Ladung des Elektrons renormieren. Weiterhin werden solche Effekte der Strahlungskorrekturen wie das anomale magnetisches Moment des Elektrons, die Modifizierung des Coulombgesetzes, sowie die Verschiebung der atomaren Energieniveaus betrachtet. Im Abschluss des Abschn. 3.9 wird die Grundidee der Renormierungsgruppenmethode vorgestellt.

3.1 Die Oszillatorzerlegung des Strahlungsfeldes

Wir werden in diesem Abschnitt das freie elektromagnetische Feld (das Strahlungsfeld) als Ensemble von harmonischen Oszillatoren darstellen. Diese Darstellung ist der Ausgangspunkt für die Quantisierung des elektromagnetischen Feldes. In den ersten drei Abschnitten dieses Kapitels werden die SI-Einheiten benutzt.

Die Maxwell-Gleichungen in SI-Einheiten lauten

S. Stepanow, *Relativistische Quantentheorie*, Springer-Lehrbuch,
DOI 10.1007/978-3-642-12050-3_3,

$$\mathrm{div}\mathbf{B} = 0, \quad \mathrm{rot}\mathbf{E} = -\frac{\partial \mathbf{B}}{\partial t},$$
$$\mathrm{div}\mathbf{E} = \frac{\varrho}{\varepsilon_0}, \quad \mathrm{rot}\mathbf{H} = \frac{\partial \mathbf{D}}{\partial t} + \mathbf{j}.$$

Die dielektrische Verschiebung **D** und die magnetische Induktion **B** hängen mit den Feldstärken **E** und **H** wie folgt zusammen

$$\mathbf{D} = \varepsilon_0 \mathbf{E}, \quad \mathbf{B} = \mu_0 \mathbf{H}.$$

Die Größen ε_0 und μ_0 bezeichnen entsprechend die elektrische und die magnetische Permeabilität des Vakuums. Wir setzen voraus, dass sich das Feld in einem endlichen Volumen V (Quader mit Seiten A, B, und C und Volumen $V = ABC$) befindet. Die Entwicklung der elektrischen Feldstärke in Fourier-Reihe mit periodischen Randbedingungen, $\mathbf{E}\,(x + A, y + B, z + C) = \mathbf{E}(x, y, z)$, ergibt

$$\mathbf{E}\,(\mathbf{r}, t) = \sum_{\mathbf{k}} \mathbf{E}_{\mathbf{k}}(t) e^{i\mathbf{kr}},$$

wobei die Wellenzahlvektoren infolge der periodischen Randbedingungen nur die Werte

$$k_x = \frac{2\pi n_x}{A}, \quad k_y = \frac{2\pi n_y}{B}, \quad k_z = \frac{2\pi n_z}{C} \tag{3.1}$$

mit $n_x, n_y, n_z = 0, \pm 1, \ldots$ annehmen. Vollkommen analog werden die Größen **D**, **B** und **H** in Fourier-Reihen entwickelt. Da die elektromagnetischen Felder reelle Größen sind, $\mathbf{E}(\mathbf{r}, t) = \mathbf{E}^*(\mathbf{r}, t)$, $\mathbf{B}(\mathbf{r}, t) = \mathbf{B}^*(\mathbf{r}, t)$, gilt für die Fourier-Koeffizienten

$$\mathbf{E}_{-\mathbf{k}}(t) = \mathbf{E}^*_{\mathbf{k}}(t), \qquad \mathbf{B}_{-\mathbf{k}}(t) = \mathbf{B}^*_{\mathbf{k}}(t).$$

Für $V \to \infty$ geht die Summe über die Moden in das Integral entsprechend der Regel

$$\frac{(2\pi)^3}{V} \sum_{\mathbf{k}} f\left(\frac{2\pi n_x}{A}, \frac{2\pi n_y}{B}, \frac{2\pi n_z}{C}\right) \quad \to \quad \int d^3k\; f(k_x, k_y, k_z) \tag{3.2}$$

über. Die Maxwell-Gleichungen für die Fourier-Komponenten besitzen die Form

$$i\mathbf{k}\,\mathbf{E}_{\mathbf{k}}(t) = \frac{\varrho_{\mathbf{k}}}{\varepsilon_0}, \quad i\mathbf{k} \times \mathbf{E}_{\mathbf{k}}(t) = -\dot{\mathbf{B}}_{\mathbf{k}}(t).$$

$$\mathbf{k}\,\mathbf{B}_{\mathbf{k}}(t) = 0, \quad i\mathbf{k} \times \mathbf{H}_{\mathbf{k}}(t) = \dot{\mathbf{D}}_{\mathbf{k}}(t) + \mathbf{j}_{\mathbf{k}} = \varepsilon_0\,\dot{\mathbf{E}}_{\mathbf{k}}(t) + \mathbf{j}_{\mathbf{k}}$$

In Abwesenheit von Ladungen und Strömen $\varrho = \mathbf{j} = 0$ erhält man für die Fourierkomponenten des Strahlungsfeldes

$$\mathbf{k}\,\mathbf{E_k}(t) = 0,\ i\mathbf{k} \times \mathbf{E_k}(t) = -\dot{\mathbf{B}}_\mathbf{k}(t) = -\mu_0 \dot{\mathbf{H}}_\mathbf{k}(t), \tag{3.3}$$

$$\mathbf{k}\,\mathbf{B_k}(t) = 0, \quad i\mathbf{k} \times \mathbf{H_k}(t) = \varepsilon_0\,\dot{\mathbf{E}}_\mathbf{k}(t). \tag{3.4}$$

Wir werden jetzt zeigen, dass $\mathbf{E_k}(t)$ und $\mathbf{H_k}(t)$ den Wellengleichungen genügen. Die Differentiation der 2. Gleichung in (3.3) nach t unter Benutzung der 2. Gleichung von (3.4) ergibt

$$-\ddot{\mathbf{B}}_\mathbf{k}(t) = i\mathbf{k} \times \dot{\mathbf{E}}_\mathbf{k}(t) = \frac{1}{\varepsilon_0}\, i\mathbf{k} \times (i\mathbf{k} \times \mathbf{H_k}(t))$$

bzw.

$$-\mu_0\varepsilon_0 \ddot{\mathbf{H}}_\mathbf{k}(t) = -\mathbf{k} \times (\mathbf{k} \times \mathbf{H_k}(t)) = \mathbf{k}^2\mathbf{H_k}(t).$$

Letztere kann nach der Einführung der Lichtgeschwindigkeit entsprechend der Beziehung $c^2 = 1/\mu_0\varepsilon_0$ als Wellengleichung in der gewöhnlichen Form geschrieben werden

$$\frac{1}{c^2}\frac{\partial^2 \mathbf{H_k}(t)}{\partial t^2} + \mathbf{k}^2\mathbf{H_k}(t) = 0.$$

Auf analoge Weise leitet man auch die Wellengleichung für $\mathbf{E_k}$

$$\frac{1}{c^2}\frac{\partial^2 \mathbf{E_k}(t)}{\partial t^2} + \mathbf{k}^2\mathbf{E_k}(t) = 0$$

her.

Um den Zusammenhang zwischen $\mathbf{E_k}(t)$, $\mathbf{H_k}(t)$ und dem Wellenzahlvektor $\mathbf{k}$ für eine in $\mathbf{k}$-Richtung laufende ebene elektromagnetische Welle zu ermitteln, benutzen wir die Beziehungen

$$\dot{\mathbf{H}}_\mathbf{k}(t) = -i\omega_\mathbf{k}\mathbf{H_k}(t), \qquad \dot{\mathbf{E}}_\mathbf{k}(t) = -i\omega_\mathbf{k}\mathbf{E_k}(t) \tag{3.5}$$

mit $\omega_\mathbf{k} = c \mid \mathbf{k} \mid$, die aus den Lösungen der Wellengleichungen für $\mathbf{H_k}(t)$ und $\mathbf{E_k}(t)$

$$\mathbf{H_k}(t), \mathbf{E_k}(t) \sim \exp(-i\omega_\mathbf{k} t)$$

resultieren. Unter Benutzung der 2. Gleichung in (3.3) und der 1. Gleichung in (3.5) erhalten wir den Zusammenhang zwischen $\mathbf{E_k}(t)$ und $\mathbf{B_k}(t)$ für eine ebene elektromagnetische Welle

$$\mathbf{B}_{\mathbf{k}}(t) = \frac{1}{c}\mathbf{n}_{\mathbf{k}} \times \mathbf{E}_{\mathbf{k}}(t), \tag{3.6}$$

wobei $\mathbf{n}_{\mathbf{k}} = \mathbf{k}/ \mid \mathbf{k} \mid$ den Einheitsvektor in der Ausbreitungsrichtung bezeichnet. D.h. $\mathbf{E}_{\mathbf{k}}(t)$, $\mathbf{B}_{\mathbf{k}}(t)$ und der Vektor der Ausbreitungsrichtung $\mathbf{n}_{\mathbf{k}}$ bilden für eine elektromagnetische Welle ein orthogonales rechtshändiges Dreibein.

3.1.1 Die Energie des elektromagnetischen Feldes

Die Energie des elektromagnetischen Feldes

$$\mathsf{E} = \frac{1}{2}\int d^3r\,(\mathbf{E}\,\mathbf{D} + \mathbf{H}\,\mathbf{B}) = \frac{1}{2}\int d^3r\left(\varepsilon_0\,\mathbf{E}^2 + \mu_0\,\mathbf{H}^2\right) \tag{3.7}$$

kann unmittelbar unter Benutzung der Relation $\int d^3r \exp\left(i(\mathbf{k}_1 + \mathbf{k}_2)\mathbf{r}\right) = V\delta_{\mathbf{n}_1,-\mathbf{n}_2}$ durch die Fourier-Komponenten der Felder wie folgt geschrieben werden

$$\mathsf{E} = \frac{V}{2}\sum_{\mathbf{k}}\left(\varepsilon_0\,\mathbf{E}^*_{\mathbf{k}}(t)\,\mathbf{E}_{\mathbf{k}}(t) + \mu_0\,\mathbf{H}^*_{\mathbf{k}}(t)\,\mathbf{H}_{\mathbf{k}}(t)\right). \tag{3.8}$$

Anstatt $\mathbf{H}_{\mathbf{k}}$ führen wir die Größen $\mathbf{a}_{\mathbf{k}}$ entsprechend der Gleichung

$$\mathbf{H}_{\mathbf{k}}(t) = i\mathbf{k} \times \left(\mathbf{a}_{\mathbf{k}}(t) + \mathbf{a}^*_{-\mathbf{k}}(t)\right) \tag{3.9}$$

ein. Die Fourier-Transformierten des Magnetfeldes genügen der Bedingung $\mathbf{H}^*_{\mathbf{k}} = -i\mathbf{k}\times(\mathbf{a}_{\mathbf{k}}{}^* + \mathbf{a}_{-\mathbf{k}}) \equiv \mathbf{H}_{-\mathbf{k}}$. Aus (3.9) folgt, dass die Größen $\mathbf{a}_{\mathbf{k}}(t)$ den Koeffizienten der Zerlegung des Vektorpotentials nach ebenen Wellen

$$\mathbf{A}(\mathbf{r}, t) = \sum_{\mathbf{k}}\left(\mathbf{a}_{\mathbf{k}}(t)e^{i\mathbf{k}\mathbf{r}} + \mathbf{a}^*_{\mathbf{k}}(t)e^{-i\mathbf{k}\mathbf{r}}\right) \tag{3.10}$$

entsprechen. Man erkennt sofort aus der Definition (3.9), dass $\mathbf{a}_{\mathbf{k}}(t)$ der Wellengleichung

$$\frac{1}{c^2}\frac{\partial^2\mathbf{a}_{\mathbf{k}}}{\partial t^2} + \mathbf{k}^2\mathbf{a}_{\mathbf{k}} = 0 \tag{3.11}$$

genügt. Die Lösung für $\mathbf{a}_{\mathbf{k}}(t)$ lautet

$$\mathbf{a}_{\mathbf{k}}(t) = \mathbf{a}_{\mathbf{k}}(0)\,e^{-i\,\omega_{\mathbf{k}}\,t}$$

Aus Letzterer folgt die Relation

$$\dot{\mathbf{a}}_{\mathbf{k}}(t) = -i\,\omega_{\mathbf{k}}\mathbf{a}_{\mathbf{k}}(t).$$

Beachten Sie, dass in der Fourier-Entwicklung des Vektorpotentials (3.10) die beiden Lösungen von (3.11), $\omega_{\mathbf{k}} = \pm c \mid \mathbf{k} \mid$, berücksichtigt werden. Um auch $\mathbf{E}_{\mathbf{k}}$ durch $\mathbf{a}_{\mathbf{k}}$ auszudrücken, ersetzen wir in der Gleichung

$$i\mathbf{k} \times \mathbf{E}_{\mathbf{k}} = -\mu_0 \dot{\mathbf{H}}_{\mathbf{k}}$$

$\mathbf{H}_{\mathbf{k}}(t)$ durch $\mathbf{a}_{\mathbf{k}}(t)$, benutzen weiterhin den obigen Ausdruck für $\dot{\mathbf{a}}_{\mathbf{k}}(t)$ und erhalten

$$i\mathbf{k}\times\mathbf{E}_{\mathbf{k}}(t) = -\mu_0\, i\mathbf{k}\times\left(-i\,\omega_{\mathbf{k}}\mathbf{a}_{\mathbf{k}}(t) + i\,\omega_{\mathbf{k}}\mathbf{a}^*_{-\mathbf{k}}(t)\right) = i\mathbf{k}\times\left(\mu_0 i\,\omega_{\mathbf{k}}\left(\mathbf{a}_{\mathbf{k}}(t) - \mathbf{a}^*_{-\mathbf{k}}(t)\right)\right).$$

Der Vergleich der ersten und der letzten Zeilen ergibt

$$\mathbf{E}_{\mathbf{k}}(t) = \mu_0 i\,\omega_{\mathbf{k}}\left(\mathbf{a}_{\mathbf{k}}(t) - \mathbf{a}^*_{-\mathbf{k}}(t)\right). \tag{3.12}$$

Man erhält unmittelbar aus (3.12) $\mathbf{E}^*_{\mathbf{k}} = -\mu_0 i\,\omega_{\mathbf{k}}\left(\mathbf{a}^*_{\mathbf{k}} - \mathbf{a}_{-\mathbf{k}}\right) \equiv \mathbf{E}_{-\mathbf{k}}$. Aus der Maxwell-Gleichung $\mathbf{kE}_{\mathbf{k}} = 0$ folgt, dass $\mathbf{ka}_{\mathbf{k}} = \mathbf{ka}^*_{-\mathbf{k}} = 0$, d.h. $\mathbf{a}_{\mathbf{k}}$ stehen senkrecht auf der Ausbreitungsrichtung.

Das Ersetzen der Fourier-Komponenten der elektrischen und der magnetischen Feldstärken in (3.8) durch $\mathbf{a}_{\mathbf{k}}$ und $\mathbf{a}^*_{\mathbf{k}}$ ergibt für die Energie des elektromagnetischen Feldes

$$\mathsf{E} = \frac{V}{2}\sum_{\mathbf{k}}\Big\{\varepsilon_0\,\mu_0^2\,\omega_{\mathbf{k}}^2\left(\mathbf{a}^*_{\mathbf{k}} - \mathbf{a}_{-\mathbf{k}}\right)\left(\mathbf{a}_{\mathbf{k}} - \mathbf{a}^*_{-\mathbf{k}}\right) + \mu_0\mathbf{k}\times\left(\mathbf{a}^*_{\mathbf{k}} + \mathbf{a}_{-\mathbf{k}}\right)\mathbf{k} \\ \times\left(\mathbf{a}_{\mathbf{k}} + \mathbf{a}^*_{-\mathbf{k}}\right)\Big\}.$$

Der zweite Summand auf der rechten Seite besitzt die Gestalt $(\mathbf{k}\times\mathbf{A})\mathbf{B}$ mit $\mathbf{A} = \left(\mathbf{a}^*_{\mathbf{k}} + \mathbf{a}_{-\mathbf{k}}\right)$ und $\mathbf{B} = \mathbf{k}\times\left(\mathbf{a}_{\mathbf{k}} + \mathbf{a}^*_{-\mathbf{k}}\right)$. Nach zyklischer Vertauschung der Terme im Spatprodukt $(\mathbf{B}\times\mathbf{k})\mathbf{A}$ und Benutzung der Regel $\mathbf{A}\times(\mathbf{B}\times\mathbf{C}) = \mathbf{B}\,(\mathbf{AC}) - \mathbf{C}\,(\mathbf{AB})$ erhalten wir für die Energie den Ausdruck

$$\mathsf{E} = \frac{V}{2}\sum_{\mathbf{k}}\Big\{\varepsilon_0\,\mu_0^2\,\omega_{\mathbf{k}}^2\left(\mathbf{a}_{\mathbf{k}} - \mathbf{a}^*_{-\mathbf{k}}\right)\left(\mathbf{a}^*_{\mathbf{k}} - \mathbf{a}_{-\mathbf{k}}\right) + \mu_0\mathbf{k}^2\left(\mathbf{a}_{\mathbf{k}} + \mathbf{a}^*_{-\mathbf{k}}\right)\left(\mathbf{a}_{-\mathbf{k}} + \mathbf{a}^*_{\mathbf{k}}\right)\Big\}.$$

Die Ausmultiplikation der Terme ergibt anschließend

$$\mathsf{E} = \frac{V\mu_0}{2}\sum_{\mathbf{k}} 2\mathbf{k}^2\left(\mathbf{a}_{\mathbf{k}}\mathbf{a}^*_{\mathbf{k}} + \mathbf{a}^*_{\mathbf{k}}\mathbf{a}_{\mathbf{k}}\right) = \frac{V\mu_0}{2}\sum_{\mathbf{k}} 4\mathbf{k}^2\mathbf{a}^*_{\mathbf{k}}\mathbf{a}_{\mathbf{k}}. \tag{3.13}$$

Die Gl. (3.13) für die Energie ist der Ausgangspunkt für die Einführung der Oszillatorzerlegung des elektromagnetischen Feldes. Für diesen Zweck eliminieren wir $\mathbf{a}_{\mathbf{k}}$ und $\mathbf{a}^*_{\mathbf{k}}$ zu Gunsten der neuen Größen $\mathbf{Q}_{\mathbf{k}}$ und $\mathbf{P}_{\mathbf{k}}$ unter Benutzung der Relationen

$$\mathbf{Q}_{\mathbf{k}} = \sqrt{V\mu_0/c^2}\left(\mathbf{a}_{\mathbf{k}} + \mathbf{a}^*_{\mathbf{k}}\right), \quad \mathbf{P}_{\mathbf{k}} = \dot{\mathbf{Q}}_{\mathbf{k}} = -i\omega_{\mathbf{k}}\sqrt{V\mu_0/c^2}\left(\mathbf{a}_{\mathbf{k}} - \mathbf{a}^*_{\mathbf{k}}\right). \tag{3.14}$$

Aus (3.14) folgt, dass $\mathbf{Q_k}$ und $\mathbf{P_k}$ reell sind, $\mathbf{Q}^*_\mathbf{k} = \mathbf{Q_k}$, $\mathbf{P}^*_\mathbf{k} = \mathbf{P_k}$. Genauso wie $\mathbf{a_k}$ stehen auch $\mathbf{Q_k}$ und $\mathbf{P_k}$ senkrecht auf der Ausbreitungsrichtung $\mathbf{k}$, $\mathbf{kQ_k} = \mathbf{kP_{-k}} = 0$. Die inverse Transformation lautet

$$\mathbf{a_k} = \frac{c}{2\sqrt{V\mu_0}}\left(\mathbf{Q_k} + \frac{i}{\omega_\mathbf{k}}\mathbf{P_k}\right), \quad \mathbf{a}^*_\mathbf{k} = \frac{c}{2\sqrt{V\mu_0}}\left(\mathbf{Q_k} - \frac{i}{\omega_\mathbf{k}}\mathbf{P_k}\right). \tag{3.15}$$

Aus (3.15) erhält man unmittelbar

$$\mathbf{a}^*_\mathbf{k}\mathbf{a_k} = \frac{c^2}{4V\mu_0}\left(\mathbf{Q}^2_\mathbf{k} + \frac{1}{\omega^2_\mathbf{k}}\mathbf{P}^2_\mathbf{k}\right) = \frac{c^2}{4V\mu_0\omega^2_\mathbf{k}}\left(\mathbf{P}^2_\mathbf{k} + \omega^2_\mathbf{k}\mathbf{Q}^2_\mathbf{k}\right).$$

Das Einsetzen des letzteren in (3.13) ergibt die Energie des elektromagnetischen Feldes als Summe der Hamilton-Funktionen von harmonischen Oszillatoren

$$\mathsf{E} = \sum_\mathbf{k}\frac{1}{2}\left(\mathbf{P}^2_\mathbf{k} + \omega^2_\mathbf{k}\,\mathbf{Q}^2_\mathbf{k}\right). \tag{3.16}$$

Die Einführung der skalaren Größen $Q_{\mathbf{k},\alpha}$, $P_{\mathbf{k},\alpha}$ ($\alpha = 1, 2$) anstelle der vektoriellen Größen $\mathbf{Q_k}$ und $\mathbf{P_k}$ ermöglicht es, die Energie des elektromagnetischen Feldes als Summe der Hamilton-Funktionen von eindimensionalen harmonischen Oszillatoren zu schreiben

$$\mathsf{E} = \mathsf{H} = \sum_{\mathbf{k},\alpha}\frac{1}{2}\left(P^2_{\mathbf{k},\alpha} + \omega^2_\mathbf{k}\,Q^2_{\mathbf{k},\alpha}\right). \tag{3.17}$$

Man kann sich direkt überzeugen, dass die Wellengleichungen für $\mathbf{a_k}$ als Hamilton-Gleichungen geschrieben werden können

$$\dot{\mathbf{Q}}_\mathbf{k} = \frac{\partial\mathsf{H}}{\partial\mathbf{P_k}} = \mathbf{P_k}, \quad -\dot{\mathbf{P}}_\mathbf{k} = \frac{\partial\mathsf{H}}{\partial\mathbf{Q_k}} = \omega^2_\mathbf{k}\mathbf{Q_k}.$$

Letztere können auch als Gleichungen zweiter Ordnung für $\mathbf{Q_k}$ geschrieben werden

$$\ddot{\mathbf{Q}}_\mathbf{k} + \omega^2_\mathbf{k}\mathbf{Q_k} = 0.$$

3.1.2 Der Impuls des elektromagnetischen Feldes

Aus der klassischen Elektrodynamik ist es bekannt, dass das elektromagnetische Feld Impuls besitzt. Eine Konsequenz der Existenz des Impulses ist der Strahlungsdruck. Da der Poynting-Vektor $\mathbf{E}\times\mathbf{H}$ mit der Energiestromdichte übereinstimmt, ergibt die Multiplikation des Poynting-Vektors mit $1/c^2$ die Impulsdichte des Feldes. Folglich erhalten wir für den Impuls des elektromagnetischen Feldes den Ausdruck

$$\mathbf{P} = \varepsilon_0 \int d^3r \mathbf{E}(\mathbf{r}, t) \times \mathbf{B}(\mathbf{r}, t). \tag{3.18}$$

Analog zur Energie kann auch der Impuls durch die kanonischen Variablen $\mathbf{P_k}$ und $\mathbf{Q_k}$ ausgedrückt werden. Dies ist der Gegenstand der Aufgabe 3.10.1 auf Seite 211. Als Ergebnis erhält man für den Impuls des elektromagnetischen Feldes den Ausdruck

$$\mathbf{P} = \frac{1}{2c} \sum_{\mathbf{k}} \mathbf{n_k} \left(\mathbf{P}_{\mathbf{k}}^2 + \omega_{\mathbf{k}}^2 \, \mathbf{Q}_{\mathbf{k}}^2 \right), \tag{3.19}$$

wobei $\mathbf{n_k} = \mathbf{k} / \mid \mathbf{k} \mid$ gilt.

3.2 Quantisierung des freien elektromagnetischen Feldes

Die Oszillatorzerlegung (3.17) und (3.19) ist der Ausgangspunkt für die Quantisierung des freien elektromagnetischen Feldes. Die Vorgehensweise ist die gleiche wie bei der Quantisierung eines einzelnen harmonischen Oszillators. In der Quantenmechanik sind die Größen $P_{\mathbf{k},\alpha}$ und $Q_{\mathbf{k},\alpha}$ in der Hamilton-Funktion (3.17) Operatoren, die den Vertauschungsrelationen

$$\left[\hat{Q}_{\mathbf{k},\alpha}, \hat{P}_{\mathbf{k}',\alpha'} \right] = i\hbar \, \delta_{\mathbf{nn}'} \, \delta_{\alpha\alpha'} \tag{3.20}$$

genügen. Hierbei gilt $\mathbf{k} = (2\pi / V^{1/3})\mathbf{n}$ (für Würfel) und $n_i = 0, \pm 1, \ldots$. In diesem Abschnitt benutzen wir wieder das Symbol $\hat{}$ für die Bezeichnung der Operatoren. Analog zur entsprechenden Betrachtung des quantenmechanischen Oszillators führen wir anstatt $\hat{P}$ und $\hat{Q}$ die Vernichtungs- und Erzeugungsoperatoren entsprechend der Gleichungen

$$\hat{c}_{\mathbf{k},\alpha} = \sqrt{\frac{\omega_{\mathbf{k}}}{2\hbar}} \, \hat{Q}_{\mathbf{k},\alpha} + i \sqrt{\frac{1}{2\hbar\omega_{\mathbf{k}}}} \hat{P}_{\mathbf{k},\alpha}, \quad \hat{c}^+_{\mathbf{k},\alpha} = \sqrt{\frac{\omega_{\mathbf{k}}}{2\hbar}} \, \hat{Q}_{\mathbf{k},\alpha} - i \sqrt{\frac{1}{2\hbar\omega_{\mathbf{k}}}} \hat{P}_{\mathbf{k},\alpha} \tag{3.21}$$

ein. Man kann sich direkt überzeugen, dass Letztere den Vertauschungsrelationen

$$\left[\hat{c}_{\mathbf{k},\alpha}, \hat{c}^+_{\mathbf{k}',\alpha'} \right] = \delta_{\mathbf{nn}'} \, \delta_{\alpha\alpha'} \tag{3.22}$$

genügen. Der Vergleich zwischen (3.14) und (3.21) ergibt den Zusammenhang zwischen $\hat{c}_{\mathbf{k},\alpha}$ und $\hat{a}_{\mathbf{k},\alpha}$

$$\hat{a}_{\mathbf{k},\alpha} = \sqrt{\hbar c^2 / 2\mu_0 V \omega_{\mathbf{k}}} \, \hat{c}_{\mathbf{k},\alpha}. \tag{3.23}$$

Das Eliminieren von $\hat{P}_{\mathbf{k},\alpha}$ und $\hat{Q}_{\mathbf{k},\alpha}$ im Hamilton- und Impuls-Operator des elektromagnetischen Feldes zugunsten der Vernichtungs- und Erzeugungsoperatoren $\hat{c}_{\mathbf{k},\alpha}$ und $\hat{c}^{+}_{\mathbf{k},\alpha}$ ergibt

$$\hat{\mathsf{E}} = \frac{1}{2}\sum_{\mathbf{k},\alpha}\hbar\omega_{\mathbf{k}}\left(\hat{c}_{\mathbf{k},\alpha}\hat{c}^{+}_{\mathbf{k},\alpha} + \hat{c}^{+}_{\mathbf{k},\alpha}\hat{c}_{\mathbf{k},\alpha}\right) = \sum_{\mathbf{k},\alpha}\hbar\omega_{\mathbf{k}}\left(\hat{N}_{\mathbf{k},\alpha} + \frac{1}{2}\right) \tag{3.24}$$

$$\hat{\mathsf{P}} = \sum_{\mathbf{k},\alpha}\hbar\mathbf{k}\left(\hat{N}_{\mathbf{k},\alpha} + \frac{1}{2}\right) \tag{3.25}$$

wobei $\hat{N}_{\mathbf{k},\alpha} = \hat{c}^{+}_{\mathbf{k},\alpha}\hat{c}_{\mathbf{k},\alpha}$ die Teilchenzahloperatoren bezeichnen. Wie aus der entsprechenden Betrachtung des harmonischen Oszillators in der Quantenmechanik bekannt ist (siehe auch die Aufgabe 4.4.3) besitzt der Teilchenszahloperator $\hat{N}_{\mathbf{k},\alpha}$ die Eigenwerte $N_{\mathbf{k},\alpha} = 0, 1, 2, \ldots$.

Der Grundzustand des elektromagnetischen Feldes entspricht dem Zustand, wenn alle Besetzungszahlen gleich Null sind: $N_{\mathbf{k},\alpha} = 0$. Aus der Gl. (3.24) folgt, dass die Energie in diesem Zustand unendlich ist, $\mathsf{E}_0 = \frac{1}{2}\sum_{\mathbf{k},\alpha}\hbar\omega_{\mathbf{k}} = \infty$. Man postuliert jedoch, dass nur die Differenz

$$\tilde{\mathsf{E}} = \mathsf{E} - \mathsf{E}_0 = \sum_{\mathbf{k},\alpha}\hbar\omega_{\mathbf{k}}N_{\mathbf{k},\alpha}$$

physikalische Bedeutung besitzt. Diese Prozedur kann als Redefinition des Grundzustandes (Vakuums) aufgefaßt werden. Der Impuls des Feldes ist im Grundzustand Null wegen der Symmetrie $\mathbf{k} \leftrightarrow -\mathbf{k}$, so dass die Hälften in der Gl. (3.19) ohne weiteres weggelassen werden können, $\tilde{\mathsf{P}} = \sum_{\mathbf{k},\alpha}\hbar\mathbf{k}N_{\mathbf{k},\alpha}$.

Obwohl die Hälften in (3.24) durch die Redefinition des Grundzustandes aus der Energie verschwinden, hängt deren Existenz jedoch mit der Unschärferelation für $\hat{Q}_{\mathbf{k},\alpha}$ und $\hat{P}_{\mathbf{k},\alpha}$

$$\left\langle \triangle Q^2_{\mathbf{k},\alpha}\right\rangle\left\langle \triangle P^2_{\mathbf{k},\alpha}\right\rangle \geq \frac{\hbar^2}{4}$$

zusammen. Die Nullpunktschwankungen von $\hat{Q}_{\mathbf{k},\alpha}$ und $\hat{P}_{\mathbf{k},\alpha}$ haben zur Folge, dass die elektrische und die magnetische Feldstärken von Null verschiedene Schwankungen

$$\left\langle 0\left|\mathbf{E}_{\mathbf{k}_1}\mathbf{E}_{\mathbf{k}_2}\right|0\right\rangle = \frac{\hbar\omega_{\mathbf{k}_1}}{V\varepsilon_0}\delta_{\mathbf{n}_1,-\mathbf{n}_2}, \quad \left\langle 0\left|\mathbf{B}_{\mathbf{k}_1}\mathbf{B}_{\mathbf{k}_2}\right|0\right\rangle = \frac{\mu_0\hbar\omega_{\mathbf{k}_1}}{V}\delta_{\mathbf{n}_1,-\mathbf{n}_2} \tag{3.26}$$

(siehe die Aufgabe 3.10.3 auf Seite 212) im Grundzustand, wo keine Materie und auch keine Strahlung vorhanden sind, besitzen. Die Nullpunktschwankungen des elektromagnetischen Feldes äußern sich unter anderem in der Lamb-Verschiebung der Spektrallinien von Atomen (siehe Abschn. 3.4), und sind somit von experimenteller Relevanz. Eine andere Auswirkung der Nullpunktschwankungen des elektromagnetischen Feldes ist der Casimir-Effekt, welcher im Abschn. 3.5 auf Seite 153 behandelt wird.

3.2.1 Photonen

Die Photonen sind Quanten des elektromagnetischen Feldes. Die Energie und den Impuls des Photons erhält man aus den Ausdrücken für die Energie und den Impuls des elektromagnetischen Feldes

$$\tilde{\mathsf{E}} = \sum_{\mathbf{k},\alpha} \hbar\omega_{\mathbf{k}} N_{\mathbf{k},\alpha}\,, \qquad \tilde{\mathsf{P}} = \sum_{\mathbf{k},\alpha} \hbar\mathbf{k} N_{\mathbf{k},\alpha}, \tag{3.27}$$

wobei $N_{\mathbf{k},\alpha}$ die Zahl der Photonen mit dem Wellenzahlvektor $\mathbf{k}$ und Polarization α bezeichnet, entsprechend als $\hbar\omega_{\mathbf{k}}$ und $\hbar\mathbf{k}$. Die Energie des Photons, $\varepsilon_{\mathbf{k}} = \hbar\omega_{\mathbf{k}} = c\hbar \mid \mathbf{k} \mid = c \mid \mathbf{p} \mid$, stellt einen Spezialfall der relativistischen Energie-Impuls-Beziehung $E_{\mathbf{p}} = \sqrt{c^2\mathbf{p}^2 + m^2c^4}$ für $m = 0$ dar. Daraus folgt, dass die Photonen masselose Teilchen sind. Die Vorstellung, das freie elektromagnetische Feld als Gesamtheit von Photonen zu betrachten, wurde erstmalig von Einstein eingeführt.

3.2.2 Der Spin des Photons

Die konsequente Betrachtung des Spins des elektromagnetischen Feldes basiert auf der Kenntnis des Drehimpulstensors des elektromagnetischen Feldes. Es ist jedoch möglich, den richtigen Ausdruck für den Drehimpuls des elektromagnetischen Feldes auf eine einfache Weise zu ermitteln. Analog zum Drehimpuls für ein Teilchen $\mathbf{L} = \mathbf{r} \times \mathbf{p}$ definieren wir den Gesamtdrehimpuls des elektromagnetischen Feldes als

$$\mathsf{J} = \int d^3r\; \mathbf{r} \times \boldsymbol{\pi},$$

wobei $\boldsymbol{\pi} = \varepsilon_0 \mathbf{E} \times \mathbf{B}$ die Impulsdichte des elektromagnetischen Feldes bezeichnet ($c^2\boldsymbol{\pi}$ ist der Poynting-Vektor des elektromagnetischen Feldes). Das Einsetzen von $\boldsymbol{\pi}$ in J ergibt

$$\mathsf{J} = \varepsilon_0 \int d^3r\; \mathbf{r} \times (\mathbf{E} \times \mathbf{B}). \tag{3.28}$$

In (3.28) setzen wir $\mathbf{B} = \mathrm{rot}\mathbf{A}$ ein, formen das doppelte Vektorprodukt unter Verwendung der $\mathbf{B}(\mathbf{AC}) - \mathbf{C}(\mathbf{AB})$-Regel um und erhalten

$$\mathbf{J} = \varepsilon_0 \int d^3r\ \mathbf{r} \times (\mathbf{E} \times \nabla \times \mathbf{A}) = \varepsilon_0 \int d^3r\ \mathbf{r} \times \left[E^i \nabla A^i - (\mathbf{E}\nabla)\,\mathbf{A}\right]. \qquad (3.29)$$

Im zweiten Term auf der rechten Seite in (3.29) führen wir die partielle Integration durch. Als Ergebnis erhalten wir den Drehimpuls des elektromagnetischen Feldes als Summe der zwei folgenden Termen [52]

$$\mathbf{J} = \varepsilon_0 \int d^3r\ \mathbf{r} \times \left(E^i \nabla A^i\right) + \varepsilon_0 \int d^3r\ \mathbf{E} \times \mathbf{A}. \qquad (3.30)$$

Der erste Term in (3.30) entspricht dem Bahnanteil des Drehimpulses

$$\mathbf{L} = \varepsilon_0 \int d^3r\ \mathbf{r} \times \left(E^i \nabla A^i\right), \qquad (3.31)$$

während der zweite Term

$$\mathbf{S} = \varepsilon_0 \int d^3r\ \mathbf{E} \times \mathbf{A} \qquad (3.32)$$

den Spinanteil des Drehimpulses des elektromagnetischen Feldes darstellt. Die Ausdrücke (3.31) und (3.32) sind im Unterschied zu $\mathbf{J}$ selbst nicht eichinvariant, so dass die Aufspaltung des Gesamtdrehimpulses in Bahn- und Spinanteil von der Eichung des Vektorpotentials abhängt.

In der Quantentheorie sind $\mathbf{E}$ und $\mathbf{A}$ in $\mathbf{S}$ Operatoren, die wir durch die Erzeugungs- und Vernichtungsoperatoren ausdrücken werden. Für die Fourier-Komponenten der elektrischen Feldstärke gilt

$$\mathbf{E_k} = \mu_0 i \omega_\mathbf{k} \sqrt{\frac{\hbar c^2}{2\mu_0 V \omega_\mathbf{k}}} \left(\mathbf{c_k} - \mathbf{c}^+_{-\mathbf{k}}\right). \qquad (3.33)$$

Aus dem Ausdruck für die Fourier-Komponenten der Feldstärke des Magnetfeldes $\mathbf{H_k} = i\mathbf{k} \times \left(\mathbf{a_k} + \mathbf{a}^*_{-\mathbf{k}}\right)$ und unter Benutzung der Relation $a_{\mathbf{k},\alpha} = \sqrt{\hbar c^2/2\mu_0 V \omega_\mathbf{k}} c_{\mathbf{k},\alpha}$ erhält man unmittelbar für die Fourier-Komponenten des Vektorpotentials $\mathbf{A_k}$

$$\mathbf{A_k} = \mu_0 \sqrt{\frac{\hbar c^2}{2\mu_0 V \omega_\mathbf{k}}} \left(\mathbf{c_k} + \mathbf{c}^+_{-\mathbf{k}}\right). \qquad (3.34)$$

Das Einsetzten von $\mathbf{E_k}$ und $\mathbf{A_k}$ in $\mathbf{S}$ ergibt

$$\mathbf{S} = -\frac{i\hbar}{2} \sum_\mathbf{k} \left(\mathbf{c}^+_\mathbf{k} - \mathbf{c}_{-\mathbf{k}}\right) \times \left(\mathbf{c_k} + \mathbf{c}^+_{-\mathbf{k}}\right) = -i\hbar \sum_\mathbf{k} \mathbf{c}^+_\mathbf{k} \times \mathbf{c_k}.$$

Man kann sich unmittelbar überzeugen, dass $\mathbf{S}$ selbstadjungiert ist. In der Aufgabe 3.10.5 wird gezeigt, dass S_i den Vertauschungsrelationen $\left[\mathsf{S}_i, \mathsf{S}_j\right] = i\hbar\varepsilon_{ijk}\mathsf{S}_k$, wie es für einen Spinoperator zu erwarten ist, genügen. Die Zerlegung der vektoriellen Operatoren $\mathbf{c_k}$ und $\mathbf{c_k^+}$, welche senkrecht auf $\mathbf{k}$ stehen, im orthogonalen Dreibein (siehe die Abb. 3.1) entsprechend der Gleichungen

$$c_{\mathbf{k}}^i = \sum_{\lambda=1,2} \varepsilon_{\mathbf{k},\lambda}^i c_{\mathbf{k},\lambda}, \quad c_{\mathbf{k}}^{+i} = \sum_{\lambda=1,2} \varepsilon_{\mathbf{k},\lambda}^i c_{\mathbf{k},\lambda}^+ \tag{3.35}$$

$(i = x, y, z)$ resultiert in den folgenden Ausdruck für den Spin des Feldes

$$\begin{aligned}\mathbf{S} &= -i\hbar \sum_{\mathbf{k}} \left(c_{\mathbf{k},1}^+ \boldsymbol{\varepsilon}_{\mathbf{k},1} + c_{\mathbf{k},2}^+ \boldsymbol{\varepsilon}_{\mathbf{k},2} \right) \times \left(c_{\mathbf{k},1} \boldsymbol{\varepsilon}_{\mathbf{k},1} + c_{\mathbf{k},2} \boldsymbol{\varepsilon}_{\mathbf{k},2} \right) \\ &= -i\hbar \sum_{\mathbf{k}} \left(c_{\mathbf{k},1}^+ c_{\mathbf{k},2} - c_{\mathbf{k},2}^+ c_{\mathbf{k},1} \right) \mathbf{n_k}.\end{aligned}$$

Der Einheitsvektor in der Ausbreitungsrichtung $\mathbf{n_k} = \mathbf{k}/ \mid \mathbf{k} \mid$ hängt mit den Einheitsvektoren $\boldsymbol{\varepsilon}_{\mathbf{k},1}$ und $\boldsymbol{\varepsilon}_{\mathbf{k},2}$ wie folgt zusammen $\mathbf{n_k} = \boldsymbol{\varepsilon}_{\mathbf{k},1} \times \boldsymbol{\varepsilon}_{\mathbf{k},2}$. Die Größen $c_{\mathbf{k},\lambda}^+$ und $c_{\mathbf{k},\lambda}$ sind Erzeugungs- und Vernichtungsoperatoren von linear polarisierten Photonen. Um die Erzeugungs- und Vernichtungsoperatoren mit verschiedenen Polarisationen im obigen Ausdruck für $\mathbf{S}$ zu entkoppeln, führen wir neue Erzeugungs- und Vernichtungsoperatoren in Übereinstimmung mit den Gleichungen

$$c_{\mathbf{k},1}^+ = \frac{1}{\sqrt{2}} \left(c_{\mathbf{k},R}^+ + c_{\mathbf{k},L}^+ \right), \quad c_{\mathbf{k},2}^+ = \frac{1}{i\sqrt{2}} \left(c_{\mathbf{k},R}^+ - c_{\mathbf{k},L}^+ \right) \tag{3.36}$$

bzw.

$$c_{\mathbf{k},1} = \frac{1}{\sqrt{2}} \left(c_{\mathbf{k},R} + c_{\mathbf{k},L} \right), \quad c_{\mathbf{k},2} = \frac{1}{i\sqrt{2}} \left(c_{\mathbf{k},L} - c_{\mathbf{k},R} \right) \tag{3.37}$$

ein. Man kann sich unmittelbar überzeugen, dass die obige Transformation die Kommutationsrelationen von c und c^+ nicht ändert. Somit sind $c_{\mathbf{k},L/R}$ und $c_{\mathbf{k},L/R}^+$ auch Vernichtungs- und Erzeugungsoperatoren. Die Energie und der Impuls in den Gln. (3.24) und (3.25) bleiben ebenfalls diagonal nach der Transformation (3.36).

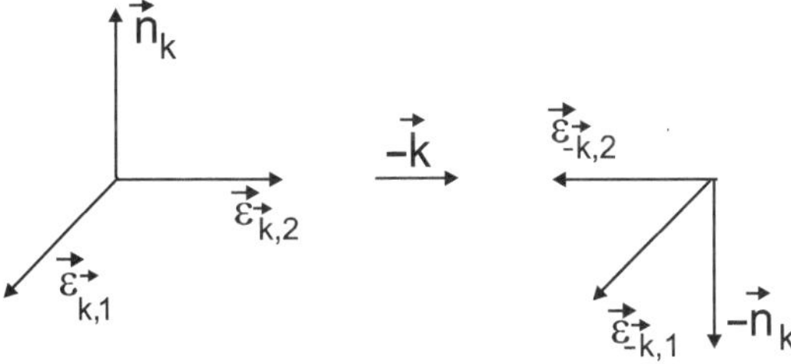

Abb. 3.1 Das othogonale, rechtshändige Dreibein für Photonen in der Ausbreitungsrichtung $\mathbf{n_k} = \mathbf{k}/ \mid \mathbf{k} \mid$ und $-\mathbf{n_k}$

In der klassischen Betrachtung entspricht die Transformation von $c_{\mathbf{k},1}$, $c_{\mathbf{k},2}$ zu $c_{\mathbf{k},R}$, $c_{\mathbf{k},L}$ dem Übergang von der linear zur zirkular polarisierten Welle. Das Einsetzen der obigen Transformation in $\mathbf{S}$ ergibt

$$\begin{aligned}\mathbf{S} &= \frac{-i\hbar}{2i}\sum_{\mathbf{k}} \mathbf{n}_{\mathbf{k}} \left[\left(c^+_{\mathbf{k},R} + c^+_{\mathbf{k},L}\right)\left(c_{\mathbf{k},L} - c_{\mathbf{k},R}\right) - \left(c^+_{\mathbf{k},R} - c^+_{\mathbf{k},L}\right)\left(c_{\mathbf{k},R} + c_{\mathbf{k},L}\right)\right] \\ &= \hbar\sum_{\mathbf{k}} \mathbf{n}_{\mathbf{k}} c^+_{\mathbf{k},R} c_{\mathbf{k},R} - \hbar\sum_{\mathbf{k}} \mathbf{n}_{\mathbf{k}} c^+_{\mathbf{k},L} c_{\mathbf{k},L}. \end{aligned} \tag{3.38}$$

Die Teilchenzahloperatoren $N_{\mathbf{k},R} = c^+_{\mathbf{k},R} c_{\mathbf{k},R}$ und $N_{\mathbf{k},L} = c^+_{\mathbf{k},L} c_{\mathbf{k},L}$ besitzen die Eigenwerte 0, 1, 2, ... Der Ausdruck (3.38) läßt folgende Interpretation zu: $N_{\mathbf{k},R} = c^+_{\mathbf{k},R} c_{\mathbf{k},R}$ und $N_{\mathbf{k},L} = c^+_{\mathbf{k},L} c_{\mathbf{k},L}$ sind entsprechend die Zahl der Photonen mit der Projektion des Spins auf die Ausbreitungsrichtung gleich $\pm\hbar$. Die Größen $c^+_{\mathbf{k},R/L}$ und $c_{\mathbf{k},R/L}$ sind entsprechend die Erzeugungs- und Vernichtungsoperatoren für Photonen mit der Spinprojektion $\hbar$ und $-\hbar$. Das Photon ist also ein masseloses Teilchen mit Spin 1, wobei die Projektion des Spins auf die Ausbreitungsrichtung nur zwei Werte $\pm\hbar$ annehmen kann. Die Helizität des Photons nimmt entsprechend die Werte ± 1 an. Die Tatsache, dass das Photon ein Teilchen mit Spin 1 ist und nur zwei Projektionen auf die z-Achse annehmen kann, ist eine Konsequenz der Eichinvarianz der Elektrodynamik. Letztere ist auch die Ursache dafür, dass die Masse des Photons Null ist.

Den Operator des Vektorpotentials im Heisenberg-Bild $\mathbf{A}(\mathbf{k}, t)$ erhält man unter Verwendung der Gl. (3.34) und der Ergebnisse der Aufgabe (3.10.27) als

$$\mathbf{A}(\mathbf{k}, t) = \mu_0 \sqrt{\frac{\hbar c^2}{2\mu_0 V \omega_{\mathbf{k}}}} \left(\mathbf{c}_{\mathbf{k}} e^{-i\omega_{\mathbf{k}} t} + \mathbf{c}^+_{-\mathbf{k}} e^{i\omega_{\mathbf{k}} t}\right).$$

Für das quantisierte Vektorpotential $\mathbf{A}(\mathbf{r}, t)$ erhält man anschließend den Ausdruck

$$\mathbf{A}(\mathbf{r}, t) = \sum_{\mathbf{k}} \sqrt{\frac{\mu_0 \hbar c^2}{2V\omega_k}} \sum_{\lambda=1,2} \boldsymbol{\varepsilon}_{\mathbf{k},\lambda} \left(c_{\mathbf{k},\lambda} e^{-i\omega_k t + i\mathbf{k}\mathbf{r}} + c^+_{\mathbf{k},\lambda} e^{i\omega_k t - i\mathbf{k}\mathbf{r}}\right). \tag{3.39}$$

Die Entwicklung (3.39) gilt für linear polarisierte Photonen. Für zirkular polarisierte Photonen sind die Polarisationsvektoren $\boldsymbol{\varepsilon}_{\mathbf{k},\lambda}$ komplex. Das $\boldsymbol{\varepsilon}_{\mathbf{k},\lambda}$ im zweiten Summand muss in diesem Fall durch $\boldsymbol{\varepsilon}^*_{\mathbf{k},\lambda}$ ersetzt werden. Um dies zu zeigen, müssen in (3.39) die Erzeugungs- und Vernichtungsoperatoren linear polarisierter Photonen unter Verwendung der Gln. (3.36) und (3.37) zu Gunsten der Erzeugungs- und Vernichtungsoperatoren zirkular polarisierter Photonen eliminiert werden. Unter Benutzung der Konvention für das orthogonale Dreibein für $\mathbf{k} \to -\mathbf{k}$ in der Abb. 3.1 erhält man für die Polarisationsvektoren $\boldsymbol{\varepsilon}_{-\mathbf{k},\lambda} = \boldsymbol{\varepsilon}^*_{\mathbf{k},\lambda}$. Für zirkular polarisierte Photonen bedeutet $\lambda = 1$ links und $\lambda = 2$ rechts.

Der Ausdruck (3.39) kann auch direkt aus dem klassischen Ausdruck (3.10) durch Ersetzen der Größen $a_{\mathbf{k},\lambda}$ und $a^*_{\mathbf{k},\lambda}$ durch die Operatoren $a_{\mathbf{k},\lambda}$ und $a^+_{\mathbf{k},\lambda}$, die anschließend durch die Vernichtungs- und Erzeugungsoperatoren $c_{\mathbf{k},\lambda}$ und $c^+_{\mathbf{k},\lambda}$ ersetzt werden, ermittelt werden. Das skalare Potential für die elektromagnetische Welle ist in dieser Eichung gleich Null. Das Vektorpotential genügt der Bedingung $\text{div}\mathbf{A} = 0$ und entspricht somit der sogenannten Coulomb-Eichung. Die Gl. (3.39) stellt die Entwicklung des Operators des Vektorpotentials nach ebenen Wellen dar. In Analogie zu den entsprechenden Entwicklungen für Teilchen mit Spin 0 und Spin $1/2$ in den Gln. (3.177) und (3.188) können die Amplituden in dieser Entwicklung als Einteilchen-Photonen-Wellenfunktionen bezeichnet werden. Letztere werden für die Berechnung der Compton-Streuung von Photonen an geladenen Pionen im Abschn. 3.8.1 benötigt.

3.3 Wechselwirkung atomarer Systeme mit quantisiertem elektromagnetischem Feld, Linienbreiten und Lebensdauer angeregter Niveaus

Die angeregten Zustände eines quantenmechanischen Systems z.B. eines H-Atoms besitzen eine endliche Lebensdauer wegen der Wechselwirkung des Elektrons mit den Nullpunktschwankungen des elektromagnetischen Feldes. Wir werden in diesem Abschnitt die Wechselwirkung von quantenmechanischen Systemen mit quantisiertem elektromagnetischen Feld am Beispiel eines H-Atoms betrachten und die Lebensdauer sowie die Linienbreite des $2p$-Zustandes des H-Atoms berechnen. Einige weitere Probleme zur Wechselwirkung mit dem quantisierten elektromagnetischen Feld werden in den Aufgaben 3.10.8, 3.10.9, 3.10.10, 3.10.11 am Ende dieses Kapitels betrachtet. Die durch die Nullpunktchwankungen des elektromagnetischen Feldes bedingte Ausstrahlung von Photonen wird als spontane Emission bezeichnet. Die Ermittlung der Lebensdauer und der Linienbreite des $2p$-Zustandes des H-Atoms basiert auf der Anwendung Fermi's Goldener Regel (siehe die Gl. 2.88 auf Seite 121)

$$W_{f\leftarrow i} = \frac{1}{\hbar^2}\left|\int_{t_0}^{t} dt' e^{i(E_f - E_i)t'/\hbar}\left\langle f\left|V(t')\right|i\right\rangle\right|^2$$

für die Berechnung der Übergangswahrscheinlichkeit aus dem Zustand i in den Zustand f in der Zeit von t_0 bis t unter der Wirkung einer äußeren zeitabhängigen Störung, welche in unserem Fall der Wechselwirkung des Elektrons mit dem quantisierten elektromagnetischen Feld entspricht. Unter Vernachlässigung der relativistischen Effekte erhält man die Wechselwirkung mit dem Strahlungsfeld durch die minimale Substitution $\mathbf{p} \to \mathbf{p} - (e/c)\mathbf{A}$ im Hamilton-Operator als

$$V(t) = -\frac{e}{mc}\mathbf{A}(\mathbf{r}, t)\mathbf{p} + \frac{e^2}{2mc^2}\mathbf{A}^2(\mathbf{r}, t),$$

wobei $\mathbf{p} = (\hbar/i)\nabla$ den Impulsoperator bezeichnet. Beachten Sie, dass das skalare Potential des quantisierten Strahlungsfeldes in der verwendeten Eichung Null ist. Das Vektorpotential des quantisierten elektromagnetischen Feldes wird durch den Operator-Ausdruck (3.39) auf Seite 146 dargestellt, welcher in Gauss-Einheiten die Form

$$\mathbf{A}(\mathbf{r},t) = \sum_{\mathbf{k}} \sqrt{\frac{2\pi\hbar c^2}{V\omega_{\mathbf{k}}}} \sum_{\lambda=1,2} \boldsymbol{\varepsilon}_{\mathbf{k},\lambda} \left(c_{\mathbf{k},\lambda} e^{-i\omega_{\mathbf{k}}t + i\mathbf{kr}} + c^+_{\mathbf{k},\lambda} e^{i\omega_{\mathbf{k}}t - i\mathbf{kr}} \right)$$

besitzt. Im Anfangszustand i befindet sich das Elektron im $2p$-Zustand mit Quantenzahlen $l = 1$ und $m = 0$ und das elektromagnetische Feld im Grundzustand (Vakuum). Die Wellenfunktion des H-Atoms und des elektromagnetischen Feldes ist gegeben durch den Ausdruck

$$\Psi_i = \Psi_{210}(\mathbf{r})\,|0\rangle\,.$$

Im Endzustand f befindet sich das Elektron im Grundzustand. Da unter Berücksichtigung des linearen Terms nach $\mathbf{A}$ in V nur das Matrixelement

$$\langle 1_{\mathbf{k},\lambda}, 0|\, c^+_{\mathbf{k}',\lambda'}\,|0\rangle = \delta_{\mathbf{kk}'}\delta_{\lambda\lambda'} \tag{3.40}$$

verschieden von Null ist, kann sich im Endzustand nur ein Photon befinden. Die Wellenfunktion Ψ_f besitzt folglich die Form

$$\Psi_f = \Psi_{100}(\mathbf{r})\,\left|1_{\mathbf{k},\lambda}, 0\right\rangle.$$

Für das Matrixelement der Störung erhalten wir unmittelbar den Ausdruck

$$\langle f|\,V\,|i\rangle = -\frac{e}{mc} e^{i\omega_{\mathbf{k}}t} \sqrt{\frac{2\pi\hbar c^2}{V\omega_{\mathbf{k}}}} \boldsymbol{\varepsilon}_{\mathbf{k},\lambda} \int \Psi^*_{100}(\mathbf{r}) e^{-i\mathbf{kr}} \mathbf{p} \Psi_{210}(\mathbf{r}) d^3r. \tag{3.41}$$

Der Term $\mathbf{A}^2(\mathbf{r})$ in $V(t)$ beschreibt, wie man aus der obigen Betrachtung leicht sieht, Übergänge mit zwei Photonen, die hier nicht betrachtet werden. In der Dipolnäherung (siehe die Aufgabe 3.10.8) wird der Faktor $e^{-i\mathbf{kr}}$ unter dem Integral durch 1 genähert. Das Integral über die Zeit in den symmetrischen Grenzen $t = T$ und $t_0 = -T$ ergibt

$$\int_{-T}^{T} dt' e^{i(E_f - E_i + \hbar\omega_k)t'/\hbar} = 2\frac{\sin\left(E_f - E_i + \hbar\omega_k\right)T/\hbar}{\left(E_f - E_i + \hbar\omega_k\right)/\hbar}.$$

Im Grenzfall $T \to \infty$ geht die rechte Seite in die Diracsche Delta-Funktion

$$2\pi\delta\left((E_f - E_i)/\hbar + \omega_k\right)$$

über. Im Betragsquadrat von $\langle f|\, V\, |i\rangle$ betrachten wir eins der beiden Zeitintegrale im Grenzfall $T \to \infty$ und ersetzen es in Übereinstimmung mit der obigen Betrachtung durch die Delta-Funktion. Die Letztere sorgt dafür, dass das zweite Integral einfach gleich $2T$ ist. Für die Emissionswahrscheinlichkeit eines Photons pro Zeit erhält man unter Benutzung der obigen Ergebnisse den Ausdruck

$$w_{f\leftarrow i} \equiv \frac{W_{f\leftarrow i}}{2T} = \frac{2\pi}{\hbar^2}\left(\frac{e}{mc}\sqrt{\frac{2\pi\hbar c^2}{V\omega_{\mathbf{k}}}}\right)^2 \left|\boldsymbol{\varepsilon}_{\mathbf{k},\lambda}\mathbf{p}_{12}\right|^2 \delta\left((E_f - E_i)/\hbar + \omega_k\right),$$

wobei die Bezeichnung

$$\mathbf{p}_{12} = \int \Psi^*_{100}(\mathbf{r})\mathbf{p}\Psi_{210}(\mathbf{r})d^3r \tag{3.42}$$

eingeführt wurde. Die Diracsche Delta-Funktion gewährleistet, dass die Energie des emittierten Photons $\hbar\omega_k$ mit der Energiedifferenz $E_i - E_f$ übereinstimmt. Die Integration über alle Wellenzahlvektoren und die Summation über die Polarisationen des emittierten Photons ergibt

$$w = \frac{2\pi}{\hbar^2}\int\!\!\int \frac{Vk^2dkd\Omega_k}{(2\pi)^3}\left(\frac{e}{mc}\sqrt{\frac{2\pi\hbar c^2}{V\omega_{\mathbf{k}}}}\right)^2 \sum_{\lambda=1,2}\left|\boldsymbol{\varepsilon}_{\mathbf{k},\lambda}\mathbf{p}_{12}\right|^2 \delta\left((E_f - E_i)/\hbar + \omega_k\right).$$

Die kartesischen Komponenten von $\mathbf{p}_{12}$ können unter Benutzung der expliziten Gestalt der Wellenfunktionen des H-Atoms

$$\Psi_{100}(\mathbf{r}) = \frac{1}{\sqrt{\pi a^3}}e^{-r/a}, \quad \Psi_{210}(\mathbf{r}) = \sqrt{\frac{3}{4\pi}}\cos\theta\,\frac{r}{2\sqrt{6a^5}}e^{-r/2a}$$

wie folgt berechnet werden

$$p^x_{12} = p^y_{12} = 0, \quad p^z_{12} = -i\hbar\frac{\sqrt{2}}{a}\left(\frac{2}{3}\right)^4,$$

wobei $a = \hbar^2/me^2$ den Bohrschen Radius bezeichnet. Die Summation über die Polarisationen des emittierten Photons unter Benutzung der Gl. (3.71) (siehe die Aufgabe 3.10.2) und die Integration über die Richtungen des emittierten Photons liefert das Ergebnis

$$\int d\Omega_k \sum_{\lambda=1,2}\left|\boldsymbol{\varepsilon}_{\mathbf{k},\lambda}\mathbf{p}_{12}\right|^2 = \frac{8\pi}{3}\left|\mathbf{p}_{12}\right|^2.$$

Die Integration über den Betrag des Wellenzahlvektors des Photons wird durch die Diracsche Delta-Funktion aufgehoben. Die Wahrscheinlichkeit der spontanen Emission eines Photons erhält man anschließend als

$$w = \left(\frac{2}{3}\right)^8 \left(\frac{e^2}{\hbar c}\right)^4 \frac{c}{a}. \tag{3.43}$$

Die Lebensdauer τ und die Linienbreite Γ sind gegeben durch die Ausdrücke

$$\tau \simeq \frac{1}{w}, \quad \Gamma \simeq \frac{\hbar}{\tau} = \hbar w.$$

Der Ausdruck für die Linienbreite ergibt sich aus der Energie-Zeit-Unschärferelation. Das Einsetzen der numerischen Werte der Konstanten in w ergibt für das Wasserstoffatom

$$w \simeq 0,63 \times 10^9\,\mathrm{s}^{-1}, \quad \tau \simeq 1,60 \times 10^{-9}\,\mathrm{s}, \quad \Gamma \simeq 0,41 \times 10^{-9}\,\mathrm{eV}.$$

3.4 Semi-Quantitative Betrachtung der Lamb-Verschiebung

Die Idee der semi-quantitativen Betrachtung der Lamb-Verschiebung nach Welton [53] besteht im folgenden. Die Nullpunktschwankungen des elektromagnetischen Feldes verursachen Orts-Schwankungen des Elektrons im H-Atom. Dadurch spürt das Elektron ein verschmiertes Coulomb-Potential. Der Effekt dieser Verschmierung ist verschieden in s- und p-Zuständen, die unter Berücksichtigung der Feinstruktur entartet bleiben, so dass die Nullpunktschwankungen zu einer Aufspaltung der Energie-Niveaus führen.

Die durch die Schwankungen des Elektrons verursachtes Verschmieren des Potentials wird wie folgt berechnet

$$\langle \delta V \rangle = \langle V(\mathbf{r} + \delta\mathbf{r}) - V(\mathbf{r}) \rangle = \left\langle \delta\mathbf{r}\frac{\partial V}{\partial \mathbf{r}} + \frac{1}{2}\sum_{i,j} \delta r_i \delta r_j \frac{\partial^2 V}{\partial r_i \partial r_j} + \cdots \right\rangle \simeq \frac{1}{6}\left\langle \delta\mathbf{r}^2 \right\rangle \nabla^2 V, \tag{3.44}$$

wobei $V(r) = -Ze^2/r$ die Coulomb-Wechselwirkung mit dem Kern bezeichnet. Es gilt $\nabla^2 V = 4\pi Ze^2 \delta^{(3)}(\mathbf{r})$. Die Mittelung erfolgt über den Grundzustand des elektromagnetischen Feldes. Beachten Sie, dass $\langle \delta V \rangle$ qualitativ mit dem Darwin-Term (siehe Abschn. 2.1.3 des Skriptes) übereinstimmt. Die durch $\langle \delta V \rangle$ bedingte Verschiebung der Energieniveaus erhält man in der niedrigsten Ordnung der Störungstheorie analog zu der entsprechenden Berechnung für den Darwin-Term in der Form

$$\Delta E_n^{\mathrm{Lamb}} = \frac{2\pi}{3} Ze^2 \left\langle \delta\mathbf{r}^2 \right\rangle |\Psi_n(0)|^2 = \frac{2\pi}{3} Ze^2 \left\langle \delta\mathbf{r}^2 \right\rangle \frac{1}{\pi} \left(\frac{Zme^2}{\hbar^2 n}\right)^3 \delta_{l,0}. \tag{3.45}$$

Nun berechnen wir die durch die Nullpunktschwankungen des elektromagnetischen Feldes verursachte mittlere quadratische Ortsschwankung des Elektrons. Die Bewegungsgleichung des Elektrons im elektrischen Feld lautet

$$m\frac{d^2}{dt^2}\delta\mathbf{r} = e\mathbf{E}(\mathbf{r},t). \tag{3.46}$$

Beachten Sie, dass $\mathbf{E}(\mathbf{r},t)$ in (3.46) ein Operator ist, welcher durch die Gl. (3.33) definiert ist. Die Lösung dieser Gleichung erhält man mittels der Fourier-Transformation nach der Zeit

$$a(t) = \int_{-\infty}^{\infty}\frac{d\omega}{2\pi}e^{-i\omega t}a_\omega$$

als

$$\delta\mathbf{r}_\omega = \frac{-e}{m\omega^2}\mathbf{E}_\omega.$$

Für das mittlere Quadrat der Ortsschwankungen des Elektrons erhält man unter Benutzung der Beziehung

$$\langle\delta\mathbf{r}_\omega\delta\mathbf{r}_{\omega'}\rangle = 2\pi\delta(\omega+\omega')\,\langle\delta\mathbf{r}_{-\omega}\delta\mathbf{r}_\omega\rangle$$

den Ausdruck

$$\left\langle\delta\mathbf{r}^2\right\rangle = \int_{-\infty}^{\infty}\frac{d\omega}{2\pi}\,\langle\delta\mathbf{r}_{-\omega}\delta\mathbf{r}_\omega\rangle = e^2/(\pi m^2)\int_0^{\infty}d\omega\omega^{-4}\,\langle\mathbf{E}_{-\omega}\mathbf{E}_\omega\rangle\,. \tag{3.47}$$

Den Erwartungswert $\langle\mathbf{E}_{-\omega}\mathbf{E}_\omega\rangle$ berechnen wir im folgenden unter Benutzung der Oszillatorzerlegung des elektromagnetischen Feldes. Eine direkte Berechnung von $\left\langle\mathbf{E}^2\right\rangle$ findet man in der Aufgabe 3.10.3. Die Dichte der Grundzustandsenergie erhält man als

$$\left\langle\frac{1}{8\pi}\left(\mathbf{E}^2(\mathbf{r},t)+\mathbf{B}^2(\mathbf{r},t)\right)\right\rangle = \frac{2}{(2\pi)^3}\int d^3k\frac{\hbar\omega_k}{2} = \frac{1}{2\pi^2}\frac{\hbar}{c^3}\int_0^{\infty}d\omega\omega^3.$$

Die Divergenz des Integrals soll uns zuerst nicht weiter stören. Beachten Sie den Faktor $1/8\pi$ im obigen Ausdruck. Er weist darauf hin, dass hier die Gauss-Einheiten benutzt werden. Unter Berücksichtigung, dass die mittleren elektrischen und magnetischen Energien gleich sind, erhält man die mittlere Vakuum-Fluktuation der elektrischen Feldstärke als

$$\left\langle\mathbf{E}^2(\mathbf{r},t)\right\rangle \equiv \frac{1}{\pi}\int_0^{\infty}d\omega\,\langle\mathbf{E}_{-\omega}\mathbf{E}_\omega\rangle = \frac{2}{\pi}\frac{\hbar}{c^3}\int_0^{\infty}d\omega\omega^3. \tag{3.48}$$

In der Aufgabe 3.10.3 auf Seite 212 werden die Vakuumschwankungen der Feldstärken (in SI-Einheiten) direkt berechnet. Der Vergleich der zwei letzten Ausdrücke in (3.48) ergibt

$$\langle \mathbf{E}_{-\omega}\mathbf{E}_{\omega}\rangle = \frac{2\hbar}{c^3}\omega^3. \tag{3.49}$$

Das Einsetzen von (3.49) in (3.47) ergibt für die mittlere quadratische Schwankung des gebundenen Elektrons den Ausdruck

$$\left\langle \delta\mathbf{r}^2 \right\rangle = \frac{2}{\pi}\frac{e^2\hbar}{m^2c^3}\int_0^\infty \frac{d\omega}{\omega} \to \frac{2}{\pi}\frac{e^2\hbar}{m^2c^3}\int_{\omega_{\min}}^{\omega_{\max}} \frac{d\omega}{\omega}. \tag{3.50}$$

Da die Wellen mit Wellenlängen größer als der Bohrsche Radius $a = \hbar^2/(mZe^2)$ $(\hbar^2/me^2 = 5,29 \times 10^{-9}\text{cm})$ irrelevant für das Elektron sind, wird die Integration an der unteren Grenze bei $\omega_{\min} \simeq 2\pi c/a$ abgeschnitten. An der oberen Grenze wird die Integration bei der Frequenz $\omega_{\max} \simeq 2\pi c/\lambda_e$, wobei $\lambda_e = \hbar/mc = 3,86159 \times 10^{-13}$m die Compton-Wellenlänge des Elektrons ist, abgeschnitten.

Unter Benutzung von (3.50) erhält man die mittlere quadratische Schwankung des Elektrons im Feld des Vakuums als

$$\left\langle \delta\mathbf{r}^2 \right\rangle = \frac{2}{\pi}\frac{e^2\hbar}{m^2c^3}\ln\frac{1}{Z\alpha}. \tag{3.51}$$

Hierbei ist $\alpha = e^2/\hbar c = 1/137,0371 = 7,29735308 \times 10^{-3}$ die Feinstrukturkonstante. Unter Benutzung der obigen Zwischenresultate erhält man für die Lamb-Verschiebung den Ausdruck

$$\Delta E_n^{\text{Lamb}} = \frac{4}{3\pi}mc^2Z^4\alpha^5\ln\frac{1}{Z\alpha}\frac{1}{n^3}\delta_{l,0}. \tag{3.52}$$

Die Auswertung von (3.52) ergibt, dass die Verschiebung von $2s_{1/2}$ gegen $2p_{1/2}$

$$\frac{\Delta E_{n=2}^{\text{Lamb}}}{h} \simeq 667\ \text{MHz}$$

beträgt.

Die komplette Theorie der Strahlungskorrekturen (siehe z.B. [19]) ergibt den Wert $1057,864 \pm 0,014$ MHz. Die gemessene Verschiebung ist $1057,862 \pm 0,020$ MHz. Die Feinstruktur des Niveaus mit der Hauptquantenzahl $n = 2$ und die Lamb-Verschiebung wird schematisch in der Abb. 2.1 auf Seite 88 dargestellt.

Das positive Vorzeichen der Energieaufspaltung folgt aus der Form $\langle \delta V \rangle$ der durch die Nullpunktschwankungen des elektromagnetischen Feldes herrührenden zusätzlichen Wechselwirkungsenergie, welche nur für den s-Zustand von Null verschieden ist. Wegen der Winkelabhängigkeit der Wellenfunktion im p-Zustand wird der Beitrag von verschiedenen Orten ausgemittelt, so dass die Verschiebung des p-Niveaus verschwindend klein ist.

3.5 Casimir-Effekt

Die Energie der Nullpunktschwankungen des elektromagnetischen Feldes, welche durch die Gl. (3.24)

$$\mathsf{E}_0 = \frac{1}{2} \sum_{\mathbf{k},\lambda} \hbar\omega_k \tag{3.53}$$

gegeben ist, ist unendlich im ausgedehnten Raum. Die Energie-Differenz der Nullpunktschwankungen kann jedoch zu messbaren Effekten führen. 1948 hat H. Casimir gezeigt, dass die Nullpunktschwankungen des elektromagnetischen Feldes eine Anziehung zwischen zwei parallelen metallischen Platten, welche sich im Vakuum befinden, verursachen. Diese Kraft wird als Casimir-Kraft bezeichnet. Die Wellenzahlvektoren im obigen Ausdruck für die Energie der Nullpunktschwankungen, welche man aus den periodischen Randbedingungen findet, sind gegeben durch die Gl. (3.1) auf Seite 136. Wir betrachten das elektromagnetische Feld zwischen zwei Platten, welche senkrecht auf der z-Achse mit einem Abstand d voneinander stehen und eine lineare Ausdehnung L haben (siehe die Abb. 3.2). Da die tangentialen Komponenten des elektrischen Feldes an den Platten verschwinden müssen, wird das Feld bezüglich der z-Koordinate in Fourier-Reihe über sin- Funktionen entwickelt, so dass der Wellenzahlvektor k_z die Werte $k_z = \pi n_z/d$ mit $n_z = 1, 2, \ldots$ annimmt.[1] Längst der Platten gelten die periodischen Randbedingungen und folglich genügen die Wellenzahlvektoren k_x und k_y der Gl. (3.1). Die zugelassenen Frequenzen für das Feld zwischen den Platten lauten also

$$\omega_{\mathbf{k}}(d) = c\sqrt{\frac{\pi^2}{d^2} n_z^2 + \mathbf{k}_{\shortparallel}^2}, \tag{3.54}$$

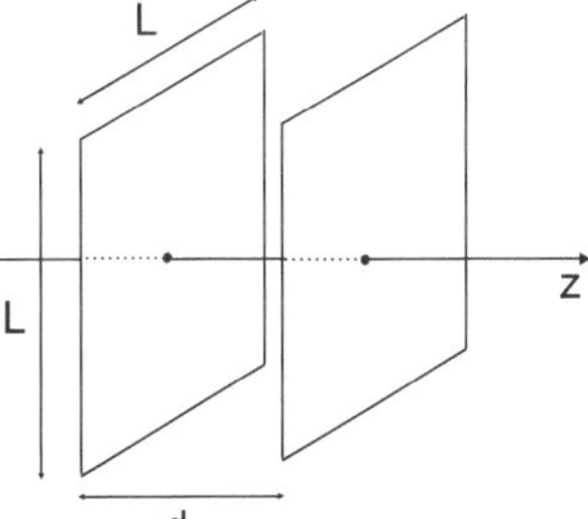

Abb. 3.2 Zwei parallele metallische Platten mit Abstand d

[1] Die Einschränkung, die sich durch das Verschwinden der Normalkomponente des Magnetfeldes ergibt, hat keinen Einfluß auf die Anziehungskraft zwischen den Platten. Die entsprechenden Wellenzahlvektoren sind parallel zu den Platten, so dass dadurch kein Impulsfluß durch die Platten entsteht.

wobei $\mathbf{k}_{\shortparallel}$ der Wellenzahlvektor parallel zu den Platten ist, und $n_z = 1, 2, \ldots$ gilt. Der Ausdruck für die Energie mit (3.54) divergiert jedoch. Anstelle des divergierenden Ausdruckes $\mathsf{E}_0(d) = \frac{1}{2}\sum_{\mathbf{k},\lambda} \hbar\omega_{\mathbf{k}}(d)$ betrachten wir den regularisierten Ausdruck

$$\mathsf{E}_0(d,\alpha) = \frac{1}{2}\sum_{\mathbf{k},\lambda} \hbar\omega_{\mathbf{k}}(d) \exp(-\alpha\omega_{\mathbf{k}}(d)/c), \tag{3.55}$$

in dem die kurzen Wellenlängen abgeschnitten werden. Das Abschneiden der kurzen Wellenlängen ist gerechtfertigt, da die Platten nur als metallisch für nicht allzu kleine Wellenlängen angesehen werden können. Man möchte jedoch, dass das Ergebnis unabhängig von α, das am Ende der Rechnung gegen Null gehen wird, ist.

Wir folgen in der Herleitung der Casimir-Kraft im wesentlichen der Arbeit [54] und wollen die Kraft auf die rechte Platte in der Abb. 3.2 berechnen. Die Randbedingung an der Platte beeinflusst auch die Moden rechts von der Platte, welche somit für die Berechnung der Kraft berücksichtigt werden müssen. Um die entsprechende Energieänderung zu bekommen, betrachten wir eine zusätzliche Platte auf den Abstand R von der ersten Platte wie in der Abb. 3.3 gezeigt wird. Am Ende der Rechnung werden wir R gegen unendlich gehen lassen. Die relevante Energieänderung ist gegeben durch den Ausdruck

$$\delta\mathsf{E}_0(d,\alpha,R) = \mathsf{E}_0(d,\alpha) + \mathsf{E}_0(R-d,\alpha) - 2\mathsf{E}_0(R/2,\alpha). \tag{3.56}$$

Da der führende Beitrag zur $\mathsf{E}_0(d,\alpha)$ dem Volumen dL^2 zwischen den Platten proportional ist (siehe die Gl. (3.61)), kürzt sich die d-Abhängigkeit in den führenden Beiträgen der ersten beiden Termen in (3.56) weg. Der letzte Term in (3.56) hebt die Abhängigkeit von R im führenden Beitrag von $\mathsf{E}_0(R-d,\alpha)$ auf.

Nun werden wir $\mathsf{E}_0(d,\alpha)$ berechnen. Die Summe über k_x und k_y ersetzen wir durch das Integral und erhalten

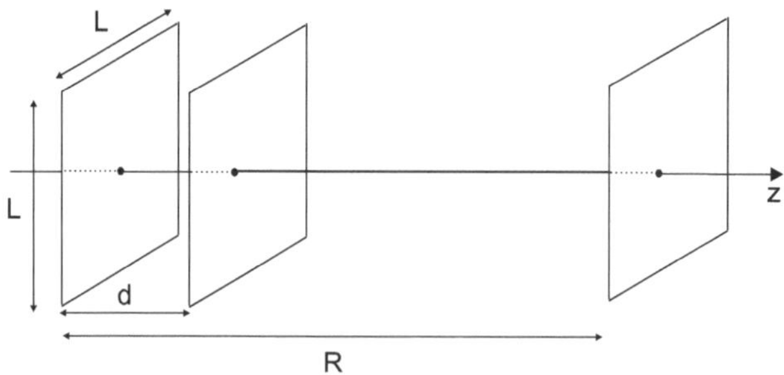

Abb. 3.3 Die Platten-Anordnung zur Berechnung der Netto-Nullpunktenergie des elektromagnetischen Feldes

$$\mathsf{E}_0(d,\alpha) = 2\frac{\hbar c}{2}L^2 \int \frac{d^2k_{\shortparallel}}{(2\pi)^2} \sum_{n=1}^{\infty} \sqrt{\frac{\pi^2}{d^2}n^2 + \mathbf{k}_{\shortparallel}^2} \exp\left(-\alpha\sqrt{\frac{\pi^2}{d^2}n^2 + \mathbf{k}_{\shortparallel}^2}\right)$$
$$= -\frac{\hbar c L^2}{4\pi^2}\frac{\partial}{\partial\alpha} \sum_{n=1}^{\infty} \int d^2k_{\shortparallel} \exp\left(-\alpha\sqrt{\frac{\pi^2}{d^2}n^2 + \mathbf{k}_{\shortparallel}^2}\right). \tag{3.57}$$

Die elementare Integration über $k_{\shortparallel}$ ergibt

$$\frac{2\pi}{\alpha^2}\left(\alpha\frac{\pi n}{d} + 1\right)\exp\left(-\alpha\frac{\pi n}{d}\right) = \frac{2\pi}{\alpha^2}\left(-\alpha\frac{\partial}{\partial\alpha} + 1\right)\exp\left(-\alpha\frac{\pi n}{d}\right). \tag{3.58}$$

Das Einsetzen von (3.58) in (3.57) ergibt nach der Durchführung der Summation über n für die Energie $\mathsf{E}_0(d,\alpha)$ das Ergebnis

$$\mathsf{E}_0(d,\alpha) = -\frac{\hbar c L^2}{2\pi}\frac{\partial}{\partial\alpha}\frac{1}{\alpha^2}\left(-\alpha\frac{\partial}{\partial\alpha} + 1\right)\frac{1}{\exp(\alpha\pi/d) - 1}. \tag{3.59}$$

Da wir am Ende zum Grenzfall $\alpha \to 0$ übergehen wollen, betrachten wir die Entwicklung von (3.59) für kleine α und benutzen für diesen Zweck die Formel

$$\frac{x}{\exp x - 1} = \sum_{k=0}^{\infty}\frac{B_k}{k!}x^k, \tag{3.60}$$

wobei B_k die Bernoullischen Zahlen ($B_0 = 1$, $B_1 = -1/2$, $B_2 = 1/6$, $B_3 = 0$, $B_4 = -1/30, \ldots$) bezeichnen. Aus den Gln. (3.59) und (3.60) folgt

$$\mathsf{E}_0(d,\alpha)/L^2 \simeq \frac{3\hbar c d}{\pi^2}\alpha^{-4} - \frac{\hbar c}{2\pi}\alpha^{-3} - \frac{\hbar c\pi^2}{720 d^3} + O(\alpha). \tag{3.61}$$

Das Einsetzen von (3.61) in (3.56) ergibt, dass die Terme mit negativen Potenzen von α sich für endliche R aufheben. Der Grenzfall $R \to \infty$ ergibt anschließend die Nettoenergie

$$u(d) = \lim_{R\to\infty}\lim_{\alpha\to 0}\delta\mathsf{E}_0(d,\alpha,R)/L^2 = -\frac{\hbar c\pi^2}{720 d^3}.$$

Die Kraft zwischen den Platten pro Fläche erhält man aus $U(d)$ durch Differentiation nach d

$$f(d) = -\frac{\partial}{\partial d}u(d) = -\hbar c\frac{\pi^2}{240 d^4} = -0,013/d^4\,\frac{\mathrm{dyn}}{\mathrm{cm}^2}. \tag{3.62}$$

Die Casimir-Kraft zwischen zwei Platten wurde zum ersten mal von Sparnay (siehe auch [55] für neuere Experimente) nachgewiesen. Anschaulich kann die Casimir-

Kraft wie folgt erklärt werden. Wegen den Randbedingungen sind zwischen den Platten nur die Moden mit Wellenzahlvektoren $k_z = \pi n/d$ erlaubt, während außerhalb der Platten alle möglichen Wellenzahlvektoren möglich sind. Die Konsequenz davon ist, dass das elektromagnetische Feld außerhalb der Platten einen größeren Strahlungsdruck ausübt, was einer anziehenden Kraft entspricht.

Der Ausdruck (3.62) berücksichtigt die Retardierungseffekte. Wenn der Abstand zwischen den Platten klein wird, werden die Retardierungseffekte unwichtig. Eine entspechende Rechnung liefert für die Kraft die Abhängigkeit $1/d^3$. Die Casimir-Kräfte sind von der gleichen Natur wie die Van-der-Waals-Kräfte zwischen neutralen Atomen, welche im Rahmen der Quantenmechanik von F. London berechnet wurden (siehe z.B. [29] Abschn. 89). Letztere hängen vom Abstand zwischen den Atomen wie R^{-6} (ohne Retardierung) und R^{-7} (mit Retardierung) ab (für die Berechnung siehe [19], Abschn. 85). Die Casimir-Kräfte sind von Bedeutung in Kolloiden, Nano-Strukturen, in sogenannten mikroelektromechanischen Geräten [56], etc.

3.6 Besetzungszahlen-Formalismus für das elektromagnetische Feld

Die Beschreibung des elektromagnetischen Feldes mittels der Erzeugungs- und Vernichtungsoperatoren $c^+_{\mathbf{k},\lambda}$ und $c_{\mathbf{k},\lambda}$, die von Dirac [57] eingeführt wurde, trägt den Namen Besetzungszahlen-Darstellung. Die von Null verschiedenen Matrixelemente der Vernichtungs- und Erzeugungsoperatoren, die man aus der Theorie des harmonischen Oszillators kennt, sind gegeben durch

$$\left\langle N_{\mathbf{k},\alpha} - 1 \right| c_{\mathbf{k},\alpha} \left| N_{\mathbf{k},\alpha} \right\rangle = \left\langle N_{\mathbf{k},\alpha} \right| c^+_{\mathbf{k},\alpha} \left| N_{\mathbf{k},\alpha} - 1 \right\rangle = \sqrt{N_{\mathbf{k},\alpha}}. \tag{3.63}$$

Der Grundzustand des elektromagnetischen Feldes (Vakuum) ist definiert durch die Bedingung

$$c_{\mathbf{k},\alpha} \left| 0 \right\rangle = 0, \quad \forall \mathbf{k}, \alpha.$$

Wie beim eindimensionalen Oszillator können die angeregten Zustände des Feldes durch die Wirkung der Erzeugungsoperatoren auf den Grundzustand ermittelt werden. Die Zustände

$$\left| 0, \ldots, 1_{\mathbf{k},\alpha}, 0, \ldots \right\rangle = c^+_{\mathbf{k},\alpha} \left| 0 \right\rangle,$$

$$\left| 0, \ldots, 2_{\mathbf{k},\alpha}, 0, \ldots \right\rangle = \frac{1}{\sqrt{2!}} c^+_{\mathbf{k},\alpha} c^+_{\mathbf{k},\alpha} \left| 0 \right\rangle$$

beschreiben entsprechend ein und zwei Photonen mit Impuls $\hbar\mathbf{k}$ und Polarisation α. Der normierte Zustand mit $n_{\mathbf{k},\alpha}$ Photonen ist gegeben durch den Ausdruck

$$\left|0,\ldots,n_{\mathbf{k},\alpha},0,\ldots\right\rangle = \frac{1}{\sqrt{n_{\mathbf{k},\alpha}!}}(c^{+}_{\mathbf{k},\alpha})^{n_{\mathbf{k},\alpha}}\,|0\rangle\,.$$

Der normierte Zustand mit $n_{\mathbf{k}_1,\alpha_1}$ Photonen mit Impuls $\hbar\mathbf{k}_1$ und Polarisation α_1, $n_{\mathbf{k}_2,\alpha_2}$ Photonen mit Impuls $\hbar\mathbf{k}_2$ und Polarisation $\alpha_2,\ldots$ ist

$$\left|n_{\mathbf{k}_1,\alpha_1},n_{\mathbf{k}_2,\alpha_2},\ldots,n_{\mathbf{k}_n,\alpha_n},0,\ldots\right\rangle = \frac{1}{\sqrt{n_{\mathbf{k}_1,\alpha_1}!n_{\mathbf{k}_2,\alpha_2}\ldots n_{\mathbf{k}_n,\alpha_n}!\ldots}}\times$$
$$(c^{+}_{\mathbf{k}_1,\alpha_1})^{n_{\mathbf{k}_1,\alpha_1}}(c^{+}_{\mathbf{k}_2,\alpha_2})^{n_{\mathbf{k}_2,\alpha_2}}\ldots(c^{+}_{\mathbf{k}_n,\alpha_n})^{n_{\mathbf{k}_n,\alpha_n}}\ldots|0\rangle\,.$$

Die Wellenfunktionen $\left|n_{\mathbf{k}_1,\alpha_1},n_{\mathbf{k}_2,\alpha_2},\ldots,n_{\mathbf{k}_n,\alpha_n},0,\ldots\right\rangle$ sind symmetrisch bezüglich der Vertauschung der Besetzungszahlen. Diese Eigenfunktionen bilden ein vollständiges und orthonormiertes System der Basisfunktionen. Ein beliebiger Zustand des elektromagnetischen Feldes, welcher durch den Vektor $|\Psi\rangle$ im Hilbert-Raum charakterisiert wird, kann nach diesen Basisfunktionen entwickelt werden

$$|\Psi\rangle = \sum_{\{\ldots,n_{\mathbf{k}_n,\alpha_n},\ldots\}} |\ldots,n_{\mathbf{k}_n,\alpha_n},\ldots\rangle\langle\ldots,n_{\mathbf{k}_n,\alpha_n},\ldots|\Psi\rangle\,. \tag{3.64}$$

Der Raum, der durch die Funktionen $\left|n_{\mathbf{k}_1,\alpha_1},n_{\mathbf{k}_2,\alpha_2},\ldots,n_{\mathbf{k}_n,\alpha_n},\ldots\right\rangle$ aufgespannt wird, wird als Fock-Raum bezeichnet. Die Koeffizienten $\left\langle\ldots,n_{\mathbf{k}_n,\alpha_n},\ldots|\Psi\right\rangle$ in der Entwicklung (3.64) stellen die Wellenfunktion des Feldes in der Besetzungszahlen-Darstellung dar. Das Betragsquadrat

$$\left\langle\ldots,n_{\mathbf{k}_n,\alpha_n},\ldots|\Psi\right\rangle$$

ist die Wahrscheinlichkeit dafür, dass im Zustand $|\Psi\rangle\ \ldots,n_{\mathbf{k}_n,\alpha_n},\ldots$ Photonen mit Impulsen $\ldots,\hbar\mathbf{k}_n$ und Polarisation $\ldots,\alpha,\ldots$ zu finden sind. Die Operatoren in dieser Darstellung wirken auf die Wellenfunktionen $\left\langle\ldots,n_{\mathbf{k}_n,\alpha_n},\ldots|\Psi\right\rangle$.

Die klassische Beschreibung des elektromagnetischen Feldes entspricht den großen Besetzungszahlen der Zustände. In diesem Grenzfall sind die Besetzungs- und Vernichtungsoperatoren, wie aus der Gl. (3.63) hervorgeht, klassische Größen.

Die Besetzungszahlen-Darstellung für das elektromagnetische Feld kann unmittelbar auf das Klein-Gordon-Feld und auf das Elektron-Positron-Feld verallgemeinert werden. Im letzteren Fall können die Besetzungszahlen als Folge der Antivertauschungsrelationen nur die Werte 0, 1 annehmen. Die Basis-Wellenfunktionen sind als Konsequenz der Antivertauschungsrelationen antisymmetrisch bezüglich der Vertauschung der Besetzungszahlen. Letztere spannen den entsprechenden Fock-Raum auf. Ein beliebiger Zustand des Feldes, der durch eine antisymmetrische Wellenfunktion beschrieben wird, kann nach diesen Basisfunktionen entwickelt werden. Die Besetzungszahlen-Darstellung wurde von Jordan, Klein, Wigner und Fock auf nichtrelativistische Systeme identischer Teilchen verallgemeinert. Diese werden im Kap. 4 behandelt.

3.7 Zusammenhang zwischen Spin und Statistik

Die Quantisierung der freien Felder (siehe Abschn. 3.2 auf Seite 141 und die Aufgaben 3.10.16, 3.10.20) zeigt, dass die Erzeugungs- und Vernichtungsoperatoren für Felder mit ganzzahligem Spin (Klein-Gordon-Feld und das elektromagnetische Feld) den Vertauschungsrelationen genügen, während für das Elektron-Positron-Feld Antivertauschungsrelationen gelten. Die Zustandsvektoren der Felder sind entsprechend symmetrische oder antisymmetrische Funktionen bezüglich der Vertauschung der Koordinaten der Teilchen. Aus der nichtrelativistischen Quantenmechanik der Systeme identischer Teilchen ist es bekannt (siehe auch Kap. 4), dass in der Natur nur Zustände existieren, die durch symmetrische oder antisymmetrische Wellenfunktionen beschrieben werden. Der Zusammenhang zwischen Spin und Statistik hat tiefe Ursachen und wurde von Pauli [58] als Spin-Statistik-Theorem formuliert und bewiesen. Pauli schreibt in [58], dass der Zusammenhang zwischen Spin und Statistik eine der wichtigsten Anwendungen der speziellen Relativitätstheorie darstellt. Der Zusammenhang zwischen Spin und Statistik kann bewiesen werden, wenn man Pauli folgend der Quantentheorie zwei folgende physikalische Forderungen auferlegt: (1) Kommutatoren von Operatoren physikalischer Observablen kommutieren in Punkten, die durch raumartige Intervalle getrennt sind (Mikrokausalität) und (2) die Energie des Systems ist positiv. Das erste Postulat kann wie folgt begründet werden. In Punkten, die durch raumartige Intervalle getrennt sind und in Übereinstimmung mit der speziellen Relativitätstheorie nicht miteinander kausal verbunden sind, kann die Messung in einem Punkt nicht die Messung im zweiten Punkt beeinflussen. Deswegen muss der Kommutator für raumartige Intervalle Null sein. Das zweite Postulat ist evident. Eine Betrachtung des Zusammenhanges zwischen Spin und Statistik unter Benutzung der Unitarität der S-Matrix findet man bei Feynman [50].

Man kann unmittelbar zeigen (siehe den letzten Paragraph der Aufgabe 3.10.20 auf Seite 228), dass die Quantisierung des Elektron-Positron-Feldes (Spin $1/2$) unter Benutzung der für Felder mit ganzahligem Spin geltenden Vertauschungsrelationen das zweite Postulat verletzt. Außerdem wird die Symmetrie zwischen Teilchen und Antiteilchen verletzt. Die Quantisierung der Felder mit ganzzahligem Spin (Klein-Gordon-Feld, das elektromagnetische Feld) mit Antivertauschungsrelationen führt, wie in der Aufgabe 3.10.23 auf Seite 233 erläutert wird, zur Verletzung des ersten Postulates.

Eine Übersicht verschiedener Betrachtungen zum Zusammenhang zwischen Spin und Statistik sowie einen historischen Überblick findet man in [59].

Wir beenden diesen Abschnitt mit folgenden Bemerkungen zum Spin-Statistik - Zusammenhang aus der Sicht der Quantisierung mit Hilfe der Heisenbergschen Bewegungsgleichungen, welche in den Aufgaben 3.10.16 auf Seite 223 und 3.10.25 für das Klein-Gordon- und das elektromagnetische Feld benutzt wurden. Die Quantisierung mit den richtigen Vertauschungsrelationen gewährleistet, dass die Heisenbergschen Bewegungsgleichungen mit den Einteilchen - Wellengleichungen übereinstimmen. Die Vertauschungsrelationen bestimmen, wie wir wissen, die Statistik.

Die Form der Einteilchen - Wellengleichungen hängt intrinsisch mit der Lorentz-Invarianz zusammen und spiegelt die individuellen Eigenschaften der Feldquanten unter anderem den Spin wieder. Die Heisenbergschen Bewegungsgleichungen bestimmen die Zeitevolution des Feldes, so dass die Quantisierung mit den falschen Vertauschungsrelationen (Antikommutatoren anstatt Kommutatoren für das Klein-Gordon- und das elektromagnetische Feld) die Form der Einteilchen - Wellengleichungen ändert und zum Widerspruch mit der Lorentz-Invarianz führt. Dies zeigt auf eine andere Weise wie die Statistik (Vertauschungsrelationen) mit der Form der Einteilchen - Wellengleichungen (Lorentz-Invarianz, Spin) verknüpft ist.

3.8 Einige grundlegende quantenelektrodynamische Prozesse

Wir werden in diesem Abschnitt im Rahmen der Propagator-Theorie einige quantenelektrodynamische Prozesse in niedrigsten Ordnungen nach Potenzen der Wechselwirkung unter Berücksichtigung der quantenmechanischen Natur der elektromagnetischen Wechselwirkung studieren. Der für die quantenmechanische Behandlung der elektromagnetischen Wechselwirkung erforderliche Photonen-Propagator wird im Abschn. 3.8.2 hergeleitet. Die betrachteten Beispiele zeigen, wie Prozesse mit Umwandlungen von Teilchen im Rahmen der Propagatormethode behandelt werden können. Wir werden in diesem Abschnitt auch die bemerkenswerte Symmetrie der relativistischen Quantenmechanik -die Kreuzsymmetrie- , welche den Zusammenhang zwischen Prozessen unter Beteiligung von Teilchen und Antiteilchen beinhaltet, erläutern.

3.8.1 Compton-Streuung von Photonen an Pionen

Für die Betrachtung der Compton-Streuung von Photonen an geladenen Pionen benutzen wir die Propagator-Theorie der Klein-Gordon-Gleichung im äußeren elektromagnetischen Feld. Die Störungsentwicklung des Propagators ist gegeben durch die Gl. (1.32) auf Seite 9. Da die Wechselwirkung (1.30) selbst quadratisch in e^2 ist, muss die Gl. (1.31) zweimal iteriert werden. Als Ergebnis erhält man für die kausale Ausbreitungsamplitude

$$\begin{aligned}
G_2^c(x_1, x_2) = (-i) \int d^4x_3 G_0^c(x_1 - x_3)(ie)^2 A^\mu(x_3) A_\mu(x_3) G_0^c(x_3 - x_2) \\
+(-i)^2 \int d^4x_3 \int d^4x_4 G_0^c(x_1 - x_3) ie(\frac{\partial}{\partial x_3^\mu} A^\mu(x_3) + A^\mu(x_3) \\
\times \frac{\partial}{\partial x_3^\mu}) G_0^c(x_3 - x_4) ie(\frac{\partial}{\partial x_4^\nu} A^\nu(x_4) + A^\nu(x_4) \frac{\partial}{\partial x_4^\nu}) G_0^c(x_4 - x_2).
\end{aligned} \tag{3.65}$$

Die Impulsdarstellung der Ausbreitungsamplitude

$$S(\mathbf{p}', t'; \mathbf{p}, t) = \int d^3r \int d^3r' \left\langle \mathbf{p}' \right| \mathbf{r}', t' \rangle i \overleftrightarrow{\partial_{t'}} G^c(\mathbf{r}' - \mathbf{r}, t' - t) i \overleftrightarrow{\partial_t} \left\langle \mathbf{r}, t \right| \mathbf{p} \rangle \quad (3.66)$$

mit

$$\langle \mathbf{r}, t | \, \mathbf{p} \rangle = \psi_{\mathbf{p}}^{(+)}(r, t) = \frac{1}{\sqrt{2E_{\mathbf{p}}V}} \exp(-iE_{\mathbf{p}}t + i\mathbf{pr})$$

ergibt die Übergangsamplitude aus dem Zustand mit Impuls $\mathbf{p}$ zum Zeitpunkt t in den Zustand mit Impuls $\mathbf{p}'$ zum Zeitpunkt t'. Die Streuamplitude ist der Grenzfall von (3.66) für $t' \to \infty$ und $t \to -\infty$. Wir setzen weiter (3.65) in (3.66) ein, benutzen den Ausdruck (1.24) für die äußeren Propagatoren, führen die Integration über $\mathbf{r}$ und $\mathbf{r}'$ unter Beachtung der Orthogonalität der Lösungen für freie Teilchen (1.16) durch und erhalten

$$\begin{aligned} S_2(\mathbf{p}', t'; \mathbf{p}, t) &= (-i) \int d^4x_3 \psi_{\mathbf{p}'}^{(+)*}(\mathbf{r}_3, t_3)(ie)^2 A^\mu(x_3) A_\mu(x_3) \psi_{\mathbf{p}}^{(+)}(\mathbf{r}_3, t_3) \\ &+ (-i)^2 \int d^4x_3 \int d^4x_4 \psi_{\mathbf{p}'}^{(+)*}(\mathbf{r}_3, t_3) ie \left(\frac{\partial}{\partial x_3^\mu} A^\mu(x_3) + A^\mu(x_3) \right. \\ &\times \left. \frac{\partial}{\partial x_3^\mu} \right) G_0^c(x_3 - x_4) ie \left(\frac{\partial}{\partial x_4^\nu} A^\nu(x_4) + A^\nu(x_4) \frac{\partial}{\partial x_4^\nu} \right) \psi_{\mathbf{p}}^{(+)}(\mathbf{r}_4, t_4). \end{aligned} \quad (3.67)$$

Die Vektorpotentiale des äußeren elektromagnetischen Feldes in (3.67) werden mit denen des einlaufenden und des gestreuten Photons identifiziert. In Übereinstimmung mit der Gl. (3.39) werden dem einlaufenden und dem gestreuten Photon folgende Vektorpotentiale (in relativistischen Einheiten $c = \hbar = 1$) zugeordnet

$$\mathbf{A}_{\mathbf{k}}(\mathbf{r}, t) = \sqrt{\frac{1}{2V\omega_{\mathbf{k}}}} \boldsymbol{\varepsilon}_{\mathbf{k},\lambda} e^{-i\omega_{\mathbf{k}}t + i\mathbf{kr}}, \quad \mathbf{A}_{\mathbf{k}'}^*(\mathbf{r}, t) = \sqrt{\frac{1}{2V\omega_{\mathbf{k}'}}} \boldsymbol{\varepsilon}'_{\mathbf{k}',\lambda'} e^{i\omega_{\mathbf{k}'}t - i\mathbf{k}'\mathbf{r}}. \quad (3.68)$$

Die skalaren Potentiale sind in dieser Eichung gleich Null. Man muss beachten, dass $A^\mu(x_3)$ und $A^\mu(x_4)$ in (3.67) entsprechend mit dem einlaufenden und dem gestreuten Photon und umgekehrt identifiziert werden. Jeder Term auf der rechten Seite von (3.67) produziert somit zwei Ausdrücke. Das Einsetzen von (3.68) ergibt nach der Integration über x_3 und x_4 die Streuamplitude als

$$S_2(\mathbf{p}', \mathbf{k}'; \mathbf{p}, \mathbf{k}) =$$
$$\frac{-e^2}{V^2\sqrt{2E_{\mathbf{p}}2E_{\mathbf{p}'}2\omega_{\mathbf{k}}2\omega_{\mathbf{k}'}}}(2\pi)^4\delta^{(4)}(p+k-p'-k')2i\boldsymbol{\varepsilon}_{\mathbf{k},\lambda}\boldsymbol{\varepsilon}'_{\mathbf{k}',\lambda'}$$
$$+\frac{-e^2(2\pi)^8}{V^2\sqrt{2E_{\mathbf{p}}2E_{\mathbf{p}'}2\omega_{\mathbf{k}}2\omega_{\mathbf{k}'}}}\int\frac{d^4p_1}{(2\pi)^4}$$
$$\times(\delta^{(4)}(p_1-k'-p')\left(\boldsymbol{\varepsilon}'_{\mathbf{k}',\lambda'}(-\mathbf{k}'+2\mathbf{p}_1)\right)\frac{i}{p_1^2-m^2}\delta^{(4)}(p+k-p_1)\left(\boldsymbol{\varepsilon}_{\mathbf{k},\lambda}(2\mathbf{p}+\mathbf{k})\right)$$
$$+\delta^{(4)}(p_1+k-p')\left(\boldsymbol{\varepsilon}_{\mathbf{k},\lambda}(\mathbf{k}+2\mathbf{p}_1)\right)\frac{i}{p_1^2-m^2}\delta^{(4)}(p-k'-p_1)\left(\boldsymbol{\varepsilon}'_{\mathbf{k}',\lambda'}(2\mathbf{p}-\mathbf{k}')\right)).$$

Die Integration über p_1 ergibt anschließend den Ausdruck

$$S_2(\mathbf{p}', \mathbf{k}'; \mathbf{p}, \mathbf{k}) = \frac{-e^2(2\pi)^4}{V^2\sqrt{2E_{\mathbf{p}}2E_{\mathbf{p}'}2\omega_{\mathbf{k}}2\omega_{\mathbf{k}'}}}\delta(E_{\mathbf{p}}+\omega_{\mathbf{k}}-E_{\mathbf{p}'}-\omega_{\mathbf{k}'})\delta^{(3)}$$
$$(\mathbf{p}+\mathbf{k}-\mathbf{p}'-\mathbf{k}')$$
$$((\boldsymbol{\varepsilon}'_{\mathbf{k}',\lambda'}(2\mathbf{p}'+\mathbf{k}'))\frac{i}{(p+k)^2-m^2}\left(\boldsymbol{\varepsilon}_{\mathbf{k},\lambda}(2\mathbf{p}+\mathbf{k})\right)+$$
$$(\boldsymbol{\varepsilon}_{\mathbf{k},\lambda}(2\mathbf{p}'-\mathbf{k}))\frac{i}{(p-k')^2-m^2}(\boldsymbol{\varepsilon}'_{\mathbf{k}',\lambda'}(2\mathbf{p}-\mathbf{k}'))+2i\boldsymbol{\varepsilon}_{\mathbf{k},\lambda}\boldsymbol{\varepsilon}'_{\mathbf{k}',\lambda'}).$$

Der obige analytische Ausdruck für die Streuamplitude wird mit in der Abb. 3.4 dargestellten Feynman-Graphen identifiziert. Die Berücksichtigung, dass die einlaufenden und die gestreuten Photonen transversal polarisiert sind, ergibt die Vereinfachung

$$\boldsymbol{\varepsilon}_{\mathbf{k},\lambda}\mathbf{k} = \boldsymbol{\varepsilon}'_{\mathbf{k}',\lambda'}\mathbf{k}' = 0.$$

Im Laborsystem (der Impuls des Elektrons vor der Streuung $\mathbf{p}$ ist Null) gilt außerdem

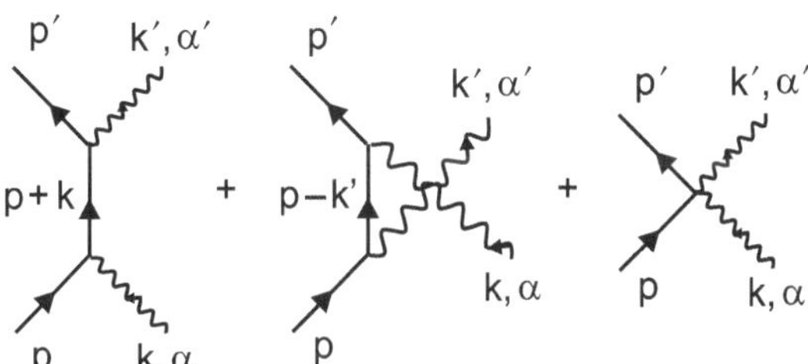

Abb. 3.4 Darstellung der Streuamplitude für die Compton-Streuung mittels Feynman-Diagrammen. Die stetigen Linien entsprechen den geladenen π-Mesonen

$$\boldsymbol{\varepsilon}_{\mathbf{k},\lambda}\mathbf{p} = \boldsymbol{\varepsilon}'_{\mathbf{k}',\lambda'}\mathbf{p} = 0,$$

so dass in der Streuamplitude nur der letzte Term übrig bleibt

$$S_2(\mathbf{p}',\mathbf{k}';\mathbf{p},\mathbf{k}) = \frac{(-e)^2}{V^2\sqrt{2E_{\mathbf{p}}E_{\mathbf{p}'}2\omega_k 2\omega_{k'}}}(2\pi)^4\delta(E_{\mathbf{p}}+\omega_{\mathbf{k}}-E_{\mathbf{p}'}-\omega_{\mathbf{k}'})\delta^{(3)}$$
$$(\mathbf{p}+\mathbf{k}-\mathbf{p}'-\mathbf{k}')(-2i\boldsymbol{\varepsilon}_{\mathbf{k},\lambda}\boldsymbol{\varepsilon}'_{\mathbf{k}',\lambda'}).$$

Bei der Berechnung des Betragsquadrats der Streuamplitude entsteht die formal unendliche Größe $(2\pi)^4\delta^{(4)}(0)$, welche für ein System mit endlichem Volumen V und für eine endliche Streuzeit T durch den endlichen Ausdruck wie folgt ersetzt wird[2]

$$(2\pi)^4\delta^{(4)}(0) = \int_V d^3r \int_{-T/2}^{T/2} dt e^{-i0t+i0r} \simeq VT.$$

Für das Betragsquadrat der Streuamplitude pro Zeit erhält man

$$\left|S_2(\mathbf{p}',\mathbf{k}';\mathbf{p},\mathbf{k})\right|^2/T = (2\pi)^4\delta(m+k-E_{\mathbf{p}'}-k')\delta^{(3)}(\mathbf{k}-\mathbf{p}'-\mathbf{k}')\frac{4e^4\left(\boldsymbol{\varepsilon}_{\mathbf{k},\lambda}\boldsymbol{\varepsilon}'_{\mathbf{k}',\lambda'}\right)^2}{16V^3E_{\mathbf{p}}E_{\mathbf{p}'}kk'},$$

wobei die Abkürzungen $k = \omega_k$, $k' = \omega_{k'}$ eingeführt wurden. Um die Übergangswahrscheinlichkeit pro Zeit für die Streuung im Intervall der Impulse

$$(\mathbf{p}',\mathbf{p}'+d^3\mathbf{p}'),\quad (\mathbf{k}',\mathbf{k}'+d^3\mathbf{k}')$$

zu erhalten, muss $\left|S(\mathbf{p}',\mathbf{k}';\mathbf{p},\mathbf{k})\right|^2/T$ mit der Anzahl der Zustände $\frac{Vd^3\mathbf{p}'}{(2\pi)^3}\frac{Vd^3\mathbf{k}'}{(2\pi)^3}$ im oben angegebenen Impuls-Intervalle multipliziert werden

$$dw_{fi} = \frac{e^4}{16\pi^2V}\delta^{(3)}(\mathbf{k}-\mathbf{p}'-\mathbf{k}')\delta(m+k-E_{\mathbf{p}'}-k')(\varepsilon^\alpha\varepsilon'_\alpha)^2\frac{d^3\mathbf{p}'k'^2dk'}{mE_{\mathbf{p}'}kk'}d\Omega'. \quad (3.69)$$

Die Integration über $\mathbf{p}'$ in dw_{fi} hebt die Delta-Funktion über die Impulse auf und fixiert den Wert des Impulses $\mathbf{p}'=\mathbf{k}-\mathbf{k}'$. Dieses $\mathbf{p}'$ setzen wir in das Argument der übrig gebliebenen Delta-Funktion ein. Um die Integration über k' durchzuführen, wählen wir das Argument der Delta-Funktion $x(k') = m+k-k'-\sqrt{k^2-2kk'\cos\theta+k'^2}$ als neue Integrationsvariable, wobei θ den Streuwinkel ($\mathbf{kk}' = kk'\cos\theta$) bezeichnet (siehe die Abb. 3.5). Die Bedingung $x(k') = 0$ liefert den absoluten Wert von k'

---

[2] Für endliche Zeiten und Volumen entsteht anstelle der vierdimensionalen Delta-Funktion mit Argument Null eine endliche Größe, die mit dem oben angegebenen Ergebnis übereinstimmt. Siehe auch den Abschn. 3.3 auf Seite 147 für die Betrachtung der Prozesse mit einer endlichen Streuzeit.

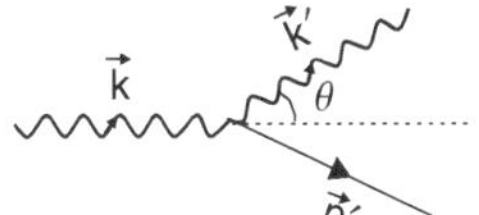

Abb. 3.5 Zur Definition des Streuwinkels bei der Compton-Streuung am ruhenden Elektron

$$k' = \frac{k}{1 + \frac{k}{m}(1 - \cos\theta)}. \tag{3.70}$$

Wegen der Variablensubstitution, $\delta(x(k')dk' = \delta(x)\left|\partial k'/\partial x(k')\right| dx$, entsteht der Faktor

$$\frac{1}{|\partial x(k')\partial k'|} = \frac{m + k + k'}{m + k(1 - \cos\theta)}.$$

Den gesamten Faktor $k'/m/k/\left|\partial x(k')/\partial k'\right|$ erhält man endgültig als

$$k'/m/k/\left|\partial x(k')/\partial k'\right| = \frac{1}{m^2}\left(\frac{k'}{k}\right)^2.$$

Um den differentiellen Wirkungsquerschnitt zu bekommen, muss (3.69) durch die Stromdichte der einlaufenden Photonen $j_i = c/V$ dividiert werden. Als Ergebnis erhalten wir

$$\left(\frac{d\sigma}{d\Omega_{k'}}\right)_{\text{lab}} = \frac{1}{16\pi^2}\frac{e^4}{m^2}\frac{(\varepsilon^\alpha \varepsilon'_\alpha)^2}{(1 + \frac{k}{m}(1 - \cos\theta))^2}.$$

Wir betrachten weiter die Streuung von unpolarisierten Photonen. Die Summation über die Polarisation des einlaufenden und des emittierten Photons kann unter Benutzung der Beziehung

$$\sum_{\lambda=1,2} \varepsilon_i(\lambda, \mathbf{k})\varepsilon_j(\lambda, \mathbf{k}) = \delta_{ij} - \frac{k_i k_j}{k^2}, \tag{3.71}$$

die in der Aufgabe 3.10.2 hergeleitet wird, durchgeführt werden. Bei der Mittelung über die Polarisation des einlaufenden Photons muss der Faktor $1/2$ berücksichtigt werden. Die Berechnung der Summen über die Polarisationen und der Summen über die Indizes i und j ergibt

$$\begin{aligned}\sum_{\lambda,\lambda'}(\varepsilon^\alpha \varepsilon'_\alpha)^2 &= \sum_{\lambda} \varepsilon_i(\lambda, \mathbf{k})\varepsilon_j(\lambda, \mathbf{k}) \sum_{\lambda'} \varepsilon_i(\lambda', \mathbf{k}')\varepsilon_j(\lambda', \mathbf{k}') \\ &= \left(\delta_{ij} - \frac{k_i k_j}{k^2}\right)\left(\delta_{ij} - \frac{k'_i k'_j}{k'^2}\right) = 1 + \frac{(\mathbf{k}'\mathbf{k})^2}{k^2 k'^2} = 1 + \cos^2\theta.\end{aligned}$$

Den Wirkungsquerschnitt erhält man unter Benutzung des obigen Ergebnisses für die Summen als

$$\left(\frac{d\sigma}{d\Omega_{k'}}\right)_{\text{lab}} = \frac{1}{16\pi^2}\frac{e^4}{2m^2}\frac{1+\cos^2\theta}{(1+\frac{k}{m}(1-\cos\theta))^2}. \tag{3.72}$$

Das Einführen des klassischen Radius des π-Mesons $r_\pi = e^2/4\pi mc^2$ in (3.72), welcher in den benutzten relativistischen Einheiten $\hbar = c = 1$ durch den Ausdruck $r_\pi = e^2/4\pi m$ gegeben ist, ergibt den differentiellen Wirkungsquerschnitt der Streuung von Photonen an geladenen Teilchen mit Spin 0 (Pionen, Kaonen) als

$$\left(\frac{d\sigma}{d\Omega_{k'}}\right)_{\text{lab}} = \frac{r_\pi^2}{2}\frac{1+\cos^2\theta}{(1+\frac{k}{m}(1-\cos\theta))^2}. \tag{3.73}$$

In herkömmlichen Einheiten wird k/m durch $\hbar k/mc = \lambda_c k$, wobei $\lambda_c = \hbar/mc$ die Compton-Wellenlänge des Teilchens bezeichnet, ersetzt. Wenn die Wellenlänge des Photons viel größer als die Compton-Wellenlänge des Pions (entspricht dem Grenzfall $k/m \ll 1$ in (3.73)) ist, geht (3.73) in die klassische Thompson-Formel

$$\left(\frac{d\sigma}{d\Omega_{k'}}\right)_{\text{lab}} = \frac{r_\pi^2}{2}(1+\cos^2\theta) \tag{3.74}$$

über.

3.8.2 Der Photonen-Propagator

Für die Betrachtung der Streuprozesse von Elektronen unter Berücksichtigung der Quantenbeschreibung der elektromagnetischen Wechselwirkung, wird die kausale Ausbreitungsfunktion der Photonen benötigt. Um diese zu ermitteln, benutzen wir die Oszillatorzerlegung der Operatoren der elektrischen Feldstärke $\mathbf{E}(\mathbf{r}, t)$ und der magnetischen Induktion $\mathbf{B}(\mathbf{r}, t)$, die unter Verwendung der Gln. (3.9), (3.12), (3.23), und (3.35) die folgende Gestalt annehmen

$$E^i(x) = i\sum_{\mathbf{k}}\sqrt{\frac{\omega_k}{2V}}\sum_{\lambda=1,2}\varepsilon^i(k,\lambda)\left(c_{\mathbf{k},\lambda}e^{-ikx} - c^+_{\mathbf{k},\lambda}e^{ikx}\right), \tag{3.75}$$

$$B^i(x) = i\sum_{\mathbf{k}}\sqrt{\frac{1}{2\omega_k V}}\varepsilon^{imn}k^m\sum_{\lambda=1,2}\varepsilon^n(k,\lambda)\left(c_{\mathbf{k},\lambda}e^{-ikx} - c^+_{\mathbf{k},\lambda}e^{ikx}\right). \tag{3.76}$$

Die Größe ε^{imn} ist der vollständig antisymmetrische Tensor dritter Stufe (der Levi-Civita-Tensor). Die Größen $c_{\mathbf{k},\lambda}$ und $c^+_{\mathbf{k},\lambda}$ sind die Vernichtungs- und Erzeugungsoperatoren von Photonen, die den Vertauschungsrelationen (3.22) genügen. Die Polarisation der Photonen wird durch die Vektoren $\varepsilon^i(k,\lambda)$ bestimmt. Die elektrische und die magnetische Feldstärke der einzelnen Moden in den Gln. (3.75) und (3.76) erfüllen die Bedingung (3.6). Beachten Sie, dass wir hier die relativistischen Einheiten $\hbar = c = 1$ benutzen. Das Setzen von $\varepsilon_0 = \mu_0 = 1$ in SI-Einheiten resultiert in Heaviside-Lorentz-Einheiten (siehe Anhang B). Die Energie in diesen Einheiten ist gegeben durch den Ausdruck (3.7) mit $\varepsilon_0 = \mu_0 = 1$, während in Gauss-Einheiten die Energie den zusätzlichen Faktor $1/4\pi$ enthält. Die Einheitsvektoren $\boldsymbol{\varepsilon}(\lambda,\mathbf{k})$ des orthogonalen Dreibeins erfüllen die Bedingung (3.71)

$$\sum_{\lambda=1,2} \varepsilon^i(\mathbf{k},\lambda)\varepsilon^j(\mathbf{k},\lambda) = \delta^{ij} - \frac{k^i k^j}{\mathbf{k}^2}.$$

Die Propagatoren für die Feldstärken des elektromagnetischen Feldes definieren wir analog zum Propagator des Klein-Gordon-Feldes (3.182) als zeitgeordnete Produkte

$$iG^F_{EE}(\mathbf{r}_1,t_1;\mathbf{r}_2,t_2) = \langle 0 \left| T_t E^n(\mathbf{r}_1,t_1)E^m(\mathbf{r}_2,t_2)\right| 0\rangle\,. \tag{3.77}$$

Entsprechend werden auch die Propagatoren G^F_{EH} und G^F_{HH} definiert. Der Zeitordnungsoperator T_t für Bose-Operatoren besitzt die Eigenschaft

$$T_t A(t)B(t') = \begin{cases} A(t)B(t'),\ t > t' \\ B(t')A(t),\ t < t' \end{cases}. \tag{3.78}$$

Unter Benutzung von (3.75) und (3.76) und den Eigenschaften von Erzeugungs- und Vernichtungsoperatoren $c^+(\mathbf{k},\lambda)$ und $c(\mathbf{k},\lambda)$ erhält man durch eine direkte Rechnung die Vakuumserwartungswerte der Feldstärken als

$$\langle 0 \left| T_t E^n(\mathbf{r}_1,t_1)E^m(\mathbf{r}_2,t_2)\right| 0\rangle = \left(\delta^{nm}\frac{\partial^2}{\partial t_1 \partial t_2} - \frac{\partial^2}{\partial x_1^n \partial x_2^m}\right) iD_0^F(x_1 - x_2), \tag{3.79}$$

$$\langle 0 \left| T_t E^n(\mathbf{r}_1,t_1)B^m(\mathbf{r}_2,t_2)\right| 0\rangle = -\varepsilon^{nmk}\frac{\partial^2}{\partial t_1 \partial x_2^k} iD_0^F(x_1 - x_2), \tag{3.80}$$

$$\langle 0 \left| T_t B^n(\mathbf{r}_1,t_1)B^m(\mathbf{r}_2,t_2)\right| 0\rangle = \left(\delta^{nm}\frac{\partial^2}{\partial x_1^l \partial x_2^l} - \frac{\partial^2}{\partial x_1^n \partial x_2^m}\right) iD_0^F(x_1 - x_2). \tag{3.81}$$

Die Funktion $D_0^F(x)$

$$D_0^F(x) = \lim_{m\to 0} \Delta_0^F(x) = \int \frac{d^4k}{(2\pi)^4} e^{-ikx} \frac{1}{k^2 + i\varepsilon}$$

erhält man aus dem Feynman-Propagator der Klein-Gordon-Gleichung $\Delta_0^F(x)$ im Grenzfall $m \to 0$. Durch Eliminieren der Feldstärken in den Vakuumserwartungswerten zu Gunsten des Vektor-Potentials $A^\mu = (V, \mathbf{A})$ entsprechend den Gleichungen

$$E^i(\mathbf{r}, t) = -\frac{\partial A^i(\mathbf{r}, t)}{\partial t} - \nabla^i V(\mathbf{r}, t), \quad B^i(\mathbf{r}, t) = \epsilon^{imn} \nabla^m A^n(\mathbf{r}, t)$$

erhält man auf den linken Seiten von (3.79), (3.80), und (3.81) die Vakuumerwartungswerte des Vierer-Potentials. Durch Vergleich der Ausdrücke auf den linken Seiten von (3.79), (3.80), und (3.81) mit den denen auf der rechten Seite erhalten wir den Ausdruck für den zeitgeordneten Vakuumerwartungswert des Vierer-Potentials

$$\begin{aligned} D_{c,0}^{\mu\nu}(x - x') &= \langle 0 \left| T_t A^\mu(x) A^\nu(x') \right| 0 \rangle = -g^{\mu\nu} i D_0^F(x - x') \\ &= \int \frac{d^4k}{(2\pi)^4} e^{-ik(x-x')} \frac{-ig^{\mu\nu}}{k^2 + i\varepsilon}, \end{aligned} \tag{3.82}$$

welche der kausalen Ausbreitungsfunktion der Photonen entspricht. Letztere ist die Greensche Funktion der D'Alembert-Gleichung und genügt der Differentialgleichung

$$\Box D_{c,0}^{\mu\nu}(x - x') = i g^{\mu\nu} \delta^{(4)}(x - x'). \tag{3.83}$$

Mit Hilfe von $D_{c,0}^{\mu\nu}(x - x')$ kann das Vierer-Potential des quantisierten Photonenfeldes, welches durch die Vierer-Ladungsstromdichte $j_\mu(x)$ erzeugt wird, berechnet werden

$$A^\mu(x) = -i \int D_{c,0}^{\mu\nu}(x - x') j_\nu(x') d^4x'. \tag{3.84}$$

Im Pendant von (3.84) in der klassischen Elektrodynamik muss anstelle der kausalen Greenschen Funktion die retardierte Greensche Funktion eingesetzt werden.

Die Größe

$$-i D_{c,0}^{\mu\nu}(x - x') = -i \langle 0 \left| T_t A^\mu(x) A^\nu(x') \right| 0 \rangle = -g^{\mu\nu} D_0^F(x - x')$$

ist der Feynman-Propagator für Photonen in der Feynman-Eichung. Für die Form des Feynman-Propagators in verschiedenen Eichungen siehe z.B. [19].

3.8.3 *Elektron-Elektron-Streuung*

Wir werden in diesem Abschnitt die Elektron-Elektron-Streuung im Rahmen der Propagator-Theorie der Dirac-Gleichung studieren. Die Übergangsamplitude für die

Streuung eines Elektrons im äußeren elektromagnetischen Feld besitzt in der niedrigsten Ordnung nach Potenzen der Wechselwirkung in Übereinstimmung mit der Gl. (2.50) die Form

$$-ie \int d^4x_1 \overline{\psi}_{\mathbf{p}',\lambda'}(x_1)\gamma^{\mu} A_{\mu}(x_1)\psi_{\mathbf{p},\lambda}(x_1). \tag{3.85}$$

Die Amplitude (3.85) für das 1. Elektron multiplizieren wir mit der entsprechenden Amplitude für das 2. Elektron. Die Vektorpotentiale $A^{\mu}(x_1)$ und $A^{\nu}(x_2)$ sind hier quantenmechanische Operatoren, die durch die Gl. (3.39) gegeben sind und die elektromagnetische Wechselwirkung zwischen den Elektronen berücksichtigen. Da im Zustand vor und nach der Streuung keine Photonen vorhanden sind, muss die Streuamplitude über den Grundzustand des freien elektromagnetischen Feldes gemittelt werden. Der naive Ausdruck $\langle 0\,|A^{\mu}(x_1)A^{\nu}(x_2)|\,0\rangle$ ist jedoch falsch. Man erhält den richtigen Ausdruck, wenn man den Vakuumerwartungswert des Produktes der Vektorpotentiale durch den Vakuumerwartungswert des zeitgeordneten Produktes ersetzt

$$\langle 0\,\big|A^{\mu}(x_1)A^{\nu}(x_2)\big|\,0\rangle \to \langle 0\,\big|T_t A^{\mu}(x_1)A^{\nu}(x_2)\big|\,0\rangle = -g^{\mu\nu} i D_0^F(x_1 - x_2). \tag{3.86}$$

Wie bei der Klein-Gordon-Gleichung entspricht der Erwartungswert des zeitgeordneten Produktes (3.8.2) der kausalen Ausbreitungsfunktion der Photonen. Das Benutzen der kausalen Ausbreitungsfunktion gewährleistet, dass die Wechselwirkung zwischen den Elektronen, die als Austausch von virtuellen Photonen (siehe unten) interpretiert wird, sich im Einklang mit dem Kausalitätsprinzip befindet. Die elektromagnetische Wechselwirkung zwischen den Elektronen wird dabei sowohl relativistisch (mit Retardierungseffekten) als auch quantenmechanisch behandelt. Als Ergebnis erhalten wir die Streuamplitude als

$$(-ie)^2 \int d^4x_1 \int d^4x_2 \overline{\psi}_{\mathbf{p}_1',\lambda_1'}(x_1)\gamma^{\mu}\psi_{\mathbf{p}_1,\lambda_1}(x_1)\overline{\psi}_{\mathbf{p}_2',\lambda_2'}(x_2)\gamma^{\nu}\psi_{\mathbf{p}_2,\lambda_2}(x_2) \times \langle 0\,\big|T_t A_{\mu}(x_1)A_{\nu}(x_2)\big|\,0\rangle\,. \tag{3.87}$$

Der Ausdruck (3.87) für die Streuamplitude entspricht dem linken Feynman-Graphen in der Abb. 3.6 und kann wie folgt interpretiert werden. Das 1. einlaufende Elektron emittiert ein virtuelles Photon, das mit der Wellenlinie identifiziert wird und vom 2. einlaufenden Elektron absorbiert wird. Man spricht von einem virtuellen Photon, weil der Wellenzahlvektor des Photons k nicht der Bedingung, $k^2 = 0$, welche die Masselosigkeit des Photons zum Ausdruck bringt, genügt. Der Prozeß

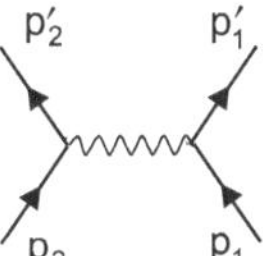

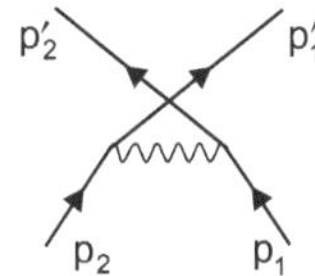

Abb. 3.6 Die Feynman-Diagramme niedrigster Ordnung für die Elektron-Elektron-Streuung

der Streuung in der Abb. 3.6 kann sowohl in der Raum-Zeit- als auch in Impuls (Fourier)-Darstellung betrachtet werden.

Die Elektronen sind Fermionen und folglich muss die Streuamplitude antisymmetrisch bezüglich der Vertauschung der gestreuten Elektronen sein. Die Amplitude (3.87) ist aber nicht antisymmetrisch, so dass die Gl. (3.87) noch nicht vollständig ist. Man erhält die richtige Streuamplitude, wenn man verlangt, dass die Streuamplitude bezüglich der Vertauschung der gestreuten Elektronen antisymmetrisch ist, und (3.87) einfach antisymmetrisiert. Die Streuamplitude erhält man folglich als

$$\begin{aligned} S_{fi} =&(2\pi)^4\delta(p_1'+p_2'-p_1-p_2)(-ie)^2\frac{m^2}{V^2\sqrt{E_1E_2E_1'E_2'}} \\ &\times\left((\overline{u}_2'\gamma^\nu u_2)(\overline{u}_1'\gamma^\mu u_1)\frac{(-i)g_{\mu\nu}}{(p_1-p_1')^2}-(\overline{u}_1'\gamma^\nu u_2)(\overline{u}_2'\gamma^\mu u_1)\frac{(-i)g_{\mu\nu}}{(p_1'-p_2)^2}\right). \end{aligned} \tag{3.88}$$

Die Amplitude (3.88) ist ebenfalls antisymmetrisch bezüglich der Vertauschung der Impulse der einlaufenden Elektronen. Der Faktor $\sqrt{m/E_{\mathbf{p}}V}$ für jede Bispinor-Amplitude in (3.88), welche durch die Gl. (1.80) definiert sind, gewährleistet die Normierung der einlaufenden und der gestreuten Teilchen auf ein Teilchen im Volumen V. Beachten Sie die Abkürzungen $E_1 = E_{\mathbf{p}_1}$, $\overline{u}_1' = \overline{u}\left(\mathbf{p}_1'\right)$ etc. Die Spinorindizes in (3.88) werden unterdrückt, $(\overline{u}_{2,\alpha}'\gamma_{\alpha\beta}^\nu u_{2,\beta}) \to (\overline{u}_2'\gamma^\nu u_2)$. Der subtrahierte Ausdruck entspricht dem Diagramm rechts in der Abb. 3.6. Die Amplitude (3.88) stimmt mit der Streuamplitude, welche im Rahmen der Quantenfeldtheorie (siehe z.B. [11]) ohne die oben verwendeten heuristischen Argumente (die Gl. (3.86) und die Antisymmetrisierung der Streuamplitude) streng hergeleitet wird. In der Übergangswahrscheinlichkeit $S_{fi}^+S_{fi}$ entsteht eine Diracsche Delta-Funktion mit dem Argument gleich Null. Analog zur Streuung im Coulomb-Feld und zur Compton-Streuung an π-Mesonen ersetzen wir $(2\pi)^4\delta(0)$ durch VT. Für die Übergangswahrscheinlichkeit pro Zeit erhalten wir anschließend

$$\begin{aligned} w_{fi} \equiv S_{fi}^+S_{fi}/T = &\frac{m^4e^4}{V^3E_1E_2E_1'E_2'}(2\pi)^4\delta(p_1'+p_2'-p_1-p_2) \\ &\times\bigg(\frac{1}{t^2}(\overline{u}_1'\gamma^\nu u_1)^+(\overline{u}_2'\gamma_\nu u_2)^+(\overline{u}_2'\gamma^\mu u_2)(\overline{u}_1'\gamma_\mu u_1) \\ &-\frac{1}{tu}(\overline{u}_2'\gamma_\nu u_1)^+(\overline{u}_1'\gamma^\nu u_2)^+(\overline{u}_2'\gamma^\mu u_2)(\overline{u}_1'\gamma_\mu u_1) \\ &-\frac{1}{ut}(\overline{u}_1'\gamma_\nu u_1)^+(\overline{u}_2'\gamma^\nu u_2)^+(\overline{u}_1'\gamma^\mu u_2)(\overline{u}_2'\gamma_\mu u_1) \\ &+\frac{1}{u^2}(\overline{u}_2'\gamma_\nu u_1)^+(\overline{u}_1'\gamma^\nu u_2)^+(\overline{u}_1'\gamma_\mu u_2)(\overline{u}_2'\gamma^\mu u_1)\bigg). \end{aligned} \tag{3.89}$$

Die Größen s, t und u

$$
\begin{aligned}
s &= (p_1 + p_2)^2 = 2(m^2 + p_1 p_2), \\
t &= (p_1 - p_1')^2 = 2(m^2 - p_1 p_1'), \\
u &= (p_1 - p_2')^2 = 2(m^2 - p_1 p_2').
\end{aligned} \tag{3.90}
$$

sind die sogenannten kinematischen Invarianten (Mandelstam-Variablen). Die Größen $(\overline{u}_1'\gamma^\nu u_1)^+$ etc. in (3.89) werden unter Benutzung der Eigenschaft der Dirac-Matrizen

$$
\gamma^{\nu+}\gamma^0 = \gamma^0\gamma^\nu
$$

wie folgt umgeformt

$$
(\overline{u}_1'\gamma^\nu u_1)^+ = u_1^+\gamma^{\nu+}\overline{u}_1'^+ = u_1^+\gamma^{\nu+}\gamma^0 u_1' = u_1^+\gamma^0\gamma^\nu u_1' = \overline{u}_1\gamma^\nu u_1'.
$$

Für w_{fi} erhält man

$$
\begin{aligned}
w_{fi} = {} & \frac{m^4 e^4}{V^3 E_1 E_2 E_1' E_2'}(2\pi)^4 \delta(p_1' + p_2' - p_1 - p_2) \\
& \times \left(\frac{1}{t^2}(\overline{u}_1\gamma^\nu u_1')(\overline{u}_2\gamma_\nu u_2')(\overline{u}_2'\gamma^\mu u_2)(\overline{u}_1'\gamma_\mu u_1) \right. \\
& - \frac{1}{tu}(\overline{u}_1\gamma_\nu u_2')(\overline{u}_2\gamma^\nu u_1')(\overline{u}_2'\gamma^\mu u_2)(\overline{u}_1'\gamma_\mu u_1) \\
& - \frac{1}{ut}(\overline{u}_1\gamma^\nu u_1')(\overline{u}_2\gamma_\nu u_2')(\overline{u}_1'\gamma^\mu u_2)(\overline{u}_2'\gamma_\mu u_1) \\
& \left. + \frac{1}{u^2}(\overline{u}_1\gamma_\nu u_2')(\overline{u}_2\gamma^\nu u_1')(\overline{u}_1'\gamma_\mu u_2)(\overline{u}_2'\gamma^\mu u_1) \right).
\end{aligned} \tag{3.91}
$$

Bei der Streuung unpolarisierter Elektronen muss über die Spinzustände der einlaufenden Elektronen gemittelt und über die Spinzustände nach der Streuung summiert werden. Nach der Mittelung bzw. der Summation über die Spinzustände der einlaufenden und der gestreuten Elektronen, die unter Benutzung des Projektionsoperators

$$
\Lambda_+(p) = \sum_\lambda u\,(\mathbf{p}, \lambda)\,\overline{u}\,(\mathbf{p}, \lambda) = \frac{\not{p} + m}{2m} \tag{3.92}
$$

durchgeführt werden, nimmt die Übergangswahrscheinlichkeit (3.92) die Form

$$
w_{fi} = \frac{1}{4}\frac{e^4}{V^3 E_1 E_2 E_1' E_2'}\,(f(t,u) + g(t,u) + g(u,t) + f(u,t))\,(2\pi)^4\delta(p_1' + p_2' - p_1 - p_2) \tag{3.93}
$$

an. Beachten Sie, dass $\delta(p)$ in (3.93) eine vierdimensionale δ-Funktion ist. Die Funktionen $f(t,u)$ und $g(t,u)$ erhält man als

$$
\begin{aligned}
f(t,u) &= \frac{m^4}{t^2}\mathrm{Sp}\left\{\Lambda^+(p_2')\gamma^\mu\Lambda^+(p_2)\gamma^\nu\right\}\mathrm{Sp}\left\{\Lambda^+(p_1')\gamma_\mu\Lambda^+(p_1)\gamma_\nu\right\} \\
&= \frac{1}{16t^2}\mathrm{Sp}\{(\not{p}_2'+m)\gamma^\mu(\not{p}_2+m)\gamma^\nu\}\mathrm{Sp}\left\{(\not{p}_1'+m)\gamma_\mu(\not{p}_1+m)\gamma_\nu\right\},
\end{aligned}
\tag{3.94}
$$

$$
\begin{aligned}
g(t,u) &= -\frac{m^4}{tu}\mathrm{Sp}\left\{\Lambda^+(p_2')\gamma^\mu\Lambda^+(p_2)\gamma^\nu\Lambda^+(p_1')\gamma_\mu\Lambda^+(p_1)\gamma_\nu\right\} \\
&= -\frac{1}{16tu}\mathrm{Sp}\left\{(\not{p}_2'+m)\gamma^\mu(\not{p}_2+m)\gamma^\nu(\not{p}_1'+m)\gamma_\mu(\not{p}_1+m)\gamma_\nu\right\}.
\end{aligned}
\tag{3.95}
$$

Die Funktion $f(u,t)$ erhält man aus $f(t,u)$ durch Vertauschung $p_1' \leftrightarrow p_2'$, welche der Vertauschung $t \leftrightarrow u$ entspricht. Die Funktion $g(t,u)$ ist symmetrisch.

Die Spuren in (3.94) berechnen wir unter Verwendung der Formel (siehe Aufgabe 2.4.20)

$$
T^{\alpha\mu\beta\nu} = \frac{1}{4}\mathrm{Sp}\left(\gamma^\alpha\gamma^\mu\gamma^\beta\gamma^\nu\right) = g^{\alpha\mu}g^{\beta\nu} - g^{\alpha\beta}g^{\mu\nu} + g^{\alpha\nu}g^{\mu\beta}
$$

und erhalten

$$
\frac{1}{4}\mathrm{Sp}\left\{(\not{p}_1+m)\gamma^\mu(\not{p}_2+m)\gamma^\nu\right\} = g^{\mu\nu}(m^2 - p_1p_2) + p_1^\mu p_2^\nu + p_1^\nu p_2^\mu. \tag{3.96}
$$

Durch Einsetzen von (3.96) in (3.94) erhalten wir nach der Summation über μ und ν

$$
\begin{aligned}
f(t,u) &= \frac{2}{t^2}\left((p_1p_2)^2 + (p_1p_2')^2 + 2m^2(m^2 - p_1p_1')\right) \\
&= \frac{1}{t^2}\left[\frac{1}{2}(s^2+u^2) + 4m^2(t-m^2)\right].
\end{aligned}
\tag{3.97}
$$

Bei der Berechnung von $g(t,u)$ summieren wir zuerst über die Indizes μ und ν und anschließend berechnen wir die Spur. Die Summation über μ und ν erfolgt unter Benutzung der Formeln

$$
\begin{aligned}
\gamma^\mu\gamma^\alpha\gamma_\mu &= -2\gamma^\alpha, \\
\gamma^\mu\gamma^\alpha\gamma^\beta\gamma_\mu &= 4g^{\alpha\beta}, \\
\gamma^\mu\gamma^\alpha\gamma^\beta\gamma^\delta\gamma_\mu &= -2\gamma^\delta\gamma^\beta\gamma^\alpha, \\
\gamma^\mu \not{A}\gamma^\beta \not{B}\gamma_\mu &= -2\not{B}\gamma^\beta\not{A},
\end{aligned}
$$

die unter Benutzung der Antivertauschungsrelationen der Dirac-Matrizen $\gamma^\alpha\gamma^\beta + \gamma^\beta\gamma^\alpha = 2g^{\alpha\beta}$ unmittelbar rekursiv bewiesen werden können. Als Ergebnis erhalten wir

$$g(t,u) = \frac{2}{tu}\left(p_1p_2 - 2m^2\right)(p_1p_2) = \frac{2}{tu}\left(\frac{s}{2} - m^2\right)\left(\frac{s}{2} - 3m^2\right). \tag{3.98}$$

Um den differentiellen Wirkungsquerschnitt zu erhalten, müssen wir die Übergangswahrscheinlichkeit w_{fi} mit der Zahl der Zustände

$$\frac{Vd^3p_1'}{(2\pi)^3}\frac{Vd^3p_2'}{(2\pi)^3}$$

der gestreuten Teilchen multiplizieren und durch die Wahrscheinlichkeitsstromdichte der einlaufenden Teilchen

$$j = \frac{I}{VE_1E_2}$$

dividieren. Die Größe I ist definiert durch den Ausdruck $I = \sqrt{(p_1p_2) - m_1^2m_2^2} = \sqrt{s(s-4m^2)}/2$. Die Wahrscheinlichkeitsstromdichte der einlaufenden Teilchen in einem beliebigen Inertialsystem wird in der Aufgabe 3.10.12 auf Seite 220 ermittelt.

Die Integration über $\mathbf{p}_2'$ entfernt die Delta-Funktion von den Impulsen in (3.93) und fixiert den Wert des Impulses $\mathbf{p}_2' = \mathbf{p}_1 + \mathbf{p}_2 - \mathbf{p}_1'$. Weiter betrachten wir die Streuung im Bezugssystem des Schwerpunktes, in dem es gilt $\mathbf{p}_1 = -\mathbf{p}_2 \equiv \mathbf{p}$ und $\mathbf{p}_2' = -\mathbf{p}_1'$. Die Integration über $\mathbf{p}_1'$ formen wir wie folgt um

$$d^3p_1' = p_1'^2dp_1'd\Omega_1' = \left|\mathbf{p}_1'\right| E_1'dE_1'd\Omega_1'.$$

Die Integration über E_1' entfernt auch die Delta-Funktion von den Energien. Wegen $\delta(E_1' + E_1' - E_1 - E_1)$ entsteht dabei der Faktor $1/2$. Als Ergebnis erhalten wir den Wirkungsquerschnitt als

$$d\sigma = \frac{1}{32\pi^2}e^4\left\{f(t,u) + g(t,u) + g(u,t) + f(u,t)\right\}\frac{\left|\mathbf{p}_1'\right|}{IE_2'}d\Omega_1', \tag{3.99}$$

wobei wegen der Energieerhaltung $E_1' = E_1$ gilt. Der Streuwinkel im System des Schwerpunktes ist definiert entsprechend der Gleichung $\mathbf{p}_1\mathbf{p}_1' = |\mathbf{p}_1|\left|\mathbf{p}_1'\right|\cos\theta = \mathbf{p}^2\cos\theta$ (siehe Abb. 3.7). Die Energie-Impuls-Erhaltung im Bezugssystem des Schwerpunktes hat zur Folge, dass sich nur die Richtungen der Impulse ändern, $|\mathbf{p}_1| = \left|\mathbf{p}_1'\right|$. Die Berechnung der kinematischen Invarianten im System des Schwerpunktes ergibt

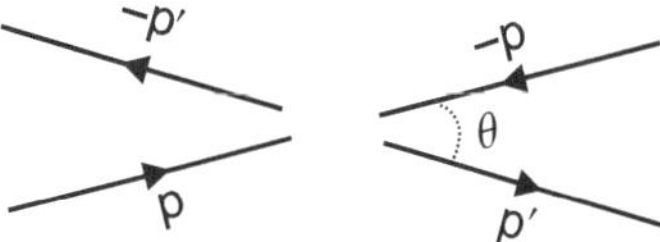

Abb. 3.7 Die Kinematik der Elektron–Elektron-Streuung im Bezugssystem des Schwerpunktes

$$s = 4E^2, \quad t = -4\mathbf{p}^2 \sin^2 \frac{\theta}{2}, \quad u = -4\mathbf{p}^2 \cos^2 \frac{\theta}{2}. \tag{3.100}$$

Die Berechnung von I ergibt, $I = 2E\,|\mathbf{p}|$. Den differentiellen Wirkungsquerschnitt für die Elektron-Elektron-Streuung im Bezugssystem des Schwerpunktes berechnet man unmittelbar als

$$d\sigma = \frac{e^4}{64\pi^2} \{f(t,u) + g(t,u) + g(u,t) + f(u,t)\} \frac{1}{E^2} d\Omega'.$$

Das Einsetzen von (3.100) in (3.97) und (3.95) ergibt nach einfachen Umformungen den Wirkungsquerschnitt (Möller [60]) als

$$d\sigma = r_e^2 \frac{m^2(E^2+\mathbf{p}^2)^2}{4\mathbf{p}^4 E^2} \left[\frac{4}{\sin^4\theta} - \frac{3}{\sin^2\theta} + \left(\frac{\mathbf{p}^2}{E^2+\mathbf{p}^2}\right)^2 \left(1 + \frac{4}{\sin^2\theta}\right)\right] d\Omega', \tag{3.101}$$

wobei in (3.101) der klassische Radius des Elektrons $r_e = e^2/4\pi mc^2 = 2,8 \times 10^{-13}$cm, welcher in den relativistischen Einheiten $c = \hbar = 1$ durch den Ausdruck $r_e = e^2/4\pi m$ gegeben ist, eingeführt wurde. Im nichtrelativistischen Grenzfall, $E \approx m$, erhält man aus (3.101)

$$\begin{aligned} d\sigma &= 4\left(\frac{e^2}{4\pi m\mathbf{v}^2}\right)^2 \frac{1+3\cos^2\theta}{\sin^4\theta} d\Omega' \\ &= \left(\frac{e^2}{4\pi m\mathbf{v}^2}\right)^2 \left(\frac{1}{\sin^4\frac{\theta}{2}} + \frac{1}{\cos^4\frac{\theta}{2}} - \frac{1}{\sin^2\frac{\theta}{2}\cos^2\frac{\theta}{2}}\right) d\Omega', \end{aligned} \tag{3.102}$$

wobei $\mathbf{v} = 2\mathbf{p}/m$ die Relativgeschwindigkeit bezeichnet. Der Term mit $\sin^{-4}\frac{\theta}{2}$ in der zweiten Zeile von (3.102) ist der Beitrag zum Wirkungsquerschnitt des ersten Feynman-Graphen in der Abb. 3.6 und entspricht der Rutherfordformel für die Streuung im äußeren Coulombpotential. Der Term mit $\cos^{-4}\frac{\theta}{2} = \sin^{-4}\frac{\pi-\theta}{2}$ entspricht dem Beitrag des Austauschgraphen in der Abb. 3.6 zum Wirkungsquerschnitt. Dieser Term kann so interpretiert werden, dass das zweite Elektron (das in der Abb. 3.7 von rechts einläuft) in die Richtung des ersten Elektrons d.h. in den Raumwinkel Ω' gestreut wird. Der Term $-\sin^{-2}\frac{\theta}{2}\cos^{-2}\frac{\theta}{2}$ resultiert von der Interferenz der beiden Prozesse in der Abb. 3.6.

Der differentielle Wirkungsquerschnitt im ultrarelativistischen Grenzfall ($E^2 \simeq \mathbf{p}^2$) kann unter Benutzung der Gl. (3.101) nach einer einfachen Umformung in der Form

$$
\begin{aligned}
d\sigma &= \left(\frac{e^2}{4\pi m}\right)^2 \frac{m^2}{4E^2} \frac{\left(3+\cos^2\theta\right)^2}{\sin^4\theta} d\Omega' \\
&= \left(\frac{e^2}{4\pi m}\right)^2 \frac{m^2}{4E^2} \left(\frac{1}{\sin^4\frac{\theta}{2}} + \frac{1}{\cos^4\frac{\theta}{2}} + 1\right) d\Omega'
\end{aligned}
$$

geschrieben werden. Die Interpretation der einzelnen Terme im obigen Ausdruck ist wie die im nichtrelativistischen Grenzfall.

3.8.4 Kreuzsymmetrie

In den Abschn. 2.3.1 und 2.3.2 haben wir die Streuung von Elektronen und Positronen im Coulombpotential im Rahmen der Propagatortheorie betrachtet. Der Vergleich der Streuamplituden erster Ordnung für Elektronen und Positronen ergibt die bemerkenswerte Symmetrie zwischen der Streuamplituden von Teilchen und Antiteilchen in wechselwirkenden Systemen, welche als Kreuzsymmetrie (crossing symmetry) bezeichnet wird. Um diesen Zusammenhang festzustellen, vergleichen wir die Streuamplitude (2.58) für das Positron

$$
c_1^{(\mathrm{pos})}(\mathbf{p}',\lambda',t';\mathbf{p},\lambda,t) = \frac{-ie'}{V}\sqrt{\frac{m^2c^4}{E_{\mathbf{p}'}E_{\mathbf{p}}}}\, v_\beta(\mathbf{p}',\lambda')\gamma^\mu_{\beta\alpha}A_\mu(p-p')\overline{v}_\alpha(\mathbf{p},\lambda) \tag{3.103}
$$

mit der Streuamplitude (2.51) für das Elektron

$$
c_1^{(el)}(\mathbf{p}',\lambda',t';\mathbf{p},\lambda,t) = \frac{-ie}{V}\sqrt{\frac{m^2c^4}{E_{\mathbf{p}'}E_{\mathbf{p}}}}\,\overline{u}_\alpha(\mathbf{p}',\lambda')\gamma^\mu_{\alpha\beta}A_\mu(p'-p)u_\beta(\mathbf{p},\lambda). \tag{3.104}
$$

Die Substitution

$$
p \to -p', \; p' \to -p \tag{3.105}
$$

(p ist Vierer-Vektor) in (3.104) ergibt unter Benutzung der Definition der Bispinor-Amplitude $v(E,\mathbf{p})$

$$
u(-E,-\mathbf{p}) = v(E,\mathbf{p}) \tag{3.106}
$$

und der Eigenschaft

$$
\overline{u}(-E,-\mathbf{p}) = -\overline{v}(E,\mathbf{p}) \tag{3.107}
$$

(siehe für den Beweis Aufgabe 1.14.20 auf Seite 57), dass die Streuamplitude für die Elektronenstreuung (3.104) exakt in die Streuamplitude der Positronenstreuung

(3.103) übergeht. Diese Eigenschaft der Ausbreitungsamplitude drückt den Inhalt der Kreuzsymmetrie aus. Die Kreuzsymmetrie ermöglicht es, die Streuamplitude für die Positronenstreuung aus der für die Elektronenstreuung unter Benutzung der Substitutionen (3.105) zu ermitteln. Beachten Sie, dass die Substitutionen (3.105) die Vertauschung der Teilchen-Zustände vor und nach der Streuung beinhalten.

Die Kreuzsymmetrie kann für Elektronen und Positronen folgendermaßen begründet werden. Die Ersetzungen in der Gl. (3.105) bedeuten den Übergang zu den Zuständen negativer Energie und negativer Impulse. Die Striche in (3.105) bedeuten die Vertauschung der Zustände vor und nach der Streuung, so dass sich die Zustände negativer Energie rückwärts in der Zeit ausbreiten. Wie wir bereits wissen, wird die Ausbreitung der Zustände negativer Energie rückwärts in der Zeit als Ausbreitung der Positronen vorwärts in der Zeit interpretiert. In Übereinstimmung mit der Aufgabe 1.14.20 sind die Helizitäten von den Zuständen $u(\mathbf{p}, \lambda)$ und $v(\mathbf{p}, \lambda)$ gleich. Die Helizitäten der Zustände $u(-E, -\mathbf{p}, \lambda)$ und $v(\mathbf{p}, \lambda)$ sind offensichtlich entgegengerichtet. Die gleiche Schlussfolgerung gilt auch für die Zustände $\overline{u}(\mathbf{p}, \lambda)$ und $\overline{v}(\mathbf{p}, \lambda)$.

In den Streuamplituden mit mehreren Elektronenlinien kann die obige Betrachtung für jede einzelne äußere Linie angewendet werden. Anschaulich wird die Kreuzsymmetrie in der Abb. 3.8 dargestellt. Das Diagramm für die Positronenstreuung (rechts) erhält man aus der für die Elektronenstreuung durch Drehung der letzteren um 180°. Man sagt, dass die Elektron-Positron-Streuung ein anderer Kanal der Elektron-Elektron-Streuung ist. Die Substitutionen (3.105) können einzeln in äußeren Linien durchgeführt werden. Die Substitution $p_- \to -p'_+$ in der einlaufenden Linie ergibt den Feynman-Graph für die Elektron-Positron-Erzeugung im äußeren elektromagnetischen Feld. Dies entspricht der Drehung des betrachteten Diagramms um 90° gegen den Uhrzeigersinn.

Die Kreuzsymmetrie gilt auch für Prozesse unter Beteiligung von Photonen in Ausgangs- und Endzuständen. Den einlaufenden Photonen bzw. den auslaufenden Photonen, wie wir aus den Abschn. 3.2 und 3.8.1 wissen, werden entsprechend die Wellenfunktionen

$$\mathbf{A}_{\mathbf{k},\lambda}(\mathbf{r}, t) = \sqrt{\frac{2\pi\hbar c^2}{V\omega_k}}\boldsymbol{\varepsilon}_{\mathbf{k},\lambda}e^{-i\omega_k t+i\mathbf{k}\mathbf{r}}, \quad \mathbf{A}^*_{\mathbf{k}',\lambda'}(\mathbf{r}, t) = \sqrt{\frac{2\pi\hbar c^2}{V\omega_{k'}}}\boldsymbol{\varepsilon}^*_{\mathbf{k}',\lambda'}e^{i\omega'_k t-i\mathbf{k}'\mathbf{r}}$$

zugeordnet. Für zirkular polarisierte Photonen sind die Polarisationsvektoren $\boldsymbol{\varepsilon}_{\mathbf{k},\lambda}$ im Unterschied zu linearpolarisierten Photonen (siehe Gl. (3.39) auf Seite 146 und den Text danach) komplex und genügen der Bedingung $\boldsymbol{\varepsilon}_{-\mathbf{k},\lambda} = \boldsymbol{\varepsilon}^*_{\mathbf{k},\lambda}$. Die Erset-

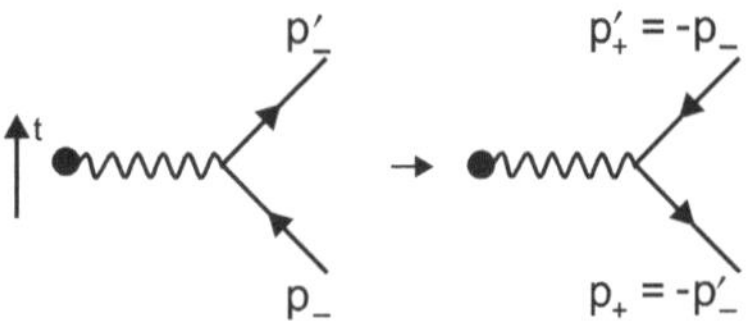

Abb. 3.8 Zur Erläuterung der Kreuzsymmetrie

zungen $k \to -k', k' \to -k$ führen $\mathbf{A}_{\mathbf{k},\lambda}(\mathbf{r}, t)$ in $\mathbf{A}^*_{\mathbf{k}',\lambda'}(\mathbf{r}, t)$ und umgekehrt über. Die Polarisationsvektoren sowie die Spinrichtungen werden durch die obigen Ersetzungen geändert, aber weil auch die Ausbreitungsrichtung geändert wird, werden die Helizitäten genauso wie die für Elektronen und Positronen nicht geändert. Die Photonen sind neutrale Teilchen, so dass das Antiphoton mit dem Photon übereinstimmt. Die äußere Photonenlinie mit Impuls k kann entweder der Absorption eines Photons mit Impuls $k_a = k$ oder der Emission eines Photons mit Impuls $k_e = -k$ zugeordnet werden. Die Kreuzsymmetrie gilt auch für massebehaftete Bosonen solche wie $\pi^{\pm}$-Mesonen. Aus der Betrachtung der Streuung von $\pi^{\pm}$-Mesonen im äußeren elektromagnetischen Feld in der Aufgabe 2.4.26 auf Seite 123 folgt, dass man durch die Substitution (3.105) in der Streuamplitude für das Teilchen (z.B. π^{+}-Meson) die Streuamplitude des Antiteilchens erhält.

Die Kreuzsymmetrie besagt, dass ein und derselbe Feynman-Graph bzw. eine und dieselbe Streuamplitude abhängig von der Interpretation der äußeren Linien verschiedene Kanäle eines Prozesses (Reaktion) beschreibt. Dies kann am Beispiel der Reaktion im System aus zwei Teilchen wie folgt erläutert werden. Neben dem Prozeß in dem die Teilchen a und b infolge der gegenseitigen Wechselwirkung in die Teilchen c und d umgewandelt werden

$$a + b \to c + d \tag{3.108}$$

kann auch der Prozeß

$$a + \overline{c} \to \overline{b} + d, \tag{3.109}$$

wobei $\overline{b}$ das Antiteilchen von b bezeichnet etc., betrachtet werden. Die Energie-Impuls-Erhaltung für die Reaktionen (3.108) und (3.109) lauten entsprechend

$$p_a + p_b = p_c + p_d, \quad p_a + p_{\overline{c}} = p_{\overline{b}} + p_d.$$

Die Verschiebung der Teilchen von einer Seite auf die andere wird durch die Änderung der Vorzeichen der Vierer-Impulse begleitet. In den äußeren Linien werden die Amplituden mit negativen Vierer-Impulsen den Antiteilchen mit positiven Energien und entgegengesetzten Impulsen zugeordnet. Wenn der eine oder andere Prozeß wegen der Energie-Impuls-Erhaltung verboten ist, dann wird die Streuamplitude Null werden wegen der Delta-Funktion, die als Faktor in dem Ausdruck für die Streuamplitude berücksichtigt wird.

Die Kreuzsymmetrie kann als Eigenschaft der Streuamplitude gegenüber dem Produkt von drei aufeinander folgenden Operationen aufgefasst werden:

1. Anfangszustand $\leftrightarrow$ Endzustand (T: Zeitumkehr),
2. Teilchen $\leftrightarrow$ Antiteilchen (C: Ladungskonjugation),
3. $\mathbf{p} \leftrightarrow -\mathbf{p}$ (P: Parität).

Die Kreuzsymmetrie ist somit eine Symmetrie gegenüber dem Produkt der drei Symmetrie-Operationen CPT.[3] Sie ist jedoch mehr als das von G. Lüders 1954 und W. Pauli 1955 formulierte und bewiesene CPT-Theorem, welches eine Folge der Raum-Zeit-Symmetrie ist. Das CPT-Theorem beinhaltet die Symmetrie der gesamten Streuamplitude unter Vertauschung der Zustände vor und nach der Streuung, sowie der Teilchen mit Antiteilchen. Die Kreuzsymmetrie ermöglicht es, eine solche Transformation für jedes einzelne Teilchen in Anfangs- und Endzuständen durchzuführen. Wie oben bereits erwähnt wurde, beschreibt der Feynman-Graph für die Elektronen-Streuung in der Abb. 3.8 auch die Elektron-Positron-Erzeugung im äußeren elektromagnetischen Feld. Im nächsten Abschnitt wird gezeigt, wie die Streuamplitude für die Elektron-Positron-Streuung aus der Streuamplitude für die Elektron-Elektron-Streuung unter Benutzung der Kreuzsymmetrie ermittelt werden kann.

3.8.5 Elektron-Positron-Streuung

Die Elektron-Positron-Streuung ist in Übereinstimmung mit der Kreuzsymmetrie ein anderer Kanal der Elektron-Elektron-Streuung. Die Anwendung der Kreuzsymmetrie auf die Feynman - Graphen der Elektron-Elektron-Streuung in der Abb. 3.6 ergibt die Feynman-Graphen für die Elektron-Positron-Streuung, welche in der Abb. 3.9 dargestellt sind. Die Streuamplitude und auch das Betragsquadrat der Streuamplitude für den unpolarisierten Prozeß brauchen jedoch nicht noch mal berechnet werden, sondern können unmittelbar aus denen für die Elektron-Elektron-Streuung abgeleitet werden.

Jetzt beginnen wir mit der Berechnung des Wirkungsquerschnittes der Elektron-Positron-Streuung unter Benutzung der Kreuzsymmetrie. In Übereinstimmung mit (3.105) ersetzen wir die Impulse in der Streuamplitude der Elektron-Elektron-Streuung durch die Impulse des Elektrons p_- und des Positrons p_+ entsprechend den Gleichungen

$$p_1' = -p_+, \quad p_1 = -p_+', \quad p_2 = p_-, \quad p_2' = p_-'.$$

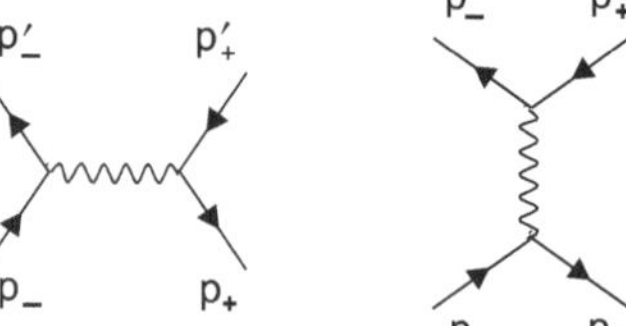

Abb. 3.9 Die Feynman-Diagramme niedrigster Ordnung für die Elektron-Positron-Streuung

[3] Die Operationen C, P und T für die Einteilchenwellengleichungen wurden in den Aufgaben nach dem Abschn. 1 ausführlich behandelt.

Die kinematischen Invarianten (siehe die Gl. (3.90)) erhält man als

$$s = (p_- - p'_+)^2, \quad t = (p_+ - p'_+)^2, \quad u = (p_- + p_+)^2. \tag{3.110}$$

Die Berechnung der Größe $I = \sqrt{(p_1 p_2)^2 - m_1^2 m_2^2}$ in der Definition der Stromdichte der einlaufenden Teilchen ergibt $I = \frac{1}{2}\sqrt{u(u-4m^2)}$. Der Vergleich von (3.90) und (3.110) ergibt, dass man den differentiellen Wirkungsquerschnitt für die Elektron-Positron-Streuung erhält, wenn man u und s miteinander vertauscht. Im Bezugssystem des Schwerpunktes erhält man jetzt für die kinematischen Invarianten

$$u = 4E^2, \quad t = -4\mathbf{p}^2 \sin^2\frac{\theta}{2}, \quad s = -4\mathbf{p}^2 \cos^2\frac{\theta}{2}. \tag{3.111}$$

Die Berechnung von I ergibt, $I = 2E\,|\mathbf{p}|$. Das Einsetzen von (3.111) in (3.99) ergibt nach einfachen Umformungen den differentiellen Wirkungsquerschnitt für die Elektron-Positron-Streuung in der niedrigsten Ordnung nach der Wechselwirkung als (Bhabba [61])

$$d\sigma = r_e^2 \frac{m^2}{4E^2}\left(\frac{(E^2+\mathbf{p}^2)^2}{4\mathbf{p}^4\sin^4\frac{\theta}{2}} - \frac{8E^4-m^4}{4\mathbf{p}^2E^2\sin^2\frac{\theta}{2}} + \frac{12E^4+m^4}{4E^4} \right.$$
$$\left. - \frac{\mathbf{p}^2(E^2+\mathbf{p}^2)}{E^4}\sin^2\frac{\theta}{2} + \frac{\mathbf{p}^4}{E^4}\sin^4\frac{\theta}{2}\right) d\Omega'.$$

Im nichtrelativistischen Grenzfall erhalten wir für den Wirkungsquerschnitt

$$d\sigma = \left(\frac{e^2}{4\pi m^2 \mathbf{v}^2}\right)^2 \frac{d\Omega'}{\sin^4\frac{\theta}{2}}$$

mit $\mathbf{v} = 2\mathbf{p}/m$. Letzterer stimmt mit der Rutherford-Formel überein. Das rechte Diagramm in der Abb. 3.9, welches die Umwandlung des Elektrons und Positrons vor der Streuung in ein virtuelles Photon beinhaltet, liefert im nichtrelativistischen Grenzfall keinen Beitrag.

3.8.6 Elektron-Positron-Zerstrahlung

Die Zerstrahlung eines Elektron-Positron-Paares in Gamma-Strahlung ist ein echter Prozeß mit Teilchenumwandlung. Um diesen Prozeß zu studieren, benutzen wir die Störungsentwicklung der kausalen Greenschen Funktion der Dirac-Gleichung im äußeren elektromagnetischen Feld in der Gl. (1.100) auf Seite 42 bis zu 2. Ordnung nach Potenzen des Vierer-Potentials

$$S_2^c(2,1) = (-ie)^2 \int d^4 3 \int d^4 4 S_0^c(2,3)\gamma^\mu A_\mu(3) S_0^c(3,4)\gamma^\nu A_\nu(4) S_0^c(4,1) + \cdots . \tag{3.112}$$

Weiter betrachten wir das Matrixelement

$$S_{fi} = -\int d^3 r_2 \int d^3 r_1 \overline{\psi}^{(-)}_{\mathbf{p}',\lambda'}(\mathbf{r}_2, t_2)\gamma^0 S_2^c(\mathbf{r}_2, t_2; \mathbf{r}_1, t_1)\gamma^0 \psi^{(+)}_{\mathbf{p},\lambda}(\mathbf{r}_1, t_1). \tag{3.113}$$

Die Zeiten t_1 und t_2 werden im Grenzfall $t_1, t_2 \to -\infty$ betrachtet. Das Einsetzen von (3.112) in S_{fi} ergibt

$$S_{fi} = (-ie)^2 \int d^4 3 \int d^4 4 \overline{\psi}^{(-)}_{\mathbf{p}',\lambda'}(3)\gamma^\mu A_\mu(3) S_0^c(3,4)\gamma^\nu A_\nu(4)\psi^{(+)}_{\mathbf{p},\lambda}(4). \tag{3.114}$$

Genauso wie bei der Betrachtung der Positronstreuung im Coulombpotential im Abschn. 2.3.2 auf Seite 92, interpretieren wir $\overline{\psi}^{(-)}_{\mathbf{p}',\lambda'}(3)$ als Wellenfunktion des einlaufenden Positrons mit Impuls $\mathbf{p}_+ = \mathbf{p}'$ und Helizität $\lambda_+ = \lambda'$. Das Vorzeichen Minus in (3.113) wurde eingeführt, um das Minus von $S_0^c(2,3)$ zu kompensieren (vergleiche mit dem Abschn. 2.3.2 auf Seite 92).

Die Vektorpotentiale des äußeren elektromagnetischen Feldes in (3.114) entsprechen der Wellenfunktionen der gestreuten Photonen. In Übereinstimmung mit der Gl. (3.39) werden dem einlaufenden und dem gestreuten Photon folgende Vektorpotentiale (in relativistischen Einheiten $c = \hbar = 1$) zugeordnet

$$\mathbf{A}_{\mathbf{k}}(\mathbf{r}, t) = \sqrt{\frac{1}{2V\omega_{\mathbf{k}}}}\boldsymbol{\varepsilon}_{\mathbf{k},\lambda} e^{-i\omega_{\mathbf{k}} t + i\mathbf{k}\mathbf{r}}, \quad \mathbf{A}^*_{\mathbf{k}'}(\mathbf{r}, t) = \sqrt{\frac{1}{2V\omega_{\mathbf{k}'}}}\boldsymbol{\varepsilon}'_{\mathbf{k}',\lambda'} e^{i\omega_{\mathbf{k}'} t - i\mathbf{k}'\mathbf{r}} . \tag{3.115}$$

Die skalaren Potentiale sind in dieser Eichung gleich Null. Diese Interpretation der Vektorpotentiale kann wie folgt begründet werden. Wir fassen die Vektorpotentiale in (3.114) als Operatoren auf, die durch die Entwicklung (3.39) definiert sind. Anschließend betrachten wir das Matrixelement $\langle 1_{k_1}, 1_{k_2} | S_{fi} | 0 \rangle$.

Da die emittierten Photonen Bose-Teilchen sind, muss S_{fi} bezüglich k_1 und k_2 symmetrisiert werden. Nach dem Übergang zu Fourier-Transformierten erhält man die Streuamplitude als

$$\begin{aligned} S_{fi} = {} & (2\pi)^4 \delta^{(4)}(p_+ + p_- - k_1 - k_2)(-ie)^2 \sqrt{\frac{1}{V^2 2\omega_{k_1} 2\omega_{k_2}}} \sqrt{\frac{m}{VE_{p_+}}}\overline{v}(p_+, \lambda_+) \\ & \times i \left(\gamma_\nu \varepsilon_2^\nu \frac{\not{p}_- - \not{k}_1 + m}{(p_- - k_1)^2 - m^2}\gamma_\mu \varepsilon_1^\mu \right. \\ & \left. + \gamma_\mu \varepsilon_1^\mu \frac{\not{p}_- - \not{k}_2 + m}{(p_- - k_2)^2 - m^2}\gamma_\nu \varepsilon_2^\nu \right) \sqrt{\frac{m}{VE_{p_-}}} u(p_-, \lambda_-). \end{aligned} \tag{3.116}$$

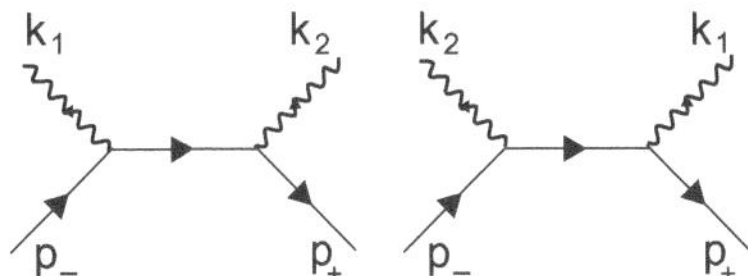

Abb. 3.10 Feynman-Diagramme niedrigster Ordnung für die Elektron-Positron-Zerstrahlung zu zwei Gamma-Quanten

Der Ausdruck (3.116) entspricht dem Feynman-Graphen in der Abb. 3.10. Die Benutzung der Beziehung

$$\begin{aligned}(\not{p}+m)\,\gamma_\mu u(p) &= \left(p^\nu(\gamma_\nu\gamma_\mu+\gamma_\mu\gamma_\nu-\gamma_\mu\gamma_\nu)+m\gamma_\mu\right)u(p)\\ &= 2p_\mu u(p)-\gamma_\mu\,(\not{p}-m)\,u(p)=2p_\mu u(p)\end{aligned}$$

und Umformung der Nenner in (3.116)

$$(k_2-p_-)^2-m^2=-2k_2p_-,\quad (k_1-p_-)^2-m^2\ =-2k_1p_-$$

ermöglicht es, den Ausdruck in Klammern in (3.116) zu vereinfachen. Die Streuamplitude erhält man anschließend als

$$\begin{aligned}S_{fi} &= (2\pi)^4\delta^{(4)}(p_++p_--k_1-k_2)(-ie)^2\sqrt{\frac{1}{V^2 2\omega_{k_1}2\omega_{k_2}}}\sqrt{\frac{m}{VE_{p_+}}}\overline{v}(p_+,\lambda_+)\\ &\times i\left(\gamma_\mu\varepsilon_1^\mu\frac{2(p_-)_\nu-\not{k}_2\gamma_\nu}{-2k_2p_-}\varepsilon_2^\nu+\gamma_\nu\varepsilon_2^\nu\frac{2(p_-)_\mu-\not{k}_1\gamma_\mu}{-2k_1p_-}\varepsilon_1^\mu\right)\sqrt{\frac{m}{VE_{p_-}}}u(p_-,\lambda_-).\end{aligned}$$

Im Bezugssystem, in dem das Elektron vor der Annihilation ruht, $p_-=(m,0)$, verschwinden die Skalarprodukte $(p_-)_\nu\varepsilon^\nu=0$. Daher erhalten wir

$$\begin{aligned}S_{fi} &= (2\pi)^4\delta^{(4)}(p_++p_--k_1-k_2)(-ie)^2\sqrt{\frac{1}{V^2 2\omega_{k_1}2\omega_{k_2}}}\sqrt{\frac{m}{VE_{p_+}}}\overline{v}(p_+,\lambda_+)\\ &\times i\left(\gamma_\mu\varepsilon_1^\mu\frac{\not{k}_2\gamma_\nu}{2k_2p_-}\varepsilon_2^\nu+\gamma_\nu\varepsilon_2^\nu\frac{\not{k}_1\gamma_\mu}{2k_1p_-}\varepsilon_1^\mu\right)\sqrt{\frac{m}{VE_{p_-}}}u(p_-,\lambda_-).\end{aligned}$$

Das weitere Vorgehen ist analog dem in den oben betrachteten Beispielen. Für das Betragsquadrat der Amplitude pro Zeit erhält man das Ergebnis

$$\frac{|S_{fi}|^2}{T} = \frac{e^4}{4V^3}\frac{m^2}{E_{p_+}E_{p_-}\omega_{k_1}\omega_{k_2}}(2\pi)^4\delta^{(4)}(p_+ + p_- - k_1 - k_2)$$

$$\times\, u^+(p_-,\lambda_-)\left(\varepsilon_1^{\mu}\frac{(\gamma_\mu\ \not{k}_2\gamma_\nu)^+}{2k_2p_-}\varepsilon_2^{\nu} + \varepsilon_2^{\nu}\frac{(\gamma_\nu\ \not{k}_1\gamma_\mu)^+}{2k_1p_-}\varepsilon_1^{\mu}\right)\overline{v}^+(p_+,\lambda_+)$$

$$\times\, \overline{v}(p_+,\lambda_+)\left(\varepsilon_1^{\mu}\frac{\gamma_\mu\ \not{k}_2\gamma_\nu}{2k_2p_-}\varepsilon_2^{\nu} + \varepsilon_2^{\nu}\frac{\gamma_\nu\ \not{k}_1\gamma_\mu}{2k_1p_-}\varepsilon_1^{\mu}\right)u(p_-,\lambda_-).$$

Der letzter Ausdruck kann unter Benutzung der Eigenschaft der Dirac-Matrizen $\gamma^{\nu+}\gamma^0 = \gamma^0\gamma^\nu$ wie folgt geschrieben werden

$$w_{fi} = \frac{e^4}{4V^3}\frac{m^2}{E_{p_+}E_{p_-}\omega_{k_1}\omega_{k_2}}(2\pi)^4\delta^{(4)}(p_+ + p_- - k_1 - k_2)$$

$$\times\, \overline{u}(p_-,\lambda_-)\left(\varepsilon_1^{\mu}\frac{\gamma_\nu\ \not{k}_2\gamma_\mu}{2k_2p_-}\varepsilon_2^{\nu} + \varepsilon_2^{\nu}\frac{\gamma_\mu\ \not{k}_1\gamma_\nu}{2k_1p_-}\varepsilon_1^{\mu}\right)v(p_+,\lambda_+)$$

$$\times\, \overline{v}(p_+,\lambda_+)\left(\varepsilon_1^{\mu}\frac{\gamma_\mu\ \not{k}_2\gamma_\nu}{2k_2p_-}\varepsilon_2^{\nu} + \varepsilon_2^{\nu}\frac{\gamma_\nu\ \not{k}_1\gamma_\mu}{2k_1p_-}\varepsilon_1^{\mu}\right)u(p_-,\lambda_-).$$

Die Mittelung über die Polarisationen des einlaufenden Elektrons und Positrons unter Benutzung der Gleichungen

$$\sum_\lambda u(p,\lambda)\overline{u}(p,\lambda) = \frac{\not{p}+m}{2m},\quad \sum_\lambda v(p,\lambda)\overline{v}(p,\lambda) = \frac{\not{p}-m}{2m}$$

ergibt

$$w_{fi} = \frac{e^4}{4V^3}\frac{m^2}{E_{p_+}E_{p_-}\omega_{k_1}\omega_{k_2}}(2\pi)^4\delta^{(4)}(p_+ + p_- - k_1 - k_2)$$

$$\times \frac{1}{4}\mathrm{Sp}\left[\frac{\not{p}_- + m}{2m}\left(\frac{\not{\varepsilon}_1\ \not{k}_1\ \not{\varepsilon}_2}{2p_-k_1} + \frac{\not{\varepsilon}_2\ \not{k}_2\ \not{\varepsilon}_1}{2p_-k_2}\right)\right.$$

$$\left.\times\, \frac{\not{p}_+ - m}{2m}\left(\frac{\not{\varepsilon}_2\ \not{k}_1\ \not{\varepsilon}_1}{2p_-k_1} + \frac{\not{\varepsilon}_1\ \not{k}_2\ \not{\varepsilon}_2}{2p_-k_2}\right)\right]. \tag{3.117}$$

Das Einsetzen des Ergebnisses der Berechnung der Spur in der Aufgabe 3.10.31

$$\mathrm{Sp}\,[\ldots] = \frac{1}{2m^2}\left[\frac{k_2p_-}{k_1p_-} + \frac{k_1p_-}{k_2p_-} - 4(\varepsilon_1\varepsilon_2)^2 + 2\right]$$

in die Gl. (3.117) ergibt

$$w_{fi} = \frac{e^4}{32m^2V^3}\frac{m^2}{E_{p_+}E_{p_-}\omega_1\omega_2}(2\pi)^4\delta^{(4)}(p_+ + p_- - k_1 - k_2)\left[\frac{\omega_2}{\omega_1} + \frac{\omega_1}{\omega_2} - 4(\varepsilon_1\varepsilon_2)^2 + 2\right] \tag{3.118}$$

Der Wirkungsquerschnitt ist definiert durch die Gleichung

$$d\sigma = \frac{w_{fi}}{j}\frac{Vd^3k_2}{(2\pi)^3}\frac{V\mathbf{k}_1^2dk_1d\Omega_1}{(2\pi)^3}, \tag{3.119}$$

wobei

$$j = \frac{I}{VE_{p_+}E_{p_-}}$$

die Stromdichte der einlaufenden Teilchen ist. Die Invariante $I = \sqrt{(p_-p_+)^2 - m^4}$ ist uns bereits bekannt aus der Elektron-Elektron-Streuung und aus der Aufgabe 3.10.12. Im Bezugssystem, in dem das Elektron vor der Annihilation ruht, gilt $I = m\,|\mathbf{p}_+|$. Unter Benutzung von (3.118) und (3.119) erhalten wir den Wirkungsquerschnitt als

$$\frac{d\sigma}{d\Omega_1} = \frac{e^4}{128\pi^2}\left[\frac{\omega_2}{\omega_1} + \frac{\omega_1}{\omega_2} - 4(\varepsilon_1\varepsilon_2)^2 + 2\right]\delta^{(4)}(p_+ + p_- - k_1 - k_2)\frac{k_1}{Ik_2}d^3k_2dk_1.$$

Die Integration über $\mathbf{k}_2$ hebt die dreidimensionale Delta-Funktion auf und fixiert den Wert von $\mathbf{k}_2 = \mathbf{p}_+ - \mathbf{k}_1$. Diesen Wert von $\mathbf{k}_2$ setzen wir in das Argument der übrig gebliebenen Delta-Funktion ein. Um die Integration über $\mathbf{k}_1$ durchzuführen, wählen wir das Argument der Delta-Funktion $x(k_1) = m + E_+ - k_1 - \sqrt{\mathbf{p}_+^2 - 2\,|\mathbf{p}_+|\,k_1\cos\theta + k_1^2}$ als neue Integrationsvariable, wobei der Streuwinkel θ entsprechend der Beziehung $\mathbf{p}_+\mathbf{k}_1 = |\mathbf{p}_+|\,k_1\cos\theta$ eingeführt wurde. Die Bedingung $x(k_1) = 0$ liefert den absoluten Wert von $k_1 = \omega_1$

$$\omega_1 = \frac{m\,(m + E_+)}{m + E_+ - |\mathbf{p}_+|\cos\theta}.$$

Wegen der Variablensubstitution entsteht der Faktor

$$\frac{1}{|\partial x(k_1)/\partial k_1|} = \frac{(m + E_+)\,(E_+ - |\mathbf{p}_+|\cos\theta)}{(m + E_+ - |\mathbf{p}_+|\cos\theta)^2}.$$

Für k_2 erhält man den Ausdruck

$$\omega_2 = k_2 = m + E_+ - k_1 = \frac{(m + E_+)\,(E_+ - |\mathbf{p}_+|\cos\theta)}{m + E_+ - |\mathbf{p}_+|\cos\theta}.$$

Die Berechnung des Faktors $k_1/k_2\,|\partial x(k_1)/\partial k_1|$ ergibt

$$\frac{k_1}{k_2}\frac{1}{|\partial x(k_1)/\partial k_1|}=\frac{m\,(m+E_+)}{(m+E_+-|\mathbf{p}_+|\cos\theta)^2}.$$

Den Wirkungsquerschnitt erhält man nach der Integration über $\mathbf{k}_2$ und k_1 als

$$\frac{d\sigma}{d\Omega_1}=\frac{r_e^2m^2}{8\,|\mathbf{p}_+|}\frac{m+E_+}{(m+E_+-|\mathbf{p}_+|\cos\theta)^2}\left[\frac{\omega_2}{\omega_1}+\frac{\omega_1}{\omega_2}-4(\varepsilon_1\varepsilon_2)^2+2\right]. \tag{3.120}$$

Die Summation über die Polarisationen der emittierten Photonen erfolgt unter Benutzung der Gleichung (3.71)

$$\sum_{\lambda=1,2}\varepsilon_i(\lambda,\mathbf{k})\varepsilon_j(\lambda,\mathbf{k})=\delta_{ij}-\frac{k_ik_j}{k^2}$$

und liefert das Ergebnis

$$\sum_{\lambda_1,\lambda_2}(\varepsilon_1\varepsilon_2)^2=1+\cos^2\theta.$$

In den Termen in den rechteckigen Klammern in (3.120), die von ε_1 und ε_2 unabhängig sind, entsteht der Faktor 4 wegen der Summation über die Polarisationen.

Den Wirkungsquerschnitt für unpolarisierte Photonen erhält man anschließend als

$$\begin{aligned}\frac{d\sigma}{d\Omega}&=\frac{r_e^2m^2}{2\,|\mathbf{p}_+|}\frac{m+E_+}{(m+E_+-|\mathbf{p}_+|\cos\theta)^2}\\&\quad\times\left(\frac{m}{E_+-|\mathbf{p}_+|\cos\theta}+\frac{E_+-|\mathbf{p}_+|\cos\theta}{m}+2-1-\cos^2\theta\right)\\&=\frac{r_e^2m^2}{2\,|\mathbf{p}_+|}(m+E_+)\left(\frac{1}{m\,(E_+-|\mathbf{p}_+|\cos\theta)}-\frac{1+\cos^2\theta}{(m+E_+-|\mathbf{p}_+|\cos\theta)^2}\right).\end{aligned}$$

Den totalen Wirkungsquerschnitt erhält man durch Integration über den Raumwinkel. Dabei muss beachtet werden, dass jedes Photon bei der Integration über den gesamten Raumwinkel wegen der Ununterscheidbarkeit der Photonen zweimal berücksichtigt wird. Deswegen muss das Integral durch zwei geteilt werden

$$\overline{\sigma}=\frac{1}{2}2\pi\int_{-1}^{1}\left(\frac{d\sigma}{d\Omega}\right)_{\cos\theta=x}dx.$$

Als Ergebnis erhält man

$$\overline{\sigma} = \frac{\pi r_e^2}{1+\gamma}\left[\frac{\gamma^2+4\gamma+1}{\gamma^2-1}\ln\left(\gamma+\sqrt{\gamma^2-1}\right)-\frac{\gamma+3}{\sqrt{\gamma^2-1}}\right], \tag{3.121}$$

wobei die Bezeichnung $\gamma = E_+/m \geq 1$ eingeführt wurde. Die Gl. (3.121) wurde zum ersten Mal von Dirac [62] hergeleitet. Der totale Wirkungsquerschnitt verhält sich für kleine und große γ als

$$\overline{\sigma} = \begin{cases} \pi r_e^2 \gamma/\sqrt{\gamma^2-1} = \pi r_e^2/v_+, & \gamma \to 1 \\ \pi r_e^2 \left(\ln(2\gamma)-1\right)/\gamma, & \gamma \to \infty \end{cases},$$

wobei $v_+ = E_+/(m\sqrt{\gamma^2-1})$ die Geschwindigkeit des Positrons bezeichnet.

3.8.7 Compton-Streuung von Photonen an Elektronen

Im Vergleich zur Elektron-Positron-Annihilation

$$e_- + e_+ \to \gamma + \gamma$$

wird die Compton-Streuung durch die Reaktion beschrieben

$$e_- + \gamma \to \bar{e}_+ + \gamma.$$

Da das Photon ein neutrales Teilchen ist, stimmt das Antiphoton mit dem Photon überein, so dass das Querzeichen über γ auf der linken Seite in der obigen Reaktion überflüssig ist. In Übereinstimmung mit der Kreuzsymmetrie kann die Streuamplitude für die Compton-Streuung von Photonen an Elektronen direkt aus der für die Elektron-Positron-Zerstrahlung abgeleitet werden. Die Feynman-Graphen für die Compton-Streuung von Photonen an Elektronen sind in der niedrigsten Ordnung in der Abb. 3.11 dargestellt. Diese Diagramme können aus denen für die Elektron-Positron-Zerstrahlung durch die Substitutionen

$$k_2 \to -k, \quad k_1 \to k', \quad p_- \to p, \quad p_+ \to -p' \tag{3.122}$$

abgeleitet werden. In Übereinstimmung mit den Regeln im Abschn. 3.8.4 benutzen wir die Substitutionen (3.122) in der Amplitude (3.118) für die Elektron-Positron-

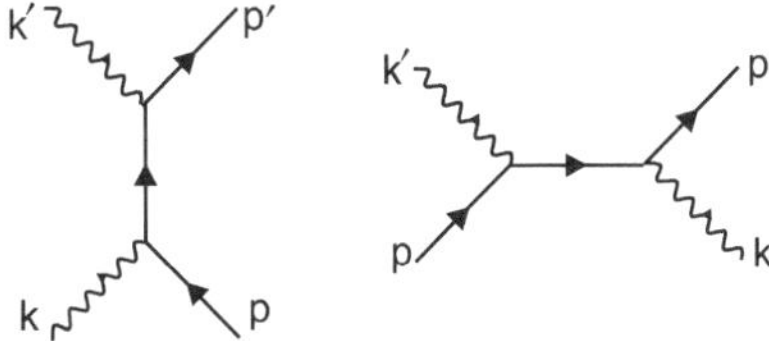

Abb. 3.11 Feynman-Diagramme niedrigster Ordnung für die Compton-Streuung von Photonen an Elektronen

Zerstahlung und erhalten

$$w_{fi} = \frac{e^4}{32m^2V^3}\frac{m^2}{E_{p'}E_p\omega\omega'}(2\pi)^4\delta^{(4)}(p+k-p'-k')(-1)\left[\frac{-kp}{k'p}+\frac{k'p}{-kp}-4(\varepsilon_1\varepsilon_2)^2+2\right]. \tag{3.123}$$

Die Herleitung des Wirkungsquerschnittes ausgehend von (3.123) ist völlig analog zu der entsprechenden Herleitung für die Compton-Streuung von Photonen an geladenen π-Mesonen im Abschn. 3.8.1. Das Ergebnis ist die Klein-Nishina-Formel [63]

$$\frac{d\sigma}{d\Omega} = \frac{r_e^2}{4}\left(\frac{\omega'}{\omega}\right)^2\left[\frac{\omega}{\omega'}+\frac{\omega'}{\omega}+4(\varepsilon_1\varepsilon_2)^2-2\right], \tag{3.124}$$

wobei das Verhältnis ω'/ω durch die Gl. (3.70) gegeben ist

$$\omega' = \frac{\omega}{1+\frac{\omega}{m}(1-\cos\theta)}.$$

Für niedrige Energien $\omega \to 0$ gilt $\omega'/\omega \to 1$, so dass man

$$\frac{d\sigma}{d\Omega} = r_e^2(\varepsilon_1\varepsilon_2)^2$$

erhält. In den herkömmlichen Einheiten wird ω/m durch $\hbar k/mc = k\lambda_c$ ersetzt. Der Grenzfall zur klassischen Betrachtung $\omega \to 0$ entspricht der Bedingung, dass die Wellenlänge der Strahlung $2\pi/k$ viel größer als die Compton-Wellenlänge des Elektrons ist. Für nicht polarisierte Photonen muss über die Polarisation des einlaufenden Photons gemittelt werden (Faktor $1/2$) und über die Polarisation des gestreuten Photons summiert werden. Als Ergebnis erhält man für $\omega \to 0$ die klassische Thomson-Formel

$$\frac{d\sigma}{d\Omega} = \frac{r_e^2}{2}(1+\cos^2\theta).$$

3.8.8 *Bremsstrahlung*

Die Nullpunktschwankungen des elektromagnetischen Feldes führen dazu, dass bei der Streuung im Coulombfeld Photonen emittiert werden können. Für ein freies Teilchen ist ein solcher Prozeß durch die Energie-Impuls-Erhaltung verboten. Wegen der Emission der Photonen ist die Energie des Elektrons vor und nach der Streuung verschieden, so dass die Coulomb-Streuung dadurch inelastisch wird. Die Ausstrahlung von Photonen bezeichnet man als Bremsstrahlung. In diesem Abschnitt werden wir die Bremsstrahlung im nichtrelativistischen Grenzfall unter

Benutzung der Propagatormethode der nichtrelativistischen Quantenmechanik studieren. Die Wechselwirkungsenergie mit dem Coulombfeld des Atomkerns und mit dem quantisierten elektromagnetischen Feld erhält man durch die Substitutionen $E \to E - eV$ und $\mathbf{p} \to \mathbf{p} - \frac{e}{c}\mathbf{A}$ in der Schrödingergleichung für ein freies Teilchen in der Form

$$U = -\frac{Ze^2}{r} + \frac{e}{mc}\mathbf{A}(\mathbf{r},t)\mathbf{p} + \frac{e^2}{2mc^2}\mathbf{A}^2(\mathbf{r},t),$$

wobei $\mathbf{A}(\mathbf{r},t)$ das Vektorpotential des quantisierten elektromagnetischen Feldes, welches durch die Gl. (3.39) auf Seite 146 definiert ist, bezeichnet. Der quadratische Term nach Potenzen von $\mathbf{A}$ in U beschreibt Prozesse mit zwei Photonen, die hier nicht betrachtet werden. Dem Ausgangs- und dem Endzustand entsprechen die Wellenfunktionen

$$\Psi_i = \frac{1}{\sqrt{V}}\exp\left(\frac{-iE_{p_i}t}{\hbar} + \frac{i\mathbf{p}_i\mathbf{r}}{\hbar}\right)|0\rangle = \psi_{\mathbf{p}_i}(\mathbf{r},t)\,|0\rangle\,,$$

$$\Psi_f = \frac{1}{\sqrt{V}}\exp\left(\frac{-iE_{p_f}t}{\hbar} + \frac{i\mathbf{p}_f\mathbf{r}}{\hbar}\right)|1_{\mathbf{k}\lambda}\rangle = \psi_{\mathbf{p}_f}(\mathbf{r},t)\,|1_{\mathbf{k}\lambda}\rangle\,.$$

In Ψ_f wird berücksichtigt, dass sich im Endzustand ein Photon befindet. Für die Betrachtung der Bremstrahlung benutzen wir die zeitabhängige Störungstheorie in der Form der Entwicklung der retardierten Greenschen Funktion der nichtrelativistischen Schrödingergleichung nach Potenzen des äußeren Feldes, welches den ersten beiden Termen in U entspricht. Diese Entwicklung besitzt die gleiche Form wie die Entwicklung (1.32) für die Klein-Gordon-Gleichung. Für den ungestörten nichtrelativistischen Propagator für ein System im endlichen Volumen (periodische Randbedingungen) benutzen wir den Ausdruck

$$K_0(\mathbf{r}_2 - \mathbf{r}_1, t_2 - t_1) = \theta(t_2 - t_1)\frac{1}{V}\sum_{\mathbf{p}_n} e^{-iE_{\mathbf{p}_n}(t_2-t_1)/\hbar + i\mathbf{p}_n(\mathbf{r}_2-\mathbf{r}_1)/\hbar}.$$

K_0 entspricht der retardierten Greenschen Funktion der Schrödingergleichung für ein freies Teilchen. Wegen der periodischen Randbedingungen nehmen die Wellenzahlvektoren $\mathbf{k}_n = \mathbf{p}_n/\hbar$ diskrete Werte $\mathbf{k}_n = \left(2\pi/\sqrt[3]{V}\right)\mathbf{n}$ mit $n_x, n_y, n_z = 0, \pm 1, \pm 2, \ldots$ an.

Um die Streuamplitude für die Bremsstrahlung zu bestimmen, betrachten wir das Matrixelement der Greenschen Funktion bezüglich der Wellenfunktionen Ψ_f und Ψ_i. In der Störungsentwicklung der Greenschen Funktion betrachten wir den quadratischen Term nach Potenzen von U. Die gesuchte Streuamplitude entspricht den gemischten Termen des Matrixelementes, wo ein äußeres Potential mit dem Coulomb- und das andere mit dem Vektorpotential identifiziert werden. Als Ergebnis erhalten wir

$$
\begin{aligned}
S_{fi} = \left(\frac{-i}{\hbar}\right)^2 \int d^3r_2 \int d^3r_1 \int_{-T/2}^{T/2} dt_2 \int_{-T/2}^{t_2} dt_1 \psi^*_{\mathbf{p}_f}(\mathbf{r}_2, t_2) \\
\times \left[\frac{e}{mc}\mathbf{A}^*_{\mathbf{k},\lambda}(\mathbf{r}_2, t_2)\frac{\hbar}{i}\nabla_{\mathbf{r}_2} K_0(\mathbf{r}_2 - \mathbf{r}_1, t_2 - t_1)\frac{-Ze^2}{r_1}\right. \\
\left. + \frac{-Ze^2}{r_2} K_0(\mathbf{r}_2 - \mathbf{r}_1, t_2 - t_1)\frac{e}{mc}\mathbf{A}^*_{\mathbf{k},\lambda}(\mathbf{r}_1, t_1)\frac{\hbar}{i}\nabla_{\mathbf{r}_1}\right] \psi_{\mathbf{p}_i}(\mathbf{r}_1, t_1), \quad (3.125)
\end{aligned}
$$

wobei die Größe

$$
\mathbf{A}^*_{\mathbf{k},\lambda}(\mathbf{r}, t) = \sqrt{\frac{2\pi\hbar c^2}{V\omega_k}} \boldsymbol{\varepsilon}_{\mathbf{k},\lambda} e^{i\omega_k t - i\mathbf{kr}}
$$

in Analogie zu $\psi^*_{\mathbf{p}_f}(\mathbf{r}_2, t_2)$ als Wellenfunktion des emittierten Photons (hier in Gauss-Einheiten) bezeichnet werden kann. Der Ausdruck für S_{fi} wird mit den Graphen in der Abb. 3.12 assoziiert. Die obere Integrationsgrenze im Integral über t_1 kommt dadurch zustande, dass wir für das nichtrelativistische Teilchen die retardierte Greensche Funktion benutzen. Der virtuelle Zustand zwischen den Wechselwirkungen mit dem elektromagnetischen Feld breitet sich vorwärts in der Zeit aus. Das Einsetzen der Spektralentwicklung der nichtrelativistischen retardierten Greenschen Funktion ermöglicht es, die Integration über t_2 und t_1 unmittelbar auszuführen. Unter Benutzung der Formel

$$
\lim_{\alpha\to\infty} \frac{\sin\alpha x}{x} = \pi\delta(x)
$$

erhält man für die Zeitintegrale in der Streuamplitude die Ausdrücke

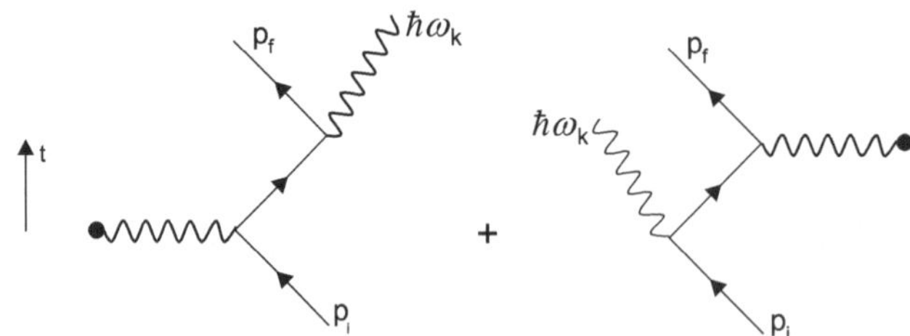

Abb. 3.12 Feynman-Graphen niedrigster Ordnung für die Bremsstrahlung von nichtrelativistischen Elektronen im Coulombfeld. Die im gefüllten Kreis endenden Wellenlinien repräsentieren die Coulombwechselwirkung $-Ze^2/r$

$$-2\pi i\hbar^2\delta(E_{\mathbf{p}_i} - E_{\mathbf{p}_f} - \hbar\omega_k)\frac{1}{E_{\mathbf{p}_n} - E_{\mathbf{p}_i}},$$

$$-2\pi i\hbar^2\delta(E_{\mathbf{p}_i} - E_{\mathbf{p}_f} - \hbar\omega_k)\frac{1}{E_{\mathbf{p}_n} - E_{\mathbf{p}_i} + \hbar\omega_k}. \tag{3.126}$$

Das Coulombpotential entwickeln wir in Fourier-Reihe entsprechend der Beziehung

$$V(r) = \frac{1}{V}\sum_{\mathbf{q}_n} V(q_n)e^{i\mathbf{q}_n\mathbf{r}}.$$

Die Fouriertransformierte des Coulombpotentials wurde im Abschn. 2.3.3 berechnet und ist gegeben durch den Ausdruck $V_{\text{coul}}(q) = -4\pi Ze^2/\mathbf{q}^2$. Für $V \to \infty$ werden die Summen über die diskreten Wellenzahlvektoren $\mathbf{q}_n$ durch Integrale $V\int d^3q/(2\pi)^3$ ersetzt. Entsprechend konvertiert das Kronecker-Symbol $V\delta_{0,\mathbf{k}+\mathbf{k}_f-\mathbf{k}_n} \equiv V\delta_{0,\mathbf{n}+\mathbf{n}_f-\mathbf{n}_n}$ (siehe Bemerkung nach der Gl. (3.20)) zur δ-Funktion $(2\pi\hbar)^3\delta^{(3)}(\hbar\mathbf{k} + \mathbf{p}_f - \mathbf{p})$.

Die Integration über $\mathbf{r}_2$ und $\mathbf{r}_1$ im ersten und zweiten Term in rechteckigen Klammern in (3.125) ergibt

$$V\delta_{0,\mathbf{k}+\mathbf{k}_f-\mathbf{k}_n}V\delta_{0,\mathbf{q}-\mathbf{k}_n+\mathbf{k}_i}, \quad V\delta_{0,\mathbf{q}-\mathbf{k}_n+\mathbf{k}_f}V\delta_{0,\mathbf{k}+\mathbf{k}_n-\mathbf{k}_i},$$

wobei $\mathbf{q}$ ($= \mathbf{q}_n$ für die diskrete Fourier-Transformation) den Wellenzahlvektor der Fourier-Zerlegung des Coulombpotentials bezeichnet. Nach der Integration über $\mathbf{r}_2$ und $\mathbf{r}_1$ erhalten wir die Streuamplitude in der Impulsdarstellung in der Form

$$\begin{aligned} S_{fi} &= \frac{1}{V}\frac{e}{mc}\sqrt{\frac{2\pi\hbar c^2}{V\omega_k}}2\pi i\delta(E_{\mathbf{p}_i} - E_{\mathbf{p}_f} - \hbar\omega_k) \\ &\times\left[\frac{1}{V}\sum_{\mathbf{p}_n} V\delta_{0,\mathbf{k}+\mathbf{k}_f-\mathbf{k}_n}\frac{1}{E_{\mathbf{p}} - E_{\mathbf{p}_i}}\left(\boldsymbol{\varepsilon}_{\mathbf{k},\lambda}\mathbf{p}_f\right)V_{\text{coul}}\left(\frac{\mathbf{p}_n - \mathbf{p}_i}{\hbar}\right)\right. \\ &\left.+\frac{1}{V}\sum_{\mathbf{p}_n}V_{\text{coul}}\left(\frac{\mathbf{p}_n - \mathbf{p}_f}{\hbar}\right)\frac{1}{E_{\mathbf{p}_n} - E_{\mathbf{p}_i} + \hbar\omega_k}\left(\boldsymbol{\varepsilon}_{\mathbf{k},\lambda}\mathbf{p}_i\right)V\delta_{0,\mathbf{k}+\mathbf{k}_n-\mathbf{k}_i}\right]. \end{aligned} \tag{3.127}$$

Es gilt $\mathbf{p}_n = \hbar\mathbf{k}_n$ etc. Die mittlere Elektronenlinie in der Abb. 3.12 entspricht einem virtuellen Elektron, weil wie aus dem obigen Ausdruck folgt, für die innere Linie die Energie-Impuls-Beziehung $E_p = \mathbf{p}^2/2m$ nicht gilt. Die Kronecker-Symbole in (3.127) drücken die Impulserhaltung im Vertex in dem das Photon emittiert wird, aus und heben die Integration über den Impuls $\mathbf{p}_n$ auf. Als Ergebnis erhält man

$$S_{fi} = \frac{2\pi i}{V}\frac{e}{mc}\sqrt{\frac{2\pi\hbar c^2}{V\omega_k}}\delta(E_{\mathbf{p}_i} - E_{\mathbf{p}_f} - \hbar\omega_k)\frac{-4\pi Ze^2\hbar^2}{(\hbar\mathbf{k}+\mathbf{p_f}-\mathbf{p}_i)^2}$$

$$\times\left[\frac{1}{E_{\hbar\mathbf{k}+\mathbf{p}_f} - E_{\mathbf{p}_i}}\left(\boldsymbol{\varepsilon}_{\mathbf{k},\lambda}\mathbf{p}_f\right) + \frac{1}{E_{\hbar\mathbf{k}+\mathbf{p}_f} - E_{\mathbf{p}_i} + \hbar\omega_k}\left(\boldsymbol{\varepsilon}_{\mathbf{k},\lambda}\mathbf{p}_i\right)\right].$$

Die δ-Funktion drückt die Energieerhaltung aus. Die Übergangswahrscheinlichkeit pro Zeit erhält man als

$$w_{fi} = \frac{|S_{fi}|^2}{T} = \frac{1}{2\pi\hbar}\frac{4\pi^2}{V^3}\left(\frac{e}{mc}\right)^2\frac{2\pi\hbar c^2}{\omega_k}\delta(E_{\mathbf{p}_i} - E_{\mathbf{p}_f} - \hbar\omega_k)\left[\frac{-4\pi Ze^2\hbar^2}{(\hbar\mathbf{k}+\mathbf{p_f}-\mathbf{p}_i)^2}\right]^2$$

$$\times\left[\frac{1}{E_{\hbar\mathbf{k}+\mathbf{p}_f} - E_{\mathbf{p}_i}}\left(\boldsymbol{\varepsilon}_{\mathbf{k},\lambda}\mathbf{p}_f\right) + \frac{1}{E_{\mathbf{p}_i-\hbar\mathbf{k}} - E_{\mathbf{p}_i} + \hbar\omega_k}\left(\boldsymbol{\varepsilon}_{\mathbf{k},\lambda}\mathbf{p}_i\right)\right]^2. \tag{3.128}$$

Die Herleitung von (3.126) zeigt, dass die formal unendliche Größe $\delta(0)$ durch $T/2\pi\hbar$ ersetzt werden muss. Man kann unmittelbar zeigen, dass w_{fi} mit dem entsprechendem Ausdruck in der zweiten Ordnung der stationären Störungstheorie [64]

$$w_{fi} = \frac{2\pi}{\hbar}\left|{\sum_m}'\frac{U_{fm}U_{mi}}{E_i - E_m}\right|^2$$

übereinstimmt. Um den Wirkungsquerschnitt zu ermitteln, muss w_{fi} mit dem Faktor

$$\frac{Vd^3\mathbf{p}_f}{(2\pi\hbar)^3}\frac{Vd^3\mathbf{k}}{(2\pi)^3}$$

multipliziert und durch die Stromdichte der einlaufenden Elektronen $j_i = p_i/mV$ dividiert werden. Die Delta-Funktion in (3.128) hebt die Integration über p_f in Übereinstimmung mit der Beziehung

$$\int_0^\infty dp_f\, p_f\,\delta(E_{\mathbf{p}_i} - E_{\mathbf{p}_f} - \hbar\omega_k) = m\int_0^\infty dE_f\,\delta(E_{\mathbf{p}_i} - E_{\mathbf{p}_f} - \hbar\omega_k) = m$$

auf. Als Resultat erhält man

$$d\sigma = \frac{Z^2}{\pi^2}\left(\frac{e^2}{\hbar c}\right)^3 \frac{1}{\left((\mathbf{k}+\mathbf{q})^2\right)^2}\frac{\omega p_f}{p_i}$$
$$\times\left[\frac{1}{E_{\hbar\mathbf{k}+\mathbf{p}_f}-E_{\mathbf{p}_i}}\left(\boldsymbol{\varepsilon}_{\mathbf{k},\lambda}\mathbf{p}_f\right)+\frac{1}{E_{\mathbf{p}_i-\hbar\mathbf{k}}-E_{\mathbf{p}_i}+\hbar\omega}\left(\boldsymbol{\varepsilon}_{\mathbf{k},\lambda}\mathbf{p}_i\right)\right]^2 d\Omega_f d\Omega_k d\omega, \tag{3.129}$$

wobei $\mathbf{q} = (\mathbf{p_f}-\mathbf{p}_i)/\hbar$ den Streuvektor des Elektrons bezeichnet und die Abkürzung $\omega = \omega_k$ benutzt wird. Beachten Sie, dass der Wert des Impulses p_f durch die Energieerhaltung festgelegt ist. Für nichtrelativistische Geschwindigkeiten $v_i/c \ll 1$ und niederfrequente Photonen $\hbar\omega \ll mc^2$ gelten die Abschätzungen

$$\frac{\hbar}{m}\mathbf{p}_i\mathbf{k} \le \frac{\hbar}{m}p_i k = \frac{p_i}{mc}\hbar\omega = \frac{\mathrm{v}_i}{c}\hbar\omega \ll \hbar\omega,$$
$$\frac{\hbar^2k^2}{2m} = \hbar\omega\frac{\hbar\omega}{2mc^2} \ll \hbar\omega.$$

Unter Benutzung Letzterer erhalten wir

$$E_{\mathbf{p}_i-\hbar\mathbf{k}} - E_{\mathbf{p}_i} + \hbar\omega = \hbar\omega - \frac{\hbar}{m}\mathbf{p}_i\mathbf{k} + \frac{\hbar^2k^2}{2m} \simeq \hbar\omega,$$

$$E_{\hbar\mathbf{k}+\mathbf{p}_f} - E_{\mathbf{p}_i} \simeq -\hbar\omega.$$

Für niederfrequente Photonen kann der Impuls des Photons in dem dem Kern abgegebenen Impuls vernachlässigt werden:

$$\hbar\mathbf{k} + \mathbf{p_f} - \mathbf{p}_i \simeq \mathbf{p_f} - \mathbf{p}_i = \hbar\mathbf{q}.$$

Das Benutzen dieser Näherungen in (3.129) ergibt

$$d\sigma = \frac{Z^2}{\pi^2}\left(\frac{e^2}{\hbar c}\right)^3 \frac{1}{\left(\mathbf{q}^2\right)^2}\frac{p_f}{p_i}\left(\boldsymbol{\varepsilon}_{\mathbf{k},\lambda}\mathbf{q}\right)^2 d\Omega_f\, d\Omega_k \frac{d\omega}{\omega}.$$

Nach der Summation über die Polarisation des Photons unter Verwendung der Beziehung (3.10.2) auf Seite 212

$$\sum_\lambda \left(\boldsymbol{\varepsilon}_{\mathbf{k},\lambda}\mathbf{q}\right)^2 = q^2 - \frac{(\mathbf{qk})^2}{k^2}$$

erhalten wir den Wirkungsquerschnitt in folgender Form

$$d\sigma = \frac{Z^2}{\pi^2}\left(\frac{e^2}{\hbar c}\right)^3 \frac{1}{\left(\mathbf{q}^2\right)^2}\frac{p_f}{p_i\omega}\left(q^2 - \frac{(\mathbf{qk})^2}{k^2}\right) d\Omega_f\, d\Omega_k d\omega. \tag{3.130}$$

Die Integration über die Richtungen des emittierten Photons $d\Omega_k$ ergibt den Faktor $8\pi\mathbf{q}^2/3$. Letztere wird einfach, wenn man die z-Achse des Koordinatensystems in $\mathbf{q}$-Richtung wählt. Für den Wirkungsquerschnitt erhält man

$$d\sigma = \frac{8}{3\pi}Z^2\left(\frac{e^2}{\hbar c}\right)^3 \frac{1}{\mathbf{q}^2}\frac{p_f}{p_i}d\Omega_f\frac{d\omega}{\omega}.$$

Bei der Integration über die Richtungen des gestreuten Elektrons ist es günstig, die z-Achse in Richtung von $\mathbf{p}_i$ zu wählen. Man erhält nach einer elementaren Integration

$$\begin{aligned} d\sigma_\omega &= \frac{16}{3}Z^2\left(\frac{e^2}{\hbar c}\right)^3 \frac{p_f\hbar^2}{p_i}\left(\int_{-1}^{1} dx \frac{1}{p_i^2 + p_f^2 - 2p_i p_f x}\right)\frac{d\omega}{\omega} \\ &= \frac{16}{3}Z^2 r_e^2 \frac{e^2}{\hbar c}\frac{m^2c^2}{p_i^2}\ln\left(\frac{p_i + p_f}{p_i - p_f}\right)\frac{d\omega}{\omega} \\ &= \frac{8}{3}Z^2 r_e^2 \frac{e^2}{\hbar c}\frac{mc^2}{E_i}\ln\frac{\left(\sqrt{E_i} + \sqrt{E_i - \hbar\omega}\right)^2}{\hbar\omega}\frac{d\omega}{\omega}, \end{aligned} \tag{3.131}$$

wobei $r_e = e^2/mc^2$ den klassischen Radius des Elektrons (in Gauss-Einheiten) bezeichnet.

Der Vergleich von (3.130) mit dem Wirkungsquerschnitt für die Rutherford-Streuung

$$d\sigma_R = \frac{4m^2}{\hbar^4}\frac{(Ze^2)^2}{\left(\mathbf{q}^2\right)^2}d\Omega_f$$

ergibt, dass $d\sigma$ als Produkt

$$d\sigma = d\sigma_R dw_\gamma, \tag{3.132}$$

des Wirkungsquerschnittes für die elastische Streuung $d\sigma_R$ und der Wahrscheinlichkeit dw_γ für die Ausstrahlung eines Photons im Frequenzintervall $\omega, \omega + d\omega$ und im Raumwinkel $d\Omega_k$

$$dw_\gamma = \frac{\hbar^4}{4m^2}\frac{e^2}{\pi^2\hbar^3c^3}\frac{p_f}{p_i\omega}\left(q^2 - \frac{(\mathbf{qk})^2}{k^2}\right)d\Omega_k d\omega$$

geschrieben werden kann. Der Wirkungsquerschnitt kann im betrachteten Grenzfall als Produkt von zwei unabhängigen Faktoren geschrieben werden infolge der Vernachlässigung der Rückwirkung des Photons auf die Elektronenstreuung. Die Wahrscheinlichkeit für die Ausstrahlung von zwei Photonen wird aus denselben Gründen auch faktorisiert und ist gegeben durch den Ausdruck

$$d\sigma_R dw_\gamma^2$$

und analog für die Ausstrahlung von drei und mehreren Photonen. Die langwelligen Photonen emittieren unabhängig voneinander.

Die Wahrscheinlichkeit w_γ für die Ausstrahlung eines Photons im Frequenzintervall (ω_1, ω_2) (in einer beliebigen Raumrichtung) erhält man durch Integration von dw_γ in diesen Grenzen als $w_\gamma \simeq \ln(\omega_2/\omega_1)$. Die obere Grenze ω_2 kann mit logarithmischer Genauigkeit durch die Energie des gestreuten Teilchens approximiert werden. Die Wahrscheinlichkeit der Ausstrahlung von n Photonen muss wegen der Ununterscheidbarkeit der Photonen mit dem Faktor $1/n!$ multipliziert werden. Es folgt aus dem obigen Ausdruck für w_γ, dass die Wahrscheinlichkeit für die Ausstrahlung mehrerer langwelliger Photonen mit der Zahl der Photonen zunimmt. Das bedeutet, dass die Störungsreihe des Wirkungsquerschnitts nach der Zahl der ausgestrahlten langwelligen Photonen

$$d\sigma = d\sigma_R + d\sigma_R dw_\gamma + d\sigma_R dw_\gamma^2 + \cdots$$

schlecht konvergent ist. Da die langwelligen Photonen statistisch unabhängig voneinander ausgestrahlt werden, ist die Wahrscheinlichkeit für die Ausstrahlung von n Photonen durch die Poisson-Verteilung

$$w(n) = \frac{\overline{n}^n}{n!} e^{-\overline{n}}$$

gegeben. Hierbei ist $\overline{n}$ die mittlere Zahl der ausgestrahlten Photonen. Der Wirkungsquerschnitt für die Ausstrahlung von n Photonen während der Streuung kann wie folgt geschrieben werden

$$d\sigma = d\sigma_R w(n).$$

Da $\sum_n w(n) = 1$ gilt, stimmt der Wirkungsquerschnitt der betrachteten Teilchen-Streuung im äußeren Feld unter Berücksichtigung der Ausstrahlung einer beliebiger Anzahl langwelliger Photonen mit $d\sigma_R$ überein. D.h. der im Rahmen der Störungstheorie berechnete elastische Wirkungsquerschnitt $d\sigma_R$ berücksichtigt in der Tat die Ausstrahlung einer beliebiger Anzahl langwelliger Photonen.

Infolge der Abhängigkeit des Wirkungsquerschnitts von der Frequenz der langwelligen Photonen $d\sigma/d\omega \sim 1/\omega$ ist der totale Wirkungsquerschnitt unendlich. Dieser Sachverhalt ist als Infrarotkatastrophe bekannt [65] (siehe auch z.B. [7, 19]). Diese Divergenz demonstriert in erster Linie die Ungültigkeit der Störungsentwicklung, da wie wir oben gesehen haben, die Wahrscheinlichkeit für die Emission von mehreren langwelligen Photonen ($\omega \to 0$) mit der Zahl der Photonen zunimmt. Die Störungsentwicklung basiert jedoch auf der Annahme, dass der Beitrag zum Wirkungsquerschnitt von der Emission von n langwelligen Photonen kleiner ist als der Beitrag von der Emission von $n - 1$ Photonen. Die Einbeziehung der Emission einer beliebigen Anzahl von langwelligen Photonen beseitigt, wie wir oben gesehen haben, die Infrarotdivergenzen.

In der Tat werden die oben betrachteten Infrarotdivergenzen rein im Rahmen der Störungstheorie durch die in den Strahlungskorrekturen des elastischen Anteils des Wirkungsquerschnittes (siehe Abb. 3.13) enthaltenen Divergenzen, welche durch virtuelle langwellige Photonen verursacht werden, aufgehoben (siehe z.B. [15, 21] und Aufgabe 3.10.34 auf Seite 248 zur Berechnung des Vertices). Der Wirkungsquerschnitt wird endlich. Diese Aufhebung der Divergenzen von diesen scheinbar verschiedenen Prozessen kann aus experimenteller Sicht wie folgt begründet werden. Jedes Messgerät besitzt ein endliches Energieauflösungsvermögen, weswegen es zwischen nicht elastisch und elastisch gestreuten Elektronen nicht unterscheiden kann. Dies befindet sich auch in Übereinstimmung mit der Energie-Zeit-Unschärfe. Da die Detektion der Photonen mit einer Energie-Unschärfe verbunden ist, kann das Gerät in der entsprechenden Messzeit, die sich aus der Energie-Zeit-Unschärfe ergibt, zwischen den reellen und den virtuellen Photonen nicht unterscheiden.

Wir werden jetzt zeigen wie dw_γ mit dem aus der Elektrodynamik bekannten Ausdruck für die Intensität der Dipolstrahlung zusammenhängt. Unter Benutzung der Relation

$$(\mathbf{q} \times \mathbf{n})^2 = q^2 - \frac{(\mathbf{qk})^2}{k^2},$$

die unmittelbar überprüft werden kann, und der Approximation $|\mathbf{p}_f| \simeq |\mathbf{p}_i|$ (langwellige Photonen) kann dw_γ in der Form

$$dw_\gamma = \frac{1}{4\pi^2 c^3} \frac{1}{\hbar\omega} \left[(\dot{\mathbf{d}}_f - \dot{\mathbf{d}}_i) \times \mathbf{n_k}\right]^2 d\Omega_k d\omega$$

geschrieben werden. Die Größe $\mathbf{n_k} = \mathbf{k}/ \mid \mathbf{k} \mid$ bezeichnet die Ausbreitungsrichtung des Photons, während die Größen $\dot{\mathbf{d}}_f = (e/m)\mathbf{p}_f$ und $\dot{\mathbf{d}}_i = (e/m)\mathbf{p}_i$ die zeitlichen

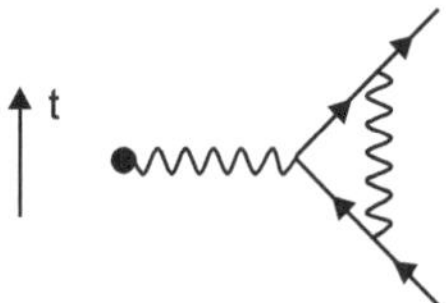

Abb. 3.13 Das Feynman-Diagramm für die Strahlungskorrektur niedrigster Ordnung zur elastischen Streuung im Coulombfeld

Ableitungen des Dipolmoments des Elektrons nach und vor der Streuung bezeichnen. Die obere Gleichung impliziert, dass die Größe

$$(dE_{\mathbf{n}\omega})_{\omega\to 0} = (\hbar\omega dw_\gamma)_{\omega\to 0} = \frac{1}{4\pi^2c^3}\left[(\dot{\mathbf{d}}_f - \dot{\mathbf{d}}_i)\times\mathbf{n_k}\right]^2 d\Omega_k d\omega$$

der ausgestrahlten Energie im Raumwinkel $d\Omega_k$ und im Frequenzintervall $(\omega, \omega + d\omega)$ im Grenzfall $\omega \to 0$ entspricht. Die Differenz $\dot{\mathbf{d}}_f - \dot{\mathbf{d}}_i$ kann wie folgt geschrieben werden

$$\dot{\mathbf{d}}_f - \dot{\mathbf{d}}_i = \int_{-T/2}^{T/2}\frac{d}{dt}\dot{\mathbf{d}}(t)dt = (\ddot{\mathbf{d}}_\omega)_{\omega\to 0}.$$

Hierbei ist $\ddot{\mathbf{d}}_\omega$ die Fourier-Transformierte von $\ddot{\mathbf{d}}(t) = \int_\infty^\infty \ddot{\mathbf{d}}_\omega e^{-i\omega t}d\omega/2\pi$. Für $(dE_{\mathbf{n}\omega})_{\omega\to 0}$ erhält man

$$(dE_{\mathbf{n}\omega})_{\omega\to 0} = \frac{1}{4\pi^2c^3}\left[(\ddot{\mathbf{d}}_\omega)_{\omega\to 0}\times\mathbf{n_k}\right]^2 d\Omega_k d\omega.$$

Die Extrapolation Letzterer für $\omega \neq 0$ ergibt

$$dE_{\mathbf{n}\omega} = \frac{1}{4\pi^2c^3}|\ddot{\mathbf{d}}_\omega\times\mathbf{n_k}|^2 d\Omega_k d\omega.$$

Das Integral $\int dE_{\mathbf{n}\omega}d\omega$ entspricht der im Raumwinkel $d\Omega_k$ ausgestrahlten Energie, die mit der Strahlungsintensität dI wie folgt zusammenhängt

$$\int\frac{dE_{\mathbf{n}\omega}}{d\omega}d\omega = \int dI dt.$$

Hierbei bezieht sich d bei I auf $d\Omega_k$. Aus der oberen Beziehung erhält man unmittelbar den aus der klassischen Elektrodynamik bekannten Ausdruck für die Intensität der Dipolstrahlung

$$dI = \frac{1}{4\pi c^3}\left[\ddot{\mathbf{d}}\times\mathbf{n_k}\right]^2 d\Omega_k = \frac{1}{4\pi c^3}\ddot{\mathbf{d}}^2\sin^2\theta d\Omega_k.$$

Die Wahrscheinlichkeit dw_γ und folglich der Wirkungsquerschnitt $d\sigma$ können somit rein im Rahmen der klassischen Elektrodynamik hergeleitet werden.

Den Wirkungsquerschnitt für die Streuung von zwei Teilchen mit Ladungen e_1, e_2 und Massen m_1, m_2 im Bezugssystem des Schwerpunktes erhält man unter Benutzung der Substitutionen [66]

$$-Ze^2 \to e_1e_2, \quad \frac{e}{m} \to \frac{e_1}{m_1} - \frac{e_2}{m_2},$$

die sich aus dem Zusammmenhang zwischen dem Zweiteilchenproblem und dem Einteilchenproblem im äußeren Potential ergeben, in der Gl. (3.131) als

$$d\sigma_\omega = \frac{8}{3} e_1^2 e_2^2 \left(\frac{e_1}{m_1} - \frac{e_2}{m_2} \right)^2 \frac{\mu^2}{\hbar c^3 E} \ln \frac{\left(\sqrt{E} + \sqrt{E - \hbar\omega}\right)^2}{\hbar\omega} \frac{d\omega}{\omega},$$

wobei $E = \mu \mathrm{v}^2/2$ die Energie, $\mu = m_1 m_2/(m_1 + m_2)$ die reduzierte Masse und v die Relativgeschwindigkeit der gestreuten Ladungen bezeichnen. Für Teilchen mit einem konstanten Verhältnis e/m verschwindet die Bremsstrahlung. Dieses Ergebnis befindet sich in Übereinstimmung mit dem aus der klassischen Elektrodynamik bekannten Resultat, dass die Dipolstrahlung für ein abgeschlossenes System mit $e/m = \text{const}$ verboten ist.

3.9 Strahlungskorrekturen

Im vorhergehenden Abschnitt wurden verschiedene elektrodynamische Prozesse in der niedrigsten Ordnung nach Potenzen der Feinstrukturkonstante betrachtet. Die Korrekturen höherer Ordnungen, die als Strahlungskorrekturen bezeichnet werden, werden mit Feynman-Diagrammen, die eine oder mehrere Schleifen (siehe die Abb. 3.14) enthalten, identifiziert. Jeder Schleife (Loop) entspricht eine Integration über die Impulse der virtuellen Teilchen. Wie eine unmittelbare Dimensionsanalyse zeigt, divergieren die Integrale an der oberen Grenze. Diese Divergenzen rühren von den virtuellen Prozessen mit sehr großen Energien her. Die ultravioletten Divergenzen drücken die Inkonsistenz der Quantenelektrodynamik aus. Es kann jedoch gezeigt werden, dass die divergenten Beiträge, welche z.B. durch einen Abschneideimpuls

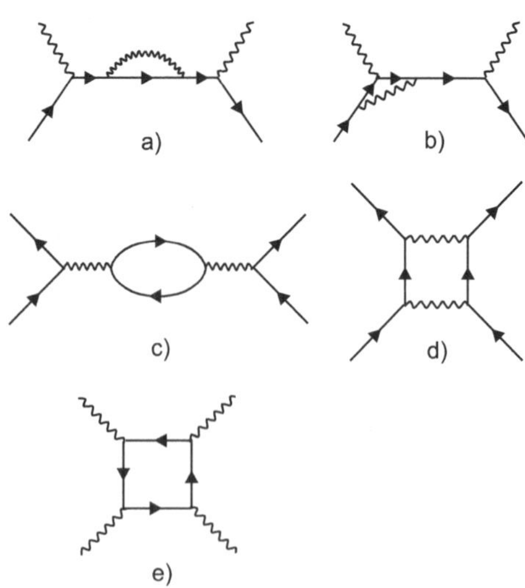

Abb. 3.14 Beispiele von Strahlungskorrekturen. (**a**) und (**b**): e^-–e^+ Zerstahlung; (**c**) und (**d**): Elektron-Elektronstreuung; (**e**): Streuung von Licht an Licht. Letztere hat zur Folge, dass die Maxwell-Gleichungen unter Berücksichtigung der Strahlungskorrekturen nichtlinear werden

(auf Englisch cutoff) endlich gemacht werden, von den endlichen Beiträgen abseparriert und anschließend aus den Störungsreihen eliminiert werden können. Die so, wie man sagt, regularisierte Quantenelektrodynamik zeigt eine exzellente Übereinstimmung mit dem Experiment. Die divergenten Terme renormieren die Masse, die Ladung und die Wellenfunktionen vor und nach der Streuung. Es ist weiterhin bemerkenswert, dass der Zusammenhang zwischen der nackten und der renormierten (physikalischen) Ladung und Masse, obwohl nicht frei von Schwierigkeit, weil Letztere vom Abschneideimpuls abhängen, zu einer skalenabhängigen Ladung bzw. Feinstrukturkonstante führt. Diese skalenabhängigen Kopplungskonstanten, welche auch als laufende Ladungen bezeichnet werden, konnten für drei fundamentale (elektromagnetische, schwache und starke) Wechselwirkungen experimentell nachgewiesen werden [67].

Wir werden in diesem Abschnitt die Strahlungskorrekturen studieren und die Prozedur der Trennung der divergenten von konvergenten Beiträgen für Einschleifen-Diagramme beschreiben. Am Ende dieses Abschnitts werden wir zeigen, dass die Regularisierungsprozedur die Eigenschaft einer Halbgruppe - die Renormierungsgruppe - besitzt und die grundlegenden Ideen der Renormierungsgruppenmethode vorstellen. Die Berechnung der Strahlungskorrekturen in der niedrigsten Ordnung werden in den Aufgaben 3.10.32, 3.10.33, 3.10.34 der Darstellung in [20] im wesentlichen folgend durchgeführt.

3.9.1 Divergenzen der Strahlungskorrekturen

Wir beginnen die Betrachtung der Divergenzen in den Strahlungskorrekturen am Beispiel der Schleife im Diagramm a) der Abb. 3.14. Dieser Schleife entspricht der analytische Ausdruck

$$-i\Sigma(p) = (-ie_0)^2 \int \frac{d^4k}{(2\pi)^4} D_c^{\mu\nu}(k)\gamma_\mu S_c(p-k)\gamma_\nu. \tag{3.133}$$

Hierbei sind die kausalen Elektronen- und Photonen Greenschen Funktionen gegeben durch

$$D_c^{\mu\nu}(k) = \frac{-ig^{\mu\nu}}{k^2+i\varepsilon}, \quad S_c(p) = \frac{i}{\not p - m_0 + i\varepsilon}. \tag{3.134}$$

Die Größen e_0 und m_0 bezeichnen entsprechend die nackte Ladung und Masse (des Elektrons). Aus dem Verhalten des Nenners in (3.133) für große k folgt, dass das Integral über k linear divergiert. Die explizite Betrachtung zeigt jedoch (siehe die Aufgabe 3.10.32), dass die Divergenzen von $\Sigma(p)$ logarithmisch sind. Eine unmittelbare Dimensionsanalyse zeigt, dass die in der Quantenelektrodynamik auftretenden ultravioletten (für große Impulse) Divergenzen auf Divergenzen von einer endlichen Zahl von Graphen-Typen zurückgeführt werden. Solche Theorien sind wie man sagt renormierbar. In der niedrigsten Ordnung werden diese Graphen-Typen in der Abb. 3.14 (a–c) dargestellt.

Das Integral für $\Sigma(p)$ kann durch Einführung eines Cutoffs an der oberen Grenze bei der Integration über den Vierer-Impuls endlich gemacht werden. Diese Art der Regularisierung hat den Nachteil, dass die Symmetrie, z.B. wie Eichinvarianz verletzt werden kann. Der Vorteil der Regularisierung mit dem Cutoff ist die Transparenz der Prozedur. Eine sehr elegante und leistungsfähige Methode der Regularisierung der divergenten Integrale ist die dimensionale Regularisierung, die von G. 't Hooft und M. Veltman [68] eingeführt wurde. Sie besteht darin, dass die analytischen Ausdrücke für die Loop-Integrale in $n < 4$ Dimensionen fortgesetzt werden. Die logarithmischen Divergenzen in vier Dimensionen treten in n Dimension als $1/(4-n)$-Pole auf. In den Aufgaben 3.10.32, 3.10.33, 3.10.34 werden die Strahlungskorrekturen in der Quantenelektrodynamik in der niedrigsten Ordnung im Rahmen der dimensionalen Regularisierung berechnet. Durch die entsprechende Grenzwertbildung $n \to 4$ erhält man kovariante Ausdrücke für die Strahlungskorrekturen, die logarithmisch von dem entsprechend eingeführten ultravioletten Cutoff abhängen.

Die Grundidee der Regularisierung besteht darin, die divergenten Anteile der Strahlungskorrekturen von den regulären Anteile, welche endlich im Grenzfall $\Lambda \to \infty$ bzw. $n \to 4$ bleiben, zu trennen. Wir werden zeigen, dass die divergenten Terme die Masse und die Ladung renormieren, die jedoch explizit von dem Abschneideimpuls abhängen. Diese Abhängigkeit von Λ wird unter den Teppich gekehrt, indem man die renormierten Masse und Ladung mit den physikalischen Masse und der Ladung identifiziert. Die regularisierten Störungsreihen hängen nicht vom Regularisierungsparameter ab und liefern eine ausgezeichnete Übereinstimmung mit dem Experiment.

3.9.2 Massenrenormierung

Wir werden hier die Strahlungskorrekturen in einer Elektron-Positron-Linie betrachten, die durch Emission und Absorption von virtuellen Photonen entstehen. In der niedrigsten Ordnung werden solche Prozesse in der inneren Elektron-Positron-Linie in der Abb. 3.14a dargestellt. Die innere Linie, die selbst einem virtuellen Elektron entspricht, ist noch einmal in der Abb. 3.15 gezeigt. Der der Schleife entsprechende analytische Ausdruck

$$-i\Sigma(p) = (-ie_0)^2 \int \frac{d^4k}{(2\pi)^4} \frac{-ig^{\mu\nu}}{k^2+i\varepsilon}\gamma_\mu \frac{i}{\not{p}-\not{k}-m_0+i\varepsilon}\gamma_\nu \tag{3.135}$$

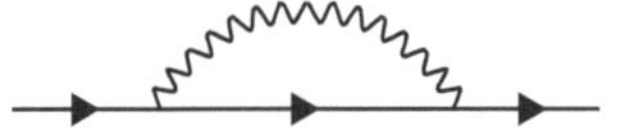

Abb. 3.15 Das Feynman-Diagramm niedrigster Ordnung für die Selbstenergie

divergiert, wie die Dimensionsanalyse unmittelbar ergibt, linear. Die Divergenzen in der Schleife rühren von sehr kleinen Abständen her und legen den Gedanken nahe, dass sie die lokalen Eigenschaften des Elektrons und zwar seine Masse renormieren. Die Größe $\Sigma(p)$ wird daher als Massenoperator bzw. Selbstenergie bezeichnet.

Man möchte gerne mehr über die Struktur der Divergenzen von $\Sigma(p)$ wissen. Aus dem analytischen Ausdruck (3.135) ist es ersichtlich, dass jede Differentiation nach p die Potenz des Nenners um eins erhöht. Die 1. Ableitung macht das Integral logarithmisch divergent, während das Integral nach zweifacher Differentiation konvergent wird. Diese Eigenschaft ermöglicht es, die Struktur der divergenten Terme von $\Sigma(p)$ zu ermitteln. Die Selbstenergie $\Sigma(p)$ kann demzufolge wie folgt geschrieben werden

$$\Sigma(p) = \Sigma_0 + \Sigma_0'(\not{p} - m_0) + \Sigma_{reg}(p), \tag{3.136}$$

wobei Σ_0 und Σ_0' die divergenten Anteile der Selbstenergie bezeichnen. In der niedrigsten Ordnung (eine Schleife) wurden Letztere in der Aufgabe 3.9.2 wie folgt berechnet

$$\Sigma_0 = 3m_0 \frac{e_0^2}{16\pi^2} \ln \frac{\Lambda^2}{m_0^2}, \quad \Sigma_0' = -\frac{e_0^2}{16\pi^2} \ln \frac{\Lambda^2}{m_0^2}. \tag{3.137}$$

Die Struktur der Strahlungskorrekturen in einer Elektron-Positron-Linie wird in der Abb. 3.16 dargestellt, wobei die Kreise die Selbstenergie $-i\Sigma(p)$ repräsentieren. Die Symmetriekoeffizienten der betrachteten Graphen sind eins, so dass die betrachtete Reihe eine geometrische Reihe ist. Es ist einfach zu sehen, dass die divergenten Terme in der Reihe in der Abb. 3.16 den nackten Elektron-Positron-Propagator, welcher der einfachen Linie auf der rechten Seite entspricht, wie folgt modifizieren

$$S_c(p, m) = \frac{i}{\not{p} - m_0 - \Sigma_0 - \Sigma_0'(\not{p} - m_0) + i\varepsilon}. \tag{3.138}$$

Es ist offensichtlich, dass Σ_0 als Renormierung der nackten Masse m_0 aufgefasst werden kann

$$m = m_0 \left(1 + 3 \frac{e_0^2}{16\pi^2} \ln \frac{\Lambda^2}{m_0^2} + \cdots \right). \tag{3.139}$$

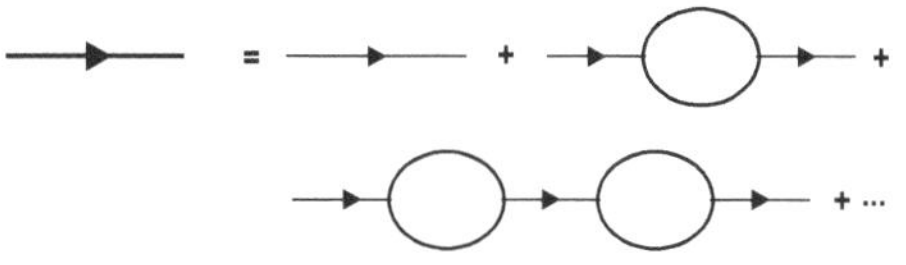

Abb. 3.16 Selbstenergie-Einschübe in der Elektron-Positron-Linie

Beachten Sie, dass die Masse multiplikativ renormiert wird, d.h. es entstehen Korrekturen zu der nackten Masse, die vom Anfang an vorhandenen war. Der Standardmechanismus der Erzeugung der Masse in der modernen Physik wird durch den Higgs-Mechanismus beschrieben. Die betrachteten Einschübe in die inneren Elektronenlinien von Graphen höherer Ordnungen führen dazu, dass m_0 durch m ersetzt wird. Man erhält anstelle von (3.138) und (3.139)

$$\begin{aligned} S_c(p, m) &= \frac{i}{\not p - m - \Sigma_0'(\not p - m) + i\varepsilon} \\ &= \frac{i Z_2}{\not p - m + i\varepsilon}, \end{aligned}$$

wobei die Größe

$$Z_2 = \frac{1}{1 - \Sigma_0'} \simeq 1 + \Sigma_0' + \cdots = 1 - \frac{e_0^2}{16\pi^2} \ln \frac{\Lambda^2}{m^2} + \cdots \tag{3.140}$$

als Konterterm (auf Englisch counterterm) bezeichnet wird. Aus der Darstellung des Elektron-Positron-Propagators als Vakuumserwartungswert der Feldoperatoren in der Gl. (3.190) auf Seite 232 folgt, dass der Konterterm Z_2 als Renormierung des Feldoperators entsprechend der Beziehung

$$\psi(p, t) \to \psi_r(p, t) = Z_2^{1/2} \psi(p, t) \tag{3.141}$$

aufgefasst werden kann. Man kann unmittelbar zeigen, dass die Wellenfunktionen der einlaufenden und auslaufenden Elektronen, welche mit den äußeren durchgehenden Linien identifiziert werden, genauso wie die Feldoperatoren renormiert werden.

Die Ergebnisse dieses Abschnitts können wie folgt zusammengefasst werden: die Eliminierung der divergenten Terme der Selbstenergie aus den Störungsreihen resultiert in Renormierung der Elektronenmasse und den Faktor Z_2 zum Elektron-Positron-Propagator.

3.9.3 Vertexrenormierung

Die Strahlungskorrekturen in den Feynman-Diagrammen in der Abb. 3.17 beschreiben virtuelle Prozesse, die für die Vertex-Renormierung verantwortlich sind. Als Vertex (auf Deutsch Eckteil) wird der Punkt in dem zwei Elektronenlinien und eine Photonenlinie zusammentreffen, bezeichnet. Die Vertex-Korrektur in der niedrigsten Ordnung (eine Schleife) ist in der Abb. 3.18 dargestellt. Es werden nur die Propagatoren dazu gezählt, die in die Integration involviert sind. Der der Vertex-Korrektur in der niedrigsten Ordnung entsprechende analytische Ausdruck ist gegeben durch

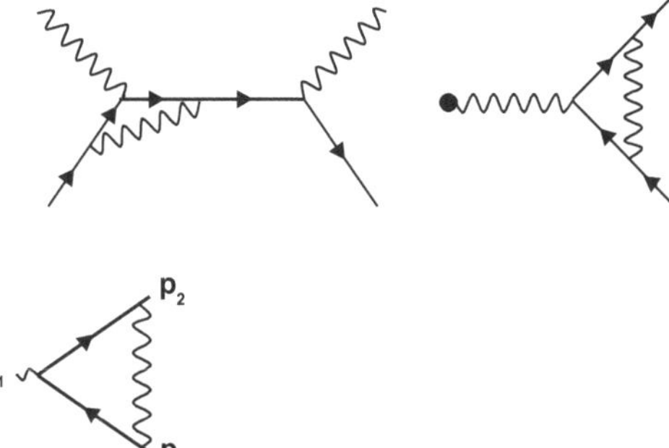

Abb. 3.17 Vertex-Korrekturen in der Elektron-Positron-Zerstahlung und in der Rutherford-Streuung

Abb. 3.18 Einloop-Korrektur zum Vertex

$$-ie_0\Gamma^{(3)}_{\mu}(p_2, p_1) = (-ie_0)^3 \int \frac{d^n k}{(2\pi)^n}\gamma_\nu S^0_c(p_2 - k)\gamma_\mu S^0_c(p_1 - k)\gamma_{\nu'} D^{\nu\nu'}_c(k).$$

Die unmittelbare dimensionale Analyse zeigt, dass das Vertex $\Gamma^\mu(p, p + k, k)$ an der oberen Grenze logarithmisch divergiert. Folglich sind die Ableitungen nach den äußeren Impulsen konvergent. Analog zum Ausdruck für die Selbstenergie in der Gl. (3.137) spalten wir das Vertex in einen divergenten und konvergenten Teil auf

$$\Gamma^\mu(p_2, p_1) = \Gamma^\mu_{\mathrm{div}}(p_2, p_1) + \Gamma^\mu_{\mathrm{reg}}(p_2, p_1).$$

Der divergente Anteil wurde in der niedrigsten Ordnung in der Aufgabe 3.10.34 auf Seite 248 im Grenzfall $p_2, p_1 \to m_0$ berechnet als

$$\Gamma^\mu_{\mathrm{div},0} = \gamma^\mu \frac{e_0^2}{16\pi^2} \ln \frac{\Lambda^2}{m_0^2}.$$

Der divergente Anteil wird dem nackten Vertex zugeordnet

$$\gamma^\mu + \Gamma^\mu_{\mathrm{div},0} + \cdots \simeq Z_1^{-1}\gamma^\mu$$

und fällt somit aus der Störungsreihen heraus. Hierbei bezeichnet Z_1 den Konterterm, welcher in der Einloop-Näherung durch den Ausdruck

$$Z_1 = 1 - \frac{e_0^2}{16\pi^2} \ln \frac{\Lambda^2}{m_0^2} + \cdots$$

gegeben ist.

Es ist interessant, dass Z_1 keine unabhängige Größe ist, sondern durch Z_2 ausgedrückt werden kann. Um dies festzustellen, benutzen wir die Relation für den exakten Elektronen-Propagator

$$\frac{\partial}{\partial p^\mu} S_c^{-1} = \gamma_\mu - \frac{\partial \Sigma(p)}{\partial p^\mu}.$$

Die Benutzung der Identität

$$\frac{\partial}{\partial p^\mu} \frac{1}{\not p - m} = -\frac{1}{\not p - m} \gamma_\mu \frac{1}{\not p - m}$$

in der inneren Elektronenlinie der niedrigsten Korrektur zur Selbstenergie in der Abb. 3.15 ergibt

$$\frac{\partial \Sigma(p)}{\partial p^\mu} = -\Gamma(p, p + k, k)_{|k=0} \,.$$

Daraus erhält man die Ward-Identität

$$Z_1 = Z_2.$$

Unter Betrachtung der Feynman-Diagramme höherer Ordnungen kann unmittelbar gezeigt werden, dass Letztere exakt in allen Ordnungen gilt.

3.9.4 Vakuumpolarisation und Ladungsrenormierung

Das Feynman-Diagramm in der Abbildung 3.14c beschreibt den Prozess der Umwandlung des virtuellen Photons in ein virtuelles Elektron-Positron-Paar. Dieser Prozess entspricht der Polarisation des Vakuums und ist die Ursache für weitere ultraviolette Divergenzen, für welche es auch gilt, sie von den konvergenten Beiträgen abzutrennen und anschließend aus den Störungsreihen zu eliminieren. Die betrachtete Schleife wird in der Abb. 3.19 separat dargestellt. Der diesem Feynman-Diagramm entsprechende analytische Ausdruck ist gegeben durch

$$D_{c,0}^{\mu\alpha}(k) i P_{\alpha\beta}(k) D_{c,0}^{\beta\nu}(k).$$

Die Größe $P_{\alpha\beta}(k)$ wird als Polarisationsoperator bzw. Selbstenergie des Photons bezeichnet und wird in der Einloop-Näherung mit dem Ausdruck assoziiert

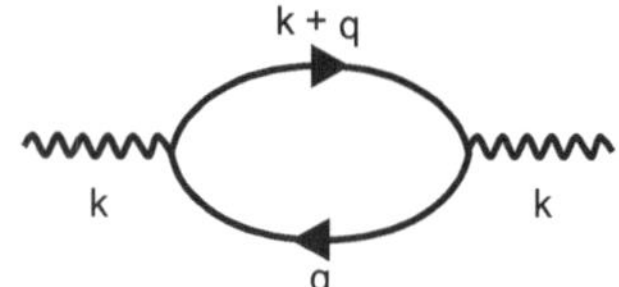

Abb. 3.19 Das Feynman-Diagramm für die Umwandlung eines Photons in ein Elektron-Positron-Paar

$$iP^{\alpha\beta}(k) = -(-ie_0)^2 \int \frac{d^4q}{(2\pi)^4} \mathrm{Sp}\left[\gamma^\mu S_c^0(k+q)\gamma^\nu S_c^0(q)\right] + \cdots, \tag{3.142}$$

wobei $S_c^0(q) = i/(\not{p} - m_0 + i\varepsilon)$ den nackten kausalen Elektron-Positron-Propagator bezeichnet. Das Minus-Vorzeichen bringt die Tatsache zum Ausdruck, dass jede Elektron-Positron-Schleife mit dem Faktor -1 berücksichtigt werden muss. Eine der beiden Linien in einer Elektron-Positron-Schleife entspricht der Ausbreitung der Zustände negativer Energien rückwärts in der Zeit. Das zusätzliche Minus kompensiert das Minus-Vorzeichen dieser Ausbreitungsamplitude.

Um die physikalische Bedeutung des Polarisationsoperatores klarzustellen, beginnen wir mit der exakten Gleichung für den Photonenpropagator

$$D_c = D_{c,0} + D_{c,0} i P D_c,$$

wobei die Indizes und die Argumente der betrachteten Größen weggelassen wurden. Um die obige Dyson-Gleichung für D_c zu erhalten, muss über alle Einschübe des Polarisationsoperators in der Photonenlinie aufsummiert werden. Die Multiplikation der oberen Gleichung von links mit $-iD_{c,0}^{-1} = k^2$ und von rechts mit j_{ext} ergibt

$$k^2 D_c j_{\text{ext}} - P D_c j_{\text{ext}} = -i j_{\text{ext}},$$

wobei j_{ext} die Vierer-Stromdichte der in das Vakuum gebrachten Ladungen bezeichnet. Das Vektorpotential dieser Ladungen ist gegeben in symbolischer Form analog zu der Gl. (3.84) auf Seite 166 durch

$$A = -i D_c j_{\text{ext}}.$$

Aus den letzten beiden Gleichungen erhalten wir in der x-Darstellung

$$\Box A^\mu(x) = j^\mu_{\text{ext}}(x) + j^\mu_{\text{pol}}(x),$$

wobei

$$j^\mu_{\text{pol}}(x) = -\int P^{\mu\nu}(x - x') A_\nu(x') d^4x' \tag{3.143}$$

die Vierer-Stromdichte der Polarisationsladungen bezeichnet. D.h. das Vakuum verhält sich unter Berücksichtigung der Strahlungskorrekturen als ein polarisierbares Medium. Aus der Ladungserhaltung $\partial j^\mu_{\text{pol}}/\partial x^\mu = 0$ folgt, dass der Polarisationsoperator ein transversaler Tensor ist

$$\frac{\partial P^{\mu\nu}(x - x')}{\partial x^\mu} = 0.$$

Der transversale Charakter von P hängt mit der Eichinvarianz zusammen: die Addition von $\partial_\nu \chi$ zum Vektorpotential in (3.143) ändert j^μ_{pol} nicht.

Die Dimensionsanalyse des Integrands in (3.142) zeigt, dass der Polarisationsoperator quadratisch an der oberen Integrationsgrenze divergiert. Daher muss man Divergenzen in $P(k=0)$ und in $d^2P(k)/dk^2$ erwarten. Der divergente Anteil des Polarisationsoperators wurde in der Einloop-Näherung in der Aufgabe 3.10.33 auf Seite 246 berechnet als

$$\begin{aligned} P^{\mu\nu}_{\text{div}}(k) &= -(g^{\mu\nu}k^2 - k^\mu k^\nu)\frac{e_0^2}{12\pi^2}\left(\ln\frac{\Lambda^2}{m_0^2} + \cdots\right) \\ &= \left(g^{\mu\nu} - \frac{k^\mu k^\nu}{k^2}\right) P_{\text{div}}(k^2) \end{aligned}$$

mit

$$P_{\text{div}}(k^2) = -\frac{e_0^2}{12\pi^2}\left(\ln\frac{\Lambda^2}{m_0^2} + \cdots\right)k^2. \tag{3.144}$$

Die Eliminierung der divergenten Terme aller Einschübe in der Photonenlinie modifizieren den nackten Photonenpropagator. Die Symmetriekoeffizienten der betrachteten Graphen sind eins, so dass die betrachtete Reihe eine geometrische Reihe ist. Folglich ergibt die Summierung dieser divergenten Terme das Ergebnis

$$\begin{aligned} (D_c^{-1})^{\mu\nu} &= (D_{c,0}^{-1})^{\mu\nu} - iP^{\mu\nu}_{\text{div}} \\ &= ig^{\mu\nu}(k^2 - P_{\text{div}}(k)) + iP_{\text{div}}(k)\frac{k^\mu k^\nu}{k^2}. \end{aligned}$$

Den modifizierten Photonenpropagator erhält man direkt durch die Inversion des obigen Ausdruckes als

$$D_c^{\mu\nu}(k^2) = -\frac{ig^{\mu\nu}}{k^2 - P_{\text{div}}(k^2)} + id_{(l)}\frac{k^\mu k^\nu}{k^2}. \tag{3.145}$$

Das Verschwinden von $P(k=0)$ in (3.145) besagt, dass das Photon masselos bleibt. Der zweite Term entspricht dem longitudinalen Anteil des Photonenpropagators, welcher keine physikalische Bedeutung besitzt und nicht weiter betrachtet wird. Man erhält den renormierten Photonenpropagator als

$$D_c^{\mu\nu}(k^2) = \frac{-ig^{\mu\nu}}{k^2(1 - \frac{P_{\text{div}}(k^2)}{k^2})} = -\frac{ig^{\mu\nu}}{k^2}Z_3, \tag{3.146}$$

wobei man für den Konterterm Z_3 unter Berücksichtigung von (3.144) das Ergebnis

$$Z_3 = \frac{1}{1 + \frac{e_0^2}{12\pi^2} \ln \frac{\Lambda^2}{m_0^2}} \tag{3.147}$$

erhält. In den Lorentz-Heaviside Einheiten muss e_0^2 durch die Feinstrukturkonstante $e_0^2/4\pi\hbar c$ ersetzt werden. Wir belassen (3.147) in der Form wie es hergeleitet wurde ohne es, wie es angebrachter wäre, nach e_0^2 zu entwickeln. Dies wird im Abschn. 3.9.7 begründet, wo (3.147) mit Hilfe der Renormierungsgruppenmethode hergeleitet wird.

Wir werden jetzt zeigen, dass die Eliminierung der divergenten Terme des Polarisationsoperators, welche, wie wir bereits festgestellt haben, als Faktoren Z_3 im renormierten Photonenpropagator auftreten, zur Renormierung der elektrischen Ladung führt. Dazu betrachten wir das Feynman-Diagramm in der Abb. 3.20 mit dem modifizierten Photonenpropagator. Der Faktor $\sqrt{Z_3}$ im modifizierten Photonen-Propagator wird jeder der beiden nackten Ladungen in beiden Vertices zugeordnet, so dass man für das Quadrat der renormierten Ladung das Ergebnis erhält

$$e^2 = Z_3 e_0^2 \simeq \frac{e_0^2}{1 + \frac{e_0^2}{12\pi^2} \ln \frac{\Lambda^2}{m_0^2}}. \tag{3.148}$$

Wie schon bereits erwähnt wurde, haben die Renormierungen der Elektron - Positron - Propagatoren in inneren Linien zur Folge, dass die nackte Masse in (3.148) durch die renormierte Masse m ersetzt wird. Die Ladungsrenormierung (3.148) wird in der Aufgabe 3.10.35 auf Seite 253 im Zusammenhang mit der Betrachtung der Energie der Dirac-See im homogenen Magnetfeld hergeleitet. Die Extrapolation von (3.148) für große Λ zeigt, dass die renormierte Ladung gegen Null geht. Letzteres bringt die Inkonsistenz oder die Nicht-Abgeschlossenheit der Quantenelektrodynamik zum Ausdruck.

Die Konterterme der Vertex-Renormierung sowie der Renormierungen der Elektron - Positron - Propagatoren tragen ebenfalls zur Ladungsrenormierung bei. Als Ergebnis erhält man

$$e^2 = e_0^2 \frac{Z_3 Z_2}{Z_1}.$$

Um das obige Ergebnis zu erhalten, muss man beachten, dass in ein Vertex zwei Elektronenlinien einlaufen. Jede Linie liefert den Faktor $Z_2^{1/2}$. Den äußeren Linien

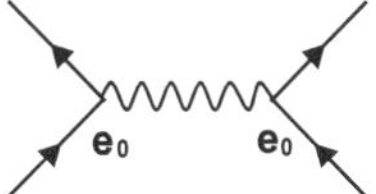

Abb. 3.20 Photonenpropagator und die Renormierung der Ladung

entspricht in Übereinstimmung mit der Gl. (3.141) der Faktor $Z_2^{1/2}$. Unter Berücksichtigung der Ward-Identität $Z_1 = Z_2$ heben sich Z_1 und Z_2 auf, so dass für die renormierte Ladung weiterhin die Gl. (3.148) gilt. Weil $\Lambda > m$ gilt, ist die renormierte Ladung e kleiner als die nackte Ladung e_0. Dies ist die Folge der Abschirmung der nackten Ladung durch virtuelle Elektron-Positron-Paare, die in der Nähe der nackten Ladung ständig entstehen und verschwinden. Diese Abschirmung kann mit der Abschwächung einer Ladung, die in ein Dielektrikum gebracht wird, verglichen werden. Die Existenz der virtuellen Elektron-Positron-Paare kann unter Verwendung der Energie-Zeit-Unschärfe (siehe die Fußnote in der Aufgabe 3.10.30 auf Seite 240) begründet werden.

Eine innere Inkonsistenz der Quantenelektrodynamik kann man darin sehen, dass die physikalische Ladung explizit vom Cutoff Λ abhängt. Unter der Voraussetzung der Gültigkeit der Gl. (3.148) jenseits der Störungstheorie ($\frac{e_0^2}{12\pi^2}\ln\frac{\Lambda^2}{m^2} \geq 1$) erhält man weiterhin das unbefriedigende Resultat, dass für $e_0 < \infty$ die physikalische Ladung für $\Lambda \to \infty$ gegen Null geht.

Die Gleichung (3.148) beschreibt die Abschirmung der nackten Ladung auf großen Skalen und entspricht der Streuung mit sehr kleinen Impulsüberträgen bzw. mit kleinen Energien der einfallenden Teilchen. Dies ist der Fall für die Rutherford- bzw. Mott-Streuung. Es ist jedoch zu erwarten, dass bei höheren Energien das gestreute Teilchen näher an die Streuquelle herankommt, so dass die Ladung der Streuquelle sowie des einfallenden Teilchens weniger abgeschirmt werden. Diese Betrachtung führt zum Begriff der skalenabhängigen Ladung. Die renormierte skalenabhängige Ladung erhält man direkt aus (3.148) durch Ersetzen der Masse durch Impulsübertrag q als

$$e^2(q) \simeq \frac{e_0^2}{1+\frac{e_0^2}{12\pi^2}\ln\frac{\Lambda^2}{q^2}}. \tag{3.149}$$

Die Skalenabhängigkeit der effektiven Ladung wurde tatsächlich bei tief inelastischer Streuung von Elektronen [67] nachgewiesen. Die Annäherung der Stärken der drei fundamentalen Wechselwirkungen (elektromagnetischen, schwachen und starken (siehe für Letztere die Aufgaben 3.10.36, 3.10.37)) mit zunehmenden Impulsüberträgen ist der Ausgangspunkt für die Vereinheitlichung der fundamentalen Wechselwirkungen bei großen Energien.

Wir werden jetzt die Unterschiede zwischen der Renormierungsprozedur in diesem Buch und der üblichen Herangehensweise in QED (siehe z.B. [11]) erläutern. Die Eliminierung der Divergenzen aus den Störungsreihen resultiert hier in einer Renormierung der Masse, Ladung und der Wellenfunktionen der einlaufenden und auslaufenden Teilchen. In QED startet man mit einem Lagrangian mit der Ladung $e_0 = Z_3^{-1/2}e$ etc. Die Eliminierung der Divergenzen z.B. des Polarisationsoperators ergibt $Z_3^{-1/2}e \to Z_3^{-1/2}eZ_3^{1/2} = e$. Es hat den Anschein, dass die Divergenzen aus der Theorie völlig herausfallen. Diese Betrachtung macht auch klar, warum der Faktor Z_3 etc. als Konterterm bezeichnet wird.

3.9.5 Modifizierung des Coulomb-Potentials

Im vorhergehenden Abschnitt wurde gezeigt, dass eine in das Vakuum gebrachte Ladung durch die Polarisation des Vakuums abgeschirmt wird. Eine direkte Konsequenz davon ist die Modifizierung des Coulomb-Potentials auf kleinen Abständen. Das modifizierte Coulomb-Potential kann unmittelbar unter Benutzung von (3.149) ermittelt werden. Dazu muss man in das Coulombgesetz anstelle der Elementarladung e die abgeschirmte Ladung $e(r)$, welche man mit einer logarithmischen Genauigkeit aus der Gl. (3.149) durch Ersetzen von q durch $1/r$ erhält, einsetzen. Die modifizierte Coulomb-Wechselwirkung erhält man dann in der Form

$$\begin{aligned} V_{\text{eff}}(r) &= \frac{e_0^2}{r}\left(1 - \frac{e_0^2}{12\pi^2}\ln(\Lambda^2 r^2) + \cdots\right) \\ &= \frac{e^2}{r}\left(1 + \frac{e_0^2}{12\pi^2}\ln\frac{1}{m^2 r^2} + \cdots\right), \end{aligned} \tag{3.150}$$

wobei in der zweiten Zeile die nackte Ladung durch die physikalische Ladung unter Benutzung von (3.148) ersetzt wurde. Mit Abnahme von r nimmt die Abschirmung der Polarisationsladungen ab, so dass die effektive Ladung größer wird.

Eine weitere Modifizierung der Coulomb-Wechselwirkung entsteht durch den konvergenten Teil des Polarisationsoperators, welcher dem zweiten Term in der Gl. (3.216) auf Seite 248 entspricht

$$P_c(k) = -\frac{e_0^2}{60\pi^2}\frac{(k^2)^2}{m_0^2}.$$

Dazu betrachten wir die in der Abb. 3.21 gezeigte Strahlungskorrektur mit einer in einem gefüllten Kreis endenden Photonenlinie, die einem äußeren Coulombpotential entspricht. Der divergente Anteil des Polarisationsoperators renormiert die elektrische Ladung und braucht hier nicht weiter betrachtet zu werden. Der Term $P_c(k)$ kann dagegen als Modifizierung der äußeren Wellenlinie im ersten Graphen, d.h. des Coulomb-Potentials betrachtet werden

$$-ie_0\bar{u}\gamma^0 u A^0(\mathbf{k}) - ie_0\bar{u}\gamma^0 u \frac{P_c(k^2)}{k^2}|_{k_0=0} A^0(\mathbf{k}) = -i\bar{u}\gamma^0 u V_{\text{eff}}(\mathbf{k}),$$

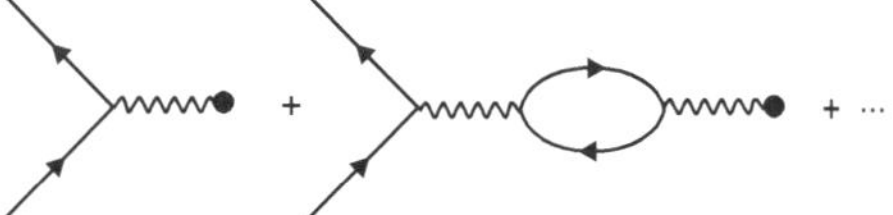

Abb. 3.21 Zur Modifizierung der Coulomb-Wechselwirkung durch $P_c(k)$

hierbei bezeichnet $V_{\text{eff}}(\mathbf{k})$ die effektive Coulomb-Wechselwirkung

$$V_{\text{eff}}(\mathbf{k}) = e_0 A^0(\mathbf{k}) \left(1 + \frac{P_c(k^2)}{k^2}|_{k_0=0}\right).$$

Bei der Herleitung des obigen Ergebnisses muss die Beziehung $A^0(k) = 2\pi\delta(k^0)A^0(\mathbf{k})$ für ein zeitunabhängiges Potential benutzt werden. Das Einsetzen von $A^0(\mathbf{k}) = e_0/\mathbf{k}^2$ für die Fouriertransformierte des Coulomb-Potentials (in Lorentz-Heaviside Einheiten) und die Beachtung der Beziehung $k^2|_{k^0=0} = -\mathbf{k}^2$ im Korrekturterm ergibt

$$V_{\text{eff}}(\mathbf{k}) = \frac{e_0^2}{\mathbf{k}^2}\left(1 + \frac{e_0^2}{60\pi}\frac{\mathbf{k}^2}{m_0^2} + \cdots\right).$$

In der Ortsdarstellung erhalten wir unter Benutzung der inversen Fourier-Transformierten von $4\pi/\mathbf{k}^2 \to 1/r$ und $1 \to \delta(\mathbf{r})$ die effektive Wechselwirkung als

$$V_{\text{eff}}(\mathbf{r}) = \frac{e_0^2}{4\pi r} + \frac{e_0^4}{60\pi m_0}\delta(\mathbf{r}) + \cdots.$$

Der Korrekturterm wurde 1935 von E. A. Uehling berechnet. Für ein Elektron im Coulombfeld eines wasserstoffähnlichen Atoms (ein e_0 wird durch $-e_0 Z$ ersetzt) erhält man

$$V_{\text{eff}}(\mathbf{r}) = -\frac{Ze_0^2}{4\pi r} - \frac{Ze_0^4}{60\pi m_0}\delta(\mathbf{r}) + \cdots. \tag{3.151}$$

Die Ladungs- und Massenrenormierung haben zur Folge, dass die nackte Ladung e_0 und die Masse m_0 durch die physikalische Ladung e und Masse m ersetzt werden.

Im Vergleich zur (3.150), welche die Skalenabhängigkeit der Ladungsabschirmung zum Ausdruck bringt, rührt (3.151) vom konvergenten Teil des Polarisationsoperators her und stellt einen echten physikalischen Effekt dar. Der Korrekturterm in $V_{\text{eff}}(r)$ hat die gleiche Form wie der Darwin-Term der im Abschn. 2.2.3 auf Seite 84 betrachteten Verschiebung der Energieniveaus eines H-Atoms durch relativistische Korrekturen. Die durch den Korrekturterm in (3.151) bedingte Verschiebung der Niveaus des H-Atoms erhält man dementsprechend als

$$\Delta E_{nl} = -\frac{Ze^2\alpha}{15\pi m^2}|\psi_{nl}(0)|^2 \to -\left(\frac{1}{2}Z\alpha^2 mc^2\right)\frac{8Z^3\alpha^3}{15\pi n^3}\delta_{l0}.$$

Die numerische Auswertung für $n = 2$, $Z = 1$ ergibt

$$\frac{\Delta E}{h} = -27,1\ \text{MHz}.$$

Diese durch den konvergenten Anteil des Polarisationsoperators bedingte Verschiebung, die zusätzlich zur Lamb-Verschiebung auftritt, wurde experimentell nachgewiesen.

3.9.6 Anomales magnetisches Moment des Elektrons

In diesem Abschnitt werden wir zeigen, dass die konvergenten Anteile der Strahlungskorrekturen zu den Vertices Beiträge zum magnetischen Moment des Elektrons liefern. Letztere werden als anomales magnetisches Moment bezeichnet. Die Wechselwirkungsenergie eines magnetischen Moments mit dem Magnetfeld ist gegeben durch

$$U = -\boldsymbol{\mu}\boldsymbol{B}. \tag{3.152}$$

In der Dirac-Theorie erhält man für das magnetische Moment des Elektrons das Resultat

$$\boldsymbol{\mu} = \frac{e_0\hbar}{2m_0c}\boldsymbol{\sigma} = g\frac{e_0}{2m_0c}\frac{\hbar\boldsymbol{\sigma}}{2},$$

wobei für den g-Faktor $g = 2$ gilt. Für das Elektron ($e_0 < 0$) sind die Richtungen von Spin und magnetischem Moment entgegengesetzt.

Wir werden jetzt zeigen, dass die in der Abb. 3.22 dargestellte Vertexkorrektur für ein Elektron in einem äußeren Magnetfeld (repräsentiert durch die im gefüllten Kreis endende Wellenlinie) eine Korrektur zum magnetischen Momenten des Elektrons ergibt. Den dem ungestörten Vertex entsprechenden Ausdruck formen wir in Übereinstimmung mit der Gordon-Zerlegung (siehe die Aufgabe 2.4.6 auf Seite 101) wie folgt um

$$\begin{aligned}\bar{u}(\mathbf{p}_2)\gamma_\mu u(\mathbf{p}_1)A^\mu(p_2-p_1) = {}& \frac{1}{2m_0c}\bar{u}(\mathbf{p}_2)\left[(p_2+p_1)_\mu + i\sigma_{\mu\nu}(p_2-p_1)^\nu\right] \\ & u(\mathbf{p}_1)A^\mu(p_2-p_1).\end{aligned} \tag{3.153}$$

Der dem $\sigma_{\mu\nu} = (i/2)[\gamma_\mu, \gamma_\nu]$ proportionale Term im obigen Ausdruck kann unter Benutzung der Eigenschaften der Pauli-Matrizen in der Form (3.152) ge-

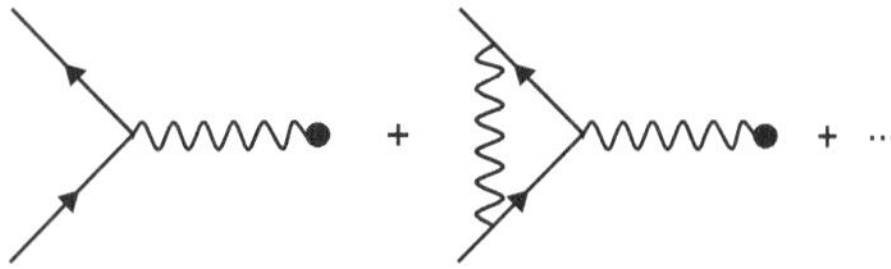

Abb. 3.22 Feynman-Diagramme zur Berechnung des anomalen magnetischen Moments des Elektrons

schrieben werden und entspricht der Wechselwirkung des magnetischen Moments $\boldsymbol{\mu}_0 = (e_0\hbar/2m_0c)\boldsymbol{\sigma}$ mit dem Magnetfeld **B**. Der konvergente Anteil der Vertexkorrektur, welcher zum anomalen magnetischen Moment beiträgt, wurde in der Einloop-Näherung in der Aufgabe 3.10.34 auf Seite 248 (siehe die Gl. (3.228)) berechnet

$$\bar{u}(\mathbf{p}_2)\Gamma_\mu(p_1, p_2)_{\mathrm{am}}u(\mathbf{p}_1) = \frac{-e_0^2}{16\pi^2 m_0}\bar{u}(\mathbf{p}_2)(-i)\,(p_2 - p_1)^\nu\,\sigma_{\mu\nu}u(\mathbf{p}_1). \quad (3.154)$$

Beachten Sie, dass man den Beitrag zur Streuamplitude von (3.153) und (3.154) durch Multiplikation mit dem Faktor $-ie_0$ erhält. Die Multiplikation von (3.154) mit $A^\mu(p_2 - p_1)$ und der Vergleich mit (3.153) ergeben die Korrektur niedrigster Ordnung zum magnetischen Moment des Elektrons als

$$\mu = \frac{e_0\hbar}{2m_0c}(1 + \frac{\alpha_0}{2\pi} + \cdots) = \frac{g}{2}\mu_B,$$

wobei $\alpha_0 = e_0^2/4\pi\hbar c$ gilt. Für den g-Faktor erhält man jetzt das Ergebnis

$$\frac{g}{2} = 1 + \frac{\alpha_0}{2\pi} + \cdots .$$

Die der Vakuumpolarisation und der Massenrenormierung entsprechenden Strahlungskorrekturen führen dazu, dass die nackte Ladung und die Masse im magnetischen Moment μ durch die entsprechenden physikalischen Größen e und m ersetzt werden. Das anomale magnetische Moment in der niedrigsten Ordnung nach α wurde 1948 von J. Schwinger berechnet.

Der von der in der Abb. 3.22 dargestellten Strahlungskorrektur herrührende Beitrag zum anomalen magnetischen Moment kann qualitativ wie folgt interpretiert werden [69]. Ein ruhendes Elektron wechselwirkt mit dem Magnetfeld durch das Magnetmoment μ_0. Das virtuelle Elektron in der Abb. 3.22, welches mit dem Magnetfeld wechselwirkt, besitzt den Impuls $p_1 - k$ und bewegt sich demzufolge. Durch die Bahnbewegung entsteht ein zusätzlicher positiver Beitrag zum magnetischen Moment.

Die Ergebnisse der Berechnungen von Korrekturen höherer Ordnungen [70] können wie folgt zusammengefasst werden:

$$\frac{g-2}{2} = 0,5\,\alpha - 0,32848\,\alpha^2 + 1,49\,\alpha^3 + \cdots$$

Der Vergleich des theoretischen mit dem experimentellen Wert

$$\frac{g_{\mathrm{th}} - 2}{2} = (1159652,4 \pm 0,4) \times 10^{-9},$$
$$\frac{g_{\mathrm{exp}} - 2}{2} = (1159652,4 \pm 0,2) \times 10^{-9}$$

zeigt eine ausgezeichnete Übereinstimmung. Beachten Sie, dass der Beitrag zum anomalen magnetischen Moment vom konvergenten Anteil der Vertexkorrekturen herrührt.

3.9.7 Die Renormierungsgruppe

Die Eliminierung der divergenten Anteile von Strahlungskorrekturen resultiert in Renormierung von Masse und Ladung, welche in der Einschleifen-Näherung durch die Gln. (3.138) und (3.148) gegeben sind. Die renormierten Größen werden mit der physikalischen Masse m und Ladung e identifiziert. Letztere hängen jedoch von Cutoff Λ, welcher willkürlich ist, ab. Diese Tatsache drückt die nicht Abgeschlossenheit der Quantenelektrodynamik aus und stellt ein gegenwärtig nicht gelöstes Problem dar. Einerseits sind m und e physikalische Größen, andererseits hängen sie von einem willkürlich gewählten Cutoff ab. Die Unabhängigkeit der physikalischen Größen m und e von Λ wird gewährleistet, wenn man annimmt, dass bei der Regularisierung mit einem anderen Cutoff Λ' andere nackte Parameter $m_0' \equiv m_0(\Lambda')$ und $e_0' \equiv e_0(\Lambda')$ benutzt werden. Für den Elektron-Positron-Propagator resultiert diese Forderung in folgende Gleichungen

$$S_c(p, m_0, e_0, \Lambda) = iZ_2(e_0, m_0, \Lambda)\left[\not p - m - \Sigma_{konv}(p, m, e)\right]^{-1}, \tag{3.155}$$

$$S_c(p, m_0', e_0', \Lambda') = iZ_2(e_0', m_0', \Lambda')\left[\not p - m - \Sigma_{konv}(p, m, e)\right]^{-1}. \tag{3.156}$$

Die beiden Greenschen Funktionen auf der linken Seite hängen wie folgt zusammen

$$S_c(p, m_0, e_0, \Lambda) = Z_2(e_0, m_0, \Lambda/\Lambda')S_c(p, m_0', e_0', \Lambda'), \tag{3.157}$$

wobei $Z_2(e_0, m_0, \Lambda/\Lambda')$ durch die Gleichung

$$Z_2(e_0(\Lambda), m_0(\Lambda), \Lambda) = Z_2(e_0(\Lambda'), m_0(\Lambda'), \Lambda/\Lambda')Z_2(e_0(\Lambda'), m_0(\Lambda'), \Lambda') \tag{3.158}$$

definiert ist. Aus (3.158) folgt die Bedingung $Z_2(e_0(\Lambda), m_0(\Lambda), \Lambda = m_0) = 1$. In der Gl. (3.157) werden im Unterschied zur Gl. (3.155) die divergenten Terme nur in der Impulsschale zwischen Λ und Λ' eliminiert. Eine analoge Betrachtung für den Photonen-Propagator (3.146) ergibt die Funktionalgleichung für den Konterterm Z_3

$$Z_3(e_0(\Lambda), m_0(\Lambda), \Lambda) = Z_3(e_0(\Lambda'), m_0(\Lambda'), \Lambda/\Lambda')Z_3(e_0(\Lambda'), m_0(\Lambda'), \Lambda'). \tag{3.159}$$

Die laufende Kopplungskonstante $e_0^2(\Lambda')$ ist gegeben durch

$$e_0^2(\Lambda') = Z_3(e_0, m_0, \Lambda')e_0^2. \tag{3.160}$$

Es folgt aus (3.160), dass Einsetzen $\Lambda' = m_0$ die nackte Ladung $e_0^2(\Lambda = m_0) = e_0^2$ ergibt. Die Gültigkeit von (3.158) und (3.159) in der Ordnung e_0^2 kann unmittelbar unter Benutzung der Ergebnisse (3.140) und (3.147) der Berechnung von Z_2 und Z_3 in der Einschleifen-Näherung überprüft werden.

Die Funktionalgleichungen (3.158), (3.159), und (3.160) drücken die Gruppeneigenschaft der Regularisierung aus. Die Gruppeneigenschaft bedeutet, dass die Regularisiereung $\Lambda \leftarrow \Lambda'$ in zwei Schritten $\Lambda \leftarrow \Lambda'' \leftarrow \Lambda'' \leftarrow \Lambda'$ durchgeführt werden kann. Es handelt sich hier in der Tat um eine Halbgruppe, da jede Transformation kein inverses Element besitzt. Die vollständige Regularisierung $(\Lambda \to m_0)$ kann in mehreren Schritten $(\Lambda \leftarrow \Lambda' \leftarrow \Lambda'' \leftarrow \cdots \leftarrow m_0)$ durchgeführt werden.[4] Da der Parameter Λ' kontinuierlich ist, können infinitesimale Änderungen des Cutoffs betrachtet werden. Um die Differentialgleichungen für $Z_3(e_0(\Lambda'), m_0(\Lambda'), \Lambda')$ und $e(\Lambda')$ herzuleiten, betrachten wir (3.159) und (3.160) auf dem Schritt $\Lambda' \leftarrow \Lambda''$

$$Z_3(e_0(\Lambda'), m_0(\Lambda'), \Lambda') = Z_3(e_0(\Lambda''), m_0(\Lambda''), \Lambda'/\Lambda'')Z_3(e_0(\Lambda''), m_0(\Lambda''), \Lambda''), \tag{3.161}$$

$$e_0^2(\Lambda') = Z_3(e_0(\Lambda''), m_0(\Lambda''), \Lambda'/\Lambda'')e_0^2(\Lambda''). \tag{3.162}$$

Die wiederholte Anwendung von (3.162) ergibt, dass die Gln. (3.161) und (3.162) miteinander konsistent sind. Die Differentiation von (3.161) und (3.162) nach Λ' und Gleichsetzen von Λ'' durch Λ' ergibt die folgenden Differentialgleichungen für den laufenden Konterterm und die laufende Kopplungskonstante

$$\Lambda' \frac{d \ln Z_3(\Lambda')}{d\Lambda'} = -2\frac{e_0^2(\Lambda')}{12\pi^2}, \tag{3.163}$$

$$\Lambda' \frac{d e_0^2(\Lambda')}{d\Lambda'} = -2\frac{e_0^4(\Lambda')}{12\pi^2}. \tag{3.164}$$

Die Differentialgleichungen (3.163) und (3.164) sind Pendants der Funktionalgleichungen (3.161) und (3.160). Die Lösung von (3.163) und (3.164) unter den Bedingungen $e_0^2(\Lambda) = e^2$ und $e_0^2(\Lambda' = m_0) = e_0^2$ sowie $Z_3(\Lambda' = m_0) = 1$ ergibt das Resultat

$$e^2 = \frac{e_0^2}{1 + \frac{e_0^2}{12\pi^2} \ln \frac{\Lambda^2}{m_0^2}} = Z_3 e_0^2, \tag{3.165}$$

welches mit (3.148) übereinstimmt. Die Integration von (3.164) unter der Bedingung $\Lambda' = q$ anstelle von $\Lambda' = m_0$ ergibt die laufende Ladung in der Gl. (3.149).

---

[4] Wie bereits an mehreren Stellen erwähnt wurde, wird durch Renormierungen in inneren Linien die nackte Masse m_0 durch die renormierte Masse m ersetzt.

In der betrachteten Einschleifen-Näherung entspricht das Ergebnis (3.148) der Aufsummierung der sogenannten Hauptlogarithmen $e_0^{2n} \ln^n \frac{\Lambda}{m_0}$. In der Zweischleifen-Näherung treten auch Logarithmen $e_0^{2n} \ln^{n-1} \frac{\Lambda}{m_0}$ auf, die ebenfalls mit der Renormierungsgruppe aufsummiert werden können [14]. Diese Betrachtung kann für mehrere Schleifen fortgesetzt werden.

Die Renormierungsgruppenmethode wurde 1953 von E. C. G. Stueckelberg und A. Petermann und 1954 von M. Gell-Mann und F. Low unabhängig voneinander in die Quantenelektrodynamik eingeführt. Anfang der 70er Jahre konnte K. Wilson mit Hilfe der Renormierungsgruppenmethode, die eine Variation der RG in QFT darstellt, die kritischen Exponenten in den Phasenübergängen 2. Ordnung als Reihen nach Potenzen von $4-d$ (d ist die Raumdimension) berechnen. Dafür wurde K. Wilson mit dem Nobelpreis geehrt. In der Quantenchromodynamik (QCD), die auf die Quantentheorie der nicht Abelschen Felder basiert, liefert die Renormierungsgruppe die Grundlage für den Quark-Einschluss (auf Englisch confinement). Anstelle des Plus-Vorzeichens liefert diese Theorie ein Minus-Vorzeichen im Nenner der skalenabhängigen Ladung in der Gl. (3.149). In diesem Fall wird die in das Vakuum gebrachte Ladung durch die Vakuum-Polarisation größer und nicht wie in QED abgeschwächt. Für sehr kleine Abstände liefert die Gl. (3.149) mit umgekehrten Vorzeichen und einem anderen numerischen Koeffizienten, dass die Wechselwirkung mit Abnahme von r schwächer wird. Man spricht in diesem Zusammenhang von der asymptotischen Freiheit. Die laufenden Kopplungskonstanten für die starke und schwache Wechselwirkungen wurden in tief inelastischer Streuung von Elektronen experimentell nachgewiesen [67]. Für eine elementare Betrachtung der Ladungsrenormierung in QCD siehe die Aufgaben 3.10.36 und 3.10.35. Rein qualitativ kann diese Antiabschirmung so veranschaulicht werden, dass die Feldlinien durch die Selbstwechselwirkung der Gluonen, welche die starke Wechselwirkung übertragen, in Bänder, die die beiden Ladungen miteinander verbinden, zusammengezogen werden. Die Konsequenz davon ist, dass sich die Kraft mit dem Abstand nicht ändert und die Wechselwirkungsenergie linear mit r zunimmt.

3.10 Aufgaben

3.10.1 Die Oszillatorzerlegung für den Impuls des elektromagnetischen Feldes

Zeigen Sie, dass der Impuls des quellen- und wirbelfreien elektromagnetischen Feldes (in SI-Einheiten)

$$\mathbf{P} = \frac{1}{\mu_0 c^2} \int d^3 r \mathbf{E}(\mathbf{r}, t) \times \mathbf{B}(\mathbf{r}, t) = \frac{V}{\mu_0 c^2} \sum_{\mathbf{k}} \mathbf{E}_{\mathbf{k}}^* \times \mathbf{B}_{\mathbf{k}}$$

in folgender Form geschrieben werden kann

$$\mathbf{P} = \frac{1}{2c}\sum_{\mathbf{k},\alpha}\mathbf{n_k}(P_{\mathbf{k},\alpha}^2 + \omega_k^2 Q_{\mathbf{k},\alpha}^2).$$

Die Größe $\mathbf{n_k} = \mathbf{k}/\mid\mathbf{k}\mid$ bezeichnet den Einheitsvektor in der Ausbreitungsrichtung.

Durch Eliminieren von $\mathbf{B_k}$ zu Gunsten von $\mathbf{E_k}$ und $\mathbf{E_k^*}$ zu Gunsten von $\mathbf{B_k^*}$ unter Benutzung des Zusammenhanges zwischen den Feldstärken $\mathbf{E_k}$ und $\mathbf{B_k}$ für eine monochromatische Welle

$$\mathbf{B_k} = \frac{1}{c}\mathbf{n_k}\times\mathbf{E_k}\text{ bzw. }\mathbf{E_k} = -c\mathbf{n_k}\times\mathbf{B_k} \tag{3.166}$$

erhalten Sie zwei Ausdrücke für $\mathbf{P}$. Der Impuls des elektromagnetischen Feldes ist der arithmetische Mittelwert der beiden Ausdrücke. Vergleichen Sie anschließend den so umgeformten Ausdruck für $\mathbf{P}$ mit der Energie des elektromagnetischen Feldes.

3.10.2 Eigenschaft der Polarisationsvektoren

Zeigen Sie, dass die Beziehung für die Polarisationsvektoren $\varepsilon_i(\lambda,\mathbf{k})$

$$\sum_{\lambda=1,2}\varepsilon_i(\lambda,\mathbf{k})\varepsilon_j(\lambda,\mathbf{k}) = \delta_{ij} - \frac{k_i k_j}{k^2}.$$

unmittelbar aus der Vollständigkeitsbedingung der Einheitsvektoren des orthogonalen Dreibeins $\boldsymbol{\varepsilon}(1,\mathbf{k})$, $\boldsymbol{\varepsilon}(2,\mathbf{k})$ und $\mathbf{n_k} = \mathbf{k}/\mid\mathbf{k}\mid$ folgt.

3.10.3 Vakuumschwankungen des elektromagnetischen Feldes

Beweisen Sie unter Benutzung des Zusammenhanges zwischen den Fourier-Komponenten der Operatoren der elektrischen Feldstärke und des Magnetfeldes mit den Erzeugungs- und Vernichtungsoperatoren

$$\mathbf{E_k} = \mu_0 i\omega_\mathbf{k}\sqrt{\frac{\hbar c^2}{2\mu_0 V\omega_\mathbf{k}}}\left(\mathbf{c_k} - \mathbf{c}_{-\mathbf{k}}^+\right),\quad \mathbf{H_k} = \sqrt{\frac{\hbar c^2}{2\mu_0 V\omega_\mathbf{k}}}i\mathbf{k}\times\left(\mathbf{c_k} + \mathbf{c}_{-\mathbf{k}}^+\right) \tag{3.167}$$

die Gültigkeit der Ausdrücke (3.26) auf Seite 142 für die Nullpunktschwankungen der Fourier-Komponenten der elektrischen Feldstärke und des Magnetfeldes. Benutzen Sie die Zerlegung der Vernichtungs- und Erzeugungsoperatoren in (3.167) im orthogonalen Dreibein.

Berechnen Sie unter Benutzung der obigen Ausdrücke für $\mathbf{E_k}$ und $\mathbf{H_k}$ die Vakuumserwartungswerte $\langle 0\,|\mathbf{E}(\mathbf{r},t)\mathbf{E}(\mathbf{r},t)|\,0\rangle$ und $\langle 0\,|\mathbf{H}(\mathbf{r},t)\mathbf{H}(\mathbf{r},t)|\,0\rangle$ und stellen Sie die Gültigkeit der Ausdrücke

$$\langle 0 \,|\mathbf{E}(\mathbf{r},t)\mathbf{E}(\mathbf{r},t)|\, 0\rangle = \sum_{\mathbf{k}} \frac{\hbar\omega_{\mathbf{k}}}{\varepsilon_0 V}, \quad \langle 0 \,|\mathbf{H}(\mathbf{r},t)\mathbf{H}(\mathbf{r},t)|\, 0\rangle = \sum_{\mathbf{k}} \frac{\hbar\omega_{\mathbf{k}}}{\mu_0 V} \tag{3.168}$$

fest. Vergleichen Sie das Ergebnis mit dem entsprechenden Ausdruck, welcher im Abschn. 3.4 unter Benutzung der Grundzustandsenergie des elektromagnetischen Feldes ermittelt wurde. Wie kann wiederum unter Verwendung von (3.168) die Grundzustandsenergie des elektromagnetischen Feldes berechnet werden?

3.10.4 Helizität des Photons

Zeigen Sie, dass die Projektion des Spin-Operators der Photonen mit dem Wellenzahlvektor $\mathbf{k}$ auf die Ausbreitungsrichtung $\mathbf{n_k} = \mathbf{k}/\mid \mathbf{k} \mid$

$$\mathsf{S}_{\mathbf{k}} = -i\hbar \left(c^{+}_{\mathbf{k},1} c_{\mathbf{k},2} - c^{+}_{\mathbf{k},2} c_{\mathbf{k},1} \right) \mathbf{n_k}$$

mit dem Hamilton-Operator des elektromagnetischen Feldes

$$\sum_{\mathbf{k},\alpha} \hbar\omega_k \left(c^{+}_{\mathbf{k},\alpha} c_{\mathbf{k},\alpha} + \frac{1}{2} \right)$$

vertauschbar ist.

3.10.5 Vertauschungsrelationen der Komponenten des Spinoperators des elektromagnetischen Feldes

Stellen Sie die Gültigkeit der Vertauschungsrelationen

$$\left[\mathsf{S}_i, \mathsf{S}_j\right] = i\hbar\varepsilon_{ijk}\mathsf{S}_k$$

der Komponenten des Spinoperators des elektromagnetischen Feldes

$$\mathsf{S} = -i\hbar \sum_{\mathbf{k}} \mathbf{c}^{+}_{\mathbf{k}} \times \mathbf{c}_{\mathbf{k}}.$$

fest. Benutzen Sie die Vertauschungsrelationen der Erzeugungs- und Vernichtungsoperatoren $\left[c_{\mathbf{k},i}, c^{+}_{\mathbf{k}',j}\right] = \delta_{\mathbf{n},\mathbf{n}'}\delta_{ij}$.

3.10.6 Ladungsparität

Die Anwendung der Operation der Ladungskonjugation auf Teilchensysteme, welche geladene und neutrale Teilchen enthalten, macht es notwendig, den Begriff Ladungskonjugation auf neutrale Teilchen auszudehnen. Die neutralen Teilchen werden durch reelle Felder (Wellenfunktionen) beschrieben. Die Operation der Ladungskonjugation C transformiert in diesem Fall die Teilchenzustände in sich selbst. Aus der Tatsache, dass die zweifache Anwendung der Operation der Ladungskonjugation die Bedingung $C^2 = 1$ ergibt, folgt, dass die Zustände durch die Eigenwerte $\eta_C = \pm 1$ von C charakterisiert werden können. Diese multiplikative Quantenzahl wird als Ladungsparität bezeichnet. Die ladungskonjugierte Wellenfunktion

$$\psi_c = \eta_C \psi$$

stimmt entweder mit ψ überein oder unterscheidet sich von ihr nur durch das Vorzeichen.

Die Teilchen (π^0-, η-, η'-Mesonen) besitzen eine positive Ladungsparität $\eta_C = 1$ ($\psi_c = \psi$), während die Teilchen (Photon, ϱ^0-, ω-,Φ-, J/ψ, Υ-Mesonen) eine negative Ladungsparität $\eta_C = -1$ ($\psi_c = -\psi$) besitzen.

Ermitteln Sie die Ladungsparität des π^0-Mesons unter Betrachtung des Zerfalls des π^0-Mesons in zwei Photonen. Die Ladungsparität des Photons wird in der Aufgabe 3.10.7 ermittelt.

Zeigen Sie, dass die Relation $\eta_C = \pm 1$ aus der Invarianz der Lagrange-Dichte des reellen Klein-Gordon-Feldes, welche in der Aufgabe 3.10.16 auf Seite 223 betrachtet wird, unter der Ladungskonjugation ermittelt werden kann.

Die Ladungsparität bleibt erhalten bei starken und elektromagnetischen Wechselwirkungen und wird verletzt bei schwachen Wechselwirkungen.

3.10.7 Ladungsparität des Photons

Photonen sind Quanten reeller Vektorfelder und können analog zum skalaren Klein-Gordon-Feld durch die Quantenzahl -Ladungsparität- charakterisiert werden. Zeigen Sie, dass die Ladungsparität des Photons -1 ist. Betrachten Sie dazu die Ladungskonjugation der Dirac-Gleichung im äußeren elektromagnetischen Feld (siehe Bemerkung zur Aufgabe 1.14.30 auf Seite 61).

3.10.8 Dipolnäherung

Zeigen Sie, dass der Erwartungswert

$$\mathbf{p}_{12} = \int \Psi^*_{100}(\mathbf{r})\mathbf{p}\Psi_{210}(\mathbf{r})d^3r,$$

welcher im Abschn. 3.3 eingeführt wurde, in äquivalenter Form

$$\mathbf{p}_{12} = -im\omega_{21}\mathbf{r}_{12}$$

mit

$$\mathbf{r}_{12} = \int \Psi^*_{100}(\mathbf{r})\mathbf{r}\Psi_{210}(\mathbf{r})d^3r$$

geschrieben werden kann.

Stellen Sie unter Verwendung dieses Ergebnisses die Wahrscheinlichkeit für die spontane Emission eines Photons in der Form

$$w = \frac{4}{3}\frac{\omega_{21}^3}{\hbar c^3}\,|\mathbf{d}_{12}|^2\,,$$

wobei $\mathbf{d}_{12} = e\mathbf{r}_{12}$ das Matrixelement des Dipolmoments bezeichnet, dar. Deswegen wird die verwendete Näherung $e^{-i\mathbf{kr}} \simeq 1$ als Dipolnäherung bezeichnet. Die obige Gleichung für w befindet sich in Übereinstimmung mit dem aus der Quantenmechanik bekannten Korrespondenzprinzip.

Die nächsten Terme in der Entwicklung des Exponenten in der Gl. (3.41) ergeben die Beiträge der Quadrupol-, Oktupol-, $\cdots$ Momente zur Lebensdauer des $2p$-Zustandes.

Hinweis: Schreiben Sie den Impulsoperator $\mathbf{p}$ als $md\mathbf{r}/dt$ um, benutzen Sie die Heisenbergsche Bewegungsgleichung $d\mathbf{r}/dt = (i/\hbar)\,[H,\mathbf{r}]$ und berechnen Sie anschließend das entsprechende Matrixelement von $[H,\mathbf{r}]$. Eine weniger elegante Methode besteht darin, im betrachteten Fall $2p \to 1s$ die explizit berechneten Matrixelemente von $\mathbf{p}_{12}$ und $\mathbf{r}_{12}$ direkt zu vergleichen.

3.10.9 Induzierte Emission und Absorption

Der im Abschn. 3.3 betrachtete Übergang des $2p$-Zustandes in den Grundzustand wird durch Nullpunktschwankungen des elektromagnetischen Feldes verursacht. Man kann auch die Emission von Photonen betrachten, wenn im Anfangszustand Photonen vorhanden sind.

Zeigen Sie, dass, wenn im Anfangszustand $n_{\mathbf{k}}$ Photonen vorhanden sind, das Matrixelement des Erzeugungsoperators der Strahlung (3.40) im Abschn. 3.3 auf Seite 147 durch das Matrixelement

$$\left\langle n_{\mathbf{k},\lambda}+1,0\right|c^+_{\mathbf{k}',\lambda'}\left|n_{\mathbf{k},\lambda},0\right\rangle = \sqrt{n_{\mathbf{k},\lambda}+1}\,\delta_{\mathbf{nn}'}\delta_{\lambda\lambda'}$$

ersetzt werden muss. Die Zahl der Photonen $n_{\mathbf{k}}$ darf nicht mit $\mathbf{n}$, welche durch die Beziehung $\mathbf{k} = (2\pi/V^{1/3})\mathbf{n}$ definiert ist, verwechselt werden.

Stellen Sie die Gültigkeit des Ausdruckes

$$w_{n_k}^e = \left(n_{\mathbf{k},\lambda} + 1\right) w$$

für die Emissionswahrscheinlichkeit eines Photons fest. Während der Term w auf der rechten Seite von $w_{n_k}^e$ der spontanen Emission entspricht, berücksichtigt der Term $n_{\mathbf{k},\lambda} w$ den Beitrag der induzierten Emission. Die Präsenz von Photonen im Anfangszustand stimuliert somit die Emission weiterer Photonen.

Das Vorgehen im Abschn. 3.3 kann unmittelbar auf die Betrachtung der Absorption von Photonen eines H-Atoms im Grundzustand erweitert werden. Mann kann den Prozess betrachten, wenn das H-Atom durch Absorption eines Photons aus dem Grundzustand in $2p$-Zustand angeregt wird. Zeigen Sie, dass die Absorptionswahrscheinlichkeit, wenn sich im Anfangszustand $n_{\mathbf{k},\lambda}$ Photonen befinden, durch den Ausdruck

$$w_{n_k}^a = n_{\mathbf{k},\lambda} w$$

gegeben ist. Das Verhältnis der Emissions- und Absorptionswahrscheinlichkeit ist gegeben durch die Relation

$$\frac{w_{n_k}^e}{w_{n_k}^a} = \frac{n_{\mathbf{k},\lambda} + 1}{n_{\mathbf{k},\lambda}}.$$

3.10.10 Photoelektrische Emission

Wenn durch Absorption eines Photons das Atom vollständig ionisiert wird, spricht man von der photoelektrischen Emission. Die Zielgröße in diesem Fall ist der Wirkungsquerschnitt des emittierten Elektrons. Die Wellenfunktion des Anfangzustandes ist

$$\Psi_i = \Psi_{100}(\mathbf{r}) \left|1_{\mathbf{k},\lambda}, 0\right\rangle.$$

Die Wellenfunktion des Elektrons im Endzustand kann unter Vernachlässigung der potentiellen Energie des Kerns als ebene Welle genähert werden, so dass man für Ψ_f erhält

$$\Psi_f = \frac{1}{\sqrt{V}} e^{i\mathbf{pr}/\hbar} \left|0\right\rangle.$$

Zeigen Sie unter Benutzung der Betrachtung im Abschn. 3.3, dass die Wahrscheinlichkeit dafür, dass das Elektron im Raumwinkel $d\Omega_p$ ausgestrahlt wird, durch den folgenden Ausdruck gegeben ist

$$dw = \frac{2\pi}{\hbar} \int_0^\infty \frac{Vp^2 dp}{(2\pi\hbar)^3} \left(\frac{e}{mc}\sqrt{\frac{2\pi\hbar c^2}{V\omega_k}}\right)^2 \frac{1}{2} \sum_{\lambda=1,2} \left[\boldsymbol{\varepsilon}_{\mathbf{k},\lambda}\bar{\mathbf{p}}\right]^2 \delta\left(\frac{p^2}{2m} + I - \hbar\omega_k\right) d\Omega_p,$$

wobei

$$\bar{\mathbf{p}} = \int \frac{1}{\sqrt{V}} e^{-i\mathbf{pr}/\hbar} e^{i\mathbf{kr}} \frac{\hbar}{i} \nabla \frac{1}{\sqrt{\pi a^3}} e^{-r/a} d^3 r$$

gilt. Die δ-Funktion im Ausdruck für dw drückt die Energieerhaltung aus.

Zeigen Sie weiter, dass die Integration über r das Resultat ergibt

$$\bar{\mathbf{p}} = \int e^{-i\boldsymbol{\kappa}\mathbf{r}} \mathbf{p} e^{-r/a} d^3 r = \frac{\hbar \boldsymbol{\kappa}}{\sqrt{V}\sqrt{\pi a^3}} \int e^{-i\boldsymbol{\kappa}\mathbf{r} - r/a} d^3 r = \frac{\hbar \boldsymbol{\kappa}}{\sqrt{V}\sqrt{\pi a^3}} \frac{8\pi a^3}{\left(1 + a^2 \kappa^2\right)^2},$$

wobei $\boldsymbol{\kappa} = \mathbf{p}/\hbar - \mathbf{k}$ gilt. Den differentiellen Wirkungsquerschnitt erhält man durch Dividieren von dw durch die Stromdichte des einlaufenden Photons $j_i = c/V$.

Zeigen Sie, dass die Integration über p das folgende Resultat für den differentiellen Wirkungsquerschnitt ergibt

$$d\sigma = \frac{32 e^2 p_*}{m\hbar^3 \omega c} \frac{a^3}{(1 + a^2 \kappa^2)^4} \frac{1}{2} \sum_{\lambda} \left[\boldsymbol{\varepsilon}_{\mathbf{k},\lambda} \bar{\mathbf{p}}\right]^2 d\Omega_p,$$

wobei $\omega = \omega_k$ gilt und $p_* = \sqrt{2m\,(\hbar\omega - I)}$ der Nullstelle des Argumentes der δ-Funktion entspricht. Beachten Sie, dass im obigen Ausdruck für $d\sigma$ keine Entwicklung nach Potenzen von k benutzt wurde, d.h. $d\sigma$ enthält Beiträge aller Multipole.

Zeigen Sie, dass die Mittelung über die Polarisation des Photons das Ergebnis liefert

$$\frac{1}{2} \sum_{\lambda} \left[\boldsymbol{\varepsilon}_{\mathbf{k},\lambda} \bar{\mathbf{p}}\right]^2 = \frac{p_*^2}{2} \sin^2 \theta.$$

Für ausreichend hochfrequente Photonen gilt

$$p_*^2/2m = p_* v_*/2 = \hbar\omega - I \simeq \hbar\omega = \hbar c k.$$

Zeigen Sie unter Benutzung der obigen Beziehung, dass für nichtrelativistische Geschwindigkeiten ($v_* \ll c$) der Impuls des Elektrons der Ungleichung

$$p_* \gg \hbar k$$

genügt. Stellen Sie weiter im Rahmen dieser Näherung die Gültigkeit der Resultate für den differentiellen

$$d\sigma = \frac{16 e^2 \hbar^5}{m\omega c a^5 p_*^5} \sin^2 \theta d\Omega = 32 \left(\frac{e^2}{\hbar c}\right) \left(\frac{\hbar^2}{m e^2}\right)^2 \left(\frac{I}{\hbar\omega}\right)^{7/2} \sin^2 \theta d\Omega$$

und den totalen Wirkungsquerschnitt

$$\sigma = \frac{256\pi}{3}\left(\frac{e^2}{\hbar c}\right)\left(\frac{\hbar^2}{me^2}\right)^2\left(\frac{I}{\hbar\omega}\right)^{7/2}$$

fest. Das Einsetzen der Zahlenwerte für $\hbar\omega = 5\,\text{keV}$, $I = 13,6\,\text{eV}$ ergibt

$$\sigma = 0,6 \times 10^{-25}\,\text{cm}^2.$$

3.10.11 Emission von Photonen durch Spinumklapp

Ein Teilchen mit Spin 1/2 und magnetischem Moment $\mathbf{m} = \mu\boldsymbol{\sigma}$ befinde sich im homogenen Magnetfeld der Stärke $\mathbf{B}$ in einem Zustand mit der gegebenen Projektion des Spins auf die Feldrichtung. Berechnen Sie die Wahrscheinlichkeit der Emission eines Photons pro Zeit durch Spinumklapp.

Die Wechselwirkung des Teilchens mit dem elektromagnetischen Feld besitzt die Form

$$U = -\mathbf{mB} - \mathbf{mB}_{str}(\mathbf{r}).$$

Der zweite Term beschreibt die Wechselwirkung mit dem quantisierten Strahlungsfeld

$$\mathbf{B}_{str}(r) = \mathbf{rotA}(\mathbf{r}, t),$$

wobei das Vektorpotential durch den Ausdruck (3.39) auf Seite 146 gegeben ist. Zur Emission des Photons kommt es, wenn der Spin aus dem Zustand mit der Projektion $-1/2$ in den Zustand mit Projektion $1/2$ übergeht. Die Wellenfunktionen des Ausgangs- und des Endzustandes sind gegeben durch

$$|i\rangle = \Psi_i\,|0\rangle\,, \quad |f\rangle = \Psi_f\,\left|1_{\mathbf{k},\lambda}\right\rangle$$

mit den Spinwellenfunktionen und Energien

$$\Psi_i = \begin{pmatrix} 0 \\ 1 \end{pmatrix}, \quad E_i^{(0)} = \mu B; \quad \Psi_f = \begin{pmatrix} 1 \\ 0 \end{pmatrix}, \quad E_f^{(0)} = -\mu B_0.$$

Die Wechselwirkung des Teilchens mit dem quantisierten Strahlungsfeld wird als zeitabhängige Störung betrachtet. Die Translationsbewegung wird vernachlässigt. Für die Berechnung der gesuchten Wahrscheinlichkeit pro Zeit kann direkt Fermi's Goldene Regel

$$\frac{w_{fi}}{T} = \frac{2\pi}{\hbar}\,|\langle f|\,H_{\text{int}}\,|i\rangle|^2\,\delta(E_f^{(0)} - E_i^{(0)} + \hbar\omega_k)$$

benutzt werden. Die Herleitung ist analog der im Abschn. 3.3 auf Seite 147.

Stellen Sie die Gültigkeit des Ausdruckes für das Matrixelement der Wechselwirkung des magnetischen Moments mit dem Strahlungsfeld

$$\langle f|\, H_{\text{int}}\, |i\rangle = i\mu\sqrt{\frac{\hbar c^2}{2V\mu_0\omega_k}}\mathbf{k}\left(\boldsymbol{\varepsilon}_{\mathbf{k},\lambda}\times\boldsymbol{\sigma}_{fi}\right)$$

fest. Es gilt die Bezeichnung

$$\boldsymbol{\sigma}_{fi} = \Psi_f^+\boldsymbol{\sigma}\Psi_i .$$

Zeigen Sie, dass die Wahrscheinlichkeit, dass das Photon im Raumwinkel $d\Omega_k$ emittiert wird, durch den Ausdruck

$$\begin{aligned} dw_{\mathbf{k}\lambda} &= \frac{2\pi}{\hbar}\mu^2\frac{\hbar c^2}{2V\mu_0\omega_k}\frac{V}{8\pi^3}\frac{1}{c\hbar}\frac{\omega_k^2}{c^2}\left|\mathbf{k}\left(\boldsymbol{\varepsilon}_{\mathbf{k},\lambda}\times\boldsymbol{\sigma}_{fi}\right)\right|^2 d\Omega_k \\ &= \frac{\omega}{8\pi^2\mu_0 c\hbar}\varepsilon^{ijl}\varepsilon^{kps}k^i k^k\left(\sigma^l_{fi}\right)^*\sigma^s_{fi}\varepsilon^j_{\mathbf{k},\lambda}\varepsilon^p_{\mathbf{k},\lambda}d\Omega_k , \end{aligned}$$

wobei ε^{ijl} den vollständig antisymmetrischen Tensor dritter Stufe bezeichnet, gegeben ist.

Die Summation über die Polarisation des Photons und die Integration über aller Richtungen des Photons können unter Benutzung der folgenden Beziehungen durchgeführt werden

$$\sum_\lambda \varepsilon^j_{\mathbf{k},\lambda}\varepsilon^p_{\mathbf{k},\lambda} = \delta^{jp} - \frac{k^j k^p}{\mathbf{k}^2}, \quad \int k^i k^j d\Omega_k = \frac{4\pi}{3}\mathbf{k}^2\delta^{ij} .$$

Benutzen Sie im obigen Ausdruck für $dw_{\mathbf{k}\lambda}$ die Eigenschaft des Tensors ε^{ijl}

$$\varepsilon^{ijl}\varepsilon^{ijs} = 2\delta^{ls}$$

und stellen Sie anschließend die Gültigkeit des Ausdruckes für die Wahrscheinlichkeit

$$w = \frac{2}{3\pi}\frac{\mu^2\omega^3}{2\mu_0\hbar c^3}\left|\sigma_{fi}\right|^2$$

fest. Die unmittelbare Berechnung von σ_{fi} ergibt

$$\sigma^x_{fi} = 1, \quad \sigma^y_{fi} = -i, \quad \sigma^z_{fi} = 0 .$$

Zeigen Sie, dass die Wahrscheinlichkeit für die Emission eines Photons durch Spinumklapp durch den Ausdruck

$$w = \frac{16}{3\pi} \frac{\mu^5 B^3}{\mu_0 \hbar^4 c^3}$$

gegeben ist. Die Multiplikation von w mit dem Faktor $4\pi\mu_0$ ergibt die Wahrscheinlichkeit in Gauss-Einheiten.

3.10.12 Die Stromdichte der einlaufenden Teilchen in der Elektron-Elektron-Streuung

Für die Berechnung des Wirkungsquerschnittes von zwei aneinander streuenden Teilchen braucht man die Stromdichte der einlaufenden Teilchen im beliebigen Bezugssystem. In der Herleitung der Stromdichte für beliebige Bezugssysteme folgen wir der Darstellung im Buch [7].

Im Bezugssystem, in dem z.B. das zweite Teilchen ruht, $v_2^{(0)} = 0$, ist die Stromdichte des ersten Teilchens vor der Streuung durch den Ausdruck

$$j^{(0)} = n_1^{(0)} v_1^{(0)} \tag{3.169}$$

gegeben, wobei $n_1^{(0)}$ die Dichte der einlaufenden Teilchen ist. Für ein Teilchen gilt $n_1^{(0)} = 1/V$. Der differentielle Wirkungsquerschnitt in diesem Bezugssystem wird definiert durch

$$d\sigma = \frac{dw_{f\leftarrow i}^{(0)}}{n_1^{(0)} v_1^{(0)}}.$$

Im Bezugssystem, in dem sich das zweite Teilchen mit Geschwindigkeit v_2 bewegt, ist die Definition der Stromdichte im allgemeinen nicht eindeutig. Wir können in diesem Fall nur schreiben

$$j = n_1 v' \tag{3.170}$$

mit einem unbekannten v', das noch zu finden ist. Für $v_2 = 0$ geht v' in $v_1^{(0)}$ über. Die Größe v' kann aus der Forderung, dass der differentielle Wirkungsquerschnitt eine invariante Größe ist

$$d\sigma = \frac{dw_{f\leftarrow i}^{(0)}}{n_1^{(0)} v_1^{(0)}} = \frac{dw_{f\leftarrow i}}{n_1 v'}, \tag{3.171}$$

bestimmt werden. Weiterhin wird berücksichtigt, dass die Zahl der Streuprozesse $i \to f$ im Volumen ΔV und in der Zeit Δt eine invariante Größe ist

$$dw_{f\leftarrow i}^{(0)} n_2^{(0)} \Delta t^{(0)} \Delta V^{(0)} = dw_{f\leftarrow i} n_2 \Delta t \Delta V. \tag{3.172}$$

Da $\Delta t \Delta V$ eine lorentzinvariante Größe ist, erhält man aus (3.172)

$$dw^{(0)}_{f\leftarrow i} n^{(0)}_2 = dw_{f\leftarrow i} n_2.$$

Zeigen Sie unter Berücksichtigung, dass die Größen $(n_1, n_1\mathbf{v}_1)$ und $(n_2, n_2\mathbf{v}_2)$ Vierer-Vektoren sind, die Gültigkeit der Beziehung

$$n^{(0)}_1 n^{(0)}_2 = n_1 n_2 (1 - \mathbf{v}_1\mathbf{v}_2). \tag{3.173}$$

Zeigen Sie weiter unter Berücksichtigung der Gln. (3.169), (3.170), (3.171), und (3.172), dass die Stromdichte j' im beliebigen Bezugssystem in folgender Form

$$j' = n_1 v^{(0)}_1 (1 - \mathbf{v}_1\mathbf{v}_2) \tag{3.174}$$

geschrieben werden kann.

Zeigen Sie, dass $v^{(0)}_1$ und $1 - \mathbf{v}_1\mathbf{v}_2$ wie folgt durch die Viererimpulse $p_1 = (E_1, \mathbf{p}_1)$, $p_2 = (E_1, \mathbf{p}_2)$ $(c = 1)$ ausgedrückt werden können

$$v^{(0)}_1 = \pm\frac{\sqrt{(p_1 p_2)^2 - m_1^2 m_2^2}}{p_1 p_2}, \quad 1 - \mathbf{v}_1\mathbf{v}_2 = \frac{p_1 p_2}{E_1 E_2}.$$

Stellen Sie unter Benutzung der beiden obigen Beziehungen die Gültigkeit des folgenden Ausdrucks für die Stromdichte im beliebigen Bezugssystem

$$j' = n_1 \frac{\sqrt{(p_1 p_2)^2 - m_1^2 m_2^2}}{E_1 E_2}$$

fest.

3.10.13 *Möglichkeit der Ausstrahlung eines Gammaquanten durch ein sich gleichförmig bewegendes Teilchen*

Zeigen Sie, dass die Energie-Impuls-Erhaltung die Ausstrahlung eines Gammaquanten durch ein freies sich gleichförmig bewegendes Teilchen verbietet. Die Anwendung dieses Ergebnisses auf den Prozeß der Zerstrahlung eines Elektron-Positron-Paares, welcher durch das Feynman-Diagramm in der Abb. 1.7 auf Seite 38 dargestellt wird, verbietet die Zerstrahlung in ein Photon.

Für welche Geschwindigkeiten ist die Ausstrahlung eines Strahlungsquanten jedoch möglich? Bestimmen Sie die Austrahlungsrichtungen in diesem Fall. Welche Phänomene können unter Verwendung dieses Ergebnisses erklärt werden?

3.10.14 *Vertauschungsrelation zwischen Ort und Impuls und die Heisenbergschen Bewegungsgleichungen für ein Teilchen im äußeren Potential*

Betrachten Sie ein nichtrelativistisches Teilchen im äußeren Potential $V(x)$. Zeigen Sie, dass die Forderung, dass die Heisenbergschen Bewegungsgleichungen

$$\frac{dx}{dt} = \frac{i}{\hbar}[H, x], \quad \frac{dp_x}{dt} = \frac{i}{\hbar}\left[H, p_x\right]$$

für die Operatoren x und p mit der klassischen Bewegungsgleichung

$$m\frac{d^2x}{dt^2} = -\frac{\partial V(x)}{\partial x}$$

übereinstimmen, die Vertauschungsrelation

$$\left[x, p_x\right] = i\hbar$$

ergibt.

3.10.15 *Heisenbergsche Bewegungsgleichungen und Eichsymmetrie*

Betrachten Sie für ein nichtrelativistisches Teilchen im elektromagnetischen Feld mit dem Hamilton-Operator

$$H = \frac{1}{2m}\left(\mathbf{p} - \frac{e}{c}\mathbf{A}\right)^2 + eV$$

die Heisenbergschen Bewegungsgleichungen

$$\frac{dx^k}{dt} = \frac{i}{\hbar}\left[H, x^k\right], \quad \frac{dp^k}{dt} = \frac{i}{\hbar}\left[H, p^k\right]$$

und stellen Sie unter Benutzung der Vertauschungsrelationen zwischen dem Orts- und Impulsoperator $\left[x^k, p^m\right] = i\hbar\delta^{km}$ die Gültigkeit der Ergebnisse

$$m\frac{dx^k}{dt} = p^k - \frac{e}{c}A^k \equiv \pi^k, \quad \frac{d\boldsymbol{\pi}}{dt} = e\mathbf{E} + \frac{e}{2mc}\left(\boldsymbol{\pi} \times \mathbf{B} - \mathbf{B} \times \boldsymbol{\pi}\right) \tag{3.175}$$

fest. Im Unterschied zu den klassischen Bewegungsgleichungen wird der Impuls p^k durch den generalisierten Impuls π^k ersetzt. In Übereinstimmung mit (3.175) resultiert die Eichtransformation der Potentiale in eine Änderung des generalisierten

Impulses π^k. Dies ist im Unterschied zur skalaren Kopplung in der vorigen Aufgabe. Letztere ist ein Spezialfall dieser Aufgabe für $\mathbf{A} = 0$. Vergleichen Sie (3.175) mit der entsprechenden Aufgabe für die Dirac-Gleichung in der Aufgabe 1.14.25 auf Seite 59. Überprüfen Sie, dass der letzte Term in (3.175) Hermitesch ist.

3.10.16 Die Lagrange-Theorie des reellen Klein-Gordon-Feldes

Die Einführung des Klein-Gordon-Feldes basiert auf der Betrachtung der Klein-Gordon-Gleichung (1.7)

$$\frac{\partial^2 \varphi}{\partial x^\nu \partial x_\nu} + \mu^2 \varphi = 0$$

($\mu = mc/\hbar$) als Euler-Lagrange-Gleichung eines reellen skalaren Feldes. Um die Wirkung und die Lagrange-Dichte herzuleiten, beginnen wir mit der Klein-Gordon-Gleichung und führen die bekannte Prozedur der Herleitung der Bewegungsgleichungen aus der Wirkung in der umgekehrten Reihenfolge durch. Dazu multipliziert man die Klein-Gordon-Gleichung mit $\delta\varphi(x)$ und erhält für die Variation der Wirkung

$$\delta A = -\int d^4x \left(\frac{\partial^2 \varphi}{\partial x^\nu \partial x_\nu} + \mu^2 \varphi \right) \delta\varphi(x).$$

Die Bedingung $\delta A = 0$ bei der willkürlichen Funktion $\delta\varphi(x)$ ergibt wiederum die Euler-Lagrange-Gleichung, d.h. die Klein-Gordon-Gleichung. Die Wirkung des Feldes A hängt wie folgt

$$A = \int d^4x \mathcal{L}(\varphi)$$

mit der Lagrange-Dichte $\mathcal{L}(\varphi)$ zusammen. Stellen Sie die Gültigkeit der folgenden Ausdrücke für die Wirkung

$$A = \frac{1}{2} \int d^4x \left(\frac{\partial \varphi}{\partial x^\nu} \frac{\partial \varphi}{\partial x_\nu} - \mu^2 \varphi \right)$$

und für die Lagrange-Dichte

$$\mathcal{L} = \frac{1}{2} \frac{\partial \varphi}{\partial x^\nu} \frac{\partial \varphi}{\partial x_\nu} - \frac{1}{2} \mu^2 \varphi^2 \tag{3.176}$$

fest. Die Hamilton-Dichte $\mathcal{H}$ des Feldes wird durch den Ausdruck $H = \int d^4x \mathcal{H}$ definiert. Zeigen Sie, dass die Hamilton-Dichte des Klein-Gordon-Feldes die Form

$$\mathcal{H} = \dot{\varphi}\frac{\partial \mathcal{L}}{\partial \dot{\varphi}} - \mathcal{L} = \frac{1}{2}\dot{\varphi}^2 + \frac{1}{2}(\nabla\varphi)^2 + \frac{1}{2}\mu\varphi^2$$

besitzt. Die Größe $\pi = \partial\mathcal{L}/\partial\dot{\varphi} = \dot{\varphi}$ ist der generalisierte Impuls. Die Feldgrößen $\varphi(\mathbf{r}, t)$ und $\pi(\mathbf{r}, t)$ können genauso wie das Wellenpaket in der Gl. (1.13) nach den ebenen Wellen entwickelt werden. Für ein endliches Volumen $V = L^3$ besitzt die Fourier-Zerlegung die Form ($\hbar = 1$)

$$\varphi(\mathbf{r}, t) = \sum_{\mathbf{p}} \frac{1}{\sqrt{2VE_{\mathbf{p}}}} \left(a_{\mathbf{p}}e^{-ipx} + a_{\mathbf{p}}^* e^{+ipx}\right), \tag{3.177}$$

$$\pi(\mathbf{r}, t) = -i\sum_{\mathbf{p}} \sqrt{\frac{E_{\mathbf{p}}}{2V}} \left(a_{\mathbf{p}}e^{-ipx} - a_{\mathbf{p}}^* e^{+ipx}\right), \tag{3.178}$$

wobei die Abkürzung $\mathbf{p} \equiv \mathbf{p_n} = 2\pi\mathbf{n}/L$ zu beachten ist. Der Zusammenhang zwischen den Funktionen $a(\mathbf{p})$ in der Gl. (1.13) auf Seite 4 und den Koeffizienten $a_{\mathbf{p}}$ erhält man unter Benutzung der Relation (3.2) in der Form

$$a(\mathbf{p}) \to \frac{(2\pi)^{3/2}}{\sqrt{V}} a_{\mathbf{p}}.$$

Zeigen Sie, dass die Fourier-Zerlegung der Hamilton-Funktion des Feldes H die Form

$$H = \frac{1}{2}\sum_{\mathbf{p}} E_{\mathbf{p}} \left(a_{\mathbf{p}}a_{\mathbf{p}}^* + a_{\mathbf{p}}^* a_{\mathbf{p}}\right) \tag{3.179}$$

besitzt.

In der Quantentheorie des Klein-Gordon-Feldes sind $\mathcal{H}$, $\varphi(\mathbf{r})$ und $\pi(\mathbf{r})$ Operatoren. Im Heisenberg-Bild sind die Feldoperatoren $\varphi(\mathbf{r}, t)$ und $\pi(\mathbf{r}, t)$ zeitabhängig. Die Entwicklung der Feldoperatoren nach ebenen Wellen kann in der Form (3.177) und (3.178) geschrieben werden, wobei $a_{\mathbf{p}}^*$ durch den Operator $a_{\mathbf{p}}^+$, welcher zu $a_{\mathbf{p}}$ adjungiert ist, ersetzt wird.

Zeigen Sie, dass die Forderung, dass die Heisenbergschen Bewegungsgleichungen

$$\frac{d\varphi}{dt} = \frac{i}{\hbar}[H, \varphi], \quad \frac{d\pi}{dt} = \frac{i}{\hbar}[H, \pi]$$

mit der Klein-Gordon-Gleichung (1.7) übereinstimmen, die Vertauschungsrelationen

$$\left[\varphi(\mathbf{r}, t), \pi(\mathbf{r}', t)\right] = i\hbar\delta^{(3)}(\mathbf{r} - \mathbf{r}'), \quad \left[\varphi(\mathbf{r}, t), \varphi(\mathbf{r}', t)\right] = 0, \quad \left[\pi(\mathbf{r}, t), \pi(\mathbf{r}', t)\right] = 0 \tag{3.180}$$

erfordert. Die Ermittlung der Vertauschungsrelationen unter Benutzung der Heisenbergschen Bewegungsgleichungen findet man bei Pauli und Weisskopf [25]. Die Vertauschungsrelationen für die Operatoren $a_{\mathbf{p}}$ und $a_{\mathbf{p}}^{+}$ können aus (3.180) unter Benutzung von (3.177) und (3.178) unmittelbar ermittelt werden. Stellen Sie die Gültigkeit der Vertauschungsrelationen

$$\left[a_{\mathbf{p}}, a_{\mathbf{p}'}^{+}\right] = \delta_{\mathbf{nn}'}, \quad \left[a_{\mathbf{p}}, a_{\mathbf{p}'}\right] = 0, \quad \left[a_{\mathbf{p}}^{+}, a_{\mathbf{p}'}^{+}\right] = 0 \tag{3.181}$$

fest.[5] D.h. die Koeffizienten $a_{\mathbf{p}}$ und $a_{\mathbf{p}}^{+}$ in der Entwicklung der Feldoperatoren nach ebenen Wellen sind Erzeugungs- und Vernichtungsoperatoren. Aus der Betrachtung des harmonischen Oszillators in der nichtrelativistischen Quantenmechanik ist es bekannt (siehe auch die Aufgabe 4.4.3 auf Seite 313), dass $N_{\mathbf{p}} = a_{\mathbf{p}}^{+} a_{\mathbf{p}}$ der Teilchenzahloperator mit Eigenwerten $0, 1, \ldots$ ist.

3.10.17 *Der Feynman-Propagator für das skalare Klein-Gordon-Feld*

Zeigen Sie durch direkte Rechnung, dass der Feynman-Propagator der Klein-Gordon-Gleichung (1.24) und (1.26) als Erwartungswert der Feldoperatoren $\varphi(\mathbf{r}, t)$

$$\begin{aligned} i\Delta_0^F(x_2 - x_1) = {} & \langle 0|\, \varphi(\mathbf{r}_2, t_2)\varphi(\mathbf{r}_1, t_1)\, |0\rangle\, \theta(t_2 - t_1) \\ & + \langle 0|\, \varphi(\mathbf{r}_1, t_1)\varphi(\mathbf{r}_2, t_2)\, |0\rangle\, \theta(t_1 - t_2). \end{aligned} \tag{3.182}$$

dargestellt werden kann. Die Wellenfunktion $|0\rangle$ bezeichnet den Grundzustand des Feldes (Vakuum) und ist durch die Bedingung

$$a_{\mathbf{p}}\, |0\rangle = 0, \quad \forall \mathbf{p}$$

definiert.

3.10.18 *Das komplexe Klein-Gordon-Feld*

Das komplexe Klein-Gordon-Feld kann als zwei reelle Klein-Gordon-Felder aufgefasst werden. Die Lagrange-Dichte des komplexen Klein-Gordon-Feldes $\varphi = \frac{1}{\sqrt{2}}(\varphi_1 + i\varphi_2)$ lautet

$$\mathcal{L} = \frac{\partial \varphi^*}{\partial x^\nu}\frac{\partial \varphi}{\partial x_\nu} - \mu^2 \varphi^* \varphi.$$

[5] Für den Zusammenhang zwischen **p** und **n** siehe die Bemerkung nach der Gl. (3.178).

Zeigen Sie, dass die Invarianz der Lagrange-Dichte bezüglich der Eichtransformation $\varphi \to \varphi' = \exp(i\varepsilon)\varphi$, $\varphi^{*\prime} = \exp(-i\varepsilon)\varphi^*$ (ε ist konstant) die Kontinuitätsgleichung

$$\frac{\partial j^\mu}{\partial x^\mu} = 0$$

für die Vierer-Stromdichte

$$j^\mu = -i\varepsilon \left(\frac{\partial \varphi^*}{\partial x_\mu}\varphi - \varphi^* \frac{\partial \varphi}{\partial x_\mu} \right)$$

ergibt. Die Größe ε hängt mit der Phase der globalen Eichtransformation χ wie folgt zusammen $\varepsilon = (e/c)\chi$. Wie bereits aus der Mechanik bekannt ist, folgt aus der Kontinuitätsgleichung, dass $Q = \frac{1}{c}\int d^3r j^0$ eine Erhaltungsgröße ist. Geben Sie eine Interpretation von Q an. Im folgenden werden wir anstelle von j^μ die Größe betrachten, in welcher der Vorfaktor ε durch die elektrische Ladung e ersetzt wird. Die Ableitungen von φ nach t können im Ausdruck für Q zu Gunsten der kanonischen Impulse $\pi = \partial \mathcal{L}/\partial \dot{\varphi}$ ersetzt werden.

Zeigen Sie, dass unter Benutzung der Fourier-Zerlegung der Feldvariablen

$$\varphi_l(x) = \sum_{\mathbf{p}} \frac{1}{\sqrt{2VE_{\mathbf{p}}}}(a_{\mathbf{p},l}\exp(-ipx) + a^*_{\mathbf{p},l}\exp(ipx)),$$

$$\pi_l(x) = -i\sum_{\mathbf{p}} \sqrt{\frac{E_{\mathbf{p}}}{2V}}(a_{\mathbf{p},l}\exp(-ipx) - a^*_{\mathbf{p},l}\exp(ipx))$$

mit $E_{\mathbf{p}} = \sqrt{\mathbf{p}^2 + m^2}$ ($c = \hbar = 1$) und $l = 1, 2$ die Ladung Q wie folgt geschrieben werden kann

$$Q = ie\sum_{\mathbf{p}} \left(a^*_{\mathbf{p},1}a_{\mathbf{p},2} - a^*_{\mathbf{p},2}a_{\mathbf{p},1} \right). \qquad (3.183)$$

Hierbei gilt $\mathbf{p} \equiv \mathbf{p_n}$ mit $\mathbf{p_n} = (2\pi/V^{1/3})\mathbf{n}$ und $n_i = 0, \pm 1, \ldots$.

In der Quantenmechanik sind die Größen $a_{\mathbf{p},m}$ und $a^+_{\mathbf{p},l}$ ($m,l = 1,2$) ($a^+_{\mathbf{p},l}$ ist das quantenmechanische Pendant von $a^*_{\mathbf{p},l}$) entsprechend Vernichtungs- und Erzeugungsoperatoren, die den Vertauschungsrelationen $\left[a_{\mathbf{p},m}, a^+_{\mathbf{p}',l}\right] = \delta_{ml}\delta_{\mathbf{nn}'}$ genügen. Zeigen Sie, dass der Operator der Ladung die Gestalt besitzt

$$\begin{aligned} Q &= \frac{-ie}{2}\sum_{\mathbf{p}} \left(a_{\mathbf{p},1}a^+_{\mathbf{p},2} - a^+_{\mathbf{p},1}a_{\mathbf{p},2} - a_{\mathbf{p},2}a^+_{\mathbf{p},1} + a^+_{\mathbf{p},2}a_{\mathbf{p},1} \right) \\ &= ie\sum_{\mathbf{p}} \left(a^+_{\mathbf{p},1}a_{\mathbf{p},2} - a^+_{\mathbf{p},2}a_{\mathbf{p},1} \right). \end{aligned} \qquad (3.184)$$

Um auf den letzten Ausdruck zu kommen, wurden die Vertauschungsrelationen benutzt. Der Ausdruck für den Ladungs-Operator Q in der Gl. (3.184) ist nicht diagonal. Um Q zu diagonalisieren, drücken Sie Q durch die Operatoren $a = \frac{1}{\sqrt{2}}(a_1 + ia_2)$ und $b = \frac{1}{\sqrt{2}}(a_1 - ia_2)$ und deren Adjungierten aus und stellen Sie die Gültigkeit des Ausdruckes

$$Q = e \sum_{\mathbf{p}} \left(a_{\mathbf{p}}^+ a_{\mathbf{p}} - b_{\mathbf{p}}^+ b_{\mathbf{p}} \right) \tag{3.185}$$

fest. Die Operatoren $a_{\mathbf{p}}^+$ und $a_{\mathbf{p}}$ sind die Erzeugungs- und Vernichtungsoperatoren der Teilchen, während $b_{\mathbf{p}}^+$ und $b_{\mathbf{p}}$ der Antiteilchen. Die Gl. (3.185) zeigt, dass die Teilchen und Antiteilchen (π^-- und π^+-Mesonen) entgegengesetzte elektrische Ladungen besitzen. Man kann die Gültigkeit der Vertauschungsrelationen

$$\left[a_{\mathbf{p}}, a_{\mathbf{p}'}^+ \right] = \delta_{\mathbf{nn}'}, \quad \left[b_{\mathbf{p}}, b_{\mathbf{p}'}^+ \right] = \delta_{\mathbf{nn}'}, \quad \left[a_{\mathbf{p}}, b_{\mathbf{p}'} \right] = 0,$$

$$\left[a_{\mathbf{p}}, b_{\mathbf{p}'}^+ \right] = 0, \quad \left[a_{\mathbf{p}}, a_{\mathbf{p}'} \right] = 0, \quad \left[b_{\mathbf{p}}, b_{\mathbf{p}'} \right] = 0$$

unmittelbar überprüfen.

Zeigen Sie weiterhin, dass die Fourier-Entwicklungen der Operatoren $\varphi(x) = \varphi_1 + i\varphi_2$ und $\varphi^+(x) = \varphi_1^+ - i\varphi_2^+$ die Form

$$\varphi(x) = \sum_{\mathbf{p}} \frac{1}{\sqrt{2VE_{\mathbf{p}}}} \left(a_{\mathbf{p}} e^{-ipx} + b_{\mathbf{p}}^+ e^{+ipx} \right),$$

$$\varphi^+(x) = \sum_{\mathbf{p}} \frac{1}{\sqrt{2VE_{\mathbf{p}}}} \left(a_{\mathbf{p}}^+ e^{ipx} + b_{\mathbf{p}} e^{-ipx} \right)$$

besitzen.

Die Quantisierung des komplexen Klein-Gordon-Feldes mit Antivertauschungsrelationen ergibt anstelle von (3.185)

$$Q = 0.$$

Dies zeigt, dass die Quantisierung des komplexen Klein-Gordon-Feldes mit Antivertauschungsrelationen nicht sinnvoll ist, da den Teilchen und Antiteilchen entgegen der Folgerung aus der Ladungskonjugation keine entgegengesetzte elektrische Ladungen zugeordnet werden können. Diese Betrachtung veranschaulicht auf einer anderen Weise den Zusammenhang zwischen Spin und Statistik, welcher im Abschn. 3.7 und auch am Ende der Aufgabe 3.10.20 diskutiert wird.

3.10.19 Feynman-Propagator für das Klein-Gordon-Feld und die Greensche Funktion des harmonischen Oszillators

Zeigen Sie, dass die Funktion $\Delta_0^F(k,t) = \int d^3 r e^{-i\mathbf{rk}} \Delta_0^F(r,t)$ mit der kausalen Greenschen Funktion des harmonischen Oszillators

$$D(t) = \frac{1}{2i\omega_k}(\theta(t)e^{-i\omega_k t} + \theta(-t)e^{i\omega_k t})$$

mit der Frequenz $\omega_k = \sqrt{\mathbf{k}^2 + \mu^2}$ übereinstimmt.

Zeigen Sie weiter, dass $D(t)$ der Differentialgleichung

$$(-\partial_t^2 - \omega_k^2)D(t) = \delta(t)$$

genügt.

3.10.20 Die Lagrange-Theorie des Elektron-Positron-Feldes

Die Einführung des Elektron-Positron-Feldes basiert auf der Betrachtung der Dirac-Gleichung

$$\left(-i \not{\nabla} + \frac{mc}{\hbar}\right)\psi = 0. \tag{3.186}$$

als Euler-Lagrange-Gleichung.

Zeigen Sie, dass die Dirac-Gleichung (3.186) für ψ und (1.54) für $\overline{\psi}$ aus der Lagrange-Dichte

$$\mathcal{L} = \overline{\psi}(i \not{\nabla} - m)\psi \quad (\hbar = c = 1)$$

entsprechend durch Variation nach $\overline{\psi}$ und ψ hergeleitet werden kann.

Zeigen Sie, dass die Hamilton-Funktion des Elektron–Positron-Feldes die Form

$$\mathcal{H} = \psi^+ (-i\alpha\nabla + m\beta)\,\psi$$

besitzt. In der Quantentheorie des Elektron-Positron-Feldes sind ψ^+ und ψ Operatoren.

Zeigen Sie unter Verwendung der Antivertauschungsrelationen der Feldoperatoren

$$\begin{aligned} &\psi(\mathbf{r},t)\psi(\mathbf{r}',t) + \psi(\mathbf{r}',t)\psi(\mathbf{r},t) = 0, \\ &\qquad \psi^+(\mathbf{r},t)\psi(\mathbf{r}',t) + \psi(\mathbf{r}',t)\psi^+(\mathbf{r},t) = \delta^{(3)}(\mathbf{r}-\mathbf{r}'), \end{aligned} \tag{3.187}$$

dass die Heisenbergschen Bewegungsgleichungen

$$\frac{d\psi}{dt} = \frac{i}{\hbar}\,[H, \psi]\,, \quad \frac{d\psi^+}{dt} = \frac{i}{\hbar}\left[H, \psi^+\right]$$

mit der Einteilchen-Dirac-Gleichung (1.51) und (1.54) übereinstimmen.[6]

Die Fourier-Zerlegung der Feldoperatoren besitzt die gleiche Form

$$\psi(\mathbf{r}, t) = \int \frac{d^3p}{(2\pi)^{3/2}}\sqrt{\frac{m}{E_\mathbf{p}}} \sum_\lambda \left(b(\mathbf{p}, \lambda)u(\mathbf{p}, \lambda)e^{-ipx} + d^+(\mathbf{p}, \lambda)v(\mathbf{p}, \lambda)e^{ipx}\right), \tag{3.188}$$

$$\psi^+(\mathbf{r}, t) = \int \frac{d^3p}{(2\pi)^{3/2}}\sqrt{\frac{m}{E_\mathbf{p}}} \sum_\lambda \left(b^+(\mathbf{p}, \lambda)u^+(\mathbf{p}, \lambda)e^{ipx} + d(\mathbf{p}, \lambda)v^+(\mathbf{p}, \lambda)e^{-ipx}\right),$$

wie das Wellenpaket in der Gl. (1.102) mit $c = \hbar = 1$. Die Fourier-Zerlegung von $\psi(\mathbf{r}, t)$ und $\psi^+(\mathbf{r}, t)$ in einem endlichen Volumen erhält man aus (3.188) analog wie die für das Klein-Gordon-Feld (siehe die Aufgabe 3.10.16) in der Form

$$\psi(\mathbf{r}, t) = \sum_\mathbf{p} \sqrt{\frac{m}{VE_\mathbf{p}}} \sum_\lambda \left(b_{\mathbf{p},\lambda}u(\mathbf{p}, \lambda)e^{-ipx} + d^+_{\mathbf{p},\lambda}v(\mathbf{p}, \lambda)e^{ipx}\right),$$

$$\psi^+(\mathbf{r}, t) = \sum_\mathbf{p} \sqrt{\frac{m}{VE_\mathbf{p}}} \sum_\lambda \left(b^+_{\mathbf{p},\lambda}u^+(\mathbf{p}, \lambda)e^{ipx} + d_{\mathbf{p},\lambda}v(\mathbf{p}, \lambda)e^{-ipx}\right).$$

Zeigen Sie ausgehend von den Antivertauschungsrelationen für die Feldoperatoren (3.187) die Gültigkeit der Antivertauschungsrelationen für die Operatoren $b_{\mathbf{p},\lambda}$, $b^+_{\mathbf{p},\lambda}$, $d_{\mathbf{p},\lambda}$ und $d^+_{\mathbf{p},\lambda}$

$$\left\{b_{\mathbf{p},\lambda}, b_{\mathbf{p}',\lambda'}\right\} = 0, \quad \left\{d^+_{\mathbf{p},\lambda}, d^+_{\mathbf{p}',\lambda'}\right\} = 0, \quad \left\{b_{\mathbf{p},\lambda}, d^+_{\mathbf{p}',\lambda'}\right\} = 0,$$

$$\left\{b_{\mathbf{p},\lambda}, b^+_{\mathbf{p}',\lambda'}\right\} = \delta_{\lambda\lambda'}\delta_{\mathbf{nn}'}, \quad \left\{d_{\mathbf{p},\lambda}, d^+_{\mathbf{p}',\lambda'}\right\} = \delta_{\lambda\lambda'}\delta_{\mathbf{nn}'}.$$

Hierbei gilt $\mathbf{p} \equiv \mathbf{p_n}$ mit $\mathbf{p_n} = (2\pi/V^{1/3})\mathbf{n}$ (beachte, dass $\hbar = 1$ ist) und $n_i = 0, \pm 1, \ldots$.

Zeigen Sie, dass die Eigenwerte von $N^+_{\mathbf{p},\lambda} = b^+_{\mathbf{p},\lambda}b_{\mathbf{p},\lambda}$ und $N^-_{\mathbf{p},\lambda} = d_{\mathbf{p},\lambda}d^+_{\mathbf{p},\lambda}$ nur die Werte 0, 1 annehmen können.

[6] In der Tat erhält man im Rahmen dieser Prozedur die Einteilchen-Dirac-Gleichung unabhängig von der Art der Vertauschungsrelationen.

Zeigen Sie, dass der Viererimpuls

$$P_\mu = \int d^3r \psi^+(x) i\partial\psi(x)/\partial x^\mu$$

und die elektrische Ladung

$$Q = e \int d^3r \psi^+(x)\psi(x)$$

des Elektron-Positron-Feldes ausgedrückt durch die Operatoren $b_{\mathbf{p},\lambda}$, $b^+_{\mathbf{p},\lambda}$, $d_{\mathbf{p},\lambda}$ und $d^+_{\mathbf{p},\lambda}$ die Form

$$P^\mu = \sum_{\mathbf{p},\lambda} p^\mu \left(b^+_{\mathbf{p},\lambda} b_{\mathbf{p},\lambda} - d_{\mathbf{p},\lambda} d^+_{\mathbf{p},\lambda}\right),$$

$$Q = e \sum_{\mathbf{p},\lambda} \left(b^+_{\mathbf{p},\lambda} b_{\mathbf{p},\lambda} + d_{\mathbf{p},\lambda} d^+_{\mathbf{p},\lambda}\right)$$

besitzen. Die Operatoren $N^+_{\mathbf{p},\lambda} = b^+_{\mathbf{p},\lambda} b_{\mathbf{p},\lambda}$ und $N^-_{\mathbf{p},\lambda} = d_{\mathbf{p},\lambda} d^+_{\mathbf{p},\lambda}$ sind entsprechend die Teilchenzahloperatoren für die Elektronen positiver und negativer Energien (mit Impuls $-\mathbf{p}$ für die negative Energien). Demzufolge sind $b^+_{\mathbf{p},\lambda}$ und $b_{\mathbf{p},\lambda}$ entsprechend die Erzeugungs- und Vernichtungsoperatoren für Elektronen positiver Energie, während $d_{\mathbf{p},\lambda}$ und $d^+_{\mathbf{p},\lambda}$ entsprechend die Erzeugungs- und Vernichtungsoperatoren für Elektronen negativer Energie (des Impulses $-\mathbf{p}$ und der Helizität λ) sind.

Die Besetzung der Zustände negativer Energie $N_-(\mathbf{p}, \lambda) = d_{\mathbf{p},\lambda} d^+_{\mathbf{p},\lambda} = 1$ für $\forall \mathbf{p}$, wie es die Löcher-Theorie vorschreibt, erfordert die Redefinition des Grundzustandes des Feldes.

Zeigen Sie, dass der Vierer-Impuls und die Ladung gemessen am Grundzustand, welcher der Besetzung aller Zustände negativer Energie entspricht, die Gestalt

$$P'^\mu = P^\mu - P^\mu_0 = \sum_{\mathbf{p},\lambda} p^\mu \left(b^+_{\mathbf{p},\lambda} b_{\mathbf{p},\lambda} + \left(1 - d_{\mathbf{p},\lambda} d^+_{\mathbf{p},\lambda}\right)\right),$$

$$Q' = Q - Q_0 = e \sum_{\mathbf{p},\lambda} \left(b^+_{\mathbf{p},\lambda} b_{\mathbf{p},\lambda} - \left(1 - d_{\mathbf{p},\lambda} d^+_{\mathbf{p},\lambda}\right)\right)$$

besitzen. Zeigen Sie unter Benutzung der Antivertauschungsrelationen $\left\{d_{\mathbf{p},\lambda}, d^+_{\mathbf{p}',\lambda'}\right\} = \delta_{\lambda\lambda'}\delta_{\mathbf{nn}'}$, dass P'^μ und Q' die Form

$$P'^\mu = \sum_{\mathbf{p},\lambda} p^\mu \left(b^+_{\mathbf{p},\lambda} b_{\mathbf{p},\lambda} + d^+_{\mathbf{p},\lambda} d_{\mathbf{p},\lambda}\right),$$

$$Q' = e \sum_{\mathbf{p},\lambda} \left(b^+_{\mathbf{p},\lambda} b_{\mathbf{p},\lambda} - d^+_{\mathbf{p},\lambda} d_{\mathbf{p},\lambda} \right)$$

besitzen. Diese Darstellung läßt die Interpretation von $d^+_{\mathbf{p},\lambda}$ und $d_{\mathbf{p},\lambda}$ als Erzeugungs- und Vernichungsoperatoren von Positronen mit Energie $E > 0$, Impuls $\mathbf{p}$ und Helizität λ zu. Der letzte Ausdruck zeigt, dass die Ladungen des Elektrons und des Positrons entgegengesetzt sind.

Wir werden jetzt die Konsequenzen diskutieren, die sich ergeben, wenn das Elektron-Positron-Feld wie ein Klein-Gordon-Feld quantisiert wird. Bei der Quantisierung nach Bose genügen $d_{\mathbf{p},\lambda}$ und $d^+_{\mathbf{p}',\lambda'}$ den Vertauschungsrelationen $\left[d_{\mathbf{p},\lambda}, d^+_{\mathbf{p}',\lambda'} \right] = \delta_{\lambda\lambda'} \delta_{\mathbf{nn}'}$. Die Vertauschungs- bzw. Antivertauschungsrelationen bestimmen die Statistik. Die Besetzungszahlen der einzelnen Zustände besitzen für Bose- und Fermisysteme entsprechend die Eigenwerte $0, 1, 2, \ldots$ und $0, 1$. Bei der Quantisierung mit Vertauschungsrelationen erhält man im obigen Ausdruck für P'^{μ} das Vorzeichen minus vor dem zweiten Term. Die Folge davon ist, dass die Energie keine positive Größe ist, was eine Inkonsistenz bedeutet. Damit die Energie positiv ist, muss das Elektron-Positron-Feld in Übereinstimmung mit den Antivertauschungsrelationen quantisiert werden. Die Antivertauschungsrelationen können auch aus der Forderung, dass das Elektron und Positron entgegengesetzte Ladungen besitzen, begründet werden. Die Quantisierung des Klein-Gordon-Feldes mit Antivertauschungsrelationen führt, wie in der Aufgabe 3.10.18 gezeigt wird, zu ähnlichen Widersprüchen. Diese Betrachtung demonstriert den Zusammenhang zwischen Spin und Statistik. Letzterer wird ausführlicher im Abschn. 3.7 diskutiert.

3.10.21 Der Spin des Elektron-Positron-Feldes

In dieser Aufgabe betrachten wir den Spin des Elektron-Positron-Feldes, welcher durch den Ausdruck

$$\mathsf{S} = \frac{\hbar}{2} \int d^3 r \psi^+ \mathbf{\Sigma} \psi$$

definiert ist. Aus den Betrachtungen im Abschn. 1.9.1 auf Seite 32 wissen wir, dass in der Einteilchen-Theorie die Projektion des Spins auf die Ausbreitungsrichtung eine Erhaltungsgröße ist. Deswegen betrachten wir anstelle von S die Größe

$$\mathsf{S}_{\shortparallel} = \frac{\hbar}{2} \int d^3 r \psi^+ \mathbf{\Sigma} \frac{\hbar}{i} \nabla \psi .$$

Zeigen Sie unter Verwendung der Fourier-Zerlegung der Feldoperatoren in der Gl. (3.188) der vorigen Aufgabe und unter Benutzung der Beziehungen

$$\mathbf{\Sigma n}' u(\mathbf{p}', \lambda') = \lambda' u(\mathbf{p}', \lambda'), \quad \mathbf{\Sigma n}' v(\mathbf{p}', \lambda') = \lambda' v(\mathbf{p}', \lambda')$$

($\mathbf{n}' = \mathbf{p}'/\mid \mathbf{p}' \mid$), der Orthogonalitätsbedingungen $u^+(\mathbf{p},\lambda)v(-\mathbf{p},\lambda') = v^+(\mathbf{p},\lambda)u(-\mathbf{p},\lambda') = 0$, sowie der Normierungen $u^+(\mathbf{p},\lambda)u(\mathbf{p},\lambda') = \delta_{\lambda\lambda'}E_{\mathbf{p}}/mc^2$ und $v^+(\mathbf{p},\lambda)v(\mathbf{p},\lambda') = \delta_{\lambda\lambda'}E_{\mathbf{p}}/mc^2$ der Bispinor-Amplituden, dass $\mathsf{S}_{\shortparallel}$ wie folgt geschrieben werden kann

$$\mathsf{S}_{\shortparallel} = \frac{\hbar}{2}\int d^3p \mid \mathbf{p} \mid \sum_{\lambda} \lambda \left(b^+(\mathbf{p},\lambda)b(\mathbf{p},\lambda) - d(\mathbf{p},\lambda)d^+(\mathbf{p},\lambda)\right).$$

Es gilt hierbei $\lambda = \pm 1$. Genau wie in der vorigen Aufgabe bezeichnen $b^+(\mathbf{p},\lambda)$ und $d(\mathbf{p},\lambda)$ entsprechend die Erzeugungsoperatoren der Zustände positiver und negativer Energien.

Zeigen Sie, dass die Redefinition des Grundzustandes (alle Zustände negativer Energie sind besetzt) in den folgenden Ausdruck für den betrachteten Spinoperator resultiert

$$\mathsf{S}'_{\shortparallel} = \frac{\hbar}{2}\int d^3p \mid \mathbf{p} \mid \sum_{\lambda} \lambda \left(b^+(\mathbf{p},\lambda)b(\mathbf{p},\lambda) + d^+(\mathbf{p},\lambda)d(\mathbf{p},\lambda)\right). \tag{3.189}$$

Der letzte Ausdruck läßt die Schlußfolgerung zu, dass die Zustände negativer Energien und die Positronen den entgegengesetzten Beitrag zum Spin liefern. Da in Übereinstimmung mit der Aufgabe 3.10.20 sich auch die Richtung des Impulses infolge der Redefinition des Grundzustandes ändert, ändert die Helizität das Vorzeichen nicht.

3.10.22 Der Feynman-Propagator für das Elektron-Positron-Feld

Zeigen Sie durch direkte Rechnung, dass der Feynman-Propagator der Dirac-Gleichung (1.92) als Vakuumerwartungswert der Feldoperatoren $\psi(\mathbf{r},t)$ und $\overline{\psi}(\mathbf{r},t)$ wie folgt geschrieben werden kann

$$\begin{aligned} i S_0^F(x_2 - x_1) &= \langle 0|\, \psi(\mathbf{r}_2,t_2)\overline{\psi}(\mathbf{r}_1,t_1)\, |0\rangle\, \theta(t_2-t_1) \\ &\quad - \langle 0|\, \overline{\psi}(\mathbf{r}_1,t_1)\psi(\mathbf{r}_2,t_2)\, |0\rangle\, \theta(t_1-t_2). \end{aligned} \tag{3.190}$$

Der Vakuumzustand des Elektron-Positron-Feldes ist definiert durch die Bedingungen

$$b_{\mathbf{p},\lambda}\,|0\rangle = 0, \quad d_{\mathbf{p},\lambda}\,|0\rangle = 0, \quad \forall \mathbf{p}.$$

Die Bedingung $d_{\mathbf{p},\lambda}\,|0\rangle = 0$ ist äquivalent der Besetzung der Zustände negativer Energie und stellt somit eine mathematische Formulierung der Löcher-Theorie dar.

3.10.23 Vertauschungsrelationen der Feldoperatoren des Klein-Gordon-Feldes für verschiedene Zeiten

Stellen Sie unter Benutzung der Vertauschungsrelationen (3.181) die Gültigkeit der Vertauschungsrelationen der Feldoperatoren des Klein-Gordon-Feldes für verschiedene Zeiten

$$[\varphi(x_2), \varphi(x_1] = i\Delta(x_2 - x_1),$$

wobei die Funktion $\Delta(x_2 - x_1)$ durch den Ausdruck

$$\Delta(x_2 - x_1) = -\frac{1}{(2\pi)^3} \int d^3k \frac{\sin k^0(t_2^0 - t_1^0)}{k^0} e^{i\mathbf{k}(\mathbf{r}_2 - \mathbf{r}_1)}$$

definiert ist, fest. Zeigen Sie, dass die Funktion $\Delta(x)$, die als Pauli-Jordan-Funktion bezeichnet wird, in der lorentzinvarianten Form wie folgt

$$\Delta(x) = \frac{-i}{(2\pi)^3} \int d^4k \delta(k^2 - m^2) e^{-ikx} \operatorname{sgn}(k^0)$$

($\operatorname{sgn}(k^0) = k^0/\left|k^0\right|$) geschrieben werden kann.

Aus der Definition von $\Delta(x)$ folgt, dass $\Delta(x)$ eine antisymmetrische Funktion ist, $\Delta(-x) = -\Delta(x)$. Diese Eigenschaft befindet sich auch in Übereinstimmung mit der Definition von $\Delta(x)$ als Kommutator. Die Pauli-Jordan-Funktion $\Delta(x)$ verschwindet für raumartige Intervalle $x^2 < 0$. Diese Eigenschaft kann mit Hilfe des eleganten Arguments von Gasiorowicz [71] festgestellt werden. Für raumartige Intervalle existiert eine Lorentz-Transformation, welche x in $-x$ transformiert. Wegen der Lorentz-Invarianz von $\Delta(x)$ erhält man $\Delta(x) = \Delta(-x)$ für $x^2 < 0$. Die Kombination der letzteren Eigenschaft mit der Antisymmetrie ergibt: $\Delta(x) = 0$ für $x^2 < 0$. Das Verschwinden von $[\varphi(x_2), \varphi(x_1)]$ sowie $\Delta(x)$ für raumartige Intervalle wird als Mikrokausalität bezeichnet. Das Verschwinden des Kommutators der Felder befindet sich in Übereinstimmung mit der Erwartung, dass das Messen des Feldes in x_1 keine Auswirkung auf das Feld in x_2 haben kann, da die beiden Punkte nicht miteinander kausal verbunden sind. Die Mikrokausalität spielt eine wichtige Rolle bei der Betrachtung des Zusammenhanges zwischen Spin und Statistik (siehe Abschn. 3.7).

3.10.24 Vertauschungsrelationen der Feldoperatoren des Elektron-Positron-Feldes für verschiedene Zeiten

Stellen Sie die Gültigkeit der Antivertauschungsrelationen für die Feldoperatoren des Elektron-Positron-Feldes

$$\{\psi_\alpha(x), \overline{\psi}_\beta(x')\} = (i \not{\partial}_x + m)_{\alpha\beta}\, i\Delta(x - x')$$

fest. Zeigen Sie unter Benutzung der Ergebnisse der obigen Aufgabe, dass der Antikommutator für raumartige Intervalle verschwindet.

3.10.25 Vertauschungsrelationen der Operatoren der Feldstärken des elektromagnetischen Feldes und die Heisenbergschen Bewegungsgleichungen

Zeigen Sie, dass die Forderung, dass die Heisenbergschen Bewegungsgleichungen der Operatoren der Feldstärken des elektromagnetischen Feldes

$$\frac{d\mathbf{E}}{dt} = \frac{i}{\hbar}\left[\mathsf{H}, \mathbf{E}\right], \quad \frac{d\mathbf{B}}{dt} = \frac{i}{\hbar}\left[\mathsf{H}, \mathbf{B}\right], \tag{3.191}$$

wobei

$$\mathsf{H} = \frac{1}{2}\int d^3r(\mathbf{E}^2(r) + \mathbf{B}^2(r)) \tag{3.192}$$

der Hamilton-Operator des freien elektromagnetischen Feldes in Lorentz-Heaviside-Einheiten ist, mit den Maxwell-Gleichungen

$$\frac{\partial \mathbf{E}}{\partial t} = \mathrm{rot}\mathbf{B}, \quad \frac{\partial \mathbf{B}}{\partial t} = -\mathrm{rot}\mathbf{E}$$

übereinstimmen, die Vertauschungsrelationen der Operatoren der Feldstärken ergibt

$$\begin{aligned}
\left[B^l(\mathbf{r}', t), E^n(\mathbf{r}, t)\right] &= i\hbar\epsilon^{lnm}\frac{\partial}{\partial x'^m}\delta(\mathbf{r}' - \mathbf{r}),\\
\left[E^l(\mathbf{r}', t), E^n(\mathbf{r}, t)\right] &= 0,\\
\left[B^l(\mathbf{r}', t), B^n(\mathbf{r}, t)\right] &= 0.
\end{aligned} \tag{3.193}$$

Die Ableitungen d/dt in den Maxwell-Gleichungen wurden durch partielle Ableitungen $\partial/\partial t$ ersetzt. Die Quantisierung des freien elektromagnetischen Feldes mit Hilfe der Heisenbergschen Bewegungsgleichungen findet man bei Dirac [72].

Die Heisenbergschen Bewegungsgleichungen (3.191) beinhalten die Ableitungen der Operatoren der Feldstärken nach der Zeit. Für die räumlichen Ableitungen der Operatoren der Feldstärken des freien elektromagnetischen Feldes gelten analog die Gleichungen

$$\frac{\partial E^m}{\partial x^i} = \frac{-i}{\hbar}\left[P^i, E^m\right], \quad \frac{\partial B^m}{\partial x^i} = \frac{-i}{\hbar}\left[P^i, B^m\right], \tag{3.194}$$

wobei

$$\mathbf{P} = \int d^3r \mathbf{E}(\mathbf{r}, t) \times \mathbf{B}(\mathbf{r}, t)$$

den Impuls des Feldes (in Lorentz-Heaviside-Einheiten) bezeichnet. Zeigen Sie durch explizite Berechnung der Kommutatoren in (3.194) unter Benutzung der Vertauschungsrelationen (3.193), dass aus (3.194) die Gleichungen

$$\mathrm{div}\mathbf{E} = 0, \ \mathrm{div}\mathbf{B} = 0 \tag{3.195}$$

resultieren. Es ist interessant, dass die Maxwell-Gleichungen (3.195) aus einer rein quantenmechanischen Betrachtung ermittelt werden können.

3.10.26 Vertauschungsrelationen für die Fourier-Amplituden

Beweisen Sie unter Benutzung der Vertauschungsrelationen für die Feldstärken aus der obigen Aufgabe und der Fourier-Zerlegungen der Feldstärken (3.75) und (3.76) zum Zeitpunkt $t = 0$ die Gültigkeit der Vertauschungsrelationen

$$\begin{aligned}
\left[c_{\mathbf{k},\lambda}, c^{+}_{\mathbf{k}',\lambda'}\right] &= \delta_{\mathbf{n},\mathbf{n}'}\delta_{\lambda\lambda'}, \\
\left[c_{\mathbf{k},\lambda}, c_{\mathbf{k}',\lambda'}\right] &= 0, \\
\left[c^{+}_{\mathbf{k},\lambda}, c^{+}_{\mathbf{k}',\lambda'}\right] &= 0.
\end{aligned}$$

Befolgen Sie die Hinweise in der ähnlichen Aufgabe 3.10.16 auf Seite 223 für das Klein-Gordon-Feld.

Diese Vertauschungsrelationen zeigen, dass die Größen $c_{\mathbf{k},\lambda}$ und $c^{+}_{\mathbf{k},\lambda}$ entsprechend Vernichtungs- und Erzeugungsoperatoren sind.

3.10.27 Erzeugungs- und Vernichtungsoperatoren im Heisenberg-Bild

Drücken Sie den Hamilton-Operator des freien elektromagnetischen Feldes (3.192) unter der Benutzung der Fourier-Zerlegungen der Feldstärken (3.75) und (3.76) auf Seite 164 durch die Erzeugungs- und Vernichtungsoperatoren $c^{+}_{\lambda,\mathbf{k}}$ und $c_{\lambda,\mathbf{k}}$ aus. Zeigen Sie, dass die Heisenbergschen Bewegungsgleichungen für die Operatoren $c_{\lambda,\mathbf{k}}(t)$ und $c^{+}_{\lambda,\mathbf{k}}(t)$

$$\frac{d}{dt}c_{\lambda,\mathbf{k}}(t) = \frac{i}{\hbar}\left[H, c_{\lambda,\mathbf{k}}(t)\right], \quad \frac{d}{dt}c^{+}_{\lambda,\mathbf{k}}(t) = \frac{i}{\hbar}\left[H, c^{+}_{\lambda,\mathbf{k}}(t)\right]$$

mit $\omega_k = ck$ die Gestalt

$$\frac{d}{dt}c_{\lambda,\mathbf{k}}(t) = -i\omega_k c_{\lambda,\mathbf{k}}(t), \quad \frac{d}{dt}c^+_{\lambda,\mathbf{k}}(t) = i\omega_k c^+_{\lambda,\mathbf{k}}(t)$$

besitzen. Zeigen Sie, dass die Zeitabhängigkeit von $c_{\lambda,\mathbf{k}}(t)$ und $c^+_{\lambda,\mathbf{k}}(t)$ durch die Gleichungen

$$c_{\lambda,\mathbf{k}}(t) = c_{\lambda,\mathbf{k}}(0)e^{-i\omega_k t}, \quad c^+_{\lambda,\mathbf{k}}(t) = c^+_{\lambda,\mathbf{k}}(0)e^{i\omega_k t}$$

gegeben ist.

3.10.28 Vertauschungsrelationen der Feldstärken für verschiedene Zeiten

Beweisen Sie unter Benutzung der Fourier-Zerlegungen der Feldstärken (3.75) und (3.76) und der Vertauschungsrelationen von $c_{\mathbf{k},\lambda}$ und $c^+_{\mathbf{k},\lambda}$ die Gültigkeit der Vertauschungsrelationen der Feldstärken für verschiedene Zeiten

$$\begin{aligned}
\left[E^n(x), E^m(x')\right] &= \left(\delta^{nm}\frac{\partial^2}{\partial t\partial t'} - \frac{\partial^2}{\partial x^n \partial x'^m}\right) i\Delta(x-x'), \\
\left[E^n(x), B^m(x')\right] &= -\epsilon^{nmk}\frac{\partial^2}{\partial x^k \partial t'} i\Delta(x-x'), \\
\left[B^n(x), B^m(x')\right] &= \left(\delta^{nm}\frac{\partial^2}{\partial x^n \partial x'^m} - \frac{\partial^2}{\partial x^n \partial x'^m}\right) i\Delta(x-x'). \qquad (3.196)
\end{aligned}$$

Die Funktion

$$\Delta(x_2 - x_1) = -\frac{1}{(2\pi)^3}\int d^3k \frac{\sin k^0(t_2^0 - t_1^0)}{k^0} e^{i\mathbf{k}(\mathbf{r}_2 - \mathbf{r}_1)}$$

($k^0 = |\mathbf{k}|$) kann in der lorentzinvarianten Form wie folgt geschrieben werden

$$\Delta(x) = \frac{-i}{(2\pi)^3}\int d^4k\delta(k^2)e^{-ikx}\,\mathrm{sgn}(k^0),$$

wobei $\mathrm{sgn}(k^0) = k^0/\left|k^0\right|$ gilt. Die Funktion $\Delta(x)$ erhält man aus der in der Aufgabe 3.10.23 auf Seite 233 eingeführten Pauli-Jordan-Funktion für das Klein-Gordon-Feld im Grenzfall $m \to 0$. Eliminieren Sie die Feldstärken in den Vertauschungsrelationen (3.196) zu Gunsten des Vierer-Potentials $A^\mu(x)$ entsprechend der aus der Elektrodynamik bekannten Beziehungen,

$$\mathbf{E}(\mathbf{r},t) = -\partial\mathbf{A}(\mathbf{r},t)/\partial t - \mathrm{grad}V(\mathbf{r},t), \quad \mathbf{B}(\mathbf{r},t) = \mathrm{rot}A(\mathbf{r},t)$$

und leiten Sie die Vertauschungsrelationen für die elektrodynamischen Potentiale für verschiedene Zeiten

$$\left[A^{\mu}(x), A^{\nu}(x')\right] = -g^{\mu\nu} i\Delta(x - x')$$

her.

3.10.29 Relativistische Wellengleichung für masselose Teilchen mit Spin 2 und Gravitonen

In dieser Aufgabe wird die relativistische Wellengleichung für masselose Teilchen mit Spin 2 aufgestellt und diskutiert. Ein Kandidat für ein masseloses Teilchen mit Spin 2 ist das Graviton. Analog zur Klein-Gordon-Gleichung verlangt die Lorentz-Invarianz die folgende Form der Gleichung für ein symmetrisches Tensorfeld $h_{\mu\nu}$

$$\frac{\partial^2}{\partial x^{\mu} \partial x^{\nu}} h^{\mu\nu} = 0. \tag{3.197}$$

In der Allgemeinen Relativitätstheorie (ART) entspricht $h^{\mu\nu}$ der Abweichung von der Minkowski - Metrik

$$g^{\mu\nu} = \eta^{\mu\nu} + h^{\mu\nu},$$

wobei die Größen $h^{\mu\nu}$ als Potentiale des Gravitationsfeldes betrachtet werden. Die Notwendigkeit der Beschreibung der relativistischen Gravitation mit Hilfe eines Tensorfeldes kann aus der Analogie zum elektromagnetischen Feld begründet werden. Die Quellen des elektrischen Feldes sind Ladungen. In der Relativitätstheorie werden Ladungen mit Strömen als eine Viererstromdichte j^{μ}, welche die Ladungserhaltung $\partial j^{\mu}/\partial x^{\mu} = 0$ zum Ausdruck bringt, zusammengefasst. Die Viererstromdichte j^{μ} ist die Quelle eines Vektorfeldes - des elektromagnetischen Feldes-. Im Newtonschen Gravitationsgesetz sind die Massen die Quellen des Gravitationsfeldes. In der Relativitätstheorie stellt die Masse die T_{00}-Komponente des Energie-Impuls-Tensors $T_{\mu\nu}$, welcher die Energie-Impuls-Erhaltung $\partial T^{\mu\nu}/\partial x^{\mu} = 0$ beschreibt, dar. Daraus folgt, dass in der relativistischen Gravitation die Quelle der Gravitation ein Tensor zweiter Stufe, der Energie-Impuls-Tensor $T_{\mu\nu}$ ist. Somit wird die Gravitation durch ein Tensorfeld beschrieben. In der ART stellen die Komponenten des metrischen Tensors $g_{\mu\nu}$ die Gravitationspotentiale dar.

Der Tensorcharakter des Feldes weist auf die inneren Freiheitsgrade hin, welche, wie unten gezeigt wird, dem Spin und zwar Spin 2 entsprechen. Ein symmetrischer Tensor zweiter Stufe besitzt zehn unabhängige Komponenten, während ein Spin 2 fünf Spinprojektionen $(2S + 1)$ besitzt. Dies macht es einleuchtend, dass die Gl. (3.197) ohne einer zusätzlichen Bedingung nicht widerspruchsfrei ist. Die Größen $h^{\mu\nu}$ entsprechen in der Elektrodynamik dem Viererpotential A^{μ} und genügen den Wellengleichungen. Genauso wie das Vektorpotential A^{μ} sind die Potentiale des

Gravitationsfeldes nicht eindeutig bestimmt. In der ART werden diese zusätzlichen Einschränkungen durch die so genannten harmonische Bedingungen

$$\frac{\partial}{\partial x^\mu} h^\mu_{\ \nu} = \frac{1}{2} \frac{\partial}{\partial x^\nu} h^\mu_{\ \mu} \tag{3.198}$$

auferlegt (siehe z.B. [73]). Das Pendant der Bedingung (3.198) in der Elektrodynamik ist die Eichung $\partial A^\mu / \partial x^\mu = 0$. Sie reduziert die Zahl der Freiheitsgrade auf $6 = 10 - 4$. In der ART ist es weiterhin möglich noch eine zusätzliche Koordinatentransformation (Eichtransformation)

$$x^\mu \to x'^\mu = x^\mu + \xi^\mu \tag{3.199}$$

mit einer Funktion ξ^μ, die der d'Alembert-Gleichung $\Box \xi^\mu = 0$ genügt, durchzuführen. Dadurch wird die Zahl der Freiheitsgrade (Polarisationen) von sechs auf zwei reduziert. Was ist das Pendant von (3.199) in der Elektrodynamik?

Eine ebene Welle

$$h_{\mu\nu}(x) = e_{\mu\nu} e^{-ikx} + e^*_{\mu\nu} e^{ikx} \tag{3.200}$$

ist eine Lösung von (3.197), wenn die Bedingung

$$\frac{\omega}{c} = |\mathbf{k}|$$

erfüllt ist. Letztere bedeutet, dass sich die Gravitationswelle mit Lichtgeschwindigkeit ausbreitet. Wir werden unten für die ebene Welle den Ausdruck

$$h_{\alpha\beta} = e_{\alpha\beta} f(k^\mu x_\mu)$$

benutzen.

Stellen Sie für eine sich in die z-Richtung ausbreitende ebene Welle unter Benutzung von (3.198) die Gültigkeit der Beziehungen

$$\begin{aligned} e_{00} + e_{03} &= \frac{1}{2} e, \\ e_{10} + e_{13} &= 0, \\ e_{20} + e_{23} &= 0, \\ e_{30} + e_{33} &= -\frac{1}{2} e \end{aligned}$$

fest. Es gilt $e = e^\mu_{\ \mu}$. Die Komponenten e_{i0} und e_{22} können durch die übrigen sechs Komponenten ausgedrückt werden

$$e_{10} = -e_{31}, \ e_{02} = -e_{32}, \ e_{03} = -\frac{1}{2}(e_{33} + e_{00}), \ e_{22} = -e_{11}. \tag{3.201}$$

Die Koordinatentransformation (3.199) ermöglicht es, die Zahl der physikalischen Komponenten auf zwei zu reduzieren. Diese Schlussfolgerung kann auch durch die Betrachtung des der ebenen Welle entsprechenden Energie-Impuls-Tensors

$$16\pi G c^{-4} t^{\mu\nu} = \frac{1}{2}\left(e_{\alpha\beta}e^{\alpha\beta} - \frac{1}{2}e^2\right) l^\mu l^\nu, \tag{3.202}$$

mit $l_\mu = k_\mu f'(x)$ begründet werden. Die Gestalt von $t^{\mu\nu}$ in (3.202) folgt aus dem allgemeinen Ausdruck für den Pseudo-Energie-Impuls-Tensor des Gravitationsfeldes im Grenzfall schwacher Felder [73].

Stellen Sie unter Benutzung der Relationen (3.201) für $e_{\alpha\beta}$ die Gültigkeit des Ausdruckes für die Energiedichte

$$16\pi G c^{-4} t^{00} = \left(e_{12}^2 + \frac{1}{4}(e_{11} - e_{22})^2\right) k_0^2 \tag{3.203}$$

fest. Für eine Welle, die sich in der z-Richtung ausbreitet, besitzen nur die Größen h_{12} und $h_{11} = -h_{22}$, welche vom Argument $t - z/c$ abhängen, physikalische Bedeutung. In der Quantentheorie entsprechen die Komponenten des metrischen Tensors $h_{\mu\nu}$ der Wellenfunktion der Gravitonen.

Im Folgenden wird eine infinitesimale Drehung um die z-Achse betrachtet. Die Anwendung des Generators $R = -iL_z$ (siehe Aufgabe 1.14.18) auf einen Vektor mit Koordinaten A^1 und A^2 ergibt

$$RA^1 = A^2, \quad RA^2 = -A^1$$

und anschließend

$$R^2 A^1 = -A^1.$$

Die Eigenwerte von iR erhält man daraus als ± 1.

Für die Anwendung von R auf $e_{\alpha\beta}$ muss man beachten, dass ein Tensor zweiter Stufe wie ein Produkt zweier Vektoren transformiert. Stellen Sie die Gültigkeit der Relationen

$$\begin{aligned} Re_{11} &= e_{21} + e_{12} = 2e_{12}, \\ Re_{12} &= e_{22} - e_{11}, \\ Re_{22} &= -e_{12} - e_{21} = -2e_{12} \end{aligned}$$

fest. Beweisen Sie weiterhin die Relationen

$$R(e_{11} + e_{22}) = 0, \quad R(e_{11} - e_{22}) = 4e_{12}, \quad R^2 e_{12} = -4e_{12},$$
$$R^2(e_{11} - e_{22}) = -4(e_{11} - e_{22}).$$

Daraus folgt, dass $e_{11} + e_{22}$ invariant unter der betrachteten Drehung ist, während e_{12} und $e_{11} - e_{22}$ Eigenvektoren von L_z zu den Eigenwerten $\pm 2\hbar$ sind. Demzufolge nimmt die Projektion des Spin des Gravitons auf die Ausbreitungsrichtung nur die Werte $\pm 2\hbar$ an!

3.10.30 Lokale Eichtransformationen in der Feldtheorie

In dieser Aufgabe wird die Implikation der lokalen Eichtransformation, die im Abschn. 1.11 auf Seite 38 für die Einteilchen-Dirac-Gleichung erläutert wurde, in der Feldtheorie studiert. Einfachheitshalber wird hier die Eichinvarianz am Schrödinger-Feld, welches analog den in den Aufgaben 3.10.16, 3.10.20 betrachteten Klein-Gordon- und Dirac-Feldern eingeführt werden kann, untersucht. Die Idee besteht darin, die Schrödingergleichung, zuerst für ein freies Teilchen, als Euler-Lagrange-Gleichung eines klassischen Feldes zu betrachten.

Zeigen Sie, dass die Schrödingergleichungen für die Wellenfunktion ψ und die komplexkonjugierte Wellenfunktion ψ^*

$$i\hbar\frac{\partial\psi}{\partial t} + \frac{\hbar^2}{2m}\nabla^2\psi = 0, \quad -i\hbar\frac{\partial\psi^*}{\partial t} + \frac{\hbar^2}{2m}\nabla^2\psi^* = 0$$

als Euler-Lagrange-Gleichungen für ein klassisches komplexes Feld $\psi(\mathbf{r}, t)$

$$\frac{\partial\mathcal{L}_m}{\partial\psi}\frac{d}{dt}\frac{\partial\mathcal{L}_m}{\partial\dot{\psi}} - \nabla\frac{\partial\mathcal{L}_m}{\partial\nabla\psi} = 0, \quad \frac{\partial\mathcal{L}_m}{\partial\psi^*}\frac{d}{dt}\frac{\partial\mathcal{L}_m}{\partial\dot{\psi}^*} - \nabla\frac{\partial\mathcal{L}_m}{\partial\nabla\psi^*} = 0$$

mit der Lagrangedichte

$$\mathcal{L}_m = \frac{1}{2}\left(\psi^* i\hbar\frac{\partial\psi}{\partial t} - i\hbar\frac{\partial\psi^*}{\partial t}\psi\right) + \frac{1}{2m}\frac{\hbar}{i}\nabla\psi^*\frac{\hbar}{i}\nabla\psi \tag{3.204}$$

geschrieben werden können. Die Felder ψ und ψ^* werden als unabhängig betrachtet.

Stellen Sie die Gültigkeit des Ausdruckes für die Hamiltondichte

$$\begin{aligned}\mathcal{H}_m &= \frac{\partial\mathcal{L}_m}{\partial\dot{\psi}}\dot{\psi} + \frac{\partial\mathcal{L}_m}{\partial\dot{\psi}^*}\dot{\psi}^* - \mathcal{L}_m \\ &= \frac{1}{2m}\left(\frac{\hbar}{i}\nabla\psi\right)^*\frac{\hbar}{i}\nabla\psi\end{aligned}$$

fest.

Zeigen Sie, dass die Hamilton-Funktion $\mathsf{H}_m = \int d^3r\mathcal{H}_m$ für ein freies Feld in der Form

$$\mathsf{H}_m = \int d^3r\psi^* \left(-\frac{\hbar^2}{2m}\nabla^2\right)\psi$$

geschrieben werden kann.

Stellen Sie unter Benutzung der minimalen Substitution

$$i\hbar\frac{\partial}{\partial t} \to i\hbar\frac{\partial}{\partial t} - eV, \quad \frac{\hbar}{i}\nabla \to \frac{\hbar}{i}\,\nabla - \frac{e}{c}\mathbf{A}$$

(Gauß-Einheiten) in der Lagrangedichte (3.204) die Gültigkeit des Ausdruckes für die Hamilton-Funktion

$$\mathsf{H}_m = \int \psi^* \left(\frac{\hbar}{i}\,\nabla - \frac{e}{c}\mathbf{A}\right)^2 \psi d^3r + \int \psi^* eV\psi d^3r$$

für ein mit dem elektromagnetischen Feld wechselwirkendes Schrödinger-Feld fest.

In der Quantentheorie des Schrödinger-Feldes werden die Feldgrößen ψ^* und ψ zu Feldoperatoren: $\psi^* \to \hat{\psi}^+(\mathbf{r}, t)$, und $\psi \to \hat{\psi}(\mathbf{r}, t)$. Entsprechend wird die Hamilton-Funktion H_m zum Hamilton-Operator $\hat{H}_m$. Die Beschreibung als quantisiertes Feld mit dem Hamilton-Operator $\hat{H}_m$ entspricht dem Besetzungszahlen-Formalismus: $\hat{H}_m$ ist der Hamilton-Operator in der Ortsdarstellung des Besetzungszahlen-Formalismus für ein System identischer Bosonen mit Spin 0 im äußeren elektromagnetischen Feld (siehe Kap. 4 und die Aufgabe 4.4.4). Die Feldoperatoren genügen den Vertauschungsrelationen (4.100) mit $\xi \to \mathbf{r}$.

Die Lagrangedichte $\mathcal{L}_m$ sowie die Ladungsdichte ϱ und die Ladungsstromdichte $\mathbf{j}$ sind invariant unter der globalen Eichtransformation der Wellenfunktion

$$\psi \to \psi' = U(\alpha)\psi \equiv \exp\left(\frac{ie\alpha}{\hbar}\right)\psi$$

mit einem reellen α .

Betrachten Sie weiter die Eichtransformation von ψ mit einer reellen Funktion $\alpha(\mathbf{r}, t)$ und setzen Sie

$$\psi = \exp\left(-\frac{ie\alpha(\mathbf{r}, t)}{\hbar}\right)\psi' \tag{3.205}$$

in die Lagrangedichte ein und zeigen Sie, dass die Lagrangedichte die Form

$$\mathcal{L}_m = \frac{1}{2}\psi'^* \left(i\hbar\frac{\partial}{\partial t} + e\dot{\alpha}\right)\psi' - \frac{1}{2}\left(i\hbar\frac{\partial\psi'^*}{\partial t} - e\dot{\alpha}\psi'^*\right)\psi'$$
$$+\frac{1}{2m}\left(\frac{\hbar}{i}\nabla\psi'^* + e\nabla\alpha\psi'^*\right)\left(\frac{\hbar}{i}\nabla\psi' - e\nabla\alpha\psi'\right)$$

besitzt. $\mathcal{L}_m$ entspricht der Lagrangedichte des Feldes ψ' im 'elektromagnetischen Feld'

$$V = -\dot{\alpha}, \quad \mathbf{A} = c\nabla\alpha.$$

Die lokale Eichtransformation im elektromagnetischen Feld ergibt

$$\begin{aligned}\mathcal{L}_m &= \frac{1}{2}\psi'^* \left(i\hbar\frac{\partial}{\partial t} + e\dot{\alpha} - eV \right)\psi' - \frac{1}{2}\left(i\hbar\frac{\partial\psi'^*}{\partial t} - e\dot{\alpha}\psi'^* + eV\psi'^* \right)\psi' \\ &+ \frac{1}{2m}\left(\frac{\hbar}{i}\nabla\psi'^* + e\nabla\alpha\psi'^* + \frac{e}{c}\mathbf{A}\psi'^* \right)\left(\frac{\hbar}{i}\nabla\psi' - e\nabla\alpha\psi' - \frac{e}{c}\mathbf{A}\psi' \right) \\ &- \frac{1}{16\pi}F^{\mu\nu}F_{\mu\nu}.\end{aligned}$$

Zeigen Sie, dass die Lagrangedichte unter gleichzeitigen Eichtransformation der Wellenfunktion (3.205) und der elektrodynamischen Potentiale

$$V = V' + \frac{1}{c}\dot{\chi}, \quad \mathbf{A} = \mathbf{A}' - \nabla\chi$$

mit $\chi = c\alpha$ invariant bleibt

$$\mathcal{L}_m\left(\psi, A^\mu\right) = \mathcal{L}_m\left(\psi', A'^\mu\right).$$

Die lokale Eichinvarianz erfordert also die Existenz eines Eichfeldes, des elektromagnetischen Feldes, welches die Wechselwirkung zwischen den geladenen Teilchen überträgt. Qualitativ kann man sich dies so vorstellen. Die Phasenänderung der Wellenfunktion eines geladenen Teilchens wird durch die Emission von virtuellen Quanten des elektromagnetischen Feldes begleitet. Die Masselosigkeit der Photonen führt dazu, dass die Reichweite der elektromagnetischen Wechselwirkung unendlich ist.[7] Letztere besitzen eine endliche Lebensdauer und können durch ein anderes Teilchen absorbiert werden. Dies verursacht die Phasenänderung der Wellenfunktion des zweiten Teilchens.

Die Eichtransformation der Wellenfunktion (3.205) entspricht der $U(1)$-Gruppe. Es ist offensichtlich, dass diese Transformation die Gruppen-Eigenschaft

$$U(\beta)U(\alpha) = U(\beta + \alpha)$$

---

[7] Betrachte die Emission eines Gammaquanten durch ein ruhendes Elektron, $e \rightleftarrows e + \hbar\omega$, welche wegen der Unschärferelation Energie-Zeit $\varepsilon\Delta t \geq \hbar$ möglich wird. Das Einsetzen $\varepsilon \simeq \hbar\omega$ ergibt für die Lebensdauer des virtuellen Gammaquanten $\Delta t = \hbar/\varepsilon$. Die Entfernung des Photons von der Quelle wird berechnet als $l = c\Delta t = c\hbar/\varepsilon$. Da die Energie des Photons wegen seiner Masselosigkeit beliebig klein sein kann, erhält man $0 < l < \infty$. Für die Wechselwirkungsenergie gilt $W \sim \varepsilon \simeq c\hbar/l$ (das Coulomb-Gesetz).

besitzt. Da die Reihenfolge solcher Eichtransformationen der Wellenfunktion egal ist, $U(\beta)U(\alpha) = U(\alpha)U(\beta)$, spricht man von einer Abelschen Gruppe. Die Verallgemeinerung der Eichtransformation auf $SU(2)$- und $SU(3)$-Gruppen führt zu sogenannten nicht-Abelschen Eichfeldern (Yang-Mills-Felder), die entsprechend die Grundlage der elektroschwachen und der starken Wechselwirkung darstellen (siehe z.B. [12]).

3.10.31 Berechnung von Spuren in der Elektron-Positron-Zerstrahlung

Bei der Betrachtung der Elektron-Positron-Zerstrahlung wird die Spur

$$\mathrm{Sp}\left[\frac{\not p_- + m}{2m}\left(\frac{\not\varepsilon_1\ \not k_1\ \not\varepsilon_2}{2p_-k_1} + \frac{\not\varepsilon_2\ \not k_2\ \not\varepsilon_1}{2p_-k_2}\right)\frac{\not p_+ - m}{2m}\left(\frac{\not\varepsilon_2\ \not k_1\ \not\varepsilon_1}{2p_-k_1} + \frac{\not\varepsilon_1\ \not k_2\ \not\varepsilon_2}{2p_-k_2}\right)\right]. \tag{3.206}$$

benutzt. Letztere kann in der Form

$$\mathrm{Sp}\,[\ldots] = \frac{1}{4m^2\,(2p_-k_1)^2}T_1 + 2\frac{1}{4m^2\,(2p_-k_1)\,(2p_-k_2)}T_2 + \frac{1}{4m^2\,(2p_-k_2)^2}T_3 \tag{3.207}$$

mit

$$T_1 = \mathrm{Sp}\,(\not p_- + m)\ \not\varepsilon_1\ \not k_1\ \not\varepsilon_2\,(\not p_+ - m)\ \not\varepsilon_2\ \not k_1\ \not\varepsilon_1,$$

$$T_2 = \mathrm{Sp}\,(\not p_- + m)\ \not\varepsilon_1\ \not k_1\ \not\varepsilon_2\,(\not p_+ - m)\ \not\varepsilon_1\ \not k_2\ \not\varepsilon_2,$$

$$T_3 = \mathrm{Sp}\,(\not p_- + m)\ \not\varepsilon_2\ \not k_2\ \not\varepsilon_1\,(\not p_+ - m)\ \not\varepsilon_1\ \not k_2\ \not\varepsilon_2,$$

geschrieben werden. Die Ausmultiplikation der Terme in den Klammern unter der Spur (3.206) ergibt, dass die Kreuzterme ($\sim T_2$ in (3.207)) gleich sind. Man erhält weiter T_3 aus T_1 durch Substitutionen $k_1 \leftrightarrow k_2$ und $\varepsilon_1 \leftrightarrow \varepsilon_2$. Die Berechnung der Spuren erfolgt unter Benutzung der Relationen $\not a\,\not b = -\not b\,\not a + 2\,(ab)$ und $\not a\,\not a = a^2$.

Stellen Sie die Gültigkeit der Ergebnisse

$$T_1 = 8\,(p_-k_1)\left[(p_-k_2) + 2\,(k_1\varepsilon_2)^2\right] \tag{3.208}$$

$$T_2 = -8\,(p_-k_2)\,(p_-k_1)\left[2\,(\varepsilon_1\varepsilon_2)^2 - 1\right] - 8\,(p_-k_2)\,(k_1\varepsilon_2)^2 - 8\,(p_-k_1)\,(k_2\varepsilon_1)^2 \tag{3.209}$$

fest. Beweisen Sie unter Benutzung von (3.208) und (3.209) die Gültigkeit des Ergebnisses für die Spur

$$\mathrm{Sp}\,[\ldots] = \frac{1}{2m^2}\left(\frac{p_-k_2}{p_-k_1} + \frac{p_-k_1}{p_-k_2} - 4\,(\varepsilon_1\varepsilon_2)^2 + 2\right).$$

3.10.32 Der Massenoperator in der Einschleifen-Näherung

In dieser Aufgabe wird der divergente Anteil des Massenoperators in der Einschleifen-Näherung berechnet. Der Schleife in der Abb. 3.15 auf Seite 196 entspricht der analytische Ausdruck

$$-i\Sigma(p) = (-ie_0)^2 \int \frac{d^4k}{(2\pi)^4} D_c^{\mu\nu}(k)\gamma_\mu S_c(p-k)\gamma_\nu + \cdots .$$

Die kausalen Elektronen- und Photonen Greenschen Funktionen sind gegeben durch

$$D_c^{\mu\nu}(k) = \frac{-ig^{\mu\nu}}{k^2+i\varepsilon}, \quad S_c(p) = \frac{i}{\not p - m_0 + i\varepsilon} = i\frac{\not p + m_0}{p^2 - m_0^2 + i\varepsilon}. \tag{3.210}$$

Man sieht unmittelbar, dass das Integral für die Selbstenergie bei großen k linear divergiert. Die explizite Rechnung ergibt, dass der konvergente Anteil von $\Sigma(p)$ an der unteren Grenze divergiert. Um diese Divergenz zu verhindern, führt man in den Zwischenschritten eine kleine Photonenmasse λ ein. Es zeigt sich jedoch, dass die infrarote Divergenz von $\Sigma(p)$ durch die des Vertexes kompensiert wird. Siehe dazu die Diskussion im Abschn. 3.8.8 auf Seite 184 im Zusammenhang mit der Bremsstrahlung. Der Massenoperator nimmt in n-Dimensionen ($n < 4$) die Gestalt

$$-i\Sigma(p) = (-ie_0)^2 \int \frac{d^nk}{(2\pi)^n} \frac{-ig^{\mu\nu}}{k^2-\lambda^2+i\varepsilon}\gamma_\mu \frac{i}{\not p - \not k - m_0 + i\varepsilon}\gamma_\nu$$

an.

Zeigen Sie, unter Benutzung der Beziehungen

$$\gamma^\mu\gamma_\mu = n, \quad \gamma^\mu\gamma^\alpha\gamma_\mu = (2-n)\gamma^\alpha,$$

dass $\Sigma(p)$ in folgender Form geschrieben werden kann

$$-i\Sigma(p) = -e_0^2 \int \frac{d^nk}{(2\pi)^n} \frac{(2-n)(\not p - \not k) + nm_0}{\left[(p-k)^2 - m_0^2\right]\left[k^2-\lambda^2\right]}.$$

Die Integration über k wird unter Benutzung der Feynman-Formel

$$\frac{1}{\alpha\beta} = \int_0^1 dx \frac{1}{[\alpha x + \beta(1-x)]^2} \tag{3.211}$$

durchgeführt.

Zeigen Sie, dass $\Sigma(p)$ unter Benutzung von (3.211) in folgender Form

$$-i\Sigma(p) = -e_0^2 \int \frac{d^n k}{(2\pi)^n} \int_0^1 dx \frac{(2-n)(\not{p} - \not{k}) + nm_0}{\left[(k-xp)^2 + x(1-x)p^2 - xm_0^2 - (1-x)\lambda^2\right]^2}$$

geschrieben werden kann.

Zeigen Sie weiter, dass nach der Variablensubstitution $k' = k - xp$ der obige Ausdruck die Gestalt

$$-i\Sigma(p) = -e_0^2 \int_0^1 dx \int \frac{d^n k}{(2\pi)^n} \frac{(2-n)((1-x)\not{p} - \not{k}) + nm_0}{\left[k^2 + x(1-x)p^2 - xm_0^2 - (1-x)\lambda^2\right]^2}$$

annimmt. Der Term im Zähler, welcher linear in k ist, liefert offensichtlich keinen Beitrag. Weiter ist es günstig die Integration über k im Euklidischen Sektor durchzuführen. Für diesen Zweck verwendet man die Variablensubstitution

$$k_0 \to ik_0,$$

die als Wickdrehung bezeichnet wird. Infolge der Wickdrehung wird der Vierer-Vektor k Euklidisch: $k^2 = k_0^2 - \mathbf{k}^2 \to -k_0^2 - \mathbf{k}^2$.

Stellen Sie die Gültigkeit des Ergebnisses

$$-i\Sigma(p) = -ie_0^2 \int_0^1 dx \int \frac{d^n k}{(2\pi)^n} \frac{(2-n)(1-x)\not{p} + nm_0}{\left[k^2 + xm_0^2 + (1-x)\lambda^2 - x(1-x)p^2\right]^2}$$

fest. Für die Integration über k benutzen Sie die Formel

$$\int d^n p \frac{1}{\left[p^2 + l\right]^\alpha} = \pi^{n/2} \frac{\Gamma(\alpha - n/2)}{\Gamma(\alpha)} l^{n/2-\alpha}$$

und stellen Sie die Gültigkeit des Ausdruckes

$$\Sigma(p) = \frac{e_0^2}{(4\pi)^{n/2}} \frac{\Gamma(2-n/2)}{\Gamma(2)} \int_0^1 dx \frac{(2-n)(1-x)\not{p} + nm_0}{\left[xm_0^2 + (1-x)\lambda^2 - x(1-x)p^2\right]^{2-n/2}}$$

fest.

In der Nähe von vier Dimensionen kann $\Sigma(p)$ unter Benutzung der Entwicklung der Gamma-Funktion $\Gamma(\varepsilon/2) \simeq 2/\varepsilon - \gamma$ mit $\varepsilon = 4 - n$ wie folgt

$$\Sigma(p) = e_0^2 \int_0^1 dx \left[(\varepsilon - 2)(1 - x) \not{p} \right.$$
$$\left. + (4 - \varepsilon) m_0 \right] \frac{1}{m_0^\varepsilon} \left(\frac{1}{8\pi^2 \varepsilon} - \frac{1}{16\pi^2} (\gamma + \ln \frac{a}{4\pi}) \right),$$

geschrieben werden. Es gilt $a = x + (1 - x)\lambda^2/m_0^2 - x(1 - x)p^2/m_0^2$. Die Größe $\gamma = 0,577216...$ ist die Euler-Konstante.

Stellen Sie die Gültigkeit des Ergebnisses

$$\Sigma(p) = e_0^2 \frac{4m_0 - \not{p}}{8\pi^2} \frac{1}{\varepsilon m_0^\varepsilon} + \text{endlicher Anteil}$$

fest. Der Übergang zu vier Dimensionen ($\varepsilon \to 0$) kann durch die folgende Grenzwertbildung

$$\frac{2}{\varepsilon} m_0^{-\varepsilon} \simeq \frac{2}{\varepsilon} (m_0^{-\varepsilon} - \Lambda^{-\varepsilon}) \to \ln \frac{\Lambda^2}{m_0^2} \tag{3.212}$$

vollzogen werden. Die Größe Λ kann mit dem Cutoff an der oberen Grenze bei der Integration über k nach der Wickdrehung und somit im vierdimensionalen Euklidischen Raum identifiziert werden. Den divergenten Anteil der Selbstenergie erhält man demnach als

$$\Sigma(p)_{\text{div}} = 3m_0 \frac{e_0^2}{16\pi^2} \ln \frac{\Lambda^2}{m_0^2} - (\not{p} - m_0) \frac{e^2}{16\pi^2} \ln \frac{\Lambda^2}{m_0^2}. \tag{3.213}$$

3.10.33 Der Polarisationsoperator in der Einschleifen-Näherung

In dieser Aufgabe wird der divergente Anteil des Polarisationsoperators in der Einschleifen-Näherung, welcher in der Abb. 3.19 auf Seite 200 dargestellt ist, berechnet. Der mit diesem Graphen assoziierte analytische Ausdruck kann in folgender Form geschrieben werden

$$D^0_{\mu\alpha}(k) i P^{\alpha\beta}(k) D^0_{\beta\nu}(k),$$

wobei der Polarisationsoperator $P^{\alpha\beta}(k)$ in der Einschleifen-Näherung in $n < 4$ Dimensionen durch den Ausdruck

$$i P^{\mu\nu}(k) = -(-ie_0)^2 \int \frac{d^n p}{(2\pi)^n} \text{Sp} \left[\gamma^\mu S_c^0(k + p) \gamma^\nu S_c^0(p) \right] + \cdots$$

gegeben ist. Beachten Sie, dass jede Elektron-Positron-Schleife, wie im Abschnitt 3.9.4 auf Seite 20 erläutert wurde, mit dem Faktor –1 berücksichtigt werden muss.

Zeigen Sie, dass der Polarisationsoperator in der Form

$$P^{\mu\nu}(k) = -e_0^2 \int \frac{d^n p}{i(2\pi)^n} \frac{\mathrm{Sp}\left(m_0^2 \gamma^\mu \gamma^\nu + (k+p)_\alpha p_\beta \gamma^\mu \gamma^\alpha \gamma^\nu \gamma^\beta\right)}{\left[(k+p)^2 - m_0^2\right]\left[p^2 - m_0^2\right]}$$

geschrieben werden kann. In n-Dimensionen gelten die Beziehungen

$$\mathrm{Sp}\gamma^\mu \gamma^\nu = n g^{\mu\nu}, \quad \mathrm{Sp}\gamma^\mu \gamma^\alpha \gamma^\nu \gamma^\beta = n\left(g^{\mu\alpha} g^{\nu\beta} - g^{\mu\nu} g^{\alpha\beta} + g^{\mu\beta} g^{\nu\alpha}\right).$$

Die Integration über p erfolgt unter Benutzung der Feynman-Formel (3.211).

Stellen Sie die Gültigkeit des Ausdruckes für den Polarisationsoperator

$$P^{\mu\nu}(k) = -e_0^2 n \int_0^1 dx \int \frac{d^n p}{i(2\pi)^n} \frac{m_0^2 g^{\mu\nu} - g^{\mu\nu} p(k+p) + (k+p)^\mu p^\nu + (k+p)^\nu p^\mu}{\left[(p+xk)^2 + x(1-x)k^2 - m_0^2\right]^2}$$

fest.

Beweisen Sie unter Benutzung der Variablen Substitution $p = p' - xk$ die Gültigkeit des Ausdruckes

$$P^{\mu\nu}(k) = -e^2 n \int_0^1 dx \int \frac{d^n p}{i(2\pi)^n} \frac{g^{\mu\nu}\left[m^2 + x(1-x)k^2\right] + g^{\mu\nu}\frac{2-n}{n} p^2 - 2x(1-x)k^\mu k^\nu}{\left[p^2 + x(1-x)k^2 - m_0^2\right]^2}.$$

Beachten Sie, dass die Integrationsvariable p' wieder als p bezeichnet wurde. Es wurde unter dem Integral die Relation $p^\mu p^\nu = g^{\mu\nu} p^2/n$ verwendet. Nach der Wickdrehung ($p_0 = ip_0$) erhält man

$$P^{\mu\nu}(k) = -e_0^2 n \int_0^1 dx \int \frac{d^n p}{(2\pi)^n} \frac{g^{\mu\nu}\left[m_0^2 + x(1-x)k^2\right] + g^{\mu\nu}\frac{n-2}{n} p^2 - 2x(1-x)k^\mu k^\nu}{\left[p^2 + m_0^2 - x(1-x)k^2\right]^2}$$

Führen Sie die Integration über p unter Benutzung der Formel

$$\int d^n p \frac{1}{\left[p^2 + l\right]^\alpha} = \pi^{n/2} \frac{\Gamma(\alpha - n/2)}{\Gamma(\alpha)} \frac{1}{l^{\alpha - n/2}} \tag{3.214}$$

aus und stellen Sie die Gültigkeit des Ergebnisses

$$P^{\mu\nu}(k) = -2ne_0^2\left(g^{\mu\nu}k^2 - k^\mu k^\nu\right) \frac{\Gamma(2-n/2)}{m_0^{4-n}(4\pi)^{n/2}} \int_0^1 dx \frac{x(1-x)}{\left[1 - x(1-x)k^2/m_0^2\right]^{2-n/2}} \tag{3.215}$$

fest. Der Vorfaktor $g^{\mu\nu}k^2 - k^\mu k^\nu$ zeigt, dass der Polarisationsoperator ein transversaler Tensor ($k_\mu P^{\mu\nu}(k) = 0$) ist.

Für die Berechnung von $P^{\mu\nu}(k)$ in der Nähe von $n = 4$ benutzen Sie die Entwicklung

$$\frac{2n}{(4\pi)^{n/2}}\Gamma(2-n/2) \simeq \frac{1}{\pi^2\varepsilon} - \frac{1}{4\pi^2}\left(1 + 2\gamma + 2\ln\frac{1}{4\pi}\right) + \cdots,$$

wobei $\varepsilon = 4-n$ gilt. Das Integral über x in (3.215) kann mit Mathematica berechnet werden und liefert für kleine k das Ergebnis

$$\int_0^1 dx \frac{x(1-x)}{\left[1 - x(1-x)k^2/m_0^2\right]^{2-n/2}} \simeq \frac{1}{6} + \frac{\varepsilon}{60}\frac{k^2}{m_0^2} + \cdots.$$

Stellen Sie unter Benutzung dieser Zwischenergebnisse und der Grenzwertbildung (3.212) der vorhergehenden Aufgabe die Gültigkeit des Ergebnisses

$$P^{\mu\nu}(k) = -\left(g^{\mu\nu}k^2 - k^\mu k^\nu\right)\frac{e_0^2}{12\pi^2}\left(\ln\frac{\Lambda^2}{m_0^2} + \frac{1}{5}\frac{k^2}{m_0^2} + \cdots\right) \tag{3.216}$$

fest. Genauso wie in der vorhergehenden Aufgabe kann die Größe Λ als Cutoff an der oberen Grenze bei der Integration über p im vierdimensionalen Euklidischen Raum interpretiert werden.

3.10.34 Das Vertex in der Einschleifen-Näherung

In dieser Aufgabe wird der divergente Anteil des Vertexes, sowie sein konvergenter Anteil, welcher zum anomalen magnetischen Moment des Elektrons beiträgt, in der Einschleifen-Näherung berechnet. Das Feynman-Diagramm für das zu betrachtete Vertex wird dargestellt in der Abb. 3.14b bzw. 3.22 auf Seite 207. Der mit dem Vertex assoziierte analytische Ausdruck ist gegeben in n-Dimensionen durch

$$-ie_0\Gamma_\mu(p_2, p_1) = (-ie_0)^3 \int \frac{d^nk}{(2\pi)^n}\gamma_\nu S_c^0(p_2-k)\gamma_\mu S_c^0(p_1-k)\gamma_{\nu'}D_c^{\nu\nu'}(k).$$

Die Photonenmasse λ wurde eingeführt, um die infrarote Divergenz des konvergenten Anteils des Vertexes zu verhindern.

Zeigen Sie, dass $\Gamma_\mu(p_2, p_1)$ in folgender Form geschrieben werden kann

$$-ie_0\Gamma_\mu(p_2, p_1) = -e_0^3\int\frac{d^nk}{(2\pi)^n}\frac{\gamma^\nu\left[(p_2-k)^\alpha\gamma_\alpha + m_0\right]\gamma_\mu\left[(p_1-k)^\beta\gamma_\beta + m_0\right]\gamma_\nu}{\left[(p_2-k)^2 - m_0^2\right]\left[(p_1-k)^2 - m_0^2\right]\left[k^2-\lambda^2\right]} \tag{3.217}$$

Das Ausmultiplizieren des Ausdrucks im Zähler ergibt

$$\begin{aligned}A_{0,\mu} = &(p_2 - k)^\alpha (p_1 - k)^\beta \gamma^\nu \gamma_\alpha \gamma_\mu \gamma_\beta \gamma_\nu + m_0^2 \gamma^\nu \gamma_\mu \gamma_\nu \\ &+ m_0 (p_2 - k)^\alpha \gamma^\nu \gamma_\alpha \gamma_\mu \gamma_\nu + m_0 (p_1 - k)^\beta \gamma^\nu \gamma_\mu \gamma_\beta \gamma_\nu .\end{aligned}$$

Für die Ausführung der Integration über k benutzen Sie die Feynman-Formel

$$\frac{1}{abc} = 2 \int_0^1 dy \int_0^{1-y} dx \frac{1}{\left[ay + bx + c(1 - x - y)\right]^3}$$

und zeigen Sie, dass der Nenner in (3.217) in folgender Form geschrieben werden kann

$$B_0 = [k^2 - 2k(p_1 x + p_2 y) + (p_1^2 - m_0^2)x + (p_2^2 - m_0^2)y - \lambda^2(1 - x - y)]^3 .$$

Zeigen Sie, dass nach der Variablensubstitution $k' = k - p_1 x - p_2 y$ der Ausdruck für das Vertex die Gestalt

$$-ie_0 \Gamma_\mu(p_1, p_2) = -2e_0^3 \int_0^1 dy \int_0^{1-y} dx \int \frac{d^n k}{(2\pi)^n} \frac{A_\mu}{B}$$

annimmt, wobei der Zähler und Nenner im Integrand entsprechend durch die Ausdrücke gegeben sind

$$\begin{aligned}A_\mu = &\left[(p_2(1 - y) - p_1 x)^\alpha \, (p_1(1 - x) - p_2 y)^\beta + k^\alpha k^\beta\right] \gamma^\nu \gamma_\alpha \gamma_\mu \gamma_\beta \gamma_\nu \\ &+ m_0^2 (2 - n) \gamma_\mu + m_0 (p_2(1 - y) - p_1 x)^\alpha \gamma^\nu \gamma_\alpha \gamma_\mu \gamma_\nu \\ &+ m_0 (p_1(1 - x) - p_2 y)^\beta \gamma^\nu \gamma_\mu \gamma_\beta \gamma_\nu , \\ B = &\left[k^2 + x(1 - x)p_1^2 + y(1 - y)p_2^2 - 2p_1 p_2 xy - \lambda^2 - (m_0^2 - \lambda^2)(x + y)\right]^3 .\end{aligned}$$

Beachten Sie, dass die Integrationsvariable k' wieder als k bezeichnet wurde. In A_μ wurde die Relation

$$\gamma^\nu \gamma_\alpha \gamma_\nu = (2 - n)\gamma_\alpha$$

verwendet. Die Terme in A_μ, welche linear in k sind, wurden weggelassen, da sie nach der Integration über k Null ergeben.

Zeigen Sie, dass $\Gamma_\mu(p_1, p_2)$ nach der Wickdrehung ($k_0 \to ik_0$) die Gestalt

$$\Gamma_\mu(p_1, p_2) = 2e_0^2 \int_0^1 dy \int_0^{1-y} dx \int \frac{d^n k}{(2\pi)^n} \frac{A_{1,\mu}}{B_1} \tag{3.218}$$

annimmt. Hierbei gilt

$$
\begin{aligned}
A_{1,\mu} &= \left[(p_2(1-y) - p_1 x)^\alpha (p_1(1-x) - p_2 y)^\beta - k^\alpha k^\beta\right] \gamma^\nu \gamma_\alpha \gamma_\mu \gamma_\beta \gamma_\nu \\
&\quad + m_0^2 (2-n)\gamma_\mu + m_0 (p_2(1-y) - p_1 x)^\alpha \gamma^\nu \gamma_\alpha \gamma_\mu \gamma_\nu \\
&\quad + m_0 (p_1(1-x) - p_2 y)^\beta \gamma^\nu \gamma_\mu \gamma_\beta \gamma_\nu , \\
B_1 &= \left[k^2 + \lambda^2 + (m_0^2 - \lambda^2)(x+y) - x(1-x)p_1^2 - y(1-y)p_2^2 + 2p_1 p_2 xy\right]^3 .
\end{aligned}
$$

Die unmittelbare Dimensionsanalyse zeigt, dass der divergente Anteil (für $n \to 4$) zum $\Gamma_\mu(p_1, p_2)$ von dem Term $k^\alpha k^\beta$ in $A_{1,\mu}$ herrührt.

Die Integration über k kann unter Benutzung des Tabellenintegrals

$$
\int d^n k \frac{k^\alpha k^\beta}{\left[k^2 + l\right]^a} = g^{\alpha\beta} \frac{\pi^{n/2}}{2} \frac{\Gamma(a-1-n/2)}{\Gamma(a)} l^{1-a+n/2}
$$

ausgeführt werden.

Stellen Sie die Gültigkeit des Ausdruckes für den divergenten Anteil des Vertexes

$$
\begin{aligned}
\Gamma_\mu(p_1, p_2)_{\text{div}} &= \gamma_\mu \frac{e_0^2}{(4\pi)^{n/2}} (2-n)^2 \frac{\Gamma(2-n/2)}{\Gamma(3)} \int_0^1 dy \int_0^{1-y} dx \\
&\quad \times \frac{1}{\left[m_0^2(x+y) - x(1-x)p_1^2 - y(1-y)p_2^2 + 2p_1 p_2 xy\right]^{2-n/2}}
\end{aligned}
$$

fest. Verwenden sie die Relation $\gamma^\nu \gamma_\alpha \gamma_\mu \gamma^\alpha \gamma_\nu = (2-n)^2 \gamma_\mu$, die unter Verwendung der Antivertauschungsrelationen der Dirac-Matrizen unmittelbar nachgewiesen werden kann. Da der divergente Anteil keine infrarote Divergenz besitzt, wurde im divergenten Anteil von Γ_μ die Photonenmasse λ gleich Null gesetzt. Um den divergenten Anteil explizit zu berechnen, benutzen Sie die Entwicklung in der Nähe von vier Dimensionen

$$
\frac{(2-n)^2}{(4\pi)^{n/2}} \Gamma(2-n/2) \simeq \frac{1}{2\pi^2 \varepsilon} + \cdots
$$

und das Ergebnis der Berechnung des Integrals für $p_1 \to m$ und $p_2 \to m$

$$
\begin{aligned}
&\int_0^1 dy \int_0^{1-y} dx \frac{1}{\left[x + y - x(1-x)p_1^2 - y(1-y)p_2^2 + 2p_1 p_2 xy\right]^{2-n/2}} \\
&\quad \simeq \int_0^1 dy \int_0^{1-y} dx \frac{1}{\left[x+y\right]^\varepsilon} = \frac{1}{2-\varepsilon} \simeq \frac{1}{2} + \frac{\varepsilon}{4} + \cdots .
\end{aligned}
$$

Stellen Sie unter Benutzung dieser Zwischenergebnisse die Gültigkeit des Resultates für den divergenten Anteil des Vertexes

$$\Gamma_\mu(p_1, p_2)_{\text{div}} = \gamma_\mu \frac{e_0^2}{8\pi^2} \frac{1}{\varepsilon m_0^\varepsilon} \underset{n=4}{\rightarrow} \gamma_\mu \frac{e_0^2}{16\pi^2} \ln \frac{\Lambda^2}{m_0^2} \tag{3.219}$$

fest. Die Gl. (3.219) befindet sich in Übereinstimmung mit der Gl. (3.213), wie die Ward-Identität verlangt.

Wir wollen nun den Teil des konvergenten Anteils von $\Gamma_\mu(p_1, p_2)$ ermitteln, welcher zum anomalen magnetischen Momenten des Elektrons beiträgt. Der konvergente Teil des Vertexes entspricht dem Ausdruck im $A_{1,\mu}$ in der Gl. (3.218) ohne den k-Term. Da dieser Term konvergent ist, kann man in ihm $n = 4$ setzen. Der gesuchte Term ist nicht infrarot divergent, so dass die Photonenmasse λ gleich Null gesetzt werden kann.

Zeigen Sie, dass die Integration über k in (3.218) unter Benutzung von (3.214) zum Ergebnis führt

$$\Gamma_\mu(p_1, p_2)_c = \frac{-e_0^2}{16\pi^2} \int_0^1 dy \int_0^{1-y} dx \frac{A_{2,\mu}}{\left[m_0^2(x+y) - x(1-x)p_1^2 - y(1-y)p_2^2 + 2p_1p_2xy\right]}, \tag{3.220}$$

wobei

$$\begin{aligned} A_{2,\mu} = &-2m_0^2\gamma_\mu + \left[(p_2(1-y) - p_1x)^\alpha (p_1(1-x) - p_2y)^\beta\right]\gamma^\nu\gamma_\alpha\gamma_\mu\gamma_\beta\gamma_\nu \\ &+ m_0(p_2(1-y) - p_1x)^\alpha\gamma^\nu\gamma_\alpha\gamma_\mu\gamma_\nu + m_0(p_1(1-x) - p_2y)^\beta\gamma^\nu\gamma_\mu\gamma_\beta\gamma_\nu \end{aligned}$$

gilt. Für die Ermittlung des Beitrages zum magnetischen Moment des Elektrons betrachten wir die Vertex-Korrektur $\Gamma_\mu(p_1, p_2)$ zwischen den Spinoramplituden

$$\bar{u}(p_2)\Gamma_\mu(p_1, p_2)_c u(p_1). \tag{3.221}$$

Zeigen Sie, dass der Nenner in (3.220) für nichtrelativistische Geschwindigkeiten $p_1 \to m_0$ und $p_2 \to m_0$ das Resultat $(x+y)^2$ ergibt.

Zeigen Sie unter Benutzung der Relation

$$\gamma^\nu\gamma_\alpha\gamma_\mu\gamma_\nu = 2\gamma_\mu\gamma_\alpha + (n-2)\gamma_\alpha\gamma_\mu = 4g_{\alpha\mu} + (n-4)\gamma_\alpha\gamma_\mu \underset{n=4}{\longrightarrow} 4g_{\alpha\mu},$$

die unmittelbar nachgewiesen werden kann, und der Dirac-Gleichungen für ein freies Teilchen

$$\not{p}_1 u(p_1) = m_0 u(p_1), \; \bar{u}(p_2)\not{p}_2 = m_0\bar{u}(p_2),$$

dass die linearen Termen in $A_{2,\mu}$ bezüglich p wie folgt umgeformt werden können

$$\begin{aligned} m_0\left[p_2(1-y) - p_1x\right]^\alpha \bar{u}(p_2)\gamma^\nu\gamma_\alpha\gamma_\mu\gamma_\nu u(p_1) &= 4m_0\left[p_2(1-y) - p_1x\right]^\mu \bar{u}(p_2)u(p_1), \\ m_0\left[p_1(1-x) - p_2y\right]^\beta \bar{u}(p_2)\gamma^\nu\gamma_\beta\gamma_\mu\gamma_\nu u(p_1) &= 4m_0\left[p_1(1-x) - p_2y\right]^\nu \bar{u}(p_2)u(p_1). \end{aligned} \tag{3.222}$$

Zeigen Sie, dass die quadratischen Terme in $A_{2,\mu}$ bezüglich p

$$\bar{u}(p_2)\left[(p_2(1-y)-p_1x)^\alpha(p_1(1-x)-p_2y)^\beta\right]\gamma^\nu\gamma_\alpha\gamma_\mu\gamma_\beta\gamma_\nu u(p_1) \quad (3.223)$$

unter Benutzung der Beziehung

$$\begin{aligned}\gamma^\nu\gamma_\alpha\gamma_\mu\gamma_\beta\gamma_\nu &= (2-n)\gamma_\alpha\gamma_\mu\gamma_\beta + 2\gamma_\mu\gamma_\beta\gamma_\alpha - 2\gamma_\alpha\gamma_\beta\gamma_\mu \\ &= (4-n)\gamma_\alpha\gamma_\mu\gamma_\beta - 2\gamma_\beta\gamma_\mu\gamma_\alpha \underset{n=4}{\rightarrow} -2\gamma_\beta\gamma_\mu\gamma_\alpha\end{aligned}$$

in folgender Form geschrieben werden können

$$\begin{aligned}&\left[(p_2(1-y)-p_1x)^\alpha(p_1(1-x)-p_2y)^\beta\right]\bar{u}(p_2)\gamma^\nu\gamma_\alpha\gamma_\mu\gamma_\beta\gamma_\nu u(p_1) = \\ &2\bar{u}(p_2)\Big[m_0x(1-x)\ \not{p}_1\gamma^\mu + m_0y(1-y)\gamma^\mu\ \not{p}_2 - m_0^2xy\gamma^\mu \\ &-(1-x)(1-y)\ \not{p}_1\gamma^\mu\ \not{p}_2\Big]u(p_1). \qquad (3.224)\end{aligned}$$

Der Term $\bar{u}(p_2)\ \not{p}_1\gamma^\mu\ \not{p}_2u(p_1)$ im obigen Ausdruck kann unter Verwendung der Antivertauschungsrelationen der Dirac-Matrizen wie folgt

$$\begin{aligned}\bar{u}(p_2)\ \not{p}_1\gamma^\mu\ \not{p}_2u(p_1) &= 2m_0\bar{u}(p_2)(p_2+p_1)^\mu u(p_1) - m_0^2\bar{u}(p_2)\gamma^\mu u(p_1) \\ &\quad -2(p_1p_2)\bar{u}(p_2)\gamma^\mu u(p_1) \qquad (3.225)\end{aligned}$$

geschrieben werden.

Der Beitrag zum anomalen magnetischen Momenten entsteht von den Termen in $\bar{u}(p_2)\ A_2^\mu u(p_1)$, welche zu p_1^μ und p_2^μ proportional sind.

Stellen Sie unter Berücksichtigung der Zwischenergebnisse in (3.222), (3.223), (3.224), und (3.225) die Gültigkeit des Resultates

$$\begin{aligned}\bar{u}(p_2)A_2^\mu u(p_1)_{\text{am}} &\simeq 4m_0\left(-x^2+y-xy\right)\bar{u}(p_2)p_1^\mu u(p_1) \\ &\quad +4m_0\left(-y^2+x-xy\right)\bar{u}(p_2)p_2^\mu u(p_1)\end{aligned}$$

(das Zeichen am steht für Beitrag zum magnetischen Moment) fest. Das Einsetzen von $\bar{u}(p_2)A_2^\mu\ u(p_1)_{\text{am}}$ in (3.220) und (3.221) ergibt nach der Integration über y und x

$$\bar{u}(p_2)\Gamma^\mu(p_1,p_2)_{\text{am}}u(p_1) = \frac{-e_0^2}{16\pi^2m_0}\bar{u}(p_2)\left(p_2^\mu+p_1^\mu\right)u(p_1). \qquad (3.226)$$

Neben (3.226) gibt es auch Terme von der Form $\bar{u}(p_2)m_0\gamma^\mu u(p_1)$. Einen solchen Term findet man in $A_{2,\mu}$, welcher, so wie er da steht, divergent ist. Weitere solche

Terme entstehen bei der Umformung von (3.223). Man kann analog zeigen, dass der Beitrag dieser Terme zum $\bar{u}(p_2)\Gamma^\mu(p_1, p_2)_{\mathrm{am}}u(p_1)$ die Gestalt besitzt

$$\frac{-e_0^2}{16\pi^2 m_0}\bar{u}(p_2)(-2m_0)\gamma^\mu u(p_1). \tag{3.227}$$

Der Term (3.227) kann dadurch begründet werden, dass der betrachtete Beitrag zur Vertex-Korrektur im elektrischen Feld $A^\mu = (A^0, 0)$ im nichtrelativistischen Grenzfall verschwinden muss.

Die Gln. (3.226) und (3.227) ergeben zusammen nach Benutzung der Gordon-Zerlegung (2.69) auf Seite 102 endgültig das Ergebnis

$$\bar{u}(p_2)\Gamma_\mu(p_1, p_2)_{\mathrm{am}}u(p_1) = \frac{-e_0^2}{16\pi^2 m_0}\bar{u}(p_2)(-i)\,(p_2 - p_1)^\nu\,\sigma_{\mu\nu}u(p_1). \tag{3.228}$$

3.10.35 Ladungsrenormierung und die Energie der Dirac-See im Magnetfeld

In dieser Aufgabe wird die Vakuumpolarisation in der Quantenelektrodynamik anhand der Betrachtung der Energie der Dirac-See im homogenen Magnetfeld berechnet. Wir folgen im wesentlichen der Arbeit von N. K. Nielsen [74]. Diese elementare Betrachtung bietet eine Alternative für die Ermittlung der Ladungsrenormierung ohne Benutzung des Handwerks der Quantenelektrodynamik.

Die Vakuumpolarisation resultiert in einer Änderung der relativen Permeabilitäten μ und ε. Die Lorentz-Invarianz schreibt jedoch vor, dass die Lichtgeschwindigkeit unverändert bleibt

$$\frac{1}{c^2} \to \frac{\varepsilon_1\mu_1}{c^2} = \frac{1}{c^2}. \tag{3.229}$$

Daraus erhält man die Bedingung

$$\varepsilon_1\mu_1 = 1. \tag{3.230}$$

Diese Beziehung ermöglicht die Berechnung von ε_1, wenn μ_1 bekannt ist. Das von eins verschiedene ε_1 modifiziert das Coulombgesetz

$$\Phi = \frac{e_0^2}{\varepsilon_1 r} = \frac{e^2}{r} \tag{3.231}$$

(Achtung, Gauß-Einheiten) und kann als Ladungsrenormierung aufgefasst werden

$$e^2 = \frac{e_0^2}{\varepsilon_1}. \tag{3.232}$$

Zuerst berechnen wir μ_1 und beginnen mit der Lösung der Dirac-Gleichung für ein Elektron im homogenen Magnetfeld (siehe die Aufgabe 2.4.15 auf Seite 111). Der Betrag der Energie ist gegeben durch

$$E_{n,p_z,\sigma_z} = mc^2 \sqrt{1 + \frac{2}{c^2 m}\left(\frac{p_z^2}{2m} + \left(n + \frac{1}{2}\right)\omega_0 \hbar - \frac{\sigma_z \omega_0 \hbar}{2}\right)} \tag{3.233}$$

mit der Bezeichnung $\omega_0 = e_0 H/mc$. Die Vakuumenergie, die der Energie der besetzten Zustände negativer Energie entspricht, erhält man durch die Summation von $-E_{n,p_z,\sigma_z}$ über die Zustände, die durch die Quantenzahlen der Wellenfunktion in der Aufgabe 2.4.15 charakterisiert werden. Für ein endliches System mit periodischen Randbedingungen entlang der y- und z-Richtungen erhält man

$$E_{\text{vac}} = -\sum_{n=0}^{\infty} \sum_{\sigma_z} \sum_{n_y, n_z} E_{n,p_z,\sigma_z}, \tag{3.234}$$

wobei $k_y = (2\pi/L_y)n_y$ und $k_z = (2\pi/L_z)n_z$ gilt. In Übereinstimmung mit dem Ausdruck für die Wellenfunktion in der Aufgabe 2.4.15 ist die mittlere Position gegeben durch $x = c\hbar k_y/e_0 H$. Aus $0 \le x \le L_x$ folgt die Einschränkung für Δk_y

$$\frac{c\hbar k_y}{e_0 H} \le L_x \to \Delta k_y = \frac{e_0 H}{c\hbar} L_x .$$

Demzufolge ergibt die Summation in (3.234) über n_y den Faktor

$$\Delta n_y = \frac{L_y}{2\pi} \Delta k_y = \frac{L_x L_y}{2\pi} \frac{e_0 H}{c\hbar} .$$

Für die Vakuumenergie erhält man demzufolge

$$E_{\text{vac}} = -\frac{L_x L_y}{2\pi} \frac{e_0 H}{c\hbar} \sum_{n=0}^{\infty} \sum_{\sigma_z} \sum_{n_z} E_{n,p_z,\sigma_z} = -\frac{L_x L_y L_z}{4\pi^2} \frac{e_0 H}{c\hbar} \frac{1}{\hbar} \sum_{n=0}^{\infty} \int_{-\infty}^{\infty} dp_z E_{n,p_z,\sigma_z} . \tag{3.235}$$

Der Vorfaktor in (3.235) entspricht der Zustandsdichte

$$\varrho(H) = \frac{V e_0 H}{4\pi^2 \hbar^2 c} .$$

Wie aus (3.235) hervorgeht, ist die Vakuumenergie stark divergent. Uns interessiert jedoch nur der logarithmisch divergente Anteil von E_{vac}. Um diesen zu ermitteln, gehen wir wie folgt vor. Zuerst differenzieren wir E_{n,p_z,σ_z} nach der dimensionslosen Frequenz $\omega = \omega_0 \hbar / mc^2$ und stellen anschließend die Wurzel $1/\sqrt{s}$ als Gaußsches Integral

$$\frac{1}{2\sqrt{s}} = \frac{1}{\sqrt{\pi}} \int_0^\infty e^{-sx^2} dx \tag{3.236}$$

dar.

Stellen Sie unter Verwendung des obigen Tricks die Gültigkeit des Ausdruckes für die Vakuumenergie

$$\frac{\partial E_{\text{vac}}}{\partial \omega} = -2\varrho(H) m^2 c^3 \sum_{\sigma_z} \int_0^\infty dx \frac{e^{x^2(\sigma_z\omega+\omega-1)} \left(-e^{2x^2\omega}(\sigma_z - 1) + \sigma_z + 1\right)}{2\left(-1 + e^{2x^2\omega}\right)^2 x} \tag{3.237}$$

fest. Zeigen Sie weiterhin, dass die Taylor-Entwicklung des Integrands von (3.237) für kleine x die Gestalt

$$\frac{1}{4x^5\omega^2} - \frac{1}{4x^3\omega^2} + \frac{1}{8\omega^2 x} + \left(\frac{1}{24} - \frac{\sigma_z^2}{8}\right)\frac{1}{x} + \cdots \tag{3.238}$$

besitzt. Die Divergenz des ursprünglichen Ausdruckes äußert sich in (3.237) im divergenten Verhalten des Integrals für kleine x. Der letzte Term in (3.238) divergiert logarithmisch für kleine x und ist ω unabhängig, d.h. die diesem Term entsprechende Vakuumenergie ist proportional zum Quadrat des Magnetfeldes und besitzt somit die Form der Polarisationsenergie.

Um das Integral über x endlich zu machen, müssen an der oberen und unteren Integrationsgrenzen Abschneideimpulse (Cutoffs) eingeführt werden. An der oberen Grenze setzen wir $x \simeq 1$. Der Cutoff an der unteren Grenze ergibt sich aus der Bedingung

$$\frac{p_{z,\max}^2}{m^2c^2} x_{\min}^2 \simeq 1 \tag{3.239}$$

und besitzt die Gestalt

$$x_{\min} = \frac{mc}{p_{z,\max}} = \frac{mc}{\Lambda}.$$

Stellen Sie die Gültigkeit des logarithmischen Beitrages für

$$\frac{\partial E_{\text{vac}}^{\text{div}}}{\partial \omega} = m^2 c^3 \varrho(H) \sum_{\sigma_z} \left(\frac{\sigma_z^2}{8} - \frac{1}{24}\right) \ln \frac{\Lambda^2}{m^2c^2}$$

und anschließend für die Vakuumenergie

$$E_{\text{vac}}^{\text{div}} = m^2 c^3 \rho(H)\omega \sum_{\sigma_z} \left(\frac{\sigma_z^2}{8} - \frac{1}{24}\right) \ln \frac{\Lambda^2}{m^2c^2} \tag{3.240}$$

fest.

Beweisen Sie die unter Verwendung der Definition $\partial \frac{-E_{\mathrm{vac}}}{V} / \partial H = \chi_H H$ die Gültigkeit des Ergebnisses für die magnetische Suszeptibilität

$$\begin{aligned}\chi_H &= -\frac{e_0^2}{2\pi^2 \hbar c} \sum_{\sigma_z} \left(\frac{\sigma_z^2}{8} - \frac{1}{24} \right) \ln \frac{\Lambda^2}{m^2 c^2} \\ &= -\frac{e_0^2}{12\pi^2 \hbar c} \ln \frac{\Lambda^2}{m^2 c^2}, \end{aligned} \tag{3.241}$$

für die relative magnetische Permeabilität (Gauß-Einheiten)

$$\mu_1 = 1 + 4\pi \chi_H = 1 - \frac{1}{3\pi} \frac{e_0^2}{\hbar c} \ln \frac{\Lambda^2}{m^2 c^2} \tag{3.242}$$

und anschließend für die relative elektrische Permeabilität ε_1

$$\varepsilon_1 = \frac{1}{\mu_1} = 1 + \frac{1}{3\pi} \frac{e_0^2}{\hbar c} \ln \frac{\Lambda^2}{m^2 c^2} + \cdots . \tag{3.243}$$

Für die renormierte Ladung erhält man anschließend

$$e^2 = e_0^2 \left(1 - \frac{1}{3\pi} \frac{e_0^2}{\hbar c} \ln \frac{\Lambda^2}{m^2 c^2} + \cdots \right). \tag{3.244}$$

Dieser Ausdruck für die renormierte Ladung (hier in Gauß-Einheiten) stimmt mit dem im Vorlesungsskript in der Gl. (3.148) auf Seite 203 überein. Letzterer wurde dort durch die Betrachtung der Strahlungskorrekturen zum Photonen-Propagator hergeleitet und erfordert einen viel größeren Aufwand.

Die Ergebnisse dieser Aufgabe können unmittelbar auf geladene Teilchen mit Spin 0 übertragen werden. Die Energie für die Klein-Gordon-Gleichung im Magnetfeld ist gegeben durch die Gl. (3.233) mit $\sigma_z = 0$. Die Vakuumenergie besitzt jetzt das Vorzeichen plus. Man kann einfach zeigen, dass die renormierte Ladung durch die Gl. (3.244) mit dem numerischen Vorfaktor $1/24$ gegeben ist.

Es ist leicht zu sehen, dass man für geladene Teilchen mit Spin 1 für die renormierte Ladung die Gl. (3.244) mit Vorzeichen Plus und einem anderen numerischen Vorfaktor erhält. Dies entspricht einer Antiabschirmung der Ladung und ist die Ursache für die Antiabschirmung der Farbladung (die Stärke der starken Wechselwirkung) in der Quantenchromodynamik. Der Effekt setzt sich dort aus der Abschirmung durch die Quarks (Spin $1/2$) und der Antiabschirmung durch die Gluonen (Spin 1) zusammen. Siehe die nächste Aufgabe für Details.

3.10.36 Ladungsrenormierung in der Quantenchromodynamik

In dieser Aufgabe wird unter Benutzung der Ergebnisse der obigen Aufgabe die Ladungsrenormierung in den nicht-Abelschen Eichfeldtheorien (eine Einführung in Letztere findet man z.B. in [20]) betrachtet. Wir starten mit der Gl. (3.241)

$$\delta\mu_1 = -\frac{2g_0^2}{\pi\hbar c}\sum_{\sigma_z}\left(\frac{\sigma_z^2}{8}-\frac{1}{24}\right)\ln\frac{\Lambda^2}{q^2}, \tag{3.245}$$

wobei g_0 die Farbladung bezeichnet und die infrarote Skala mc unter dem Logarithmus durch die Impulsskala $q > mc$ ersetzt wurde.

Zuerst berechnen wir den Beitrag der Quarks zur μ_1. Naiv würde man erwarten, dass der Quarksbeitrag zur μ_1 durch Multiplikation von (3.245) mit der Anzahl der Quarkssorten n_f (flavour) erhält. Die minimale Kopplung der Quarks mit den Gluonen-Feldern $ig\lambda_a A_a^\mu/2$ enthält die Generatoren der SU(3)-Gruppe λ_a $(a = 1,\ldots,8)$ (die Gell-Mann-Matrizen), so dass im homogenen äußeren Magnetfeld $A_8^2 = Hx$ die Matrix λ_8 in die Kopplung eingeht. Die Quadrate der Eigenwerte von λ_8 ergeben den Faktor $(1/\sqrt{3})^2 + (1/\sqrt{3})^2 + (2/\sqrt{3})^2 = 2$. Multipliziert mit $1/4$ ergibt sich für jede Quarkssorte der Faktor $1/2$, so dass man für n_f Quarkssorten den Faktor $n_f/2$ erhält [74]. Den Quarks-Beitrag zur magnetischen Permeabilität erhält man demnach als

$$\delta\mu_1^Q = -\frac{n_f}{2}\frac{1}{3\pi}\frac{g_0^2}{\hbar c}\ln\frac{\Lambda^2}{q^2}. \tag{3.246}$$

Die Austauschteilchen der starken Wechselwirkung (Gluonen) wechselwirken miteinander und liefern im Unterschied zur QED auch einen Beitrag zur Vakuum-Polarisation. Den Beitrag der Gluonen erhält man aus (3.245) mit $\sigma_z = \pm 2$ (2: Spin 1, $\pm$: die Gluonen sind masselos, daher nur zwei Spinzustände) und mit dem Vorzeichen plus für die Korrektur (ganzzahliger Spin) als

$$\delta\mu_1^{Gl} = +n\frac{2g_0^2}{\pi\hbar c}\sum_{\sigma_z=\pm 2}\left(\frac{\sigma_z^2}{8}-\frac{1}{24}\right)\ln\frac{\Lambda^2}{q^2}, \tag{3.247}$$

wobei die Konstante n mit der Dimension der unitären Gruppe $SU(n)$ übereinstimmt. Die QCD basiert auf $SU(3)_c$ (c steht für color), so dass dort $n = 3$ ist. Die Kopplungskonstante für die Wechselwirkung von zwei Gluonen mit dem äußeren Magnetfeld ist $g\sqrt{n/2}$, was den Faktor $n = 2\times(\sqrt{n/2})^2$ erklärt [74].

Stellen Sie unter Benutzung der obigen Ergebnisse die Gültigkeit der Ladungsrenormierung in der nicht-Abelschen Quantenfeldtheorie

$$g^2(q) = g_0^2\left(1+\frac{g_0^2}{\pi\hbar c}\left(\frac{11}{12}n-\frac{1}{6}n_f\right)\ln\frac{\Lambda^2}{q^2}+\cdots\right) \tag{3.248}$$

(in Gauß-Einheiten) fest. Es folgt aus (3.248), dass für QCD ($n = 3, n_f = 6$) das Vorzeichen vor dem Logarithmus im Unterschied zur QED positiv ist. Dies entspricht der Antiabschirmung der Farbladung, d.h. der Stärke der starken Wechselwirkung. Mit Zunahme von q (kleinere Abstände) nimmt die renormierte Ladung ab, was als asymptotische Freiheit bezeichnet wird.

3.10.37 Renormierungsgruppe und die Ladungsrenormierung in QCD

In dieser Aufgabe wird gezeigt, wie mit Hilfe der Renormierungsgruppe ausgehend von dem störungstheoretischen Ergebnis (3.248) der Beitrag der Hauptlogarithmen zu der renormierten Ladung ermittelt wird. Der Ausgangspunkt sind die Funktionalgleichungen der Renormierungsgruppe (3.161) und (3.162)

$$Z_3(g_0(\Lambda'), \Lambda') = Z_3(g_0(\Lambda''), \Lambda'/\Lambda'')Z_3(g_0(\Lambda''), \Lambda''), \tag{3.249}$$

$$g_0^2(\Lambda') = Z_3(g_0(\Lambda''), \Lambda'/\Lambda'')g_0^2(\Lambda'') \tag{3.250}$$

und das störungstheoretische Ergebnis (3.248) für die laufende Ladung der starken Wechselwirkung. Da die Renormierungen im ultravioletten Bereich (kleine Abstände) erfolgen, wurden die Massen in (3.249) und (3.250) weggelassen.

Stellen Sie durch die Differentiation von (3.249) und (3.250) nach Λ' und das Ersetzen von Λ'' durch Λ' die Gültigkeit der folgenden Differentialgleichungen für den laufenden Konterterm und die Kopplungskonstante

$$\Lambda' \frac{d \ln Z_3(\Lambda')}{d\Lambda'} = \frac{2\beta}{\pi} g_0^2(\Lambda'), \tag{3.251}$$

$$\Lambda' \frac{d g_0^2(\Lambda')}{d\Lambda'} = \frac{2\beta}{\pi} g_0^4(\Lambda') \tag{3.252}$$

(Achtung: Gauß-Einheiten und $\hbar = c = 1$) fest. Es gilt $\beta = 11n/12 - n_f/6$. Lösen Sie die Gln. (3.252) und (3.251) unter den Bedingungen $g_0^2(\Lambda) = g^2(q)$ und $g_0^2(\Lambda' = q) = g_0^2$ und stellen Sie die Gültigkeit des Resultates für die laufende Ladung der starken Wechselwirkung

$$g^2(q) = \frac{g_0^2}{1 - \beta \frac{g_0^2}{\pi} \ln \frac{\Lambda^2}{q^2}}$$

fest.

Kapitel 4
Nichtrelativistische Vielteilchen-Systeme

Im ersten Teil dieses Kapitels wird der Besetzungszahlen-Formalismus für nicht relativistische Vielteilchen-Systeme dargestellt. Der Besetzungszahlen-Formalismus wurde ursprünglich von Dirac [57] für das elektromagnetische Feld formuliert (siehe Abschn. 3.6) und wurde später von Jordan, Klein [75], Jordan, Wigner [76] und Fock [77] auf nichtrelativistische Systeme identischer Teilchen verallgemeinert. Der Besetzungszahlen-Formalismus spielt eine wichtige Rolle für die Anwendung der Methoden der Quantenfeldtheorie zur Beschreibung quantenmechanischer Vielteilchensysteme. Als Anwendungen des Besetzungszahlen-Formalismus werden die makroskopischen Quantenphänomene - die Suprafluidität und die Supraleitung - im Rahmen der kanonischen Transformationen nach Bogoliubov behandelt.

4.1 Der Besetzungszahlen-Formalismus in der Theorie der Vielteilchen-Systeme

Wir betrachten zuerst N identische nicht miteinander wechselwirkende Teilchen. Jedes Teilchen kann sich in einem stationären Zustand mit der Wellenfunktion $\psi_{p_1}(\xi)$, $\psi_{p_2}(\xi), \ldots$ befinden. Die Größe $\xi = (\mathbf{r}, \sigma)$ bezeichnet den Ort $\mathbf{r}$ und die Spinkoordinate σ, welche die Komponenten der Wellenfunktion nummeriert. Die Größen p_i bezeichnen die Eigenwerte eines hermiteschen Operators, z.B. des Impulses und der Spinprojektion auf die Impulsrichtung (siehe Aufgabe 4.4.1 auf Seite 312). Wie man bereits aus der nichtrelativistischen Quantenmechanik weiß, folgt aus der Ununterscheidbarkeit der Teilchen die Symmetrie der Wellenfunktion bezüglich der Vertauschung der Koordinaten (hier ξ) der Teilchen. Dazu betrachten wir einfachheitshalber zwei Teilchen und führen den Permutationsoperator P_{12}, welcher durch die Beziehung $P_{12}\Psi(\xi_1, \xi_2) = \Psi(\xi_2, \xi_1)$ definiert ist, ein. P_{12} kommutiert mit dem Hamilton-Operator, so dass seine Eigenwerte, die durch die Eigenwertgleichung $P_{12}\Psi(\xi_1, \xi_2) = \lambda\Psi(\xi_1, \xi_2)$ definiert sind, Erhaltungsgrößen sind. Die Eigenwerte des Permutationsoperators erhält man aus den Beziehungen $P_{12}^2\Psi(\xi_1, \xi_2) = \lambda^2\Psi(\xi_1, \xi_2) = \Psi(\xi_1, \xi_2)$ als $\lambda = \pm 1$. D.h. die Wellenfunktion ist entweder symmetrisch

S. Stepanow, *Relativistische Quantentheorie*, Springer-Lehrbuch,
DOI 10.1007/978-3-642-12050-3_4,

$$\Psi(\xi_1, \xi_2) = \Psi(\xi_2, \xi_1) \tag{4.1}$$

oder antisymmetrisch

$$\Psi(\xi_1, \xi_2) = -\Psi(\xi_2, \xi_1). \tag{4.2}$$

bezüglich der Vertauschung der Koordinaten. Die Gln. (4.1) und (4.2) können auch als Lösungen der Bedingung für die Aufenthaltswahrscheinlichkeiten

$$|\Psi(\xi_1, \xi_2)|^2 = |\Psi(\xi_2, \xi_1)|^2 .$$

abgeleitet werden. Da der Permutationsoperator mit dem Hamilton-Operator des Vielteilchensystems kommutiert, bleibt die Symmetrie der Wellenfunktion während der Zeitevolution des Systems unverändert.

Die Wellenfunktion ist symmetrisch für Teilchen mit ganzzahligem Spin (Bosonen) und antisymmetrisch für Teilchen mit halbzahligen Spin (Fermionen). Der Zusammenhang zwischen der Symmetrie der Wellenfunktion und dem Spin der Teilchen drückt den Inhalt des von Pauli bewiesenen Spin-Statistik-Theorems (siehe Abschn. 3.7 auf Seite 158 und z.B. [11]) aus. Da sich die Details der Rechnungen für Bose- und Fermisysteme unterscheiden, betrachten wir die Besetzungszahlen-Darstellung für Bosonen und Fermionen separat.

4.1.1 Bosonen

Als Beispiel der Konstruktion symmetrischer Wellenfunktionen aus den normierten Einteilchenwellenfunktionen $\psi_{p_i}(\xi)$ betrachten wir zuerst zwei Teilchen. Wenn sich die Teilchen in verschiedenen Zuständen p_1 und p_2 befinden, besitzt die Zweiteilchen-Wellenfunktion die Form

$$\Psi_{p_1,p_2}(\xi_1, \xi_2) = \frac{1}{\sqrt{2}} \left[\psi_{p_1}(\xi_1)\psi_{p_2}(\xi_2) + \psi_{p_1}(\xi_2)\psi_{p_2}(\xi_1)\right].$$

Die Letztere ist selbstverständlich symmetrisch

$$\Psi_{p_1,p_2}(\xi_1, \xi_2) = \Psi_{p_1,p_2}(\xi_2, \xi_1)$$

und normiert. Wenn sich die beiden Teilchen im gleichen Zustand p_i befinden, lautet die Wellenfunktion

$$\Psi_{p_i,p_i}(\xi_1, \xi_2) = \psi_{p_i}(\xi_1)\psi_{p_i}(\xi_2).$$

Für $N = 3$, wenn der Zustand p_1 zweifach besetzt ist, erhält man

$$\Psi_{p_1,p_1,p_3}(\xi_1,\xi_2,\xi_3) = \sqrt{\frac{2!1!}{3!}}[\psi_{p_1}(\xi_1)\psi_{p_1}(\xi_2)\psi_{p_3}(\xi_3) + \psi_{p_3}(\xi_1)\psi_{p_1}(\xi_2)\psi_{p_1}(\xi_3) + \psi_{p_1}(\xi_1)\psi_{p_3}(\xi_2)\psi_{p_1}(\xi_3)].$$

Diese Funktion ist normiert und symmetrisch bezüglich der Vertauschung der Koordinaten

$$\Psi_{p_1,p_1,p_3}(\xi_1,\xi_2,\xi_3) = \Psi_{p_1,p_1,p_3}(\xi_3,\xi_1,\xi_2) = \cdots$$

Die normierte Wellenfunktion für N Teilchen erhält man durch direkte Verallgemeinerung der oben betrachteten Beispiele als

$$\Psi_{p_1,\ldots,p_N}(\xi_1,\xi_2,\ldots,\xi_N) = \left(\frac{N_1!N_2!\ldots}{N!}\right)^{\frac{1}{2}} \sum_P \psi_{p_1}(\xi_1)\psi_{p_2}(\xi_2)\ldots\psi_{p_N}(\xi_N). \tag{4.3}$$

Dabei bezeichnet N_i die Zahl der Teilchen im Zustand mit der Quantenzahl p_i. Die Summe der besetzten Zustände ist gleich der Gesamtzahl der Teilchen $N = \sum N_i$. Die Summe in (4.3) erfolgt über alle verschiedenen Permutationen der Indizes p_i. Die Symmetrisierung kann auch über die Permutationen der Koordinaten der Teilchen ξ_1, ξ_2, …, ξ_N erzielt werden. Die Wellenfunktion (4.3) ist symmetrisch bezüglich der Vertauschung der Koordinaten ξ_i. Der Vorfaktor vor der Summe, welcher die Normierung von $\Psi_{p_1,\ldots,p_N}(\xi_1,\xi_2,\ldots,\xi_N)$ gewährleistet, kann wie folgt begründet werden. Die Zahl der Terme im Normierungsintegral ist gleich der Zahl der verschiedenen Permutationen in (4.3), da nur Terme mit gleichen Besetzungszahlen einen von Null verschiedenen Beitrag liefern. Terme mit verschiedenen Besetzungszahlen liefern keinen Betrag wegen der Orthogonalität der Basiszustände $\psi_{p_i}(\xi)$. Die Zahl der verschiedenen Permutationen ist gleich $N!/N_1!N_2!\ldots$, so dass der Vorfaktor in (4.3) die Normierung gewährleistet. Die Funktionen $\Psi_{p_1,\ldots,p_N}(\xi_1,\xi_2,\ldots,\xi_N)$ bilden ein vollständiges und orthonormiertes System von Funktionen. Jede beliebige symmetrische Funktion $\Phi(\xi_1,\xi_2,\ldots,\xi_N,t)$ kann nach diesen Funktionen entwickelt werden

$$\Phi(\xi_1,\xi_2,\ldots,\xi_N,t) = \sum_{p_1,p_2,\ldots,p_N} C_{p_1,p_2,\ldots,p_N}(t)\Psi_{p_1,\ldots,p_N}(\xi_1,\xi_2,\ldots,\xi_N).$$

Die Ununterscheidbarkeit der Teilchen ermöglicht es, die Basisfunktionen mit Hilfe der Besetzungszahlen der Einteilchenzustände $N_{p_1} \equiv N_1$, $N_{p_2} \equiv N_2, \ldots$ zu charakterisieren

$$\Psi_{N_1,N_2,\ldots}(\xi_1,\xi_2,\ldots,\xi_N) \equiv \Psi_{p_1,p_2,\ldots,p_N}(\xi_1,\xi_2,\ldots,\xi_N).$$

Die Entwicklung nach den Basisfunktionen kann demzufolge wie folgt geschrieben werden

$$\Phi\left(\xi_1,\xi_2,\ldots,\xi_N,t\right)=\sum_{N_1,N_2,\ldots} C_{N_1,N_2\ldots}(t)\Psi_{N_1,N_2\ldots}\left(\xi_1,\xi_2,\ldots,\xi_N\right). \tag{4.4}$$

Die Koeffizienten $C_{N_1,N_2\ldots}(t)$ stellen die Wellenfunktionen in der Besetzungszahlendarstellung, welche auch die 2. Quantisierung genannt wird, dar. Die Entwicklungskoeffizienten $C_{N_1,N_2\ldots}(t)$ ergeben die Wahrscheinlichkeitsamplitude um N_1 Teilchen im Zustand p_1, N_2 Teilchen im Zustand p_2, usw. zu finden. Die Normierungsbedingung für $C_{N_1,N_2\ldots}(t)$ lautet

$$1=\int \Phi^*\left(\xi_1,\xi_2,\ldots,\xi_N\right)\Phi\left(\xi_1,\xi_2,\ldots,\xi_N\right)=\sum\left|C_{N_1,N_2\ldots}\right|^2.$$

Beachten Sie, dass die Besetzungszahlen N_i in (4.4) der Bedingung $\sum N_i = N$ genügen.

Die Wellefunktionen (4.3) für Bosonen und (4.9) für Fermionen können durch Wirkung von Erzeugungsoperatoren auf den Grundzustand ermittelt werden (siehe Abschn. 3.6 für das elektromagnetische Feld und die Aufgaben 4.4.10 und 4.4.15 für Vielteilchensysteme). Die richtige Symmetrie der Wellenfunktionen wird durch die Eigenschaften der Erzeugungs- und Vernichtungsoperatoren und zwar durch die Vertauschungs- (Bosonen) und Antivertauschungsrelationen (Fermionen) gewährleistet.

4.1.2 Operatoren für Bosesysteme in der Besetzungszahlen-Darstellung

Die Entwicklungskoeffizienten $C_{N_1,N_2\ldots}(t)$ stellen die Wellenfunktion des betrachteten Systems von N identischen Bosonen in der Besetzungszahlen-Darstellung dar. Die für das System relevanten Operatoren (z.B. der Hamilton-Operator etc.) wirken in der Besetzungszahlen-Darstellung auf die Wellenfunktionen $C_{N_1,N_2\ldots}(t)$, d.h. die Operatoren sind Matrizen bezüglich der Besetzungszahlen. Die Herleitung der Operatoren in der Besetzungszahlen-Darstellung erfolgt nach den aus der Quantenmechanik bekannten Regeln des Überganges von einer zu einer anderen Darstellung, wie z.B. der Übergang von der Ort- zur Impuls-Darstellung.

Wir beginnen jetzt mit der Herleitung der Gestalt der Einteilchenoperatoren in der Besetzungszahlen - Darstellung. In diesem und nächstem Abschnitt benutzen wir wieder das Symbol ^ für die Bezeichnung der Operatoren. Ein Einteilchenoperator des Systems von N Teilchen besitzt die Form

$$\hat{T}=\hat{t}_1+\hat{t}_2+\ldots+\hat{t}_N=\sum_{a=1}^{N}\hat{t}_a.$$

Die kinetische Energie

$$\hat{t}_a = \frac{\hat{p}_a^2}{2m}$$

oder die potentielle Energie im äußeren Feld

$$\hat{t}_a = V(r_a)$$

sind Beispiele von Einteilchenoperatoren. Die Matrixelemente von $\hat{T}$ in der ξ-Darstellung lauten

$$\langle \xi_1, \ldots, \xi_N | \, \hat{T} \, | \xi_1', \ldots, \xi_N' \rangle = \sum_{a=1}^{N} \langle \xi_a | \, t \, | \xi_a' \rangle \prod_{b \neq a} \delta(\xi_b - \xi_b'),$$

In Übereinstimmung mit der Darstellungstheorie der Quantenmechanik kann $\langle \xi_a | \, \hat{t} \, | \xi_a' \rangle$ durch die Matrixelemente von $\hat{t}$ in der p-Darstellung wie folgt ausgedrückt werden

$$\langle \xi_a | \, \hat{t} \, | \xi_a' \rangle = \sum_{i,j} \langle \xi_a | i \rangle \, \langle i | \, \hat{t} \, | j \rangle \, \langle j | \xi_a' \rangle = \sum_{i,j} t_{ij} \psi_i(\xi_a) \psi_j^*(\xi_a'),$$

wobei die Abkürzung $t_{ij} = \langle i | \, \hat{t} \, | j \rangle$ eingeführt wurde. Unter Benutzung letzterer Beziehung erhalten wir

$$\langle \xi_1, \ldots, \xi_N | \, \hat{T} \, | \xi_1', \ldots, \xi_N' \rangle = \sum_{i,,j} t_{ij} \sum_{a=1}^{N} \psi_i(\xi_a) \psi_j^*(\xi_a') \prod_{b \neq a} \delta(\xi_b - \xi_b'). \qquad (4.5)$$

Die Matrixelemente des Operators T bezüglich der Wellenfunktionen $\Psi_{N_1, N_2, \ldots}$ $(\xi_1, \xi_2, \ldots, \xi_N)$, d.h. in der Besetzungszahlen-Darstellung, erhält man unter Benutzung von (4.5) als

$$\langle N_1', N_2', \ldots | \, \hat{T} \, | N_1, N_2, \ldots \rangle \equiv$$
$$\int d\xi_1 \ldots d\xi_N \int d\xi_1' \ldots d\xi_N' \Psi^*_{\ldots N_k' \ldots} (\xi_1, \ldots, \xi_N) \, \langle \xi_1, \ldots, \xi_N | \, \hat{T} \, | \xi_1', \ldots, \xi_N' \rangle \, \Psi_{\ldots N_k \ldots} (\xi_1', \ldots, \xi_N') =$$
$$\sum_{a=1}^{N} \int d\xi_1 \ldots d\xi_a d\xi_a' \ldots d\xi_N \Psi^*_{\ldots N_k' \ldots} (\xi_1, \ldots, \xi_N) \sum_{i,,j} t_{ij} \psi_i(\xi_a) \psi_j^*(\xi_a') \Psi_{\ldots N_k \ldots} (\xi_1, \ldots \xi_a', \ldots, \xi_N).$$

Wegen der δ-Funktionen in (4.5) bleiben nur $N+1$ Integrale übrig. Weil alle Terme in der Summe über a gleich sind, können wir schreiben

$$\langle N_1', N_2', \ldots | \, \hat{T} \, | N_1, N_2, \ldots \rangle =$$
$$N \sum_{i,j} t_{ij} \int d\xi_1 d\xi_1' d\xi_2 \ldots d\xi_N \Psi^*_{\ldots N_k' \ldots} (\xi_1, \ldots, \xi_N) \, \psi_i(\xi_1) \psi_j^*(\xi_1') \Psi_{\ldots N_k \ldots} (\xi_1', \xi_2, \ldots, \xi_N).$$

Wir betrachten jetzt das Integral $\sqrt{N}\int d\xi_1'\psi_j^*(\xi_1')\Psi_{\ldots N_k\ldots}\left(\xi_1',\xi_2,\ldots,\xi_N\right)$. Wegen der Orthogonalität der Basisfunktionen $\psi_j(\xi_1')$ bleiben nach der Integration über ξ_1' nur die Terme in $\Psi_{\ldots N_k\ldots}\left(\xi_1',\xi_2,\ldots,\xi_N\right)$, welche $\psi_j(\xi_1')$ enthalten. Gilt $N_j=0$, so ist das Integral über ξ_1' gleich Null, weil $\Psi_{\ldots N_k\ldots}\left(\xi_1',\xi_2,\ldots,\xi_N\right)$ nicht die Funktion $\psi_j(\xi_1')$ enthält. Die Integration über ξ_1' ergibt eine symmetrische Funktion von $\xi_2,\ldots,\xi_N$. Die Multiplikation von $\sqrt{N}$ mit dem Faktor $1/\sqrt{N!}$ in der Wellenfunktion $\Psi_{\ldots N_k\ldots}\left(\xi_1',\xi_2,\ldots,\xi_N\right)$ ergibt $1/\sqrt{(N-1)!}$. Der Faktor $\sqrt{N_j!}$ in Ψ wird wie folgt umgeformt $\sqrt{N_j!}=\sqrt{N_j}\sqrt{(N_j-1)!}$. Der Faktor $\sqrt{(N_j-1)!/(N-1)!}$ entspricht der normierten Basis-Wellenfunktion für $N-1$ Teilchen, in der im Vergleich zu $\Psi_{\ldots N_k\ldots}\left(\xi_1',\xi_2,\ldots,\xi_N\right)$ nur der j-te Zustand um eins weniger besetzt ist. Folglich erhalten wir

$$\sqrt{N}\int d\xi_1'\psi_j^*(\xi_1')\Psi_{\ldots N_k\ldots}\left(\xi_1',\xi_2,\ldots,\xi_N\right)=\sqrt{N_j}\,\Psi_{N_1,N_2,\ldots N_j-1,\ldots}\left(\xi_2,\ldots,\xi_N\right).$$

Die Integration über ξ_1 ergibt völlig analog das Ergebnis

$$\sqrt{N}\int d\xi_1\Psi^*_{\ldots N_k'\ldots}\left(\xi_1,\ldots,\xi_N\right)\psi_i(\xi_1)=\sqrt{N_i'}\,\Psi^*_{N_1',N_2',\ldots N_i'-1,\ldots}\left(\xi_2,\ldots,\xi_N\right).$$

Die Matrixelemente von $\hat{T}$ erhält man anschließend als

$$\begin{aligned}&\langle N_1',N_2',\ldots|\,\hat{T}\,|N_1,N_2,\ldots\rangle\\&=\sum_{i,j}t_{ij}\int d\xi_2\ldots d\xi_N\sqrt{N_i'}\Psi^*_{N_1',N_2',\ldots N_i'-1,\ldots}\left(\xi_2,\ldots,\xi_N\right)\sqrt{N_j}\Psi_{N_1,N_2,\ldots N_j-1,\ldots}\left(\xi_2,\ldots,\xi_N\right)\\&=\sum_{i,j}\sqrt{N_i'}t_{ij}\sqrt{N_j}\delta_{N_j',N_j-1}\delta_{N_i,N_i'-1}\prod_{k\neq i,j}\delta_{N_k,N_k'}.\end{aligned}$$

Den Summanden im letzten Ausdruck schreiben wir als Produkt der Matrixelemente der Vernichtungs- und Erzeugungsoperatoren für Bosesysteme $\hat{a}_i^+$ und $\hat{a}_j$ als

$$\begin{aligned}&\langle N_1',N_2',\ldots|\,\hat{T}\,|N_1,N_2,\ldots\rangle\\&=\sum_{i,,j}t_{ij}\left\langle N_1',N_2',\ldots,N_i',\ldots\right|\hat{a}_i^+\left|N_1,N_2,\ldots,N_i'-1,\ldots\right\rangle\\&\quad\times\left\langle N_1',N_2',\ldots,N_j-1,\ldots\right|\hat{a}_j\left|N_1,N_2,\ldots,N_j,\ldots\right\rangle.\end{aligned}$$

Die von Null verschiedenen Matrixelemente von $\hat{a}_i$ und $\hat{a}_i^+$ erhält man durch Vergleich der beiden letzten Ausdrücke in der Form

$$\langle N_i-1|\,\hat{a}_i\,|N_i\rangle=\sqrt{N_i},\quad\langle N_i|\,\hat{a}_i^+\,|N_i-1\rangle=\sqrt{N_i}.\tag{4.6}$$

Bezüglich der Besetzungszahlen von Zuständen $j\neq i$ sind $\hat{a}_i$ und $\hat{a}_i^+$ diagonal. Aus den Gl. (4.6) folgt, dass der Operator $\hat{a}_i$ die Besetzung des i-ten Zustandes um 1 verringert, während der Operator $\hat{a}_i^+$ die Besetzung des i-ten Zustandes um

1 erhöht. Deswegen werden $\hat{a}_i$ und $\hat{a}_i^+$ entsprechend als Vernichtungs- und Erzeugungsoperator bezeichnet. Es folgt aus (4.6), dass $\hat{a}_i^+$ der Adjungierte von $\hat{a}_i$ ist. Die Vertauschungsrelationen zwischen $\hat{a}_i$ und $\hat{a}_j^+$ können aus (4.6) unmittelbar hergeleitet werden und besitzen die Form

$$\left[\hat{a}_i, \hat{a}_j^+\right] = \delta_{ij}. \tag{4.7}$$

Die Vertauschungsrelationen zwischen $\hat{a}_i$ und $\hat{a}_j$ sind Null. Es kann unter Benutzung der Matrixelemente (4.6) unmittelbar gezeigt werden, dass der Teilchenzahloperator für Bosesysteme

$$\hat{N}_i = \hat{a}_i^+ \hat{a}_i$$

diagonal ist und die Eigenwerte $0, 1, 2, \ldots$ besitzt (siehe die Aufgabe 4.4.3). Die Erzeugungs- und Vernichtungsoperatoren für ein gegebenes i stimmen mit denen für einen harmonischen Oszillator überein.

Somit haben wir gezeigt, dass der Einteilchenoperator $\hat{T} = \sum_{a=1}^{N} \hat{t}_a$ für ein System identischer Bosonen im Besetzungszahlen-Formalismus durch die Erzeugungs- und Vernichtungsoperatoren $\hat{a}_i^+$ und $\hat{a}_i$ wie folgt dargestellt wird

$$\hat{T} = \sum_{i,j} \hat{a}_i^+ t_{ij} \hat{a}_j.$$

Die Erzeugungs- und Vernichtungsoperatoren für Bose-Systeme $\hat{a}_i^+$ und $\hat{a}_j$ genügen den Vertauschungsrelationen (4.7). Die Eigenschaften von $\hat{a}_i^+$ und $\hat{a}_i$ sowie von $\hat{N}_i$ können direkt aus den Vertauschungsrelationen (4.7) ermittelt werden (siehe die Aufgabe 4.4.3). Auf vollkommen analoger Weise kann gezeigt werden, dass der Zweiteilchenoperator $\hat{U} = \frac{1}{2} \sum_{a \neq b} \hat{U}_{ab}$ im Besetzungszahlen-Formalismus die Form

$$\hat{U} = \frac{1}{2} \sum_{i,j,k,l} \hat{a}_i^+ \hat{a}_j^+ \langle ij | \hat{U} | kl \rangle \hat{a}_l \hat{a}_k$$

besitzt. Die Matrixelemente $\langle ij | \hat{U} | kl \rangle$ sind definiert durch

$$\langle ij | \hat{U} | kl \rangle = \int d^3\xi \int d^3\xi' \psi_i^*(\xi) \psi_j^*(\xi') U(\xi, \xi') \psi_k(\xi') \psi_l(\xi).$$

Eine simple Herleitung des Operators der Zweiteilchen-Wechselwirkungen findet man in der Aufgabe 4.4.5. Der Hamilton-Operator eines Vielteilchensystems identischer Bosonen mit Zweiteilchen-Wechselwirkungen

$$\hat{H} = \sum_a \frac{\hat{p}_a^2}{2m} + \frac{1}{2} \sum_{a,b} U\left(\hat{r}_a - \hat{r}_b\right)$$

besitzt in der Besetzungszahlen-Darstellung die Form

$$\hat{H} = \sum_i \frac{p_i^2}{2m} \hat{a}_i^+ \hat{a}_i + \frac{1}{2} \sum_{i,j,k,l} \hat{a}_i^+ \hat{a}_j^+ \langle ij|\, U \,|kl\rangle \, \hat{a}_l \hat{a}_k . \tag{4.8}$$

Die Ortsdarstellung des Besetzungszahlen-Formalismus für den Hamilton-Operator (4.8) wird in der Aufgabe 4.4.4 betrachtet. Für die meisten Anwendungen sind die Einteilchen- und Zweiteilchen-Wechselwirkungen vom Interesse. Im Abschn. 4.2.2 wird unter Verwendung des Besetzungszahlen-Formalismus das Heliumgas mit abstoßender Wechselwirkung als mikroskopisches Modell für die Beschreibung des suprafluiden Heliums untersucht.

4.1.3 Fermionen

Die Wellenfunktion von N Fermionen ist antisymmetrisch bezüglich der Vertauschung der Koordinaten (Ortskoordinaten und Spinkoordinaten) zweier Teilchen. Die Gesamtwellenfunktion kann mit Hilfe der Slater-Determinante in folgender Form

$$\Psi_{p_1,\ldots,p_N}(\xi_1,\ldots,\xi_N) = \frac{1}{\sqrt{N!}} \begin{vmatrix} \psi_{p_1}(\xi_1) & \psi_{p_1}(\xi_2) & \ldots & \psi_{p_1}(\xi_N) \\ \psi_{p_2}(\xi_1) & \psi_{p_2}(\xi_2) & \ldots & \psi_{p_2}(\xi_N) \\ \vdots & \vdots & \ldots & \vdots \\ \psi_{p_N}(\xi_1) & \psi_{p_N}(\xi_2) & \ldots & \psi_{p_N}(\xi_N) \end{vmatrix} \tag{4.9}$$

geschrieben werden. Für zwei Teilchen reduziert sich (4.9) auf den Ausdruck

$$\Psi_{p_1,p_2}(\xi_1,\xi_2) = \frac{1}{\sqrt{2}} \left[\psi_{p_1}(\xi_1)\, \psi_{p_2}(\xi_2) - \psi_{p_2}(\xi_1)\, \psi_{p_1}(\xi_2) \right].$$

Die Vertauschung der Koordinaten zweier Teilchen ($\xi_1 \leftrightarrow \xi_2$) entspricht der Vertauschung zweier Spalten in der Determinante und führt zu einer Änderung des Vorzeichens der Wellenfunktion. Wenn sich zwei Teilchen im gleichen Zustand befinden (z.B. $p_1 = p_2$), dann sind in der Slater-Determinante zwei Zeilen gleich, so dass die Wellenfunktion Null wird, d.h. in einem Zustand kann sich nicht mehr als ein Teilchen befinden (das Pauli-Prinzip).

Die Wellenfunktion $\Psi_{p_1,\ldots,p_N}(\xi_1,\ldots,\xi_N)$ kann auch mit Hilfe von Besetzungszahlen, $N_i = 0, 1$, charakterisiert werden

$$\Psi_{p_1,\ldots,p_N}(\xi_1,\ldots,\xi_N) \equiv \Psi_{\ldots N_k \ldots}(\xi_1,\ldots,\xi_N).$$

Die Einteilchenzustände werden entsprechend der Bedingung $p_1 < p_2 < \ldots$ nummeriert.

4.1.4 Operatoren für Fermisysteme in der Besetzungszahlen-Darstellung

Die Prozedur der Herleitung der Operatoren in der Besetzungzahlen-Darstellung für Fermisysteme ist analog der Herleitung für Bosesysteme. Betrachten wir zuerst einen Einteilchen-Operator $\hat{T} = \sum_a \hat{t}_a$. Seine Matrixelemente in der Besetzungszahlen-Darstellung sind definiert durch den Ausdruck

$$\begin{aligned}\langle \ldots N_k' \ldots | \hat{T} | \ldots N_k \ldots \rangle &= \sum_{i,j} t_{ij} \sum_a \int d\xi_1 \ldots d\xi_a d\xi_a' \ldots d\xi_N \Psi^*_{\ldots N_k' \ldots} (\xi_1, \ldots, \xi_N) \psi_i (\xi_a) \\ &\quad \times \psi_j^* (\xi_a') \Psi_{\ldots N_k \ldots} (\xi_1, \ldots, \xi_a', \ldots, \xi_N) \\ &= \sum_{i,j} t_{ij} \sum_a \int' d\xi_1 \ldots d\xi_N \int d\xi_a \Psi^*_{\ldots N_k' \ldots} (\xi_1, \ldots, \xi_N) \psi_i (\xi_a) \\ &\quad \times \int d\xi_a' \psi_j^* (\xi_a') \Psi_{\ldots N_k \ldots} (\xi_1, \ldots, \xi_a', \ldots, \xi_N) . \end{aligned} \tag{4.10}$$

Der Strich am Integrationszeichen bedeutet, dass die Integrationen über ξ_a und ξ_a' herausgenommen sind. Betrachten wir die Integrale über ξ_a und ξ_a'. Wenn der Zustand j bzw. i nicht besetzt ist, dann ist das Integral über ξ_a bzw. ξ_a' Null. Die Integration über ξ_a bzw. ξ_a' ergibt bis auf das Vorzeichen das Ergebnis

$$\frac{\sqrt{N_i}}{\sqrt{N}} \Psi^*_{N_1', \ldots, N_i' - 1, \ldots} (\xi_1, \ldots, \xi_N) , \quad \frac{\sqrt{N_j}}{\sqrt{N}} \Psi_{N_1, \ldots, N_j - 1, \ldots} (\xi_1, \ldots, \xi_N) .$$

Die Faktoren $\sqrt{N_i}$ und $\sqrt{N_j}$ gewährleisten, dass die Integration über ξ_a und ξ_a' Null ergibt, wenn die Zustände i und j nicht besetzt sind. Beachten Sie, dass ξ_a und ξ_a' in den Argumenten von Ψ und Ψ^* nicht mehr enthalten sind. Letztere sind Basisfunktionen für $N - 1$ Fermionen. Das Vorzeichen vor $\Psi_{N_1, \ldots, N_j - 1, \ldots}$ und $\Psi^*_{N_1', \ldots, N_i' - 1, \ldots}$ wird durch die Lage von $\psi_j^* \left(\xi_a'\right)$ und $\psi_i (\xi_a)$ in der Slater-Determinante bestimmt. Die Spalten-Nummer a ist dieselbe in den Integralen über ξ_a und ξ_a'. Deswegen besitzen alle Terme bei fixierten i und j das gleiche Vorzeichen für alle a.

Man kann sich unmittelbar überzeugen (siehe die Aufgabe 4.4.11 auf Seite 317), dass das Vorzeichen in den obigen Integralen über ξ_a und ξ_a', welches von der Zeilenposition in der Slater-Determinante bestimmt wird, wie folgt geschrieben werden

$$(-1)^{\sum\limits_{n=1}^{j-1} N_n} , \text{ bzw. } (-1)^{\sum\limits_{n=1}^{i-1} N_n'} , \tag{4.11}$$

kann. Die ganzen Zahlen j und i nummerieren die Zeilen und es gilt $\sum_{n=1}^{0} N_n = 0$. Für das Matrixelement von $\hat{T}$ erhält man folglich

$$\langle \ldots N_k' \ldots | \hat{T} | \ldots N_k \ldots \rangle = \sum_{i,j} t_{ij} \int d\xi_2 \ldots d\xi_N$$

$$\times \sqrt{N_i'} (-1)^{\sum_{n=1}^{i-1} N_n'} \Psi^*_{\ldots N_i'-1 \ldots}(\xi_2, \ldots, \xi_N) \sqrt{N_j} (-1)^{\sum_{n=1}^{j-1} N_n} \Psi_{\ldots N_j -1 \ldots}(\xi_2, \ldots, \xi_N)$$

$$= \sum_{i,j} t_{ij} \sqrt{N_i'} (-1)^{\sum_{n=1}^{i-1} N_n'} \delta_{N_i, N_i'-1} \sqrt{N_j} (-1)^{\sum_{n=1}^{j-1} N_n} \delta_{N_j-1, N_j'} \prod_{k \neq i,j} \delta_{N_k, N_k'} .$$

Den Summanden im letzten Ausdruck schreiben wir als Produkt der Matrixelemente der Vernichtungs- und Erzeugungsoperatoren für Fermisysteme $\hat{a}_i^+$ und $\hat{a}_j$ und erhalten die Matrixelemente von $\hat{T}$ als

$$\langle \ldots N_k' \ldots | \hat{T} | \ldots N_k \ldots \rangle = \sum_{i,j} t_{ij} \langle N_1', N_2', \ldots, N_i', \ldots | \hat{a}_i^+ | N_1, N_2, \ldots, N_i' - 1, \ldots \rangle$$
$$\times \langle N_1', N_2', \ldots, N_j - 1, \ldots | \hat{a}_j | N_1, N_2, \ldots, N_j, \ldots \rangle .$$

Der Vergleich der beiden letzten Ausdrücke ergibt, dass $\hat{a}_i$ und $\hat{a}_i^+$ bezüglich der Besetzungszahlen von Zuständen $j \neq i$ diagonal sind und die von Null verschiedenen Matrixelemente die Form

$$\langle 1_i | \hat{a}_i^+ | 0_i \rangle = (-1)^{\sum_{n=1}^{i-1} N_n'} , \quad \langle 0_j | \hat{a}_i | 1_j \rangle = (-1)^{\sum_{n=1}^{j-1} N_n} \tag{4.12}$$

besitzen. Unter Benutzung von (4.12) kann unmittelbar gezeigt werden (siehe die Aufgabe 4.4.12), dass die Vernichtungs- und Erzeugungsoperatoren für Fermisysteme den Antivertauschungsrelationen

$$\{\hat{a}_i, \hat{a}_j\} = 0, \left\{\hat{a}_i^+, \hat{a}_j^+\right\} = 0, \left\{\hat{a}_i, \hat{a}_j^+\right\} = \delta_{ij} \tag{4.13}$$

genügen. Der Teilchenzahloperator für Fermisysteme $N_i = \hat{a}_i^+ \hat{a}_i$ ist diagonal und besitzt die Eigenwerte 0, 1 (siehe die Aufgabe 4.4.12 und auch die Aufgabe 4.4.13).

Somit haben wir gezeigt, dass der Einteilchenoperator $\hat{T} = \sum_{a=1}^N \hat{t}_a$ für ein System identischer Fermionen im Besetzungszahlen-Formalismus durch die Erzeugungs- und Vernichtungsoperatoren wie folgt

$$\hat{T} = \sum_{i,j} \hat{a}_i^+ t_{ij} \hat{a}_j$$

dargestellt wird. Die Erzeugungs- und Vernichtungsoperatoren für Fermi-Systeme $\hat{a}_i^+$ und $\hat{a}_j$ genügen den Antivertauschungsrelationen (4.13). Die Eigenschaften von $\hat{a}_i^+$ und $\hat{a}_i$ sowie von $\hat{N}_i$ können direkt aus den Antivertauschungsrelationen (4.13) ermittelt werden (siehe die Aufgabe 4.4.13). Auf analoge Weise kann gezeigt werden, dass die Zweiteilchen-Operatoren von Fermi-Systemen im Besetzungszahlen-Formalismus die Form

$$\hat{U} = \frac{1}{2} \sum_{ik;lm} \hat{a}_i^+ \hat{a}_k^+ \langle ik| U |lm\rangle \hat{a}_m \hat{a}_l \tag{4.14}$$

besitzen. Die Ortsdarstellung des Besetzungszahlen-Formalismus des Hamilton-Operators für Fermi-Systeme wird in der Aufgabe 4.4.14 betrachtet. Eine simple Herleitung des Operators der Zweiteilchen-Wechselwirkungen finden Sie in der Aufgabe 4.4.5.

Im Abschn. 4.3.2 wird unter Verwendung des Besetzungszahlen-Formalismus das Elektronen-Gas im Festkörper mit anziehender Wechselwirkung in der Nähe der Fermi-Fläche als mikroskopisches Modell für die Beschreibung der Supraleitung untersucht.

4.2 Die Suprafluidität von ^{4}He

4.2.1 Einleitung

Die Suprafluidität ist die Fähigkeit von makroskopischen Quantensystemen durch dünne Kapillare ohne Dissipation (Reibung) zu fließen. Die Suprafluidität in ^{4}He (Spin 0) wurde 1938 von P.L. Kapitza [78] und im ^{3}He (Spin 1/2) 1972 von D. Osheroff, R. Richardson, D. Lee entdeckt. Die Suprafluidität von ^{4}He wurde 1941 von L.D. Landau im Rahmen der von ihm entwickelten phänomenologischen Theorie des Anregungsspektrums der Quantenflüssigkeiten erklärt. Die mikroskopische Theorie der Suprafluidität wurde 1947 von N. N. Bogoliubov im Rahmen des schwach nicht idealen Bose-Gases mit abstoßender Wechselwirkung zwischen den Atomen entwickelt.

Helium gehört zu den wenigen Substanzen, die wegen der kleinen Masse der Atome und der schwachen Anziehung zwischen den Atomen bei tiefen Temperaturen nicht einfriert und im flüssigen Zustand verbleibt. Die Wechselwirkungsenergie zwischen zwei Heliumatomen besitzt beim Abstand von 3Å ein flaches Minimum, welches den Wert $-7,7 \times 10^{-4}$eV $\simeq 9\,$K beträgt. Wegen der kleinen Masse der Helium-Atome sind die Nullpunktschwankungen groß, so dass die Quanteneffekte wichtig sind. Das Nichteinfrieren des ^{4}He kann qualitativ unter Verwendung der Heisenbergschen Unschärferelation folgendermaßen plausibel gemacht werden. Die Dichte des Heliums bei $T = 0$ beträgt $0,145\,\text{g/cm}^3$, seine Atommasse ist gleich 4. Das Volumen pro Atom ist $V = M/\varrho N \approx 4 \times 10^{-23}\,\text{cm}^3$. Der Durchmesser des Volumens, das ein Atom beansprucht ist $d = (6V/\pi)^{1/3} \approx 4,5\,$Å. Die Impulsunschärfe beträgt $\delta p = \hbar/d$, so dass die Energie der Nullpunktschwankungen für Ortsschwankungen mit $d/4$ von der Größenordnung

$$E_0 \approx \frac{\hbar^2}{2M(d/4)^2} \approx 0,68 \times 10^{-22}\,\text{J} \tag{4.15}$$

ist. In Temperatureinheiten entspricht diese Energie ca. 5 K. Unterhalb von 5 K bestimmen die Quanteneffekte das Verhalten der Helium-Flüssigkeit und nicht die thermischen Fluktuationen. Die Abnahme der Temperatur führt nicht zum Einfrieren des Heliums. Das Einsetzen von $d/4$ anstelle von d in (4.15) ist motiviert durch das phänomenologische Kriterium von Lindemann. Nach diesem Kriterium schmilzt ein Festkörper, wenn das Verhältnis der mittleren Ortsschwankung der Atome δr zum zwischenatomaren Abstand r_0 der Ungleichung genügt

$$\frac{\delta r}{r_0} \geq \zeta \text{ mit } \zeta = 0,2 \ldots 0,25.$$

Das suprafluide Helium (HeII) besitzt eine Reihe ungewöhnlicher Eigenschaften. Die schwache Anziehung zwischen den Atomen verleiht dem Helium ausgezeichnete Benetzungseigenschaften. Da die Wechselwirkung mit praktisch allen Substanzen stärker ist, benetzt Helium die Oberflächen anderer Substanzen. Die ausgezeichnete Benetzung von Wänden und die Suprafluidität in dünnen Filmen ist verantwortlich für das ungewöhnliche Verhalten, das in der Abb. 4.1 mittels der von Daunt und Mendelssohn [79] benutzten einfachen Anordnung veranschaulicht wird. Die Abb. 4.2 illustriert den von J.F. Allen und H. Jones [80] entdeckten thermomechanischen Effekt (siehe den Abschn. 4.2.6 auf Seite 282 für die Erklärung), welcher auch als Fontänen-Effekt bezeichnet wird. Das HeII besitzt auch eine sehr hohe Wärmeleitfähigkeit, welche durch das Zweiflüssigkeitsmodell (siehe den Abschn. 4.2.6 auf Seite 282) erklärt werden kann. Das Phasendiagramm des Heliums für tiefe

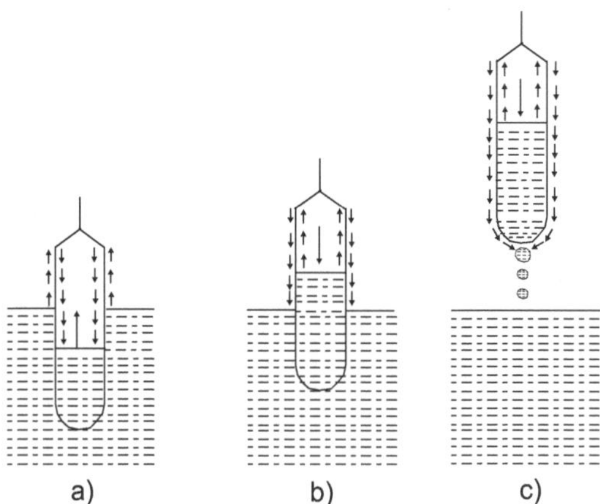

Abb. 4.1 Das Fließen von HeII in dünnen Filmen hier entlang der Wände eines Glasröhrchens (aus [79], Abb. 4). Die Pfeile zeigen die Fließrichtung. In **(a)** und **(b)** ist der Pegel im Glas entsprechend niedriger oder höher als in der Wanne mit HeII. Das Helium fließt solange bis die Pegel im Glas und in der Wanne gleich werden. **(c)** Das Helium fließt aus dem Glas heraus, welches aus der Wanne herausgenommen wird. Für die Erklärung im Rahmen des Zweiflüssigkeitsmodells siehe Abschn. 4.2.6. Mit freundlicher Genehmigung der Royal Society (London)

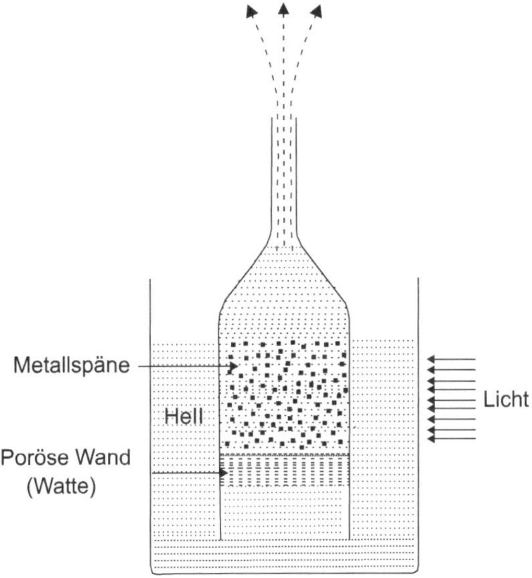

Abb. 4.2 Zur Demonstration des thermomechanischen (Fontänen-) Effektes (aus [80], Abb. 2). Das Aufwärmen der Metallspäne durch das Licht einer Taschenlampe erzeugt eine Bewegung des suprafluiden Heliums aus der Wanne in das Glas, das durch die Verengung als Strahl, welcher eine Höhe von 30 bis 40 cm erreicht, herauströmen kann. Mit freundlicher Genehmigung des Macmillan-Verlags (Nature)

Temperaturen wird schematisch in der Abb. 4.3 dargestellt. Der Übergang in den suprafluiden Zustand ist ein Phasenübergang zweiter Ordnung [81]. Die Wärmekapazität zeigt ein für den Phasenübergang zweiter Ordnung typisches Verhalten. Wie aus der Abb. 4.3 hervorgeht, hängt die Übergangstemperatur in den suprafluiden Zustand vom äußeren Druck ab.

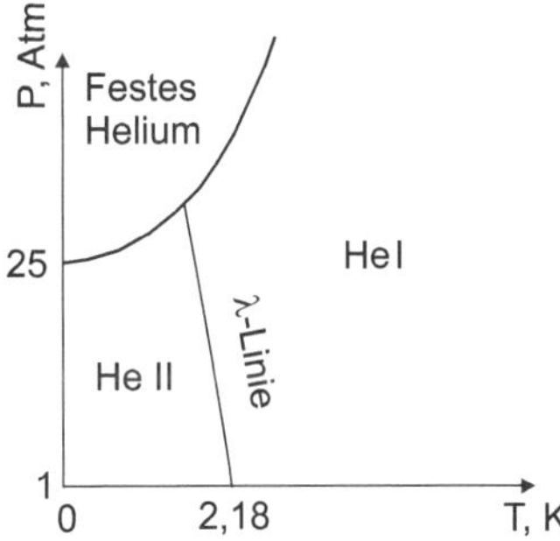

Abb. 4.3 Das schematische Phasen-Diagramm von ^{4}He bei tiefen Temperaturen. Die λ-Linie entspricht einem Phasenübergang zweiter Ordnung. Der Verlauf der Wärmekapazität in der Nähe der λ-Linie zeigt Ähnlichkeit mit dem griechischen Buchstaben λ, wodurch die Bezeichnung λ-Linie herrührt. Mit freundlicher Genehmigung des Springer-Verlages

4.2.2 Bogoliubov-Theorie des schwach wechselwirkenden Bose-Gases

Wir werden in diesem Abschnitt das Modell des schwach nichtidealen Bose-Gases unter Benutzung der kanonischen Transformation nach Bogoliubov [82] studieren. Das Spektrum der Elementaranregungen in diesem Modell ist mit dem von Landau postulierten Spektrum in seiner phänomenologischen Theorie der Suprafluidität ähnlich. Das Bose-Gase mit abstoßender Wechselwirkung stellt die Grundlage der mikroskopischen Beschreibung der Suprafluidität von ^{4}He dar.

Der Hamilton-Operator für Teilchen mit Spin 0 in der Ortsdarstellung des Besetzungszahlen-Formalismus lautet

$$\hat{H} = -\int \hat{\psi}^+(\mathbf{r})\frac{\hbar^2}{2m}\nabla^2\hat{\psi}(\mathbf{r})d^3r + \frac{1}{2}\int\int \hat{\psi}^+(\mathbf{r})\hat{\psi}^+(\mathbf{r}')U(\mathbf{r}-\mathbf{r}')\hat{\psi}(\mathbf{r}')\hat{\psi}(\mathbf{r})d^3r d^3r'$$

(siehe die Aufgabe 4.4.4), wobei die Feldoperatoren $\hat{\psi}(\mathbf{r})$ und $\hat{\psi}^+(\mathbf{r})$ den Vertauschungsrelationen genügen

$$\hat{\psi}(\mathbf{r})\hat{\psi}^+(\mathbf{r}') - \hat{\psi}^+(\mathbf{r}')\hat{\psi}(\mathbf{r}) = \delta^3(\mathbf{r}-\mathbf{r}'), \quad \hat{\psi}(\mathbf{r})\hat{\psi}(\mathbf{r}') - \hat{\psi}(\mathbf{r}')\hat{\psi}(\mathbf{r}) = 0.$$

Um den Hamilton-Operator in der Impulsdarstellung aufzuschreiben, betrachten wir ein endliches System mit Volumen $V = L^3$ und entwickeln den Operator $\hat{\psi}(\mathbf{r})$ über die auf ein Teilchen im Volumen V normierten Eigenfunktionen des Impulsoperators

$$\hat{\psi}(\mathbf{r}) = \sum_{\mathbf{k}} \hat{a}_{\mathbf{k}} \frac{1}{\sqrt{V}} \exp(i\mathbf{k}\mathbf{r}).$$

Die Erzeugungs- und Vernichtungsoperatoren werden in diesem und nächsten Abschnitt ohne das Symbol ^ geschrieben. Die Wellenzahlvektoren besitzen wegen der periodischen Randbedingungen diskrete Werte

$$k_x = \frac{2\pi n_x}{L}, \quad k_x = \frac{2\pi n_y}{L}, \quad k_z = \frac{2\pi n_z}{L}$$

mit $n_x, n_y, n_z = 0, \pm 1, \ldots$. Die Fourier-Zerlegung der Wechselwirkungsenergie besitzt die Form

$$U(\mathbf{r}-\mathbf{r}') = \frac{1}{V}\sum_{\mathbf{k}} U_{\mathbf{k}} \exp(i\mathbf{k}(\mathbf{r}-\mathbf{r}')).$$

Für unendliche Systeme $V \to \infty$ werden die Summen durch Integrale entsprechend der uns aus dem Abschn. 3.1 bekannten Regel

$$\frac{(2\pi)^3}{V}\sum_{\mathbf{k}} f(\frac{2\pi\mathbf{n}}{L}) \to \int d^3k f(\mathbf{k})$$

ersetzt. Bei der Fourier-Zerlegung des Hamilton-Operators muss man die Relation

$$\int d^3r \exp(i\mathbf{kr}) = V\delta_{n_x,0}\delta_{n_y,0}\delta_{n_z,0} \equiv V\delta_{\mathbf{n},\mathbf{0}}$$

benutzen. Als Ergebnis erhalten wir den Hamilton-Operator in der Impulsdarstellung des Besetzungszahlen-Formalismus als

$$H = \sum_{\mathbf{k}} \frac{\hbar^2 k^2}{2m} a^+_{\mathbf{k}} a_{\mathbf{k}} + \frac{1}{2V} \sum_{\mathbf{k}_1+\mathbf{k}_2=\mathbf{k}'_1+\mathbf{k}'_2} U_{\mathbf{k}'_1-\mathbf{k}_1} a^+_{\mathbf{k}'_1} a^+_{\mathbf{k}'_2} a_{\mathbf{k}_2} a_{\mathbf{k}_1}. \qquad (4.16)$$

Die Vernichtungs- und Erzeugungsoperatoren $a_{\mathbf{k}}$ und $a^+_{\mathbf{k}}$ genügen den Vertauschungsrelationen

$$[a_{\mathbf{k}}, a_{\mathbf{k}'}] - 0, \left[a_{\mathbf{k}}, a^+_{\mathbf{k}'}\right] = \delta_{\mathbf{n},\mathbf{n}'}$$

Der Wechselwirkungsterm in (4.16) kann graphisch wie in der Abb. 4.4 dargestellt werden.

In Übereinstimmung mit der Theorie der Bose-Einstein-Kondensation befinden sich im idealen Bosegas bei der Temperatur gleich Null alle Teilchen im Grundzustand mit dem Impuls $\hbar\mathbf{k} = 0$. Im Bosegas mit einer schwachen abstoßenden Wechselwirkung zwischen den Atomen erwartet man, dass der Grundzustand ($\mathbf{k} = 0$) auch makroskopisch besetzt wird. Die mittlere Zahl der Teilchen N_0 im Grundzustand ist vergleichbar mit der gesamten Zahl der Bose-Teilchen N

$$\overline{N}_0 = \langle 0| a^+_0 a_0 |0\rangle \lesssim N.$$

Die Zahl der Teilchen in angeregten Zuständen ($\mathbf{k} \neq 0$) ist entsprechend klein $N - \overline{N}_0 \ll \overline{N}_0 \lesssim N$. Dies erlaubt die Wechselwirkung der angeregten Teilchen untereinander zu vernachlässigen. Es wird nur die Wechselwirkung der angeregten Teilchen mit dem Kondensat berücksichtigt. Um dieser Bedingung zu entsprechen,

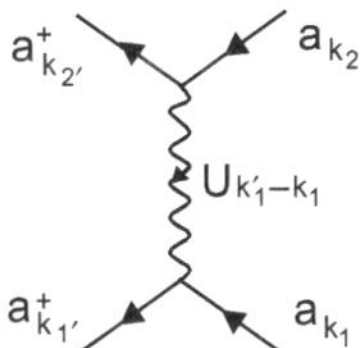

Abb. 4.4 Die Impulserhaltung $\mathbf{k}_1 + \mathbf{k}_2 = \mathbf{k}'_1 + \mathbf{k}'_2$ folgt aus der Impulserhaltung in jedem Vertex und ist die Konsequenz davon, dass die Wechselwirkungsenergie U eine Funktion von $\mathbf{r} - \mathbf{r}'$ ist

setzen wir zwei von vier Indizes $\mathbf{k}_1, \mathbf{k}_2, \mathbf{k}'_1, \mathbf{k}_2$ im Wechselwirkungsanteil von (4.16) gleich Null. Der Hamilton-Operator vereinfacht sich demzufolge zu

$$H = \sum_{\mathbf{k}} \frac{\hbar^2 k^2}{2m} a^+_{\mathbf{k}} a_{\mathbf{k}} + \frac{1}{2V} U_0 a^+_0 a^+_0 a_0 a_0 + \frac{1}{V} \sum_{\mathbf{k} \neq 0} (U_0 + U_{\mathbf{k}}) a^+_0 a_0 a^+_{\mathbf{k}} a_{\mathbf{k}}$$
$$+ \frac{1}{2V} \sum_{\mathbf{k} \neq 0} U_{\mathbf{k}} (a^+_{\mathbf{k}} a^+_{-\mathbf{k}} a_0 a_0 + a^+_0 a^+_0 a_{\mathbf{k}} a_{-\mathbf{k}}) + O(a^3_{\mathbf{k}}).$$

Ausgehend aus den Eigenschaften der Vernichtungs- und Erzeugungsoperatoren

$$a_0 |\ldots, N_0, \ldots\rangle = \sqrt{N_0} |\ldots, N_0 - 1, \ldots\rangle , \qquad a^+_0 |\ldots, N_0, \ldots\rangle = \sqrt{N_0 + 1} |\ldots, N_0 + 1, \ldots\rangle \tag{4.17}$$

und unter Berücksichtigung, dass die Teilchenzahl im Grundzustand N_0 von der Größenordnung der Avogadro-Zahl ist, erhalten wir

$$a_0 = a^+_0 = \sqrt{N_0}. \tag{4.18}$$

D.h. der Vernichtungs- und Erzeugungsoperator mit Index $\mathbf{k} = 0$ sind c-Zahlen und keine Operatoren. Unter Berücksichtigung von (4.18) erhalten wir den Hamilton-Operator als

$$H = \sum_{\mathbf{k}} \frac{\hbar^2 k^2}{2m} a^+_{\mathbf{k}} a_{\mathbf{k}} + \frac{1}{2V} U_0 N^2_0 + \frac{N_0}{V} \sum_{\mathbf{k} \neq 0} (U_0 + U_{\mathbf{k}}) a^+_{\mathbf{k}} a_{\mathbf{k}}$$
$$+ \frac{N_0}{2V} \sum_{\mathbf{k} \neq 0} U_{\mathbf{k}} (a^+_{\mathbf{k}} a^+_{-\mathbf{k}} + a_{\mathbf{k}} a_{-\mathbf{k}}) + \cdots .$$

Die Gesamtteilchenzahl kann durch die Zahl der Teilchen im Kondensat und in angeregten Zuständen unter Benutzung der Relation

$$N = N_0 + \sum_{\mathbf{k} \neq 0} a^+_{\mathbf{k}} a_{\mathbf{k}}$$

ausgedrückt werden. Nach Eliminieren von N_0 zu Gunsten von N erhält man den Hamilton-Operator bis zu quadratischen Termen nach $a^+_{\mathbf{k}}$ und $a_{\mathbf{k}}$ als

$$H = \sum_{\mathbf{k}} \frac{\hbar^2 k^2}{2m} a^+_{\mathbf{k}} a_{\mathbf{k}} + \frac{N}{V} \sum_{\mathbf{k} \neq 0} U_{\mathbf{k}} a^+_{\mathbf{k}} a_{\mathbf{k}} + \frac{1}{2V} U_0 N^2 + \frac{N}{2V} \sum_{\mathbf{k} \neq 0} U_{\mathbf{k}} (a^+_{\mathbf{k}} a^+_{-\mathbf{k}} + a_{\mathbf{k}} a_{-\mathbf{k}}) + \cdots \tag{4.19}$$

Die weggelassenen Terme sind von der Größenordnung $O(a^+_{\mathbf{k}}, a_{\mathbf{k}})^4 \propto n'^2$ mit $n' = (N - N_0)/N \ll n$ für ein verdünntes schwach wechselwirkendes Bosegas.

Um den Hamilton-Operator zu diagonalisieren, verwenden wir die kanonische Transformation von Bogoliubov

$$a_{\mathbf{k}} = u_k b_{\mathbf{k}} + v_k b^+_{-\mathbf{k}}, \qquad a^+_{\mathbf{k}} = u_k b^+_{\mathbf{k}} + v_k b_{-\mathbf{k}}. \tag{4.20}$$

Aus der Forderung, dass auch die Operatoren $b_{\mathbf{k}}$ und $b^+_{\mathbf{k}}$ den Bose-Vertauschungsrelationen

$$[b_{\mathbf{k}}, b_{\mathbf{k}'}] = \left[b^+_{\mathbf{k}}, b^+_{\mathbf{k}'}\right] = 0, \quad \left[b_{\mathbf{k}}, b^+_{\mathbf{k}'}\right] = \delta_{\mathbf{k},\mathbf{k}'}$$

genügen, erhalten wir die Bedingung

$$u_k^2 - v_k^2 = 1. \tag{4.21}$$

Die Umkehrung der obigen Transformation ergibt

$$b_{\mathbf{k}} = u_k a_{\mathbf{k}} - v_k a^+_{-\mathbf{k}}, \qquad b^+_{\mathbf{k}} = u_k a^+_{\mathbf{k}} - v_k a_{-\mathbf{k}}.$$

Das Einsetzen von (4.20) in (4.19) ermöglicht es, den Hamilton-Operator durch $b_{\mathbf{k}}$ und $b^+_{\mathbf{k}}$ auszudrücken. Die unmittelbare Umformung ergibt für die Produkte der Erzeugungs- und Vernichtungsoperatoren in (4.19)

$$\begin{aligned} a^+_{\mathbf{k}} a_{\mathbf{k}} &= (u_k b^+_{\mathbf{k}} + v_k b_{-\mathbf{k}})(u_k b_{\mathbf{k}} + v_k b^+_{-\mathbf{k}}) \\ &= u_k^2 b^+_{\mathbf{k}} b_{\mathbf{k}} + v_k^2 b_{-\mathbf{k}} b^+_{-\mathbf{k}} + u_k v_k (b^+_{\mathbf{k}} b^+_{-\mathbf{k}} + b_{-\mathbf{k}} b_{\mathbf{k}}), \end{aligned}$$

$$\begin{aligned} a^+_{\mathbf{k}} a^+_{-\mathbf{k}} &= (u_k b^+_{\mathbf{k}} + v_k b_{-\mathbf{k}})(u_k b^+_{-\mathbf{k}} + v_k b_{\mathbf{k}}) \\ &= u_k^2 b^+_{\mathbf{k}} b^+_{-\mathbf{k}} + v_k^2 b_{-\mathbf{k}} b_{\mathbf{k}} + u_k v_k (b^+_{\mathbf{k}} b_{\mathbf{k}} + b_{-\mathbf{k}} b^+_{-\mathbf{k}}), \end{aligned}$$

$$\begin{aligned} a_{\mathbf{k}} a_{-\mathbf{k}} &= (u_k b_{\mathbf{k}} + v_k b^+_{-\mathbf{k}})(u_k b_{-\mathbf{k}} + v_k b^+_{\mathbf{k}}) \\ &= u_k^2 b_{\mathbf{k}} b_{-\mathbf{k}} + v_k^2 b^+_{-\mathbf{k}} b^+_{\mathbf{k}} + u_k v_k (b_{\mathbf{k}} b^+_{\mathbf{k}} + b^+_{-\mathbf{k}} b_{-\mathbf{k}}). \end{aligned}$$

Das Einsetzen dieser Ausdrücke in (4.19) ergibt den Hamilton-Operator als

$$\begin{aligned} H = \frac{1}{2V} N^2 U_0 &+ \sum_{\mathbf{k}\neq 0} \left(\frac{\hbar^2 k^2}{2m} + n U_{\mathbf{k}} \right) \Big(u_k^2 b^+_{\mathbf{k}} b_{\mathbf{k}} + v_k^2 b_{\mathbf{k}} b^+_{\mathbf{k}} + u_k v_k \big(b^+_{\mathbf{k}} b^+_{-\mathbf{k}} + b_{-\mathbf{k}} b_{\mathbf{k}} \big) \Big) \\ &+ \frac{N}{2V} \sum_{\mathbf{k}\neq 0} U_{\mathbf{k}} ((u_k^2 + v_k^2)(b^+_{\mathbf{k}} b^+_{-\mathbf{k}} + b_{-\mathbf{k}} b_{\mathbf{k}}) + 2 u_k v_k (b^+_{\mathbf{k}} b_{\mathbf{k}} + b_{\mathbf{k}} b^+_{\mathbf{k}})). \end{aligned}$$

Damit die nicht diagonalen Terme $b^+_{\mathbf{k}} b^+_{-\mathbf{k}} + b_{-\mathbf{k}} b_{\mathbf{k}}$ in H verschwinden, fordern wir die Erfüllung der Bedingung

$$\left(\frac{\hbar^2k^2}{2m}+nU_{\mathbf{k}}\right)u_kv_k+\frac{n}{2}U_{\mathbf{k}}\left(u_k^2+v_k^2\right)=0. \tag{4.22}$$

Die Gln. (4.21) und (4.22) bilden ein Gleichungssystem für die Bestimmung von u_k und v_k. Die Lösung dieses Gleichungssystems erhält man unmittelbar als

$$u_k^2=\frac{1}{2}+\frac{1}{2\epsilon_k}\left(\frac{\hbar^2k^2}{2m}+nU_{\mathbf{k}}\right),\qquad v_k^2=-\frac{1}{2}+\frac{1}{2\epsilon_k}\left(\frac{\hbar^2k^2}{2m}+nU_{\mathbf{k}}\right), \tag{4.23}$$

wobei ϵ_k wie folgt

$$\epsilon_k=\left(\left(\frac{\hbar^2k^2}{2m}+nU_{\mathbf{k}}\right)^2-\left(nU_{\mathbf{k}}\right)^2\right)^{1/2}=\left(\left(\frac{\hbar^2k^2}{2m}\right)^2+\frac{1}{m}n\hbar^2k^2U_{\mathbf{k}}\right)^{1/2} \tag{4.24}$$

definiert ist. Man erhält außerdem die Beziehungen

$$u_kv_k=-\frac{nU_{\mathbf{k}}}{2\epsilon_k},\quad v_k^2=\frac{(nU_{\mathbf{k}})^2}{2\epsilon_k(\epsilon_k+\hbar^2k^2/2m+nU_{\mathbf{k}})}.$$

Das Einsetzen von u_k und v_k in den Hamilton-Operator ergibt

$$H=E_0+H_{anreg},$$

wobei

$$E_0=\frac{N^2}{2V}U_0-\frac{1}{2}\sum_{\mathbf{k}\neq 0}\left(-\epsilon_k+\frac{\hbar^2k^2}{2m}+nU_{\mathbf{k}}\right) \tag{4.25}$$

die Grundzustandsenergie des Bose-Gases ist. Letztere wird explizit im nächsten Abschnitt berechnet. Der Term

$$H_{anreg}=\sum_{\mathbf{k}\neq 0}\epsilon_kb_{\mathbf{k}}^+b_{\mathbf{k}}$$

ist der Beitrag der Elementaranregungen (Quasiteilchen) zur Energie des schwach nichtidealen Bosegases. Die Energie eines Quasiteilchens mit dem Wellenzahlvektor $\mathbf{k}$ ist gleich ϵ_k. Der Beitrag zu H_{anreg} entsteht durch die Multiplikation von ϵ_k mit der Zahl der Quasiteilchen $N_k=b_{\mathbf{k}}^+b_{\mathbf{k}}$. Für kleine k erhält man aus (4.24) die Energie der Quasiteilchen als

$$\epsilon_k=t_1w_k\rightarrow c\hbar k, \tag{4.26}$$

wobei $c = \sqrt{nU_0/m}$ die Schallgeschwindigkeit bezeichnet. D.h. die langwelligen Elementaranregungen sind Phononen mit linearer Dispersion. Für große k erhalten wir dagegen

$$\epsilon_k = \frac{\hbar^2 k^2}{2m} + nU_{\mathbf{k}}.$$

Das Spektrum der Elementaranregungen für das aufgeweichte δ-Potential ($U_k = u\exp(-bk^2)$) (Abb. 4.5a) verhält sich qualitativ wie das von Landau postulierte Spektrum von suprafluiden Helium (Abb. 4.5b) in seiner phänomenologischen Theorie der Suprafluidität [83]. Ein solches Spektrum wurde später durch Neutronenstreuung gewonnen [84]. Die Anregungen in der Nähe des Minimums werden als Rotonen bezeichnet. In der Nähe des Minimums kann die Energie in der Form

$$\epsilon_p = \Delta + \frac{(p - p_0)^2}{2\mu} \tag{4.27}$$

approximiert werden. Die Parameter in (4.27) können aus den Ergebnissen der Neutronenstreuung an flüssigen Helium [84] bestimmt werden

$$\Delta = 8,6\,K, \quad p_0/\hbar = 1,9 \times 10^8\,\mathrm{cm}^{-1}, \quad \mu = 0,16\,m_{^4He}. \tag{4.28}$$

In der Aufgabe 4.4.18 auf Seite 320 wird die Anzahl der Heilium-Atome für $T = 0$ mit Impuls gleich Null berechnet

$$N_0/N = 1 - \frac{8}{3\sqrt{\pi}}\sqrt{\alpha^3 n}. \tag{4.29}$$

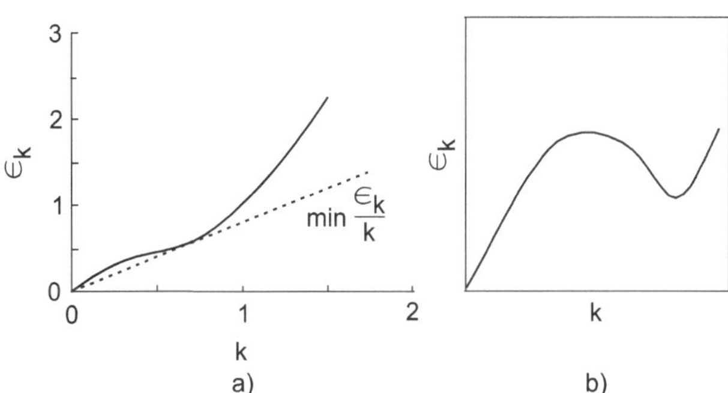

Abb. 4.5 Die Energie der Elementaranregungen im HeII. **(a)** Das Spektrum für das aufgeweichte δ-Potential, $U_k = u\exp(-bk^2)$, mit $u = 2$, $b = 5$. Die kritische Geschwindigkeit entspricht der Tangente von $\epsilon(k)$. **(b)** Das von Landau [83] postulierte und später durch Neutronenstreuung gewonnene Spektrum

Die Gleichung zeigt, dass die Zahl der Atome im Kondensat makroskopisch groß ist, aber im Unterschied zur Bose-Einstein-Kondensation kleiner als die Gesamtzahl der Atome ist. Dies ist auf die Abstoßung zwischen den Atomen zurückzuführen und befindet sich in Übereinstimmung mit der intuitiven Erwartung. Die Abstoßung zwischen den Atomem verleiht dem Kondensat elastische Eigenschaften und ermöglicht die Existenz kollektiver Anregungen: Phononen. Im realen HeII befinden sich bei $T = 0$ nur etwa 10 % der Heliumatome im Kondensat [106].

4.2.3 Die Grundzustandsenergie des Bosegases

Die Grundzustandsenergie E_0 in der Gl. (4.25) ist unendlich wegen der Divergenz der Summe für große k. Diese Divergenz hängt damit zusammen, dass die Entwicklung nach $U_{\mathbf{k}}$ in der Tat nicht analytisch ist. Die Grundzustandsenergie des nichtidealen Bosegases wurde zum ersten Mal von T.D. Lee und C.N. Yang [85] berechnet. In diesem Abschnitt werden wir der Darstellung in [22] (Abschn. 1.4) folgend zeigen, wie man anstatt (4.25) eine endliche Grundzustandsenergie erhält. Für die Betrachtung der schwach angeregten Zuständen (kleine $p = \hbar k$) ersetzen wir U_k in der Gl. (4.25) durch U_0, das mit der Streulänge der s-Streuung wie folgt zusammenhängt

$$\alpha = \frac{m}{4\pi\hbar^2} U_0. \tag{4.30}$$

Letztere kann wie folgt hergeleitet werden. Der differentielle Wirkungsquerschnitt für die Streuung von zwei gleichen Teilchen kann im System des Massenschwerpunktes durch die Streulänge wie folgt ausgedrückt werden [29]

$$d\sigma = (2\alpha)^2 d\Omega.$$

Andersrum kann der Wirkungsquerschnitt $d\sigma$ in der Bornsche Näherung durch das Potential wie folgt geschrieben werden [29]

$$d\sigma = \left(\frac{m}{4\pi\hbar^2}\right)^2 (2U_0)^2 d\Omega.$$

Der Vergleich der beiden Ausdrücke ergibt (4.30). Die Idee der Herleitung der endlichen Grundzustandsenergie besteht darin, die Korrektur 2. Ordnung zur Streuamplitude zu berücksichtigen

$$\alpha = \frac{m}{4\pi\hbar^2} \left(U_0 - \frac{U_0^2}{V} \sum_{\mathbf{p}\neq 0} \frac{m}{p^2} + \cdots \right)$$

und U_0 im Ausdruck für die Grundzustandsenergie (4.25) durch α entsprechend der Beziehung

$$U_0 = \frac{4\pi\hbar^2}{m}\alpha\left(1 + \frac{4\pi\hbar^2}{V}\alpha\sum_{\mathbf{p}\neq 0}\frac{m}{p^2} + \cdots\right)$$

zu ersetzen. Als Ergebnis erhält man den Ausdruck

$$E_0 = \frac{N^2}{2V}\frac{4\pi\hbar^2}{m}\alpha + \frac{N^2}{2V}\frac{16\pi^2\hbar^4\alpha^2}{m^2V}\sum_{\mathbf{p}\neq 0}\frac{m}{p^2}$$
$$-\frac{1}{2}\sum_{\mathbf{p}\neq 0}\left(\frac{p^2}{2m} + \frac{4\pi\hbar^2\alpha n}{m}\right)\left(1 - \sqrt{1 - \left(\frac{4\pi\hbar^2\alpha n/m}{p^2/2m + 4\pi\hbar^2\alpha n/m}\right)^2}\right),$$

welcher für große p konvergiert. Die Integration über p unter Benutzung der Formel

$$\sum_{\mathbf{p}} f(p) \to \frac{V}{(2\pi)^3}\int d^3p f(p)$$

ergibt

$$\frac{E_0}{V} = \frac{2\pi\hbar^2\alpha}{m}\left(\frac{N}{V}\right)^2\left(1 + \frac{128}{15\sqrt{\pi}}\sqrt{\alpha^3\frac{N}{V}} + \cdots\right). \tag{4.31}$$

Aus der Gl. (4.31) folgt, dass der dimensionslose Entwicklungsparameter für das schwach nichtideale Bosegas die Gestalt

$$\sqrt{\alpha^3 N/V}$$

besitzt. Die Berechnung der Schallgeschwindigkeit unter Verwendung von (4.31) ergibt

$$c = \sqrt{\frac{V^2}{mN}\frac{\partial^2 E_0}{\partial V^2}} = \frac{1}{m}\sqrt{4\pi\hbar^2\alpha N/V}.$$

Die so berechnete Schallgeschwindigkeit stimmt mit der Schallgeschwindigkeit, welche durch das Spektrum der Elementaranregungen in der Gl. (4.26) definiert wurde, überein.

4.2.4 Das Landau-Kriterium der Suprafluidität

Wir werden jetzt zeigen, wie das Bogoliubov-Spektrum die Suprafluidität erklärt. Wir betrachten dazu ^{4}He, das sich in einer Kapillare bei der Temperatur $T = 0$ befindet und sich entlang der Röhre mit der Geschwindigkeit u (siehe die Abb. 4.6) bewegt. Die Energie eines Teilchens der Masse M im Bezugssystem K ist gegeben durch

$$\begin{aligned} E &= \frac{M}{2}\mathbf{v}^2 = \frac{M}{2}(\mathbf{v}' + \mathbf{u})^2 \\ &= E' + \frac{M}{2}\mathbf{u}^2 + \mathbf{u}\mathbf{P}', \end{aligned} \tag{4.32}$$

wobei $\mathbf{P}' = M\mathbf{v}'$ den Impuls in K' bezeichnet. Bei der Anwendung von (4.32) auf das sich bewegende HeII identifizieren wir E' und $\mathbf{P}'$ mit der Energie und Impuls der Elementaranregungen in K'

$$E' = E_0 + \sum_{\mathbf{k}} \epsilon_k n_{\mathbf{k}}, \quad \mathbf{P}' = \sum_{\mathbf{k}} \hbar \mathbf{k} n_{\mathbf{k}}.$$

Für die Energie E von HeII in K erhält man den Ausdruck

$$E = E_0 + \frac{1}{2} N m u^2 + \sum_{\mathbf{k}} n_{\mathbf{k}} (\epsilon_k + \hbar \mathbf{k}\mathbf{u}).$$

Wenn die Anregungen durch Dissipation entstehen, dann kann sich die Energie des sich bewegenden Heliums nur verringern, so dass die Bedingung gelten muss

$$\sum_{\mathbf{k}} n_{\mathbf{k}} (\epsilon_k + \hbar \mathbf{k}\mathbf{u}) < 0. \tag{4.33}$$

Die günstigste Bedingung für die Erfüllung der Ungleichung wird erreicht, wenn **k** und **u** entgegengerichtet sind. In diesem Fall erhalten wir aus (4.33)

$$\sum_{\mathbf{k}} n_{\mathbf{k}} (\epsilon_k - \hbar k u) < 0.$$

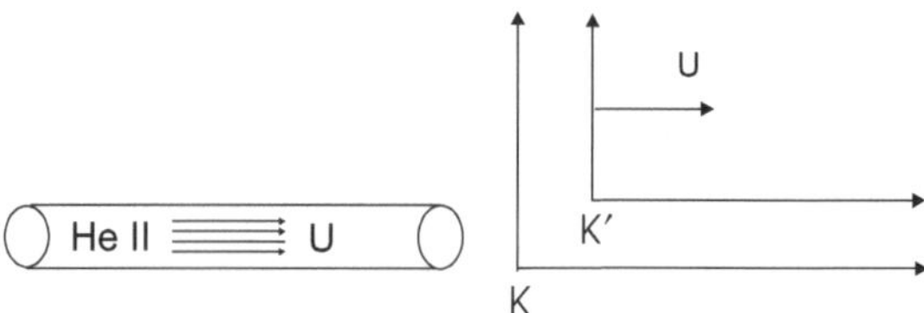

Abb. 4.6 Das Röhrchen mit sich bewegenden HeII

Aus dieser Ungleichung folgt, dass Dissipation nur dann möglich ist, wenn die Geschwindigkeit des Heliums die Bedingung, die von Landau [83] aufgestellt wurde, erfüllt

$$u > u_c = \min \frac{\epsilon_k}{\hbar k}. \tag{4.34}$$

Für $u < u_c$ findet keine Dissipation statt, d.h. das Helium fließt im Röhrchen ohne Reibung. Mit anderen Worten das Helium ist suprafluid. Das in der Abb. 4.5 dargestellte Spektrum der Elementaranregungen erfüllt diese Bedingung für ein endliches k. Diese Bedingung wird auch erfüllt für ein reines Phononenspektrum $\epsilon_k = cp$ für $u > u_c = c$, wobei c die Schallgeschwindigkeit ist. Für das realistischere Spektrum mit Rotonen-Minimum (siehe Abb. 4.5) ist die Schwellengeschwindigkeit u_c viel kleiner als die Schallgeschwindigkeit c.

4.2.5 Das Kriterium der Suprafluidität aus der Energie- und Impulserhaltung

Die Möglichkeit der suprafluiden Bewegung für $u < c$ für ein Phononen-Spektrum kann mit der Aufgabe (siehe die Aufgabe 3.10.13 auf Seite 221) im Zusammenhang gebracht werden, wonach ein sich mit konstanter Geschwindigkeit bewegendes Partikel aufgrund der Energie- und Impulserhaltung keine Energie in Form von Strahlung emittieren kann, wenn die Geschwindigkeit des Partikels kleiner als die Geschwindigkeit der Strahlung ist [86]. Der Impuls und die (nichtrelativistische) kinetische Energie des Teilchens vor der Emission sind entsprechend $\mathbf{p}_0$ und $p_0^2/2M$. Der Impuls und die Energie nach der Emission sind $\mathbf{p}$ und $p^2/2M$. Die Energie- und Impulserhaltung lauten

$$p_0^2/2M = p^2/2M + \hbar\omega, \ \mathbf{p}_0 = \mathbf{p} + \frac{\hbar\omega}{c}\mathbf{n}_\gamma,$$

wobei $\hbar\omega$ und $\frac{\hbar\omega}{c}\mathbf{n}_\gamma$ entsprechend die Energie und den Impuls der Strahlung (Photonen, Phononen, ...) bezeichnen. Nach Eliminierung des Impulses des Teilchens nach der Emission $\mathbf{p}$ aus den obigen Gleichungen für die Energie- und Impulserhaltung erhält man die Gleichung

$$\hbar\omega\left[\left(1 - \frac{\mathbf{v}_0\mathbf{n}_\gamma}{c}\right) + \frac{\hbar\omega}{2Mc^2}\right] = 0. \tag{4.35}$$

Letztere hat eine Lösung mit $\omega > 0$ (die Frequenz der Strahlung) nur für $v_0/c > 1$. D.h. das Teilchen kann keine Strahlung emittieren, wenn seine Geschwindigkeit kleiner als die Ausbreitungsgeschwindigkeit der Strahlung ist. Es ist aus (4.35) leicht zu sehen, dass für $v_0/c > 1$ die Strahlung innerhalb des Kegels mit dem

Öffnungswinkel $\theta < \theta_0$ um die Ausbreitungsrichtung des Teilchens erfolgt. Der Winkel θ_0 genügt der Gleichung $1 - (v_0/c)\cos\theta_0 = 0$.

In Anwendung der obigen Betrachtung auf die Suprafluidität von Helium wird das Partikel mit dem sich mit Geschwindigkeit $\mathbf{v}_0$ relativ zum Helium bewegendem Röhrchen der Masse M identifiziert, $\hbar\omega$ ist die Energie eines Phonons und c ist die Schallgeschwindigkeit.

Die obige Betrachtung der Emissionsbedingung im Rahmen der Energie-Impuls-Erhaltung findet auch Anwendung im Zusammenhang mit der Cherenkov-Strahlung und auch der Strahlung, die bei der Bewegung von makroskopischen Körpern (z.B. Flugzeuge) mit Überschallgeschwindigkeit entsteht.

4.2.6 Das Zweiflüssigkeitsmodell des suprafluiden Heliums

Im Helium II existieren bei von Null verschiedenen Temperaturen Elementaranregungen, welche für kleine Wellenzahlvektoren den Phononen entsprechen. Es wird angenommen, dass die Elementaranregungen zur Gesamtdichte des HeII mit dem Anteil ϱ_n beitragen. Die Elementaranregungen tauschen mit der Wand Energie und Impuls aus bis ihre mittlere Geschwindigkeit mit der des Rohres gleich wird. Die suprafluide Komponente, welcher die Dichte $\varrho_s = \varrho - \varrho_n$ zugeordnet wird, ruht nach wie vor. Im Zweiflüssigkeitsmodell werden die Dichte und die Stromdichte als Summe der entsprechenden Größen der normalen und der suprafluiden Komponente dargestellt

$$\varrho = \varrho_s + \varrho_n, \quad \mathbf{j} = \varrho_s \mathbf{v}_s + \varrho_n \mathbf{v}_n .$$

Das Zweiflüssigkeitsmodell, das von L. Tisza eingeführt und von L.D. Landau weiterentwickelt wurde, erklärt viele ungewöhnliche Eigenschaften von HeII. Das Verschwinden der Viskosität beim Fließen von HeII durch eine dünne Kapillare wird dadurch erklärt, dass nur die suprafluide Komponente durch die Kapillare fließt. Mit Hilfe des Torsionspendels wird die Periode der Schwingungen im HeII gemessen. Mit Abnahme der Temperatur wird die Periode kleiner. Dies kann dadurch erklärt werden, dass nur die normale Komponente an den Schwingungen der Disken teilnimmt. Die suprafluide Komponente wird durch die Schwingungen nicht beeinflußt. Mit Abnahme der Temperatur nimmt die Konzentration der suprafluiden Komponente zu, was dazu führt, dass der Anteil der Flüssigkeit, welche an den Schwingungen teilnimmt, immer kleiner wird. Die Konsequenz davon ist, dass das effektive Trägheitsmoment des Pendels kleiner wird. Folglich wird die Periode kleiner. Die Ergebnisse dieser Messungen ermöglichen es, den relativen Anteil der normalen Komponente ϱ_n/ϱ als Funktion der Temperatur zu bestimmen. Der qualitative Verlauf von ϱ_n/ϱ wird in der Abb. 4.7 dargestellt.

Der Phasenübergang in den suprafluiden Zustand entspricht dem Entstehen der suprafluiden Komponente. Da ϱ_s/ϱ am Übergang kontinuierlich verschwindet, handelt es sich um einen Phasenübergang zweiter Ordnung. Der Phasenübergang in den suprafluiden Zustand wird durch einen komplexen Ordnungsparameter, welcher mit

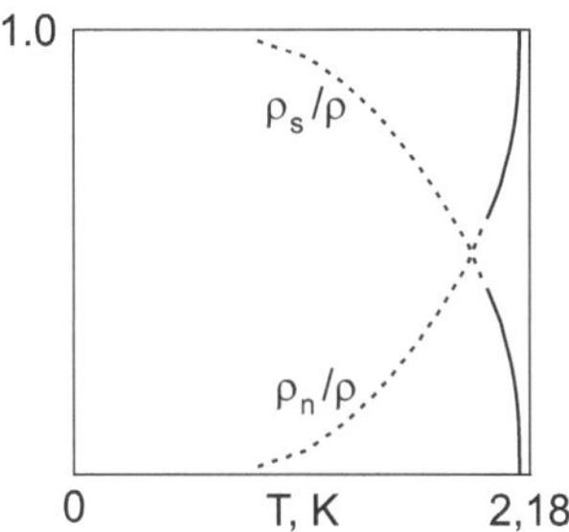

Abb. 4.7 Der qualitative Verlauf der Dichten der suprafluiden und der normalen Komponenten als Funktion der Temperatur. ϱ_s verschwindet bei $T_c = 2,18\,K$ in Übereinstimmung mit dem Potenz-Gesetz $(1 - T/T_c)^{0.346}$ für zweikomponentige Ordnungsparameter [81]. Die Extrapolation von ϱ_n/ϱ für niedrigere Temperaturen berücksichtigt, dass ϱ_n bei $T \sim 1\,K$ praktisch verschwindet [87]

der Wellenfunktion des Kondensates übereinstimmt (siehe den Abschn. 4.2.8 auf Seite 288), charakterisiert. Es ist erstaunlich, dass ϱ_s/ϱ für $T \to 0$ schnell gegen 1 geht, obwohl sich nur ein Bruchteil der Atome im Kondensat befinden (siehe den Text nach der Gl. (4.29) auf Seite 277).

Aus der Messung der Dämpfung der Torsionsschwingungen kann die Viskosität der normalen Komponente bestimmt werden. Im Unterschied zum Fließen durch die Kapillare ist die Viskosität von HeII im Torsionsexperiment ungleich von Null. Im Torsionsexperiment werden die Disken durch die normale Komponente abgebremst, während in der Kapillare nur die suprafluide Komponente fließt.

Der mechanokalorische und der thermomechanische Effekt (siehe Abb. 4.2 auf Seite 271) können im Rahmen des Zweiflüssigkeitsmodells erklärt werden. Der mechanokalorische Effekt besteht darin, dass das Herausfließen von HeII aus einem Gefäß durch eine Kapillare von einer Erwärmung des Heliums im Gefäß , begleitet wird. Die Erwärmung kann dadurch erklärt werden, dass nur die suprafluide Komponente, welche keine Entropie besitzt und somit keine Wärme überträgt, herausfließen kann. Die kinetische Energie des verbleibenden Heliums im Gefäß ändert sich nicht, wird jedoch auf weniger Atome verteilt, was zu einer Temperaturerhöhung führt. Umgekehrt, wenn Helium durch eine Kapillare in ein Gefäß hineinfließt, kühlt sich das Helium im Gefäß ab, da die innere Energie auf mehr Heliumatome verteilt wird. Damit das Helium bei der gleichen Temperatur bleibt, muss die Wärme

$$Q = TS \tag{4.36}$$

zugeführt werden. Die Größe S in (4.36) entspricht der Entropie der Helium-Menge, welche in das Gefäß hineinfließt.

Um den thermomechanischen Effekt zu erklären, betrachten wir zwei Gefäße mit HeII, die durch eine Kapillare miteinander verbunden sind. Weil die suprafluide Komponente zwischen den beiden Gefäßen fließen kann, stellt sich ein partiell mechanisches Gleichgewicht ein. Da die suprafluide Komponente keine Wärme überträgt, erfolgt die Einstellung des thermischen Gleichgewichts langsamer. Die

Bedingung für das partielle mechanische Gleichgewicht lautet

$$\left(\frac{\partial U}{\partial N}\right)_{S_1} = \left(\frac{\partial U}{\partial N}\right)_{S_2} .$$

Da die Ableitung $(\partial U/\partial N)_S$ mit dem chemischen Potential übereinstimmt, kann die Bedingung für das partielle mechanische Gleichgewicht als Gleichheit der chemischen Potentiale in beiden Gefäßen geschrieben werden

$$\mu(p_1, T_1) = \mu(p_2, T_2).$$

Die Größen p_1, p_2 und T_1, T_2 bezeichnen entsprechend die Drücke und die Temperaturen in beiden Gefäßen. Der Unterschied der Temperaturen (in der Abb. 4.2 auf Seite 271 durch die Bestrahlung der Metallspäne) zieht nach sich einen Unterschied der Drücke. Im thermodynamischen Gleichgewicht sind die Drücke und die Temperaturen in beiden Gefäßen gleich. Für kleine Drücke und Temperaturen ergibt die Entwicklung nach Potenzen von p und T bis zur linearen Ordnung unter Berücksichtigung der thermodynamischen Relationen $v = \partial\mu/\partial p$ und $s = -\partial\mu/\partial T$ die Beziehung

$$\frac{\Delta p}{\Delta T} = \varrho s. \tag{4.37}$$

Die Beziehungen (4.36) und (4.37) wurden von H. London [88] aufgestellt. Da die Entropie positiv ist, zieht die Erhöhung der Temperatur die Erhöhung des Druckes nach sich und umgekehrt. Durch die Bestrahlung der Metallspäne (siehe die Abb. 4.2 auf Seite 271) erhöht sich die Temperatur oberhalb der porösen Wand. Der Temperaturausgleich mit dem Helium in der Wanne kann nicht stattfinden, weil die poröse Wand nur für die suprafluide Komponente durchlässig ist. Die höhere Temperatur erzeugt einen Zufluß der suprafluiden Komponente in den oberen Teil der Glasröhre, was zu einem Überdruck im oberen Teil führt. Wenn die obere Öffnung der Glasröhre sehr eng ist, kann das Helium wie aus einem Springbrunnen hinausströmen.

Das in der Abb. 4.1 gezeigte Fließen von HeII entlang der Wände kann im Rahmen des Zweiflüssigkeitsmodells wie folgt erklärt werden. Durch die ausgezeichnete Benetzungseigenschaften von Helium entsteht ein dünner Film an der Glaswand. Die suprafluide Komponente fließt in diesem Film wie in einer Kapillare ohne Reibung und ähnlich dem Flüssigkeitsaustausch in zwei kommunizierenden Behältern mit Flüssigkeitspegeln auf verschiedener Höhe. Wegen der Reibung würde das Fließen einer normalen Flüssigkeit durch einen dünnen Schlauch, welche die Gefäße verbindet, aufhören.

Das Zweiflüssigkeitsmodell sagt die Existenz von verschiedenen Schallarten in HeII voraus. Der erste Schall entspricht der Ausbreitung der Dichteschwankungen, wenn die beiden Komponenten in der gleichen Phase schwingen, $\varrho_s \mathbf{v}_s \uparrow\uparrow \varrho_n \mathbf{v}_n$. Der zweite Schall entspricht Bewegungen im HeII, bei welchen die suprafluide und die normale Komponente in Gegenphase schwingen: $\varrho_s \mathbf{v}_s \uparrow\downarrow \varrho_n \mathbf{v}_n$. Die Gesamtdichte und die Gesamtstromdichte bleiben dabei unverändert. Die n-Komponente überträgt Wärme, die s-Komponente nicht. Der 2. Schall entspricht den schwach gedämpften Temperaturschwankungen und wird mit Kompressions- und Verdichtungswellen im Gas der elementaren Anregungen identifiziert (siehe die Aufgabe 4.4.19 auf Seite 321). Der 2. Schall kann durch einen Heizer mit periodisch veränderlicher Temperatur erzeugt werden. Im Rahmen der Hydrodynamik der zweikomponentigen Flüssigkeit hat Landau [83] (siehe auch [22, 89]) den folgenden Ausdruck für die Geschwindigkeit des 2. Schalls hergeleitet

$$c_2^2 = \frac{\varrho_s s^2}{\varrho_n} \left(\frac{\partial T}{\partial s} \right)_{\varrho} = \frac{\varrho_s T s^2}{\varrho_n c_v} \tag{4.38}$$

(s ist die spezifische Entropie, c_v ist die spezifische Wärmekapazität). Die Temperaturabhängigkeit von c_2 kann unter Verwendung von (4.38) und der Kenntnis der thermodynamischen Funktionen für das Gas der Elementaranregungen berechnet werden. Das Verschwinden von ϱ_s am kritischen Punkt führt in Übereinstimmung mit (4.38) dazu, dass auch c_2 am T_c verschwindet. Für genügend tiefe Temperaturen (unterhalb von $0,5K$) nähert sich die Geschwindigkeit c_2 dem Wert $c/\sqrt{3}$ (siehe Aufgabe 4.4.19 auf Seite 321) an. Im HeII können sich insgesamt fünf Schallarten ausbreiten [90].

Bereits 1935 wurde von Keesom (siehe [87]) festgestellt, dass der Übergang in den suprafluiden Zustand durch eine starke Erhöhung der Wärmeleitfähigkeit (ca. 10^6 mal) begleitet wird. Die Wärmeleitfähigkeit von HeII ist hundertmal größer als die der besten Metalle. Außerdem wurde festgestellt, dass der Wärmefluß nicht proportional dem Temperaturgradienten ist. Das Zweiflüssigkeitsmodell erklärt den hohen Wert der Wärmeleitfähigkeit des suprafluiden Heliums. Wir betrachten dazu die Temperaturdifferenz zwischen zwei Punkten in der sich ruhenden HeII-Flüssigkeit. Wegen des thermomechanischen Effektes wird sich der suprafluide Anteil von HeII in Richtung höherer Temperatur bewegen. Da die Gesamtstromdichte $\mathbf{j} = \varrho_n \mathbf{v}_n + \varrho_s \mathbf{v}_s$ Null ist, entsteht eine entgegengesetzte Bewegung der normalen Komponente in die Richtung niedrigerer Temperatur. Die suprafluide und die normale Komponenten bewegen sich dabei aneinander vorbei ohne Reibung. Die Wärmeübertragung erfolgt nur durch die normale Komponente, welche dem idealen Gas der elementaren Anregungen entspricht und eine Art konvektive Strömung darstellt (siehe die Aufgabe 4.4.19). Die Geschwindigkeit der Wärmeübertragung stimmt mit der Geschwindigkeit der normalen Komponente $\mathbf{v}_n$ überein. Dies erklärt den hohen Wert der Wärmeleitfähigkeit. Die Existenz von normalen und suprafluiden Strömungen im HeII wurde 1941 von P. L. Kapitza (siehe [87]) experimentell nachgewiesen. Wegen der hohen Wärmeleitfähigkeit kann im HeII praktisch kein Temperaturgradient erzeugt werden. Die Konsequenz davon ist, dass Helium beim Überqueren der λ -Linie (von HeI zu HeII) zu sieden aufhört. Oberhalb des λ -Punktes siedet das Helium wie jede andere Flüssigkeit. Die für die Entstehung von Gasbläschen erforderlichen Temperaturen werden im HeII durch die große Wärmeleitfähigkeit sofort ausgeglichen, so dass die Gasbläschen nicht entstehen. Die Verdampfung von HeII kann nur auf der Oberfläche und nicht im Inneren der Flüssigkeit erfolgen.

Das Zweiflüssigkeitsmodell ermöglicht es die experimentellen Fakten des suprafluiden Heliums zu beschreiben. Trotzdem soll man es nicht im buchstäblichen Sinne verstehen, weil die Helium-Atome nicht in suprafluide und normale unterteilt werden können.

4.2.7 Wirbel im HeII

Die Berechnung der Schwellengeschwindigkeit u_c auf der Grundlage des in Experimenten ermittelten Spektrums der Elementaranregungen ergibt den Wert $u_c \approx 60\,\mathrm{m/s}$. Die experimentell ermittelten Werte für u_c sind um mehrere Größenordnungen kleiner. Das experimentelle u_c hängt stark von der Temperatur und vom Radius des Röhrchens ab und ist von der Größenordnung von 1 cm/s. Eine weitere Unzulänglichkeit der Theorie betrifft das Verhalten des Meniskus im rotierenden HeII. Wenn nur die n-Komponente an der Rotation teilnehmen würde, würde der Meniskus um das Verhältnis ϱ_n/ϱ_s weniger durchhängen. Das widerspricht dem experimentellen Befund wonach sich der Meniskus von HeII wie bei einer normalen Flüssigkeit verhält. Mit anderen Worten die beiden Komponenten rotieren gleichermaßen. Der kleine Wert von u_c sowie das Verhalten des Meniskus können durch die Entstehung von Wirbeln im sich bewegenden suprafluiden Helium erklärt werden.

Um die Möglichkeit der Entstehung von Wirbeln im suprafluiden Helium zu untersuchen [91, 92], betrachten wir ein mit HeII gefülltes Gefäß, das mit Winkelgeschwindigkeit Ω um seine Symmetrieachse rotiert. Wir wollen wissen, unter welcher Bedingungen die suprafluide Komponente in Form eines Wirbels zu rotieren beginnt. Die de Broglie-Wellenlänge des ^{4}He-Atoms ist $\lambda = h/mv_s$. Die suprafluide Komponente ist eine Quantenflüssigkeit und in Übereinstimmung mit der Quantelungsbedingung von Bohr-Sommerfeld sind auf einem Abstand r von der Symmetrieachse nur Bewegungen mit Geschwindigkeit v_s erlaubt, die der Bedingung

$$\frac{2\pi r}{\lambda} = \frac{2\pi r}{h} m v_s = n$$

mit $n = 0, 1, 2, \ldots$ genügen. Daraus erhalten wir für die Geschwindigkeit

$$v_s = \frac{\hbar}{mr} n. \tag{4.39}$$

Beachten Sie, dass die Geschwindigkeit (4.39) eine ganz andere Abhängigkeit von r als bei der Rotation eines Festkörpers, $v = \omega r$, besitzt. Der Bewegung der suprafluiden Komponente mit der Geschwindigkeit v_s wird der Drehimpuls entsprechend der Gleichung

$$L = m v_s r = \hbar n$$

zugeordnet. Letzterer ist somit gequantelt. Die Bewegung der suprafluiden Komponente mit der Geschwindigkeit $v_s = (\hbar/mr)n$ $(0 < r < R)$ um die Rotationsachse entspricht einem Wirbel (Vortex). Für die Berechnung des Drehimpulses eines Wirbels (mit $n = 1$) müssen wir die Beiträge von verschiedenen r berücksichtigen

$$L = \int \varrho_s v_s r d^3r = \varrho_s \frac{\hbar}{m} \int d^3r = \pi R^2 H \varrho_s \frac{\hbar}{m}, \tag{4.40}$$

wobei H und R entsprechend die Höhe und den Radius des Gefäßes bezeichnen. Die analoge Berechnung der kinetischen Energie eines Wirbels ergibt

$$E_{\text{kin}} = H \int_a^R dr \frac{\varrho_s v_s^2}{2} 2\pi r = H\pi \frac{\varrho_s \hbar^2}{m^2} \ln \frac{R}{a}. \tag{4.41}$$

Die Integrationsgrenze für kleine r, $a \simeq 8 \times 10^{-8}\,cm$, welche dem zwischenatomaren Abstand entspricht, muss eingeführt werden, um die Divergenzen, die durch das Zusammenbrechen der makroskopischen Betrachtung bedingt sind, zu vermeiden.

Um die Instabilität bezüglich der Entstehung eines Wirbels zu ermitteln, betrachten wir die Energie eines Wirbels im mit der Winkelgeschwindigkeit Ω rotierenden Bezugssystem. Wie aus der Mechanik bekannt ist,[1] gilt für die Transformation der Energie von K nach K'

$$E' = E - \mathbf{L\Omega}, \tag{4.42}$$

wobei hier E und $\mathbf{L}$ die Energie und den Drehimpuls des Wirbels im Ruhesystem bezeichnen und entsprechend durch die Gln. (4.41) und (4.40) gegeben sind. Wenn keine Wirbel vorhanden sind, gilt $E' = 0$. Demzufolge werden die Wirbel thermodynamisch günstig, wenn E' negativ wird. Die Gl. (4.42) zeigt, dass die Zustände mit $\mathbf{L\Omega} > 0$ die Energie vermindern und somit die Entstehung von Wirbeln begünstigen. Die kritische Winkelgeschwindigkeit erhält man nach Einsetzen von (4.40) und (4.41) in E'

$$E' = H\pi \frac{\varrho_s \hbar^2}{m^2} \ln \frac{R}{a} - \pi R^2 H \varrho_s \frac{\hbar}{m} \Omega$$

als

$$\Omega_{\text{krit}} = \frac{\hbar}{mR^2} \ln \frac{R}{a}.$$

[1] Das Bezugssystem K' rotiere mit der Winkelgeschwindigkeit Ω um die z-Achse des inertialen Bezugssystems K. Für die Geschwindigkeit $\mathbf{v}'$ gilt $\mathbf{v}' = \mathbf{v} - \mathbf{u}$ mit $\mathbf{u} = \mathbf{\Omega} \times \mathbf{r}$. Die Energie in K' erhält man als $E' \equiv \frac{m}{2} v'^2 - \frac{m}{2} u^2 = \frac{m}{2} v^2 - \mathbf{L\Omega}$. Der Term $-\frac{m}{2} u^2$ in E' ist die zentrifugale Energie, die den nichtinertialen Charakter von K' wiederspiegelt.

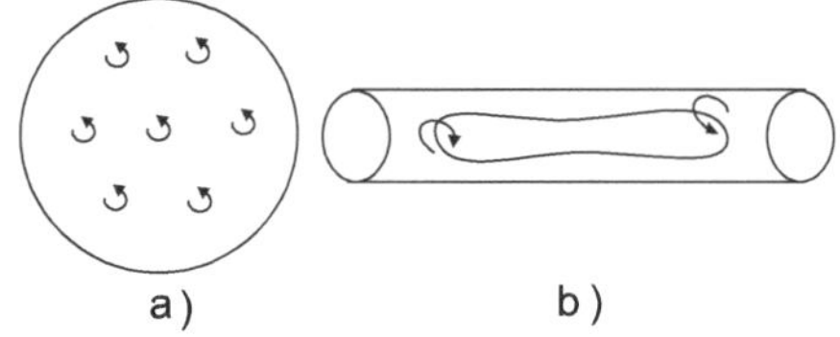

Abb. 4.8 (**a**) Wirbeln für $\Omega >> \Omega_{\text{crit}}$; (**b**) Ein Wirbelring in einer Kapillare. Beide sind schematisch dargestellt

Für $\Omega > \Omega_{\text{krit}}$ wird die Rotation von HeII instabil bezüglich der Entstehung der Wirbel der suprafluiden Komponente. Für HeII in einem Glas mit dem Radius von $R = 5$ cm erhält man den numerischen Wert $\Omega_{\text{krit}} \simeq 0,000114\ s^{-1}$.

Wir haben oben nur die Wirbel mit der Quantenzahl $n = 1$ betrachtet, weil die Wirbel mit $n > 1$ thermodynamisch instabil sind. Dies hängt damit zusammen, dass die Energie und der Drehimpuls entsprechend zu n^2 und n proportional sind.

Für $\Omega \gg \Omega_{\text{krit}}$ entstehen im Querschnitt des sich rotierenden Gefäßes mit HeII viele Wirbel, welche qualitativ in der Abb. 4.8 gezeigt sind. Die inelastische Streuung der Elementar-Anregungen an den Wirbeln äußert sich als Reibung zwischen der n- und s-Komponente und führt zur Abnahme der Schwellengeschwindigkeit u_c. In Kapillaren entstehen Wirbelringe, welche die Ursache dafür sind, dass die Geschwindigkeit u_c von 60 m/s auf etwa 1 cm/s herabfällt.

4.2.8 Die Wellenfunktion des Kondensates

Wir werden in diesem Abschnitt zeigen, dass das Kondensat bei $T = 0$ durch eine komplexe Wellenfunktion $\Psi(\mathbf{r}, t)$ beschrieben werden kann. Wir gehen davon aus, dass sich im Kondensat eine makroskopische Anzahl der Heliumatome befindet. Da die Impulse der Teilchen im Kondensat gleich Null sind, kann sich jedes Heliumatom im Kondensat in Übereinstimmung mit der Orts-Impuls Unschärfe mit gleicher Wahrscheinlichkeit im ganzen Volumen der Flüssigkeit aufhalten. Daraus folgt, dass das Betragsquadrat der Wellenfunktion mit der Dichte des Kondensates $|\Psi_0(\mathbf{r}_1, \ldots, \mathbf{r}_N)|^2 = \varrho_s$ übereinstimmt. Für eine ruhende Flüssigkeit besitzt die Wellenfunktion des Grundzustandes keine Knoten, so dass sie als positive Konstante betrachtet werden kann.

Für eine sich als Ganzes mit der Geschwindigkeit v_s bewegende Flüssigkeit ist die Wellenfunktion durch den Ausdruck

$$\Psi(\mathbf{r}_1, \ldots, \mathbf{r}_N) = \exp\left(\frac{i}{\hbar} m \mathbf{v}_s \sum_i \mathbf{r}_i\right) \Psi_0 = \sqrt{\varrho_s} e^{i\Phi(\mathbf{R}_c)} \tag{4.43}$$

gegeben, wobei

$$\Phi(\mathbf{R}_c) = (m/\hbar)\mathbf{v}_s \sum_i \mathbf{r}_i = mN\mathbf{v}_s\mathbf{R}_c/\hbar \tag{4.44}$$

($\mathbf{R}_c = N^{-1}\sum_i \mathbf{r}_i$ ist der Schwerpunkt der Flüssigkeit) die Phase der Wellenfunktion bezeichnet. Verglichen mit einem Teilchen entspricht (4.44) der Phase einer ebenen Welle. Letztere kann durch die Transformation der Wellenfunktion aus dem Bezugssystem, in dem die Flüssigkeit ruht, zum Bezugssystem, in dem sie sich mit der Geschwindigkeit $\mathbf{v}_s$ bewegt, begründet werden. Die Geschwindigkeit der Flüssigkeit kann durch die Phase Φ wie folgt ausgedrückt werden

$$\mathbf{v}_s = \frac{\hbar}{mN}\nabla_{\mathbf{R}_c}\Phi. \tag{4.45}$$

Die obige Betrachtung zeigt, dass das Kondensat durch eine komplexe Wellenfunktion beschrieben wird, wobei die Geschwindigkeit des Kondensates als Ganzes durch die Phase der Wellenfunktion bestimmt wird.

Nun betrachten wir den Fall, wenn sich die suprafluide Flüssigkeit mit einer inhomogenen Geschwindigkeit bewegt. Wir werden das Kondensat durch die komplexe Wellenfunktion $\Psi(\mathbf{r}, t)$

$$\Psi(\mathbf{r}, t) = \sqrt{\varrho_s(\mathbf{r}, t)}e^{i\Phi(\mathbf{r},t)} \tag{4.46}$$

beschreiben. Das Betragsquadrat entspricht der Dichte der suprafluiden Komponente $\varrho_s(\mathbf{r}, t)$, während die Phase $\Phi(\mathbf{r}, t)$ wie folgt mit der Geschwindigkeit der suprafluiden Komponente zusammenhängt

$$\mathbf{v}_s(\mathbf{r}, t) = \frac{\hbar}{m}\nabla\Phi(\mathbf{r}, t). \tag{4.47}$$

Die Gl. (4.46) sowie der Zusammenhang zwischen Geschwindigkeit und und der Phase entspricht der lokalen Transformation der Wellenfunktion vom ruhenden zum mitbewegten Bezugssystem in jedem Punkt der Flüssigkeit, welche aus den Gln. (4.43), (4.34) and (4.45) mit $N \to 1$, $\mathbf{R}_c \to \mathbf{r}$ folgt. Die Möglichkeit einer Beschreibung des Kondensates mit Hilfe der komplexen Wellenfunktion (4.46) kann auch direkt aus den Eigenschaften der Vernichtungs- und Erzeugunsoperatoren $\hat{\Psi}_s(\mathbf{r}, t)$ und $\hat{\Psi}_s^+(\mathbf{r}, t)$ in der Ortsdarstellung abgeleitet werden. Wegen der makroskopischen Besetzung des Kondensates (siehe die Gln. (4.17)) sind die Erzeugungs- und Vernichtungsoperatoren der Zustände mit Impuls gleich Null c-Zahlen und keine Operatoren. Wegen der Ortsunschärfe der Heliumatome im Kondensat sind die Besetzungszahlen $N(\mathbf{r}, t)$ makroskopisch groß, so dass $\hat{\Psi}_s(\mathbf{r}, t)$ und $\hat{\Psi}_s^+(\mathbf{r}, t)$ analog zu a_0 und a_0^+ gewöhnliche (komplexe) Funktionen und keine Operatoren sind. Letztere können als die Wellenfunktion des sich bewegenden Kondensates betrachtet werden. Die Möglichkeit der Beschreibung der sich bewegenden suprafluiden Flüssigkeit durch eine komplexe Wellenfunktion (4.46) spiegelt den quantenmechanischen Charakter der Suprafluidität wieder.

Der Zusammenhang zwischen der Geschwindigkeit und der Phase kann auch unmittelbar unter Benutzung des quantenmechanischen Ausdruckes für die Stromdichte

$$\mathbf{j}_s(\mathbf{r}, t) = \frac{i\hbar}{2m}\left(\Psi \nabla \Psi^* - \Psi^* \nabla \Psi\right)$$

ermittelt werden. Man erhält unter Benutzung von (4.46)

$$\mathbf{j}_s(\mathbf{r}, t) = \frac{\hbar}{m} \varrho_s(\mathbf{r}, t) \nabla \Phi(\mathbf{r}, t). \tag{4.48}$$

Das Gleichsetzen von $\mathbf{j}_s(\mathbf{r}, t)$ mit der Stromdichte der makroskopischen Bewegung des Kondensates $\mathbf{j}_s(\mathbf{r}, t) = \varrho_s(\mathbf{r}, t)\mathbf{v}_s$ ergibt den Zusammenhang zwischen der Geschwindigkeit der suprafluiden Komponente und der Phase der Wellenfunktion

$$\mathbf{v}_s(\mathbf{r}, t) = \frac{\hbar}{m} \nabla \Phi(\mathbf{r}, t). \tag{4.49}$$

Die Gl. (4.49) ermöglicht eine allgemeinere Herleitung der Quantisierungsbedingung (4.39). Die Integration von (4.49) entlang einer geschlossenen Kontur innerhalb von HeII ergibt

$$\oint \mathbf{v}_s d\mathbf{r} = \frac{\hbar}{m} \left(\Phi(2\pi) - \Phi(0)\right).$$

Da die Wellenfunktion eine eindeutige Funktion ist, muss der Phasenunterschied $\Phi(2\pi) - \Phi(0)$ das vielfache von 2π betragen. Daraus erhalten wir die Bedingung

$$\oint \mathbf{v}_s d\mathbf{r} = 2\pi \frac{\hbar}{m} n, \quad n = 0, 1, \ldots. \tag{4.50}$$

Im Spezialfall einer Kreiskontur, die die Symmetrieachse eines zylinderförmigen Gefäßes umschließt, erhalten wir aus der Gl. (4.50) wieder die Bedingung (4.39). Die wirbelfreie Bewegung der suprafluiden Flüssigkeit ($n = 0$) kann aus (4.50) unter Benutzung des Stokesschen Satzes in der Form

$$\mathrm{rot}\mathbf{v}_s(\mathbf{r}, t) = 0$$

geschrieben werden.

In der thermodynamischen Beschreibung des Phasenüberganges in den suprafluiden Zustand entlang der λ-Linie spielt die Wellenfunktion des suprafluiden Kondensates die Rolle des komplexen Ordnungsparameters [81].

4.3 Die BCS-Theorie der Supraleitung

4.3.1 Einleitung

Das Phänomen der Supraleitung besteht darin, dass viele Substanzen beim Unterschreiten einer substanzspezifischen Temperatur in einen supraleitenden Zustand übergehen, in dem der elektrische Widerstand Null wird. Die Supraleitung wurde 1911 von H. Kamerlingh-Onnes bei der Untersuchung des Widerstandes von Quecksilber bei tiefen Temperaturen entdeckt. F. W. Meissner und R. Ochsenfeld entdeckten 1933, dass das äußere Magnetfeld mit Stärken kleiner als einen kritischen Wert aus dem Supraleiter verdrängt wird (Meissner-Ochsenfeld Effekt). In den Supraleitern zweiter Art, die von A. A. Abrikosov 1957 theoretisch vorausgesagt wurden, dringt bei stärkeren Magnetfeldern das Magnetfeld in den Supraleiter in Form von Flusslinien (vortices) ein. Die 1986 von J. G. Bednorz und K. A. Müller entdeckten oxidischen Hochtemperatursupraleiter (die höchsten kritischen Temperaturen liegen im Bereich 120–138 K) sind ausgeprägte Supraleiter 2. Art. Einen Überblick über die grundlegenden Eigenschaften und die theoretischen Vorstellungen der Hochtemperatur-Supraleiter findet man in den Übersichtsartikeln [93, 94] (und Literatur darin). Das Phasendiagramm eines Supraleiters 1. Art wird schematisch in der Abb. 4.9 dargestellt. Der Isotopen-Effekt [107, 108] wonach die kritische Temperatur T_c von der Masse M der Gitteratome abhängt, $T_c \propto M^{-1/2}$ (siehe den Abschn. 4.3.8), weist auf die Bedeutung des Kristallgitters für die Supraleitung hin. Die durch die Wechselwirkung von Elektronen mit Gitterschwingungen verursachte effektive Anziehung zwischen den Elektronen (H. Fröhlich, J. Bardeen) spielt die entscheidende Bedeutung für die Entstehung der Supraleitung. Die Entstehung der effektiven Wechselwirkung zwischen den Elektronen wird in der Abb. 4.10 qualitativ veranschaulicht. Der Hauptbeitrag zur Anziehung rührt von Elektronen mit entgegengesetzten Impulsen her. Die Erklärung dafür ist, dass die Polarisation des Gitters, die durch ein Elektron mit dem Impuls **p** verursacht wird, für ein zweites Elektron mit dem entgegengesetzten Impuls $-\mathbf{p}$ am wirksamsten ist, da dieses sich am längsten in der Spur des ersten Elektrons befindet. Die Kompliziertheit der Wechselwirkungen in realen Metallen macht es schwer vorauszusagen, in welchen Metallen die Anziehung über die Abstoßung dominiert. Diese Anziehung zwischen

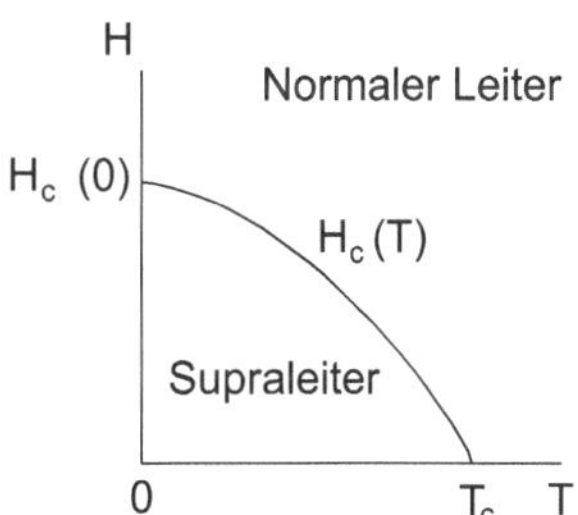

Abb. 4.9 Das schematische Phasen-Diagramm eines Supraleiters 1. Art

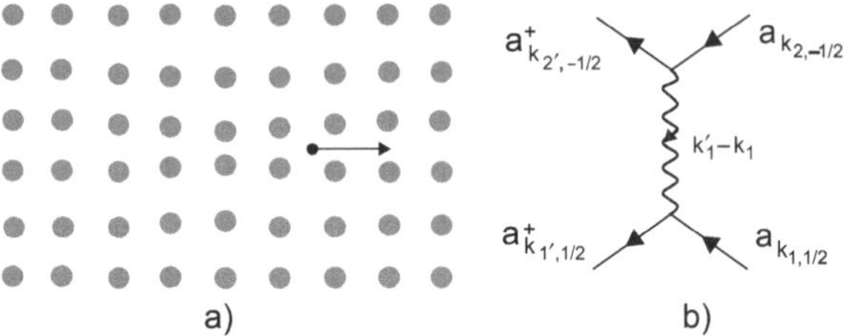

Abb. 4.10 (**a**) Die qualitative Veranschaulichung der effektiven Wechselwirkung zwischen den Elektronen (aus [95], Abb. 199). Das Elektron bewegt sich in die Pfeilrichtung und deformiert das Gitter. Die Relaxationszeit des Gitters ist so groß, dass das zweite Elektron, dass sich von rechts nach links bewegt von dem deformierten Ionengitter angezogen wird. Mit freundlicher Genehmigung des Verlages "Cambridge University Press." (**b**) Graphische Darstellung des Wechselwirkungsterms des BCS-Hamiltonians H_g in (4.52)

den Elektronen, die in der quantenmechanischen Beschreibung durch Austausch von virtuellen Phononen zwischen den Elektronen beschrieben wird, ist verantwortlich für die Bildung von gebundenen Zuständen von Elektronen mit entgegengesetzten Impulsen und Spins, welche als Cooper-Paare bezeichnet werden. Die Anziehung zwischen den Elektronen ist in einer schmalen Schicht auf der Fermi-Fläche wirksam. In energetischen Einheiten entspricht die Dicke dieser Schicht der maximalen Energie der Phononen, $\hbar\omega_D \sim \hbar v_s/a$, wobei ω_D die Debye-Frequenz, v_s die Schallgeschwindigkeit, und a die Gitterkonstante bezeichnen. Die Impulsunschärfe $\delta p \sim \hbar\omega_D/v_F$, wobei v_F die Geschwindigkeit der Elektronen auf der Fermi-Fläche bezeichnet, bestimmt über die Unschärferelation die räumliche Längenskala der effektiven Anziehung

$$\delta r \sim \hbar/\delta p \sim v_F/\omega_D \sim v_F a/v_s \sim a\,(M/m)^{1/2}\,,$$

wobei m die Elektronenmasse ist. Für δr erhält man einen Wert von der Größenordnung $10^{-6} - 10^{-5}$cm, so dass die Phononen-Anziehung im Vergleich zu den zwischenatomaren Abständen langreichweitig ist. Die Coulomb-Abstoßung zwischen den Elektronen überwiegt gewöhnlich die Phononen-Anziehung, aber wegen der Abschirmung wird sie abgeschwächt, so dass die Anziehung dominieren kann. Diese Anziehung ist am stärksten für Elektronen mit entgegengesetzten Spins. In diesem Fall ist die Spin-Wellenfunktion antisymmetrisch, während der Ortsanteil der Wellenfunktion symmetrisch ist. Die Wahrscheinlichkeit dafür, dass die betrachteten Elektronen mit entgegengesetzten Impulsen am gleichen Ort sind, ist somit für Elektronen mit entgegengesetzten Spins am größten, so dass der Gewinn durch die Elektronen-Phononen-Wechselwirkung maximal wird.

Eine grundlegende Bedeutung für die Existenz der Supraleitung besitzt der Cooper-Effekt (siehe Aufgabe 4.4.20 auf Seite 322). Der Cooper-Effekt besteht darin, dass die infinitesimale Anziehung zwischen den Elektronen mit entgegengesetzten Impulsen und Spins in der Nähe der Fermi-Fläche die Bildung von Cooper-Paaren ermöglicht. Die Entstehung der Cooper-Paare durch eine infinitesimale Anziehung kann auf folgende Weise plausibel gemacht werden. Die Impulse der sich anziehenden Elektronen nehmen mit deren Abstand zwischen den Elektronen ab. Dieser Abnahme sind jedoch Grenzen gesetzt. Wenn die Impulse den Wert p_F erreichen, ist eine weitere Abnahme der Impulse nicht möglich, weil die Zustände innerhalb der Fermi-Kugel besetzt sind. Die Konsequenz davon ist, dass keine weitere Zunahme des Abstandes zwischen den Elektronen im Paar erfolgen kann, so dass die Elektronen einen gebundenen Zustand bilden. Dies befindet sich im Unterschied mit der Bedingung für die Bildung von gebundenen Zuständen in der Quantenmechanik in einem Potentialtopf in drei Dimensionen. Im letzteren Fall ist für die Bildung eines gebundenen Zustandes eine endliche Anziehungsstärke erforderlich.

Die 1957 von Bardeen, Cooper und Schrieffer entwickelte mikroskopische Theorie der Supraleitung (die BCS-Theorie) beschreibt (qualitativ gesprochen) die Supraleitung als Superfluidität der Cooper-Paare. Die Cooper-Paare besitzen den Spin 0 und unterliegen somit der Bose-Einstein-Statistik. Ihr Anregungsspektrum besitzt die für die Suprafluidität erforderliche Bedingung (siehe die Gl. (4.71)). In folgenden Abschnitten werden wir den BCS-Hamiltonian, welcher die effektive Anziehung zwischen Elektronen mit entgegengesetzten Impulsen und Spins berücksichtigt, unter Benutzung der kanonischen Transformation von Bogoliubov betrachten. Wir werden die Grundzustandsenergie und das Anregungsspektrum des nichtidealen Fermigases berechnen. In unserer Darstellung der BCS-Theorie folgen wir den Arbeiten von Tolmachev und Tjablikov [96] und Abrikosov und Khalatnikov [97]. Einige numerische Abschätzungen basieren auf die in [89] und [98] angegebenen Zahlenwerte der betrachteten Größen. Die Darstellung der BCS-Theorie im Rahmen der kanonischen Transformation von Bogoliubov stellt eine weitere wichtige Anwendung des Besetzungszahlen-Formalismus dar.

4.3.2 Kanonische Transformation in der Theorie des schwach wechselwirkenden Elektronen-Gases

Der Ausgangspunkt der Betrachtung der Theorie der Supraleitung im Rahmen der kanonischen Transformation von Bogoliubov ist der effektive Hamilton-Operator nach Bardeen, Cooper und Schrieffer in der Besetzungszahlen-Darstellung

$$H = H_0 + H_g \tag{4.51}$$

mit dem ungestörten Anteil

$$H_0 = \sum_{k,\sigma} \left(\frac{\hbar^2 k^2}{2m} - \mu \right) a^+_{k,\sigma} a_{k,\sigma}$$

und dem Wechselwirkungsteil

$$H_g = \frac{g}{V} \sum_{k_1+k_2=k_1'+k_2'} a^+_{k_1',1/2} a^+_{k_2',-1/2} a_{k_1,1/2} a_{k_2,-1/2}, \tag{4.52}$$

wobei $\mu = \hbar^2 k_F^2/2m$ ($\hbar k_F$ ist der Fermi-Impuls) der Lagrange-Multiplikator ist, welcher es ermöglicht, das System mit der veränderlichen Teilchenzahl ($N = \sum_{k,\sigma} a^+_{k,\sigma} a_{k,\sigma}$) zu betrachten. Vergleiche dies mit der Betrachtung des schwach wechselwirkenden Bose-Gases im Abschn. 4.2.2. Das Symbol ^ über die Erzeugungs- und Vernichtungsoperatoren wird in diesem Abschnitt weggelassen. Der Wechselwirkungsterm H_g wird graphisch in der Abb. 4.10b dargestellt. Die Herleitung von H_g in der Impulsdarstellung (4.52) erfolgt analog der Herleitung des Hamilton-Operators (4.16) für das schwach wechselwirkende Bose-Gas. Die Fourier-Transformierte der Wechselwirkungsenergie wurde als unabhängig von Wellenzahlvektoren angenommen, d.h. die Wechselwirkung wird durch ein δ-Potential genähert. Im Wechselwirkungsanteil des Hamilton-Operators wird nur die Wechselwirkung zwischen den Elektronen mit entgegengesetzten Spins berücksichtigt. Das sieht man daran, dass die Spinindizes der Wellenzahlvektoren k_1 und k_2 bzw. k_1' und k_2' entgegengesetzte Vorzeichen besitzen. Die Impulse in (4.52) sind zuerst willkürlich. Die Gl. (4.66) zeigt jedoch, dass der Haupteintrag zur Grundzustandsenergie von den entgegengerichteten Impulse herrührt. Beachten Sie, dass das positive $g > 0$ der Anziehung (vergleiche mit (4.14)) entspricht. Im folgenden werden die Wellenzahlvektoren nicht fett geschrieben. Für die Impulse in der Nähe des Fermi-Impulses benutzen wir die Näherung

$$\frac{\hbar^2 k^2}{2m} - \mu \simeq \hbar v_F (k - k_F) \equiv \xi_k,$$

wobei v_F die Geschwindigkeit auf der Fermi-Fläche ist. Im H_g erfolgt die Summation nur über die Wellenvektoren, die der Bedingung $k_1 + k_2 = k_1' + k_2' \neq 0$ genügen. D.h. die Wechselwirkung zwischen den Phononen mit Energie gleich Null wird nicht berücksichtigt.

In der kanonischen Transformation von Bogoliubov werden anstelle der Erzeugungs- und Vernichtungsoperatoren der Elektronen neue Erzeugungs- und Vernichtungsoperatoren eingeführt. Es werden dabei nur Operatoren mit entgegengesetzten Impulsen und Spins vermischt, so dass der Zusammenhang zwischen den alten und neuen Operatoren lautet

$$a_{k,1/2} = u_k b_{k,1} + v_k b^+_{-k,0}, \quad a_{k,-1/2} = u_k b_{k,0} - v_k b^+_{-k,1}, \tag{4.53}$$

$$a^+_{k,1/2} = u_k b^+_{k,1} + v_k b_{-k,0}, \quad a^+_{k,-1/2} = u_k b^+_{k,0} - v_k b_{-k,1}. \tag{4.54}$$

Die Koeffizienten u_k und v_k sind zuerst willkürliche Größen, die unten bestimmt werden. Die inverse Transformation, welche die b -Operatoren durch die a-Operatoren ausdrückt, findet man in der Aufgabe 4.4.21. Die Größen b und b^+ sind Vernichtungs- und Erzeugungsoperatoren der Elementaranregungen (Quasiteilchen). Damit die Quasiteilchen-Operatoren b und b^+ genauso wie a und a^+ den Antivertauschungsrelationen für Fermi-Operatoren genügen, müssen die Koeffizienten u_k und v_k der Bedingung

$$u_k^2 + v_k^2 = 1 \tag{4.55}$$

genügen.

Zuerst drücken wir den BCS-Hamiltonian durch b und b^+ aus. Die Umformung des quadratischen Terms $\sum_\sigma \xi_k a^+_{k\sigma} a_{k\sigma}$

$$\begin{aligned}
&\xi_k(u_k b^+_{k,1} + v_k b_{-k,0})(u_k b_{k,1} + v_k b^+_{-k,0}) + \xi_k(u_k b^+_{k,0} - v_k b_{-k,1})(u_k b_{k,0} - v_k b^+_{-k,1}) \\
&= 2\xi_k v_k^2 + \xi_k(u_k^2 - v_k^2)(b^+_{k,1} b_{k,1} + b^+_{k,0} b_{k,0}) + \xi u_k v_k (b^+_{k,1} b^+_{-k,0} + b_{-k,0} b_{k,1}) \\
&\quad -\xi u_k v_k (b^+_{k,0} b^+_{-k,1} + b_{-k,1} b_{k,0})
\end{aligned}$$

ermöglicht es, nach Benutzung der Antivertauschungsrelationen der b-Operatoren in der letzten Zeile den ungestörten Anteil des Hamilton-Operators wie folgt zu schreiben

$$\begin{aligned}
H_0 = &\sum_k 2\xi_k v_k^2 + \sum_k \xi_k(u_k^2 - v_k^2)(b^+_{k,1} b_{k,1} + b^+_{k,0} b_{k,0}) \\
&+2\sum_k \xi u_k v_k (b^+_{k,1} b^+_{-k,0} + b_{-k,0} b_{k,1}).
\end{aligned} \tag{4.56}$$

Um H_g durch die b-Operatoren auszudrücken, setzen wir (4.53) und (4.54) in H_g ein und erhalten

$$\begin{aligned}
H_g = \frac{g}{V} &\sum_{k_1 - k_1' = k_2' - k_2} (u_{k_1'} b^+_{k_1',1} + v_{k_1'} b_{-k_1',0})(u_{k_2'} b^+_{k_2',0} - v_{k_2'} b_{-k_2',1}) \\
&\times (u_{k_1} b_{k_1,1} + v_{k_1} b^+_{-k_1,0})(u_{k_2} b_{k_2,0} - v_{k_2} b^+_{-k_2,1}).
\end{aligned} \tag{4.57}$$

Die Ausmultiplikation der Terme in den ersten zwei und in den letzten zwei Klammern untereinander ergibt

$$\begin{aligned}
&H_g = \frac{g}{V} \sum_{k_1 + k_2 = k_1' + k_2'} \times \\
&\left(u_{k_1'} u_{k_2'} b^+_{k_1',1} b^+_{k_2',0} - u_{k_1'} v_{k_2'} b^+_{k_1',1} b_{-k_2',1} + v_{k_1'} u_{k_2'} b_{-k_1',0} b^+_{k_2',0} - v_{k_1'} v_{k_2'} b_{-k_1',0} b_{-k_2',1}\right) \times \\
&\left(u_{k_1} u_{k_2} b_{k_1,1} b_{k_2,0} - u_{k_1} v_{k_2} b_{k_1,1} b^+_{-k_2,1} + v_{k_1} u_{k_2} b^+_{-k_1,0} b_{k_2,0} - v_{k_1} v_{k_2} b^+_{-k_1,0} b^+_{-k_2,1}\right).
\end{aligned} \tag{4.58}$$

Für die eindeutige Bestimmung der kanonischen Transformation (4.53) und (4.54) braucht man neben der Gl. (4.55) eine weitere Bedingung. Diese Bedingung wird so gewählt, dass Paare mit entgegengesetzten Impulsen und Spins (Spinprojektionen auf die z-Achse) verboten sind. Man kann direkt zeigen (siehe den Abschn. 4.3.3 und die Aufgabe 4.4.22), dass diese Bedingung mit der Forderung, dass die Grundzustandsenergie (4.66) minimal bezüglich der Variation nach u_k ist, übereinstimmt.

Der Grundzustand des Supraleiters bei Temperatur $T = 0$ wird durch die Bedingung

$$b_k |0\rangle = 0$$

definiert. Der Zustand $b_k^+ |0\rangle$ entspricht einem Quasiteilchen mit dem Impuls $\hbar k$. Der Zustand $b_{k,1}^+ b_{-k,0}^+ |0\rangle$ entspricht einem Quasiteilchen-Paar mit den entgegengesetzten Impulsen und Spins und ist in Übereinstimmung mit unserer Forderung verboten. Das Fehlen solcher Zustände im Anregungsspektrum spiegelt die Tatsache wieder, dass die Elektronenpaare mit entgegengesetzten Impulsen und Spins im Kondensat gebundene Zustände bilden. Um die Bedingung, die die Existenz solche Paare verbietet, zu finden, betrachten wir die Terme, welche $b_{k,1}^+ b_{-k,0}^+$ in H_0 und H_g enthalten. Die entsprechenden Terme in H_0 erhält man sofort aus (4.56) als

$$2 \sum_k \xi_k u_k v_k b_{k,1}^+ b_{-k,0}^+.$$

Um solche Terme in H_g zu finden, benutzen wir die Antivertauschungsrelationen der b-Operatoren im dritten Term der ersten Klammer und im zweiten Term der zweiten Klammer in der Gl. (4.58). Anschließend erhält man die Terme mit der gesuchten Struktur als

$$\begin{aligned}
&\frac{g}{V} \sum_{k_1+k_2=k_1'+k_2'} u_{k_1'} u_{k_2'} b_{k_1',1}^+ b_{k_2',0}^+ (-u_{k_1} v_{k_2}) \delta_{k_1,-k_2} \\
&+ v_{k_1'} u_{k_2'} \delta_{-k_1',k_2'} (-v_{k_1} v_{k_2}) b_{-k_1,0}^+ b_{-k_2,1}^+ \\
&= -\frac{g}{V} \sum_{k_1,k_1'} (u_{k_1}^2 u_{k_1'} v_{k_1'} b_{k_1,1}^+ b_{-k_1,0}^+ - v_{k_1}^2 u_{k_1'} v_{k_1'} b_{k_1,1}^+ b_{-k_1,0}^+) \\
&= -\frac{g}{V} \sum_{k,k'} (u_k^2 - v_k^2) u_{k'} v_{k'} b_{k,1}^+ b_{-k,0}^+.
\end{aligned}$$

Die entsprechenden Terme in $H_0 + H_g$ ergeben zusammen

$$\sum_k \left(2\xi_k u_k v_k - \frac{g}{V} (u_k^2 - v_k^2) \sum_{k'} u_{k'} v_{k'} \right) b_{k,1}^+ b_{-k,0}^+. \tag{4.59}$$

Die Bedingung, welche die Anregungen $b_{k,1}^+ b_{-k,0}^+$ verbietet, ergibt die zweite Gleichung für u_k und v_k

$$2\xi_k u_k v_k - \frac{g}{V} (u_k^2 - v_k^2) \sum_{k'} u_{k'} v_{k'} = 0. \tag{4.60}$$

Unter Benutzung der Bezeichnung

$$\Delta_0 = \frac{g}{V} \sum_k u_k v_k \tag{4.61}$$

findet man leicht die Lösung der Gl. (4.55) und (4.60) für u_k und v_k als

$$u_k^2 = \frac{1}{2}\left(1 + \frac{\xi_k}{\sqrt{\Delta_0^2 + \xi_k^2}}\right), \quad v_k^2 = \frac{1}{2}\left(1 - \frac{\xi_k}{\sqrt{\Delta_0^2 + \xi_k^2}}\right). \tag{4.62}$$

Das Einsetzen von u_k und v_k in den Ausdruck (4.61) ergibt die Bestimmungsgleichung für die Energielücke Δ_0

$$1 = \frac{g}{2V} \sum_k \frac{1}{\sqrt{\Delta_0^2 + \xi_k^2}}. \tag{4.63}$$

Damit die Gl. (4.63) eine von Null verschiedene Lösung für die Energielücke besitzt, muss die Bedingung

$$\frac{g}{2V} \sum_k \frac{1}{|\xi_k|} > 1 \tag{4.64}$$

erfüllt sein. Letztere entspricht, wie aus der Theorie der Metalle bekannt ist, der starken Elektron-Phonon-Wechselwirkung [95]. Siehe dazu die Diskussion am Ende des Abschn. 4.3.6. In (4.63) ersetzen wir die Summe durch das Integral und erhalten nach der elementaren Integration

$$\begin{aligned}
&\frac{4\pi V}{(2\pi)^3} k_F^2 \int\limits_{k_F-\Delta k}^{k_F+\Delta k} \frac{d(k-k_F)}{\sqrt{\Delta_0^2 + v_F^2 \hbar^2 (k-k_F)^2}} \\
&= \frac{V k_F^2}{2\pi^2 \hbar v_F} \int\limits_{-\omega_D}^{\omega_D} \frac{d\omega}{\sqrt{\Delta_0^2/\hbar^2 + \omega^2}} \\
&= \frac{V k_F^2}{\pi^2 \hbar v_F} \ln \frac{\sqrt{\Delta_0^2 + \hbar^2\omega_D^2} + \hbar\omega_D}{\Delta_0}.
\end{aligned}$$

Die Integration über k wurde auf eine Schicht auf der Fermi-Fläche $k_F \pm \Delta k$ eingeschränkt. Die Schichtdicke Δk entspricht der maximalen Energie der Phononen, $\Delta k = \omega_D / v_F$, wobei $\omega_D = \hbar v_s / a$ die Debye-Frequenz des Gitters bezeichnet. Die Größen v_s und v_F sind entsprechend die Schallgeschwindigkeit und die Geschwindigkeit der Elektronen auf der Fermi-Fläche. Nach der Approximation des Logarithmus durch

$$\ln \frac{2\hbar\omega_D}{\Delta_0},$$

welche für $\Delta_0 \leq \hbar\omega_D$ gerechtfertigt ist, erhält man die Energielücke als

$$\Delta_0 = 2\hbar\omega_D \exp\left(-\frac{2}{g\nu}\right). \tag{4.65}$$

In (4.65) bezeichnet $\nu = k_F^2/\pi^2\hbar v_F$ die energetische Zustandsdichte (unter Berücksichtigung der zwei Spinzustände für jedes k) auf der Fermifläche.

Für die meisten Supraleiter beträgt $g\nu \sim 0,6$. Mit dem Wert für die Debye-Temperatur $\hbar\omega_D \sim 100\,\mathrm{K}$ erhält man aus (4.65) die Abschätzung $\Delta_0 \sim 7\,\mathrm{K}$.

4.3.3 Die Grundzustandsenergie

Die Grundzustandsenergie des Supraleiters entspricht den Termen im durch b und b^+ ausgedrückten Hamilton-Operator, die keine Erzeugungs- und Vernichtungsoperatoren enthalten. Der Beitrag von H_g zu E_0 entsteht durch das Produkt des dritten Terms in der ersten Klammer mit dem zweiten Term in der zweiten Klammer in der Gl. (4.58) nach Benutzung der Antivertauschungsrelationen in diesen Termen. Die Grundzustandsenergie erhält man als Ergebnis in der Form

$$\begin{aligned} E_0 &= \sum_k 2\xi_k v_k^2 - \frac{g}{V} \sum_{k_1+k_2=k_1'+k_2'} v_{k_1'} u_{k_2'} \delta_{-k_1',k_2'} u_{k_1} v_{k_2} \delta_{k_1,-k_2} \\ &= \sum_k 2\xi_k v_k^2 - \frac{g}{V} \sum_{k,k'} u_k v_k u_{k'} v_{k'}. \end{aligned} \tag{4.66}$$

Man kann sich direkt überzeugen (siehe die Aufgabe 4.4.22), dass die Forderung, dass E_0 extremal bezüglich der Variation nach u_k unter Berücksichtigung der Bedingung (4.55) ist, wiederum die Bedingung (4.60) ergibt. Wie wir bereits wissen, verbietet Letztere die Existenz von Quasiteilchenpaaren im Anregungsspektrum mit entgegengesetzten Impulsen und Spins.

Das Einsetzen von (4.62) in (4.66) ergibt

$$\begin{aligned} E_0 &= \sum_k \xi_k - \sum_k \frac{\xi_k^2}{\sqrt{\Delta_0^2 + \xi_k^2}} - \frac{g}{V}\Big(\sum_k u_k v_k\Big)^2 \\ &= \sum_k \xi_k - \sum_k \sqrt{\Delta_0^2 + \xi_k^2} + \frac{1}{2} \sum_k \frac{\Delta_0^2}{\sqrt{\Delta_0^2 + \xi_k^2}}. \end{aligned}$$

Die Abseparation der Summation innerhalb der Fermi-Kugel im ersten Term in E_0 ermöglicht es, die Grundzustandsenergie wie folgt zu schreiben

$$E_0 = 2\sum_{\xi_k<0} \xi_k + \sum_k \left(|\xi_k| - \sqrt{\Delta_0^2 + \xi_k^2} + \frac{1}{2}\frac{\Delta_0^2}{\sqrt{\Delta_0^2 + \xi_k^2}} \right). \tag{4.67}$$

Da der Beitrag der zweiten Summe negativ ist, ist die Grundzustandsenergie kleiner als die Energie der gefüllten Fermi-Kugel des freien Elektronengases, welche durch den ersten Term gegeben ist. Die explizite Berechnung der Grundzustandsenergie in der Aufgabe 4.4.23 ergibt die Energiekorrektur zum idealen Elektronengas als

$$\begin{aligned} \frac{\delta E_0}{V} &= \frac{\nu}{2}\hbar^2\omega_D^2 \left(1 - \sqrt{1 + \frac{\Delta_0^2}{\hbar^2\omega_D^2}}\right) \\ &\simeq -\frac{\nu}{4}\Delta_0^2. \end{aligned} \tag{4.68}$$

4.3.4 Das Anregungsspektrum

Das Anregungsspektrum des Supraleiters entspricht den Termen in H_0 in (4.56) und H_g in (4.58), welche die Operatoren $b_{k,1}^+ b_{k,1}$ und $b_{k,0}^+ b_{k,0}$ enthalten. Der Beitrag zum Anregungsspektrum von H_0 ist durch den Ausdruck

$$\sum_k \xi_k (u_k^2 - v_k^2)(b_{k,1}^+ b_{k,1} + b_{k,0}^+ b_{k,0})$$

gegeben. Der Beitrag von H_g zum Anregungsspektrum entsteht durch das Produkt des zweiten Terms in der ersten Klammer mit dem zweiten Term in der zweiten Klammer (nach Benutzung der Antivertauschungsrelationen im Letzteren) und durch das Produkt des dritten Terms in der ersten Klammer (nach Benutzung der Antivertauschungsrelationen) mit dem dritten Term in der zweiten Klammer in der Gl. (4.58). Man erhält nach einer einfachen Umformung

$$\begin{aligned} &2g/V \sum_{k_1+k_2=k_1'+k_2'} u_{k_1'} v_{k_2'} b_{k_1',1}^+ b_{-k_2',1} u_{k_1} v_{k_2} \delta_{k_1,-k_2} + v_{k_1'} u_{k_2'} \delta_{-k_1',k_2'} v_{k_1} u_{k_2} b_{-k_1,0}^+ b_{k_2,0} \\ &= 2g/V \sum_{k_1,k_1'} (u_{k_1} v_{k_1} u_{k_1'} v_{k_1'} b_{k_1',1}^+ b_{k_1',1} + v_{k_1} u_{k_1} v_{k_1'} u_{k_1'} b_{k_1',0}^+ b_{k_1',0} \\ &= 2g/V \sum_{k'} u_{k'} v_{k'} \sum_k u_k v_k (b_{k,1}^+ b_{k,1} + b_{k,0}^+ b_{k,0}). \end{aligned}$$

Das Zusammenfassen der beiden Ausdrücke ergibt das Anregungsspektrum als

$$H_{\text{anreg}} = \sum_k \varepsilon_k (b_{k,1}^+ b_{k,1} + b_{k,0}^+ b_{k,0}), \tag{4.69}$$

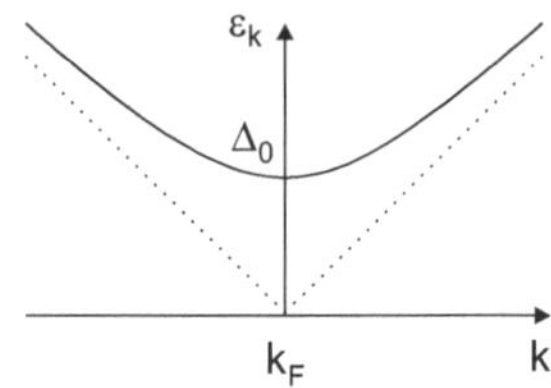

Abb. 4.11 Die Energie der Elementaranregungen

wobei

$$\varepsilon_k = \xi_k(u_k^2 - v_k^2) + 2g/V \sum_{k'} u_{k'} v_{k'} u_k v_k$$

die Energie der Elementaranregungen ist.

Das Einsetzen von u_k und v_k entsprechend der Gl. (4.62) ergibt die Energie der Elementaranregungen als

$$\varepsilon_k = \frac{\xi_k^2}{\sqrt{\Delta_0^2 + \xi_k^2}} + \Delta_0 \frac{2}{2}\sqrt{1 - \frac{\xi_k^2}{\Delta_0^2 + \xi_k^2}} = \sqrt{\Delta_0^2 + \xi_k^2} = \sqrt{\Delta_0^2 + v_F^2 \hbar^2 (k - k_F)^2}. \tag{4.70}$$

Die Abhängigkeit von ε_k von k ist in der Abb. 4.11 dargestellt. Es ist leicht zu sehen, dass das Spektrum (4.70) die für die Suprafluidität erforderliche Eigenschaft

$$\min \frac{\varepsilon_k}{k} \neq 0 \tag{4.71}$$

besitzt. Dies rechtfertigt die Behauptung, dass die Supraleitung qualitativ als Suprafluidität der Cooper-Paare angesehen werden kann.

Die Zustandsdichte der Elektronen im Supraleiter wird als Funktion der Energie in der Abb. 4.12b dargestellt. Die direkte Berechnung der Zustanddichte für das Spektrum (4.70) zeigt, dass n_ε für $k \to k_F$ divergiert. Dies erklärt den steilen Anstieg von n_ε bei der Annäherung an k_F.

Die Energie eines Cooper-Paares beträgt $2\Delta_0$. Beim Aufbrechen eines Cooper-Paares entstehen zwei Quasiteilchen. Da die Energie jedes der Quasiteilchen den

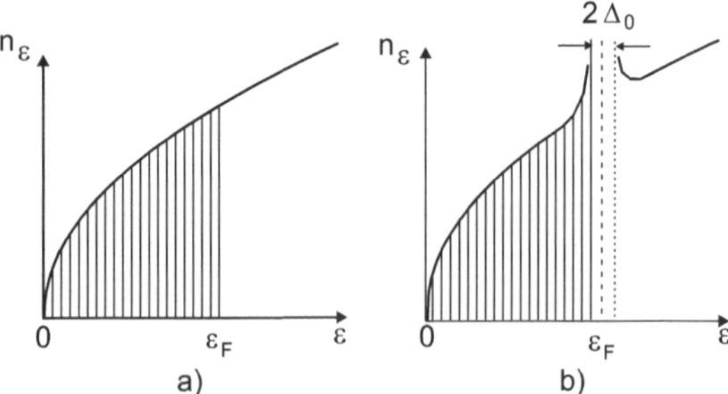

Abb. 4.12 Die Zustandsdichte der Elektronen als Funktion der Energie für $T = 0$. (**a**): freies Elektronengas, $n_\varepsilon \sim \sqrt{\varepsilon}$. (**b**): Supraleiter. Die schraffierten Flächen bezeichnen die besetzten Zustände

Wert Δ_0 besitzt, ist für das Aufbrechen eines Cooper-Paares die Energie $2\Delta_0$ erforderlich.

4.3.5 Die Kohärenzlänge

Die Cooper-Paare sind keine Paare im strengen Sinne des Wortes, sondern Paare mit Korrelationen zwischen Elektronen mit entgegengesetzten Impulsen und Spins. Der räumliche Maßstab dieser Korrelationen kann wie folgt abgeschätzt werden. Aus (4.70) folgt, dass die Impulsunschärfe eines Cooper-Paares δp von der Größenordnung $\Delta_0/2v_F$ ist. Die Unschärferelation ergibt für die Kohärenzlänge $\xi \sim \hbar/2\delta p = \hbar v_F/4\Delta_0$. Unter Berücksichtigung des Zusammenhanges zwischen Δ_0 und der kritischen Temperatur, $k_B T_c = 0,567\Delta_0$, welcher im Abschn. 4.3.8 (die Gl.(4.91)) hergeleitet wird, erhalten wir die Abschätzung für die Kohärenzlänge

$$\xi = 0,142\frac{\hbar v_F}{k_B T_c}.$$

Das Einsetzen der Werte $v_F \sim 10^8\,\mathrm{cm/s}$, $T_c \sim 5\,\mathrm{K}$ ergibt den Wert $\xi \sim 10^{-5}\,\mathrm{cm}$. Die Kohärenzlänge ist also eine makroskopische Größe. Mit dem Wert $10^{22}\,\mathrm{cm}^{-3}$ für die Elektronendichte, erhält man, dass sich innerhalb des Volumens eines Cooper-Paares die Schwerpunkte von ca. $10^6 - 10^7$ anderer Paare befinden.

4.3.6 Die Interpretation der Elementaranregungen

Um den Erzeugungs- und Vernichtungsoperatoren der Elementaranregungen b und b^+ eine physikalische Interpretation zu geben, betrachten wir die inverse Transformation

$$b_{k,1} = u_k a_{k,1/2} - v_k a^+_{-k,-1/2}, \quad b^+_{-k,0} = u_k a^+_{-k,-1/2} + v_k a_{k,1/2} \tag{4.72}$$

mit u_k und v_k definiert durch die Gl. (4.62). Für $k \gg k_F$ gilt $\xi_k \gg \Delta_0$, so dass $u_k^2 \approx 1$ und $v_k^2 \approx 0$ gilt. Aus (4.72) folgt in diesem Grenzfall

$$b_{k,1} \approx a_{k,1/2}, \quad b^+_{k,1} \approx a^+_{k,1/2},$$

und

$$b_{k,0} \approx a_{k,-1/2}, \quad b^+_{k,0} \approx a^+_{k,-1/2}.$$

Die Anregungen mit Impulsen, die viel größer als der Fermiimpuls p_F sind, entsprechen den Elektronen. Im umgekehrten Grenzfall kleiner Impulse $k \ll k_F$ sind die Elektronen als frei anzusehen, da die durch das Gitter induzierte Wechselwirkung zwischen den Elektronen nur in der Nähe der Fermi-Fläche wirksam ist. Das

Einsetzen von $g = 0$ in die Gl. (4.61) ergibt für die Energielücke $\Delta_0 = 0$. Da ξ_k in diesem Grenzfall negativ sind, erhält man $u_k^2 \approx 0$ und $v_k^2 \approx 1$. Für die Erzeugungs- und Vernichtungsoperatoren erhält man entsprechend

$$b_{k,1} \approx a^+_{-k,-1/2}, \quad b^+_{k,1} \approx a_{-k,-1/2}$$

und

$$b_{k,0} \approx -a^+_{-k,1/2}, \quad b^+_{k,0} \approx -a_{-k,1/2}.$$

D.h. der Erzeugung (Vernichtung) eines Quasiteilchens mit Impuls $k \ll k_F$ entspricht die Vernichtung (Erzeugung) eines Elektrons mit Impuls $-k$ oder eines Loches. Für Impulse in der Nähe der Fermi-Fläche, $k \sim k_F$, stellt die Anregung eine Mischung aus einem Elektron mit dem Impuls $\hbar k$ und einem Loch mit dem Impuls $-\hbar k$ dar.

Wie bereits im Abschn. 4.3.2 erwähnt wurde, entspricht die Bedingung für die Existenz der Supraleitung (4.64) der starken Elektron-Phonon-Wechselwirkung. Gerade diese Wechselwirkung ist für Temperaturen oberhalb der kritischen Temperatur T_c die Ursache für den elektrischen Widerstand. Daraus folgt, dass Metalle, die gute Leiter bei hohen Temperaturen sind, schlechte Supraleiter bei tiefen Temperaturen und umgekehrt sind. Diese Regel korreliert mit experimentellen Ergebnissen. Kupfer, Silber, Gold, die gute Leiter sind, werden bei tiefsten Temperaturen nicht supraleitend. Dagegen haben solche schlechte Leiter wie Niobium, Quecksilber, Blei die höchsten Übergangstemperaturen in den supraleitenden Zustand.

4.3.7 Supraleiter bei endlichen Temperaturen

Im Zusammenhang mit der Betrachtung des Elektronengases für endliche Temperaturen führen wir die kanonische Transformation im BCS-Hamiltonian (4.51) entsprechend der Gln. (4.53) und (4.54) durch. Im Unterschied zu $T = 0$ müssen wir jetzt bei der Aufstellung der Bedingung, welche die Zustände $b^+_{k,1} b^+_{-k,0} |0\rangle$ verbietet, berücksichtigen, dass sich das Elektronensystem nicht im Grundzustand befindet, und folglich die Besetzungszahlen $n_{k,1} = b^+_{k,1} b_{k,1}$ und $n_{k,0} = b^+_{k,0} b_{k,0}$ verschieden von Null sind. Anstelle von (4.59) erhalten wir für $T \neq 0$

$$2\xi_k u_k v_k = \frac{g}{V}(u_k^2 - v_k^2) \sum_{k'} u_{k'} v_{k'} (1 - n_{k',1} - n_{k',0}). \tag{4.73}$$

Unter Benutzung der Bezeichnung

$$\Delta = \frac{g}{V} \sum_k u_k v_k (1 - n_{k,1} - n_{k,0}) \tag{4.74}$$

erhalten wir, dass das Gleichungssystem für u_k und v_k mit dem für $T = 0$ (4.55) und (4.60) übereinstimmt, wenn Δ_0 durch Δ ersetzt wird. Die Lösung für u_k und v_k erhält man entsprechend als

$$u_k^2 = \frac{1}{2}\left(1 + \frac{\xi_k}{\sqrt{\Delta^2 + \xi_k^2}}\right), \quad v_k^2 = \frac{1}{2}\left(1 - \frac{\xi_k}{\sqrt{\Delta^2 + \xi_k^2}}\right). \tag{4.75}$$

Die Gleichung für die Energielücke für $T \neq 0$ erhält man aus (4.74) in der Form

$$1 = \frac{g}{V}\sum_k \frac{1 - n_{k,1} - n_{k,0}}{\sqrt{\Delta^2 + \xi_k^2}}. \tag{4.76}$$

Um die Energie des Supraleiters für Temperatur $T \neq 0$ zu ermitteln, gehen wir genauso vor wie bei der Herleitung der Grundzustandsenergie im Abschn. 4.3.3. Man muss jetzt beachten, dass die Besetzungszahlen $n_{k,1} = b_{k,1}^+ b_{k,1}$ und $n_{k,0} = b_{k,0}^+ b_{k,0}$ verschieden von Null sind. Als Ergebnis erhalten wir

$$\begin{aligned} E = {} & 2\sum_k \xi_k v_k^2 + \sum_k \xi_k (u_k^2 - v_k^2)(n_{k,1} + n_{k,0}) \\ & -\frac{g}{V}\sum_{k,k'} u_k v_k u_{k'} v_{k'} (1 - n_{k,1} - n_{k,0})(1 - n_{k',1} - n_{k',0}). \end{aligned} \tag{4.77}$$

Beachten Sie, dass analog zu $T = 0$ die Gl. (4.73) aus dem Extremum der Energie (4.77) bezüglich u_k hergeleitet werden kann. Die Gl. (4.77) entspricht der Energie des Gases von Elementaranregungen als Funktion der Besetzungszahlen $n_{k,0}$ und $n_{k,1}$, die nur die Werte 0, 1 annehmen können, aber sonst beliebig sind. Wir betrachten die Anregungen im Elektronengas als Ensemble unabhängiger Teilchen und benutzen den aus der Statistischen Physik bekannten Ausdruck für die Nichtgleichgewichts-Entropie des idealen Fermigases als Funktion der Besetzungszahlen. Da wir zwei Sorten von Anregungen mit Besetzungszahlen $n_{k,0}$ und $n_{k,1}$ haben, erhalten wir für die Entropie des betrachteten Gases der Elementaranregungen den Ausdruck

$$S = -\sum_k (n_{k,0} \ln n_{k,0} + (1 - n_{k,0}) \ln(1 - n_{k,0}) + n_{k,1} \ln n_{k,1} + (1 - n_{k,1}) \ln(1 - n_{k,1})). \tag{4.78}$$

Das Extremum der Entropie bei fixierter Energie

$$\frac{\partial}{\partial n_k}(-S + \beta E) = 0 \tag{4.79}$$

ergibt die mittleren Besetzungszahlen $\overline{n}_{k,0}$ und $\overline{n}_{k,1}$ als

$$\overline{n}_k = \frac{1}{\exp(\varepsilon_k/k_B T) + 1}, \tag{4.80}$$

wobei die Energien der Elementaranregungen ε_k durch den Ausdruck

$$\varepsilon_k = \partial E/\partial \overline{n}_k \tag{4.81}$$

gegeben sind. Die mittleren Besetzungszahlen stimmen mit der Fermi-Dirac-Verteilung überein. Da der BCS-Hamiltonian (4.51) schon in der großkanonischen Gesamtheit aufgeschrieben ist, wird in (4.79) kein Lagrange-Multiplikator für N benötigt. Die Gl. (4.79) kann auch als Bedingung für das Extremum der freien Energie aufgefasst werden. Unter Benutzung von (4.75) erhält man unmittelbar für die Energie der Elementaranregungen den Ausdruck

$$\varepsilon_k = \sqrt{\Delta + \xi_k^2}.$$

Letztere hat die gleiche Gestalt wie die Energie der Anregungen für $T = 0$. Der Unterschied besteht darin, dass Δ durch die Gleichung

$$1 = \frac{g}{2V} \sum_k \frac{1}{\varepsilon_k} \tanh \frac{\varepsilon_k}{2k_B T}, \tag{4.82}$$

welche man aus (4.76) durch Einsetzen der mittleren Besetzungszahlen erhält, definiert ist. Die Energielücke ist somit temperaturabhängig. Für $T = 0$ geht die Gl. (4.82) in (4.63) über. Die Gl. (4.82) kann unter Benutzung der Formel

$$\sum_{n=0}^{\infty} \frac{1}{\pi^2 (2n+1)^2 + a^2} = \frac{1}{4a} \tanh \frac{a}{2}$$

auch in der Form

$$1 = \frac{g}{2V} \sum_k \frac{4}{k_B T} \sum_{n=0}^{\infty} \frac{1}{\pi^2 (2n+1)^2 + (\varepsilon_k/k_B T)^2} \tag{4.83}$$

geschrieben werden. Letztere wird im nächsten Abschnitt benutzt, um die Temperaturabhängigkeit der Energielücke zu ermitteln.

4.3.8 *Temperaturabhängigkeit der Energielücke*

Wir werden in diesem Abschnitt die Temperaturabhängigkeit der Energielücke für sehr kleine Temperaturen und in der Nähe der kritischen Temperatur, welche durch die Bedingung $\Delta = 0$ definiert ist, ermitteln. Im ersten Fall schreiben wir die Gl. (4.82) als Integral um, und stellen sie anschließend in der Form

$$\frac{1}{g\nu} = \int_0^{\hbar\omega_D} \frac{d\xi}{\sqrt{\Delta^2+\xi^2}} - 2\int_0^{\hbar\omega_D} \frac{d\xi}{\sqrt{\Delta^2+\xi^2}} \frac{1}{\exp\left(\frac{\sqrt{\Delta^2+\xi^2}}{k_B T}\right)+1}$$

dar. Da das zweite Integral konvergiert, setzen wie die obere Integrationsgrenze gleich unendlich. Unter Benutzung des Ergebnisses der Berechnung der Energielücke für T = 0 schreiben wir die obere Gleichung unter Benutzung der Variablen-Substitution $\xi = \Delta \sinh \psi$ als

$$\ln\frac{\Delta_0}{\Delta} = 2\int_0^{\infty} \frac{d\xi}{\sqrt{\Delta^2+\xi^2}} \frac{1}{\exp\left(\frac{\sqrt{\Delta^2+\xi^2}}{k_B T}\right)+1} = 2\int_0^{\infty} \frac{d\psi}{\exp\left(\frac{\Delta\cosh\psi}{k_B T}\right)+1}. \tag{4.84}$$

Die Entwicklung des Integranden nach Potenzen von $\exp(-(\Delta/k_B T)\cosh\psi)$ und Benutzung der Integraldarstellung der MacDonaldschen Funktionen (modifizierte Bessel-Funktionen zweiter Art)

$$K_\nu(z) = \int_0^{\infty} e^{-z\cosh\psi}\cosh(\nu\psi)d\psi$$

ergibt

$$\ln\frac{\Delta_0}{\Delta} = 2\sum_{n=1}^{\infty}(-1)^{n+1}K_0\left(\frac{n\Delta}{k_B T}\right). \tag{4.85}$$

Für tiefe Temperaturen ist es gerechtfertigt, sich auf den ersten Term der Reihe zu beschränken. Unter Benutzung der asymptotischen Entwicklung der MacDonaldschen Funktion,

$$K_\nu(z) \simeq \sqrt{\frac{\pi}{2z}}\exp(-z)\left[1+O\left(\frac{1}{z}\right)\right],$$

erhalten wir

$$\Delta = \Delta_0 - \sqrt{2\pi k_B T \Delta_0}e^{-\Delta_0/k_B T}. \tag{4.86}$$

Für die Ermittlung des Verhaltens der Energielücke in der Nähe der kritischen Temperatur T_c benutzen wir die Beziehung (4.83). Da in der Nähe von T_c die Energielücke Δ klein ist, benutzen wir die Entwicklung von (4.83) nach Potenzen von Δ

$$\frac{1}{g\nu} = k_B T \int_{-\hbar\omega_D}^{\hbar\omega_D} d\xi \sum_{n=0}^{\infty} \left\{ \frac{1}{\omega_n^2 + \xi^2} - \frac{\Delta^2}{\left(\omega_n^2 + \xi^2\right)^2} + \frac{\Delta^4}{\left(\omega_n^2 + \xi^2\right)^3} + \cdots \right\}, \tag{4.87}$$

wobei die Bezeichnung $\omega_n = \pi k_B T(2n + 1)$ eingeführt wurde. Die Vertauschung der Reihenfolge der Summation und der Integration ergibt nach der Integration über ξ

$$\frac{2}{g\nu} = \int_0^{\hbar\omega_D} \frac{d\xi}{\xi} \tanh \frac{\xi}{2k_B T} - \left(\frac{\Delta}{\pi k_B T}\right)^2 \sum_{n=0}^{\infty} \frac{1}{(2n+1)^3} + \frac{3}{4}\left(\frac{\Delta}{\pi k_B T}\right)^4 \sum_{n=0}^{\infty} \frac{1}{(2n+1)^5} + \cdots \tag{4.88}$$

In den letzten beiden Terme in (4.87) wurden die Integrationsgrenzen wegen der Konvergenz der Integrale entsprechend $\pm\infty$ gesetzt. Die partielle Integration im Integral in (4.88) ergibt

$$\int_0^{\hbar\omega_D} \frac{d\xi}{\xi} \tanh \frac{\xi}{2k_B T} = \ln \frac{\hbar\omega_D}{k_B T} \tanh \frac{\hbar\omega_D}{2k_B T} - \frac{1}{2} \int_0^{\infty} \frac{\ln x}{\cosh^2(x/2)} dx, \tag{4.89}$$

wobei die obere Integrationsgrenze im Integral in (4.89) wegen der Konvergenz bis ins Unendliche erstreckt wurde. Im ersten Term approximieren wir $\tanh(\hbar\omega_D/k_B T)$ durch eins. Die damit zusammenhängende Näherung entspricht der Integration in unendlichen Grenzen. Die Berechnung des Integrals in (4.89) mit Hilfe von Mathematica ergibt

$$\int_0^{\infty} \frac{\ln x}{\cosh^2(x/2)} dx = \ln \frac{\pi}{2C},$$

wobei $\gamma = \ln C = 0.577\ldots$ die Euler-Konstante bezeichnet. Die Summen in (4.88) können durch die Riemannsche ζ-Funktion entsprechend der Beziehung

$$\sum_{n=0}^{\infty} \frac{1}{(2n+1)^z} = \frac{2^z - 1}{2^z} \zeta(z)$$

ausgedrückt werden. Anschließend ersetzt man $2/g\nu$ in Übereinstimmung mit der Gl. (4.65) durch $\ln 2\hbar\omega_D/\Delta_0$ und erhält aus (4.88)

$$\ln \frac{T}{T_c} = -\frac{7\zeta(3)}{8} \left(\frac{\Delta}{\pi k_B T}\right)^2 + \frac{93\zeta(5)}{128} \left(\frac{\Delta}{\pi k_B T}\right)^4 + \cdots . \tag{4.90}$$

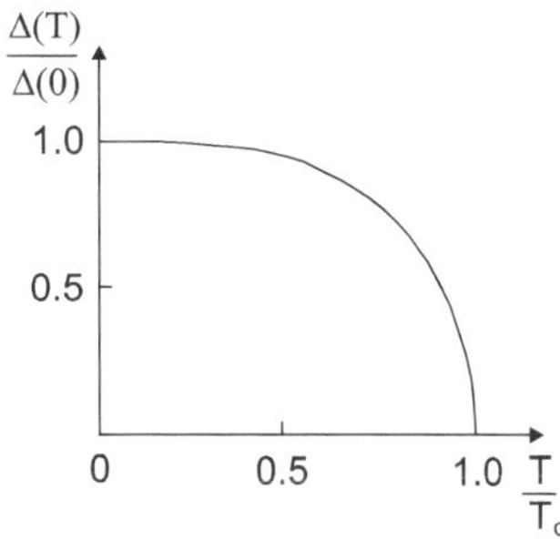

Abb. 4.13 Die Temperaturabhangigkeit der Energielücke

Die Größe

$$k_B T_c = C\Delta_0/\pi = 0,567\Delta_0, \tag{4.91}$$

die der Bedingung $\Delta = 0$ entspricht, bezeichnet die kritische Temperatur des Supraleiters. Das Verhalten der Energielücke in der Nähe der kritischen Temperatur erhält man durch die Entwicklung von (4.90) bis zu linearen Termen nach Potenzen von $T - T_c$ als

$$\Delta = k_B T_c \pi \sqrt{\frac{8}{7\zeta(3)}} \sqrt{1 - \frac{T}{T_c}} \simeq 3.06 k_B T_c \sqrt{1 - \frac{T}{T_c}}. \tag{4.92}$$

Die Temperaturabhängigkeit der Energielücke wird in der Abb. 4.13 dargestellt. Aus der Gl. (4.91) und der Gl. (4.65) für Δ_0 erhalten wir die Abhängigkeit der kritischen Temperatur von der Atommasse

$$T_c \sim M^{-1/2},$$

welche den Isotopen-Effekt zum Ausdruck bringt.

4.3.9 *Dichte der normalleitenden und der supraleitenden Elektronen*

Der Gesamtimpuls der Anregungen kann unter Benutzung der Gleichung

$$\mathbf{P} = \sum_k \hbar\mathbf{k}(\overline{n}_{k0} + \overline{n}_{k1})$$

berechnet werden. Für eine makroskopische Bewegung mit der Geschwindigkeit $\mathbf{u}$ muss in Argumenten von $\overline{n}_k$ die Substitution $\varepsilon'(k) \to \varepsilon(k) - \hbar\mathbf{k}\mathbf{u}$ vorgenommen werden.[2] Für kleine Geschwindigkeiten **u** entwickeln wir die mittleren Besetzungszahlen $\overline{n}(\varepsilon - \hbar\mathbf{k}\mathbf{u})$ nach Potenzen von $\hbar\mathbf{k}\mathbf{u}$ und erhalten

$$\mathbf{P} = -2\sum_k \hbar\mathbf{k}(\hbar\mathbf{k}\mathbf{u})\frac{\partial\overline{n}_k}{\partial\varepsilon_k} = -\frac{2\hbar^2 k_F^2\mathbf{u}}{3}\frac{4\pi V k_F^2}{8\pi^3 v_F\hbar}\int\limits_{-\hbar\omega_D}^{\hbar\omega_D}\frac{\partial\overline{n}_k}{\partial\varepsilon_k}d\xi.$$

Der Faktor $1/3$ in der letzten Gleichung entsteht durch die Integration über die Richtungen von **k**. Der Vergleich der Impulsdichte $\mathbf{P}/V$ mit dem Ausdruck $\varrho_n m\mathbf{u}$ ergibt den Normalanteil der Elektronendichte, welche, wie aus der Definition hervorgeht, von den Anregungen herrührt, als

$$\varrho_n = -\frac{p_F^3}{3\pi^2\hbar^3}\int\limits_{-\hbar\omega_D}^{\hbar\omega_D}\frac{\partial\overline{n}_k}{\partial\varepsilon}d\xi.$$

Die mittleren Besetzungszahlen $\overline{n}_k$ sind durch die Gl. (4.80) definiert. Die Gesamtelektronendichte entspricht der Dichte des idealen Fermigases bei der Temperatur gleich Null und ist gegeben durch den Ausdruck

$$\varrho = \frac{p_F^3}{3\pi^2\hbar^3}.$$

Das Verhältnis der Dichten erhält man daraus als

$$\frac{\varrho_n}{\varrho} = -\int\limits_{-\infty}^{\infty}\frac{\partial\overline{n}_k}{\partial\varepsilon}d\xi.$$

Die Integrationsgrenzen wurden entsprechend bis $\pm\infty$ erstreckt. Die letztere Gleichung kann unter Benutzung der Substitution der Integrationsvariablen, $\xi = \Delta\sinh\psi$, in der Form

$$\frac{\varrho_n}{\varrho} = \frac{2\Delta}{k_B T}\int_0^\infty\frac{\cosh\psi d\psi}{\left(\exp(\frac{\Delta}{k_B T}\cosh\psi)+1\right)\left(\exp(-\frac{\Delta}{k_B T}\cosh\psi)+1\right)} \tag{4.93}$$

geschrieben werden. Die Differentiation von (4.84) nach T und der Vergleich mit (4.93) ermöglicht es, den durch das Kondensat herrührenden Anteil der Elektronendichte (der supraleitende Anteil) $\varrho_s = \varrho - \varrho_n$ durch die Ableitung der Energielücke nach der Temperatur auszudrücken

---

[2] In Übereinstimmung mit der Betrachtung im Abschn. 4.2.4 auf Seite 280 gilt für die Energie der Elementaranregungen der sich bewegenden Flüssigkeit $\varepsilon_k = \varepsilon'_k + \hbar\mathbf{k}\mathbf{u}$. Die Energie im mitbewegten Bezugssystem ist folglich $\varepsilon'_k = \varepsilon_k - \hbar\mathbf{k}\mathbf{u}$.

$$\frac{\varrho_s}{\varrho} = -\frac{1}{\frac{T}{\Delta}\frac{d}{dT}\Delta - 1}.$$

Unter Benutzung von (4.86) erhalten wir für $T \to 0$

$$\frac{\varrho_n}{\varrho} = \sqrt{\frac{2\pi\,\Delta(0)}{k_B T}} \exp\left(-\frac{\Delta(0)}{k_B T}\right).$$

In der Nähe der kritischen Temperatur $T \to T_c$ erhält man mittels der Gl. (4.92) für den supraleitenden Anteil der Elektronendichte den Ausdruck

$$\frac{\varrho_s}{\varrho} = 2\frac{T_c - T}{T_c}.$$

Aus der letzten Gleichung folgt, dass die Dichte der supraleitenden Elektronen bei der Annäherung an die kritische Temperatur verschwindet.

4.3.10 Supraleiter im Magnetfeld, die Wellenfunktion des Kondensates

Wir werden in diesem Abschnitt das Verhalten von Supraleitern im äußeren Magnetfeld studieren. Die Ladungsstromdichte im äußeren Magnetfeld erhält man durch die minimale Substitution in den quantenmechanischen Ausdruck für die Stromdichte

$$\frac{\hbar}{2mi}\left(\psi^+\nabla\psi - (\nabla\psi^+)\psi\right)$$

als

$$\mathbf{j}(\mathbf{r}) = \frac{e\hbar}{2mi}\left(\psi^+\nabla\psi - (\nabla\psi^+)\psi\right) - \frac{e^2}{mc}\psi^+\mathbf{A}\psi. \tag{4.94}$$

Die Ladungsstromdichte (4.94) entspricht der Variationsableitung des BCS-Hamiltonian im Magnetfeld

$$\int d^3r\psi^+\frac{1}{2m}\left(\frac{\hbar}{i}\nabla\right)^2\psi \to \int d^3r\psi^+\frac{1}{2m}\left(\frac{\hbar}{i}\nabla - \frac{e}{c}\mathbf{A}\right)^2\psi.$$

nach $\mathbf{A}(\mathbf{r})$.

Bei der Temperatur $T = 0$ sind keine Anregungen vorhanden und die Ladungsstromdichte reduziert sich auf die der supraleitenden Komponente, welche im folgenden als Kondensat bezeichnet wird. Wir wollen nun die Ladungsstromdichte des supraleitenden Kondensates ermitteln. Der obige allgemeine Ausdruck (4.94) ist jedoch falsch, da in ihm nicht berücksichtigt wird, dass die Ladungsträger Cooper-Paare sind. Um die richtige Gestalt für die Ladungsstromdichte des Kondensates zu finden, muss man berücksichtigen, dass die Ladungsträger Cooper-Paare mit zweifacher Elektronenladung und Masse sind

$$e \to e^* = 2e, \quad m \to m^* = 2m. \tag{4.95}$$

Das Einsetzen von (4.95) in (4.94) ergibt den richtigen Ausdruck für die Ladungsstromdichte des Kondensates

$$\mathbf{j}_s(\mathbf{r}) = \frac{e^*\hbar}{2m^*i}\left(\psi^+\nabla\psi - (\nabla\psi^+)\psi\right) - \frac{e^{*2}}{m^*c}\psi^+\mathbf{A}\psi. \tag{4.96}$$

Die Gl. (4.96) wurde 1959 von L.P. Gorkov unter Verwendung der Technik der Greenschen Funktionen hergeleitet.

In Übereinstimmung mit der obigen Diskussion muss die Gl. (4.96) als Operator der Ladungsstromdichte des Kondensates in der Besetzungszahlen-Darstellung betrachtet werden. Entsprechend müssen ψ^+ und ψ in (4.96) als Feldoperatoren der Cooper-Paare interpretiert werden. Da das Kondensat eine makroskopische Zahl von Cooper-Paaren enthält, welche Bosonen mit Spin Null sind und den Gesamtimpuls gleich Null besitzen (siehe die entsprechende Diskussion im Abschn. 4.2.2 im Zusammenhang mit der Beschreibung des nichtidealen Bose-Gases), sind ψ^+ und ψ keine Operatoren, sondern gewöhnliche (komplexe) Funktionen. Analog zu den entsprechenden Ausführungen für die Suprafluidität im Abschn. 4.2.8 betrachten wir ψ als Wellenfunktion des Kondensates. Unter Berücksichtigung, dass ψ komplex ist, stellen wir die Wellenfunktion des Kondensates in der Form

$$\psi(\mathbf{r}, t) = \sqrt{\frac{\varrho_s}{2}} e^{i\Phi(\mathbf{r},t)} \tag{4.97}$$

dar. Die Größe ϱ_s ist die Dichte der supraleitenden Elektronen im Kondensat, welche im vorhergehenden Abschnitt betrachtet wurde. Das Betragsquadrat der Wellenfunktion ($= \varrho_s/2$) entspricht der Dichte der Cooper-Paare im Kondensat. Die Supraleitung ist also ein makroskopisches Quantenphänomen, welches durch eine Wellenfunktion charakterisiert werden kann. Das Einsetzen von (4.97) in (4.96) ergibt die Ladungsstromdichte des Kondensates $\mathbf{j}_s$ als

$$\mathbf{j}_s = \frac{e\hbar}{2m}\varrho_s\left(\nabla\Phi - \frac{2e}{\hbar c}\mathbf{A}\right). \tag{4.98}$$

Der Faktor $2e$ drückt die Tatsache aus, dass die Cooper-Paare, welche für den Ladungstransport im Kondensat verantwortlich sind, die doppelte Elektronenladung besitzen.

Man kann direkt überprüfen, dass die Ladungsstromdichte $\mathbf{j}_s$ invariant unter der Eichtransformation des Vektorpotentials

$$\mathbf{A} \to \mathbf{A}' = \mathbf{A} + \nabla\chi(\mathbf{r})$$

ist, wenn die Phase entsprechend der Gleichung

$$\Phi \to \Phi' = \Phi + \frac{2e}{\hbar c}\chi(\mathbf{r})$$

transformiert wird.

Die Anwendung der Operation **rot** auf die beiden Seiten der Gl. (4.98) ergibt im Falle eines homogenen Stromleiters (ϱ_s = const) die zweite London-Gleichung[3] [99]

$$\mathrm{rot}\mathbf{j}_s = -\frac{e^2\varrho_s}{mc}\mathbf{B}. \tag{4.99}$$

In der Aufgabe 4.4.28 wird gezeigt, wie unter Verwendung der zweiten London-Gleichung (4.99) die Verdrängung des Magnetfeldes aus dem Supraleiter (der Meissner-Ochsenfeld-Effekt) beschrieben wird. Unter Benutzung der Beziehung $\mathbf{j}_s = e^*(\varrho_s/2)\mathbf{v}_s = e\varrho_s\mathbf{v}_s$ und der Gl. (4.98) erhalten wir, dass die Phase der Wellenfunktion in Abwesenheit des Magnetfeldes das Potential der Geschwindigkeit der supraleitenden Elektronen darstellt

$$\mathbf{v}_s = \frac{\hbar}{2m}\nabla\Phi.$$

Aus der letzten Gleichung folgt, dass, wenn die Phase ortsunabhängig ist, kein supraleitender Strom fließen kann.

Die Gl. (4.98) implementiert die Quantisierung des Magnetflusses. Um die Letztere zu ermitteln, betrachten wir einen nicht zusammenhängenden Supraleiter mit einem Loch z.B. einen Ring. Die Integration von (4.98) über eine Kontur, die im Supraleiter liegt und das Loch umschließt, ergibt

$$0 = \oint \mathbf{j}_s d\mathbf{l} = \frac{e\hbar}{2m}\varrho_s\left(\Phi(2\pi) - \Phi(0) - \frac{2e}{\hbar c}\oint \mathbf{A}d\mathbf{l}\right).$$

Da im Inneren des Ringes kein Strom fließt, ist das Umlaufintegral von $\mathbf{j}_s$ gleich Null. Wegen der Eindeutigkeit der Wellenfunktion kann der Phasenunterschied $\Phi(2\pi) - \Phi(0)$ nur den Wert $2\pi n$ mit $n = 0, 1, 2, \ldots$ betragen. Das Integral $\oint \mathbf{A}d\mathbf{l}$ kann mit Hilfe des Stokesschen Satzes als Flächenintegral über die auf der Kontur aufgespannten Fläche geschrieben werden

[3] Die erste London-Gleichung, $d(\Lambda\mathbf{j}_s)/dt = \mathbf{E}$, mit $\Lambda = m/\varrho_s e^2$, wobei m die Masse, e die Ladung, ϱ_s die Dichte der Elektronen bezeichnen, entspricht der Bewegungsgleichung der supraleitenden Elektronen.

$$\oint \mathbf{A}d\mathbf{l} = \iint \mathbf{B}d\mathbf{S} = \Phi_m.$$

Die Größe Φ_m ist der Magnetfluß, welcher die auf der Kontur aufgespannten Fläche durchsetzt. Da das Magnetfeld aus dem Supraleiter verdrängt wird, entspricht Φ_m dem Magnetfluß, welcher das Loch durchsetzt. Aus den beiden obigen Gleichungen erhalten wir, dass der Magnetfluß durch den Ring quantisiert ist und nur diskrete Werte

$$\Phi_m = \frac{2\pi c\hbar}{2e} n$$

($n = 0, 1, \ldots$) annehmen kann. Das Flussquant ist gegeben durch den Ausdruck

$$\Phi_0 = \frac{\pi c\hbar}{|e|} = 2{,}07 \times 10^{-7}\text{Gauß} \times \text{cm}^2.$$

Dieser Wert wurde experimentell gemessen [100]. Wenn man anstatt der Ladung $2e$ die Ladung e einsetzen würde, dann bekäme man für Φ_0 den zweimal größeren Wert. Der Wert des Flussquantes ist also ein Nachweis dafür, dass die Ladungsträger im Kondensat Cooper-Paare mit der Ladung $2e$ sind.

Die komplexe Wellenfunktion des Kondensates (4.97) spielt die Rolle des Ordnungsparameters in der phänomenologischen Theorie der Supraleitung von Ginzburg und Landau [101]. Abrikosov [102] konnte im Rahmen dieser Theorie die Supraleiter 2. Art, in welche das Magnetfeld in den Supraleiter in Form von Flusslinien eindringt, beschreiben.

4.4 Aufgaben

4.4.1 Wellenfunktionen für Teilchen mit Spin 1

Die Wellenfunktion eines Teilchens mit Spin 1 kann für den Fall, wenn keine Wechselwirkung zwischen Spin und Bahndrehimpuls vorhanden ist, als Produkt

$$\Psi_p(\xi) = \varphi_{\mathbf{p}}(\mathbf{r})\chi_{s_z}(\sigma)$$

der Orts- und der Spin-Wellenfunktion $\varphi_{\mathbf{p}}(\mathbf{r})$ und $\chi_{s_z}(\sigma)$,

$$\chi_1 = \begin{pmatrix} 1 \\ 0 \\ 0 \end{pmatrix}, \quad \chi_0 = \begin{pmatrix} 0 \\ 1 \\ 0 \end{pmatrix}, \quad \chi_{-1} = \begin{pmatrix} 0 \\ 0 \\ 1 \end{pmatrix},$$

geschrieben werden. Die Indizes $\mathbf{p}$ und s_z $(= -1, 0, 1)$ bezeichnen entsprechend die Eigenwerte des Impulsoperators und die Projektion des Spins auf die z-Richtung.

Die Variable p bezeichnet den Impulseigenwert $\mathbf{p}$ und die Spin-Projektion s_z. Die Variable ξ bezeichnet den Ort $\mathbf{r}$ und die Spinkoordinate σ.

Zeigen Sie, dass die Orthogonalitäts- und die Vollständigkeitsbedingung für die Funktion $\Psi_p(\xi)$ entsprechend in der Form

$$\int d\xi \Psi_p^+(\xi)\Psi_{p'}(\xi) = \int d^3r\varphi_{\mathbf{p}}^*(\mathbf{r})\varphi_{\mathbf{p}'}(\mathbf{r}) \sum_\sigma \chi_{s_z}^+(\sigma)\chi_{s_z'}(\sigma) = \delta(\mathbf{p}-\mathbf{p}')\delta_{s_z,s_z'} \equiv \delta(p-p'),$$

$$\sum_p \Psi_p(\xi)\Psi_p^+(\xi') = \int d^3p\varphi_{\mathbf{p}}(\mathbf{r})\varphi_{\mathbf{p}}^*(\mathbf{r}') \sum_{s_z} \chi_{s_z}(\sigma) \otimes \chi_{s_z}^+(\sigma') = \delta(\mathbf{r}-\mathbf{r}')\delta_{\sigma,\sigma'} \equiv \delta(\xi-\xi')$$

geschrieben werden können. Das Symbol $\otimes$ bezeichnet das Direktprodukt. Eine analoge Betrachtung gilt für Teilchen mit Spin $1/2$.

4.4.2 Eigenschaften von Vernichtungs- und Erzeugungsoperatoren für Bosonen

Beweisen Sie unter Benutzung der Matrixelemente der Vernichtungs- und Erzeugungsoperatoren für Bosonen,

$$< N_i - 1 \mid \hat{a}_i \mid N_i > = \sqrt{N_i}, \; < N_i \mid \hat{a}_i^+ \mid N_i - 1 > = \sqrt{N_i}$$

die Gültigkeit der Vertauschungsrelationen

$$\left[\hat{a}_i, \hat{a}_j\right] = 0, \left[\hat{a}_i^+, \hat{a}_j^+\right] = 0, \left[\hat{a}_i, \hat{a}_j^+\right] = \delta_{ij}.$$

Ermitteln Sie die Eigenwerte des Teilchenzahloperators $\hat{N}_i = \hat{a}_i^+\hat{a}_i$.

4.4.3 Eigenwerte des Teilchenzahloperators für Bose-Systeme

Ermitteln Sie unter Benutzung der Vertauschungsrelationen $\hat{a}\hat{a}^+ - \hat{a}^+\hat{a} = 1$ und $\hat{a}\hat{a} - \hat{a}\hat{a} = 0$ die Eigenwerte des Teilchenzahloperators $N = \hat{a}^+\hat{a}$.

4.4.4 Ortsdarstellung des Besetzungszahlen-Formalismus für Bosonen

Die Erzeugungs- und Vernichtungsoperatoren in der Ortsdarstellung, welche auch als Feldoperatoren bezeichnet werden, werden durch die Gleichungen

$$\hat{\psi}(\xi) = \sum_i \psi_i(\xi)\hat{a}_i, \; \hat{\psi}^+(\xi) = \sum_i \psi_i^*(\xi)\hat{a}_i^+$$

definiert. Stellen Sie die Gültigkeit der Vertauschungsrelationen für die Feldoperatoren $\hat{\psi}(\xi)$ und $\hat{\psi}^+(\xi)$

$$\begin{aligned}\hat{\psi}(\xi)\hat{\psi}(\xi') - \hat{\psi}(\xi')\hat{\psi}(\xi) &= 0,\\ \hat{\psi}(\xi)\hat{\psi}^+(\xi') - \hat{\psi}^+(\xi')\hat{\psi}(\xi) &= \delta(\xi - \xi')\end{aligned} \tag{4.100}$$

fest. Zeigen Sie, dass der Hamilton-Operator für ein aus identischen Bose-Teilchen bestehendes Vielteilchensystem mit Einteilchen- und Zweiteilchen-Wechselwirkungen in der Ortsdarstellung des Besetzungszahlen-Formalismus die Form

$$\begin{aligned}\hat{H} &= \int \left\{ -\hat{\psi}^+(\xi)\frac{\hbar^2}{2m}\nabla^2\hat{\psi}(\xi) + \hat{\psi}^+(\xi)t(\xi)\hat{\psi}(\xi) \right\} d\xi\\ &\quad + \frac{1}{2}\int\int \hat{\psi}^+(\xi)\hat{\psi}^+(\xi')U(\xi,\xi')\hat{\psi}(\xi')\hat{\psi}(\xi)d\xi d\xi'\end{aligned}$$

besitzt.

Diskutieren Sie den Zusammenhang zwischen $\hat{H}$ in dieser Aufgabe und dem Hamilton-Operator des Schrödingerfeldes in der Aufgabe 3.10.30 auf Seite 240.

4.4.5 Wechselwirkungsenergie im Besetzungszahlen-Formalismus

In dieser Aufgabe wird die Besetzungszahlen-Darstellung der binären Wechselwirkungsenergie zwischen identischer Bosonen

$$U = \frac{1}{2}\sum_{i,j} U(r_i - r_j) \tag{4.101}$$

auf einfacher Weise ermittelt. Beachten Sie, dass die Selbstwechselwirkung $(i = j)$ in (4.101) enthalten ist.

Zeigen Sie, dass (4.101) mit Hilfe der mikroskopischen Dichte $\varrho(r) = \sum_i \delta(r - r_i)$ wie folgt geschrieben werden kann

$$U = \frac{1}{2}\int d^3r_1 \int d^3r_2 \varrho(r_1)U(r_1 - r_2)\varrho(r_2). \tag{4.102}$$

Der Übergang zur Quantenmechanik wird durch die Ersetzung

$$\varrho(r) \to \hat{\varrho}(r) = \hat{\psi}^+(r)\hat{\psi}(r) \tag{4.103}$$

vollzogen und resultiert in

$$\hat{U} = \frac{1}{2} \int d^3 r_1 \int d^3 r_2 \hat{\psi}^+(r_1) \hat{\psi}(r_1) U(r_1 - r_2) \hat{\psi}^+(r_2) \hat{\psi}(r_2). \tag{4.104}$$

Beachten Sie, dass die Spin-Variablen weggelassen wurden und die Vektoren nicht in fett geschrieben werden. Dieser Ausdruck ist nicht ganz korrekt und unterscheidet sich von dem richtigen Ausdruck in der vorhergehenden Aufgabe und im Abschn. 4.1.2 des Skriptes durch die Reihenfolge der Erzeugungs- und Vernichtungsoperatoren.

Zeigen Sie unter Anwendung der Vertauschungsrelationen für die $\hat{\psi}$-Operatoren, dass die Eliminierung der Selbstwechselwirkungen aus (4.104) in den korrekten Ausdruck für die Wechselwirkungsenergie in der Besetzungszahlen-Darstellung resultiert.

Leiten Sie analog den Operator der binären Wechselwirkungen in der Besetzungszahlen-Darstellung für Fermi-Systeme her und vergleichen Sie das Ergebnis mit den entsprechenden Ausdrücken im Abschn. 4.1.4 und in der Aufgabe 4.4.14.

4.4.6 Die Heisenbergschen Bewegungsgleichungen für die Feldoperatoren

Leiten Sie die Heisenbergschen Bewegungsgleichungen für die Feldoperatoren $\hat{\psi}(\xi, t)$ in der Aufgabe 4.4.4 her. Zeigen Sie, dass die Heisenbergschen Bewegungsgleichungen für ein Vielteilchensystem von Bosonen im äußeren Potential die gleiche Form wie die Einteilchen - Schrödingergleichung besitzen.

4.4.7 Der Gesamtimpuls und der Orts-Schwerpunkt in der Besetzungszahlendarstellung

Stellen Sie die Gültigkeit der folgenden Ausdrücke für den Gesamtimpuls und den Ortsvektor des Schwerpunktes

$$\hat{\mathbf{P}} = \frac{\hbar}{i} \int \hat{\psi}^+(\xi) \frac{\hbar}{i} \nabla \hat{\psi}(\xi) d\xi = \sum_{p,\sigma} \mathbf{p} \hat{a}^+_{\mathbf{p}\sigma} \hat{a}_{\mathbf{p}\sigma},$$

$$\hat{\mathbf{R}}_c = \frac{1}{N} \int \hat{\psi}^+(\xi) \mathbf{r} \hat{\psi}(\xi) d\xi = \sum_{p,\sigma} \hat{a}^+_{\mathbf{p}\sigma} \left(-\frac{\hbar}{i} \right) \frac{\partial}{\partial \mathbf{p}} \hat{a}_{\mathbf{p}\sigma}.$$

eines Systems identischer Teilchen im Besetzungszahlen-Formalismus fest.

4.4.8 Vertauschungsrelationen der Feldoperatoren mit dem Gesamtimpuls

Stellen Sie die Gültigkeit der Relationen

$$\left[\hat{\mathbf{P}}, \hat{\psi}(\mathbf{r})\right] = i\hbar \frac{\partial}{\partial \mathbf{r}} \hat{\psi}(\mathbf{r}), \quad \left[\hat{\mathbf{P}}, \hat{\psi}^+(\mathbf{r})\right] = i\hbar \frac{\partial}{\partial \mathbf{r}} \hat{\psi}^+(\mathbf{r}) \tag{4.105}$$

für ein System identischer Bosonen mit Spin $s = 0$ fest. Hierbei ist $\hat{\mathbf{P}}$ (siehe die vorige Aufgabe) der Operator des Gesamtimpuls in der Besetzungszahlen-Darstellung und $\hat{\psi}(\mathbf{r})$ der Feldoperator. Zeigen Sie, dass die zweite Beziehung auch direkt aus der ersten hergeleitet werden kann. Wie werden die obigen Relationen auf ein System identischer Fermionen verallgemeinert?

Stellen Sie die Analogie von (4.105) mit den Heisenbergschen Bewegungsgleichungen fest. Überlegen Sie sich, wie die Relationen (4.105) hergeleitet werden können.

4.4.9 Ermittlung der Wellenfunktionen des harmonischen Oszillators durch Wirkung des Erzeugungsoperators auf den Grundzustand

Ermitteln Sie unter Verwendung der Definition des Grundzustandes im Rahmen der Besetzungszahlen - Darstellung

$$\hat{a} \mid 0 > \; = \; 0$$

und des Zusammenhanges zwischen dem Vernichtungsoperator $\hat{a}$ und dem Orts- und Impulsoperator

$$\hat{a} = \sqrt{\frac{m\omega}{2\hbar}} \hat{x} + i \sqrt{\frac{1}{2m\omega\hbar}} \hat{p}$$

die Grundzustandswellenfunktion des harmonischen Oszillators $\Psi_0(x)$. Ermitteln Sie weiterhin unter Benutzung der Definition

$$\Psi_1(x) = \hat{a}^+ \mid 0 >$$

die Wellenfunktion des 1. angeregten Zustandes.

4.4.10 Ermittlung der Wellenfunktionen durch Wirkung der Erzeugungsoperatoren auf den Grundzustand

Ein Einteilchenzustand mit der Quantenzahl k (z.B. Impuls) kann durch die Wirkung des Erzeugungsoperators auf den Grundzustand wie folgt geschrieben werden

$$| 0, \ldots, 1_k, 0, \ldots > = \hat{a}_k^+ \mid 0 > .$$

Die Wellenfunktion in der Ortsdarstellung erhält man als

$$\Psi_k(\mathbf{r}) = \langle \mathbf{r} \mid 0, \ldots, 1_k, 0, \ldots > = \sum_i \langle \mathbf{r} \mid i \rangle \langle 0, \ldots, 1_i, 0, \ldots \mid 0, \ldots, 1_k, 0, \ldots \rangle$$
$$= \sum_i \langle \mathbf{r} \mid i \rangle \left\langle 0 \mid a_i a_k^+ \mid 0 \right\rangle = \left\langle 0 \mid \hat{\psi}(\mathbf{r}) \hat{a}_k^+ \mid 0 \right\rangle = \sum_i \langle \mathbf{r} \mid i \rangle \left\langle 0 \mid (a_k^+ a_i + \delta_{ik}) \mid 0 \right\rangle$$
$$= \langle \mathbf{r} \mid k \rangle .$$

Zeigen Sie analog, dass die Zweiteilchen-Zustände

$$|0, \ldots, 1_k, 0, \ldots, 1_l, 0, \ldots \rangle = \hat{a}_k^+ \hat{a}_l^+ \mid 0 > (k \neq l),$$
$$|0, \ldots, 2_k, 0, \ldots \rangle = \frac{1}{\sqrt{2}} (\hat{a}_k^+)^2 \mid 0 >$$

in der Ortsdarstellung die Form

$$\Psi_{k,l}(\mathbf{r}_1, \mathbf{r}_2) = \frac{1}{\sqrt{2}} \left(\Psi_k(\mathbf{r}_1) \Psi_l(\mathbf{r}_2) + \Psi_k(\mathbf{r}_2) \Psi_l(\mathbf{r}_1) \right) ,$$
$$\Psi_{k,k}(\mathbf{r}_1, \mathbf{r}_2) = \Psi_k(\mathbf{r}_1) \Psi_k(\mathbf{r}_2)$$

besitzen. Analog können die Wellenfunktionen von mehreren Teilchen durch Wirkung von Erzeugungsoperatoren auf den Vakuumszustand konstruiert werden.

4.4.11 Matrixelemente der Vernichtungs- und Erzeugungsoperatoren für Fermionen

In dieser Aufgabe werden die Vorzeichen der Integrale über ξ_a und ξ_a' in der Gl. (4.10) auf Seite 267 ermittelt und somit die Gültigkeit der Ausdrücke (4.11) bewiesen. Betrachten Sie das Integral über ξ_a' zuerst für $a = 1$. Das Vorzeichen hängt von der Zeilennummer ab in der sich der j-te Zustand befindet. Es ist offensichtlich, dass man für den Zustand in der ersten Zeile das Vorzeichen Plus, in der zweiten Zeile Minus usw. erhält. Das gesuchte Vorzeichen wird somit durch die Zeilennummer und demzufolge durch die Zahl der Zeilen-Vertauschungen, die erforderlich sind, um den j-ten Zustand in die erste Zeile zu bringen, bestimmt. Zeigen Sie unter Benutzung dieser Betrachtung, dass das Vorzeichen durch den

Ausdruck $(-1)^{N_1+N_2+\cdots+N_{j-1}}$ gegeben ist. Das gleiche gilt für die Integration über ξ_a für $a = 1$.

Zeigen Sie, dass die Änderung $a \to a+1$ in den beiden Integrale keine Vorzeichenänderung im Gesamtausdruck nach sich zieht.

4.4.12 Eigenschaften von Vernichtungs- und Erzeugungsoperatoren für Fermionen

Die von Null verschiedenen (nichtdiagonalen) Matrixelemente der Vernichtungs- und Erzeugungsoperatoren für Fermionen lauten

$$< 1_i \mid \hat{a}_i^+ \mid 0_i > = (-1)^{\Sigma(1,i-1)}, \; < 0_i \mid \hat{a}_i \mid 1_i > = (-1)^{\Sigma(1,i-1)} .$$

$\Sigma(1, i-1) = \sum_{k=1}^{i-1} N_k$, $\Sigma(1, 0) = 0$ und $N_k = 0, 1$. Beweisen Sie unter Benutzung der Matrixelemente die Gültigkeit der Antivertauschungsrelationen

$$\left\{\hat{a}_i, \hat{a}_j\right\} = 0, \left\{\hat{a}_i^+, \hat{a}_j^+\right\} = 0, \left\{\hat{a}_i, \hat{a}_j^+\right\} = \delta_{ij}.$$

Ermitteln Sie unter Benutzung der Antivertauschungsrelationen die Eigenwerte des Teilchenzahloperators $\hat{N}_i = \hat{a}_i^+ \hat{a}_i$.

4.4.13 Eigenwerte des Teilchenzahloperators für Fermi-Systeme

Beweisen Sie unter Benutzung der Antivertauschungsrelationen $\hat{a}\hat{a}^+ + \hat{a}^+\hat{a} = 1$ und $\hat{a}\hat{a} + \hat{a}\hat{a} = 0$, dass der Teilchenzahloperator $N = \hat{a}^+\hat{a}$ die Eigenwerte 0, 1 besitzt.

4.4.14 Ortsdarstellung des Besetzungszahlen-Formalismus für Fermionen

Die Erzeugungs- und Vernichtungsoperatoren in der Ortsdarstellung, welche auch als Feldoperatoren bezeichnet werden, sind durch die Gleichungen

$$\hat{\psi}(\xi) = \sum_i \psi_i(\xi)\hat{a}_i, \; \hat{\psi}^+(\xi) = \sum_i \psi_i^*(\xi)\hat{a}_i^+$$

definiert. Stellen Sie die Gültigkeit der Vertauschungsrelationen für die Feldoperatoren $\hat{\psi}(\xi)$ und $\hat{\psi}^+(\xi)$

$$\hat{\psi}(\xi)\hat{\psi}(\xi') + \hat{\psi}(\xi')\hat{\psi}(\xi) = 0,$$
$$\hat{\psi}(\xi)\hat{\psi}^+(\xi') + \hat{\psi}^+(\xi')\hat{\psi}(\xi) = \delta(\xi - \xi')$$

fest. Zeigen Sie, dass der Hamilton-Operator für ein aus identischen Fermi-Teilchen bestehendes Vielteilchensystem mit Einteilchen- und Zweiteilchen-Wechselwirkungen in der Ortsdarstellung des Besetzungszahlen-Formalismus die Form

$$\hat{H} = \int \left\{ -\hat{\psi}^+(\xi)\frac{\hbar^2}{2m}\nabla^2\hat{\psi}(\xi) + \hat{\psi}^+(\xi)t(\xi)\hat{\psi}(\xi) \right\} d\xi$$
$$+ \frac{1}{2}\int\int \hat{\psi}^+(\xi)\hat{\psi}^+(\xi')U(\xi,\xi')\hat{\psi}(\xi')\hat{\psi}(\xi)d\xi d\xi'$$

besitzt.

Leiten Sie die Heisenbergschen Bewegungsgleichungen für die Feldoperatoren $\hat{\psi}(\xi, t)$ her.

4.4.15 Wellenfunktionen für Teilchen mit Spin 1/2 durch Wirkung von Erzeugungsoperatoren auf den Grundzustand

Zeigen Sie durch die Wirkung von Erzeugungsoperatoren auf den Grundzustand analog der Aufgabe 4.4.10, dass die Wellenfunktion von zwei Fermionen folgende Form

$$\Psi_{k,l}(\xi_1, \xi_2) = \frac{1}{\sqrt{2}}\left(\Psi_k(\xi_1)\Psi_l(\xi_2) - \Psi_k(\xi_2)\Psi_l(\xi_1)\right)$$

besitzt.

4.4.16 Kommutator des Gesamtteilchenzahl-Operators mit dem Hamilton-Operator

Zeigen Sie, dass der Gesamtteilchenzahl-Operator $\hat{N} = \int d^3r\hat{\psi}^+(\xi)\hat{\psi}(\xi)$ mit dem Hamilton-Operator in der Besetzungszahlen-Darstellung vertauschbar ist.

4.4.17 Eine Eigenschaft des Spektrums des schwach nichtidealen Bose-Gases

Zeigen Sie, dass das Spektrum der Elementaranregungen eines schwach wechselwirkenden Bose-Gases

$$\epsilon_p = \left(\frac{nU_p p^2}{m} + \left(\frac{p^2}{2m}\right)^2\right)^{1/2},$$

mit $U_p = U_0 \exp(-bp^2)$ ($\exp(-bp^2)$ ist die Fourier-Transformierte des aufgeweichten Delta-Potentials) die für die Existenz der Suprafluidität notwendige Eigenschaft $\min(\epsilon_p/p) > 0$ für $U_0 b > 1/4nm$ bei $p > 0$ aufweist.

4.4.18 Verteilung der Teilchen im schwach nichtidealen Bose-Gas

Beweisen Sie unter Benutzung der kanonischen Transformation

$$a_p = u_p b_p + v_p b^+_{-p}, a^+_p = u_p b^+_p + v_p b_{-p}$$

mit

$$u_p^2 = \frac{1}{2} + \frac{1}{2\epsilon_p}\left(\frac{p^2}{2m} + \frac{4\pi\hbar^2\alpha n}{m}\right), \quad v_p^2 = -\frac{1}{2} + \frac{1}{2\epsilon_p}\left(\frac{p^2}{2m} + \frac{4\pi\hbar^2\alpha n}{m}\right)$$

(in u_p und v_p wurde U_0 zu Gunsten der Streulänge α, $U_0 = 4\pi\hbar^2\alpha/m$, eliminiert) die Gültigkeit der Beziehung

$$\overline{N}_p = \overline{a^+_p a_p} = u_p^2 \overline{n}_p + v_p^2(1 + \overline{n}_p)$$

für die mittlere Zahl der Teilchen des Bose-Gases mit Impuls p. Dieser Ausdruck für $\overline{N}_p$ gilt nur für $p \neq 0$. Die Zahl der Teilchen mit der Energie gleich Null ist dagegen $N_0 = N - \sum_{p\neq 0} \overline{N}_p$. Unter Berücksichtigung, dass für $T = 0$ die Bedingung $\overline{n}_p = 0$ gilt, leiten Sie die Beziehung

$$\overline{N}_p = v_p^2 \tag{4.106}$$

her.

Bemerkung 1. Die Summation über **p** in (4.106) kann auf bekannter Weise durch Integral ersetzt werden. Die Berechnung des Letzteren mit Maple oder Mathematica ergibt die mittlere Zahl der Teilchen mit Energie gleich Null als

$$N_0/N = 1 - \frac{8}{3\sqrt{\pi}}\sqrt{\alpha^3 n}. \tag{4.107}$$

Die Gl. (4.107) zeigt, dass im nichtidealen Bose-Gas für $T = 0$ nicht alle Atome die Energie gleich Null besitzen.

Bemerkung 2. Die mittleren Teilchenzahlen der Elementaranregungen für $T \neq 0$ stimmen mit der Bose-Einstein-Verteilung

$$\overline{n}_p = \overline{b_p^+ b_p} = \frac{1}{\exp(\epsilon_p / k_B T) - 1}$$

überein.

4.4.19 Schallgeschwindigkeit im Gas aus Teilchen mit Phononenspektrum (2. Schall)

In dieser Aufgabe wird die Schallgeschwindigkeit in einem Gas aus Teilchen mit der Dispersionsrelation $\epsilon_{\mathbf{p}} = cp$ berechnet. Die Kontinuitätsgleichung für den Dichteüberschuss der betrachteten Teilchen ist gegeben durch

$$\frac{\partial}{\partial t}\delta\varrho(\mathbf{r}, t) + \nabla\mathbf{v}\delta\varrho(\mathbf{r}, t) = 0,$$

wobei $\mathbf{v}$ die Schallgeschwindigkeit bezeichnet. Es gilt $|\mathbf{v}| = c$. In der quantenmechanischen Betrachtung entspricht $\delta\varrho(\mathbf{r}, t)$ dem Operator der Teilchendichte am Ort $\mathbf{r}$ zum Zeitpunkt t. Für die Fourier-Komponenten $\delta\varrho_{\mathbf{k}}(t)$ nimmt die Kontinuitätsgleichung die Gestalt

$$\frac{\partial}{\partial t}\delta\varrho_{\mathbf{k}}(t) + i\mathbf{k}\mathbf{v}\delta\varrho_{\mathbf{k}}(t) = 0$$

an.

Stellen Sie unter Benutzung der Kontinuitätsgleichung die Gültigkeit der Gleichung für den Erwartungswert des Dichteüberschusses $< \delta\varrho_{\mathbf{k}}(t) >$

$$\frac{\partial^2}{\partial t^2} < \delta\varrho_{\mathbf{k}}(t) > + \frac{c^2}{3}\mathbf{k}^2 < \delta\varrho_{\mathbf{k}}(t) >= 0$$

fest. Infolge der Mittelung breitet sich der Dichteüberschuss isotrop im Raum aus. Im Ortsraum erhält man die Wellengleichung für die Ausbreitung des mittleren Dichteüberschusses der Quasiteilchen

$$\left(\frac{\partial^2}{\partial t^2} - \frac{c^2}{3}\nabla^2\right) < \delta\varrho(\mathbf{r}, t) >= 0. \tag{4.108}$$

Die Größe $c_2 = c/\sqrt{3}$ ist die Schallgeschwindigkeit im Gas aus Teilchen mit der Dispersionsrelation $\epsilon_{\mathbf{p}} = cp$. Dies beweist die im Skript aufgestellte Behauptung, dass die Geschwindigkeit des zweiten Schalls im HeII für $T \to 0$ sich dem Wert $c_2 = c/\sqrt{3}$ nähert. Die obige Betrachtung gilt sowohl für die Schallausbreitung im Photonengas als auch für Phononengas in Festkörpern.

Leiten Sie auf analoger Weise unter Betrachtung der Kontinuitätsgleichung für die Größe $\varepsilon_k\delta\varrho_{\mathbf{k}}(t)$ die Wellengleichung für die Ausbreitung der Energie $< E(\mathbf{r}, t) >$ im Gas der Elementaranregungen her.

Der hohe Wert für die Wärmeleitfähigkeit von HeII kann dadurch erklärt werden, dass die Wärmeausbreitung im Gas der Elementaranregungen durch eine Wellengleichung mit der Geschwindigkeit $c_2 = c/\sqrt{3}$ und nicht durch die herkömmliche Wärmetransportgleichung (1. Ableitung nach der Zeit) beschrieben wird.

Die Herleitung der Wellengleichung (4.108) nur ausgehend aus der Kontinuitätsgleichung ist ein Spezialfall und bedarf einer Erläuterung. Im Allgemeinen muss man neben der Kontinuitätsgleichung auch die entsprechenden hydrodynamischen Gleichungen für die Impuls- und Energieübertragung betrachten [90]. Bei der Differentiation der Kontinuitätsgleichung nach der Zeit wird $\mathbf{v}$ als zeitunabhängig angesehen. Dies ist dadurch gerechtfertigt, dass die Zusammenstöße zwischen den Phononen nur kleine Änderungen der Richtungen der Phononen (pro Zusammenstoß) bewirken. Diese Zusammenstöße haben jedoch zur Folge, dass der betrachtete lokale Dichte-Überschuss sich isotrop im Raum ausbreitet. Dies wird implementiert durch die Mittelung von $< \delta\varrho_{\mathbf{k}}(t) >$.

4.4.20 Der Cooper-Effekt

In dieser Aufgabe wird gezeigt, dass die infinitesimale Anziehung zwischen den Elektronen in der Nähe der Fermifläche die Bildung von gebundenen Zuständen (Cooper-Paare, Cooper-Effekt) ermöglicht. Anstatt der Betrachtung des Zweiteilchen-Problems mit anziehender Wechselwirkung (4.110) werden wir das Einteilchen-Problem im äußeren Potential (4.110) betrachten. Die Nähe zur Fermifläche impliziert die folgende Randbedingung für die Wellenfunktion in der Impulsdarstellung [103]

$$\Psi(p) = 0, \text{ für } 0 < p < p_F. \tag{4.109}$$

Letztere drückt die Tatsache aus, dass die Zustände mit Impulsen kleiner als der Fermiimpuls p_F besetzt sind und den betrachten Teilchen nicht zur Verfügung stehen. Die Existenz von gebundenen Zuständen für Elektronen in der Nähe der Fermifläche kann qualitativ wie folgt begründet werden. Die sich voneinander entfernenden Elektronen verlieren Energie durch die Überwindung der Anziehung und besetzen Zustände mit kleineren Impulsen. Da in der Nähe der Fermifläche solche Zustände besetzt sind, können die Elektronen keine Energie verlieren und bilden deswegen einen gebundenen Zustand.

Im ersten Teil wird die Schrödingergleichung im Delta-Potential in der Impulsdarstellung

$$U(r) = -\alpha\delta(r - r_0) \tag{4.110}$$

ohne die Randbedingung (4.109) gelöst.

Zeigen Sie, dass die Schrödingergleichung in der Impulsdarstellung folgende Gestalt besitzt

$$\frac{\hbar \mathbf{q}^2}{2m}\Psi(\mathbf{q}) + \int_{\mathbf{q}'} U(\mathbf{q}-\mathbf{q}')\Psi(\mathbf{q}') = E\Psi(\mathbf{q}) \tag{4.111}$$

wobei $U(\mathbf{q})$ die Fouriertransformierte des Potentials

$$U(\mathbf{q}) = -4\pi\alpha r_0^2 \frac{\sin qr_0}{qr_0} \tag{4.112}$$

bezeichnet. Die Winkelintegration über $\mathbf{q}'$ in (4.111) kann durch die Wahl des Koordinatensystems in Richtung $\mathbf{q}$ elementar durchgeführt werden.

Stellen Sie die Gültigkeit des Ergebnisses

$$\left(\frac{\hbar q^2}{2m} - E\right)\Psi(q) = \frac{2\alpha}{\pi}\frac{\sin qr_0}{q}C, \tag{4.113}$$

mit der Konstante

$$C = \int_0^\infty dq' q' \sin q' r_0 \Psi(q') \tag{4.114}$$

fest.

Zeigen Sie, dass das Einsetzen von $\Psi(q)$ aus (4.113) in (4.114) die Energie - Eigenwertbedingung ergibt

$$1 = \frac{m\alpha}{\hbar^2\chi}\left(1 - e^{-2r_0\chi}\right), \quad E = -\frac{\hbar^2}{2m}\chi^2. \tag{4.115}$$

Dies ist die bekannte Lösung der Schrödingergleichung im Delta-Potential. Es folgt aus (4.115), dass der gebundene Zustand nur existiert, wenn die Potentialstärke einen Minimalwert $\alpha \geq \hbar^2/2mr_0$ überschreitet.

Die effektive anziehende Wechselwirkung zwischen den Elektronen in der Nähe der Fermi-Fläche werden wir durch die Diracsche-Delta-Funktion nähern [66]. Zeigen Sie, dass man für die Lösung im Delta-Potential mit der Randbedingung (4.109) anstelle von (4.115) die Konsistenz-Bedingung erhält

$$1 = \frac{4m\alpha}{\pi\hbar^2}\int_{q_F}^\infty dq \frac{\sin^2 qr_0}{q^2 - \frac{2mE}{\hbar^2}}. \tag{4.116}$$

Aus der Gl. (4.116) folgt, dass der gebundene Zustand unter der Bedingung

$$0 < E \leq \frac{\hbar^2 q_F^2}{2m} \tag{4.117}$$

existiert. Der Hauptbeitrag zum Integral entsteht vom Pol in (4.116), wobei das Integral für $E \to E_F = \hbar^2 q_F^2/2m$ logarithmisch divergiert. Dies legitimiert die Ersetzung von $\sin^2 qr_0$ durch $\sin^2 q_F r_0$.

Führen Sie weiter die Größe $\varepsilon = E_F - E$ ein und beweisen Sie die Relation

$$1 = \frac{4m\alpha}{\pi\hbar^2} \sin^2 q_F r_0 \int_{q_F}^{\infty} \frac{dq}{q^2 - q_F^2 + 2m\varepsilon/\hbar^2}. \tag{4.118}$$

Die elementare Integration ergibt

$$\int_{q_F}^{\infty} \frac{dq}{q^2 - q_F^2 + 2m\varepsilon/\hbar^2} = \frac{1}{2q_F} \ln \frac{1 + \sqrt{1 - \varepsilon/E_F}}{1 - \sqrt{1 - \varepsilon/E_F}} \simeq \frac{1}{2q_F} \ln \frac{4E_F}{\varepsilon}. \tag{4.119}$$

Stellen Sie unter Verwendung von (4.119) die Gültigkeit des Ergebnisses für die Energie des gebundenen Zustandes

$$\varepsilon = 4E_F \exp\left(-\frac{\pi\hbar^2 q_F}{2m\alpha} \sin^{-2} q_F r_0\right) \tag{4.120}$$

fest. Die Gl. (4.120) zeigt, dass die infinitesimale Anziehung zwischen den Elektronen in der Nähe der Fermi-Fläche die Existenz eines gebundenen Zustandes bewirkt. Vergleichen Sie (4.120) mit der Gl. (4.65) für die Energielücke in der BCS-Theorie.

Eine entsprechende Betrachtung des zwei- sowie des eindimensionalen Problems zeigt, dass auch in diesen Fällen die Bindungsenergie ähnlich wie in der Gl. (4.120) von der Potentialstärke α abhängt, d.h. eine wesentliche Singularität aufweist. Eine ähnliche Abhängigkeit der Bindungsenergie von der Potentialstärke wie in der Gl. (4.120) erhält man für ein quantenmechanisches Teilchen in einem flachen zweidimensionalen Potentialtopf. Siehe dazu die Aufgabe 2.4.12 auf Seite 107 für die Klein-Gordon-Gleichung im 2d Potential. Man weiß aus der Quantenmechanik, dass im flachen Potentialtopf für Raumdimensionen $d \leq 2$ immer ein gebundener Zustand existiert, während für $d > 2$ für die Existenz eines gebundenen Zustandes eine minimale Potentialstärke erforderlich ist.

4.4.21 Die inverse kanonische Transformation für das Fermigas mit Anziehung

Stellen Sie unter Verwendung von (4.53) und (4.54) die Gültigkeit der Ausdrücke

$$b_{k,1} = \frac{1}{u_k^2 + v_k^2}\left(u_k a_{k,1/2} - v_k a^{+}_{-k,-1/2}\right), \quad b_{k,0} = \frac{1}{u_k^2 + v_k^2}\left(u_k a_{k,-1/2} + v_k a^{+}_{-k,1/2}\right)$$

für die inverse kanonische Transformation fest. Aus den obigen Gleichungen geht hervor, wie die Elektronenzustände vermischt werden.

4.4.22 Das Extremum der Grundzustandenergie und Cooper-Paare

Zeigen Sie, dass die Forderung, dass die Grundzustandsenergie E_0 in der Gl. (4.66) extremal bezüglich der Variation nach u_k unter Beachtung der Nebenbedingung $u_k^2 + v_k^2 = 1$ ist, die Gl. (4.60)

$$2\xi_k u_k v_k - \frac{g}{V}(u_k^2 - v_k^2)\sum_{k'} u_{k'} v_{k'} = 0$$

ergibt.

4.4.23 Die Grundzustandsenergie des Supraleiters

Berechnen Sie ausgehend von der Gl. (4.67) die Grundzustandsenergie des Supraleiters. Gehen Sie analog vor, wie bei der Berechnung der Energielücke in der Gl. (4.65). Stellen Sie die Gültigkeit des Ausdruckes (4.68) fest.

4.4.24 Vertauschungsrelationen der Vernichtungs- und Erzeugungsoperatoren der Paare in der BCS-Theorie

Die Erzeugungs- und Vernichtungsoperatoren der Paare in der BCS-Theorie sind durch die Gleichungen

$$c_k^+ = b_{k,1}^+ b_{-k,0}^+, \quad c_k = b_{-k,0} b_{k,1},$$

definiert. Stellen Sie die Gültigkeit der Vertauschungsrelationen für c_k^+ und c_k

$$\left[c_k, c_{k'}^+\right] = \left(1 - n_{k,1} - n_{-k,0}\right)\delta_{kk'},$$
$$[c_k, c_{k'}] = 0,$$
$$\{c_k, c_{k'}\} = 2c_k c_{k'}\left(1 - \delta_{kk'}\right)$$

fest.

4.4.25 Verteilung der Elektronen nach Impulsen im Supraleiter bei $T = 0$

Zeigen Sie, dass die Verteilung der Elektronen nach Impulsen durch die Funktion

$$\overline{a_k^+ a_k} = v_k^2 = \frac{1}{2}\left(1 - \frac{\xi_k}{\sqrt{\xi_k^2 + \Delta^2}}\right)$$

gegeben ist. Wie verhält sich $\overline{a_k^+ a_k}$ als Funktion von k?

4.4.26 Die Wärmekapazität des Supraleiters bei tiefen Temperaturen

In Übereinstimmung mit der Betrachtung im Abschn. 4.3.7 kann die Energie der Elementaranregungen im Supraleiter bei tiefen Temperaturen in der Form

$$E = \sum_k \varepsilon_k \left(\overline{n}_{k0} + \overline{n}_{k1}\right)$$

geschrieben werden. Die Größen $\overline{n}_{k0}$ und $\overline{n}_{k1}$ bezeichnen die mittleren Besetzungszahlen, die durch die Gl. (4.80) auf Seite 304 gegeben sind. Zeigen Sie, dass die spezifische Wärmekapazität durch den Ausdruck

$$\frac{C}{V} = \frac{k_F^2}{\pi^2 \hbar v_F} \frac{1}{k_B T^2} \int_{-\infty}^{\infty} \left(\Delta_0^2 + \xi^2\right) \frac{\exp\left(\sqrt{\Delta_0^2 + \xi^2}/k_B T\right)}{\left(1 + \exp\left(\sqrt{\Delta_0^2 + \xi^2}/k_B T\right)\right)^2} d\xi$$

gegeben ist. Betrachten Sie den Grenzfall tiefer Temperaturen und approximieren Sie die mittleren Besetzungszahlen und die Energien ε_k entsprechend den Beziehungen $n_k \simeq \exp\left(-\varepsilon_k / k_B T\right)$, $\varepsilon_k \simeq \Delta_0 + \xi^2/2\Delta_0$. Zeigen Sie, dass die Integration über ξ den Ausdruck für die Wärmekapazität

$$\frac{C}{V} = \sqrt{2} \frac{k_F^2}{\pi^{3/2} \hbar v_F} \frac{\Delta_0^{5/2}}{k_B^{1/2} T^{3/2}} e^{-\Delta_0 / k_B T}$$

ergibt. Die exponentielle Abhängigkeit der Wärmekapazität bei tiefen Temperaturen ist die Konsequenz der Existenz der Energielücke im Spektrum der Elementaranregungen.

4.4.27 Die Entropie des Supraleiters

Die Entropie des Supraleiters kann unter Verwendung der Gln. (4.78) und (4.80) berechnet werden. Ersetzen Sie die Summe durch das Integral, benutzen Sie die Variablen-Substitution $\xi = \Delta \sinh \psi$ und zeigen Sie, dass die Entropie durch den

Ausdruck

$$\frac{S}{V} = \frac{2\Delta^2}{k_B T} \nu \int_0^\infty \frac{\cosh 2\psi}{\exp(\Delta \cosh \psi / k_B T) + 1} d\psi \tag{4.121}$$

gegeben ist. Analog der Betrachtung im Abschn. 4.3.8 auf Seite 304 entwickeln Sie den Integrand in der Gl. (4.121) in geometrischer Reihe und stellen Sie die Gültigkeit der folgenden Beziehung für die Entropie

$$\frac{S}{V} = \frac{2\Delta^2}{k_B T} \nu \sum_{m=1}^{\infty} (-1)^{m+1} K_2 \left(m \frac{\Delta}{k_B T} \right) \tag{4.122}$$

fest. Für tiefe Temperaturen kann man sich auf den ersten Term in der Summe beschränken. Stellen Sie unter Benutzung der im Abschn. 4.3.8 angegebenen asymptotischen Entwicklung der MacDonaldschen Funktion die Gültigkeit des Ausdruckes für die Entropie bei tiefen Temperaturen

$$\frac{S}{V} = \sqrt{\frac{2\pi \Delta_0^3}{k_B T}} \nu e^{-\Delta_0 / k_B T} \tag{4.123}$$

fest. Das Verhalten der Wärmekapazität bei tiefen Temperaturen in der obigen Aufgabe kann auch selbstverständlich aus dem Ausdruck für die Entropie (4.123) abgeleitet werden.

Das Verhalten der Entropie und der Wärmekapazität in der Nähe von T_c kann unter Verwendung der Gl. (4.122) analysiert werden. Man findet dabei, dass die Wärmekapazität bei $T = T_c$ einen endlichen Sprung erfährt.

4.4.28 Eindringen des Magnetfeldes in den Supraleiter

Unter Benutzung der London-Gleichungen (4.99) und der Maxwell-Gleichungen

$$\mathrm{rot}\mathbf{B} = \frac{4\pi}{c}\mathbf{j}, \quad \mathrm{div}\mathbf{B} = 0$$

leiten Sie die Gleichung für das Magnetfeld in einem Supraleiter

$$\nabla^2 \mathbf{B} = \lambda^{-2} \mathbf{B} \tag{4.124}$$

her. In (4.124) wurde die Bezeichnung

$$\lambda^2 = \frac{mc^2}{4\pi e^2 \varrho_s}$$

eingeführt.

Betrachten Sie einen halbunendlichen Supraleiter $x > 0$ in dem entlang der z -Achse ein konstantes Magnetfeld $\mathbf{B}_0$ angelegt wird. Zeigen Sie unter Benutzung von (4.124), dass das Magnetfeld im Inneren des Supraleiters mit dem Abstand von der Oberfläche wie folgt abnimmt

$$\mathbf{B}(x) = \mathbf{B}_0 e^{-x/\lambda}.$$

Berechnen Sie die supraleitende Stromdichte und die Magnetisierung.

4.4.29 Das kritische Magnetfeld H_c

Ermitteln Sie das kritische Magnetfeld $H_c(0)$ für einen Supraleiter erster Art für $T = 0$, indem Sie die Energie des Magnetfeldes

$$\frac{1}{8\pi} H_c(0)^2$$

mit der Grundzustandsenergie

$$-\frac{\nu}{4}\Delta_0^2$$

gleichsetzen.

Die zahlenmäßige Abschätzung von $H_c(0)$ erfordert die Kenntnis von ν. Die Zustandsdichte kann wie folgt abgeschätzt werden. Die Zahl der Elektronen pro Kubikzentimeter beträgt ca. 10^{22}. Die Breite des Leitungsbandes ist von der Größenordnung 10 eV. Für ν ergibt sich daraus der Wert $\nu \sim 10^{33}\,\mathrm{erg}^{-1}\mathrm{cm}^{-3}$. Unter Benutzung des Wertes $\Delta_0 \sim 10\,\mathrm{K}$ für die Energielücke erhält man für das kritische Feld den Zahlenwert

$$H_c(0) \sim \Delta_0\sqrt{2\pi\nu} \sim 10^{-15}\sqrt{10^{34}} \sim 100\mathrm{Oe}.$$

Die Temperaturabhängigkeit von H_c im Temperaturbereich $0 \leq T \leq T_c$ (siehe Abb. 4.9 auf Seite 291) wird durch die empirische Beziehung

$$H_c(T) = H_c(0)\left(1 - \left(\frac{T}{T_c}\right)^2\right)$$

beschrieben. $H_c(T)$ kann unter Benutzung der Temperaturabhängigkeit der Energielücke berechnet werden.

Wenn das Magnetfeld des supraleitenden Stromes den Wert H_c erreicht, verschwindet die Supraleitfähigkeit. Diese Bedingung kann benutzt werden, um die kritische Stromdichte zu berechnen. Das so berechnete kritische Feld gilt für die Supraleiter 1. Art.

Anhang A
Die klassische relativistische Mechanik

In diesem Anhang werden die wichtigsten Ergebnisse der klassischen relativistischen Mechanik zusammengefasst. Der Feldstärketensor sowie das erste Paar der Maxwell-Gleichungen werden aus der Vierer-Form der Lorentz-Kraft hergeleitet.

A.1 Vierer-Vektoren und -Tensoren

Wir betrachten ein Bezugssystem S', welches sich mit der Geschwindigkeit v entlang der x-Achse des inertialen Bezugssystems S bewegt (siehe die Abb. 1.3 auf Seite 24). Die (spezielle) Lorentz-Transformation der Zeit und der Koordinaten, die den Zeitpunkt und den Ort eines Ereignisses angeben, lauten

$$t' = \frac{t - (v/c^2)x}{\sqrt{1 - v^2/c^2}}, \quad x' = \frac{x - vt}{\sqrt{1 - v^2/c^2}}, \quad y' = y, \quad z' = z. \tag{A.1}$$

Die Koordinaten eines Punktes (Ereignisses) im Minkowski-Raum werden durch den Vierer-Vektor x^μ ($\mu = 0, 1, 2, 3$; $x^0 = ct$, $x^1 = x$, $x^2 = y$, $x^3 = z$) repräsentiert. Die Lorentz-Transformation (A.1) kann als Transformation der Koordinaten unter der Drehung des Koordinatensystems im Minkowski-Raum betrachtet werden und in der Form

$$x'^0 = x^0 \cosh\chi - x^1 \sinh\chi, \quad x'^1 = -x^0 \sinh\chi + x^1 \cosh\chi, \quad x'^2 = x^2, x'^3 = x^3 \tag{A.2}$$

geschrieben werden. Hierbei ist $\tanh\chi = v/c$ und $\cosh\chi = 1/\sqrt{1 - v^2/c^2}$. Eine beliebige Lorentz-Transformation schreiben wir in der Form

$$x'^\mu = \sum_{\nu=0}^{3} \Lambda^\mu{}_\nu x^\nu. \tag{A.3}$$

Die Matrix $\Lambda^\mu{}_\nu$ kann für die in (A.1) betrachtete Lorentz-Transformation unmittelbar aufgeschrieben werden. Die spezielle Lorentz-Transformation (A.1) ist ein

DOI 10.1007/978-3-642-12050-3,

Spezialfall der eigentlichen Lorentz-Transformationen, welche den Bedingungen $\det\Lambda = 1$ und $\Lambda^0_{\ 0} \geq 1$ (Orthochronität) genügen. Die räumlichen Drehungen des Koordinatensystems gehören offensichtlich auch zu den eigentlichen Lorentz-Transformationen. Unter Benutzung der Summenkonvention werden wir (A.3) ohne das Summenzeichen

$$x'^{\mu} = \Lambda^{\mu}_{\ \nu} x^{\nu} \tag{A.4}$$

schreiben. Neben der Matrix $\Lambda^{\mu}_{\ \nu}$ wird die Matrix $\Lambda_{\mu}^{\ \nu}$, welche die Inverse von $\Lambda^{\mu}_{\ \nu}$ ist

$$\Lambda_{\mu}^{\ \nu} = (\Lambda^{-1})^{\nu}_{\ \mu}$$

betrachtet.

Kontravariante und kovariante Vierer-Vektoren werden wie folgt definiert. Die Gesamtheit von vier Größen A^{μ} ist ein kontravarianter Vierervektor, wenn sich die Letzteren unter einer Lorentz-Transformation wie die Komponenten von x^{μ} transformieren. Die Gesamtheit von vier Größen A_{μ} ist ein kovarianter Vierervektor, wenn er sich unter einer Lorentz-Transformation wie folgt

$$A_{\mu} = \Lambda_{\mu}^{\ \nu} A'_{\nu}$$

transformiert. Wir werden jetzt zeigen, dass $\Lambda_{\mu}^{\ \nu}$ die Inverse von $\Lambda^{\mu}_{\ \nu}$ ist. Die Matrizen $\Lambda_{\mu}^{\ \nu}$ und $\Lambda^{\mu}_{\ \nu}$ sind symmetrisch: $\Lambda^{\mu}_{\ \nu} = \Lambda^{\nu}_{\ \mu}$ und $\Lambda_{\mu}^{\ \nu} = \Lambda_{\nu}^{\ \mu}$, jedoch $\Lambda^{\mu}_{\ \nu} \neq \Lambda_{\mu}^{\ \nu}$. Die inverse Matrix Λ^{-1} beschreibt die inverse Transformation

$$A^{\mu} = (\Lambda^{-1})^{\mu}_{\ \nu} A'^{\nu}.$$

Das Ausdrücken von A' auf der rechten Seite durch A ergibt

$$(\Lambda^{-1})^{\mu}_{\ \nu} \Lambda^{\nu}_{\ \sigma} = \delta^{\mu}_{\sigma}.$$

Die Forderung, dass das Skalarprodukt $A^{\beta} A_{\beta}$ invariant unter der Lorentz-Transformation ist

$$A'^{\mu} A'_{\mu} = \Lambda^{\mu}_{\ \alpha} \Lambda_{\mu}^{\ \beta} A^{\alpha} A_{\beta} = \delta^{\beta}_{\alpha} A^{\alpha} A_{\beta} = A^{\beta} A_{\beta},$$

ergibt den gesuchten Zusammenhang zwischen $\Lambda^{\nu}_{\ \mu}$ und $\Lambda_{\alpha}^{\ \beta}$

$$\Lambda^{\mu}_{\ \alpha} \Lambda_{\mu}^{\ \beta} = \delta^{\beta}_{\alpha}, \tag{A.5}$$

wobei δ^{β}_{α} das Kronecker-Symbol ist. Aus (A.5) folgt, dass die Matrix $\Lambda_{\mu}^{\ \nu}$ tatsächlich die Inverse von $\Lambda^{\mu}_{\ \nu}$ ist. Im Abschn. 1.8 wurde dieser Zusammenhang für eine infinitesimale Lorentz-Transformation hergeleitet. Die Bedingung (A.5) gewährleistet die Invarianz des Skalarproduktes und drückt die Orthogonalität der Lorentz-Transformation aus. Die 4×4-Matrizen $\Lambda^{\mu}{}_{\nu}$, welche die Transformationen von Vierer-Vektoren unter Lorentz-Transformationen realisieren, sind orthogonal. Eine direkte Rechnung zeigt, dass die Vierer-Ableitung $\partial/\partial x^{\mu}$ wie ein kovarianter Vierer-Vektor transformiert.

Neben Vierer-Vektoren werden auch Vierer-Tensoren betrachtet. Die Gesamtheit von 16 Größen, die unter der Lorentz-Transformation als Produkt der Komponenten zweier Vierer-Vektoren transformieren

$$T'^{\mu\nu} = \Lambda^{\mu}{}_{\alpha}\Lambda^{\nu}{}_{\beta}T^{\alpha\beta}$$

bilden einen Tensor 2. Stufe. Man kann kovariante, $T_{\mu\nu}$, und gemischte, $T^{\mu}_{\ \nu}$, $T_{\mu}^{\ \nu}$, Tensoren 2. Stufe betrachten. Analog werden Tensoren höherer Stufen definiert. Die Vierer-Vektoren sind Vierer-Tensoren erster Stufe.

Das Heben und Senken der Indizes kann mittels des metrischen Tensors

$$g^{\mu\nu} = g_{\mu\nu} = \begin{pmatrix} 1 & 0 & 0 & 0 \\ 0 & -1 & 0 & 0 \\ 0 & 0 & -1 & 0 \\ 0 & 0 & 0 & -1 \end{pmatrix}$$

durchgeführt werden

$$A^{\mu} = g^{\mu\nu}A_{\nu}, \quad A_{\nu} = g_{\nu\mu}A^{\mu}$$

usw. Es ist offensichtlich, dass $g^{\mu}_{\ \nu} = g_{\nu}^{\ \mu} = \delta^{\mu}_{\nu}$ gilt.

A.2 Relativistische Dynamik

Die Bewegungsgleichungen der relativistischen Mechanik müssen Lorentzkovariant sein. Die Bewegungsgleichung der klassischen nichtrelativistischen Mechanik

$$\frac{d\mathbf{p}}{dt} = \mathbf{F} \tag{A.6}$$

mit $\mathbf{p} = m\mathbf{v}$ ist eine vektorielle Gleichung, welche invariant gegenüber der Galilei-Transformation ist. Daher ist es sinnvoll zu verlangen, die Bewegungsgleichungen der relativistischen Mechanik als Gleichung für einen Vierer-Vektor zu formulieren. Man postuliert die Gültigkeit der Gl. (A.6) in der relativistischen Mechanik mit, allerdings, einer anderen Abhängigkeit des Impulses von der Geschwindigkeit. Als 4. Gleichung wählt man die Gleichung

$$\frac{dE}{dt} = \mathbf{F}\mathbf{v}, \tag{A.7}$$

welche die Energieerhaltung beinhaltet. Die Forderung, dass (A.6) und (A.7) in lorentzkovarianter Form geschrieben werden müssen, legt nahe E/c und $\mathbf{p}$ als Vierer-Impuls

$$p^{\mu} = (\frac{E}{c}, \mathbf{p})$$

zusammenzufassen. Die Bewegungsgleichungen in Vierer-Form, welche somit Lorentzinvariant sind, lauten

$$\frac{dp^{\mu}}{d\tau} = f^{\mu},$$

wobei

$$f^{\mu} = \frac{1}{\sqrt{1 - v^2/c^2}}(\frac{1}{c}\mathbf{F}\mathbf{v}, \mathbf{F}) \tag{A.8}$$

die Vierer-Kraft und

$$d\tau = dt\sqrt{1 - v^2/c^2}$$

die Eigenzeit bezeichnen. Die Invarianz des Quadrates des Vierer-Impulses ergibt die Energie-Impuls-Beziehung

$$\frac{E^2}{c^2} - \mathbf{p}^2 = m^2c^2.$$

Die Masse auf der rechten Seite der letzten Beziehung ist die Energie dividiert durch c^2 im Bezugssystem in dem das Teilchen ruht ($\mathbf{p} = 0$).

Die Lorentz-Transformation von p^{μ}, welche der oben betrachteten Lorentz-Transformation von Ort und Zeit entspricht, erhält man aus (A.1) durch die Substitutionen

$$ct \rightarrow \frac{E}{c}, \quad \mathbf{r} \rightarrow \mathbf{p}.$$

Die Abhängigkeit von $\mathbf{p}$ und E von der Geschwindigkeit $\mathbf{v}$ kann aus der Transformation vom Bezugssystem S' (das Teichen ruht) zum System S (das Teilchen bewege sich mit der Geschwindigkeit $\mathbf{v}$) bestimmt werden. Als Ergebnis erhält man

$$E = \frac{mc^2}{\sqrt{1 - v^2/c^2}}, \quad \mathbf{p} = \frac{m\mathbf{v}}{\sqrt{1 - v^2/c^2}}.$$

A.3 Wechselwirkung mit elektromagnetischem Feld, die Maxwell-Gleichungen

Die Lorentz-Kraft, die auf ein geladenes Teilchen im elektromagnetischen Feld wirkt, ist gegeben durch den Ausdruck

$$\mathbf{F} = e\mathbf{E} + \frac{e}{c}\mathbf{v} \times \mathbf{B} \tag{A.9}$$

und gilt für beliebige Geschwindigkeiten. Letzterer kann benutzt werden, um die Lorentz-Transformation der elektrischen Feldstärke **E** und der magnetischen Induktion **B** zu ermitteln. Das Einsetzen von (A.9) in (A.8) ergibt für die Vierer-Kraft

$$f_0 = \frac{e}{c}\frac{\mathbf{E}\mathbf{v}}{\sqrt{1-v^2/c^2}}, \quad \mathbf{f} = \frac{1}{\sqrt{1-v^2/c^2}}(e\mathbf{E} + \frac{e}{c}\mathbf{v} \times \mathbf{B}). \tag{A.10}$$

Die Vierer-Kraft (A.10) kann in lorentzkovarianter Form wie folgt geschrieben werden

$$f^\alpha = \frac{e}{c}F^{\alpha\beta}u_\beta, \tag{A.11}$$

wobei $u_\nu = dx_\nu/d\tau$ die Vierer-Geschwindigkeit bezeichnet. Aus dem Vergleich von (A.10) und (A.11) erhält man den Ausdruck für den Feldstärke-Tensor $F^{\mu\nu}$

$$F^{\mu\nu} = \begin{pmatrix} 0 & -E^1 & -E^2 & -E^3 \\ E^1 & 0 & -B^3 & B^2 \\ E^2 & B^3 & 0 & -B^1 \\ E^3 & -B^2 & B^1 & 0 \end{pmatrix}.$$

Die Bewegungsgleichungen für ein Teilchen im elektromagnetischen Feld in lorentzkovarianter Form lauten

$$\frac{dp^\mu}{d\tau} = \frac{e}{c}F^{\mu\nu}u_\nu.$$

Die Lorentz-Transformation der Feldstärken erhält man unmittelbar aus der Lorentz-Transformation des Feldstärke-Tensors $F^{\mu\nu}$. Der Feldstärke-Tensor $F^{\mu\nu}$ ist ein antisymmetrischer Tensor zweiter Stufe und kann deswegen durch ein Vektorfeld A^μ wie folgt ausgedrückt werden

$$F_{\mu\nu} = \frac{\partial A_\nu}{\partial x^\mu} - \frac{\partial A_\mu}{\partial x^\nu}. \tag{A.12}$$

In A^μ erkennt man das Vierer-Potential des elektromagnetischen Feldes $A^\mu =(V$, **A**$)$. Das erste Paar der Maxwell-Gleichungen

$$\mathrm{rot}\mathbf{E} = -\frac{1}{c}\frac{\partial \mathbf{B}}{\partial t}, \quad \mathrm{div}\mathbf{B} = 0$$

kann in Vierer-Form wie folgt geschrieben werden

$$\frac{\partial}{\partial x^{\sigma}} F^{\mu\nu} + \frac{\partial}{\partial x^{\mu}} F^{\nu\sigma} + \frac{\partial}{\partial x^{\nu}} F^{\sigma\mu} = 0.$$

Letztere ist eine Identität, welche aus der Form des Feldstärketensors (A.12) folgt. Man kann sich unter Verwendung von (A.12) unmittelbar überzeugen, dass die Feldstärken mit dem Vierer-Potential wie folgt zusammenhängen

$$\mathbf{E} = -\mathrm{grad}V - \frac{1}{c}\frac{\partial \mathbf{A}}{\partial t}, \quad \mathbf{B} = \mathrm{rot}\mathbf{A}.$$

Der Vollständigkeitshalber geben wir hier das zweite Paar der Maxwell-Gleichungen

$$\mathrm{div}\mathbf{E} = 4\pi\varrho, \qquad \mathrm{rot}\mathbf{H} = \frac{1}{c}\frac{\partial \mathbf{E}}{\partial t} + \frac{4\pi}{c}\mathbf{j}$$

in Vierer-Form

$$\frac{\partial F^{\mu\nu}}{\partial x^{\nu}} = -\frac{4\pi}{c} j^{\mu} \tag{A.13}$$

an. Letztere zeigen, dass elektrische Ladungen und Ströme Quellen des elektromagnetischen Feldes sind. Die Kontinuitätsgleichung $\partial j^{\mu}/\partial x^{\mu} = 0$ folgt unmittelbar aus (A.13). Die Gln. (A.13) können unter Verwendung des Prinzips der kleinsten Wirkung hergeleitet werden. Sie können auch aus den Forderungen der Lorentz-Kovarianz sowie der Forderung, dass die gesuchten Gleichungen Differentialgleichungen erster Ordnung sind, abgeleitet werden.

Anhang B
Postulate der nichtrelativistischen Quantentheorie

Die Postulate der nichtrelativistischen Quantentheorie werden in folgenden Axiomen zusammengefasst:

1. Der Zustand eines physikalischen Systems wird durch einen Zustandsvektor $|\Psi\rangle$ in einem linearen Raum beschrieben. In der Ortsdarstellung wird der Zustand durch die Wellenfunktion

   $$\Psi(q_1,\ldots,q_n,s_1,\ldots,s_n,t) \equiv \langle q_1,\ldots,q_n,s_1,\ldots,s_n \mid \Psi\rangle$$

   die eine Funktion der Ortskoordinaten q_i, der Spins s_i, und der Zeit t ist, beschrieben. Die Wellenfunktion besitzt selbst keine physikalische Interpretation. Das Betragsquadrat,

   $$|\Psi(q_1,\ldots,q_n,s_1,\ldots,s_n,t)|^2$$

   gibt die Wahrscheinlichkeit an, dass zum Zeitpunkt t das System durch den Satz der Variablen q_1, ..., q_n; s_1, ..., s_n charakterisiert wird.

2. Die physikalisch messbaren Observablen A werden durch hermitesche Operatoren $\hat{A}$ repräsentiert, wobei Funktionen von Observablen durch entsprechende Funktionen der Operatoren dargestellt werden. Zum Beispiel, dem kanonischen Impuls in der Ortsdarstellung entspricht der Operator

   $$\hat{p}_n = \frac{\hbar}{i}\frac{\partial}{\partial q_n}.$$

3. Das physikalische System befindet sich im Eigenzustand des Operator $\hat{\Omega}$, wenn die Wellenfunktion Φ_n, die das System repräsentiert, der Gleichung

   $$\hat{\Omega}\Phi_n = \omega_n \Phi_n$$

   genügt. Die Größe ω_n ist der Eigenwert des Operators $\hat{\Omega}$ im Zustand Φ_n. Für den selbstadjungierten Operator $\hat{\Omega}$ ist ω_n eine reelle Größe.

4. Ein beliebiger Zustand kann nach dem System der Eigenfunktionen des vollständigen Satzes der miteinander kommutierenden Operatoren entwickelt werden

$$\Psi = \sum_n c_n \Psi_n.$$

Die Entwicklungskoeffizienten c_n enthalten die gleiche Information wie Ψ. Die Größe $|c_n|^2$ ist die Wahrscheinlichkeit dafür, dass sich das System im n-ten Zustand befindet.

5. Die Messung einer physikalischen Größe Ω ergibt die Eigenwerte des dieser Größe entsprechenden Operators. Wenn das System durch die Wellenfunktion $\Psi = \sum_n c_n \Psi_n$ mit $\hat{\Omega}\Psi_n = \omega_n \Psi_n$ beschrieben wird, dann ergibt die Messung den Eigenwert ω_n mit Wahrscheinlichkeit $|c_n|^2$. Der Erwartungswert von $\hat{\Omega}$ über eine große Zahl von Messungen in identisch präparierten Systemen ist gegeben durch

$$\begin{aligned} < \Omega >_\Psi &= \sum_s \int dq \Psi^* (q_1, ..., s_1, ..., t) \, \hat{\Omega} \Psi^* (q_1, ..., s_1, ..., t) \\ &= \sum_n \omega_n \mid c_n \mid^2 . \end{aligned}$$

6. Die zeitliche Entwicklung des physikalischen Systems wird durch die Schrödingergleichung

$$i\hbar \frac{\partial}{\partial t} |\Psi\rangle = \hat{H} |\Psi\rangle$$

beschrieben. Der Hamilton-Operator $\hat{H}$ ist ein linearer und selbstadjungierter Operator. Für ein abgeschlossenes System hängt $\hat{H}$ nicht explizit von der Zeit ab. In diesem Fall stellen die Eigenwerte von $\hat{H}$ die stationären Zustände des Systems dar. Das Superpositionsprinzip folgt aus der Linearität von $\hat{H}$. Die Lösung der Schrödingergleichung mit einem zeitunabhängigen Hamilton-Operator lautet

$$|\Psi, t\rangle = e^{-i\hat{H}t/\hbar} |\Psi, 0\rangle \equiv \hat{U}(t) |\Psi, 0\rangle ,$$

wobei $\hat{U}(t)$ den Evolutionsoperator bezeichnet.

Anhang C
Elektromagnetische Einheiten

Eine detaillierte Einführung in verschiedenen elektromagnetischen Einheiten findet man in [104]. Die Tabelle unten enthält die wichtigsten Formeln des Elektromagnetismus in den drei verbreiteten Einheitensysteme.

Die Dielektrizitätskonstante des Vakuums ε_0 und die magnetische Permeabilität des Vakuums μ_0 besitzen in SI-Einheiten folgende Werte

$$\varepsilon_0 = \frac{1}{4\pi c^2} \times 10^7 \frac{\mathrm{F}}{\mathrm{m}}, \quad \mu_0 = 4\pi \times 10^{-7} \frac{\mathrm{H}}{\mathrm{m}}.$$

Größen	SI-Einheiten	Heaviside-Lorentz-Einheiten	Gauss-Einheiten
Das Coulomb-Gesetz	$V = \frac{1}{4\pi\varepsilon_0}\frac{e}{r}$	$V = \frac{e}{4\pi r}$	$V = \frac{e}{r}$
Lorentz-Kraft	$\mathbf{F} = e\mathbf{E} + e\mathbf{v} \times \mathbf{B}$	$\mathbf{F} = e\mathbf{E} + \frac{e}{c}\mathbf{v} \times \mathbf{B}$	$\mathbf{F} = e\mathbf{E} + \frac{e}{c}\mathbf{v} \times \mathbf{B}$
Energiedichte des elektrom. Feldes	$\frac{1}{2}\left(\varepsilon_0\mathbf{E}^2 + \mu_0\mathbf{H}^2\right)$	$\frac{1}{2}\left(\mathbf{E}^2 + \mathbf{B}^2\right)$	$\frac{1}{8\pi}\left(\mathbf{E}^2 + \mathbf{B}^2\right)$
Poynting-Vektor	$\mathbf{E} \times \mathbf{H}$	$\mathbf{E} \times \mathbf{H}$	$\frac{c}{4\pi}\mathbf{E} \times \mathbf{H}$
Minimale Substitution	$E \to E - eV$	$E \to E - eV$	$E \to E - eV$
	$\mathbf{p} \to \mathbf{p} - e\mathbf{A}$	$\mathbf{p} \to \mathbf{p} - \frac{e}{c}\mathbf{A}$	$\mathbf{p} \to \mathbf{p} - \frac{e}{c}\mathbf{A}$
Maxwell-Gleichungen	$\mathrm{rot}\mathbf{E} = -\frac{\partial}{\partial t}\mathbf{B}$	$\mathrm{rot}\mathbf{E} = -\frac{1}{c}\frac{\partial}{\partial t}\mathbf{B}$	$\mathrm{rot}\mathbf{E} = -\frac{1}{c}\frac{\partial}{\partial t}\mathbf{B}$
	$\mathrm{div}\mathbf{B} = 0$	$\mathrm{div}\mathbf{B} = 0$	$\mathrm{div}\mathbf{B} = 0$
	$\mathrm{rot}\mathbf{H} = \mathbf{j} + \frac{\partial}{\partial t}\mathbf{D}$	$c\,\mathrm{rot}\mathbf{H} = \mathbf{j} + \frac{\partial}{\partial t}\mathbf{D}$	$c\,\mathrm{rot}\mathbf{H} = 4\pi\mathbf{j} + \frac{\partial}{\partial t}\mathbf{D}$
	$\mathrm{div}\mathbf{D} = \varrho$	$\mathrm{div}\mathbf{D} = \varrho$	$\mathrm{div}\mathbf{D} = 4\pi\varrho$
Dielektrische Verschiebung	$\mathbf{D} = \varepsilon_0\mathbf{E}$	$\mathbf{D} = \mathbf{E}$	$\mathbf{D} = \mathbf{E}$
Magnetische Induktion	$\mathbf{B} = \mu_0\mathbf{H}$	$\mathbf{B} = \mathbf{H}$	$\mathbf{B} = \mathbf{H}$
Dielektrizitätskonstante des Vakuums	ε_0	1	1
Magnetische Permeabilität des Vakuums	μ_0	1	1
Lichtgeschwindigkeit	$(\varepsilon_0\mu_0)^{-1/2}$	c	c

Umrechnung einiger physikalischer Größen

Größe	Bezeichnung	SI-Einheiten	Gauss-Einheiten
Energie	E	1J (Joule)	10^7 erg
Elektrische Ladung	q	1C (Coulomb)	3×10^9 esE
Elektrische Feldstärke	$\mathbf{E}$	1V/m (Volt/Meter)	$\frac{1}{3} \times 10^{-4}$ dyn esE
Dielektrische Verschiebung	$\mathbf{D}$	1C/m^2	$12\pi \times 10^5$ dyn esE
Magnetische Induktion	$\mathbf{B}$	1T (Tesla)	10^4G (Gauss)
Magnetische Feldstärke	$\mathbf{H}$	1A/m (Amper/Meter)	$4\pi \times 10^{-3}$Oe (Oersted)
Magnetischer Fluss	Φ	1 Wb (Weber)	10^8 Maxwell (Mx)

Literaturverzeichnis

1. W. Greiner, *Relativistische Quantenmechanik, Wellengleichungen* (Harri Deutsch, Frankfurt am Main, 1981)
2. A. Messiah, *Quantenmechanik*, Bd. 2 (Walter de Gruyter, Berlin, New York, NY, 1990)
3. F. Scheck, *Theoretische Physik 4: Quantisierte Felder* (Springer, Berlin, Heidelberg, 2001)
4. N. Straumann, *Relativistische Quantentheorie* (Springer, Berlin, 2005)
5. F. Schwabl, *Quantenmechanik für Fortgeschrittene* (Springer, Berlin, Heidelberg, 2005)
6. S.S. Schweber, H.A. Bethe, F. de Hoffmann, *Mesons and Fields*, vol I (Row, Peterson and Company, New York, NY, 1955)
7. A.I. Akhieser, V.B. Berestetskii, *Quantum Electrodynamics* (Wiley, New York, NY, 1965)
8. J.J. Sakurai, *Advanced Quantum Mechanics* (Addison-Wesley Publishing Company, Reading, MA, 1967)
9. J.D. Bjorken, S.D. Drell, *Relativistische Quantenmechanik* (BI-Wiss.-Verl., Mannheim, 1990)
10. J.D. Bjorken, S.D. Drell, *Relativistische Quantenfeldtheorie* (BI-Wiss.-Verl., Mannheim, 1993)
11. C. Itzykson, J.-B. Zuber, *Quantum Field Theory*, vol I (McGraw Hill, New York, NY, 1980)
12. C. Itzykson, J.-B. Zuber, *Quantum Field Theory*, vol II (McGraw Hill, New York, NY, 1980)
13. M. Kaku, *Quantum Field Theory* (Oxford University Press, New York, Oxford, 1993)
14. N.N. Bogoliubov, D.V. Shirkov, *Quantenfelder* (VEB Deutscher Verlag der Wissenschaften, Berlin, 1984)
15. W. Greiner, J. Reinhardt, *Quantenelektrodynamik* (Harri Deutsch, Frankfurt am Main, 1984)
16. T.P. Cheng, L.F. Li, *Gauge Theory of Elementary Particle Physics* (Oxford University Press, London, 1984)
17. S. Weinberg, *The Quantum Theory of Fields*, vol I (Cambridge University Press, Cambridge, 1995)
18. S. Weinberg, *The Quantum Theory of Fields*, vol II (Cambridge University Press, Cambridge, 1996)
19. L.D. Landau, E.M. Lifschitz, V.B. Berestetskii, L.P. Pitaevskii, *Lehrbuch der Theoretischen Physik*, Bd. 4, Quantenelektrodynamik (Harri Deutsch, Frankfurt am Main, 1991)
20. L.H. Ryder, *Quantum Field Theory* (Cambridge University Press, Cambridge, 1996)
21. M. Peskin, D. Schroeder, *Introduction to Quantum Field Theory* (Addison-Wesley, Redwood City, CA, 1995)
22. A.A. Abrikosov, L.P. Gorkov, I.E. Dzyaloshinski, *Methods of Quantum Field Theory in Statistical Physics* (Dover, New York, NY, 1963)
23. A.M. Tsvelik, *Quantum Field Theory in Condensed Matter Physics* (Cambridge University Press, Cambridge, 2003)
24. X.-G. Wen, *Quantum Field Theory of Many-Body Systems* (Oxford University Press, Oxford, 2004)
25. W. Pauli, V. Weisskopf, Helv. Phys. Acta **1**, 709 (1934)

26. E.C.G. Stückelberg, Helv. Phys. Acta **14**, 32L, 588 (1941); Helv. Phys. Acta **19**, 242 (1946)
27. R.P. Feynman, Phys. Rev. **76**, 749 (1949)
28. P.A.M. Dirac, Proc. R. Soc. Lond. A **117**, 610 (1928); **118**, 351 (1928)
29. L.D. Landau, E.M. Lifschitz, *Lehrbuch der Theoretischen Physik*, Bd. 3, Quantenmechanik (Harri Deutsch, Frankfurt am Main, 1988)
30. P.A.M. Dirac, Proc. R. Soc. Lond. A **126**, 360 (1930)
31. L.B. Van der Waerden, *Die gruppentheoretische Methode in der Quantenmechanik* (Springer, Berlin, 1932)
32. W.M. Gibson, B.R. Pollard, *Symmetry Principles in Elementary Particle Physics* (Cambridge University Press, Cambridge, 1976)
33. A.A. Slavnov, L.D. Faddeev, *Introduction to Quantum Gauge Field Theory* (Nauka, Moscow, 1978); the english translation: A.A. Slavnov, L.D. Faddeev, *Gauge Fields. Introduction to Quantum Theory* (Addison-Wesley Publishing Company, Reading, MA, 1991)
34. P.B. Elutin, B.D. Krivchenkov, *Quantenmechanik* (Nauka, Moskau, 1976) (in russisch)
35. W.E. Thirring, *Principles of Quantum Electrodynamics* (Academic Press, New York, NY, 1958)
36. N. Dombey, A. Calogeracos, Phys. Rep. **315**, 41 (1999); A. Calogeracos, N. Dombey, Int. J. Mod. Phys. A **14**, 631 (1999)
37. F. Hund, Z. Phys. **117**, 1 (1940)
38. A.I. Nikishov, Nucl. Phys. B **21**, 346 (1970)
39. A. Hansen, F. Ravndal, Phys. Scr. **23**, 1036 (1981)
40. A. Sommerfeld, *Atombau und Spektrallinien*, Bd. II (Vieweg, Braunschweig, 1951); Abschn. 11
41. W. Greiner, B. Mueller, J. Rafelski, *Quantum Electrodynamics of Strong Fields* (Springer, Heidelberg, 1985)
42. B.R. Holstein, Am. J. Phys. **66**, 507 (1998)
43. P. Krekora, Q. Su, R. Grobe, Phys. Rev. A **72**, 064103 (2005)
44. L.I. Schiff, *Quantum Theory* (McGraw-Hill, New York, NY, 1968)
45. F. Sauter, Z. Phys. **69**, 742 (1931)
46. J. Schwinger, Phys. Rev. **82**, 664 (1951)
47. E. Brezin, C. Itzykson, Phys. Rev. D **2**, 1191 (1970)
48. A. Belkacem et al., Phys. Rev. Lett. **71**, 1514 (1993)
49. F. Lohrmann, Einführung in die Elementarteilchenphysik (Teubner, Stuttgart, 1990)
50. R.P. Feynman, S.Weinberg, *Elementary Particles and the Law of Physics* (Cambridge University Press, Cambridge, 1999)
51. Ch. Kittel, *Einführung in die Festkörperphysik* (Oldenbourg R. Verlag GmbH, Munich, 2005)
52. H.C. Ohanian, Am. J. Phys. **54**, 500 (1986)
53. T.A. Welton, Phys. Rev. **74**, 1157 (1948)
54. T.H. Boyer, Phys. Rev. **174**, 1631 (1968); Ann. Phys. **56**, 474 (1970)
55. S.K. Lamoreaux, Phys. Rev. Lett. **78**, 5 (1997)
56. A. Lambrecht, Phys. World **15**, 29 (Sept 2002)
57. P.A.M. Dirac, Proc. R.. Soc. Lond. A **114**, 243 (1927)
58. W. Pauli, Phys. Rev. **58**, 716 (1940)
59. I. Duck, E.C.G. Sudarshan, Am. J. Phys. **66**, 284 (1998)
60. C. Møller, Ann. Phys. **14**, 531 (1932)
61. H.J. Bhabba, Proc. R.. Soc. Lond. A **154**, 195 (1935)
62. P.A.M. Dirac, Proc. Camb. Philol. Soc. **26**, 361 (1930)
63. O. Klein, Y. Nishina, Z. Phys. **52**, 853 (1929)
64. S. Flügge, *Practical Quantum Mechanics*, Bd. II (Springer, Berlin, 1971)
65. F. Bloch, A. Nordsieck, Phys. Rev. **52**, 54 (1937)
66. V.M. Galitzki, B.M. Karnakov, B.I. Kogan, *Aufgabensammlung zur Quantenmechanik* (Nauka, Moskau, 1981) (in russisch)
67. M. Schmelling, preprint hep-ex/9701002 (1997)

68. G.'t Hooft, M. Veltman, Nucl. Phys. B **44**, 189 (1972)
69. V.N. Gribov, J. Nyiri, *Quantum Electrodynamics*, Gribov Lectures on Theoretical Physics (Cambridge University Press, Cambridge, 2001)
70. F.H. Combley, Rep. Prog. Phys. **42**, 1889 (1979); für neuere Ergebnisse siehe auch V.W. Hughes, T. Kinoshita, Rev. Mod. Phys. **71**, 133 (1999)
71. S. Gasiorowicz, *Physics of Elementary Particles* (Wiley, New York, NY, 1967)
72. P.A.M. Dirac, *Directions in Physics* (Wiley, New York, NY, 1978)
73. P.A.M. Dirac, *General Theory of Relativity* (Wiley, New York, NY, 1975)
74. N.K. Nielsen, Am. J. Phys. **49**, 1171 (1981)
75. P. Jordan, O. Klein, Z. Phys. **45**, 751 (1927)
76. P. Jordan, E. Wigner, Z. Phys. **47**, 631 (1928)
77. V. Fock, Z. Phys. **75**, 622 (1932)
78. P. Kapitza, Nature **141**, 74 (1938)
79. J.G. Daunt, K. Mendelssohn, Proc. R. Soc. Lond. A **170**, 423 (1939)
80. J.F. Allen, H. Jones, Nature **141**, 243 (1938)
81. A.S. Patashinskii, V.L. Pokrovskii, Fluktuationstheorie der Phasenübergänge (Nauka, Moskau, 1982) (in russisch)
82. N.N. Bogoliubov, *Lectures on Quantum Statistics*, vol I (Gordon and Breach, New York, NY, 1967)
83. L.D. Landau, J. Phys. USSR **5**, 71 (1941)
84. D. Henshaw, A. Woods, Phys. Rev. **121**, 1266 (1961)
85. T.D. Lee, C.N. Yang, Phys. Rev. **105**, 1119 (1957)
86. C. Kittel, H. Krömer, *Physik der Wärme* (Oldenbourg R. Verlag GmbH, Munich, 1993)
87. K. Mendelssohn, im *Handbuch der Physik*, Herausgegeben von S. Flügge, Bd. XIV–XV (Springer, Berlin, 1956)
88. H. London, Proc. R. Soc. Lond. A **171**, 484 (1939)
89. L.D. Landau, E.M. Lifschitz, L.P. Pitaevskii, *Lehrbuch der Theoretischen Physik*, Bd. 9, Statistische Physik 2 (Harri Deutsch, Frankfurt am Main, 1992)
90. I.M. Khalatnikov, *An Introduction to the Theory of Superfluidity* (Benjamin, New York, NY, 1965)
91. L. Onsager, Nuovo Cimento **6**(Suppl. 2), 246 (1949)
92. R.P. Feynman, Rev. Mod. Phys. **29**, 205 (1957)
93. J. Orenstein, A.J. Millis, Science **288**, 468 (2000)
94. D.A. Bonn, Nat. Phys. **2**, 159 (2006)
95. J. Ziman, *Principles of the Theory of Solids* (Cambridge University Press, Cambridge, 1972)
96. B. Tolmachev, S.V. Tjablikov, Zh. Eksp. Theor. Fiz. **34**, 66 (1958)
97. A.A. Abrikosov, I.M. Khalatnikov, im *Anhang der russischen Ausgabe vom Handbuch der Physik*, Herausgegeben von S. Flügge, Bd. XIV–XV (Springer, Berlin, 1956); I.M. Khalatnikov, A.A. Abrikosov, Adv. Phys. **8**(29), 45 (1959)
98. V.V. Schmidt, *Physik der Supraleiter* (Nauka, Moskau, 1982) (in russisch); siehe auch die englische Übersetzung: V.V. Schmidt, P. Müller, A.V. Ustinov (eds.), *The Physics of Superconductors: Introduction to Fundamentals and Applications* (Springer, Berlin, 1997)
99. F. London, H. London, Proc. R. Soc. Lond. A **149**, 71 (1935)
100. R. Doll, M. Näbauer, Phys. Rev. Lett. **7**, 51 (1961); B.S. Deaver Jr., W.M. Fairbank, Phys. Rev. Lett. **7**, 43 (1961)
101. V.L. Ginzburg, L.D. Landau, Zh. Exp. Theor. Fiz. **20**, 1064 (1950)
102. A.A. Abrikosov, Sov. Phys. JETP **5**, 1174 (1957)
103. L.N. Cooper, Phys. Rev. **104**, 1189 (1056)
104. J.D. Jackson, *Klassische Elektrodynamik* (Walter de Gruyter, Berlin, New York, NY, 2002)
105. Foldy und Wouthuysen, Phys. Rev. **78**, 29 (1950)
106. A.J. Leggett, Rev. Mod. Phys. **71**, 318 (1999)
107. C.A. Reynolds, B. Serin, W.H. Wright und L.B. Nesbitt, Phys. Rev. **78**, 487 (1950)
108. E. Maxwell, Phys. Rev. **78**, 477 (1950)

Sachverzeichnis